DK 探索百科

地球

狂野地球 / 海洋世界 / 气象密码 / 岩石 · 矿物

[英] 马特 · 特纳　[英] 约翰 · 伍德沃德　[英] 约翰 · 法恩登 / 著
朱伊佳 等 / 译
吕建华　朱志勇　俞小鼎 等 / 审校

科学普及出版社
· 北　京 ·

图书在版编目（CIP）数据

地球 /（英）马特·特纳,（英）约翰·伍德沃德,（英）约翰·法恩登著；朱伊佳等译 .-- 北京：科学普及出版社，2022.11
（DK 探索百科）
书名原文：E. Explore Earth
ISBN 978-7-110-10048-6

Ⅰ.①地… Ⅱ.①马… ②约… ③约… ④朱… Ⅲ.①地球—普及读物 Ⅳ.① P183-49

中国版本图书馆 CIP 数据核字（2019）第 249649 号

本书各部分的作者、译者、审校者如下：
狂野地球：马特·特纳著，朱伊佳、刘曦、张逸飞、李昕然译，吕建华审校；
海洋世界：约翰·伍德沃德著，罗佳、宋馨译，朱志勇审校；
气象密码：约翰·伍德沃德著，杨霏云、朱玉洁译，俞小鼎审校；
岩石·矿物：约翰·法恩登著，董晋琨译，吕建华审校。

总 策 划	秦德继
策划编辑	赵　佳　王　菡
责任编辑	高立波　赵　佳
封面设计	八　牛
正文设计	中文天地
责任校对	焦　宁
责任印制	李晓霖

出　　版	科学普及出版社
发　　行	中国科学技术出版社有限公司发行部
地　　址	北京市海淀区中关村南大街 16 号
邮　　编	100081
发行电话	010-62173865
传　　真	010-62173081
网　　址	http://www.cspbooks.com.cn

开　　本	889mm × 1194mm　1/16
字　　数	720 千字
印　　张	21.75
版　　次	2022 年 11 月第 1 版
印　　次	2022 年 11 月第 1 次印刷
印　　刷	北京华联印刷有限公司
书　　号	ISBN 978-7-110-10048-6 / P · 233
定　　价	196.00 元

（凡购买本社图书，如有缺页、倒页、脱页者，本社发行部负责调换）

For the curious

www.dk.com

目　录

狂野地球

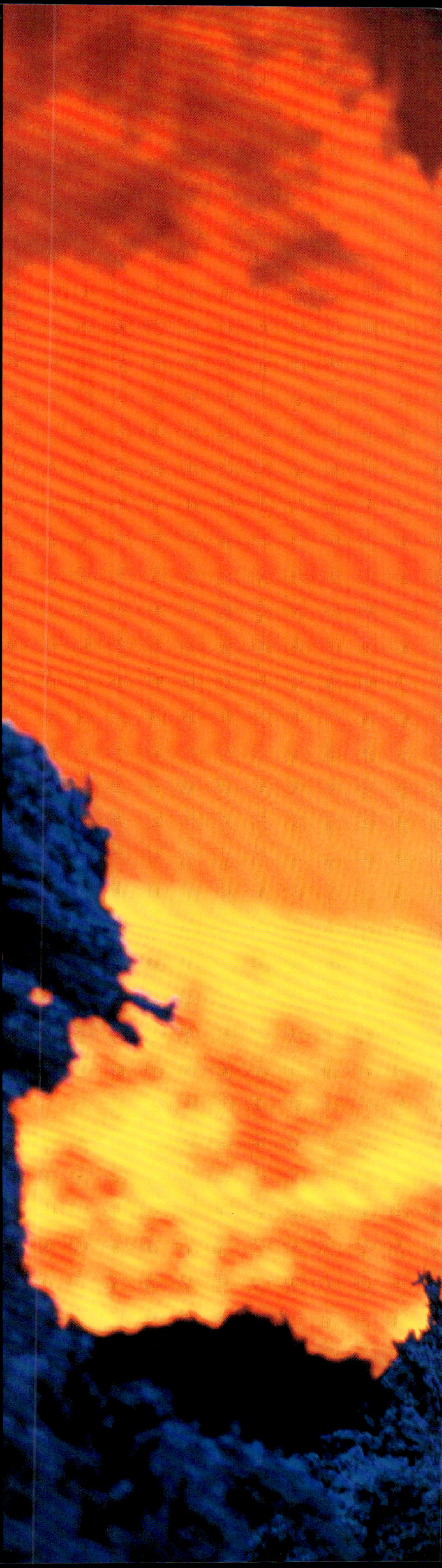

海洋世界

气象密码

岩石·矿物

狂野地球

地球——宇宙的一员

万物都存在于宇宙之中。

宇宙包含了所有所见的一切，如物体、天体、时间和空间，以及不可见的暗物质和暗能量。宇宙漫无边际，如果以地球为中心，向四面八方延伸出去，每个方向至少达到 465 亿光年（1 光年是指光在真空中走一年的距离，大约为 9.46 万亿千米）。宇宙中有数不尽的恒星，这些恒星又构成数万亿个星系。我们太阳系所在的银河系便是其中之一。

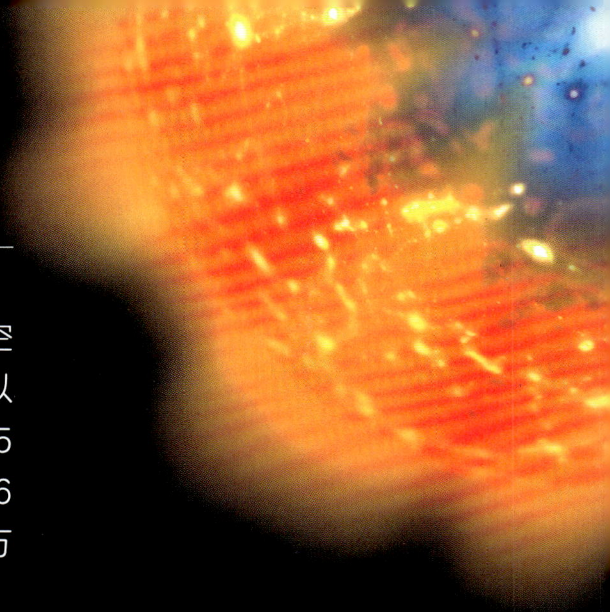

大爆炸宇宙论▶

科学家发现，所有的星系都在彼此远离，而且从未停止过。由此得出：宇宙产生于一次“大爆炸”。在大爆炸发生的一瞬间，整个宇宙从聚集的一个奇点膨胀到一个燃烧着的巨大火球，最终，形成恒星。大爆炸发生在 138.2 亿年前，绝大多数科学家认为宇宙会永远膨胀下去。

星系

活动星系

所有的星系都在释放能量。它们中的一些被称作活动星系，因为这些星系能释放出大量的能量。这些能量有许多构成形式，包括光和电磁波，它们从星系中心向四周释放。

仙女座星系

仙女座星系是离我们所居住的银河系最近的星系，距离地球大约有 200 万光年。这个螺旋形星系里包含了以亿计数的恒星。仙女座星系与银河系同处于本星系群。

三角座星系

三角座星系也是本星系群的一个螺旋星系，大小大约为银河系的 1/4。三角座星系按轨道环绕着与其相邻的仙女座星系运动；仙女座星系依靠自身的重力作用控制着一些较小的星系。

◀银河系

银河系是一个包含了 2000 亿～4000 亿颗恒星的星系，太阳是银河系众多恒星中的一员。银河系呈螺旋形，直径 10 万多光年。其中的尘埃和恒星形成了绕轴旋转的“手臂”，使银河系像一个圆盘。太阳系位于其中的一个“手臂”上，因此在夜晚仰望星空可以看到银河在天空中的身影——一条暗淡的条带。大约 70% 的已知星系都呈螺旋形，另一些则呈椭圆形或者其他不规则形状。

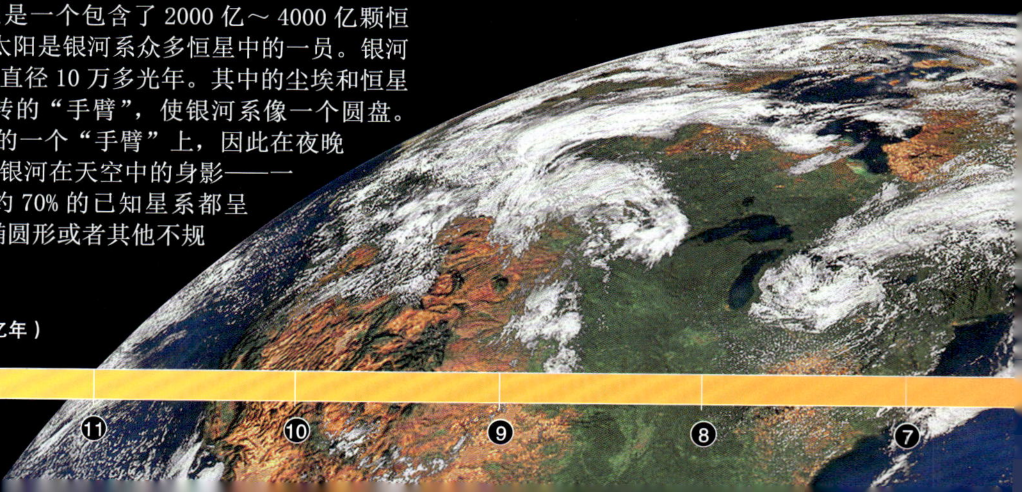

宇宙的年龄（单位：10 亿年）

◀ 大爆炸　星系形成

⑬　⑫　⑪　⑩　⑨　⑧　⑦

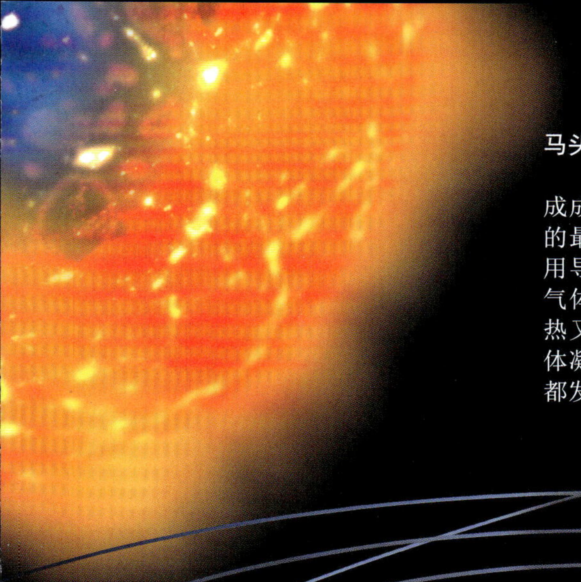

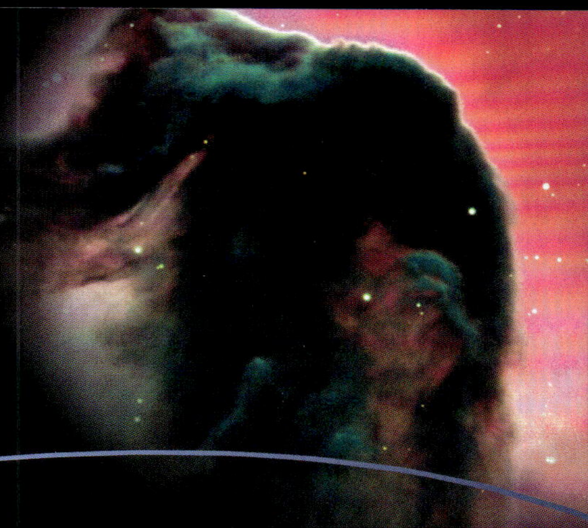

马头星云▶

马头星云是一个厚厚的暗星云，它的构成成分是暗星尘和气体，而这也是构成恒星的最初成分。恒星的形成，是其自身引力作用导致一团氢气作向内坍缩运动而成。这些气体高速旋转，使温度上升；同时，高温高热又加速了气体的集聚。最后，这些高温气体凝聚成了真正的恒星。恒星的内核中时刻都发生着剧烈的核反应，并发出耀眼的光芒。

◀太阳系

太阳系主要由太阳和八大行星组成，还有数不尽的大块岩石和冰粒，例如在火星和木星之间的小行星带。行星是由环绕在太阳周围的岩石、尘埃和气体聚集形成的。最靠近太阳的四个行星都是由岩石物质构成的。再外层的四个更大的行星是由岩质内核和包裹在外的气体组成。

八大行星

名称	公转周期
①水星	88 天
②金星	224.7 天
③地球	365.3 天
④火星	687 天
⑤木星	11.9 年
⑥土星	29.4 年
⑦天王星	85 年
⑧海王星	165 年

地球▼

地球是唯一在其表层存在着水的三种状态——固态、液态、气态，以及提供了生命所必需的生存条件——水和氧气及大气层的行星。与其他星球不同的是，地球有着不那么炙热也不那么寒冷的温度，恰巧适合生命的存在。

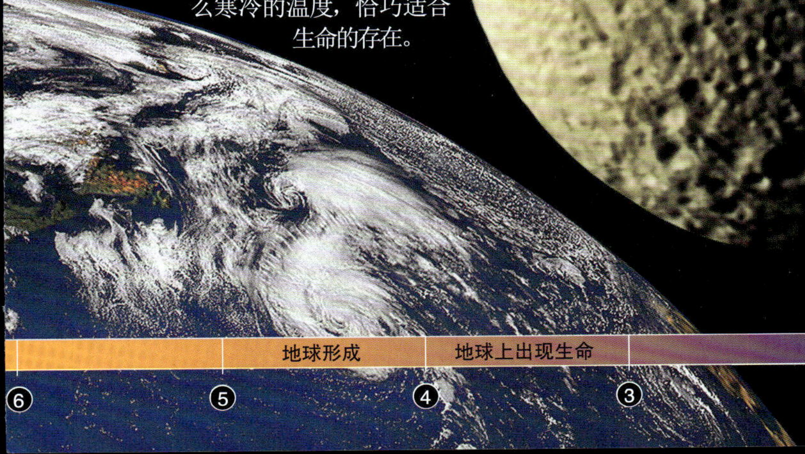

◀月球

除了水星和金星外，太阳系中其他行星都有天然的卫星环绕。体积越大、气体越多的行星所拥有的卫星也越多，例如木星有 79 个卫星。地球只有一个卫星——月球。月球的体积很小，表面覆盖着很多环形山。它没有像地球一样的大气层，所以月球上没有生命。

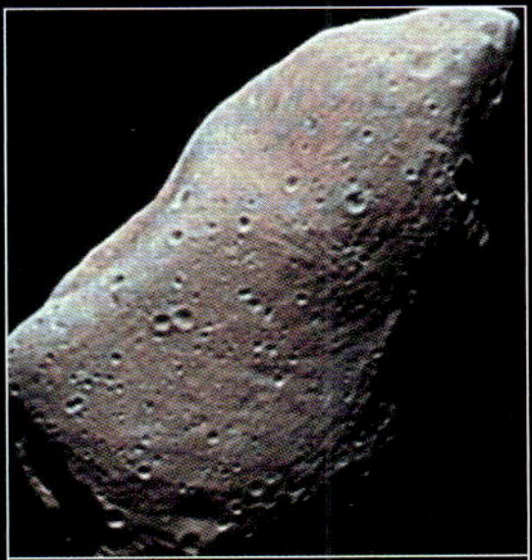

小行星

小行星是由岩石构成的，直径可达 900 千米；相对较小的叫作流星。彗星是由成团的岩石、冰粒以及气体组成的，当它经过太阳附近时，会拖着发光的“尾巴”。

陨石坑

大部分流星会在穿过大气层时燃烧尽。但是，当巨大的流星穿过大气而未燃尽时，它们落在地球表面就成了陨石，巨大的冲撞力会在地球表面留下陨石坑。

地球形成　地球上出现生命　现代 ▶

⑥　⑤　④　③　②　①　⓪

太阳和月球

地球在不间断地围绕太阳旋转，以一年为一个周期。与此同时，它也像一个旋转的陀螺，绕着自己的自转轴旋转。这也使得地球能够控制其表面以怎样的方式来接受太阳的光和热。地球的自转和公转控制着日夜更迭的节奏、一年的长度和四季的更替，人们也根据这个规律设置时间、作息生活。同时，地球也有自己的卫星，那就是月球。月球完成一个公转周期需要一个月的时间。太阳、月球的引力作用引起了地球上的潮汐现象。

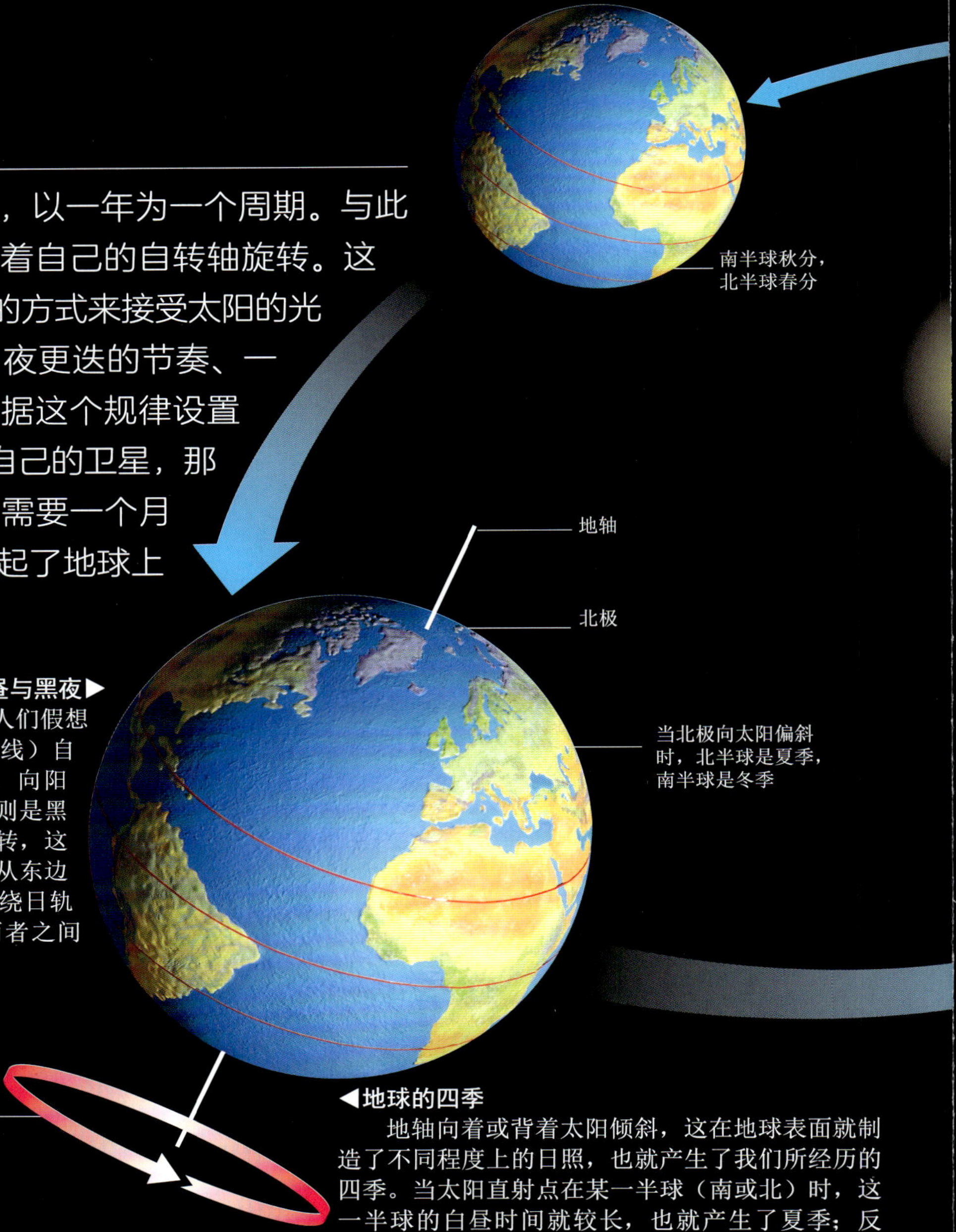

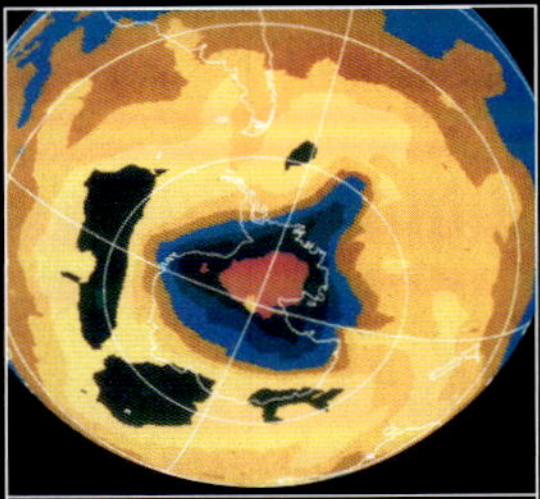

臭氧层空洞

臭氧，是在大气层中发现的一种由氧元素构成的气体。它能吸收太阳辐射中的紫外线部分，并以此保护地球。20 世纪 90 年代，科学家们称一种化工材料正在侵蚀着臭氧层，那就是氟利昂。1985 年，南极洲上空探测到一个臭氧空洞。现在，氟利昂已被禁止使用。

白昼与黑夜▶

地球围绕地轴（人们假想的穿过南北两极的轴线）自转一周需要 24 小时。向阳面即是白昼，背阳面则是黑夜。地球自西向东旋转，这就解释了为何太阳总从东边升起。地轴并非与其绕日轨道平面保持垂直，两者之间保持 23° 26′ 的夹角。

◀地球的四季

地轴向着或背着太阳倾斜，这在地球表面就制造了不同程度上的日照，也就产生了我们所经历的四季。当太阳直射点在某一半球（南或北）时，这一半球的白昼时间就较长，也就产生了夏季；反之，当这一半球的极点偏离太阳，日照变弱、白昼缩短，从而就产生了冬季。在一年的任一时间，地球的两个半球都经历着不同的季节。

挪威的午夜日出

在挪威北部，夏季午夜可以看到太阳。当北极点朝向太阳的六个月里，北半球将会获得更多的日照时间。在盛夏时节，北极圈内一天 24 小时全天都有日照。而在冬季，太阳将不会在天空出现。

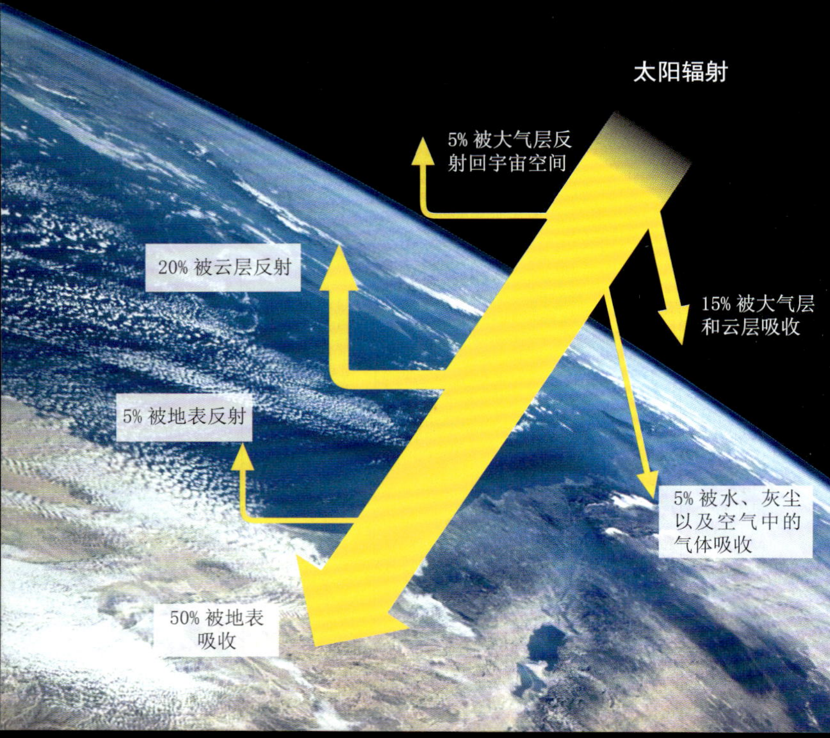

◀太阳辐射

地球吸收着来自太阳的光和热，同时也被太阳其他形式的能量所影响着，包括短波和高能辐射，如：γ 射线、X 射线、紫外线等。这些辐射是有害的，如紫外线会导致皮肤癌并伤害我们的眼睛。而地球的大气层可以保护我们免受伤害——地球最外层大气能够把 γ 射线和 X 射线反射回宇宙空间，臭氧层则可以吸收大部分的紫外线。

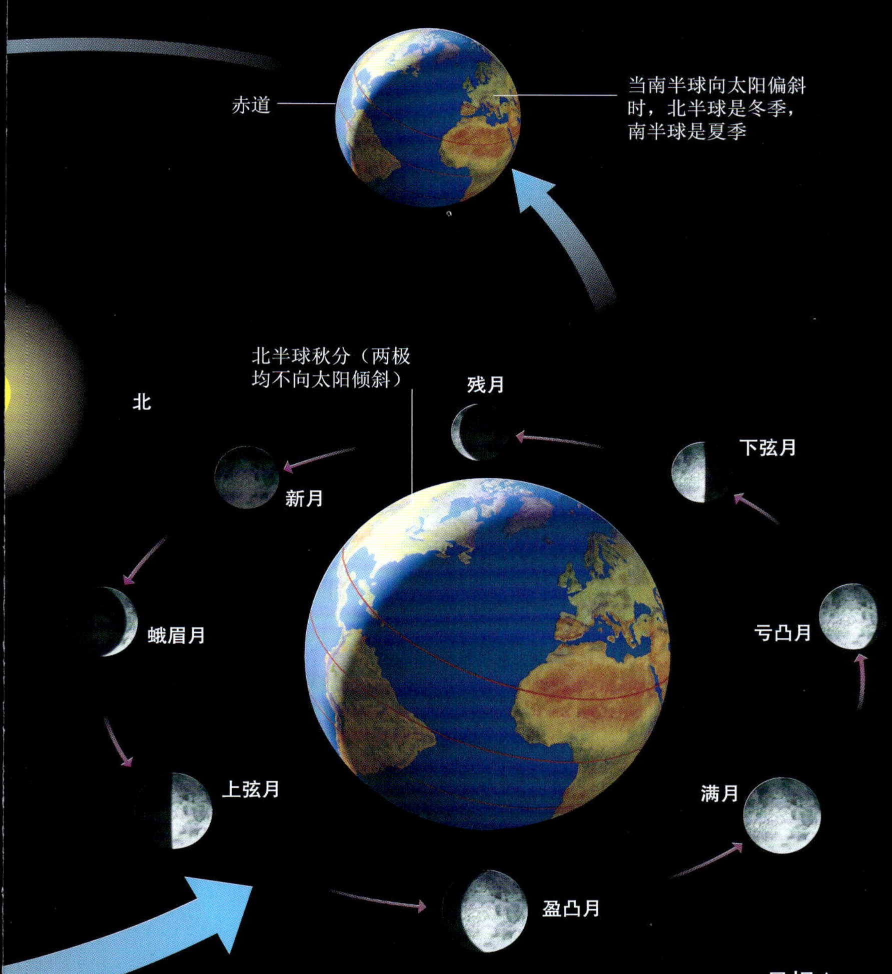

月相▲

月球每 27.3 天绕地球公转一周。与地球相似，月球总有一面能够接收到日光。但是由于月球与太阳和地球的相对位置总在变化之中，每天晚上我们看到的都是月球表面对日光不同比例的反射。在一个月的历程中，月相从一弯新月渐渐到满月，接着又慢慢由满至缺回到最初新月的位置，当月球接收日照的部分背对着我们时，我们将看不到夜空中的月亮。

四季的温度

春季

位于南北两极和热带地区（赤道附近的区域）之间的地域一年之内会经历四个分明的季节。在北半球，3 月 21 日或 22 日为春分日：这时太阳直射在赤道上。此后，白昼变长，气温升高，刺激植物生长。

夏季

夏季是最温暖的季节。在北半球为 6 月至 9 月，而在南半球为 12 月至次年 2 月。在 6 月 21 日或 22 日，北极点指向太阳，呈最大的夹角，节气上被叫作北半球夏至。在北半球，这一天为一年之中白昼最长的一天。

秋季

秋天，白昼变短，气温开始变得凉爽。与春分相对的是秋分，在北半球为 9 月 22 或 23 日。白昼时间的缩短使得植物生长缓慢，许多树木开始落叶，准备冬季的来临。

冬季

冬季是一年之中最冷的季节。每年 12 月 21 日或 22 日（北半球的冬至日），北极点远离太阳，呈最大夹角。严寒与黑暗使得许多动物开始冬眠。另一些动物则迁徙至正经历着夏季的温暖的南半球。

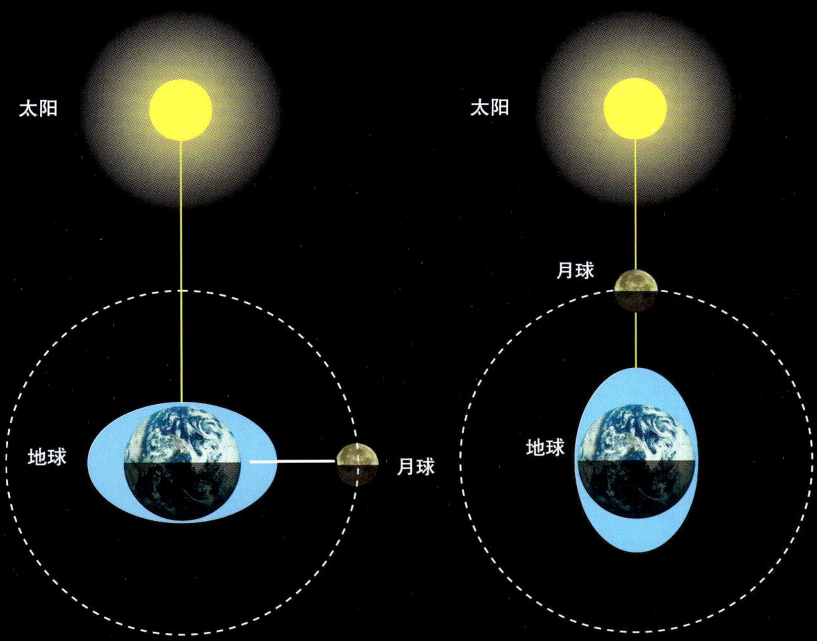

小潮（最低潮）　大潮（最高潮）

◀地球的潮汐

每天，地球的海岸线都因为海平面在有规律地涨落而被海水冲刷着。当月球围绕地球公转时，面向月球的海水将被其引力牵引，产生一个凸起，从而形成涨潮。由于地球自转产生的离心力，地球背着月球的一面也会形成涨潮。地球自转形成了 24 小时内的两次潮起与潮落。当月球与太阳排成一条直线时（每月 2 次），它们的引力会合在一起形成最大的潮汐，叫作朔望潮（大潮）。当引力最弱时，形成小潮。

磁性地球

磁力是一种不可见的力，对特定物质（如铁）呈现吸引或排斥。炙热的地核外层大部分是由液态铁组成的。热量使得铁溶液形成涡流，并具有磁性，这就使地球成为一个巨大的磁体。与其他磁体一样，地球也有南北两极。地球磁场的南北两极与地理位置的南北两极接近。地球的磁性让我们能够使用指南针辨别方向，它同样也指引一些动物的迁徙。

木星上的极光

这一巨大的极光是由太阳粒子受磁力吸引进入木星大气形成的。每个星球都有其磁场。它们中的一些比地球的弱，火星与金星现在的磁场较弱，然而在其形成初期却都有较强的磁场。体积大的星球有着较强的磁场。木星的磁场强度是地球的 2 万倍，也是太阳系中最强的磁场。

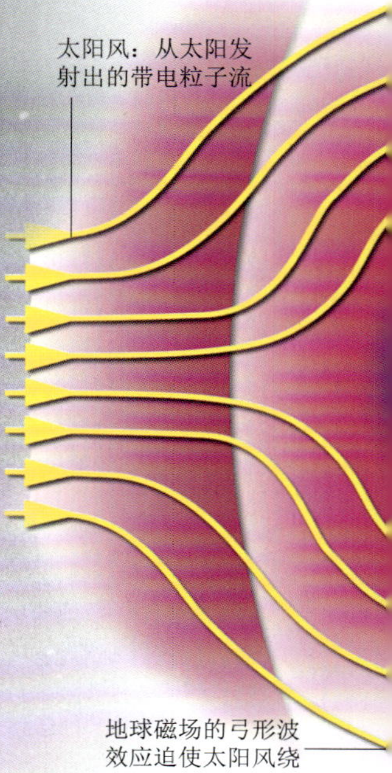

地磁场▶

地球的磁场，简称为地磁场（图中以紫色标出边界），在宇宙中延伸很广。它保护我们不受太阳风——从太阳倾泻出的有害粒子流的袭击。当这些粒子接触磁场，它们被减缓速度并被推向别的方向，只有少数朝向两极射去。太阳风的压力使得磁场改变了它的形状，形成了一个较钝的“头部”和延长至宇宙深处的“尾巴”。

▲北极光

这种在北极夜空中的辉光就是北极光。它是由来自太阳的带电粒子以大约 400 千米 / 秒的速度喷射而成。接近极地的粒子会被地球磁场吸引到大气中，受干扰的磁场将困在磁场中的粒子抛向地球，使高空空气在两极周围发光。

◀南极光

太阳射出的带电粒子也同样影响南半球的天空，形成南极光。在两极，极光大多数都像巨大的窗帘一般展现，但有时也会出现光斑和光带。当太阳活动剧烈的时候，南极光将带来相当壮观的景象。这种情况下，大量强烈的太阳能量向洪水一般袭击大气层，同时也可能造成雷暴。

现代指南针

◀地磁北极

指南针是一种用于指示方向的装置，由一个安装在支点上可自由旋转的磁针指示方向。磁针与地球磁力线相吻合，这样它的尖端总是指向磁极位置。中国人在11世纪发明了指南针。中国人的指南针指向地磁南极。而欧洲人和阿拉伯人更习惯于指向北极的磁针。

▲磁石

磁铁矿是一种常见的铁矿，也是一种天然具有磁性的矿石。它在地下被地磁场磁化。磁石是一种永磁体，不会失去自身的磁性。而暂时磁铁，如铁片，移出磁场后磁性就消失了。

指南针导航

公元前4世纪，古代中国人就发现了磁石的特殊性质，但是直到11世纪才发现可以利用磁体使细小的铁或钢针带有磁性，从而发明了指南针。

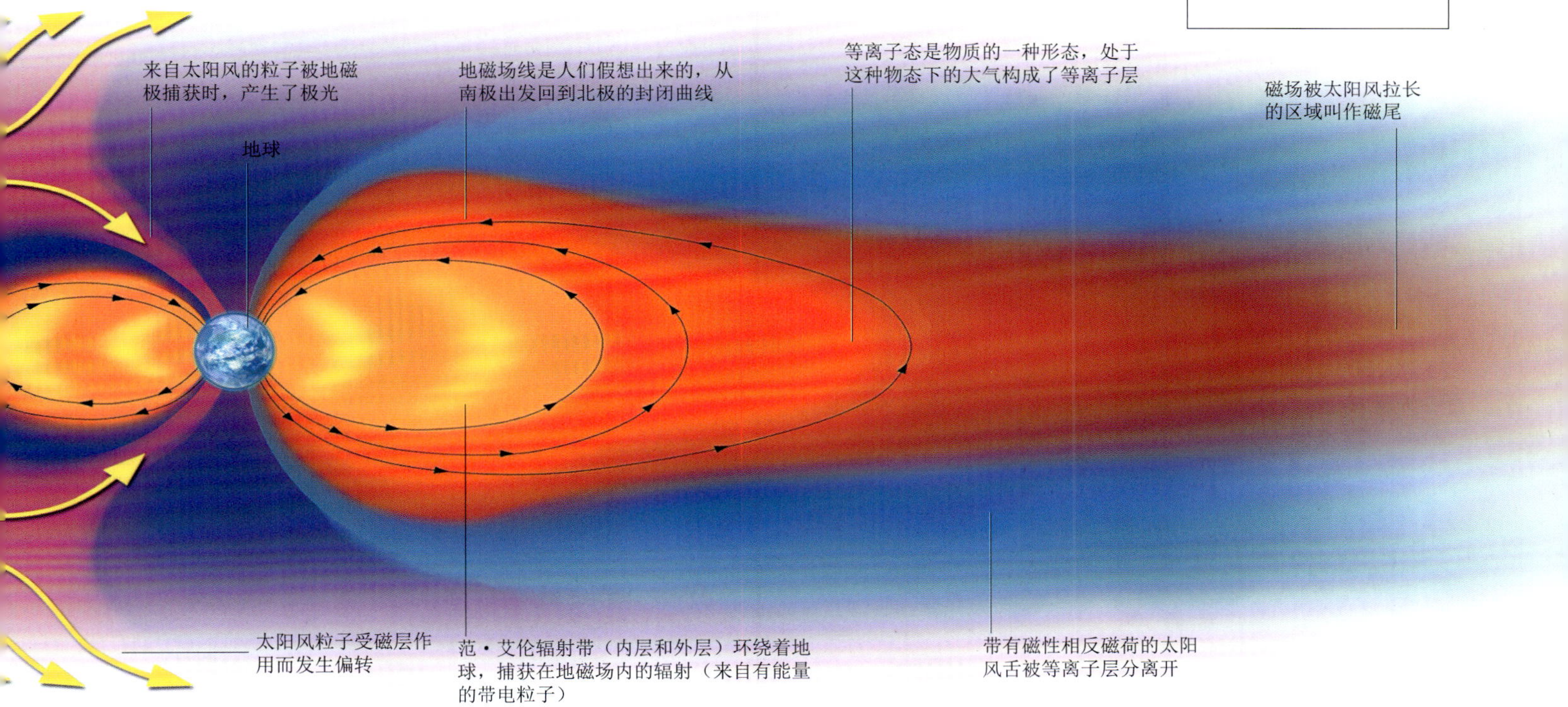

红海龟迁徙路线

红海龟可以利用地球的磁场在大西洋中判断方向。在佛罗里达州产卵之后，红海龟又会爬向大海。它们中的大多数在今后的几年里都在随着洋流前行。对磁场的感知帮助它们不受流向东北方的洋流干扰，而是保持向南方的非洲海岸前行，直到成年时返回佛罗里达沿海繁殖下一代。

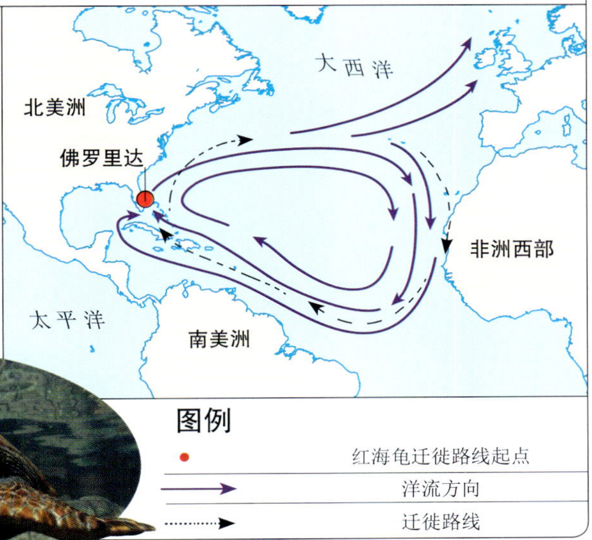

▲搁浅的鲸

鲸经常单独或成群结队地在海滩上搁浅。有一种理论说，它们在迁徙过程中会利用对磁场的感知来导航，但是这个系统有时却让它们"误入歧途"。虽然尚未有相当确凿的证据，但是1980年的一项调查研究显示，长须鲸会在弱磁场中丧失方向感。失去方向感的长须鲸会判断错误，游向突然出现的障碍物，如低浅的沙滩上，导致搁浅。

地球与生命

生命活动依赖于以各种形式存在的水。地球是已知唯一存在液态水的星球，也是唯一已知有生命活动的星球。地球温度十分适宜，使水能以各种形式储存在大气、海洋、土壤和冰盖中。在地球的表面是一层生命体活动的区域，叫作生物圈。整个生态系统包括所有的动物、植物、微生物和真菌等及其他构成生态循环的无机物。

蓝色星球▶

从太空中看，地球是一个闪光的蓝色行星，水泽广阔，云雾缭绕——那是我们宝贵的大气层。形成大气层的主要气体——氮气和氧气，被重力所吸引，停留在距地球表面 50 千米内的空间里。它们形成一个很薄的气层，像在地球表面套了一层膜。

太阳▶

要维持生命，仅有水分是不够的，来自太阳的能量也是必需的。植物利用日光进行光合作用，这个反应把二氧化碳和水转化为营养物质。地球的大气层能够阻挡有害的太阳辐射到达地表，同时也吸收充足的光和热来维持生命活动。

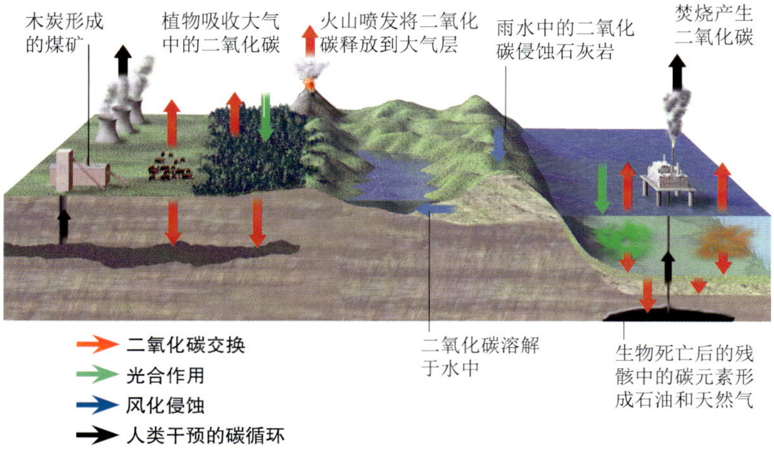

◀碳循环

除了水以外，有机化合物（有碳元素的化合物）是形成生命的最重要的物质。地球的碳储藏在石头、土壤、水分和大气中，也存在于动、植物组织中。它很轻松地从一种形式转化为另一种形式，然后立即被生物圈的所有成员吸收。

◀海洋

海洋中的咸水占地球水量的 96.5%。剩下的 3.5% 是淡水（几乎不含盐分），相当于总水量的 1.7% 的淡水以极地冰盖的形式存在，另有几乎等量的淡水存在于陆地表面（河流与湖泊中）。极少的一部分水在大气层中游荡。水对我们至关重要，它在我们身体中占据了约 60% 的体重，任何生命活动都有水参与。

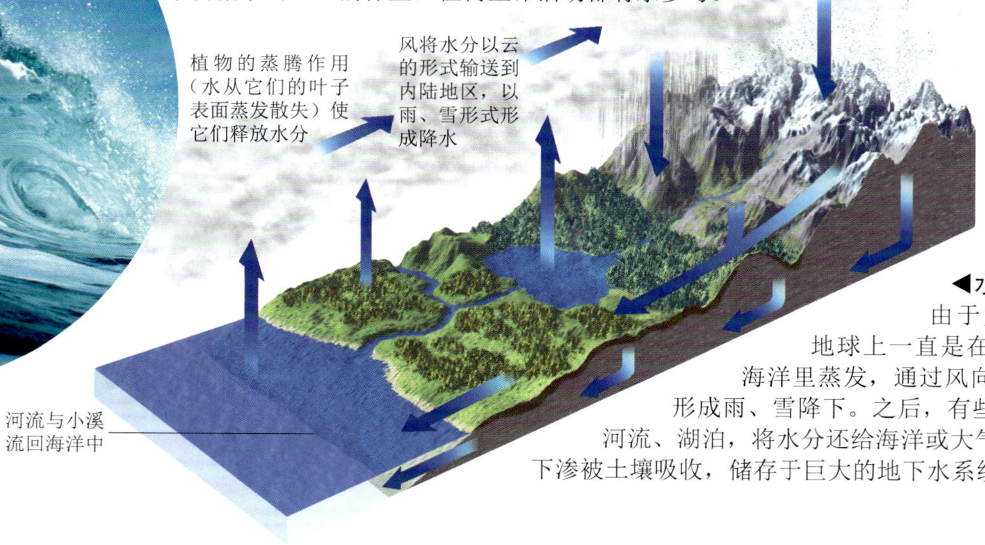

◀水循环

由于太阳能的作用，水在地球上一直是在运动变化中的。它从海洋里蒸发，通过风向内陆输送水汽，然后形成雨、雪降下。之后，有些水分流过地表形成了河流、湖泊，将水分还给海洋或大气。降水的很大一部分下渗被土壤吸收，储存于巨大的地下水系统。

生物群系

生物圈并不是均匀地分布在地球表面的。日照、温度、降水量、地貌、海拔、大气和海水流动等因素各地不同。多种多样的条件创造了多姿多彩的气候，每种气候条件下都有独特的生命形式组合。科学家把这些组合分类编组，称作生物群落，其中的一些如下所示。

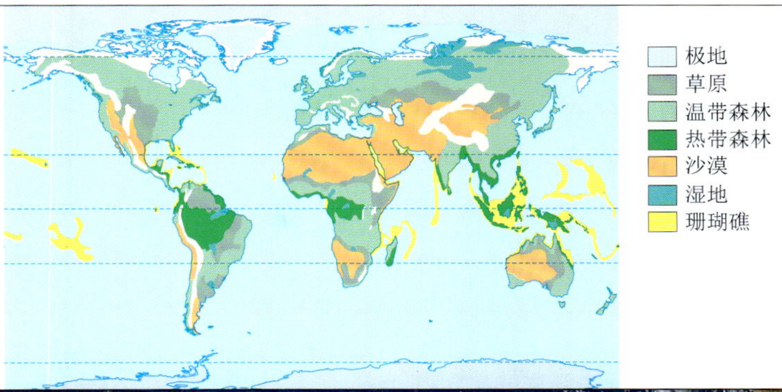

森林▶

从温暖潮湿的热带到寒冷的北方，树木能适应多种多样的气候。今天，森林覆盖了地球陆地面积的1/4。森林作为多种生物群落中最肥沃的部分，是世界上至少一半物种的栖息地。森林生产地球上几乎一半的有机物，储藏了地球上一半的碳元素。森林能有效防止水土流失。森林堪称“地球之肺”，因为它们将大量二氧化碳转化为氧气，从而维持大气的碳氧平衡。

沙漠▶

全球最干旱的地方是沙漠。有的沙漠气候炎热，有的终年温度很低——甚至低于冰点，但是它们都很干燥。然而尽管如此，生命还是能适应如此恶劣的条件。植物能够长出很长的根从而获取地下很深地方的水分，或者长年累月地处于不活跃状态直到突然短暂的降水允许它们开花结果并播下种子。沙漠动物为了躲避烈日，一般情愿在夜间活动。沙漠的生态系统非常脆弱，牲畜的过度放牧可能使北非和中亚地区的沙漠面积不断扩大。

草原▶

草原上的降水过少，不足以支持一片森林的形成，但是足以让草类和灌木生长繁茂。这里的植物习惯了贫瘠的土壤、频繁的干旱和火灾。草原包括干草原、灌木草原和低树草原。北非的热带稀树草原上，在低矮的草覆盖的陆地上有零星分布的树木，这里是许多种类的食草动物和食肉动物的栖息地。地中海沿岸的灌木草原的形成则是由于那里湿冷的冬季和干热的夏季。

极地▶

极地是地球上最冷的地方。南极大陆和大块陆地被南半球风暴频繁的海洋分隔开来。那里是几乎没有生命生存的荒原，冰封雪盖。北冰洋有着较为温和的气候，尤其是夏季，苔原上生机勃勃。两极地区的海水含氧量都很高，供养着多种多样的生物群体。

地球的年龄

我们生活的地球年龄超过 46 亿年。我们是如何知道的？地质学家研究岩石来推测远古时期所发生的事情。他们以重大的变化为标志将地球漫长的历史分为几个阶段，将其列出就构成了地质年代表。地质学家利用这个表去比对他们的地质发现，从而增进对地球的了解。

◀钾－氩年代测定

通过放射性年代测定估测岩石的确切年龄。岩石里的一些元素具有放射性：它们分裂并形成其他元素。例如，钾-40 衰变形成氩-40。地质学家知道钾衰变的速度，所以就可以利用岩石中氩元素的含量来估测岩石的年龄。

早期生物

大约 5.41 亿年前，根据那个年代化石的多样性判断，那时起地球上的生物突然繁盛起来。生物第一次有了硬的甲壳，这既有利于它们存活，同时也提供了更好的化石标本。这张图片上是一只寒武纪时期的三叶虫，沉入海底并形成化石，三叶虫被称为海底的清道夫。

藻类化石

现在我们所知道的最老的生命形式是微小的单细胞结构，例如细菌和藻类。如果你想要观察这块发现于北美、属于前寒武纪、距今 20 亿年的藻类化石，你还需要配备一台显微镜。

▲火山——生命的开始

最初，地球表面太过炎热，使得地表的一切都是液体。随着温度的降低，岩石变得坚硬起来。火山喷发出岩浆和气体，包括二氧化碳、氮气以及水蒸气。由水蒸气带来的降水形成了海洋，二氧化碳溶解于海洋。从这里，第一个能将二氧化碳转化为氧气的生命形式诞生了。

▲叠层石

叠层石是由藻类的尸体构成的像席一样的薄层。藻类在浅水菌落群中生长，吸收太阳光来产生能量。叠层石是一种古老的化石，在 35 亿年前的岩石中被发现。现在，在澳大利亚以及北美洲还存在仍在生长的现代叠层石。

宙	前寒武纪——最早的陆地							
代		古生代——古代生物的时代						
纪	前寒武纪	寒武纪	奥陶纪	志留纪	泥盆纪	石炭纪		二叠纪
世						密西西比亚纪	宾夕法尼亚亚纪	
	46 亿年前	541 百万年前	488 百万年前	444 百万年前	416 百万年前	360 百万年前	318 百万年前	299 百万年前

◀陨石坑

大约在 6500 万年前，在地球的历史上发生过一次生物大灭绝事件，事件是由一颗巨大的陨石撞击在墨西哥尤卡坦半岛造成的。撞击造成火山爆发，产生的火山云遮天蔽日，持续数年之久，地球生态遭受严重毁坏，植物相继死亡，恐龙时代因此走向灭绝。

◀猛犸象

这个藏有猛犸象的冰块是于 1977 年在西伯利亚挖掘出土的。这不是化石，而是一头保存完好的猛犸象尸体。冰的包裹使它避免了腐蚀的命运。猛犸象在外观上酷似大象，比大象有更多的毛和较小的耳朵。它们在北部的草原上自由地生活到 1.1 万年前，由于气候的变冷和人类的捕杀而灭绝。

化石的记录

化石是了解地球历史的重要记录。它让我们能够研究很久以前就灭绝的生物。不同的岩石层包含有不同的化石，科学家们据此来推断地球是怎样演化的。这位科学家正在美国西南部挖掘一块恐龙化石。

现代人头盖骨

在非洲发现的类人头盖骨以及脚印大概可以追溯到 450 万年前。这些化石让我们推断得知，我们的祖先比较矮，像猿一样用后腿行走。现代人类——智人出现在 130 万年前。如果把地球演化的历史浓缩成 24 小时，那么人类在这一天距离午夜零时来临还有 6 秒钟时才出现。

▲侏罗纪蕨类植物

蕨类植物有距今 3 亿多年的历史。这个位于华盛顿州的树林有许多像侏罗纪时代的蕨类植物。那时恐龙从这些蕨类植物旁缓慢走过。这些蕨类植物树种为锥形。在侏罗纪时代，植物是不会开花的。

▲食草类哺乳动物

恐龙灭绝之后，哺乳动物便占据了统治地位。它们自 6500 万年前的新生代开始繁盛，并延续至现在。它们生活在凉爽并且有着开花植物和青草的世界。各种新出现的哺乳动物进化到适应广阔的平原上生活，有着可用于切割和磨碎植物的牙齿和用来奔跑的腿。

显生宙——有大量生物存在证据的时代

中生代——爬行动物占据统治地位的时代				新生代——哺乳动物占据统治地位的时代							
三叠纪	侏罗纪	白垩纪		古近纪			新近纪		第四纪		
		早期	晚期	古新世	始新世	渐新世	中新世	上新世	更新世	全新世	
251 百万年前	206 百万年前	145 百万年前	100 百万年前	65百万年前	55 百万年前	34 百万年前	23 百万年前	5.3 百万年前	2.59 百万年前	1.17 百万年前	现今

地球内部

地球由不同的层构成，这些分层形成于这颗星球产生初期，那时气候异常炎热。大致的分层是中心的地核，其外是地幔，最外层是地壳，也就是我们居住生活的地方。地球至今也依然很热，热量使其内部有着流动的熔岩层，使得板块——岩石圈破碎形成的分块——在其上滑动。地球保持运动的证据存在于地表：运动的板块导致火山爆发还有地震。事实上，正是通过研究地震时的震动，科学家们才发现了地球的分层结构。

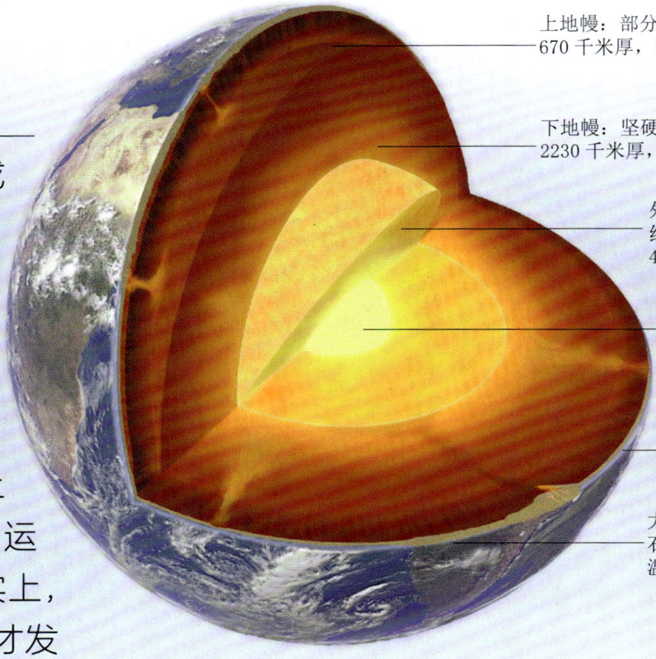

▲地球分层

地球形成之初就是一个炙热的气体与尘埃的熔融物。较轻的物质漂浮在表面并冷却下来形成地壳。较重的物质，诸如铁和镍，沉至地核。风化层有着类似于玄武岩的组成。上地幔接近熔点并缓慢移动。更深处的压力更大，使得下地幔较为稳固。与此相类似的，金属在外地核熔化，却在内地核因巨大的压力而成固态。

▼地壳景观特征

岩石圈是地球的刚性外壳，由地壳和上地幔组成。岩石圈断裂成许多独立的板块，地球内部最深处的热量使得地幔内部形成了岩浆流，使得其上的板块能朝不同方向滑动。在有些地方，这些板块相互撞击；在另外一些地方，它们相互摩擦或相互远离。

熔融的铁（地核）

至今为止，尚未有人研究过地核的样本，但人们推断，它大部分是由铁并伴随着少量的镍金属组成的。这两种金属都非常致密并且厚重，它们在地球形成的历史上都早于其他金属发生了沉降，并组成了地核——地球最早形成的层。今天，地球高达 35% 的成分是由铁组成的。热量和地球自转使得熔融的铁在外地核形成旋涡，也使得地球形成了磁场。

橄榄岩（地幔）

橄榄岩是主要由橄榄石以及辉石组成的深黑色、厚重的岩石。这种岩石的样本曾在火山爆发中从地底深处被喷射出来。它说明了地幔是由橄榄石以及其他含有镁、铁、硅的矿物。科学家曾经在实验室中挤压橄榄石，在显微镜下发现橄榄岩极为细小精细的结晶。这一晶体结构在压力下变得更为坚实。

玄武岩（地壳）

玄武岩是一种结晶程度不一、厚重的火山岩。地下岩浆从地幔喷出，填充进离散大陆边界间的海沟，这样就形成了玄武岩。它是地球表面最为常见的岩石。玄武岩可以被喷射出，形成陆地（如图所示形成圆柱状玄武岩），但它也可以形成大洋地壳。没有任何部分的大洋地壳超过 20 亿年历史，因为这种岩石在消亡带中被不断地消耗掉。

地球地壳的特征

1. **大陆地壳**：由多种岩石组成，比大洋地壳厚。
2. **盆地**：位于被抬高的地域之间，并填充有沉积物。
3. **汇聚大陆板块**：地壳沿着断层堆积。
4. **上升的山脊**：大陆汇聚使岩石隆起形成高大的山脊。
5. **大洋地壳**：由坚硬的玄武岩组成，比大陆地壳薄许多。
6. **上地幔**：部分熔融，其上部固体部分同地壳一起构成岩石圈。
7. **下地幔**：诸如橄榄岩般固态、致密的岩石在上地幔中形成。
8. **大洋扩散板块**：随着它们运动分离，岩浆上升形成大洋中脊。
9. **地幔热点**：在由火山构成的小岛上，熔岩喷出地幔的点。
10. **海沟**：由于较重板块下沉至较轻板块之下，在消减区形成。
11. **消减区**：在板块汇聚处，由于一个板块下沉至另一个之下所形成。
12. **复合火山**：在消减区，由从地幔喷射出的岩浆组成。
13. **裂谷**：地壳被分离，之间的陆地下沉，形成了裂谷。

板块运动

我们脚下的地球从未停止过运动，其坚硬的外壳——岩石圈，组成了地壳以及最坚硬的上地幔最上层。整个岩石圈断裂成近 20 个大的板块，漂浮在上地幔中半融化的部分——软流层上。描述地球板块运动的学说叫作板块构造学。大洋表面以下的板块虽然厚度相对较小，但都是由密度较大的物质所构成的；与此相对，大陆板块虽厚度较大，其构成物质却相对较轻。有些板块滑动到相邻的其他板块之上，有些聚集挤压，有些相互分离。在板块相遇的边界，产生了许多有趣的地质现象，诸如山脉、火山、海沟以及地震。

▼板块的聚合：喜马拉雅山脉

位于亚洲南部的喜马拉雅山脉是由板块聚集碰撞形成的。大约五六千万年前，印度洋板块向东北方向运动与欧亚板块相撞。如果是厚重的大洋板块，就将会俯冲到在欧亚板块之下，然而由于两个板块均为大陆板块，它们都具有厚而轻的性质，致使两者中任一个都不可能俯沉入另一个之下。于是是印度洋板块的北面隆起，形成了今日的喜马拉雅山脉。

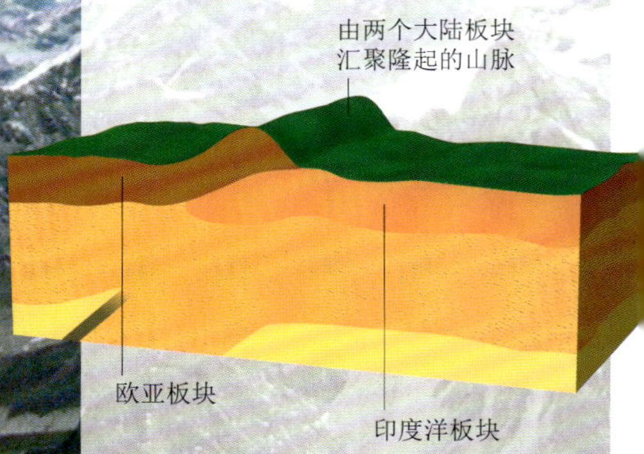

板块边界

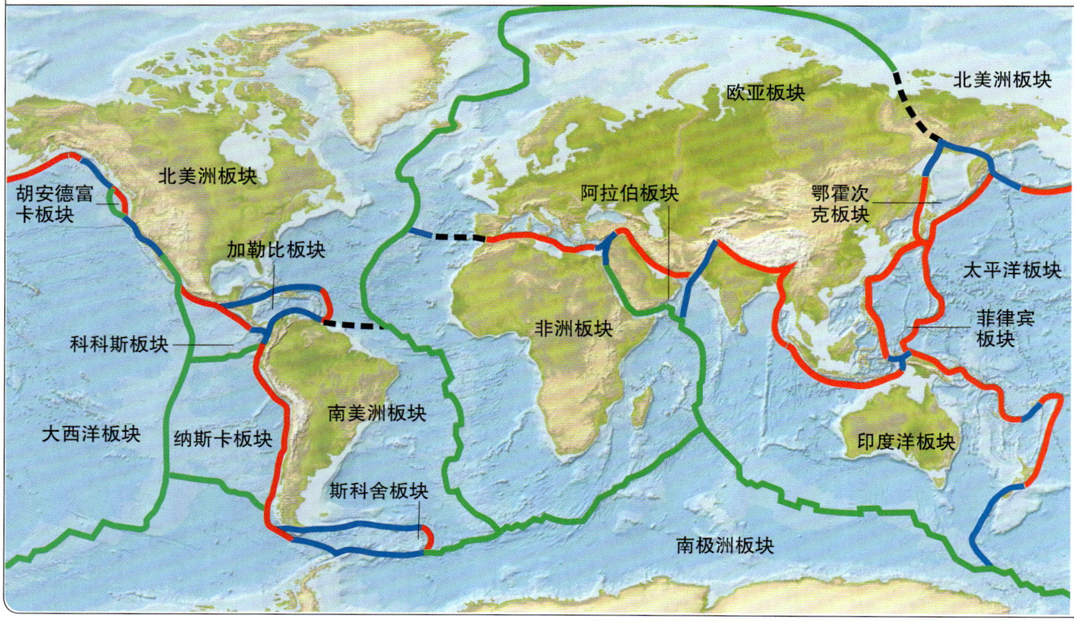

板块边界分为三种类型：汇聚型边界、离散型边界和转换断层。板块边界是最容易发生地震的地方，尤其是汇聚型边界和转换断层，经常会发生强烈的地震。大西洋沿岸的汇聚型边界也有许多火山存在。大多数的离散型边界沿着大洋中脊，在那里，从地幔涌出的玄武岩岩浆将它们所留下的沟壑填充，冷却后就在洋底形成了新的地壳。

◀离散型边界

从大约 5000 万年前非洲板块和阿拉伯板块分离开始，红海就开始成为东亚和阿拉伯分隔处。随着板块的分离，厚重的岩层滑落进断层，从此以后，这个裂缝就被海水注入，从而使红海裂谷与印度洋中部的海岭相连。

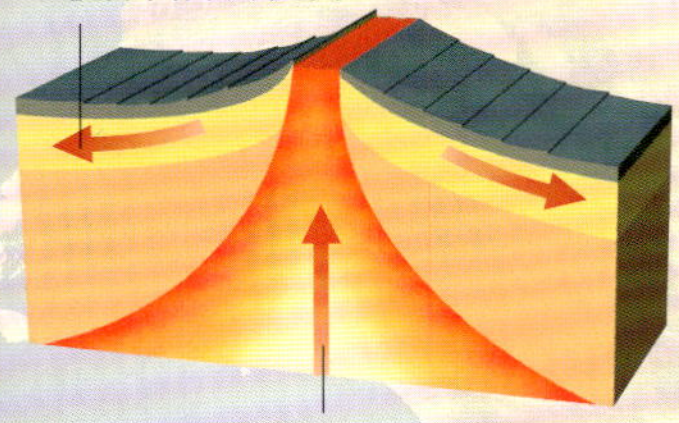

◀汇聚型边界

南美的安第斯山脉是由于消亡运动（大洋板块于汇聚边界俯冲到大陆板块之下的现象）而形成的火山山脉。在纳斯卡板块伸入南美洲板块之下的过程中，它也慢慢沉入地幔，致使部分上层地幔熔化形成岩浆；而岩浆上升冲出地壳则形成了火山。

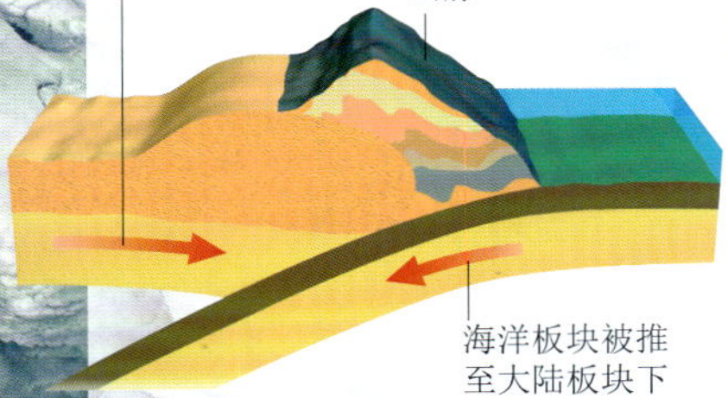

◀转换断层

在美国太平洋海岸的圣安德烈斯大裂谷是一处典型的转换断层。岩石的摩擦导致两个相互滑动的板块——太平洋板块和北美洲板块长时间地固定在一起。随着两板块间的张力逐渐增大，它们滑动过程中突然性的运动便会引发巨大的震动，于是产生地震。1906 年，在这个裂谷发生了一次巨大的地震，那次所引起的大火甚至吞噬了旧金山的市中心。

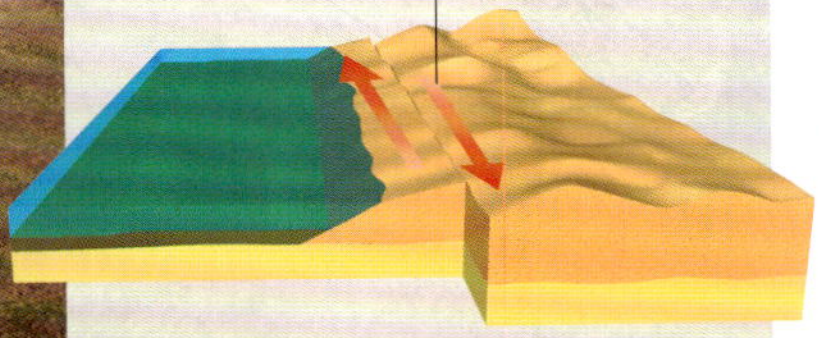

运动的大陆

德国地质学家阿尔弗雷德·魏格纳是第一个提出板块运动学说的人。他发现南大西洋两岸的海岸线十分相似，并认为大片陆地的边沿可以像拼图游戏一样的接合。然而他的观点直到 20 世纪 60 年代才被人们广泛接受。

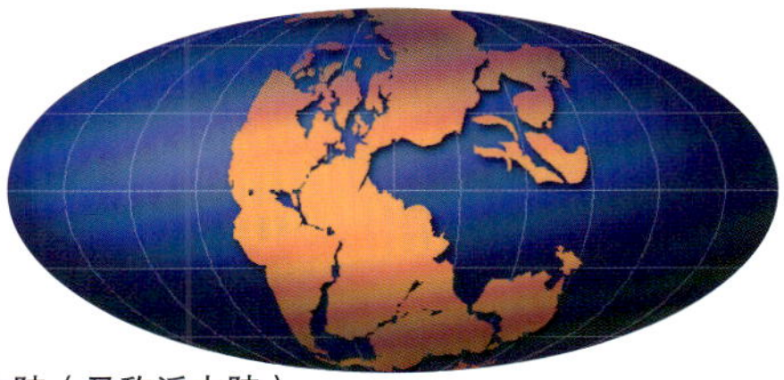

盘古大陆（又称泛大陆）

从 35 亿年前大陆板块形成的时候，它们就开始运动，并不断结合、分离，重塑海洋。阿尔弗雷德·魏格纳所发现并比喻为拼图的陆地被命名为盘古大陆，它展现了 2 亿年前早期恐龙生活的时代大陆的形态。

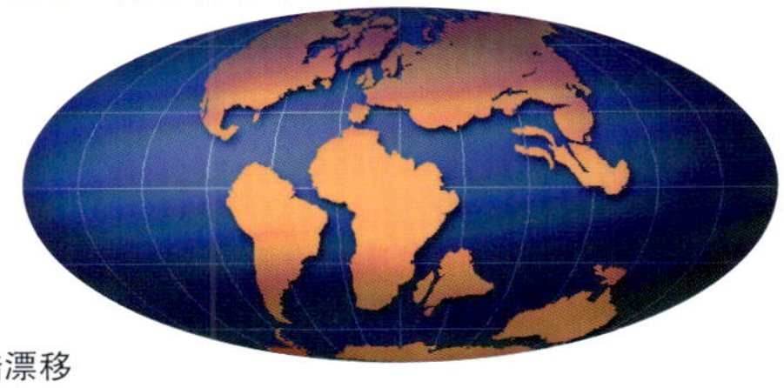

大陆漂移

1 亿年以后，盘古大陆分裂成几部分；离散的板块分开形成了大西洋。南美洲向西部漂移；南极洲离开非洲东海岸向南极漂移；印度向东北方的亚洲漂移。

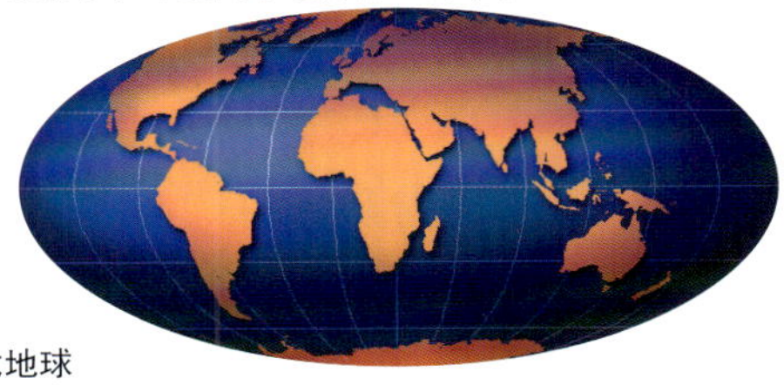

当代地球

现在的地图上显示的印度是在它与欧亚板块碰撞之后的样子。格陵兰岛从北美洲分离，北美洲与南美洲有陆桥连接。澳大利亚漂移至太平洋。由此看出，在前后的 1 亿年中，我们的地球完全可以被描绘成截然不同的两幅地图。

断层中的证据▶

岩石为地球的板块运动理论提供了证据。舌羊齿，作为一种植物的化石曾发现于印度、澳大利亚、非洲以及南美洲等地。在舌羊齿生存的年代，大约 2.5 亿年前，这些现在远离的陆地，当时一定是彼此紧密连接的。同样，生活于 2.8 亿年前的中龙（Mesosaurus）——一种淡水两栖动物的化石在非洲以及南美洲的大西洋海岸均有发现。

舌羊齿化石

中龙化石

火山（一）

地球表面约五分之四由火成岩组成。岩浆及地壳中熔化了的岩石穿过上层地幔涌出地表，之后冷却、变硬，成为火山岩。地球很活跃并不断变化着，火山的存在就是这一说法的有力证据。火山最常见的地方是构造板块的交界处——在两块大洋板块相互分离的地方，相对平和的喷发造就了洋底长长的火山脊；而在大洋板块向其他板块下方俯冲的地方，则会形成一连串由岩浆固结形成的岩石以及火山灰堆积而成的锥形复式火山。这种火山的喷发极具爆炸性，能够导致极为严重且范围广大的破坏。

复式火山▶

岩浆从裂缝中涌出形成了火山槽，火山下部的压力将岩浆推至表面，完成喷发。含气体和硅质物较少的熔岩十分松软，喷发时如同奔腾的河流；而含硅和气体特别多的熔岩则较为黏稠，通常以爆炸性方式喷射出来。这些喷射物中带有大量火山碎屑（粉碎成微粒的岩石和玻璃状火山岩的碎片）以及大块的熔岩。能够喷发出岩浆岩原料和熔岩的烈性火山被称为复式火山。

全球火山活动分布图（著名的火山）

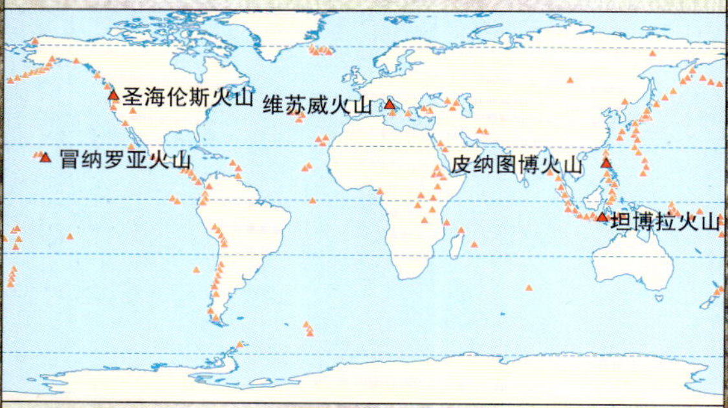

名称	重要喷发时间	地点
冒纳罗亚火山	处于活跃状态	美国夏威夷
皮纳图博火山	1991 年	菲律宾吕宋岛
圣海伦斯火山	1980 年	美国华盛顿州
坦博拉火山	1815 年	印度尼西亚巽他群岛
维苏威火山	公元 79 年	意大利庞贝

复式火山

1. **软流层**：上层地幔的下部层，包含半熔化的岩石。
2. **岩石圈**：地球的坚硬表层，包括上层地幔的最外层和地壳。
3. **岩浆房（腔室）**：地壳中由岩浆涌上来并充满岩浆的“储藏室”。
4. **深层岩体（侵入岩）**：埋藏较深的大量岩浆岩。从前曾经作为岩浆房中的岩浆冷却变硬后的产物。
5. **岩管（岩筒）**：竖直穿过岩石层的通道，是岩浆到达地表的路径。
6. **层状火山锥**：以前喷发的熔岩和火成物质的堆积。
7. **火山口**：地表的开口，火山物质从这里喷射而出。有些火山有许多个喷口。
8. **火山碎屑流**：炽热而致命的火山碎屑似尘、似云，从火山山坡上急速流下。
9. **熔岩流**：喷出地表丧失部分气体的岩浆，冷凝后称为熔岩。
10. **破火山口**：当岩浆喷口的内壁崩塌后（常常是在一次剧烈的喷发之后）形成的大坑。

▲圣海伦斯火山，美国华盛顿州

1980 年，美国的圣海伦斯火山剧烈喷发。3 月时，这个古老的复式火山就已显现出喷发的征兆，当地也出现一系列地震。5 月 18 日，一次地壳震动引发了山体滑坡，圣海伦斯火山的“怒火”由此触发——接近 1 立方千米的岩石被抛到空中。火山爆发后，这座山峰被削低了 400 米。

▲冒纳罗亚火山，美国夏威夷

夏威夷的冒纳罗亚火山海拔 4169 米。由于太平洋板块经过一个固定的“热点”而形成的火山群，组成了长链一般的夏威夷群岛（多数是在水下），横贯太平洋，绵延可至 2400 千米之长。冒纳罗亚火山是一个盾形火山，反复的软黏熔岩喷发形成了坡度缓和的火山坡。与复式火山不同，这种盾形火山很少剧烈喷发。

▲火炉峰，留尼旺岛

留尼旺岛上的火炉峰是一个玄武岩火山，由一个“热点”形成。作为地球上最活跃的火山之一，它几乎每两年就喷发一次。留尼旺岛是一个巨大洋底火山的山尖，而造就这个火山的“热点”就位于印度洋底留尼旺岛与马达加斯加岛东海岸遥遥相望。火炉峰在喷发的时候，侧翼的裂隙上的气孔通常被气流冲开，流出滚烫而红热的液态熔岩流；发黑的硬质熔岩则在其后缓慢流涌出来。

火山（二）

有些火山的喷发是熔浆、气体、灰尘物质的剧烈爆发。夏威夷群岛上的火山喷发时会形成巨大的喷泉和奔流熔浆，但是却只引起较小的损失。是什么在火山里安放了“炸药”？答案就藏在熔浆中。熔浆作为一种易爆物质，也被称作流纹岩质或安山岩质熔浆，它们非常炽热而黏稠，并且可能含有大量挥发物（溶解的气体）和硅质。夏威夷岛上的熔浆是玄武岩质的——它们稀松、滑软，只含有较少的气体和硅质，因而造成的破坏也相对较小。

西西里岛埃特纳火山的斯特隆博利型喷发▲

这种喷发是指火山反复将流体形态的熔浆喷入空中，其命名自西西里岛旁边斯特隆博利岛上的活火山。火山释放的气体，比如水蒸气和二氧化碳，被称为火山挥发气。当岩浆还在地下很深的地方时，压力将挥发气保持在溶解状态；随着岩浆上升，压力减小，气体像打开一瓶碳酸饮料时一样猛地挥发出来——翻滚冒泡的挥发气将岩浆冲散，并从火山口喷发出来。

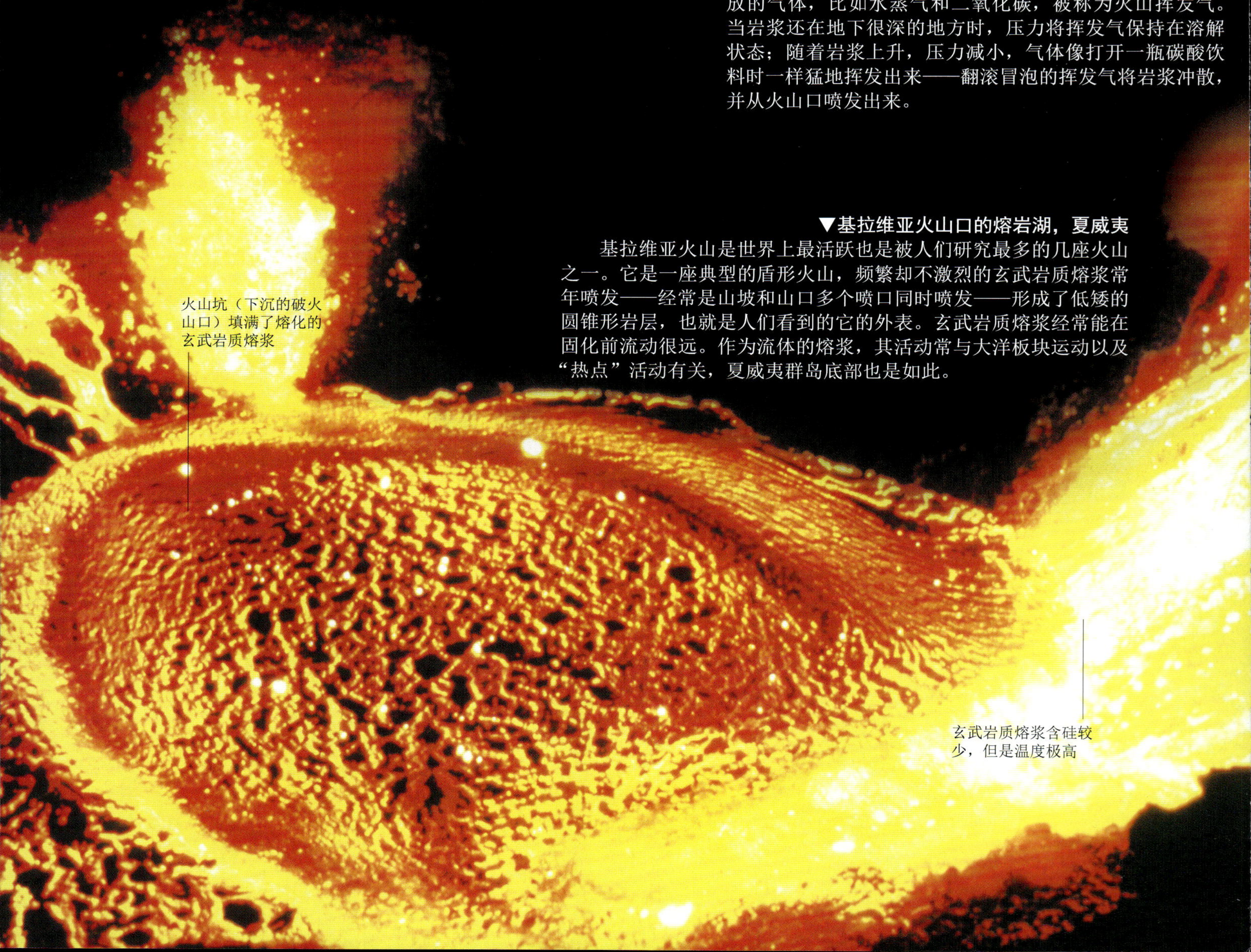

▼基拉维亚火山口的熔岩湖，夏威夷

基拉维亚火山是世界上最活跃也是被人们研究最多的几座火山之一。它是一座典型的盾形火山，频繁却不激烈的玄武岩质熔浆常年喷发——经常是山坡和山口多个喷口同时喷发——形成了低矮的圆锥形岩层，也就是人们看到的它的外表。玄武岩质熔浆经常能在固化前流动很远。作为流体的熔浆，其活动常与大洋板块运动以及“热点”活动有关，夏威夷群岛底部也是如此。

▲夏威夷的有顶岩管

岩浆管由极热的软黏熔岩形成，经常是玄武岩质岩浆。当岩浆经过一个很窄的管状槽时，它表面的皮层可能硬化成为顶盖一样的物质。在这一层盖子下面，一“管”滚烫的岩浆保持着流动状态；当然，这个顶盖也有时破裂，例如夏威夷群岛上的这个有顶岩管——当熔岩管流干的时候，它们就成了火山洞穴，同时也是探险家喜欢光顾的地方。

纳米比亚的玄武岩柱▶

玄武岩质熔浆有时自然冷却形成多面的柱形体。这张照片展示的是纳米比亚的泰菲方丹的火山岩，由于它们的排列和垂直的形状而被称作“风琴管”。辉绿岩（玄武岩的一种）柱体是大约 1.2 亿年前形成的。这种极具特色的玄武岩柱在爱尔兰北海岸（“巨人堤”）和冰岛也能看到。

玄武岩质熔岩的类型

枕状熔岩

海底火山喷发时，经常在海床上形成枕形熔岩。当流动的熔浆接触冷水时，立即形成厚厚的一层壳，使得每个“枕头”里的熔岩都相对更慢地冷却。如果你在陆地上找到了这样的枕形熔岩，这个地区以前肯定是在水下的。

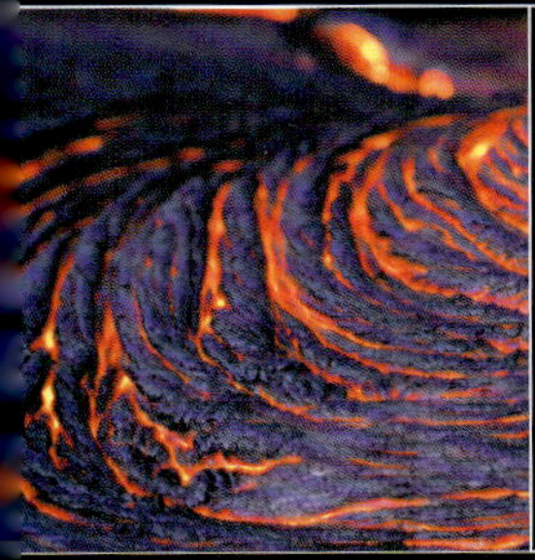

绳状熔岩

夏威夷当地人管“绳结”叫作“帕霍霍”（pahoehoe）。这样的熔浆在夏威夷火山喷发中很常见——流动的熔浆喷发后形成薄层，能够流淌至极为广阔的地区。它形成光滑有弹性的薄皮，当熔化的熔浆流过它下面时被拉伸成绳和绳结一样的叠层状和水滴状。

渣块熔岩

也被称为“啊啊”（ah-ah）熔岩，是夏威夷群岛上另一种常见的熔岩。比绳状熔岩温度要低，但也黏稠且流动缓慢。一层厚的皮层形成后，随着它散发出气体等物质而碎裂。它的大小碎块都有锯齿状的边缘，根本不能光着脚在上面行走。这也许就是为什么它被称作“啊啊”熔岩的原因。

▲冰岛的地热能源

自然形成的温泉在多火山的地区很常见，那里的地下岩浆湖离地表较近。随着水渗到地下很深的地方，它被岩浆和极深的地底的高压加热。接着水被汽化，从地表滚烫的喷泉（被称为间歇泉）里射出，或者沸腾着流入富含矿物质的湖泊里。这些湖在冰岛既是地热能源站，也是人们休闲放松的天然温泉。

火山（三）

今天，几乎有 5 亿人生活在火山地区。而生活在这里，意味着人们时时刻刻都有被火山喷发或其他后续灾害杀死的危险。那么他们为什么还待在这里？原因有很多，其中一个就是这里拥有肥沃的土壤——火山灰能让耕地富有肥力，益于农业生产；同时，火山在喷发之前很可能有很久的休眠期，不会打扰当地人的生活。即使这样，科学家也在谨慎关注着火山，警惕着其危险的信号。火山喷发后好多年它都可能是泥石流等地质灾害的源头，而这种泥石流在近 300 年来已经使接近 25 万人丧命。

▲维苏威火山

这是今天繁华忙碌的那不勒斯港，天边就是阴森森的维苏威火山。这座火山于公元 79 年 8 月 24 日，有过一次爆发。岩浆碎屑流（巨量的尘土和气体）沿着山坡滚滚而下，将古罗马的两座城池——庞贝和赫库兰尼姆彻底掩埋。因为这之前这座火山已经沉睡了好几个世纪，居民对火山喷发毫无防范和准备，数千人丧生，多数因为高温窒息。维苏威火山下一次的喷发可能殃及的规模可达 300 万人之多。

▲庞贝

在庞贝，有 2000 人被厚达 30 米的火山灰活埋。这些火山灰固化为浮石，保留了遗体的形状。向这些遗体形状的空穴中浇注石膏铸成的塑像展示了遗体主人生前最后的一刹那。

▲印度尼西亚

火山灰其实根本不是灰尘，而是石头和玻璃质的细小碎片而形成的粉末。一次火山喷发后，它成层地落下，使土壤肥沃起来。印度尼西亚的火山周围的土地一直被用来种植稻米和其他农作物。火山就在繁忙的空中航线下面，飞机如果不慎飞入火山喷发造成的火山灰中，它的引擎会遭受极大损坏。

火山时间线▶

科学家将火山喷发的烈度按照一个叫作火山喷发烈度指数的量度标准来分级。幸运的是，能造成 8 级甚至更高烈度的超级火山极为罕见。最后一次 8 级甚至更强喷发发生在大约 74 000 年前的苏门答腊岛。

火山喷发烈度指数的分级：

烈度	火山	时间
7	克雷特湖	约公元前 4895 年
7	琉球群岛	约公元前 4350 年
6	锡拉岛	约公元前 1390 年
7	维苏威火山	公元 79 年

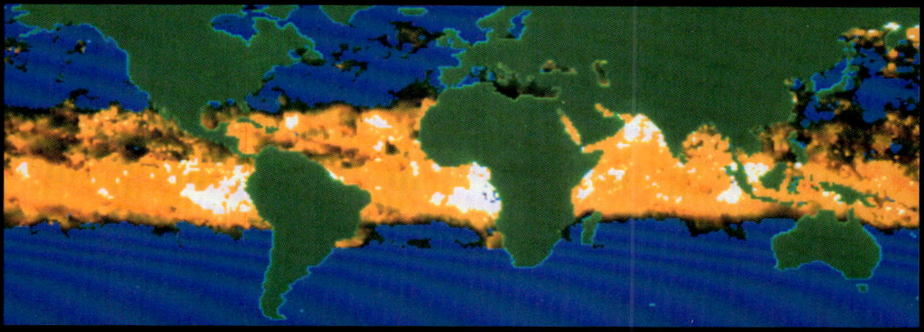

▲全球太阳镜

1991 年，皮纳图博火山的爆炸式大喷发是 20 世纪最大的火山爆发之一。这张卫星照片显示赤道附近有大量的碎屑悬浮在空气中，它们是两个月前被喷射到大气层 30 千米高处的。它们反射太阳光，令全球温度平均下降了 1℃。

▲地动仪

科学家树立起地动仪，用来测量地震和火山活动引起的地表震动。现如今，地壳运动学家监视着繁忙的空中航线（比如阿拉斯加）下沿线可能喷发的火山。

▲皮纳图博

这个奇怪的景象是火山灰雨造成的。1991 年 6 月份，菲律宾的皮纳图博火山出现了一场巨大的爆炸，将 5 立方千米的岩石和火山灰抛到空中。这些碎屑一波一波地以热灰的形式落回地球。肆虐的降水接着形成了火山泥石流——黏稠的泥土、潮湿的灰尘以及岩石组成的河流。泥石流以每小时 65 千米的速度流下河谷，推倒房屋，造成生灵涂炭的惨剧。

▲火山泥石流

皮纳图博火山地区的降水在 6—9 月十分充沛。1991 年喷发之后连续 4 年，泥石流毫无警告地冲进附近的城镇，造成约 10 万人失去家园。

⑥ 奥雷法约克火山，1362 年

⑦ 坦博拉火山，1815 年

⑥ 喀拉喀托火山，1883 年

⑥ 卡特迈火山，1912 年

⑦ 圣海伦斯火山，1980 年

⑦ 皮纳图博火山，1991 年

地震

地震经常发生于地球板块构造存在异动的交界处，这些异动是构造运动将一侧的岩层推向另一侧所形成的断裂。但是摩擦力使缺口四周的岩层固结并承受压力。当压力变得大于摩擦力时，岩层开始剧烈运动，引起地震。地震的大小取决于释放了多少能量。异动主要有三种形式：平移断层、正断层、逆（冲）断层。

地震带（重要地震）

地震地点	年份	里氏震级	死亡人数
美国阿拉斯加	1964	8.4	131
美国旧金山	1906	8.3	500+
土耳其迪兹杰	1999	7.2	260
日本神户	1995	6.9	5500
美国北岭地区	1994	6.7	51

▲土耳其迪兹杰 1999 年大地震

1999 年，一场里氏 7.2 级的地震袭击了土耳其。狭长地域的异动随着压力的增长产生巨大的地震。位于土耳其的北安纳托利亚地区的水平异动地带长达 1200 千米。从 1939 年开始，该地区发生过 11 次强烈地震。

▲美国怀俄明州大蒂顿山脉

有些地貌是由地震形成的，怀俄明州大蒂顿国家公园的山脉沿着一个板块运动的正断层而形成，在这里岩层被撕裂开。沿着蒂顿断层带东边的岩层向下运动，使另一侧的岩层形成高山。

▲水平异动带（又称平移断层）

在水平异动带中，地壳于水平方向上做运动。在这条右旋平移断层中，能看到对面的陆地向右边移动。

▲正断层

在正断层带中，岩石被撕裂时产生地表运动。断层带上方的一侧下沉——通常是以几乎垂直的角度向下沉。

里氏震级

1935 年，美国人查尔斯·里克特发明了能够量度地震规模或振幅的震级。

◀阿拉斯加州苏厄德大地震

1964 年，阿拉斯加州发生的大地震引发了横贯太平洋的海啸。图中就是海啸发生时，捕鱼船被抛出水中的情景；即使在遥远的加利福尼亚州纽波特海滩上都造成了人员伤亡。巨大海浪的形成，通常是由于洋底剧烈运动，或临近港湾的水下山体滑坡。这些海浪造成了这场地震的巨大的人员伤亡和财产损失。海啸能够以最高 950 千米/时的高速横穿大洋，当它们到达岸边时，能够掀起骇人的、高达 30 米的巨浪。

▲洛杉矶北岭地区 1994 年地震

虽然 1994 年的北岭地区地震被认为是较为温和的一次——只有里氏 6.7 级，但却是美国历史上造成损失最严重的地震。它是由于一个强烈逆（冲）断层带的运动造成的。由于建筑严格符合规范，且地震时正处于清晨，人员伤亡被降至最低。

▲逆（冲）断层

在逆（冲）断层带中，由于岩石被压缩，断层带上方的一侧向上运动。如图，如果断层倾角很小，就被称为冲断层。

人口密集区成毁灭性破坏 ⑦

大型地震，能引发严重损失 ⑧

特大地震，能够摧毁广阔地区的城镇 ⑨

▲ 1964 年阿拉斯加州大地震

1964 年的阿拉斯加州大地震是有史以来记录到的第三大的大地震，震级达里氏 8.4 级，持续时间 4 分钟。在现代地震标量之中，它记录下的瞬时震动标量是 9.2 级。有史以来记录到的最大地震（里氏 8.6 级，瞬时 9.5 级）在 1960 年袭击了智利。

地震探究

是什么使得地震具有如此的破坏性？答案是地震波的传递。地震波有几种不同的类型：面波（又称表面波）最具破坏性，沿地表呈涟漪状传播；其他的地震波，如体波，则是沿地球内部传播的。灵敏的震动记录器能够在距离震中很远的地方察觉到地震波，这种记录器被称为测震仪。地震学家仍在研究地球的内部构造以及地震的爆发原因——对于地震爆发原因的深入研究和对其发生时间的预测，毫无疑问，可以在未来的灾难中挽救无数生命。

纵波与横波

地震过程中所传播的体波分为纵波与横波两种形式。纵波的传递就像六角手风琴演奏时的样子，竖直方向上“推拉”震动着地面；而横波则像摇绳子似的，传递着水平方向上的左右“摆动”。由于其传播路径上的地质情况不同（岩石密度不同等），两种波的传播轨迹也都是弧线形的。由于不能穿越液体，横波传递时只能被阻隔在地球外核之外。从地震学家测出的震波传播速度来看，纵波的速度几乎是横波的两倍；同时，科学家们还能够利用地震仪测量出地震发生的确切位置。

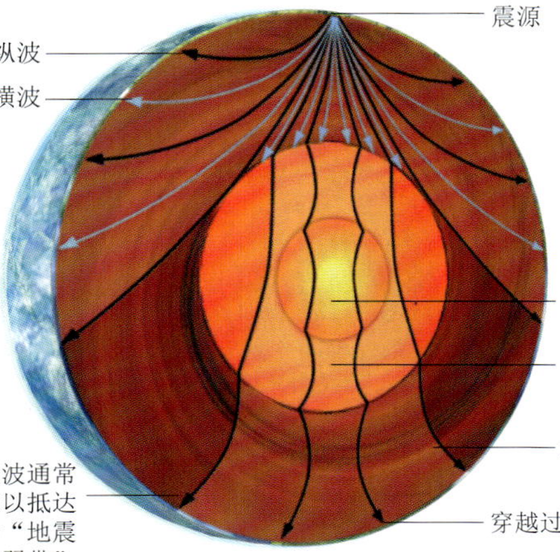

神户大地震（即阪神大地震）▶

1995 年 1 月 17 日，一次猛烈的地震侵袭了日本神户地区。由于日本位于三大构造板块的交界处，所以地震在日本时有发生。然而，神户地区则鲜有地震，整个城市并没有为地震的降临做好准备。例如，神户有些建筑是建在松软而潮湿的沙地之上而非坚硬的岩地上，所以在地震猛烈的晃动下，这些沙石地基就像流水一般垮掉了。这次的神户大地震造成了大约 10 万座建筑物倒塌以及 5500 人死亡。

预测地震

古老的中国地动仪

公元 132 年，中国科学家张衡发明了候风地动仪。这种地震监测器主体呈大缸状，其上安置了八只龙首，每只龙首口中都衔有一颗龙珠，其下方都分别正对着一只张着大嘴的蟾蜍。方圆 640 千米内，一旦任何方向上发生地震，代表该方向的龙珠便会掉落到蟾蜍口中，由此给营救队伍的派出指示方向。

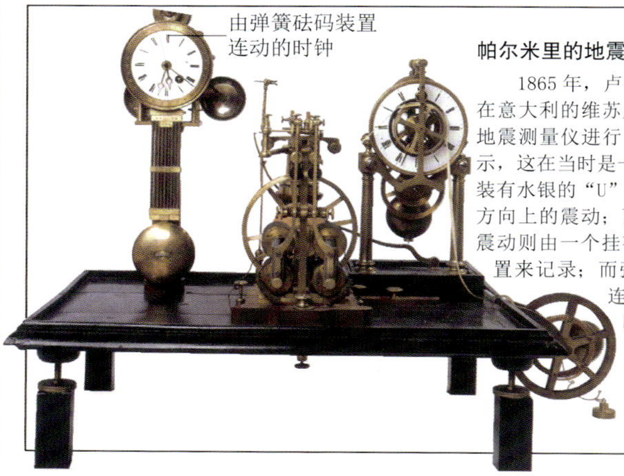

帕尔米里的地震仪

1865 年，卢伊吉·帕尔米里在意大利的维苏威火山上用他的地震测量仪进行了实验。如图所示，这在当时是一个复杂的仪器。装有水银的“U”形管记录下水平方向上的震动；而竖直方向上的震动则由一个挂有砝码的弹簧装置来记录；而弹簧砝码装置又连动着许多时钟，以便记录震动所发生的时间和持续的时长。

◀土耳其大地震

1999 年 11 月 12 日，一场破坏范围惊人的大地震袭击了土耳其迪兹杰地区，图中向我们展示了地震之后的惨状。而仅仅几个月前，在伊兹米特市及其周围地区也发生了一场地震，导致 18 000 人死亡。土耳其处于地壳上的一条大断层带上，而每一次地球内部压力的释放，都沿着断层传递，并引起新一轮震动。

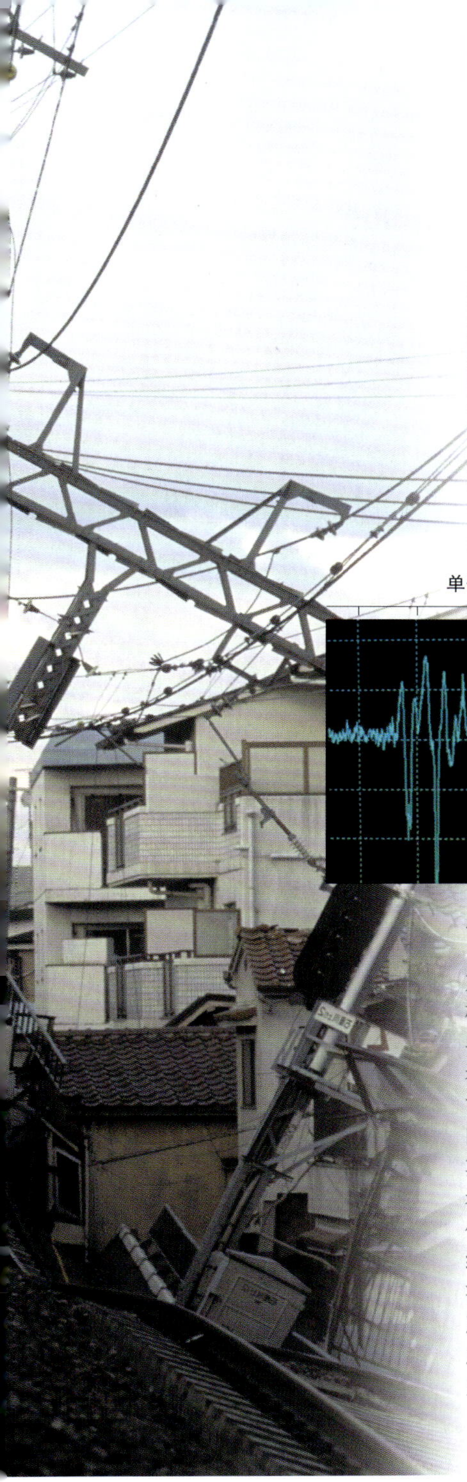

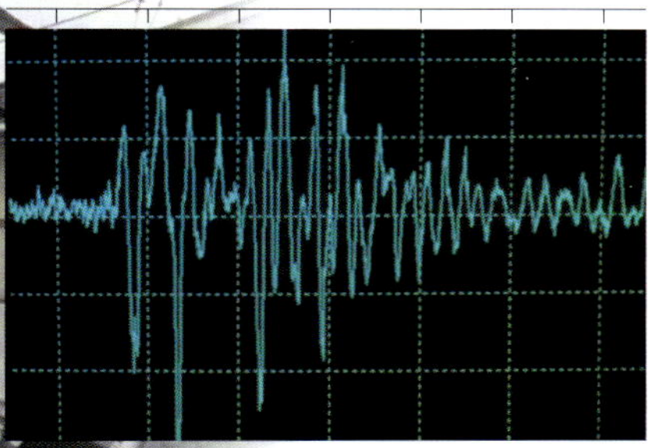

▲神户地震记录图

这就是 1995 年神户大地震时的记录图。横坐标表示时间，每格代表一单位，间隔为 5 秒钟。而表现地震时震动次数的锯齿状的曲线，在纵坐标上的值则需要用毫米来测算。靠左端的锯齿形曲线表示出横波与面波的混杂传递；而最长的锯齿状曲线则表示着一次全部由面波引起的、长达 20 秒的震动。就是这些震波，造成了陆地上最惨烈的地质灾难。

观测站

现代地震学家更为倚重一种钟摆机制来预测地震，其摆锤实际上是由一个弹簧及另一个挂于其上的笨重砝码所组成。在地震时，无论其他东西受到怎样的影响，这个摆锤都能保持岿然不动的姿态。早期的地震测量仪是将一支铅笔固定在静止的砝码上，使其能够在靠齿轮旋转而移动的纸面上，记录下锯齿状曲线。而现在，数据的读取和记录则更多地依赖高精尖的电子仪器。

卫星拍摄的地震图▲

这是一幅彩色的卫星雷达影像图，图中所示为 1999 年美国加利福尼亚州的地震区域。据测量，该场地震震级达到里氏 7.1 级。图中的彩色线条是等高线，每条代表着 10 厘米的地面断层所上升的位移。欧洲遥感卫星系统在这次地震前后都有使用雷达测量法，并且这幅图片中也吸收了一些当时的信息。

圣安德烈斯断层

位于加利福尼亚州西部的圣安德烈斯断层可能是世界上被研究得最为透彻的断层。它属于两个构造板块交界线的一部分，频繁的地震已经在这个地区震动了近3000万年了。而圣安德烈斯断层在1906年后才逐渐进入科学家们的视线中——那一年的大地震将旧金山化为一片废墟，并卷走了几百条生命。从那时开始，更多的、处于在断层周围的地震都伤及人命。然而，人类也在不断提高自己抵抗天灾的能力，例如修建更为牢固的建筑物等，这样如果再有类似的大地震降临加利福尼亚州的时候，人们会有更充分的准备。

断层线

圣安德烈斯断层沿着加利福尼亚海岸绵延1300千米。其下的两个板块以每年25毫米的速度向彼此缓慢移动。断层之间的相互移动虽然每次幅度很小，但次数却很频繁，而每次移动都会引起中级烈度的震动。而在交界处其他地区，两个板块则能够和平共处300多年；当然，一旦板块彼此滑动，这期间所积聚的能量爆发出来，必然导致一场更为惊天动地的大地震。

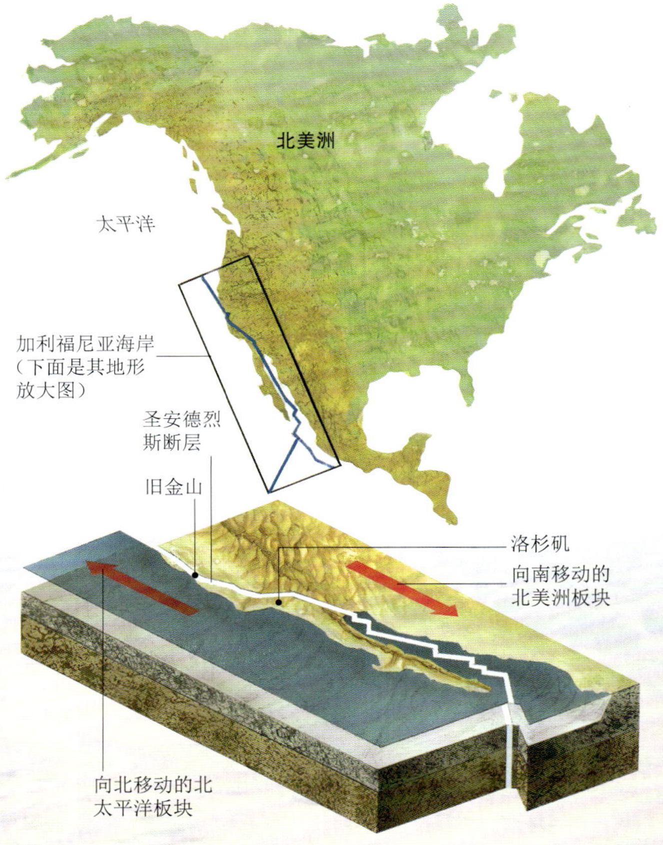

断层特写

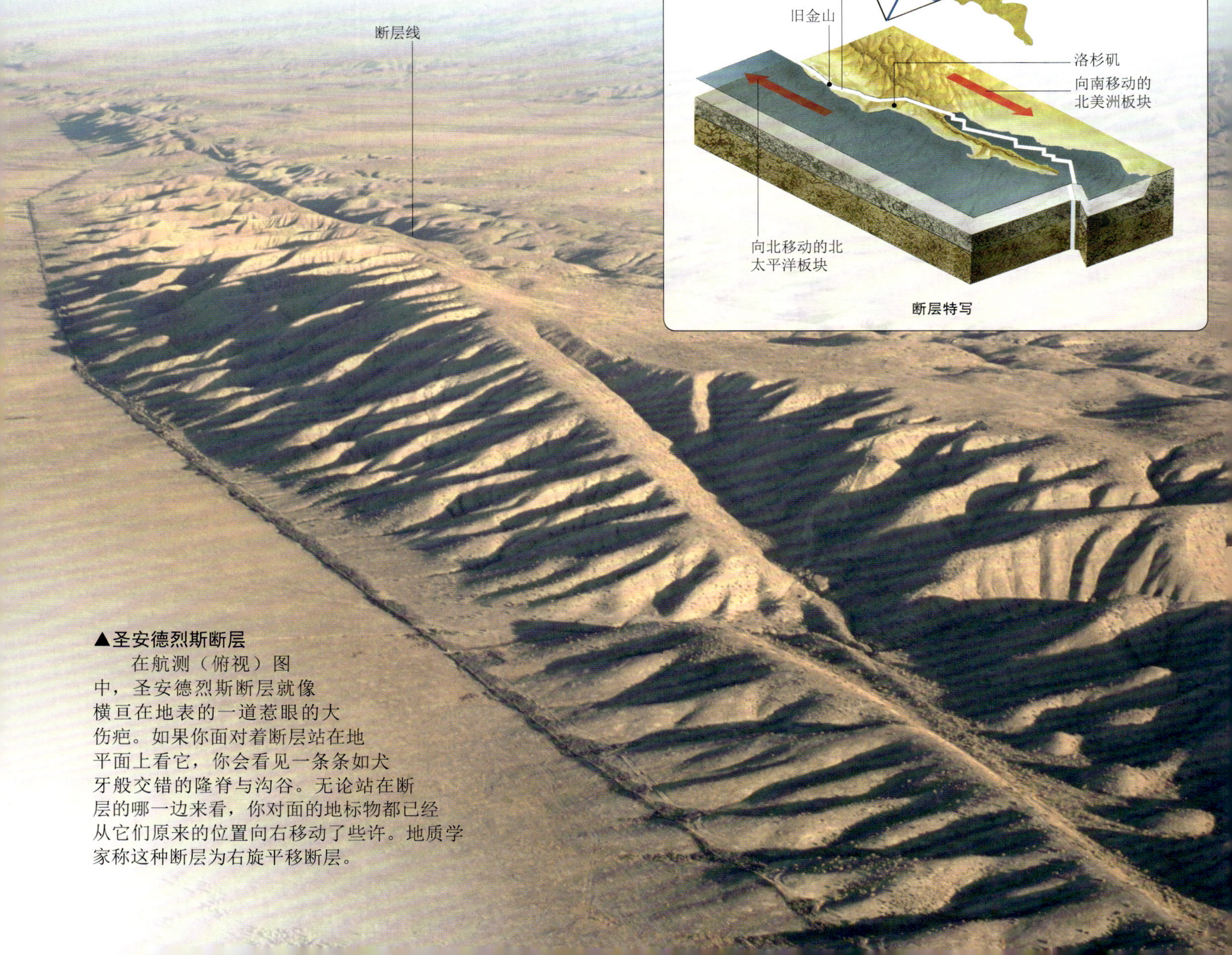

▲圣安德烈斯断层

在航测（俯视）图中，圣安德烈斯断层就像横亘在地表的一道惹眼的大伤疤。如果你面对着断层站在地平面上看它，你会看见一条条如犬牙般交错的隆脊与沟谷。无论站在断层的哪一边来看，你对面的地标物都已经从它们原来的位置向右移动了些许。地质学家称这种断层为右旋平移断层。

▲ 1906 年的大火

1906 年 4 月 18 日，一场持续 45 秒钟的地震猛烈地震动着圣安德烈斯断层北端地区，使得断层两边板块彼此移动的相对距离达到 6.4 米。在旧金山地区，由于地震损坏的天然气管道泄漏，在这个城市老旧的木质建筑物中引发了多场大火。大火肆虐地燃烧了 3 天时间，消防员们因为供水系统被地震摧毁而无能为力。

加利福尼亚州所经历的灾难

1933 年的长滩市大地震

灾难于 1933 年 3 月再度降临加利福尼亚州，长滩市发生了一场大地震。在震后营救工作中，消防员们尽力地去扑灭开始于道奇轮胎厂的大火——他们在火海中奋战始终。与 1906 年不同，当时地震引发的大火一点一点蔓延开，直至摧毁整个旧金山；而这次地震之后，隐患都被消防行动迅速地整饬完毕了。

1989 年的桥梁坍塌

1989 年，在旧金山南 100 千米之外的山脉中发生了地震，然而即便如此遥远的距离，也没能让这座城市幸免于难。市内的一座双层汽车高速公路桥梁的上层发生坍塌，直接砸在下层的车辆上。这次地震造成了 60 多人死亡。然而我们也应当认识到，如果没有从之前的地震中得到的教训，那么这次地震所敲响的丧钟将更为长久。

◀日本古塔

从 1400 多年前开始，日本人就掌握了建造能够抵御地震侵害的宝塔。宝塔的每一层都有由厚重的黏土瓦片砌成的屋顶，只是故意地将瓦片放置得十分松散；同时宝塔中心由一根坚固的支撑杆固定全塔。当地震来袭时，整个塔身会随着震波摇摆、颤动，甚至倾斜，但绝不会分崩离析；中心的支撑杆也会随着波形弯曲，但屋顶沉重的瓦片来回晃动，相互抵消了震波的冲击力，使得中心杆保持稳固。

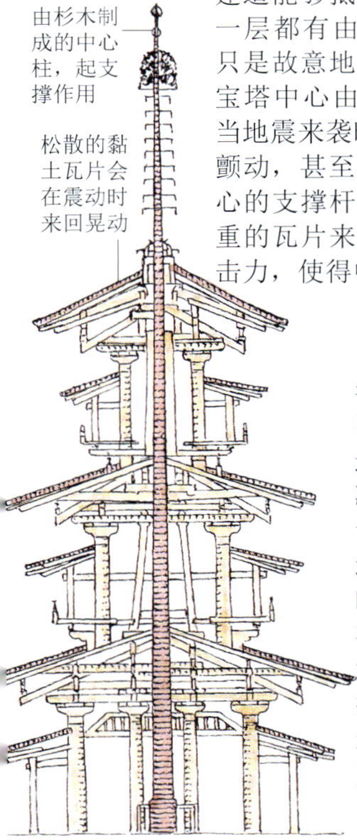

泛美金字塔大厦▶

建于 1972 年的泛美金字塔大厦高达 258 米，是旧金山最高的建筑。它的地基深埋地下，以钢筋混凝土结构建立在岩石之上，设计标准是使其能够随着地震波的震动而震动；同时，金字塔的地基是建立在致密的网状横梁上，使它能够应对地震时地面的扭曲式运动。在 1989 年的地震中，使大厦偏移了 30 厘米，却仍然屹立不倒。

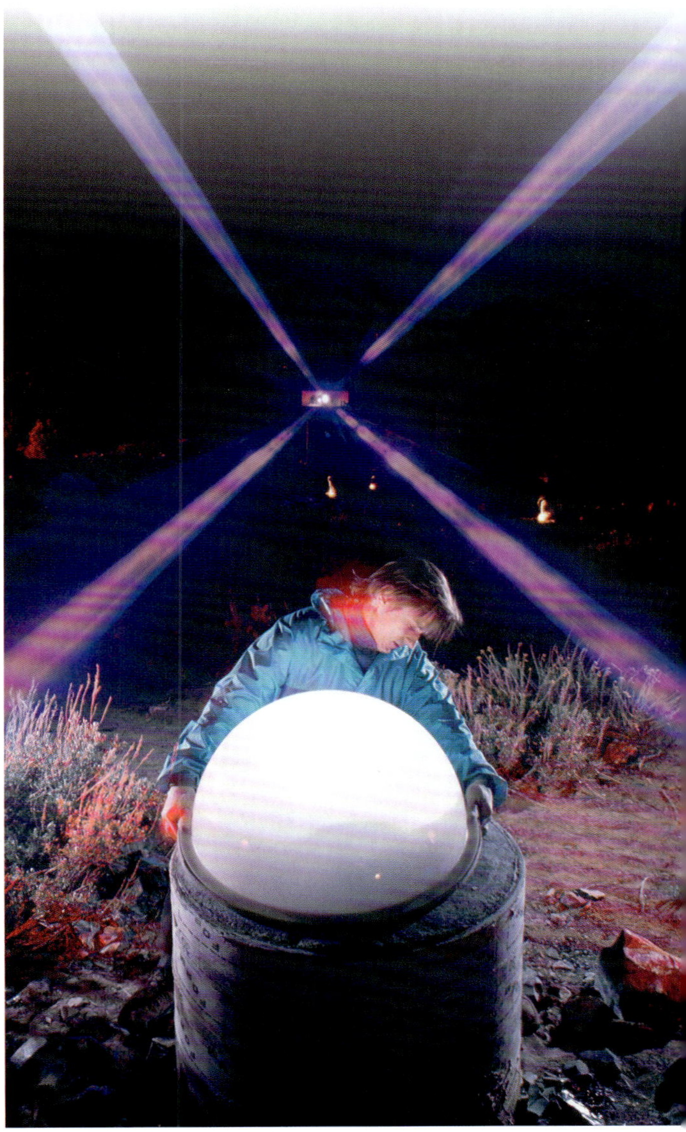

激光监测地壳运动▲

研究人员正在调整一个位于加利福尼亚州内华达山脉南部地区的实验性激光装置。该地区的地震活动十分频繁。激光能够监测到地表上的任何（微小）运动。这种系统有希望在某天被运用成为预测大地震的得力工具。空间科学家也通过最新的卫星技术来追踪、记录地球的运动。

造山运动

山脉（包括山系）通常形成于地球构造板块的交界处。最高大的山峰往往在大陆板块挤压，或者地壳叠层堆积的地方拔地而起。板块交界处能够产生绵延数千千米的山脉：最高的、起伏最大的山脉往往是最年轻的——它们所在的板块颇为活跃，使得山脉自身也仍处在不断“长高”的状态中；而年代更为久远的山脉则普遍较低矮，坡度也更趋于缓和。造山运动的关键环节是岩层的形变——包括褶皱（由于压力引起的岩层弯曲）和断层（压力迫使下的岩层断裂）。同时，常见于大陆板块与大洋板块交界处的火山运动，也在造山运动中占据一席之地。

世界山脉分布图

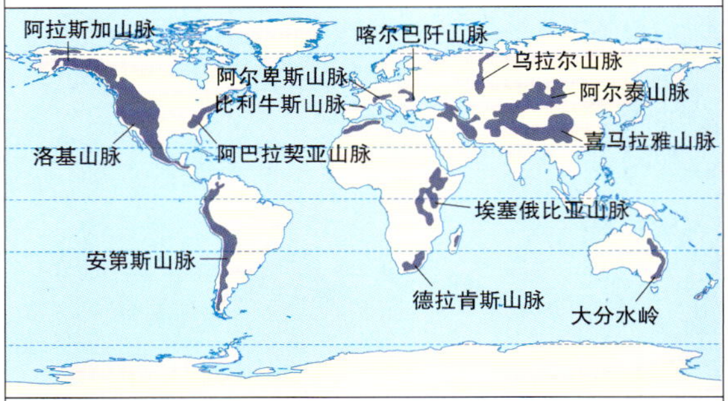

最高峰	所在洲	海拔高度
珠穆朗玛峰	亚洲	8848.86 米
阿空加瓜山	南美洲	6960 米
麦金利峰	北美洲	6195 米
乞力马扎罗山	非洲	5965 米
埃尔布鲁斯峰	欧洲	5642 米

喜马拉雅山脉的卡格贝尼峰▶

喜马拉雅山脉是地球上最大的山脉，世界最高的100座山峰中，有96座都位于其上，其中就包括海拔8848.86米的珠穆朗玛峰。喜马拉雅山脉开始形成于5000万年前的两块大陆板块碰撞——印度洋板块隆起，推动岩层不断升高，直到今天喜马拉雅山脉的高度还在不断增加。

利用沙盘模型展示山脉形成的两个阶段

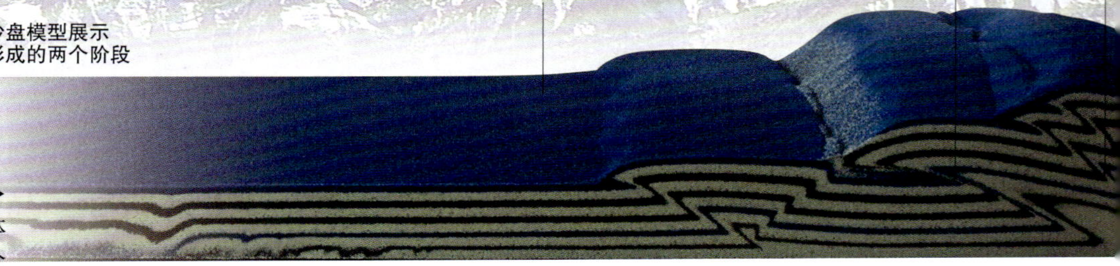

模拟山的形成▶

我们可以用沙盘模型来模拟山体的形成过程。将沙子以不同的色彩分层，放置在一张纸上，并将纸慢慢卷起来；沙子与纸产生了摩擦，随后褶皱便开始形成了。纸卷起得越厉害，形成的褶皱便越大。最终，当挤压下的岩层无法承受更强烈的形变时，就会断开，产生断层。最后形成的这些褶皱断层，形成最年轻的山脉。

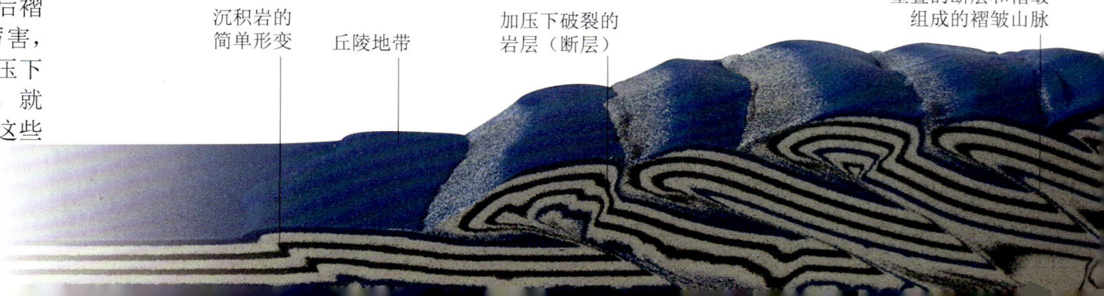

◀内华达山脉

坐落于加利福尼亚海岸的内华达山脉全长565千米，形成于火山活动。太平洋板块与北美洲板块相撞，并俯冲到其下方，挤压地下岩浆向上侵入地壳，并逐渐冷却成一条花岗岩带。断层使这条花岗岩带向西倾斜，形成现在的内华达山脉。

花岗岩的冷却过程极为缓慢，使得其中的结晶物十分粗大，颇为显眼

带状花岗岩▶

花岗岩组成了内华达山脉的山脊。8000万年前这里发生了火山运动，之后的数百万年里，内华达山山脊中其他的火山岩在冰山隆起作用与侵蚀作用的共同消磨下逐渐消失，使山脊的花岗岩核心暴露出来，形成了诸如约塞米蒂谷地一般的壮丽景色。

◀楚加奇山

楚加奇山脉沿着阿拉斯加南部海岸线，绵延起伏达600千米。随着太平洋板块俯冲至北美洲板块下方，沉积岩层从下沉的大洋板块上剥离开，并且折叠、隆起，随后附着在了美洲板块的西侧。

1.8亿年前的菊石化石

岩石中的海贝▶

地质学家通过研究化石来了解岩石的形成过程。高山上的古代海贝显示这些岩石来自海底。在大多数山脉的高海拔地区，都发现有水生生物化石的存在。纹理细密的沉积岩是能够最完整地保存化石的岩石之一。

年轻的山峰仍在不断增高

▲阿拉斯加的圣伊莱亚斯山

位于阿拉斯加南岸的圣伊莱亚斯山，海拔高达5489米。这座壮观的山体是在板块构造活动中形成的。目前它仍在不断增高，而与此同时，迅速流动的冰川则在不断侵蚀着山峰。

古老的山脉在侵蚀作用下变得平坦

▲美国的阿巴拉契亚山脉

美国东部的阿巴拉契亚山脉的形成时间早于北美大陆和欧洲大陆分开之前，它是世界上最古老的山脉之一。数亿年前阿巴拉契亚山脉曾拥有许多高耸而陡峭的山峰，然而长期的持续性侵蚀与风化将它们磨成了平缓的山坡。

山区的气候条件

巨大的山脉对当地气候有着显著的影响。举例来说，南美洲的安第斯山脉便如同一个宽大的屏风，挡住了富含水汽的东风。这些山峰对气流的抬升作用，使得湿气在东面的山坡上凝云致雨。与此同时，山脉的西坡仍然保持着干旱气候。同样的，喜马拉雅山脉使湿润的季风在南坡降雨颇丰——印度东北部的一些村庄每年降水量可达11米以上。

滑坡

滑坡作为一种地质现象，是指坡面上大量疏松的岩石或土壤的突然下滑运动。滑坡是由重力作用造成的，而这只是大量地表物质移动方式中的一种。造成地表物质疏松的原因有很多种：坡面过于陡峭、岩石或土壤中吸收的水分过多、风化侵蚀或冲刷作用严重等。而滑坡现象的发生，既有自然因素的作用，如地震等，也有人类活动的结果，如修建公路、采矿掘石等。有些地表物质的移动十分缓慢，以至于鲜有被人察觉；而有的运动却快速而致命，猛烈地侵袭、横扫我们的家园和吞噬我们的生命。

岩体滑坡▶

岩体滑坡往往发生在海拔较高的山脉中，由于坡面过于陡峭，使其上的复杂的岩层无法保持一体性，从而造成滑落运动。致使坡面物质不稳定的原因也有很多，比如：早春时融化的雪水形成涓涓溪流进入岩石缝中，使它们松动；或者长期的流水侵蚀冲刷了岩石的基底部分等。流水使得不同岩层间的自然分界线变得更为滑软，从而减小了岩层间的摩擦力，最终导致了上层岩层的滑坡运动。

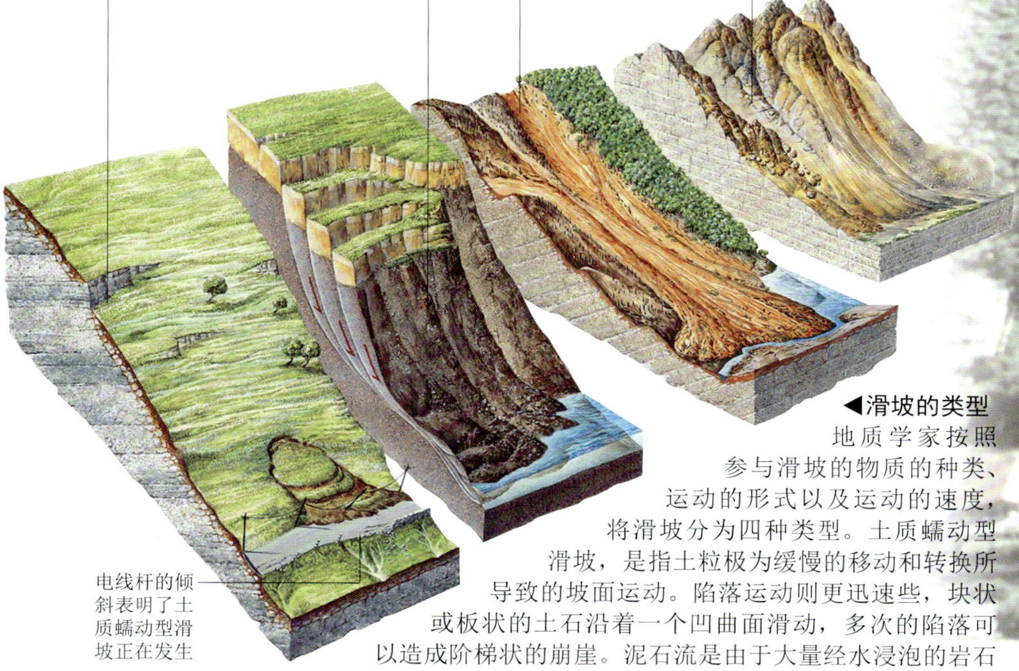

◀滑坡的类型

地质学家按照参与滑坡的物质的种类、运动的形式以及运动的速度，将滑坡分为四种类型。土质蠕动型滑坡，是指土粒极为缓慢的移动和转换所导致的坡面运动。陷落运动则更迅速些，块状或板状的土石沿着一个凹曲面滑动，多次的陷落可以造成阶梯状的崩崖。泥石流是由于大量经水浸泡的岩石或土壤松动而形成的以高速冲刷而下的流体。岩崩是指陡崖边缘由于风化作用引起的碎石突然疾速滚落的现象。

▲山体滑坡前的瓦斯卡兰山

剧烈的山体运动能够迅速得让人意想不到。图中正是位于秘鲁安第斯山脉的瓦斯卡兰山原来的景致，1970年5月31日的一场大地震损毁了它的英姿。地震导致高耸而陡峭的山峰上一小部分冰块离开原位，砸落到其下的岩石坡面上。冰雪与岩石混合在一起，挟着猛烈的冲击势头滚落下来，造成了一次规模庞大的岩屑崩塌。

▲山体滑坡后的瓦斯卡兰山

这是当时瓦斯卡兰山遭岩屑崩塌蹂躏之后的景象。超过5000万立方米的岩石、冰屑、烂泥混杂起来，以435千米/时的速度滚落下山，肆意暴行了16千米后才逐渐停止。这支挟千钧之势的洪流侵袭了山下包括永盖村在内的几乎所有的人类群落，造成的死亡人数超过17 000人。

▲暴雨引发的泥石流

图中的这场灾难性的泥石流发生在1999年委内瑞拉的首都加拉加斯。干旱地区突降暴雨后就很容易形成泥石流。植物的根系具有保持水土的作用，可以固定泥沙；然而农民们在山坡上毁林开荒，致使地表的植被锐减难以固定土壤，所以当雨水泛滥时，便将疏松的表土冲进了山隙、河谷之中。泥与水的褐色洪流从山上汹涌而下，冲走岩石、树木，甚至汽车和房屋。

◀造成坡面不稳定的原因

1995年，美国加利福尼亚州拉康奇塔镇发生了一次山体滑坡。9幢房屋被夷为平地，而幸运的是没有人员死亡。据事后调查表明，事故前的大雨使得山体渍水、表面土层极不稳定。滑坡的一个潜在规律就是：山体在到达某一合适的角度而停止之前会持续下滑，即达到一个能让滑落的山体稳定下来的最大的角度。而在拉康奇塔镇，由于雨涝，使得该地的山体停止滑落角度发生了改变。

海水与河流造成的滑坡

海浪的冲刷将沿岸陡崖的岩体底部侵蚀得相当严重，所以如今侵蚀部分上方的岩层已变得因缺少支撑而十分脆弱，整体极不稳定，摇摇欲坠。同时被侵蚀的悬崖边缘正在慢慢地、“危险地”靠近图中这些房屋。同样的情况也发生在河流区域——河水持续的冲刷侵蚀使得河岸也变得极为脆弱而不稳定。短暂的暴雨能够引发洪水将险峻的河岸冲毁，且一并冲垮沿岸的桥梁与房屋。

岩石

组成地球表面的岩石处于不断的变化之中。岩石在地表下既被地球内部的巨大热量所融化，也被地心深处的压力所挤压；而在地表，它们又被霜冻、风力、水力等侵蚀、风化。按照岩石形成方式及其变化过程，可以将它们分为以下三种：沉积岩、岩浆岩和变质岩。很多因素都能够导致岩石破碎或类型上的变化，例如热量、压力、侵蚀等，而这其中的变化过程就是我们通常所说的“岩石圈的循环”。

◀约塞米蒂峡谷

不管多硬的岩石，只要它暴露在地表，都会经受风化与侵蚀。像左图中的这些在约塞米蒂国家公园的石头，它们露出的连接部分都在被“冰楔作用”（或称融冰崩解作用）不断侵蚀——当水流入岩石缝隙中，冻结成冰并膨胀后，就会对其周围的岩石产生巨大的破坏作用。

上层地壳

沉积岩

沉积物由于流水沉积作用逐渐地堆积成层。而分层堆积既是沉积作用的特征，也是沉积岩的形成方式。那些年代较老、埋藏较深的沉积物，被它们上面沉积物的重量所挤压，变得越发紧密，并逐渐岩石化，成了坚固的沉积岩。

砾岩

砾岩形成于大块的鹅卵石。而它们最初也是由流水的沉积作用形成的。

白垩岩

白垩岩是一种松软的石灰石，形成于细小的藻类细胞。

地壳

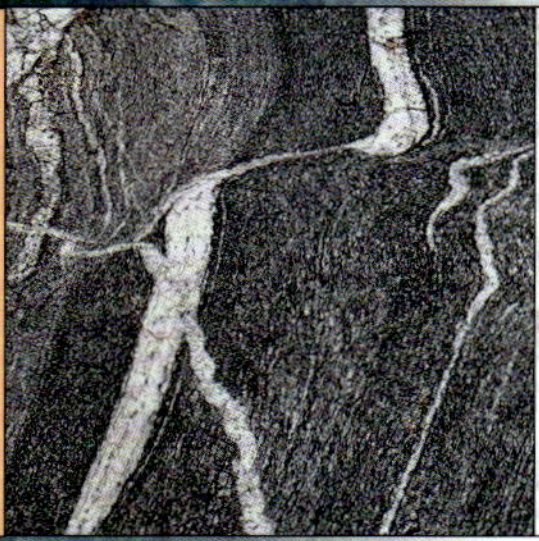

岩浆岩

岩石在地幔中被加热直至融化后形成岩浆，而这也是岩浆岩最初的形态。岩浆不断上升并穿过地幔，涌出地表后，逐渐冷却、结晶。这一过程越缓慢、耗时越长，所形成的岩浆岩的颗粒就越大。例如含有大量结晶的花岗岩，其形成过程就极为缓慢。

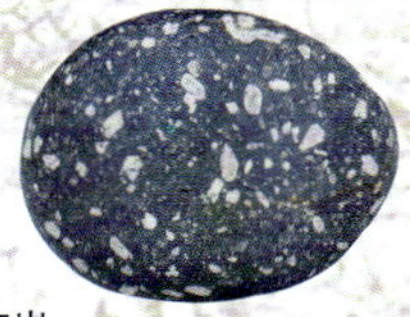

斑岩

这种岩石的特征是在大量的较细小颗粒中存在着明显的粗粒结晶矿物。

玄武岩

玄武岩是地壳中最常见的岩石。它通体漆黑，有细密的纹理。

深层地壳

变质岩

变质岩是某种岩石（沉积岩或岩浆岩）在热力或压力的作用下，发生性质上的改变而形成的。例如地下火山的灼烧作用、造山运动的挤压作用等。有些变质岩在压力作用下形成片状或层状结构，有些则重新结晶成新的岩石。

板岩

板岩是由沉积的页岩变质而成。

片麻岩

富含硅的岩石（例如花岗岩等）在变质作用下形成片麻岩。

▲侵蚀搬运作用

侵蚀风化和搬运作用是岩石圈循环的关键。在上图的这些山上有许多裸露于地表的岩石。它们不断地在冰楔作用（融冰崩解作用）及流水作用下，被风化、侵蚀。岩石的碎片越小，它们就越容易被流水侵蚀、搬运——雨水能够轻易地将小碎片从低矮的坡面冲下；“U”形谷中，冰河的冲刷作用则能够将疏松的碎片带到山脚下。这些碎石在平缓的地方（如出山口处）沉积下来，形成了如右图所示的冲积扇。

◀沉积作用

每年大约有 36 000 立方千米的地表水流向海洋，奔腾而逝的河水中挟带了大量被侵蚀、冲刷的地表岩石物质——泥浆、沙砾等。当然这个过程中有些物质在河床及盆地里沉积下来，左图中就是加拿大阿尔伯塔省的佩托湖冰川水中的沉积扇；陆地边缘的沉积物则形成了沉积岩。

页岩

这种岩石是由黏土矿物与石英、长石及云母混合而形成。

砂岩

砂岩是一种中级粒度的常见岩石，它的绝大部分都由石英构成。

黑曜岩

当岩浆迅速冷却时就会形成带有玻璃质纹理的岩石，黑曜岩就是其中一种。

辉长岩

这是一种十分坚硬的岩石，它在地表下经几百万年结晶而成。

花岗岩

花岗岩中含有大量的石英结晶体，并且历来因其坚硬度极高而闻名。

石榴石片岩

片岩是一种拥有层状结构的变质岩。

混合岩

这种岩石形成于深层地壳，并且通常包含了具有带状纹理的花岗岩。

内华达山脉▶

花岗岩构成很多山脉的基底。火山活动使得大量的花岗岩在地壳深处缓慢形成，其岩体面积可超过 100 平方千米，称为岩基。内华达山脉属于落基山脉的一部分，其底部就是这种花岗岩岩基。

矿物与晶体

到目前为止，已知的矿物达 4000 多种，有些矿物虽然数量稀少，却是绝大多数地壳组成物质中不可或缺的一部分。地质学家将矿物定义为“原子呈有序排列的、天然形成的无机固体”。进一步来看，在无约束的条件下，形成的有规律形态的矿物则被称之为晶体。从地壳中开采出来的矿物有很多用途。它们有些以纯净物的形式出现，但大多数仍然以化合物的形式存在。

◀花岗岩

花岗岩是一种于地表下缓慢冷却而形成的岩浆岩。极缓慢的冷却过程使得岩浆中的混合性矿物质逐渐汇聚形成大块的、醒目的结晶体，并且使岩石上呈现出粗粒状的肌理。花岗岩根据其所含矿物质不同而具有多种颜色，如长石多呈浅桃红色，石英多为浅灰色的半透明体，而黑云母石身上则多见深色斑点。

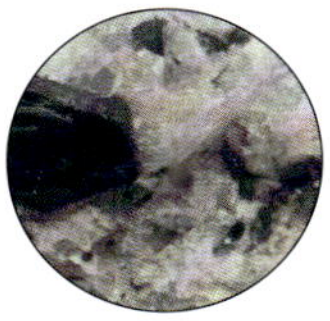

黑云母

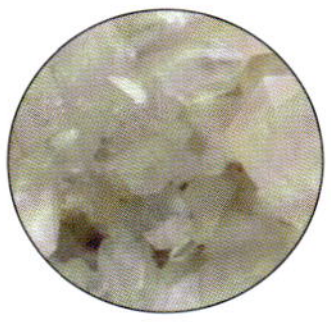

石英

长石

温泉从石缝中涌出之前已被加热到 70℃

枕头般的造型使得它有了“棉花堡”这样一个生动可爱的名字。

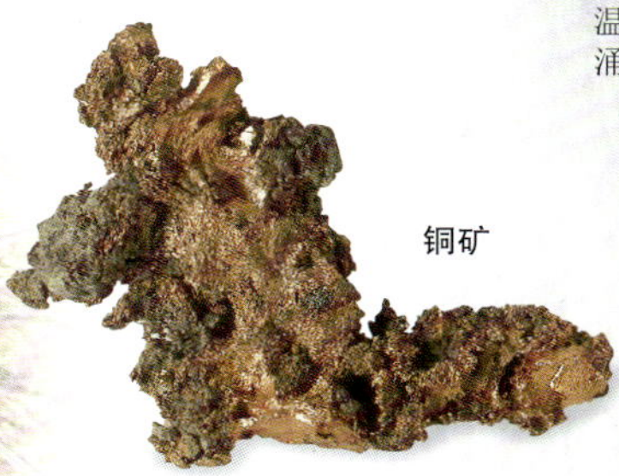

铜矿

◀铜矿（图中铜矿位于美国亚利桑那州）

人类将铜作为制作工具原料的历史可以追溯到至少 8000 年前，而直到今天，这一矿物原料仍然应用广泛。尽管铜也以纯金属的形式出现，但人们往往是在硫化物或氧化物里发现铜的存在。金属矿石往往具有很高的含金属量，然而铜矿中的含铜量仅有 0.5%，这就意味着铜的生产与提纯所需的开采量十分巨大。

其他珍贵金属

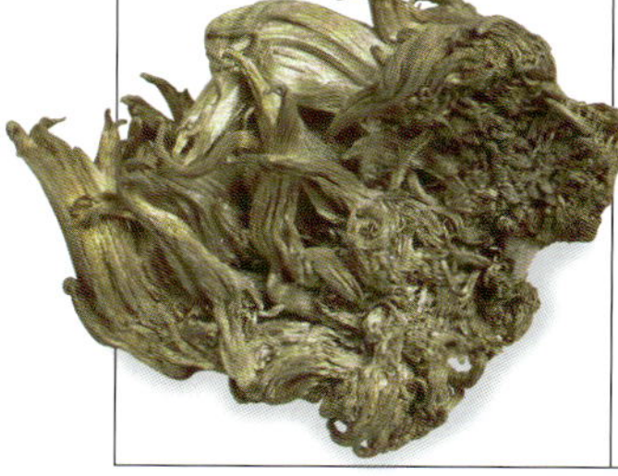

银

银素来被视为一种稀有而珍贵的金属，更是制作最古老的硬币所用的原料。尽管也曾发现银的纯净物，但更普遍的仍是银的混合物或化合物。墨西哥、秘鲁及南非都有很多很重要的银矿，然而每年产出的银中，75% 是提纯金矿、铜矿、锌矿及铅矿时的副产品。

金

美丽以及易于加工是金最显著的特征，而这种金属基本上都以纯净物的天然形态存在。“淘金热”在人类的文明史上亘古通今，而人们多将寻金的目标锁定在含金量丰富并且风化作用严重的岩脉或河床。当今世界，南非、俄罗斯以及北美都是主要的金矿产区。

钟乳石通常形成于岩石的突出、平展的地方，呈悬垂状

◀钟乳石（图中为土耳其的“棉花堡”）

富含矿物质的温泉从石灰岩的缝隙中涌出，将石灰岩中富含的碳酸钙（或者方解石）慢慢溶解，而其中的碳酸钙日积月累，在沉积作用下逐渐形成图中的这些巨大的石灰华柱。在土耳其的“棉花堡”，漫山遍野都被覆盖在沉积下来的石灰华柱之下。而通常在溶洞里常见的钟乳石，便是溶洞顶面的碳酸盐溶解在水中后，又在滴落的水滴中沉淀、析出而形成。

铅

▲方铅矿

我们通常见到的铅都泛有银色的金属光泽，而地球上绝大多数的铅都提取自方铅矿。作为一种导电体，这种金属曾经在早期的晶体收音机中被用作“水晶”。从外观上看，方铅矿是一种很有重量的、银灰色的晶体，通常情况下多呈正方体。如果用锤子猛力一砸，矿石则会沿着一个平滑的截面规则而整齐地裂开。

石英岩洞中的石英晶簇

石英晶簇▲

富含硅的地下水在岩床上涓涓流过，水中的矿物质逐渐沉积在岩石表面的坑槽中，便形成了上图中这些小小的、紧密聚集在一起的晶体——石英晶簇。它们的存在与形态正说明了：矿物质能否形成规则的晶体，取决于其周围的环境条件；而只要空间足够，矿物就能够逐渐结晶出规则形状。

蕴藏于金伯利岩中的金刚石原石

金刚石原石▶

金刚石是地球上最硬的矿物。深埋于地壳之下的碳元素在3000℃的高温及巨大的压力作用下结晶成了金刚石原石。随着岩石圈的剧烈运动（例如火山的爆发），储存着金刚石的金伯利岩就势来到地表。金刚石原石的外表十分粗糙而黯淡无光，必须经过极为精确的切割与加工才能使它焕发出耀眼的光泽。

采矿业带来的酸污染

黄铁矿

黄铁矿是一种硫铁化合物，分布十分广泛，在金属矿的开采过程中几乎随处可见。由于它带有浅黄色的金属光泽，又被称为“愚人金”。硫化金属的开采及加工是大多数有关“金属提纯的环境问题”的源头。当黄铁矿与水或空气接触时，就会发生氧化反应，从而产生氧化铁及硫酸。一旦产生的酸进入生态环境中后，就会污染河流、湖泊，甚至毁伤植物。

侵蚀

尽管岩石看起来坚不可摧，但事实上侵蚀作用对其表面磨损始终在缓慢地进行着。侵蚀作用有着众多的表现形式：水蚀、风蚀、冰川侵蚀、天然化学物质的侵蚀以及重力的作用等。侵蚀作用神通广大，能将岩石塑造成各种奇怪的形状，也能将岩石彻底变成碎片，甚至还能改变岩石中所含的矿物质。比如，当雨水在岩石缝隙中冻结，就会膨胀成一个冰楔子，毫不留情地把岩石劈为两半。侵蚀作用就是通过流水、风力或冰川等，将风化后的岩石碎片或矿物质搬离原处，例如将它们冲下山坡或者使其随水流走。

▲约塞米蒂国家公园的剥落状花岗岩

加利福尼亚州约塞米蒂国家公园遍布着高大裸露的花岗岩“堡垒”。花岗岩是一种坚硬的岩浆岩，于地壳深处经上百万年缓慢结岩而成。覆盖在花岗岩上的岩石由于风吹雨淋等的不断侵蚀，逐渐像一棵棵大洋葱一样层层剥落。而冻结在岩石层缝隙中的水分，通过冰楔作用进一步加快了剥落的进程。

▲布赖斯峡谷的蕈状岩地貌

任何人都很难相信犹他州的布赖斯峡谷曾经是一个坚固的沉积岩高原。霜冻的侵蚀把它雕刻成了怪异而高耸达 60 米的蕈状岩石林。大约 3500 万年前，这个高原由于地壳抬升运动而出现，并被巨大的裂缝分隔成一排排岩壁。由于长时间的侵蚀、风化，加之雨水冲刷并搬运走了细小的岩石碎片，使得原本完整的石壁变成了参差的“鱼鳍”、锯齿状的“刀刃”，最后变成了现在我们所看到的蕈状岩石柱。

◀石林

如左图所示的这些石林，在侵蚀作用下，都只剩下较高层的沉积层台塬。而雨水的冲蚀作用及冰楔作用，使石峰的每两个沉积岩层之间都形成了清晰可见的缝隙。不同岩层所受的风化速率也不相同。图中石峰纤细的“脖子”就是由一些相对疏松的岩石构成——例如泥岩。显然对这些石头风化侵蚀要比对“脖子”之上的——如石灰岩一类的高硬度岩石容易多了。

溶蚀作用

受蚀石灰岩

雨水是导致石灰岩受溶蚀作用的“元凶”。水分与空气中的二氧化碳发生反应，形成弱酸的酸雨。而酸又与石灰岩发生反应，逐渐溶解其中的碳酸钙，之后雨水就顺势将溶解的碳酸钙冲走了。这个过程虽然缓慢，但经过很长一段时间之后，石灰岩的表面就被侵蚀出深深的凹槽了。

中国的喀斯特地貌

上图中这些裸露的石灰岩石林是中国的美景之一，是典型的喀斯特地貌。这一排排如刀锋般的岩石是因酸雨侵蚀而成。喀斯特地貌中的化学性侵蚀原理与左图的相同，只是喀斯特地貌所呈现的石林已经属于溶蚀中更为剧烈的阶段。

▲海蚀作用

杜德尔门拱洞是位于英国多塞特海岸的一座天然拱形石洞。这原来是一面完整的石壁，但因为由两种不同硬度的石灰岩构成，在海浪每日不断地猛烈冲击下，岩壁中间相对较软的石灰岩便被侵蚀搬运走，而留下了这个天然的拱洞。石壁两边的悬崖则是由更软的岩石构成，因而它们所受的侵蚀作用也更为显著——海浪日夜不息地冲击使得海岸线退缩，形成了深深的海湾。杜德尔门拱洞的名字来源于古英语，意为“穿透”。

◀“V”形谷

湍急的河流从陡峭的山上飞泻而下，将山谷“切”成“V”字形。怀俄明州黄石大峡谷的下瀑布的石壁几乎是完全垂直的——河流的下切侵蚀作用远比岩壁上普通的风化作用猛烈得多。河水一路流过不同硬度的岩石，而瀑布下是极为耐侵蚀的“书架状”岩石，因而保障了巨大的落差。

“U”形谷▶

冰川的侵蚀作用形成山脉中标志性的“U”形谷。不断移动的冰川河床中有着大块的球状砾石，它们不断地对岩壁进行磨蚀并冲刷其碎屑。右图所示是一个悬谷，即主冰川与次冰川的交会处。由于次冰川的重量小于主冰川，因而对地面的刨削深度也大不如主冰川，两个山谷呈现交叠状。

岛屿

人们把被水围绕着的陆地称为岛屿。湖中或河流中的小型陆地被称为内陆岛；被海洋所环绕着的称为离岸岛。离岸岛又可分成两种：近大陆的沿海岛和大洋中的海洋岛。沿海岛位于被淹没的浅海大陆架边缘地带，是远离板块中心的陆地，仍算作大陆板块的一部分；而海洋岛，特别是那些位于大洋中心的岛屿，则是由于火山爆发等地质作用而形成。许多岛屿都是动植物生长、生活的绝佳之所。动物们从地球上其他地区来到岛上，按照各自独特的方式逐渐改变着自己的习性，以适应它们的新家园。这样的情况对人类来说也是一样的。

海面下的大陆架边缘

有些岛屿只不过是附近的大陆板块边缘没有被海水淹没的一部分。在后冰河时期，有一片陆地连接着英国的众多群岛与西欧大陆。猛犸象、麋鹿（或称驼鹿）以及生活在石器时代的原始居民，都把这片陆地当作岛屿之间的桥梁。但是随着气候逐渐变暖，海平面上升，以致在大约8000年前，连接岛屿的陆地被淹没，使得其间的联系也终止了。

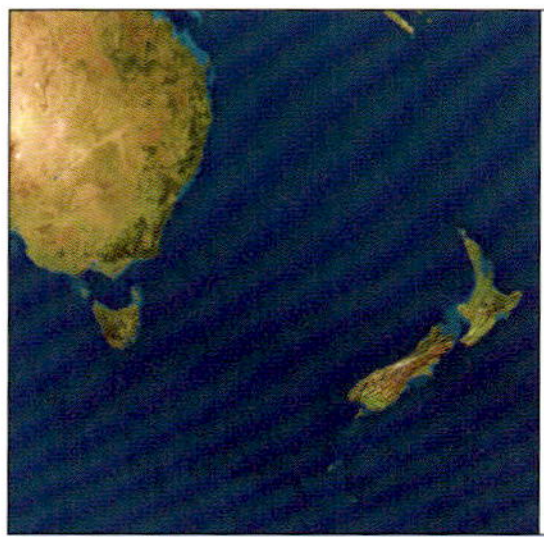

漂移的板块

新西兰原本是澳大利亚的东部的一片陆地。从大约8500万年前，断裂作用和海底扩张作用加剧，开辟并不断加宽着塔斯曼海，将新西兰逐渐东移而与大洋洲大陆分离。从那时起，新西兰就成了拥有自己独特地质历史的岛屿。

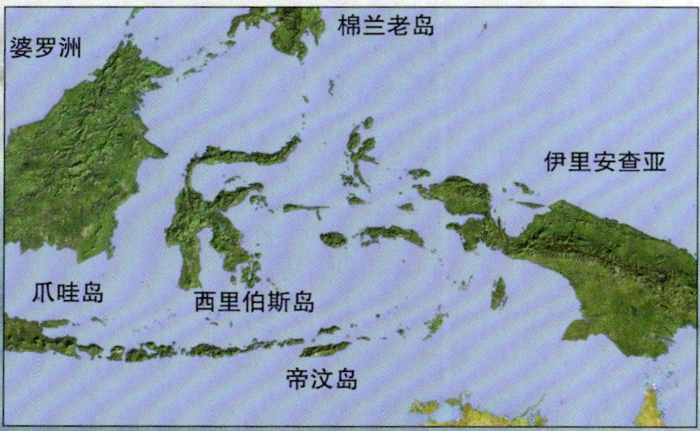

▲印度尼西亚群岛

印度尼西亚群岛是世界上最大的岛屿群系（或称列岛）——它舒展的“身形”，可以达到绕地球一整周的八分之一的长度。其西部的众多岛屿位于亚洲板块东南部的大陆架上，而南部群岛则位于澳大利亚板块的大陆架上。至于印度尼西亚群岛的北部和东部，则是由一系列形成于板块交界处的活火山岛组成的。

▼印度尼西亚群岛的人口

如果有人说，“印度尼西亚群岛上的2.35亿人属于许多不同的部落，并且在该区域17 000个岛屿中的6000多个上都有分布”，不必惊讶，这就是事实。如今，许多印度尼西亚人为了找工作而移居大城市：四分之三的人口居住在6个主要的岛屿上，其中包括苏门答腊岛和爪哇岛。在那些地区，“过度拥挤”正逐渐成为城市的首要问题。

巴达奈拉岛

“垫脚石”岛屿

印度尼西亚和菲律宾的群岛中，有一些被人们当作“垫脚石”的岛屿——旅行者利用它们作为短暂休息之处，穿越在相邻的岛屿之间。就是这种方式，使得人们在至少6万年前发现并抵达了澳大利亚大陆。这里所示的是宿务岛上的繁忙的村落。这些“垫脚石”岛从亚洲一直延伸至太平洋海域。几百万年来，群岛中的动物们利用风或者海浪在岛屿间短途旅行，植物也利用这种方式在不同的岛屿上传播自己的种子。而今，频繁的渡轮服务加强了岛屿之间的联系，使得不同岛上的人们相互往来相当便捷。

◀加拉帕戈斯群岛

加拉帕戈斯群岛是位于南美洲板块边缘海域的一连串热点火山岛。它们形成于过去400万年前的海底火山喷发。由于相对孤立、隔绝的地理位置，加拉帕戈斯群岛形成了自己本岛所特有的动植物，例如海鬣蜥。

海鬣蜥▶

海鬣蜥是一种爬行动物，但能够利用扁平的尾巴在海浪中游动；同时海鬣蜥还是这个世界上仅有的吃海藻的蜥蜴。英国生物学家查尔斯·达尔文曾于1835年在加拉帕戈斯群岛游历一番，而岛上独特的野生环境对于他提出进化论的观点也产生了影响。

阿拉斯加的阿留申群岛

阿留申群岛是北太平洋的一串火山岛弧。由于太平洋板块向北漂移与北美洲板块碰撞，前者的边缘被压迫，俯冲入地幔之下。岩浆从地幔裂缝中喷涌而出，在下沉的板块边缘形成了绵延的火山群——西至大洋中央，东达阿拉斯加海岸。

叙尔特赛火山岛的诞生

1963年11月，冰岛外海的某一海底火山突然爆发，叙尔特赛火山岛便诞生了，并由此成为地球最年轻的岛屿之一。在接下来的三年半里，岩浆不断喷涌、冷却，形成玄武岩，从而使得岛屿不断“长高”，露出海面，凌波而立。如今，这个小岛面积大概已达到2.5平方千米。

▲珊瑚环礁的形成

珊瑚环礁就是环状的珊瑚礁。构建其主体结构的珊瑚，通常生长在火山侧翼的浅海区域；而珊瑚环礁的形成也起始于这种珊瑚的生长。珊瑚使得礁石不断增高，使其得以露出海面。而随着火山锥被不断侵蚀，火山口被海水淹没，就留下了环状珊瑚礁。

◀环礁剖析

珊瑚环礁形成于热带海洋温暖的浅海海域，其中包括加勒比海、西太平洋以及印度洋。珊瑚是小动物的家园，它们随着潮汐的涨退而捕捉食物。珊瑚虫的骨骼帮助它们构建了组成环形珊瑚礁的石质结构。最终这些珊瑚礁形成了岛屿，有着珊瑚沙海滩，以及生息繁衍于此的各种动植物。同时，珊瑚环礁还能够防风静浪，是船只停泊的优良港湾。

冰川与冰原

冰川是一种长期的、形态相对固定的冰体。一般来说，它们只形成于世界各地的高海拔的山顶区域，然而世界上最大的冰川——冰原却完全覆盖了两极地区。冰缓慢地向山下流动，通过下切侵蚀作用，使岩石变成深谷，使冰山消融坠入海洋。现今，冰体以各种各样的形式覆盖了地球表面的十分之一，而在地球更早的历史中，被冰所覆盖的面积是如今的三倍大小。虽然冰川随着气候的变化也在不断增长或萎缩，然而它们依然留下了其存在并对地球起作用的众多证据——许多雄伟高耸的大山，就是由冰川运动中产生的万钧之力雕刻而成。

▲阿拉斯加的马杰瑞冰川

冰川最常见的形式是谷冰川或高山冰川，有它们所流经的山谷也许从前只是一条小沟，其流动距离只能达到几百米或几百千米。流动的冰舌摩擦着岩壁，削去岩石碎屑及冰碛，将它们或推上山脊，或堆在山谷。一段时间过后，这种形式的冰川运动便把山谷打磨成了“U”字形。仰望一座冰川时，很难估计它的具体规模，它们太高、太远——马杰瑞冰川的顶端冰壁海拔大约可达 80 米。

山谷冰川的形成

一般来说，山谷冰川的形成大都开始于冰河从围椅状的冰斗向外流动的运动。随后，两个从相邻冰斗中流出的冰川汇聚到一起，成为一支主冰川。岩块残屑不断聚集起来，成为冰碛石，又经过漫长的沉积，最终形成冰碛。在冰层之间的沉淀物，被称为中碛；冰川两侧的沉淀物，被称为侧碛；而在冰川末端或突出部位的，则被称为终碛。在海拔较低、天气相对暖煦的地方，部分冰川融化成水，同时又被其末端的冰墙所阻，从而形成湖泊。

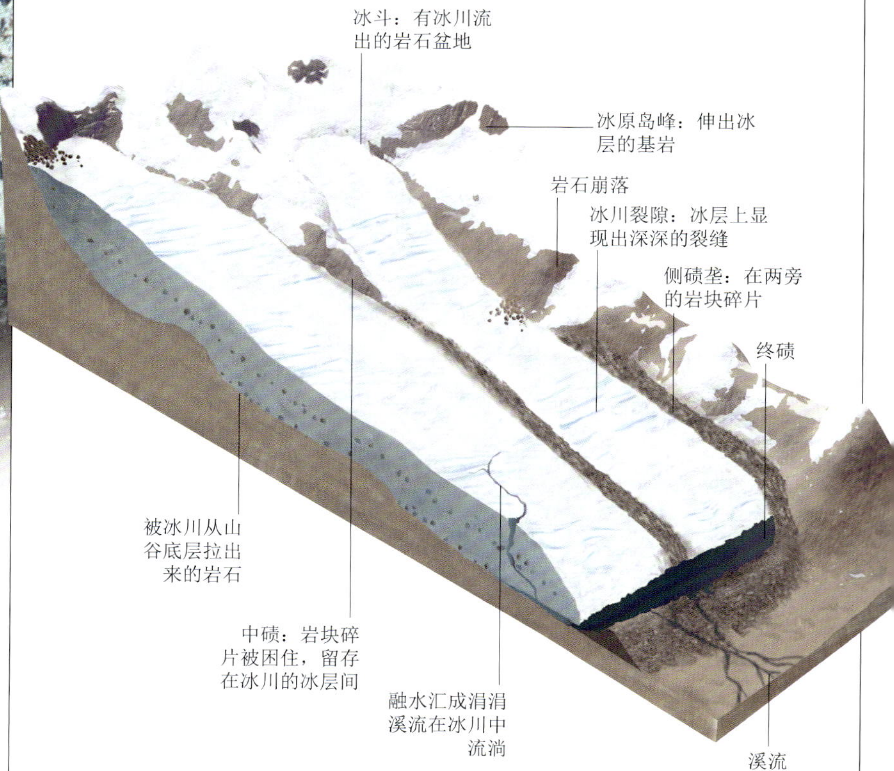

▲阿拉斯加的马拉斯皮纳冰川

冰川的运动使陡峭的山谷变成了平坦的土地，形成了呈散开状的舌状冰，被称为山麓冰舌。马拉斯皮纳冰川是世界上最大的山麓冰舌，它覆盖了整个阿拉斯加海湾超过 5000 平方千米的土地或者水域。从这张卫星图上看，冰川从陆地向外扩散的出口就像整个冰川的颈部。它看起来很狭窄，但事实上它有大约 4 千米宽；在它左边呈“S”形的则是阿加西斯冰川。

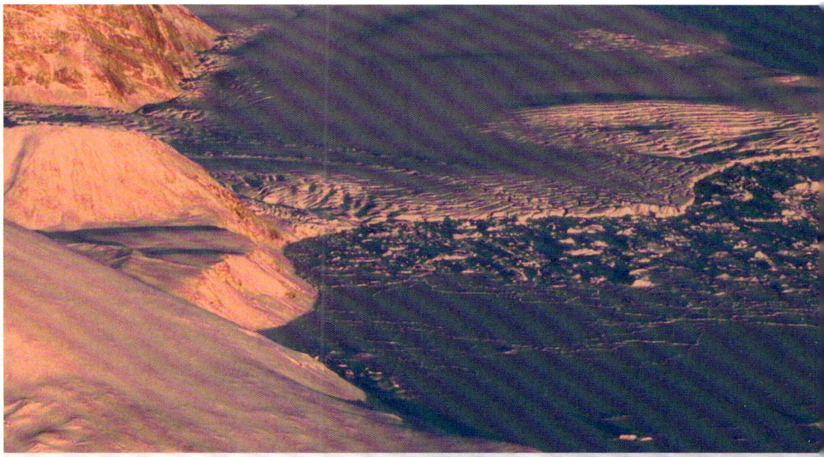

▲格陵兰的冰原边缘

冰山散落地分布在格陵兰的岸边。然而，五分之四的格陵兰岛屿都被埋在了一个据测量超过 170 万平方千米的巨大冰原下面。这个冰原是圆顶的，在其内部有两个高峰。冰块从圆顶向外滑落至海滩上，一些冰山脱离其他冰山，进入北大西洋。虽然格陵兰的冰原十分巨大，但是和大约 8 倍于它的南极冰原相比则显得渺小得多了。

◀冰川漂砾

随着冰川的融化和萎缩，一些曾存在于其上的岩块被遗留了下来。这些岩块中有些只是卵石，而有些可能达到几千吨重。这些岩石的形态和性质不一，通常是通过对它们周边岩石的鉴定来判定它们的种类，同时这也为科学家研究冰川的运动提供了极其重要的线索。就目前所知，冰川可以将不规则的巨石移动到 800 千米以外的地方。

▲冰盖的形成

冰盖其实就是小型的冰原。充满湿气的海风把雪刮落到山坡上的过程中，冰盖就逐渐形成了。在寒冷的环境中，雪一年一年逐渐地堆积起来，这个过程就叫作冰盖沉积。雪花被新的降雪压在下面，逐渐变成一个个小冰粒，随之成为厚而密实的粒雪，许多年过后，它们就成为坚硬的纯净冰。冰床向下延伸至海岸线，在那里溶化或者变成流冰，这种冰川的耗损被称为消融。

冰山

北极的冰山

冰山是漂浮着的大块淡水冰，它们是在冰川到达海洋时形成的。北极的冰山要比南极的冰山小得多，而且形状更趋向于不规则。时年最长的冰山是蓝色的而不是白色——它们的形成已达上千年，冰体内大部分的空气已经被挤压出去。

南极的冰山

世界上 90% 以上的冰山都是由四处漂浮在南极的浮动冰壳所形成的。这些冰壳勉强被水压维持着，直到流冰断裂成桌子大小，才分离漂入海中。从冰川到达海洋是一个漫长的过程，这些冰山平均都有 5000 年左右了。

冰山的尺寸

冰山只有大约八分之一的体积是露在水面上的，而其他部分则隐藏在水面以下。有些冰山是十分巨大的：1956 年，在南极，一个比比利时整个国家面积还大的冰山脱落并漂入南极海域；2002 年，在格陵兰的外海可以看见一个 167 米高的冰山。

土壤

地表最上层土壤是由岩石微粒、矿物质、空气、水以及有机物构成的。基岩，是存在于岩石微粒下层的固体岩石。它经过风蚀而成为小碎片，又经雨水冲刷产生细微的化学变化，由此就产生了土壤。基岩被风蚀的速度取决于岩石的类型以及当地的气候。因此，地球上存在着许多种类不同的土壤。土壤中的有机物质、腐殖质，来源于生长在土壤中的植物、动物和细菌。土壤是一个维系生命的系统：植物的生长依赖于它，而我们人类也需要它来种植作物。但是，如果人类不能科学地利用土地的话，它就将会被迅速用尽或侵蚀掉。土壤需要上千年的时间来发育、储肥，并且作为固定于地表的基本形态，它也很难被替代或更换。

◀土壤的分层

土壤是以土层的形式形成的。科学家们按照土壤自身的分层将其标注、归类，制成土层剖面图。在这个成熟的森林土壤的剖面图中，含有丰富的腐殖质、有机物质的上层土壤，构成表土；位于其下面的亚层土，收集表土中被冲刷下来的矿物质；在最底层则是母岩——经风化侵蚀而形成的基岩土壤。

▲“打理”土壤的生物

通过在土壤中打洞和以腐殖质为食，蚯蚓不仅能帮助土壤通气，同时也帮助土壤中的矿物质和有机物质进一步混合；在热带的草原上，住在地面上的白蚁扮演了一个和蚯蚓相似的角色，它们能够运送深层土壤中的营养物质到达表土层。除白蚁等动物外，帮助土壤变得更加肥沃的生物，还包括真菌和细菌。它们能够加速植物和动物遗骸的腐烂，促进它们转换成腐殖质，成为树木等其他生物的养分。

▲集约农业（密集型农业）

人类所有的主要作物都是种植在土壤中的。随着世界人口的不断增长，供进行农耕的优良土壤已所剩无几。作物大都从土壤中吸收营养，如氮等，因此农民开始滥用化学肥料来补充土壤中的营养。同时，农艺学家，也可以说是土壤学家也在不断研究提高土壤肥力的途径以及灌溉和排水系统的应用；还在研发产量更高的新品种作物，使它们可以在同样大小的田地里生产出更多的食物。

▲森林土壤

森林地区的气候温暖而湿润，被雨水冲走的表层土壤中的黏土和氧化物，积聚起来并形成了红棕色的亚层土。丰富多样的森林植被增加了表土中的腐殖质，使表土变得具有高酸性，并且颜色逐渐减淡。这种土壤被称为铁铝土，它在美国东部和欧洲的许多地方都十分常见；同时，它也是优良的高产农田。

森林土壤特写

▲热带土壤

热带地区的高温和高降水量导致了高速率的风化作用以及深厚的土层。然而，植物的生长也是十分迅速的，因此营养物质在表土层里只能存在很短时间。矿物质，如二氧化硅、碳酸钙等被雨水冲走后，便会留下富含氧化物和黏土的亮橘红色表土层。这种土壤被称为红土，其特征就在于：种植一到两年后，这片土地就会枯竭了。

热带土壤特写

▲荒漠土壤

与热带环境下的土壤能够快速产出相反，炎热干燥的沙漠土壤却使植物几乎停止生长。土壤的表层砂石嶙峋，而此层中的矿物质与下层母岩中的十分相似。沙漠中的水在下渗之前就极易被蒸发掉，同时却被滞留下亚层土中富含粉状碳酸钙的部分。

沙漠土壤特写

▲土壤侵蚀

图中所示的这个地区，在各种侵蚀作用下，水土流失严重。当进行作物耕种时，如果土壤被频繁地重复使用（甚至没有停歇的播种），那么土壤就会变得十分不稳定。没有了植被覆盖的土壤不断经受着狂风和暴雨的考验，它们要么被风吹得漫天蔽日——形成沙尘暴，要么被雨水猛烈冲刷卷入河流。覆盖了地球三分之一面积的耕地上，土壤被侵蚀的速率远快于它自身的更新或交替。

黏土的特性

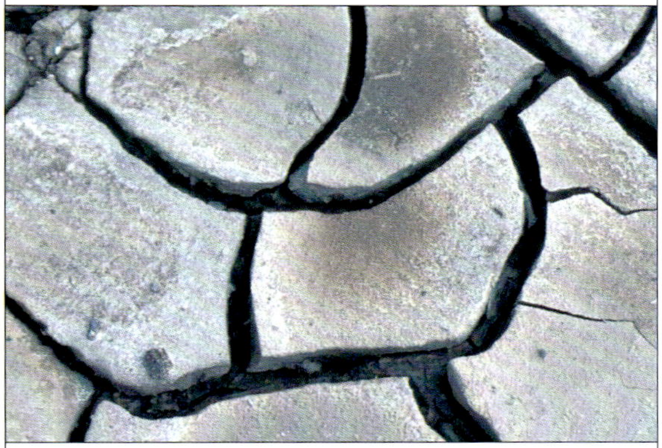

当以黏土为主要构成的土壤风干后，它的体积逐渐减小，并在土壤表面形成裂纹。黏土是由十分优质、细腻的矿物质小颗粒组成的，是土壤中的重要成分，能够促进吸收植物生长所需的气体和矿物质。然而，土壤中黏土过多，也会削弱土壤吸收和储藏宝贵的水分的能力。有些黏土遇到水的时候就会膨胀，而水分干涸时又缩小。其他一些黏土是不会扩大或缩小的——它们只是会在遇到水时变软。这种特性决定了黏土的用途，例如被用在陶瓷生产中。

◀**上海**

上海是中国重要的交通枢纽中心，同时也是世界上最大的港口城市之一。黄浦江流过城市中心后，并入其近旁的长江。涨潮的时候，从海洋驶来的货船可以逆流而上，直接进入处于城市中的港口。世界上最初的城市都是出现在河流岸边的，其中包括印度河、底格里斯河和幼发拉底河等，人们依靠河水灌溉作物，以获生存。

河流

河流在水循环系统中扮演了重要的角色，它负责收集降落在地面的雨水，并把它们运送回海洋。在这个过程中，它还灌溉了农田，支持了不同生态系统的正常运转。河流在土地上留下各种标记：它们侵蚀岩石、冲刷土地，还雕刻出深邃的峡谷。当到达海洋时，河流中储存的矿物质和营养物质又供养了海洋生物。河流还可以带来许多其他好处，如为航道提供清洁的水域等；河岸同时也是世界上最大城市的发祥地。但是与此同时，河流的存在也潜藏着洪水暴发的隐患。

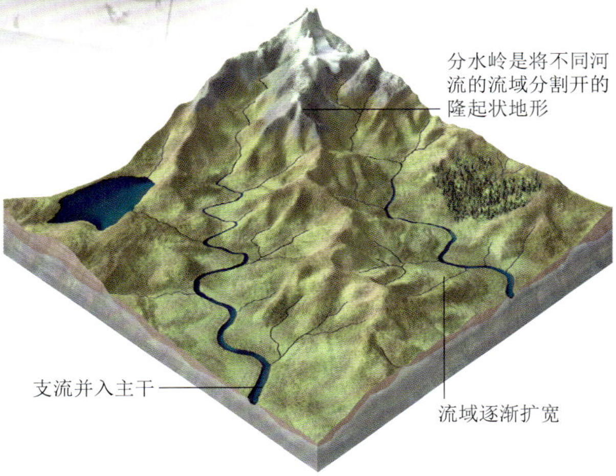

剖析河流

河流汇集着流散在地面上、没有下渗或蒸发的雨雪，并把它们转送回海洋。在河流的全程流域，都有作为支流的河流汇入其中。

世界上最长的河流

▲**长江**

长江全长 6300 千米，是亚洲最长，同时也是世界第三长河——穿越了大半个中国。它发源于海拔约 5500 米的青藏高原唐古拉山脉，河流的相当部分都在山谷中蜿蜒前进。

▲**尼罗河**

尼罗河是世界上最长的河流。发源于东非的高大山地中，紧接着流入维多利亚湖，之后蜿蜒穿过苏丹和埃及，在经过长约 6650 千米的旅程后，汇入地中海。在穿过埃塞俄比亚时，那里的强降水使得尼罗河在每年夏天都会泛滥成灾。

▲**亚马孙河**

亚马孙河是世界第二长河，全长约 6400 千米，在流淌过南美赤道地区后进入大西洋。亚马孙河穿过地势低平的亚马孙雨林，每年洪水泛滥之时，都会将这片雨林淹没数月之久。

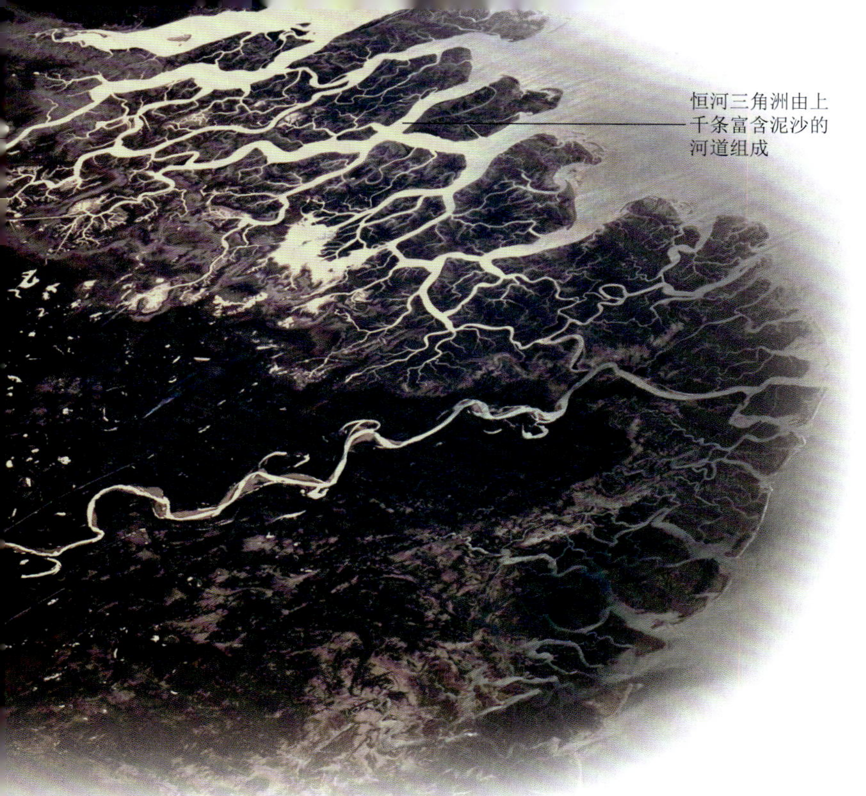

▲恒河三角洲

恒河发源于喜马拉雅山脉，之后蜿蜒穿过印度和孟加拉国，全长约2510千米。它并入布拉马普特拉河后穿越孟加拉国，最后注入了孟加拉湾。在流入海湾时，河流流速减缓，使得水流中泥沙淤积。经过日积月累，淤积物最终形成了一个巨大而平坦的冲积扇，即三角洲。在这里，河流逐渐分叉，形成众多汊流。

尼罗河谷的肥沃农田▲

几千年前，古老的埃及文明开始在尼罗河岸蓬勃发展。河流每年的泛滥都会在洪泛区中淤积大量的泥沙，而这些泥沙中带有的矿物质，使得洪水过后的沙漠中出现了一条细长而肥沃富饶的农耕走廊。阿斯旺大坝从1970年起开始调控洪水。大坝的建成使得农耕在干旱季节里变得更加容易；但同时大坝又有效阻止了河流泥沙的淤积，从而使得农民不得不添加化肥来促进作物的生长。

◀中国的三峡大坝

中国长江每年都会有规律的洪水泛滥。1994年，中国政府开始在长江上建造三峡大坝，于2006年建成。它的主要功能在于调蓄洪水、拦截泥沙，同时也为周围广大人口聚集地区提供清洁的电力能源。

河流的类型

克里特岛上的季节性河流

希腊克里特岛上的马利亚河，每年在春雨季节河水都会迅速上涨。克里特岛上的河流十分短小，并且大都穿流在岩石山地之中。这里每年降水量很少，因而也很难保证河流能够维系一整年，断流现象颇为常见。在一些地中海气候地区，河流很可能在炎热的夏季彻底断流。

大洋洲大陆上的间歇河

这个小水塘在沙漠烈日的暴晒下正在不断缩小，它是位于澳大利亚北部炎热地区的托德河的余留部分。像托德河这样的河流就是所谓的间歇河，河床上只在很少的时间内有水流流动。每一年或两年才有一次的短期强降水，会使托德河水位迅速上涨；然而河水仍然很快就会蒸发，或者迅速下渗到干裂的土壤之中。

美国的永久河流

像密西西比河这样巨大的河流的水流没有一刻停止过。它又被称为“老人河”，全长约3780千米，发源于明尼苏达州的艾塔斯卡湖，之后穿过大半个美国流入墨西哥湾。它是北美最长的河流，流域面积达到约467万平方千米，覆盖了美国31个州和加拿大境内的2个省。

▲孟加拉国的洪水

孟加拉国位于许多大河冲击而成的三角洲上，包括恒河、梅克纳河、苏尔马河和贾木纳河。孟加拉国地势低平，河流每年都会改道流经不同地区。因此，破坏性极大的洪灾时有发生，许多人和动物都无法幸免于难。但是洪水也并不是一无是处，它带来大量的营养丰富的泥沙，从而改善土壤，促进作物生长。

洞穴

洞穴作为一种引人注目的自然景观，形成于水对岩石的长期作用。例如，水波反复冲击、打磨峭壁，而逐渐侵蚀其表面，形成了洞穴。另外，雨水下渗到土壤中成为地下水；它们将埋在地表深层的岩石（如石灰岩）渐进地溶解时，也可以形成洞穴。其他岩石，如砂岩等则像海绵一样吸收地下水，并将它们贮存起来。地下水是宝贵的淡水来源，能够在干燥的季节补给缺水的河流和湖泊，也能够为众多家庭、农场以及工业生产所需提供水源。

洞穴中的蝙蝠▶

洞穴为群居的蝙蝠提供了一个繁衍、休憩的栖息之所。在热带地区，蝙蝠通常都会一直待在洞穴里，只有要捕食飞虫或者采集树果时，它们才会带着任务飞出去，在夜晚进行捕猎活动可以避免与食性相同的鸟类竞争。而在较寒冷的地区，当冬天将要来临时，蝙蝠能找到的食物也减少了；同时，其他的许多动物也发现，恒温的洞穴中是它们进行冬眠的理想之地。

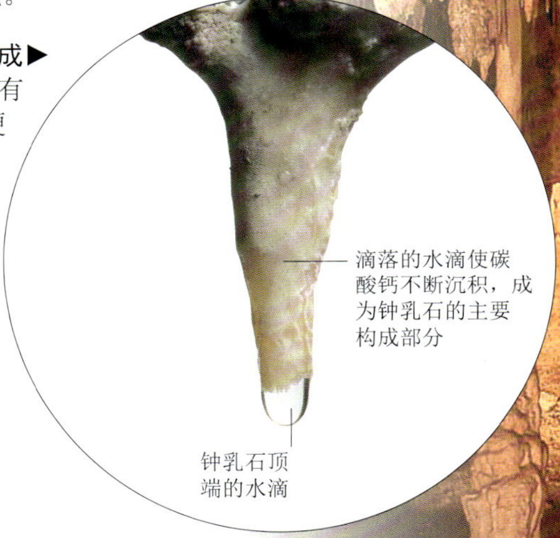

钟乳石的形成▶

地下水中溶解了空气中的二氧化碳，因而具有弱酸性。当它流淌在石灰岩岩层时，其弱酸性便能够帮助溶解岩石中的碳酸钙，从而侵蚀出的空间日益增大，最终成为洞穴。但当水滴自洞穴顶部坠落时，一部分水分在空气中蒸发掉了，使得水滴在洞穴顶部的石灰岩上留下了一些微小的沉淀物。久而久之，这些沉淀物——碳酸钙，逐渐累积起来，形成了钟乳石。

▲洞穴壁画

史前人类对他们领地内的洞穴了如指掌，并且懂得充分利用它们——充当庇护之所来防范其他部族或者食肉动物的侵袭。人们发现的最早的人类艺术形式就是洞穴壁画。上图中这美丽的类似野牛的生物便是早期发现于法国南部拉斯科洞穴壁画的复制品。从图画中透露出来的、绘制时的谨慎与仔细，我们可以推断：这些动物显然对于我们的祖先十分重要。

◀钟乳石和洞穴内景

方解石的累积可以将洞穴内部变成十分奇妙的景象。当富含钙质的水滴从钟乳石上滴落时，它在其正下方的地面上留下了方解石的痕迹。这些微小的痕迹缓慢地堆积起来，形成一个丘，被称为石笋。一个石笋可以长得很高，以至于它可以与它上方的钟乳石联结在一起，在地下洞穴中形成一个完整的柱体。这需要数百年甚至数千年，才能形成大的石笋或者钟乳石。

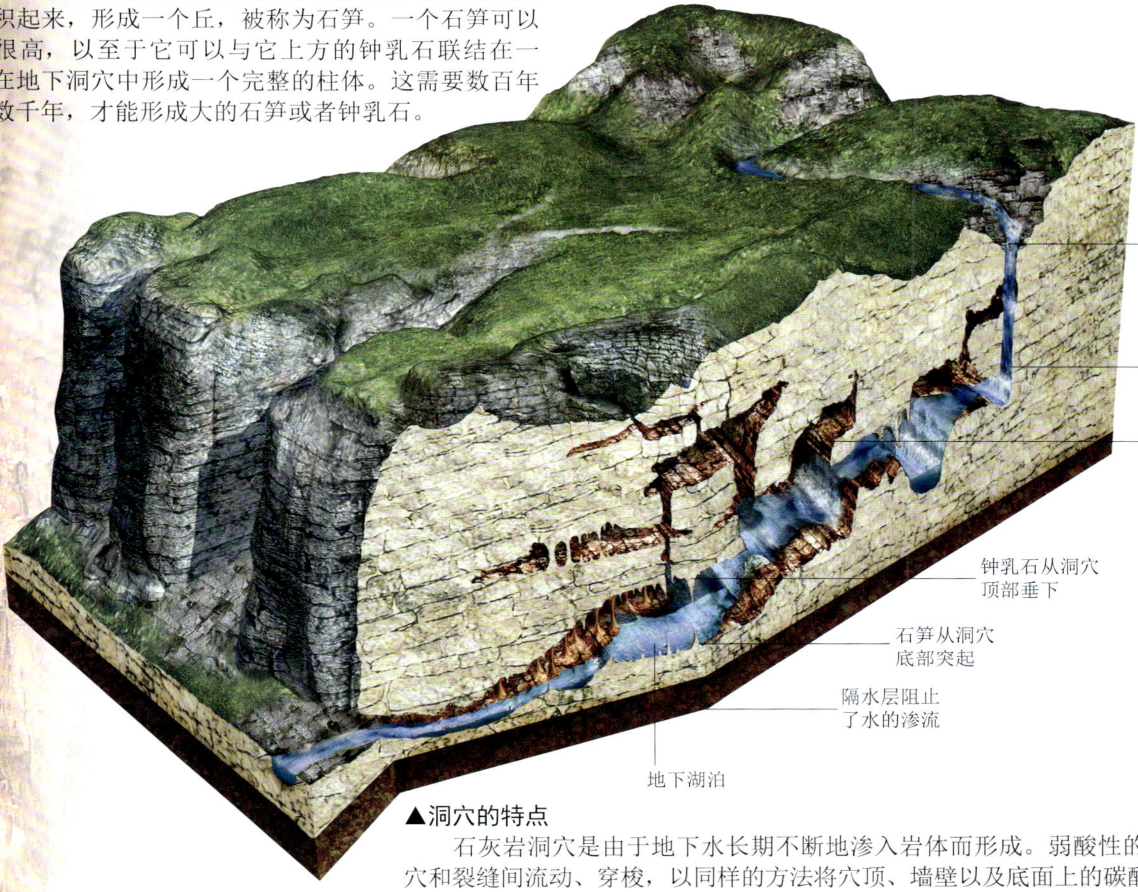

▲洞穴的特点

石灰岩洞穴是由于地下水长期不断地渗入岩体而形成。弱酸性的水在岩石的空穴和裂缝间流动、穿梭，以同样的方法将穴顶、墙壁以及底面上的碳酸钙溶解掉。由此，水平的缝穴逐渐加宽，形成了狭长的、由地下水浸透的洞穴。这些洞穴相互连通，组成了一个复杂的洞穴系统，最终改变了其周围的地貌景观。洞穴中的河流从位于深层的坚硬岩层之上的出口流出，与此同时，地下水则不断渗入洞穴形成钟乳石和石笋。

▲地下泉涌

绿洲能够幸运地存活于沙漠之中，多亏了地下水的滋养。距地面一定深度下，岩石或土壤中的一切缝隙都被地下水填满，其水面所能达到的最高位置称为地下水位。而在这之上，是水与空气相混合的区域。在山谷或沙漠盆地中，地下水位可能接近或高于地面，由此水便从地下涌出，形成了泉源、井喷或湖泊。

▲溶洞坍塌

在水的溶蚀、沉积作用下形成了石灰岩洞穴——溶洞。当它的顶部接近地表的时候，即意味着洞顶很薄、很脆弱，极有可能发生毫无预警的坍塌。上图中的巨坑，就是1993年发生在美国佐治亚州亚特兰大市中某城市汽车公园里的溶洞坍塌。有的溶洞坍塌甚至能够吞没整幢房子。喀斯特地貌区到处都是溶洞以及这种溶洞坑。而“喀斯特”名字的由来，就是因为这种地貌在东欧斯洛文尼亚的喀斯特地区十分常见。

沙漠

沙漠有许多类型。终年炎热难耐的称为热漠，通常位于南北纬 15° ～ 35° ；而寒漠则位于高纬度地区，它们或许夏天还火辣辣地热，但冬天就变得寒冷而干燥；雨影沙漠则是由于其附近高大山脉对于潮湿空气的阻挡作用，因而缺乏降水所导致；西海岸沙漠上通常都有寒冷干燥的海风肆虐横行，并由此成为世界上最为干旱的地区之一。从数据上来看，所有的沙漠都有一个共同特征——年平均降水量小于 400 毫米。

◀撒哈拉沙漠

撒哈拉沙漠是世界最大的沙漠，广达 900 万平方千米，也是典型的热漠。撒哈拉沙漠上有着丰富的地貌景观：盆地、沙海、高原台地以及石质沙原。虽然如今撒哈拉以其炙热与干旱闻名于世，但当地发掘的化石表明，那里的气候曾经十分温和湿润，有着河流、湖泊以及肥沃的土壤。

沙漠分布图　　占地表面积 3.7%

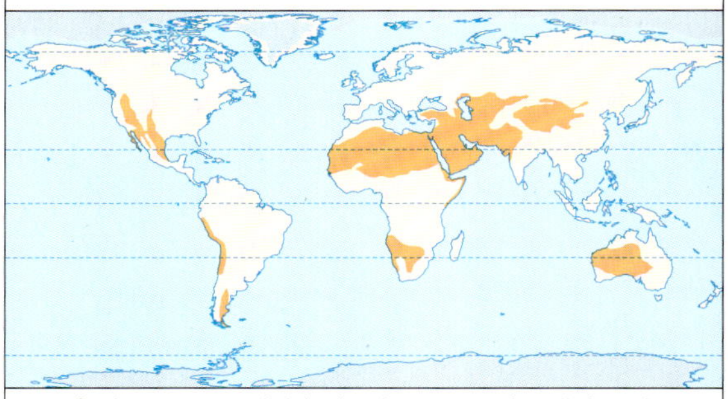

类型	区域比例（%）	主要分布区域
热漠	77	非洲北部，阿拉伯半岛，印度
寒漠	18	中亚
雨影沙漠	3.5	智利，美国加利福尼亚
西海岸沙漠	1.5	纳米比亚，秘鲁

◀蝎子

蝎子是蛛形纲节肢动物，与蜘蛛、螨虫是“亲戚”。它们由于善于躲避白天的炎炎烈日而在沙漠中幸存下来：有的蝎子躲在岩石下，有的潜伏在它们用 8 只足挖出的沙穴中；而到了夜晚，它们就出来捕猎，昆虫、蜥蜴以及啮齿类动物（如鼠等）都是它们的猎物。蝎子的表皮或外露的骨架上有一层光滑如蜡的“外衣”，这能尽量减少它们体内的水分流失。

◀骆驼

单峰骆驼是阿拉伯国家本土标志性动物，从古埃及时代起，它们就被广泛驯养于北非地区。它们横越整个撒哈拉，帮助商人运送象牙、盐以及金子，并且将沙漠中的原住民部落带入争斗之中。它们可以在长达两周的旅途中涓滴不饮；而且与羊群、牛群不同，人们也不需要担心由于过度放牧骆驼而对沙漠植被造成破坏。

沙漠植物

斯特尔特沙漠豆

这是一种开花的草药植物，生长在澳大利亚中部及南部。其灰色的叶子上有一层尖而短的小细毛，以此帮助锁定水分、保持叶表湿润。它们的种子有着坚硬的保护壳，使其能够度过漫长的干旱期；然而只要一下雨，种子就会疯狂地萌发出长长的新芽。

棕榈树

虽然棕榈树通常生长在近海的地方而不是在沙漠中，然而，居住在沙漠地区的非洲人和亚洲人确实从几千年前就开始种植棕榈树，并且将它们的用途扩展到几百种。例如，人们把棕榈树的果实、花甚至花粉做成食物；用它的汁液酿酒；利用其叶片的粗纤维制成绳子；将树干加工成木材；将果实中的核制成柴炭。

仙人掌

仙人掌以各种各样的形状、不同的大小生长在美洲的沙漠中，极好地适应了那里的环境。汁液丰富的茎在短暂的雨期里迅速膨胀起来，吸取并保存水分来度过之后漫长的干旱期。大多数仙人掌长有棘刺代替叶片，以减少水分的流失。棘刺还可以保护它们不受动物的啃咬，防止外敌的侵害。

怪柳

怪柳主要生长于中亚地区，它能够在盐碱化严重的贫瘠土壤上茁壮成长，高度可达3米。其根系也很长，能够探伸到沙漠地表下极深的含水层中吸取水分，所以怪柳的生长并不完全依赖于降水。在漫长的干旱期里，怪柳从它们纤细的枝条上脱去鳞状的叶片，进入一种“懒惰”的休眠状态。

◀沙漠地区的改造利用

沙漠中，如果有足够的水，那么一些植物也是可以生长的。在美国的新墨西哥州的这些圆形田地里，人们用管子将沙漠地下的水提取上来，或利用科罗拉多河河水浇灌农作物。然而，也要注意浇灌过程的科学性，过度的灌溉也是毁灭性的：可能导致河流被污染，以及沙漠植物因盐分过量而中毒。

阿塔卡马沙漠▶

南美西海岸的阿塔卡马沙漠既是雨影沙漠，也是西海岸沙漠。安第斯山脉的阻挡作用使得潮湿空气在东坡滞留，并因山地的抬升作用而成云致雨，却无法抵达山脉西侧的沙漠地区。而来自西海岸的海风，是因寒流与陆地的空气流动而形成，所以其中所含的水汽极少，无法降雨。因而，阿塔卡马沙漠的沙质土中储存着大量的盐分，它们日积月累地沉积后，在部分地区形成了盐湖（也称盐坪）。

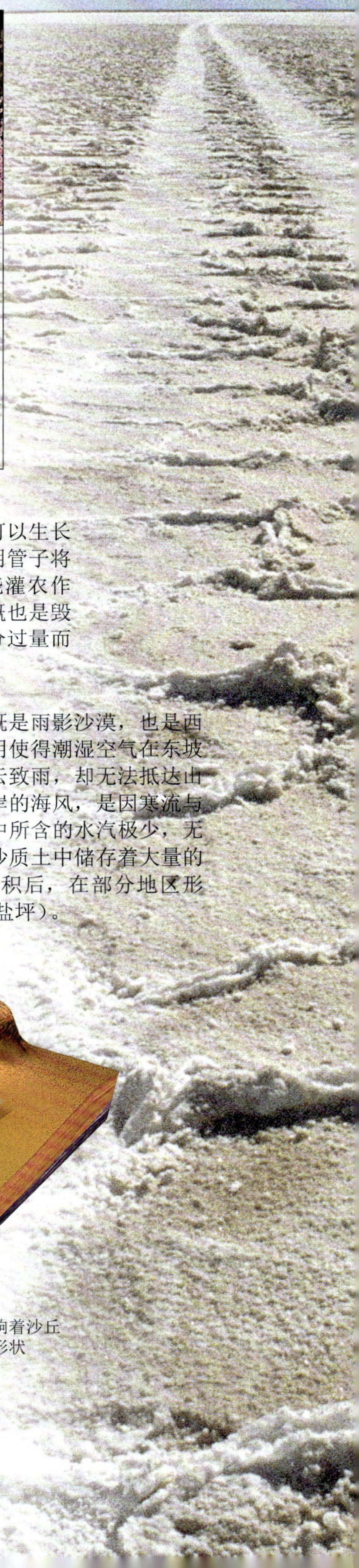

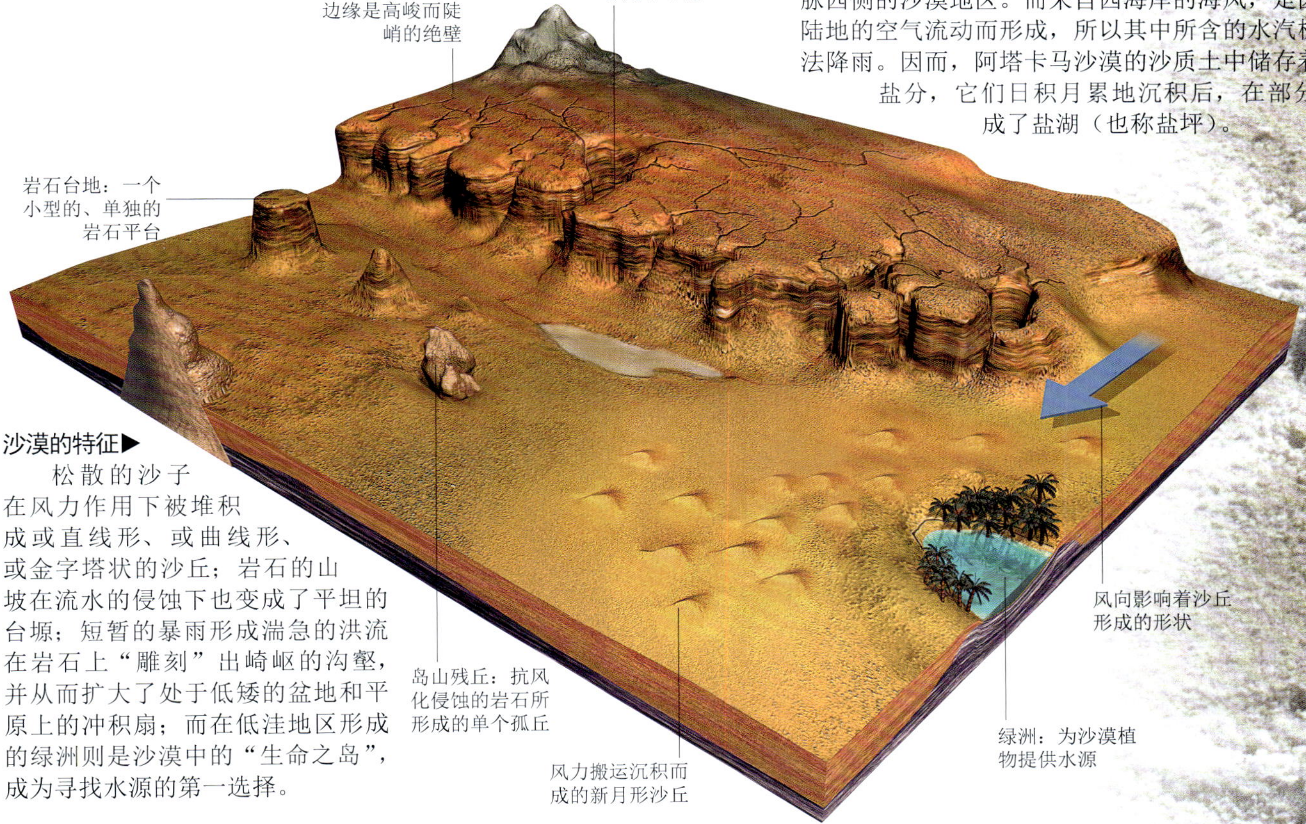

沙漠的特征▶

松散的沙子在风力作用下被堆积成或直线形、或曲线形、或金字塔状的沙丘；岩石的山坡在流水的侵蚀下也变成了平坦的台塬；短暂的暴雨形成湍急的洪流在岩石上“雕刻”出崎岖的沟壑，并从而扩大了处于低矮的盆地和平原上的冲积扇；而在低洼地区形成的绿洲则是沙漠中的“生命之岛”，成为寻找水源的第一选择。

热带森林

热带森林通常分布于赤道附近或海岛上。这些地方从太阳获取的热量极为丰富，而上升的热空气也易于成云，形成大量降水。世界上的热带森林有多种类型：有的干季很长并且炎热难耐；有的隐匿在凉爽而雾气缭绕的高山上。其中最著名的热带雨林是低地森林，气候终年温暖而湿润。虽然热带森林所覆盖的面积还不到地表的3%，但它庇护着比地球上任何其他大生态群落更多的动物和植物。

热带森林分布图　　占地表面积2.8%

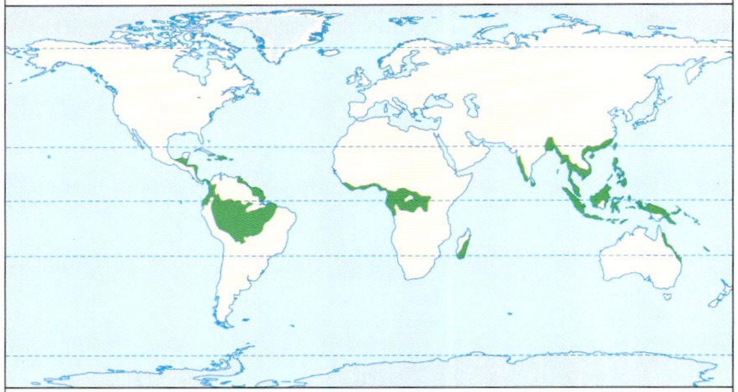

类型	区域比例（%）	主要分布区域
热带雨林	82	南美洲，亚洲东南部，非洲中部
热带季雨林	18	印度，美洲中部，非洲

热带雨林▶

在低地雨林中，上千种的植物混杂地生长在一起，并逐渐趋于形成若干个层次。密集的树冠所形成的“天蓬”吸收了大部分阳光，于是之下的层次都按照结构分层的特点，逐渐变得更阴暗、更凉爽也更加潮湿。雨林树木的叶片宽大、光滑、厚实，叶端低低垂下，将多余的水分溢出，从而保护植物不受渍涝的侵害。

◀热带季雨林

在季雨林中，温暖的夏季风从海洋吹向陆地，带来湿润的水汽及大量的降水，形成雨季；而与此相反，凉爽干燥的冬季风则从陆地吹向海洋，由此形成了旱季。季雨林的“天蓬”比雨林的要低矮许多，也更加疏松而明朗，阳光能够照到底层部分，使那里生长出浓密的灌木丛。

▲常绿冬青树

季雨林中构成其上层“天蓬”结构的植物在每年旱季都会脱落掉它们的叶子，然而森林中构成下层结构的灌木，例如冬青树，则能保持它们的叶子过冬。这两种情况共同存在，使季雨林成为半常绿森林。

亚马孙洪泛森林

热带森林中，洪泛森林的特点极为突出：因降水量过大，使得河水急涨并涌上河岸暴发成洪水的情况时有发生。在亚马孙的某些地区，树木每年中有7个月都是被浸在几十米深的水中。而这些树木的板状根则作为树干根基的良好支撑者，保护树木不被冲倒或冲走。同时，森林中的这些深水水道则是淡水豚的家，这种淡水豚被当地人命名为博图。它们有细长的喙状嘴，用来探测躲藏在河床淤泥里的食物，例如蟹、河龟、鲇鱼等。

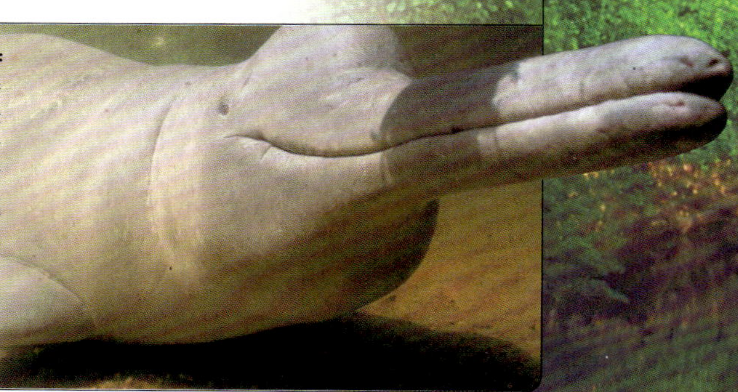

露生树层

雨林中最高的树木有着笔直的躯干，而它们只在最顶端的树冠部分才长有枝条和叶子。这种巨人般高耸的树木被称为露生树，它们的高度使它们穿越“天蓬”，将其树冠“顶”在天蓬的上面，享受全方位的阳光。

天蓬”——树冠层

从雨林的纵向结构上来看，在0～30米的高度上，高大树木的树冠向四方延展地生长，它们枝叶相触，相互缠结，就像一幅巨大而复杂的拼图，从而形成了牢不可破的叶质天蓬，截取了雨林享有的大部分阳光。

次冠层及中间层

稍矮些的树木在大约15米的高度上形成了雨林的次冠层及中间层。这一层将穿过冠层的阳光又削弱了一次，所以通常只有2%～3%的阳光能够提供给仍在其之下的森林枯枝落叶层。

枯枝落叶层

黑暗少光的枯枝落叶层的主要构成是填满了腐烂的树叶残骸的树根。这些腐烂的树叶被上亿的蚂蚁和白蚁“循环再利用”。而土壤中的菌类也能将有机物残骸转换成营养物质，以供根系吸收。

巨嘴鸟的喙是中空的，边缘呈尖利的锯齿状，方便它们衔持食物

托哥巨嘴鸟▶

生活在雨林中的巨嘴鸟，拥有硕大的鸟喙，不仅能够啄破树皮直到树干内部，并在树洞中筑巢，还可以用大喙砍切水果。巨嘴鸟飞行的时候，总是会掉落些水果种子，而其中有些幸运的种子又长成一棵新树，反过来又为巨嘴鸟增加了食物来源。

◀松鼠猴

在美洲中部及南部的雨林里，松鼠猴以50只或更多的数量群居在一起，生活在雨林中最高的树冠层。它们属于杂食性动物，从水果到蜘蛛以及鸟巢中的幼鸟都是它们的食物。

长长的叶片收集雨水

凤梨科植物▶

凤梨科植物属于附生植物，即这种植物并不扎根于土壤中，而是将根置于其他树木的枝干上。它们的根从被依附的树木或者空气中吸取水分及养料。

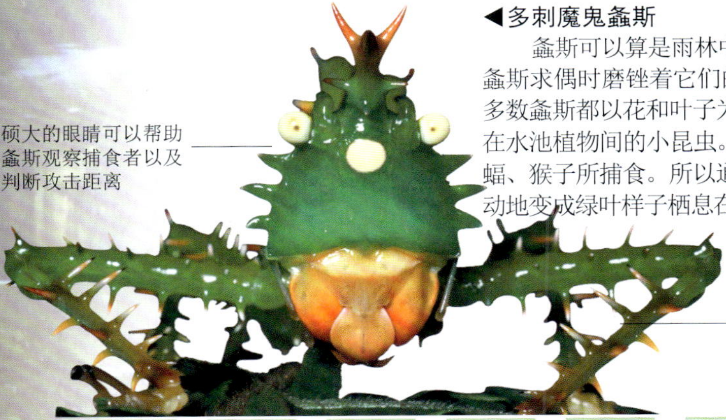

硕大的眼睛可以帮助螽斯观察捕食者以及判断攻击距离

螽斯身上的刺对于阻碍鸟类和猴子们把它们变成下一道美餐有着不可或缺的作用

◀多刺魔鬼螽斯

螽斯可以算是雨林中最吵闹的昆虫之一。雄性螽斯求偶时磨锉着它们的翅膀而大声“歌唱”。大多数螽斯都以花和叶子为食，然而有些也捕捉被困在水池植物间的小昆虫。同时，它们又被鸟类、蝙蝠、猴子所捕食。所以通常情况下，它们都一动不动地变成绿叶样子栖息在植物间，躲避敌人。

蛇皮上的花纹是极好的伪装，能够保护它们在森林的地面上逃过天敌的眼睛

加蓬咝蝰▶

蛇类依靠太阳的热量来温暖自己的身体，所以它们在热带森林中生活得舒适而健康。加蓬咝蝰生活在非洲雨林的地面层，它们有着蛇类中最长的尖牙，可达50毫米。

“大罐子”上方的叶子能够分泌出带有浓烈气味的花蜜来吸引苍蝇等昆虫

猪笼草▶

生长在雨林中土壤相对贫瘠的地区的植物，自有另一套不寻常的方式来获取营养。猪笼草通过它们装满消化液的“大罐子”来捕捉并享用昆虫。

温带森林

温带森林分布在气温、降水、日照长度的年际变化都很明显的地区。北方针叶林像一条巨大的带子环绕在北半球的北部地区，由常绿针叶树构成；橡树、山毛榉等，属于温带阔叶落叶林的树种，这种森林分布在冬天凉爽湿润、夏天温和多雨的地区，冬天，树木会脱落叶子以保存能量；地中海森林则分布在夏季干燥、冬季温和的典型地中海气候区；温带雨林则多分布在温和多雨的沿海山区。

温带森林分布图　　占地表面积 4.7%

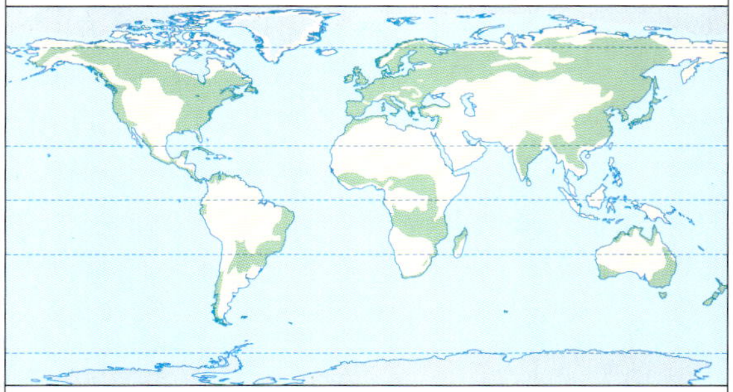

类型	区域比例（%）	主要分布区域
落叶林	56	加拿大，俄罗斯西伯利亚
针叶林	32	塔斯马尼亚岛，欧洲西部
地中海森林	11	地中海地区，美国加利福尼亚州
温带雨林	1	美国西北部，智利，新西兰，日本

▲棕熊

漫长的温带冬季里，很多哺乳动物都进入了冬眠。冬眠是一种深层睡眠，这段时期心跳会减慢，而身体所消耗的能量也减至极少。棕熊在岩洞或者树洞中的冬眠每年能够长达 7 个月。在此期间它不用醒来进食，而是通过消耗在秋天时就储存在体内的脂肪生存。而母熊甚至能在它的洞穴中进行生育。

▲花旗松松果

上图中的这些就是北美西部特有的花旗松松果。同一株针叶松能够结出两种不同的松果：雄性松果含有花粉，而雌性松果含有胚珠。在风的吹拂下，有些花粉被送到了雌性松果上，由此使上面的胚珠受精而产生了种子。种子成熟之后，掉落到地上，慢慢深入土壤，最终长出一株新的花旗松——完成了它的繁衍过程。

▲雪中的针叶松

针叶树是在较为寒冷温和的地带及山坡上最常见的树木，它们短小的枝条使它们不用为如何减轻雨雪堆积在叶片上的压力而烦恼。在树木生长浓密的北部森林中，只有一些是极为耐寒的针叶树种。这些树的叶子呈针状，并且表面光滑如蜡状，从而减少水分的流失。由于这些针叶一年到头也不脱落，所以它们从春天开始就尽情地吸收阳光带来的热量，而叶片较深的颜色也有助于它们对热量的吸收。

▲灰狼

灰狼曾经广泛分布于北美洲、欧洲以及亚洲。出于对这种食肉畜群的恐惧，移民者对狼群进行了大量捕杀，只在北部的森林深处、深山中以及苔原地带还有一些幸存的灰狼，所以现在这些栖息地都是狼群的大本营。狼是群居动物，群体打猎时捕到了像鹿或者北美麋一样的较大型动物时，它们就共同分享美餐。

森林火灾

从几百万年前开始，火就在森林生态学中占有一席之地：它能够改变植物混杂的结构以及动物的种类；同时火灾又能够将营养物质（如氮）还原到土壤中去。像花旗松一样，有些树成年后全身便会包裹着厚厚的树皮，这使它们能够在火灾中幸免于难。现在，人类的活动正逐渐打乱自然本身的燃烧模式，有时甚至能导致难以控制的、足以烧毁整个森林的大火。

▲落叶林

每年秋季，天气转冷、日照长度下降的时候，落叶林便开始脱落它们的叶子。新鲜的叶子会在春天长出来，继续进行它们光合作用的使命。光合作用利用阳光中的能量，将二氧化碳和水转化为糖，以满足植物的消耗。同时，落下来的叶子变成了一条由腐烂的有机物所织成的地毯，为植物、菌类以及甲虫一类的昆虫提供养分。稀疏的落叶林中，也长有像榛树一类的灌木，覆盖着整个落叶林地面。

▲番红花

番红花能够充分利用落叶林地不断变化的自然条件来调整自己的开花期。球茎是植物自身构造中生长在地下的球状结构，冬、夏两季里，番红花将养分储存于其中。这种植物通常在早春时节开花，其时气温已经开始回升，而树木依然支棱着光秃秃的枝条，使得阳光可以直接透进来，温暖林地底层。也有些番红花，在秋天树林中的叶子都落尽后，才开始绽放。

▲温带雨林

在一些海滨地区，潮湿的海风给沿岸的森林带来了大量的降水。这种高湿度、强降雨而又寒暖适宜的气候，正是那些高耸入云的树木理想的生长条件。例如拥有这种气候的北美洲西北太平洋沿岸，就生长着高达100米的红杉。

▲蕨类植物

温带雨林里遍布着厚厚的攀缘植物、苔藓等下层植被。蕨类植物就是在温暖而潮湿的雨林中茂盛地生长。它们给人的第一印象很像"牧杖"——慢慢展开的嫩芽，其形状很像牧羊者所持的曲柄杖。它们将叶片中的小孢子散落在地上，从而繁衍出新的生命。

草原

在草原被农场与牧场的肆意扩展而不得不缩减之前，五分之二的陆地都被它占据着，从寒冷的北方平原到炎热的赤道都能看到广袤的草原景观。草原也分为许多不同的类型，然而，所有类型也都有一些共同的特征。比如，它们每年的降水量通常都在 250 ～ 800 毫米。这种降水量对于要在土壤中扎根的树木来说太少了，对于沙漠来说又多得吸收不了，然而对于树木稀疏、开花植物罕见的大草原来说却是最理想的。同时，经常性有规律的灼烧能够使许多草场植物生长得更加茁壮。

草原分布图　　占地表面积 6%

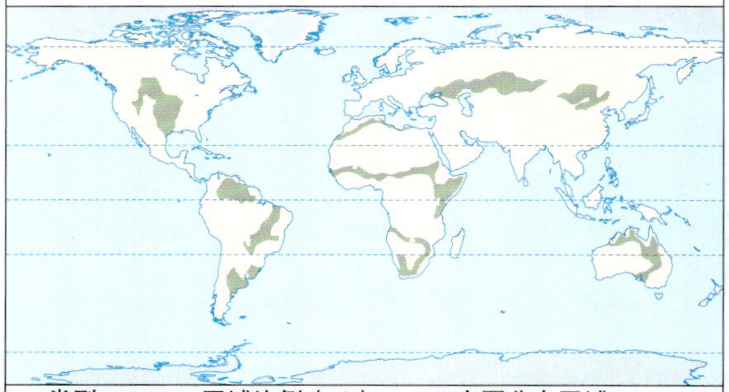

类型	区域比例（%）	主要分布区域
温带草原	67	澳大利亚，俄罗斯，中国，美洲北部
热带草原	33	撒哈拉沙漠以南的非洲地区，巴西，墨西哥

▼塞伦盖蒂热带稀树草原

东非坦桑尼亚的塞伦盖蒂国家公园的大草原上，树木稀少，热带草场植被遍布——这样的草原被称为热带稀树草原。许多哺乳动物都生活在其中：高大的草原植被经大型动物（比如大象和野牛）吃食或踩踏后，便自然地在草原上出现了一条条野路；这些路又为中型动物（如角马和斑马）进食较低矮的草类提供方便；而较小型的瞪羚等，则多以植物低矮的茎干为食。食草动物随着季节的变化从一个水源地到迁徙另一个水源地；然而无论怎样迁徙，它们的天敌——大型的猫科动物和其他的掠食者始终尾随其后。

热带草原上的生物

白蚁丘

白蚁是群居性昆虫。许多热带草原上的白蚁种群都擅长建造土丘，这一“工程”活动能够把下层的养分带给表层的植物。白蚁以草类、其他动物的粪便以及土壤中的有机小颗粒为食。只有很少动物能够消化纤维素，而白蚁就是其中一种。

貂羚（也称马羚）

在辽阔的大草原上进食是件危险的事，食草动物们必须时时刻刻防范着土狼、狮子、猎豹的威胁。热带稀树草原上的蹄行哺乳动物有着不断进化而得的精瘦、轻盈的四肢，这使它们逃跑时快速如风；而有些像貂羚这样的还在头上长有尖利的角，使它们在无处可逃时能够最后一搏。

猎豹▶

猎豹是世界上奔跑得最快的陆地动物，它们在追捕像羚羊等猎物时，起动时的瞬间冲刺速度可达 110 千米 / 时。就这点来说，它们与非洲的其他大型食肉动物都不同。虽然特殊的技能带来了许多优点，然而也同样存在着许多问题。猎豹的进化使它们成为在广阔草原上的捕猎专家，但却在其他的地形区中束手无策。随着草原逐渐被耕地取代，猎豹也变得十分稀少。

▼北美大草原

北美大陆上多变的气候条件将北美大草原分成三种类型：东部的高草草原、中央大平原的混合草原，以及在较为干燥的西部和南部生长的矮草草原。在早期的历史时代里，大草原上每年都会有几场“灼烧干草活动”——或是美洲原住民故意地，或是由于闪电等而引燃大火，使得新鲜的草能够更加茁壮生长。如今，大约 79% 的大草原已经被改为了农场。

温带草原上的生物

小麦

世界上每年产出的小麦总量超过 5 亿吨，其中，加拿大和美国位列于世界前六的产麦大国之中。庄稼在原本是大草原的土地上生长，使那里的土地肥力过度消耗而变得贫瘠，同时农民为了丰收，每年不得不大量地给土地施用化肥。

草原犬鼠

上图中这些生活在草原上的、胖嘟嘟的啮齿动物能够长到 30 厘米长。它们聚居在一起的洞穴就像大杂院一样——“房间”很多，也很拥挤。洞穴里有专用睡觉的房间、储藏食物的房间以及紧急出口，方便它们在遇到雪貂、蛇等天敌时迅速逃走。“犬鼠”这个名字来源于它们一个习性——当危险临近时，经常用尖锐的犬吠声反复提醒同伴们。

濒临灭绝的野牛▶

北美平原野牛是家牛的“原始美国亲戚”，它们格外健壮，体重上吨。野牛群曾经遍布北美大陆，数量可达几千万头，然而从 19 世纪白人定居者为了将牛皮制成大衣、将牛肉烹成美食而大量地捕杀了它们；同时，野牛也被大平原印第安人猎以充饥。所以到了 19 世纪 80 年代，北美平原野牛就已经濒临灭绝了。后经过长逾一个世纪的关注与保护，野牛的数量有所增长，野牛的未来是安全的。

美国中西部的干旱尘暴区▶

美国中央大平原上风力强劲，从 1935 年到 1938 年，大风已经刮走了广布在上千万平方千米范围里的大量土壤，只留下一片荒芜的土地。美国人把那里称作“尘盆”。土地的毁坏始于 19 世纪 60 年代，移民者在草原上滥种庄稼、过度放牧。根系的逐渐退化，导致土壤在暴风来袭之际被轻而易举地掀掉大量表层。

20 世纪 30 年代的沙尘暴侵袭之下，沙尘就像厚厚的云层一般，遮天蔽日，吞噬了农场

湿地

湿地，是指所有土壤中大部分时间总是被水浸满的区域，既包括淡水区又包括咸水区，从泥塘、沼泽到沿海的红树林都是湿地。湿地是动物们至关重要的避难所。它能够净化被污染的水道，保护生态系统抵抗极端恶劣的环境，像块巨大的海绵一样调蓄河水水位以避免洪水。然而，湿地对于水的依赖使它们自身也很脆弱，同时由于其重要性往往为人们所忽略，导致湿地已成为目前全球受威胁最为严重的生态系统。

湿地分布图 **占地表面积 2.5%**

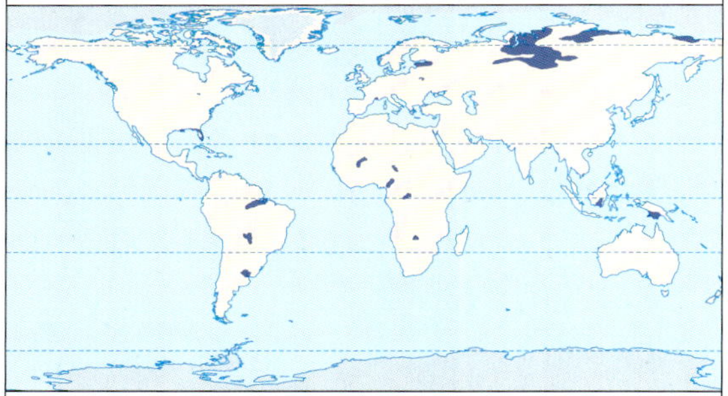

类型	区域比例（%）	主要分布区域（示例）
内陆湿地	67	世界各地（奥卡万戈三角洲）
沿海湿地	21	世界各地（亚马孙河流域）
河流湿地	12	世界各地（墨西哥湾）

蜻蜓▲

蜻蜓是一个厉害的猎手，有着一流的视力。由于它们生命周期中的一部分时光要依赖水源——蜻蜓的卵要在水下孵化5年才能成为幼虫，所以在湿地附近常能见到它们翩跹的身影。

▲河流湿地

河流湿地总是处于不断变化之中。例如，携带着泥沙的河水不断侵蚀着突出的河岸；而在流速缓慢的地方，泥沙则会沉积下来成为新的河岸，也形成新的湿地。汹涌的洪水能够在河漫滩形成暂时性的湿地，同时也使土壤更加肥沃，并吸引更多成群的候鸟翔集于此。

▲苍鹭

苍鹭是欧洲河流湿地的食物链中处于顶端的捕食者之一（在北美洲它们的位置则被大蓝鹭所替代）。苍鹭以鱼类和蛙类为食。猎捕时，它们有时站着等待，有时也追踪猎物在水中的影子，等到时机成熟时，就将它们缩起来蓄势待发的脖子突然伸出，用其尖而长的喙攻击目标。河流湿地生态环境中食物链顶端捕食者还包括水獭、貂以及静水中的梭子鱼。

▲北卡罗来纳州的内陆湿地

在美国北卡罗来纳州，落羽松和水紫树是两种很有适应性特点的树——它们一年中的大部分或全部时间都浸在水中。而生存在沼泽中也讲究一套特殊的方法：它们伸出长长的根，像在用膝关节踩着高跷似的，支撑着树干远离水面。这些高跷似的根能够牢牢固定住树体，并且吸收氧气。沼泽中也生存着林鸳鸯、白鹭以及黑熊等动物。

咸海

位于乌兹别克斯坦与哈萨克斯坦交界处的咸海是世界上第四大的内陆海（湖），其面积大约与美国南加州相等。大约从40年前开始，咸海的水位持续下降，为了中亚农业生产需要而增加的棉花灌溉区，大量海水被转移至别处。整个咸海都收缩得极为严重，现在海面面积不足原先的一半，体积也减少了75%，甚至有部分海底已经变成了盐碱性的贫瘠区。如果照现在的情况持续下去，整个咸海都会消失。

鳄鱼▶

美国短吻鳄在美国东南部湿地生态系统中扮演着不可或缺的角色。在了无生气的旱季里，短吻鳄为了生存通常在淤泥中为自己挖一个潮湿的洞穴。而湿地环境下的其他生物，无论青蛙、鱼类还是乌龟，都躲在这些“鳄鱼洞”中保持自身湿度，等待着雨季重新到来并将它们原先的洞穴涨满。

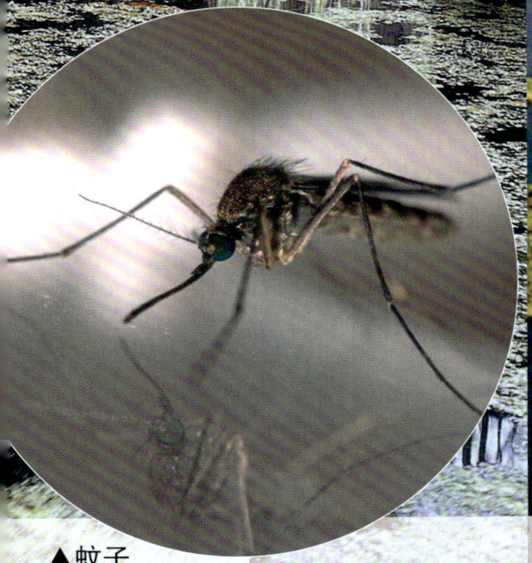

▲蚊子

与蜻蜓相似，处于幼虫期的蚊子待在污浊、腐臭的水中慢慢成长。为了使自己下腹中的卵在产育前更加健壮，雌蚊子通常用它们的刺扎破其他动物的皮肤而吸取一顿“血餐”，其“受害者”可能是蛙类、鸟类或者哺乳动物。某些种类的蚊子可能会借由这一过程传播一种十分危险的疾病——疟疾，这种病在全世界的“自然界杀手”中排名第一。

▲佛罗里达州的大沼泽地沿海湿地

大沼泽地湿地位于美国佛罗里达州的南部亚热带地区。在其中心方位上有一块巨大的泥炭地，由死去腐烂的植物成年累月缓慢堆积而成。每次降雨过后，雨水汇成一股清澈的水流，一直向南，沿途经过一个杂草丛生的沼泽后，再往南就到了沿海的盐性沼泽以及红树林沼泽。而如今人类所排放的农业污水及其他各种用弃的污水正在威胁着这一区域的生态健康。

▲海牛

在西印度群岛，海牛是一种水生哺乳动物，以水生植物为食。由于身上长着宽大的鳍状肢和铲状的尾巴，海牛能够在墨西哥湾的红树林沼泽及河流沼泽中自由巡弋，并享用海草及其他水生植物美食。它们每天的进餐时间长达8小时，成为沿海湿地清除水草堵塞的首要功臣。

北极

在北半球高纬度地区大陆边缘有着一片广阔的、树木稀少的平原，其上湖泊星罗棋布，这就是北极冻原。北极地区常年受太阳辐射很少，冬季昼短夜长，甚至还有极夜现象并且持续时间很长，有时还会下雪；土壤终年处于深度冰冻状态。对于北极的植物来说，生长无疑是个艰难的过程，想长高更是难上加难，其中苔藓和地衣就是典型例子。冻原的北部处于北冰洋中，北极点周围的水面都漂浮着海冰，它们的扩散与退缩标志着季节的变换。虽然北极的气候极为恶劣，但仍然有很多昆虫、哺乳动物、鱼类、鸟类在此繁衍生息。

▲海冰上的北极熊

北极熊能够轻易地从海冰窟窿里猎捕海豹。在游泳时，它们有矫健的身手，还有厚厚的奶黄色的皮毛做掩护，尽可能地为它保存着体内的脂肪以供取暖；在岸上时，它们也有迅疾的速度，奔跑起来可达 55 千米 / 时，并且能将藏在雪下的海豹幼仔找出来，并拖出洞穴。北极熊每天需要从食物中摄取 2 千克的脂肪，所以当海豹稀少、数量不足供应时，北极熊只好什么都吃：从鸟蛋、鱼类到海藻……冬季里，在洞中休眠以节省能量，而母熊则在 11 月到翌年 1 月期间生育幼兽。

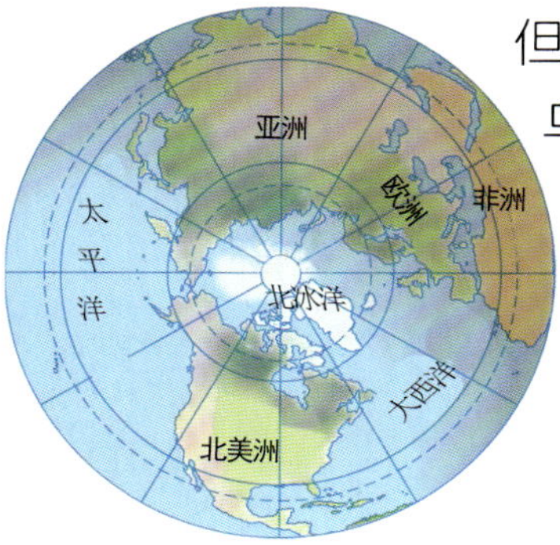

◀北极

北极生物群落实际上始于森林线北部，此线以北树木不能生长，这条森林线即北纬 66°34′的北极圈。北冰洋面积为 1400 万平方千米，是世界上面积最小的大洋；而位于其中心的北极点，在不断移动的海冰之下静静沉睡。北冰洋四周与北美洲大陆、欧亚大陆的北界相接。格陵兰岛几乎全岛都在北极圈以内，终年积雪覆盖。

南极

南极是以南极点为中心的冰封大陆。冰川的脱落形成了南大洋中巨大的冰山。与北极地区相似，南极地区受太阳辐射也很少，每年的 3 月到 9 月，南极附近地区见不到太阳。即使是在夏天，85% 的日照热量也被冰面反射掉了。由于每年的降雪量很少，南极大陆是个货真价实的寒漠，很少有动物能在其上生存。然而，南极大陆周围的海洋中却富含各类营养物质，附近的群岛上生存着大量的野生动植物。

▲气象站

20 世纪初，探险家们冒着严寒到达了南极。从 20 世纪 50 年代起，南极就成了国际科学研究的中心之一。地质学家们在冰上钻出很深的洞以提取几千年前冰的样本，并且用它们来推测世界气候变化。从南极洲发现的化石表明，几百万年前，南极地区曾是个生长着树木且有爬行类动物生活的温暖的地方，此后南极大陆漂流到此，变成冰封陆地。

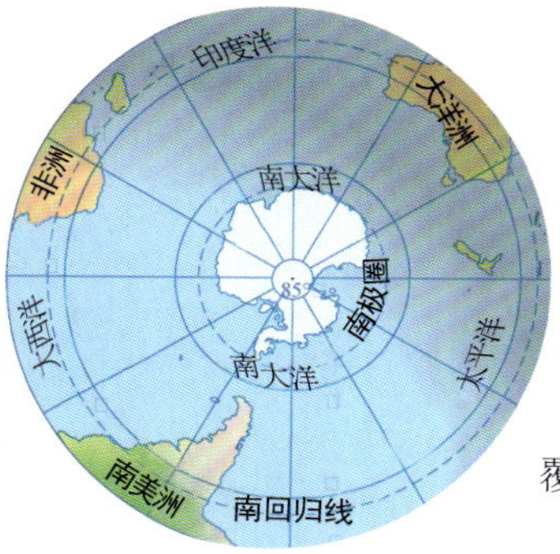

◀南极

除南极大陆外，南极地区还包括南大洋和众多岛屿，比如凯尔盖朗岛、罗斯福岛、南设得兰群岛、南奥克尼群岛等。南极大陆被威德尔海和罗斯海所“雕刻”着，南极半岛从两个海域之间伸出。南极大陆终年被海冰包围，夏天时的覆盖范围达 400 万平方千米，而冬天的覆盖面积是夏天的 5 倍。

◀**搭建雪屋**

人类在北极地区已经生活了几千年，其中包括阿留申人、因纽特人、尤皮特人、雅库特人、萨米人等。这些种族生活范围包括从阿拉斯加、加拿大、格陵兰岛，向东一直到西伯利亚的广袤地区。传统时期的家庭都住在图中这样的冰屋或石屋里。他们捕猎鱼、鲸、海豹、海象等，食用它们的肉，利用这些动物的骨骼制成工具，利用其皮制成衣服。然而现在，他们的一部分人已经接受现代社会的生活方式。

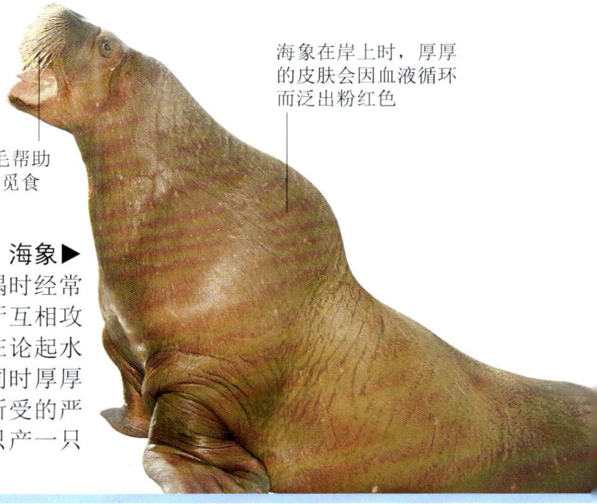

海象在岸上时，厚厚的皮肤会因血液循环而泛出粉红色

长达 30 厘米的刺毛帮助海象在黑暗的海底觅食

海象▶

海象是生活在北冰洋浅海中的一种哺乳动物。它们求偶时经常聚集在海冰形成的岛或者石砾沙滩上；雄性海象通常用长牙互相攻击以表现自己。虽然海象在陆地上爬行起来很是笨拙，但在论起水中的游泳技术却是一流。它们鼻端长有刚硬直挺的刺毛，同时厚厚的皮毛足以抵挡在海底潜水觅食——如蛤蜊、蚌类等——所受的严寒。春天到来的时候，母海象就会来到海滩上生产，每胎只产一只小幼兽，而未来的两年母亲都会亲自看护它，不离左右。

帝企鹅▶

帝企鹅是唯一生活在南极大陆的企鹅，这是令人难以置信的生存技艺。母企鹅在 5 月产卵。当它们回到水中觅食时，雄企鹅将卵在它们肚皮下的“小袋子”里裹好，历经一个南半球冬季将卵孵化。雄企鹅扎堆依偎在一起取暖，靠消耗体内储存的脂肪来过活。7 月时，穿着毛茸茸外套的小企鹅孵化出来了；母企鹅也最终回来了，来替换它饥饿的伴侣。

浓密的、像毛料一般的短羽毛防止水流进“袋子”里

◀**座头鲸**

座头鲸在南半球夏季时游至南极洲周围，捕捉鱼、磷虾为食。磷虾是以吃植物、浮游生物为生的小型甲壳动物。座头鲸能够被清晰地辨别出来——它有着所有动物中最长的鳍状肢，前缘有节状突起；它们还有极强的“乐感”，雄性座头鲸甚至可以“创作”出一系列音调复杂而悠长的曲子。另一些季节性地来到南极的鲸还包括蓝鲸、白长须鲸、大须鲸、长须鲸、南露脊鲸以及小须鲸等。

海洋（一）

海洋是地球上最大的生态系统，通常可将其分成以下三个区域：近岸水域、板块边缘海域、远洋海域。按照深度，海洋也可以被分为不同的区域：海面下 200 米内的表层水域，被称作光合作用带，层中的水体条件由上至下变化很大；在它下面的是中层带或称微光带，深度 200 ～ 1000 米，该层中的水体情况相对来讲颇为稳定；再往下，是深层带，或称深海带，深度一般在 1000 米以上，那里是罕为人类所探知的黑暗世界，生活着适应能力极强的各种深海生物。

皮腮（凸垂状小肉球）能够帮助海星进行呼吸

灰海星▶

海星并不是鱼类，而是一种棘皮类——长着带刺表皮的动物：星形，具腕，腕中央是它的进食口，腕表面长有可多达 40 支的触手。海星并不像人类一样拥有一个大脑，而是在它的每条触手上，都连有神经；如果触手断了一条，那么马上会从原来的位置长出一条新的。海星也是食肉动物，以贻贝和其他贝类动物为食。

鱿鱼（也称枪乌贼）▶

鱿鱼是一种生活在远洋海域，以小鱼、小虾为食的软体动物。软体动物则指的是那些身体柔软而无脊椎的动物，例如蛞蝓、蜗牛等。鱿鱼有着极为发达的神经系统以及一流的视力，它们能够通过变换皮肤的颜色而进行交流。

两根长触须的顶端附有吸盘，帮助它们捕获猎物或进行交配

▲鹦嘴鱼

鹦嘴鱼的名字起源于它酷似鸟喙的牙齿。它是食草动物，通常只会细细咀嚼珊瑚表面的海藻等植物。到了晚上，有些种类的鹦嘴鱼会吐出黏液在它们身体四周制作一个袋子，将自己装进去。这个袋子可以防止它们的气味在水中留下痕迹，从而保护它们在睡觉的时候不受掠食者的侵害。

▲珊瑚礁

珊瑚礁是由许许多多小型的、个体的珊瑚虫组成的群落。每只柔软的珊瑚虫都有一个石灰质管形外壳，并且每只都把自己永久地固定在另一只珊瑚虫的身体上，从而在所依附的岩石上构成了团状的、树枝状的或者扇状的珊瑚礁。珊瑚虫以其表面的藻类植物为食而顿顿饱餐。然而藻类的生长需要阳光，所以发现珊瑚礁的地方通常多是浅海或近岸水域。

▲龙虾

龙虾是甲壳类动物，身上长有坚硬而多节的外壳，并有四对步足；而其第五对足则被它们改造成了强有力的爪子。龙虾的洞穴通常建在沙质或多岩石的海底，以躲避其猎食者伺机捕猎。龙虾是杂食性动物——从小鱼到水生植物，甚至它们的同类——任何东西都可以成为它们“菜单”上的一道美食。

浮游生物

糠虾

糠虾是小型甲壳类动物，无论是远洋海域、珊瑚礁，还是淡水水域，都可以成为它们的栖息地。它们大量地群集在一起行动，能够将水中细小的营养颗粒过滤出来享用。雌性糠虾能够将它们的宝宝在其特有的小腹袋中保留数个星期。同时，糠虾也是众多鱼类“菜单”上的一道重要营养配餐。

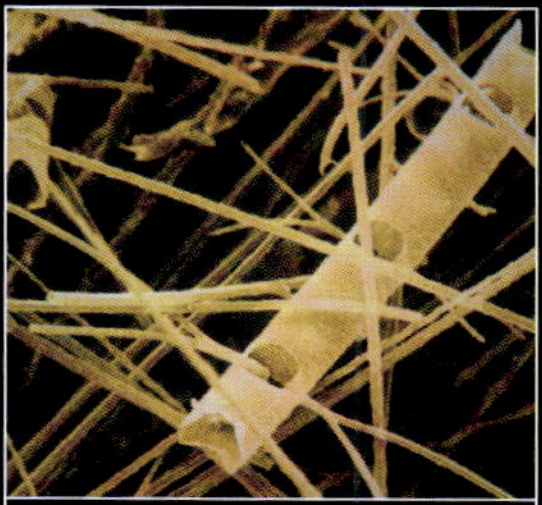

浮游植物

浮游植物是微小的单细胞生物。它们只能在“光合作用带”生存，在那里，浮游植物能够从海水中吸取更多的养分；同时，在更靠近海岸的水域也更容易找到浮游植物。而大量的浮游植物顺着洋流漂流时，便成了浮游动物眼中一道可口的、新鲜的美味汤羹。

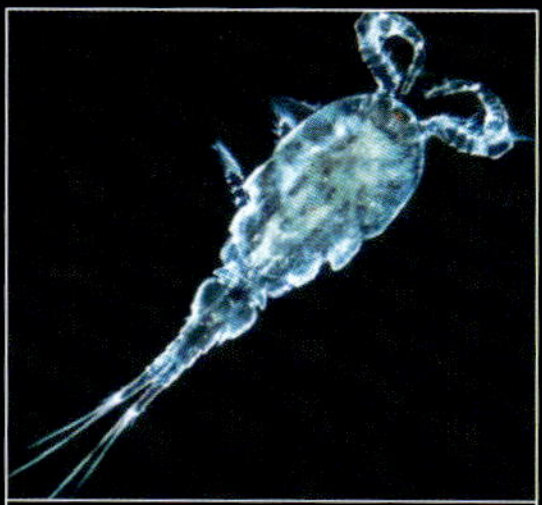

桡足类动物

桡足类动物是一种微小的、成群移动的浮游动物。与糠虾相同，桡足类动物也属于甲壳类动物，并有着坚硬的外壳以及许多条触足。世界上的桡足类动物的种类超过 7500 种，数量多至几十亿只。它们以食用浮游植物为生，但同时又是浅滩中的鱼类（如青鱼等）的重要食物来源。

▲板块边缘海域

当大洋板块和大陆板块相撞时，大陆板块边缘形成坡度较缓的大陆架，其平均深度为 130 米；而再往里一些，则是即将远离近海水域的、陡峭的大陆坡。板块碰撞边界的区域，只占整个大洋海域中的很小一部分，却给海洋生物（包括甲壳类动物）提供了最富饶的栖身之所。这一现象在位于高纬地区的板块边缘海域则更加明显——由于水温的垂直差异，底层海水上泛，将丰富的营养物质带到海面。

▲蝰鱼

在黑漆漆的深海领域中，再厉害的猎手也很难捕到猎物。捕猎要么一次性成功，要么就是彻底失败。蝰鱼有着铰链状的宽大下颚以及有弹性的腹腔，使得它们能够吞噬掉大型猎物；而针刺状的牙齿在口腔中以回扣的角度紧密排列，使猎物有来无回。有些种类的蝰鱼甚至能够发出微光来引诱其附近的“美食”送上门来。

▲远洋海域

远洋海域中缺乏丰富的营养物来源，是整个海洋中最贫瘠的海域。生活于其中的生物主要还是微生物，它们微小且呈群体性移动；当然也有少数鱼类、甲壳类动物及其幼虫，在远洋海域中自得其乐。而海底深处，对于大多数生物来说太过黑暗，且处处都是难以承受的巨大压强。然而，仍然有大量有机物质沉到海底，滋养着栖息于深海的生物们——如海星和蠕虫等。

海洋（二）

海洋分布的面积占地表面积的 70% 以上，其平均深度为 3.8 千米；它给地球上人类已知的、超过 25 万种的动植物提供生存家园；人类现在所知的海洋物种是陆生物种的 6 倍。在人类不断发明深海勘探方法的同时，更多的海洋物种将被人们发现。海洋也在影响着我们的生活。它能够给人类提供食物、水、药材、工业原料以及能源，调节地球上复杂多变的气候，提供物流交通的航道以及海洋娱乐的场所。没有海洋，也许地球上根本不会有生命。

◀光合作用带

大多数的鱼类、龟类，或者其他大型海洋动物，都生活在表层海域——海面下 200 米的水域中，这部分水域被称为光合作用带。在这里生活的众多生物中，大部分是浮游植物，它们是微小的、多呈群体性移动的、顺水漂流的类植物生物。浮游植物能够进行光合作用（利用阳光和营养物质来产生能量）来喂饱自己，同时它们本身也是海洋食物网中重要的蛋白质来源。

◀微光带

微光带的范围能够纵深到海洋的 1000 米深处。其中生活的动物们，例如青鱼和鱿鱼等，夜晚会浮到海洋光合作用带去觅食浮游生物，而白天它们则下潜到较深的海域中。微光带中有许多大型动物，抹香鲸就是其中之一。它们给人们很好地展示了海洋的“宽容性”——海水的浮力使得海洋生物不必担心能否支撑过重的身体，因而它们能够长得比陆生生物更为巨大。

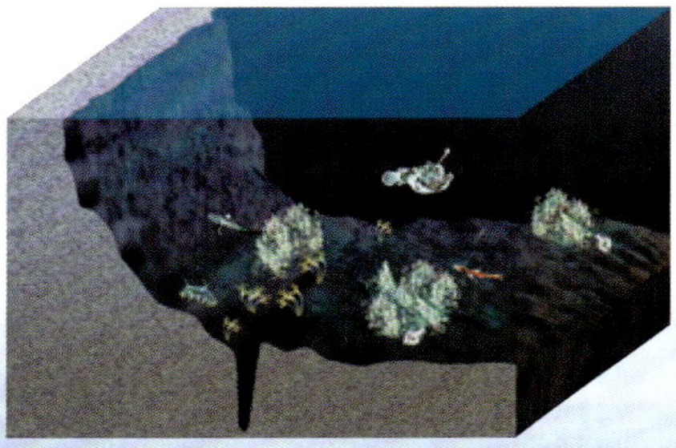

◀深海带

海洋深处是一个寒冷的、含盐量很大的、漆黑的世界。在那里生活的鱼类很少，并且个头都很小。其中的捕食者，例如蝰鱼，会发出微光来引诱猎物靠近它们。海底的爬行类无脊椎动物则只能以从其上层海域“洒落”下来的有机物碎屑为食。在深海海底，营养物质随着海底火山的温泉上泛，给一些不依赖氧气生存的生物提供食物。

▲盐蒸池（又称盐池）

在海洋边缘，海水蒸发会形成盐的结晶。海水中盐分的 3.5% 是含有氯和钠元素的矿物质：有一部分来源于河流——矿物质元素从陆地岩石中溶解出来，随水流一并注入海洋中；有一部分来源于海底火山——不时地喷发以及其产生的温泉增加了海洋中的矿物质。海盐的生产是工业产业的一个重要部分。

世界洋流图

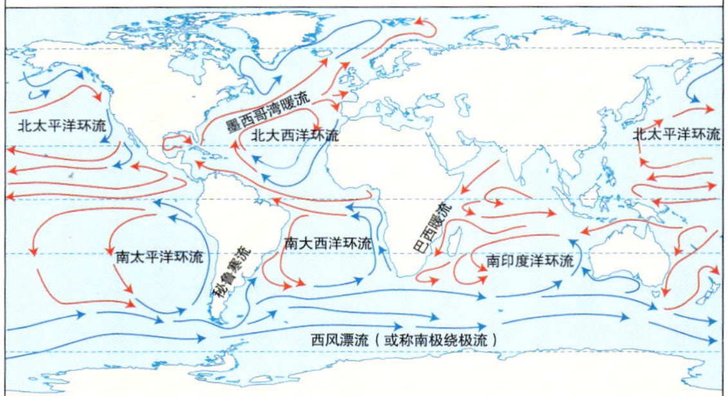

遍布于世界各地的洋流在海洋中不断运动。在北大西洋，寒冷的极地表层海水进行下沉运动；冷海水的下沉，导致赤道上吸收了大量太阳辐射的温暖洋流向寒冷水域回流；同时，海底的上升流，促使美洲与非洲大陆西海岸的寒冷而富含营养物质洋流，进行离岸运动。大洋表面海水在风力作用下进行的循环运动被称为大洋环流，其循环轨迹就是大洋环流圈。在南大洋有着常年不变的西风漂流，其驱动力便是海面上的盛行西风。

广阔的海洋▶

地球上主要有四个大洋——太平洋、大西洋、印度洋、北冰洋。亦有学者将南极洲周围海域称为南大洋或南冰洋。南大洋每个大洋周围都装点着被大陆边缘陆地所分割的许多小型海域。海洋虽然看起来平坦辽阔而毫无特色，然而，巨大而高耸的山脉或山系通常是从海洋中隆起的。在板块交界的地方，海岭火山喷发往往更加频繁。大洋中的海沟能够深逾 11 千米。整个海洋所承载的水量能够达到 13.7 亿立方米。

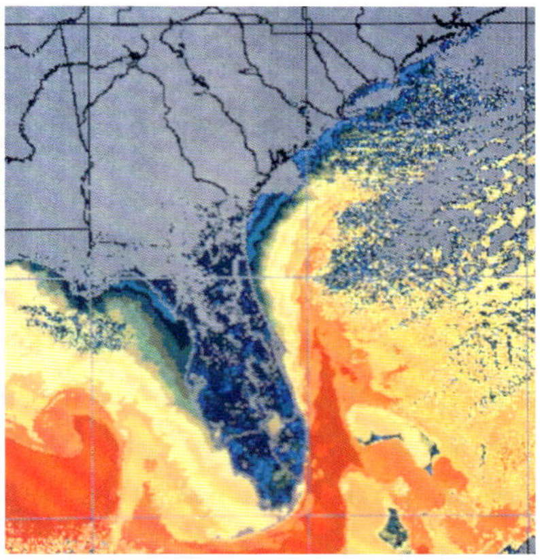

◀佛罗里达州的墨西哥湾暖流

从这幅佛罗里达州的卫星影像图中，可以看到，墨西哥湾的暖流所呈的橘黄色与常温海水所呈的蓝色形成鲜明对比。墨西哥湾暖流因吸收太阳辐射而升温，从加勒比海一直流向美国大西洋沿岸，这使得深海的补偿流携带营养物质上泛，并且影响当地的气候。暖流的一部分继续向东前进，给不列颠岛带去温暖；而另一部分则继续参与到北大西洋的洋流环流之中。

海洋的利用

渔业

海洋是我们摄取天然蛋白质的第一来源，每年从海洋中打捞的渔业产量能够达到8000万吨，重要的捕捉对象有青鱼、鳀鱼（或称凤尾鱼）、鳕鱼以及黑线鳕鱼等。许多海洋生物还可以用于提取药物。然而过度捕捞造成很多种鱼类的生存数量急剧下降。

运输

海洋运输成本十分低廉，比公路卡车运输货物便宜10倍、比铁路运输便宜3倍。当今世界的运输领域，往返于大洋之间的大型货船运输占有重要的一席之地，它们满载着各种货物，如原油、金属矿物等。亚勒·维京号是世界上最大的油轮，能够装载超过50万吨的原油。供油轮行驶的运河，如苏伊士运河、巴拿马运河等，是连接海洋的捷径。

能源

海洋中的能源极为丰富，如今世界上三分之一的石油和天然气都开采于深海海底。尽管深海钻探成本很高，但船用钻机就可以从2500米的深度钻取原油。其他形式的海洋能源，如潮汐能、海浪能等海洋水体运动所带来的能源，可以通过设置于近岸海域的涡轮机转化为电能。

▲风浪中的船只

从人类第一次驶入海洋开始，猛烈的风暴就不断夺取了许多无辜的生命，然而这一切都不过是整个水体大循环的一部分。海洋表面的水分蒸发并上升，在高空形成了风暴云以及不稳定气团，同时还引起了强烈的疾风。云团携带着大量的水汽飘移至陆地上空，给我们带来降雨。尽管风暴常有如此暴虐行径，但因为海洋水的升温与冷却的幅度都要小于陆地，所以对于保持大气层内气温的稳定性来说，海洋仍是一大功臣。

信天翁长、窄且笔直的翅膀，具备几乎所有的飞翔的理想条件

▲信天翁

南大洋是漂泊信天翁的栖身之所。它们有着硕大的翅膀，伸展开可达3.5米，能够在大风中持续地翱翔而不知疲倦；它们可以在两星期内飞越6000千米；只有在繁衍后代的时候，它们才会在偏僻的峭壁上着陆。信天翁会下降到近海面区域，捕食鱼类或鱿鱼，它们有时也会跟随捕鱼船，觅食船上所抛掉的餐余垃圾。

海浪和海啸

海浪是能量在水体表面移动的外在表现形式。这种能量来自水面上方的风，风越大则形成的浪越高。海浪到达岸边时，通过拍打海岸和侵蚀作用形成海岸线的轮廓。波浪，为我们提供了一种清洁的能量来源；然而海浪同样也是危险的——暴风中的大浪可以掀翻远洋巨轮。海浪的所有形式中，最具破坏性的是海啸。海底地震、火山爆发或海底塌陷和滑坡等地壳运动都可能引发海啸。海啸最快的传播速度可达每小时 950 千米，这对于沿岸居民来说，无疑是一场浩劫。

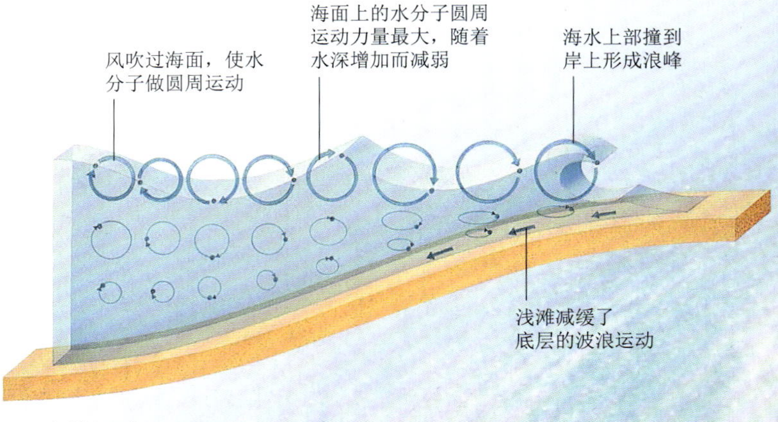

▲浪的运动

波浪在前进的过程中，海水在竖直或水平方向上做旋转运动。最上方的旋转运动形成了或回旋、或起伏的波浪。海浪造成的旋转运动深度可达波长（两个波峰间的距离）的一半。当一个波浪涌上浅滩时，较深处的回旋受到海底的牵制，使得波浪的底部速度减慢；同时这也导致波浪变得更加紧密，更易陡然升高并形成明显的波浪峰，最后成为碎波。

巨大的碎浪▶

夏威夷的毛伊岛有世界上最大的海浪，其中的一些巨浪高度可达 18 米。最大的碎波产生于太平洋上，这是由于太平洋有最长的风带（风力能够吹拂的最远距离），使波能可以传播的距离极远；有研究曾追踪一个涌浪——它从南极洲出发，穿越太平洋，一直到达阿留申群岛，总距离超过 1 万千米。

▲波能

摧毁性海浪中包含了巨大的能量，每平方厘米压强之力就重逾千吨。理论来上说，潮汐和海浪中所蕴藏的能量无穷无尽。潮汐发电站引导海水从涡轮中流过，以此发电。但潮汐发电要求当地的潮差（高潮位和低潮位之间的高度差）最小应达到 5 米，而全世界也仅有不到 50 个地方能够符合这一条件。

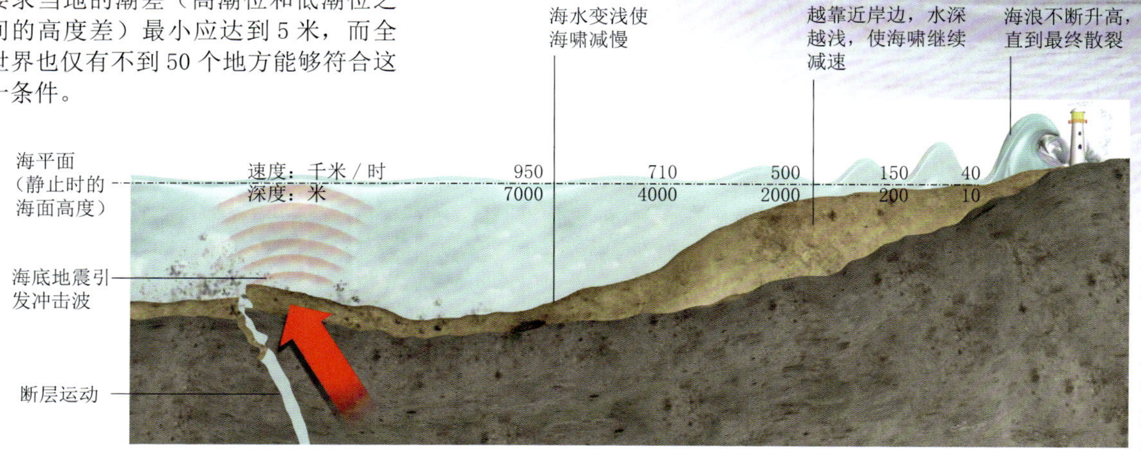

◀海啸

一次剧烈的地壳运动可能会在海洋上形成一个冲击波——海啸，并以迅雷不及掩耳之速传播。刚开始这个波的波长可能只有 1 米，但波长逐渐能够达到极长的距离。随着海水变浅，底层的波开始迅速减慢，但上层的波仍继续向前推进，直到携带着巨大的力量撞击在岸上。

◀夏威夷的希洛岛

地震和火山活动引发了许多海啸，给人们带来了灾难。1946 年 4 月 1 日，一场海啸袭击了夏威夷的希洛岛。这场海啸是阿拉斯加乌尼马克岛附近的一次地震引起的。5 个小时之后，没有任何预兆，最高达 14 米的巨浪直击夏威夷东北海岸。170 多人，包括左图中的男子，被海啸夺去了生命。针对这一灾害，海啸预警系统（TWS）应运而生。

海啸高危地区

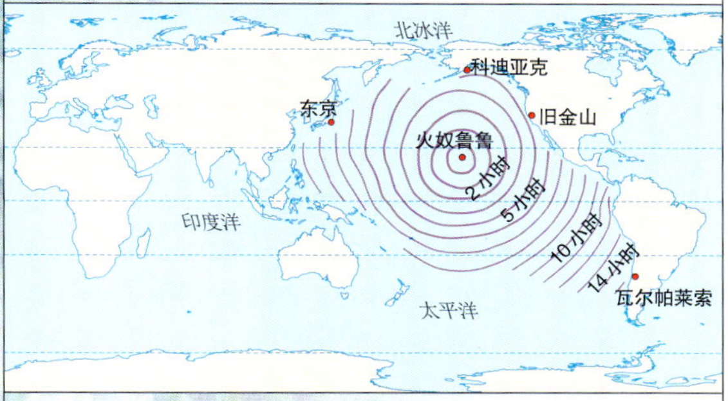

海啸能够形成一个宽阔的前锋，在数小时内穿过大洋。夏威夷岛链是受海啸威胁最大的地区，被称为“火圈带”的环太平洋火山活动区是地震多发地带。1946 年大海啸之后，美国设立了海啸预警系统。海啸预警系统以夏威夷的檀香山为基地，发布通过计算机运算得出的风险报告。假设有一个发源于檀香山附近的海啸，图上环形线圈则表示它到达沿途各地所需的大致时间。

◀阿拉斯加州立图亚湾

阿拉斯加州立图亚湾经历过有史以来最大的海浪。1958 年 7 月 9 日，立图亚湾发生了里氏 7.9 级的地震。这场震动引发了山崩——一块重达 9000 万吨的巨石落入峡湾，溅起的海浪高达 520 米，将周围山上的树木悉数冲走。

▲日本奥尻岛

1993 年 7 月 12 日，日本北海道地区发生了一场水下地震，产生的海啸数分钟后袭击了邻近的奥尻岛。这场海啸导致 120 人丧生，造成了 6000 亿美元的财产损失。大多数海浪到达奥尻岛时高度在 15～20 米，岛上的一个山谷集中了海浪的能量，使浪高达到了 30 米，冲走了整个村庄。岛上储存的取暖燃料起火，烧毁了 340 间房屋。

◀极寒

气候影响着人们的生活方式。极少数人选择生活在严寒中，但那些生活在极地的人们已经习惯并开始依赖这种气候。北极地区的因纽特人利用当地的动物作为交通工具、食物和服装来源，这一习惯是从长期在当地气候下的生活经验中形成的。在冬季，他们在大洋的冰面上捕杀海豹和海象。

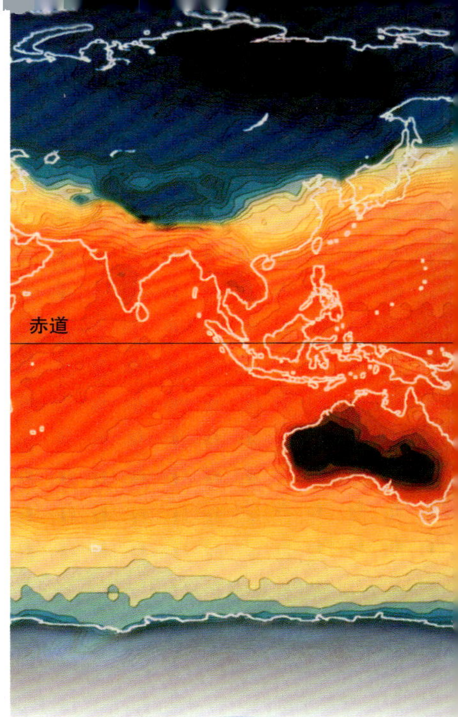

气候变化

太阳、大气、地球和地表水体（尤其是海洋）的互动产生了地球多变的气候。气候，是对某地区长期的天气变化规律的总结。由于日照、温度、降雨、风、洋流和地形等因素的影响，各个地区的气候都不尽相同。以整个地球为尺度来看，气候也在不断变化着。地球过去曾经历过比现在更温暖或更寒冷的时代。科学家认为，人类正在加速全球变暖的进程，如通过燃烧煤炭、石油和天然气，释放出二氧化碳这种温室气体。

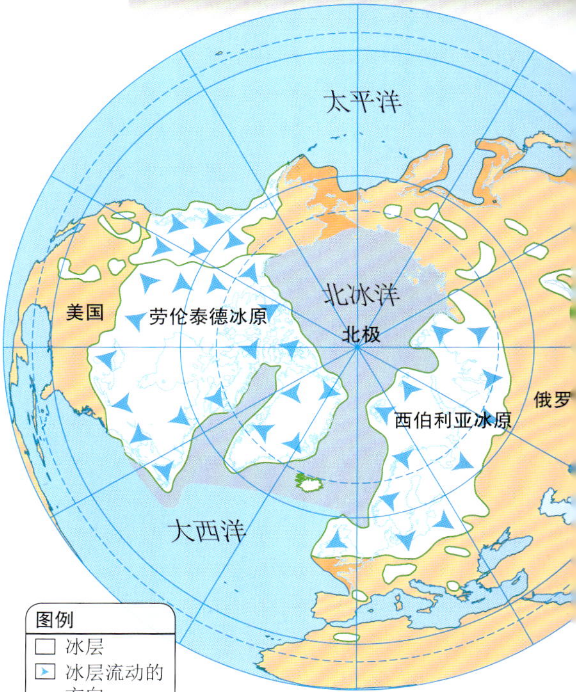

◀极热

这幅图摄于北非沙漠，一位图阿雷格牧驼人正在照料他的骆驼。德国科学家弗拉迪米尔·柯本发明了一套系统来对地球上的各种气候进行分类。他根据气温和降水量，将不同气候分为五大类。在柯本的这套系统中，沙漠被定义为降水率小于蒸发率的地区，这一地区永远处于缺水状态。而与生活在北极地区的因纽特人相似，对于生活在北非的图阿雷格人以及这些骆驼，已经适应了当地这种极端的气候。

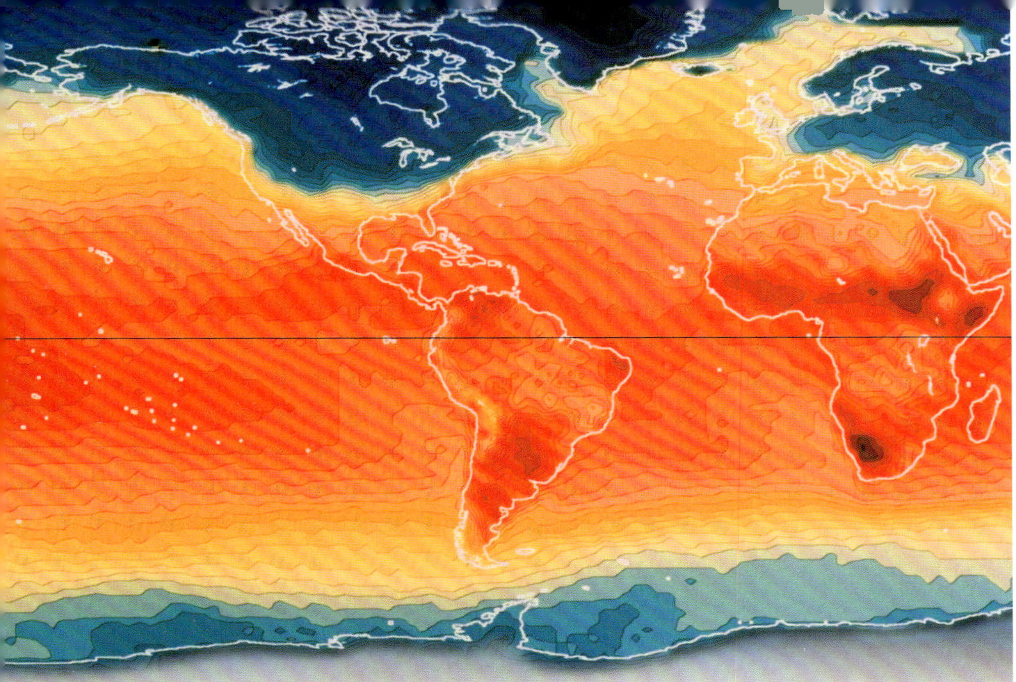

▲世界平均气温卫星影像图

气温和降雨是影响气候的两个关键因素。这张图显示了 1 月份世界各地的平均气温。淡紫色表示低温区，最低气温可达零下 34℃；粉色和红色表示较高温区，有 16 ～ 34℃；还有最高的 36 ～ 40℃区，以黑色标出（如澳大利亚地区）。尽管最高温度和最低温度间跨度很大，当今的全球气候相比之前的许多时代来说，已经温和了很多。1 亿年前，地球可能比现在要更温暖 6℃。

钻探深海中的沉积岩心▲

这幅图所显示的是科学家正在从海底回收一块沉积岩心。海底样本是地球气候变化史上的一份很有价值的记录。举例来说，它们含有一层层显微镜可见的化石，这种化石对海水温度非常敏感，因此可作为历史气候变迁的记录。被冰山带入海中的岩石碎片可以揭示冰川在陆地上活动的地点和年代。

◀最近一次冰期的冰川扩张

最近一次的冰期结束于 10 000 ～ 15 000 年前，当时冰层覆盖了 30% 的陆地。北极冰原不断伸展，覆盖了北美、西伯利亚和欧洲 1900 万平方千米的土地。南极冰原被限制在了南极大陆的土地上，和现在相比没有变化。海水变成了水蒸气，最后成了雪和冰，从而使得海平面下降。而海面下降又造成了各大洲边缘不断有新的陆地露出水面，其中包括连接北美洲和西伯利亚的大陆桥。

◀地质学家在研究冰核

当全球气温下降，使冰层面积增加时，就会产生冰川作用。地质学家通过研究冰核来了解冰川作用产生的年代和持续时间。举个例子，最近一次冰期开始于 300 万年前，其后发生了 20 次，每次间隔约 10 万年的冰川作用。冰核中的每一层都保存着二氧化碳、甲烷气体、尘埃、火山灰和花粉，为我们提供了那一时期大气状况的记录。人类已知的最古老的冰川作用发生在大约 23 亿年前。

▲圣海伦斯火山中的火山灰

喷发中的火山会释放数百万吨的火山灰和包含着二氧化硫的气体进入大气；二氧化硫气体与水蒸气混合在一起，使云层中的细小水滴都含有硫酸。这个过程中，一部分阳光被散射回太空，使地球表面温度降低。大量的火山灰，如 1815 年印度尼西亚坦博拉火山喷发时产生的火山灰，造成全球气温降低持续 1 年以上。

地球“发现”简史

约公元前 585 年 米利都（今土耳其）的泰勒斯（Thales）正确预测了日食。

约公元前 450 年 希腊政治家恩培多克勒（Empedocles）提出一切事物都是由土壤、空气、火和水按不同比例构成的理论。

约公元前 280 年 希腊天文学家阿利斯塔克（Aristarchus）第一次估算了太阳与地球的距离。尽管很少人相信他，他同样第一个提出地球在绕着其自转轴自转的同时，也围绕太阳周期性运转。

约公元前 240 年 昔兰尼（Cyrene）的埃拉托斯特尼（Eratosthenes）研究阳光照在埃及两座城的角度，从而测量出地球的周长是 41 143 千米，精确到 1000 千米以内。

公元 23 年 希腊地理学家和历史学家斯特拉博（Strabo）出版了《地理素描》（*Geographical Sketches*）。他提到地震和火山爆发影响着陆地的起伏，划分了寒带、温带、热带的范围，并提出以地球的尺度，可能还会发现新的大陆。

公元 79 年 罗马的普林尼（Pliny）写了第一篇关于火山爆发的文章，描述的是维苏威火山的爆发。

公元 132 年 中国科学家张衡设计了历史上第一个地震探测仪。当地震的时候，他的候风地动仪巧妙地破坏金属球的平衡，使地震方向的小球下落。

约公元 140 年 希腊天文学家和数学家托勒密（Ptolemy）认为地球是宇宙的中心，提出太阳和其他行星以地球为中心旋转的理论。

约公元 975 年 巴斯拉（今伊拉克）的穆斯林学者出版了《贤人的目的》（*The Aim of the Sage*），是一本介绍岩层的百科全书。

1086 年 中国天文学家和工程师沈括描述了岩石的侵蚀、沉积、隆起，还解释了化石的来源。

约 1100 年 中国人发明了磁罗盘。它用有枢轴的磁针来指示地球的两极。

1492 年 热那亚商人克里斯托弗·哥伦布（Christopher Columbus）得到西班牙赞助去找出一条从西边到达中国的路径。但是他的地图（基于古希腊和圣经地理学）是错的。他从加勒比海登陆（误以为其为日本），从而发现了美洲大陆。

约 1500 年 意大利艺术家、科学家列奥纳多·达·芬奇（Leonardo da Vinci）提出在山间的贝壳化石是水生动物留下的。

1519—1521 年 葡萄牙航海家斐迪南·麦哲伦（Ferdinand Magellan）是世界上第一个出海环球航行的人。他在菲律宾被杀，但是幸存的水手完成了环球航行。

约 1540 年 德国科学家乔治尔斯·阿格里科拉（Georgius Agricola）提出矿物的科学分类。

1543 年 波兰天文学家尼古拉·哥白尼（Nicolas Copernicus）提出地球每天绕自转轴旋转，每年绕太阳一周的学说。

1600 年 英国科学家威廉·吉尔伯特（William Gilbert）发表了自己的实验，证明了地球是个巨大的磁场，其南北磁极大致与地理南北极重合。

1609 年 意大利天文学家加利莱奥·伽利略（Galileo Galilei）用一架望远镜第一次科学地证明了哥伦布的学说。伽利略发现金星的轨迹与月球一样分成不同阶段，这些只能被解释为金星绕着太阳而不是地球转。

1620 年 英国思想家弗朗西斯·培根（Francis Bacon）注意到非洲和南美的海岸线像线锯一样吻合。

1644 年 意大利物理学家伊万杰利斯塔·托里拆利（Evangelista Torricelli）发明了水银气压计用以测量大气压。

1650 年 英国大主教詹姆斯·厄谢尔（James Ussher）

扩充了圣经中的人物年代表，并以此推算出宇宙是在公元前 4004 年诞生的。他的观点一直被沿用至 19 世纪。

1655 年　托斯卡纳区大公、伽利略的学生费迪南德二世（Ferdinand Ⅱ），发明了凝聚湿度计（测湿度）和温度计（测温度）。

1669 年　丹麦地质学家尼古拉斯·斯丹诺（Nicolaus Steno）描述了石英中晶体的形成。他发现一些岩石是从沉积物形成的，地球的历史可以通过岩石分层来研究。

1679 年　英国天文学家爱德蒙·哈雷（Edmund Halley）提出太阳的热量产生大气运动，还认为气压和海拔相关。他在 1705 年预言了哈雷彗星回归。

1687 年　英国科学家艾萨克·牛顿（Isaac Newton）发表了《自然哲学的数学原理》，解释了运动、重力和宇宙的基本原理。

1735 年　英国物理学家乔治·哈得来（George Hadley）解释了地球的旋转对信风有何影响。他的名字被用于命名全球大气循环模型——哈得来环流。

1795 年　苏格兰地质学家詹姆斯·赫顿（James Hutton）推翻了当时流行的以《圣经》为基础的观点——地球只有 6000 岁。他强调地壳形成（比如沉积、侵蚀）的过程是持续而漫长的。

1804 年　法国动物学家乔治·居维叶（Georges Cuvier）研究了古化石，认为它们存在已经数千世纪了。他相信灭绝的物种是被自然灾害毁灭的，例如洪水。

1806 年　英国海军上将弗朗西斯·蒲福（Francis Beaufort）为水手设计了以水面状况描述风速范围的蒲福风级。后来通过将蒲福风级中用以描述风速的代替为汽车、树等，改进为陆用。

1815 年　英国工程师威廉·史密斯（William Smith）发表了第一张地质地图。他发现通过分析找到的化石属于哪一岩层，可以判断一个岩层是否老于另一个。

1822 年　英国业余古生物学家玛丽·安·曼特尔（Mary Ann Mantell）发现了第一块巨型生物的化石（牙齿），后来被英国科学家理查德·欧文（Richard Owen）鉴定为来自一只恐龙。

1827 年　法国数学家琼·巴普蒂斯特·傅立叶（Jean Baptiste Fourier）引入了温室效应的概念。他指出地球在从太阳吸收热量时如同一个玻璃温室。

1830 年　苏格兰人查尔斯·赖尔（Charles Lyell）出版了《地质学原理》。他认为地球已经存在数亿年。

1831 年　英国探险家詹姆斯·克拉克·罗斯（James Clark Ross）发现了地磁北极。

1837 年　美国地质学家詹姆斯·达纳（James Dana）认为地貌景观是由持续风化作用的侵蚀而形成的，而不是由地震和火山爆发之类的突发灾害造成的。

1840 年　瑞士籍科学家路易斯·阿加西斯（Louis Agassiz）提出了冰期理论，并且认为北欧曾经被冰层覆盖。

1872—1876 年　隶属于英国海军部和英国皇家学会的挑战者号完成了第一次对海底的探测。它航行了四年，行程 127 600 千米，绘制了世界海底地图。

1874—1875 年　美国海军的查尔斯·西格斯比（Charles Sigsbee）驾驶蒸汽船布雷克号，使用新的海底绘图方法探测了墨西哥湾。

1880 年　英国地质学家约翰·米尔恩（John Milne）发明了现代地震仪（一种测量地震的仪器）。

1895 年　瑞典化学家斯万特·阿雷纽斯（Svante Arrhenius）提出，排放到大气中的二氧化碳会吸收太阳的热量，并导致全球变暖。

1903 年　挪威探险家罗阿尔德·阿蒙森（Raold Amundsen）第一次沿西北航道（北极冰层间的一条连接大西洋与太平洋的海上通道）航行。

1903 年　挪威科学家克里斯蒂安·伯克兰（Kristian Birkeland）解释了北极光的形成原因。

1904 年　新西兰科学家欧内斯特·拉瑟福德（Ernest Rutherford）解释了放射性衰变的过程。这一发现后来为放射性年代测定法——一种用以测量岩石年龄的方法，奠定了理论基础。

1906年 爱尔兰裔地质学家理查德·奥尔德曼（Richard Oldman）通过对地震波的研究，得到了证明地核由铁构成的证据。

1909 年 澳大利亚地质学家爱德华·聚斯（Eduard Suess）写成了《地球的面貌》一书，解释了地球造山和造海的过程。这本书还第一次提到了古代超大陆冈瓦纳。

1910 年 克罗地亚科学家安德里亚·莫霍洛维奇（Andrija Mohorovicic）研究了地震波，发现了地壳和地幔的分界面。这一分界面被称为莫霍洛维契奇界面，或者简称为莫霍面。

1911—1912 年 罗阿尔德·阿蒙森（Roald Amundsen）带领探险队第一个成功地到达南极点，击败了英国的斯科特上校。

1912 年 德国气象学家阿尔弗雷德·魏格纳（Alfred Wegener）发表了他的大陆漂移学说，提出所有的大洲曾聚合在一起，形成被称作联合古陆的超大陆。

1920年 塞尔维亚科学家米卢廷·米兰柯维奇（Milutin Milankovitch）发现了太阳辐射与气候的关系。这一发现基于地球绕日轨道的不规则变化，这种变化称为米兰柯维奇摆动。

1921 年 挪威气象学家威廉·比耶克内斯（Vilhelm Bjerknes）发表了他对大气的研究结果。他对气团和锋面做了定义，是现代天气预报之父。

1922 年 英国物理学家刘易斯·理查森（Lewis Richardson）将数学计算应用于天气预报。这一方法在计算机发明后得到了广泛应用。

1924 年 美国天文学家埃德温·哈勃（Edwin Hubble）发现银河更远处存在星云（恒星的诞生地）。1929 年，他提出宇宙正在膨胀这一观点。

1927 年 比利时天文学家乔治·勒迈特雷（Georges Lemaitre）提出了大爆炸理论，来解释宇宙的起源。

1931 年 英国地质学家阿瑟·霍姆斯（Arthur Holmes）发表了地质年代表。根据放射性年代测定，他认为地球年龄应为 40 亿年。他提出在地幔中存在流动着的流质，而这一流质是大陆漂移的成因。这一理论的提出解释了魏格纳的大陆漂移说。

1934 年 美国生物学家查尔斯·威廉·毕比（Charles William Beebe）与工程师奥蒂斯·巴顿（Otis Bartone）在探深球里下降至 923 米，开创了深海勘测的先河。

1935 年 美国物理学家查尔斯·里克特（Charles Richter）发明了里氏震级来表示地震的强度。

1935 年 美国地球物理学家莫里斯·尤因（Maurice Ewing）在远海第一次对地震强度进行了测量。他认为地震和大洋中脊的延伸有一定联系。

1936 年 丹麦地震学家英厄·莱曼（Inge Lehmann）声称地核内部是固体，外部是液体（后来的核试验证明他是正确的）。

1948—1977 年 美国制图员玛丽·萨普（Marie Tharp）和布鲁斯·希曾（Bruce Heezen）开始运用声呐读数绘制海岭和其他海底地貌。他们在 1977 年出版了世界海底地图。他们的发现帮助科学家在 20 世纪 60 年代接受板块构造学说。

1953 年 美国科学家克莱尔·帕特松（Clair Patterson）计算地球的年龄。45 亿年——这是地质探测史上得到的最准确的数字。

1959 年 美国科学家通过先锋号地质测量船探测到了大西洋中脊裂谷。这是当时海底测深最有意义的发现。

1959—1962 年 美国地质学家哈里·哈斯（Charry Hass）的海底扩张学说进一步扩充了板块构造学说。他运用声呐探测来确定海底板块廓线。

1963 年 英国科学家弗雷德里克·瓦因（Frederick Vine）和德拉蒙德·马修斯（Drummond Matthews）提出地球的南北磁极会有规律地对调这一假设。这个假设的提出基于大洋中脊附近存在海底地壳磁场带，为哈斯的海底扩张模型提供了有力支持。

1963 年　加拿大地质学家约翰·图佐·威尔逊（John Tuzo Wilson）提出了热点理论，他将热点定义为地幔里上升的岩浆柱，这些岩浆柱使得地壳升温。他用这个理论去解释夏威夷岛链等岛屿的形成。

1964 年　隶属于伍兹霍尔海洋研究所（Woods Hole Oceanographic Institution）的潜水艇阿尔文号（Alvin）开始了首次海底考察旅行，开创深海研究探索之先河。在这次探索中，它提供了对深海热液活动的首次观测。

1965 年　约翰·图佐·威尔逊（John Tuzo Wilson）提出了连接海岭和海沟的第三类板块边界——转换断层分界面。最著名的例子就是圣安德烈斯断裂带。

1969 年　7 月 20 日，美国国家航空航天局发射了阿波罗 11 号宇宙飞船登月舱，第一次将人类送上月球。

1979 年　英国科学家詹姆斯·洛夫洛克（James Lovelock）提出，地球上的所有系统是作为一个巨大的有机生物体而共同运作的。这种理论被称为盖亚假说。

1980 年　美国科学家路易斯（Luis）和沃尔特·阿尔瓦雷斯（Walter Alvarez）提出，由于 6500 万年前一颗巨大的陨石撞击了今天墨西哥附近地区而导致气候变化，最终造成了恐龙的灭绝。

1985 年　英国南极考察队的科学家记录下了南极臭氧层春季空洞。

1996 年　科学家声称在南极发现了来自火星的陨石，并且其中所含的结构也许能够表明在那颗遥远的星球上存在着生命和水源。

2004 年　美国国家航空航天局的勇气号与机遇号火星探测器登陆火星，勘探该行星的地质状况，并寻找水源或生命存在的证据。

海洋世界

一个由海洋构成的星球

地球是一个名副其实的大水球。平均深度约 3.8 千米的海洋，覆盖了地球表面 70% 以上的地方，构成地球上最主要的环境。作为太阳系里唯一拥有液态海洋的星球，地球也是我们目前所知唯一能够孕育生命的星球。水对生命至关重要，而生命很可能就起源于海洋。海洋的存在，使陆地上出现生命成为可能。所以，没有海洋，人类就无法生存。

▲理想状态

地球上存在海洋是一系列幸运因素共同作用的结果。地球与太阳的距离使得地表温度允许水以液态形式存在。地球的大小和地心引力强度，使地球能够保存住大气和水蒸气。大气和水蒸气在空中形成了一个保温层，使海洋里的水不会完全蒸发或完全冻结成冰。

其他世界

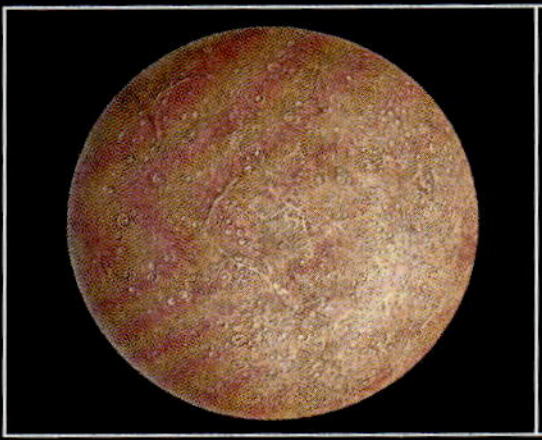

水星

作为最靠近太阳的星球，水星比地球小很多。它的地心引力不足以使大气在空中形成保温层，因此水星表面温度最高可达 432℃，最低可至 -172℃。它是一个贫瘠的、由岩石构成的星球。

金星

金星与地球大小差不多，它的地心引力足够强，因此它有一个厚厚的大气层。然而，金星的大气层成分主要是二氧化碳，而二氧化碳使阳光照射在金星表面产生的热量无法散发，所以金星表面灼热，最高温度可达 464℃。

火星

火星很小，以至于它的大气层非常稀薄。它的温度也比地球低，因为它距离太阳比较远。火星是有水的，但这些水只以两种形式存在：一种是在它的两极地区结成冰，另一种是存在于火星地表之下。因此，这些水没有形成海洋。

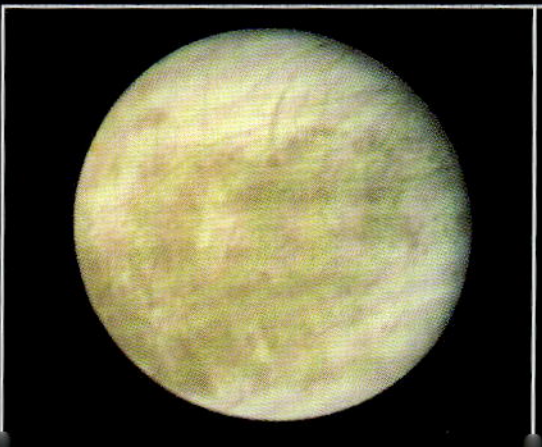

木卫二

木卫二是围绕木星运转的卫星之一，其表面是由岩山构成并覆盖着冰川，冰川之下有可能存在液态水。如果这些液态水的确存在的话，木卫二将是太阳系中除地球之外唯一一个拥有大量水资源，并且有可能存在生命的星球。

▲深蓝

在地球上，海洋的总容量大约为 13.7 亿立方千米，几乎是海平面以上所有陆地体积的 1000 倍。在海洋中，各种生物无处不在，不像在陆地上，生物只紧贴着地表或在靠近地表的空间里生活。因此，海洋中的生存空间是巨大的，那里是地球上最重要的生物栖息地。

▲热带海洋

世界上的海洋环境是多种多样的。其中一种很极端的情况就是在热带地区，海洋里接近地表的水域温暖而洁净，其中孕育的生物种类繁多，令人眼花缭乱。但这些生物往往数量不多，因为洁净的海水里食物也很少。

▲冰洋

另一种极端海洋环境在地球两极地区，海洋表面在一年的绝大多数时间里都处于冰冻状态，只有几种动物能够应对这种生存环境。但这几种动物数量众多，因为冰冷、不透明的海水蕴含丰富的食物资源。

世界上的海洋

世界上的海洋被大陆分割成四大洋，大西洋、太平洋和印度洋又在南大洋融为一体。每个大洋都有其独特的风貌，但它们的海水是相通的，并且在各大洋之间不停地流动。

大小和深度

海洋	占地面积	平均深度
太平洋	1.66 亿平方千米	4280 米
大西洋	8200 万平方千米	3300 米
印度洋	7400 万平方千米	3890 米
北冰洋	1200 万平方千米	990 米
南大洋	3500 万平方千米	3350 米

▲生命之水

液态水对生物至关重要，这点不仅适用于地球，在宇宙中的任何地方可能也是如此。水是构成生物体必不可少的物质，而水中承载的各种化学物质能够结合生成复杂的蛋白质分子和脱氧核糖核酸（DNA）。35 亿年前，很可能正是由于这些化学物质在海水中出现，使海洋生命得以诞生。

近海石油钻塔▶

海洋蕴含着丰富的食物、石油、矿产和其他各种自然资源，海上商路也已被开发利用了很多世纪。但是，海洋也是一种很危险的环境。它的破坏力极大，除非使用特殊设备，否则无法进行勘探。正因如此，海洋成为地球上最后被勘探开发的地方。

▲古代水手

澳大利亚原住民或许是世界上最早探索海洋的人，约5万年前，他们从印度尼西亚横渡了帝汶海。大约3500年前，波利尼西亚人从太平洋的西部海岸出发，在太平洋这个地球上最大的海洋中，开始缓慢地拓展生存领域。1000多年前，就像我们在这件雕刻品中看到的那样，维京人驾驶他们的航船，向西横渡大西洋，到达了美洲。这比克里斯托弗·哥伦布到达美洲的时间早了500年。

海洋先驱

起初，人们远离海岸去探险，并非出于对海洋本身的兴趣，而是对海的另一头是否有陆地感到好奇。最早期的一些航海者都是为了寻找新的生存之地，比如波利尼西亚人，他们早在2000多年前就在太平洋中的很多岛屿定居下来。随着时间的推移，人们开始渡海从事贸易和掠夺。与此同时，人们为满足自己的需要，也开始了对海洋本身的探索——绘制海图、了解海洋的秘密。

◀东方船队

中国的郑和是最早率领船队探索印度洋的人之一。15世纪早期，他先后7次下西洋，造访了南亚次大陆、阿拉伯半岛和东非地区。他指挥的这只船队阵容庞大，包括大小船300多艘，其中有一艘船体巨大，有9根桅杆，是1492年哥伦布横渡大西洋时所驾驶船只的5倍大。

费迪南德·麦哲伦▶

世界上首次环球航行其实是一场意外。1519年，费迪南德·麦哲伦没有途经当时由葡萄牙人控制的印度洋海域，率船队从西班牙向西横渡大西洋和太平洋，到达了印度尼西亚香料群岛。此后他本想原路返回，但在一场争斗中，他被杀死了。于是，船员们决定继续向西航行，他们穿过印度洋，回到大西洋。麦哲伦出发时带了265名船员，最终只有18人生还。

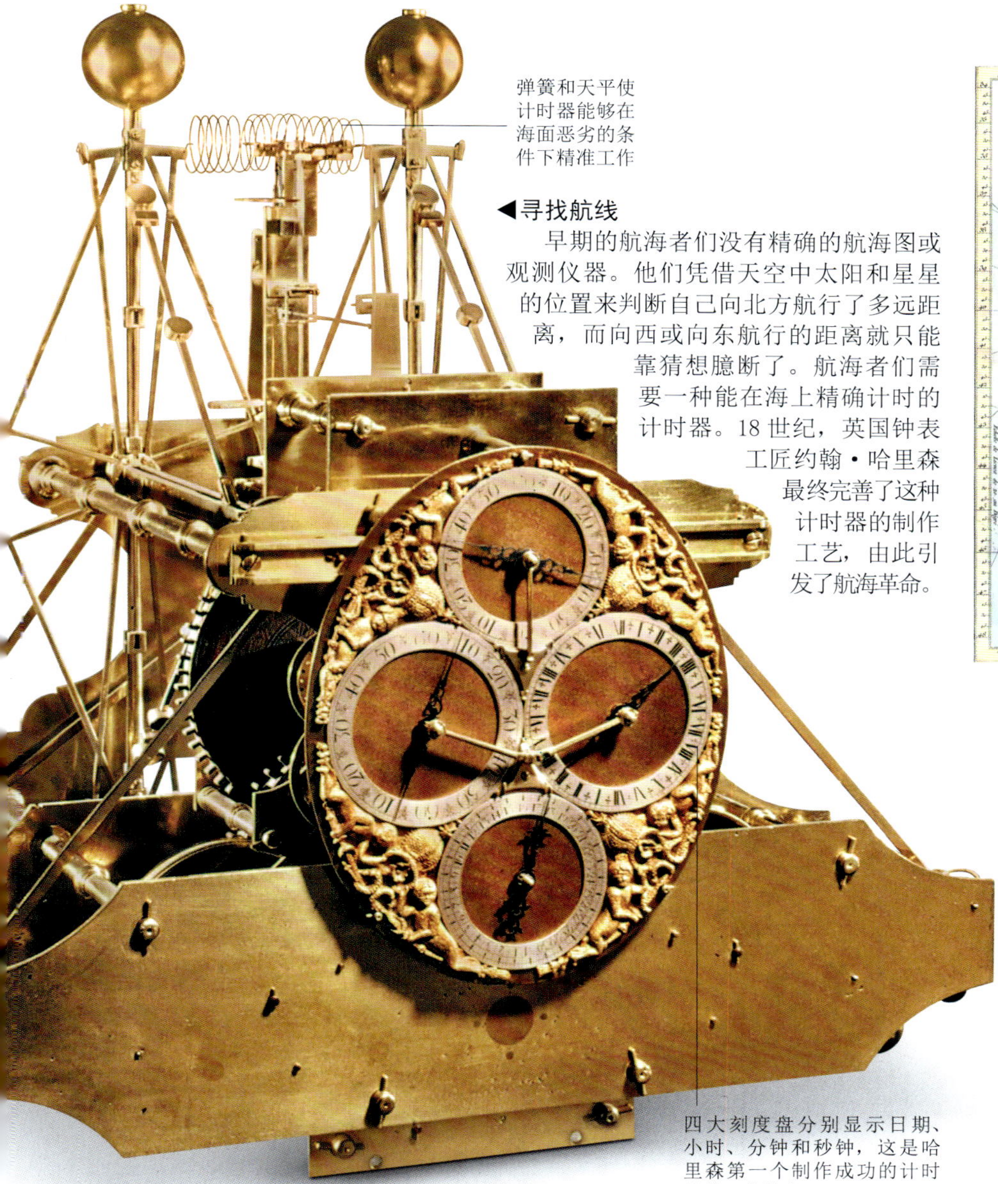

◀**寻找航线**

早期的航海者们没有精确的航海图或观测仪器。他们凭借天空中太阳和星星的位置来判断自己向北方航行了多远距离，而向西或向东航行的距离就只能靠猜想臆断了。航海者们需要一种能在海上精确计时的计时器。18 世纪，英国钟表工匠约翰·哈里森最终完善了这种计时器的制作工艺，由此引发了航海革命。

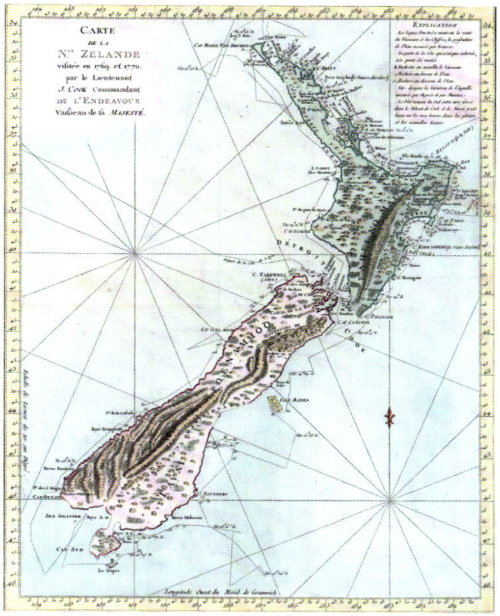

▲**绘制全球航海图**

正确的航行需要绘制准确的航海图。许多航海图都是按照 18 世纪、19 世纪远征考察船队测量得出的数据绘制而成的。比如，詹姆斯·库克船长曾多次远征考察太平洋，并绘制出澳大利亚东海岸和很多岛屿，其中包括库克船长在这张航海图中标注出的新西兰岛。此后又出现了很多的航海考察，如 19 世纪 30 年代，罗伯特·菲茨罗伊船长率领英国皇家海军舰艇小猎犬号的航行。这次航行后来因其随船博物学家查尔斯·达尔文影响深远的学说而闻名于世。

▶**地球的尽头**

世界上最晚精确探测的海洋是海面上漂浮着冰块的北冰洋和南大洋。为了在北冰洋和亚洲之间探索出一条连接彼此的西北通道，许多船队、海员永远消失在了茫茫大海中。南大洋环绕着南极大陆，航海条件更加险恶，但在查尔斯·威尔克斯、詹姆斯·克拉克·罗斯等人的探索下，人们逐渐绘制出了南大洋的航海图。这幅油画所描绘的是 1842 年，罗斯船队的两艘舰艇——英国皇家海军舰艇埃尔伯斯号和特罗尔号面临南大洋上巨大冰山威胁的场景。

海洋学

18 世纪和 19 世纪，詹姆斯·库克船长和查尔斯·达尔文的航海探索开创了海洋学研究的先河。他们采集了很多重要的海洋信息，如洋流、温度、深度、海洋地质、海洋生物等。但直到 19 世纪末期，随着英国皇家海军舰艇挑战者号的航行，海洋学作为一门学科才正式诞生。这次航行的既定目标是尽可能多地采集各种海洋信息，均交由海洋学研究所分析整理，为今后开展进一步研究奠定了基础。

▲随船自然学家

19 世纪，人们克服种种困难驾船出海，主要是为了发现新大陆，并对新大陆进行测绘。同时，他们也会随船带上几名博物学家，其中最著名的是查尔斯·达尔文，他参与了小猎犬号的航行。图中所示为这艘舰艇在火地群岛停泊。达尔文在航行中采集了各种海洋生物，检测了海水的性质，并对火山岛、珊瑚礁和环形珊瑚岛的形成，以及生活在其中的各种生物的起源进行了大胆推测。

▲挑战者号的远征探险

英国皇家海军舰艇挑战者号是一艘退役的测量船，它在 1872—1876 年的远征航行是世界上首次尝试了解海洋自身运转情况的探索之旅。船上的物理学家、化学家和生物学家们通过挖掘、捕捞和使用缆绳测算水深等方法，对海洋进行了测量和取样，甚至在深海区域也如法炮制。他们发现了 4700 多个新物种，绘制了海床的大致轮廓，包括海脊、海沟和深海平原。

▲现代海洋学研究

现代的海洋研究测量船通过环球航行采集各种数据，并将数据发回各个海洋学研究所分析整理，如美国的伍兹霍尔海洋研究所和斯克里普斯研究所，以及欧洲的南安普顿和那不勒斯研究所。这些研究所彼此合作，针对海洋学涉及的各个科学领域展开研究，比如海洋物理学和化学、海洋生物学、地质学、气象学等。而这些领域之间复杂的相互关系，使得海洋学成为当前最耗费时间和精力的科学研究之一。

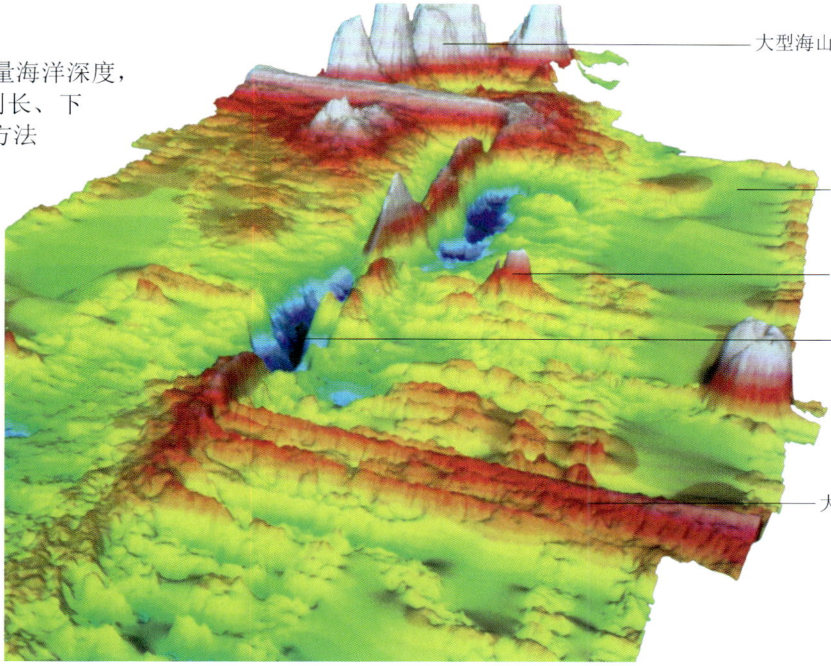

▶声呐测量

早期科研船花费大量时间用于测量海洋深度，当时使用的测量工具是一种长度特别长、下端坠有重物的缆绳。后来，这种测量方法被回声测深和声呐技术所取代。随着时间的推移，人们又发明了侧扫声呐技术，这种技术能生成海底三维图像，如右图就是位于南美大陆附近的一张太平洋海底图像。

◀深海钻探

许多海洋学理论都是在科研考察的基础上得出的。人们在世界各地各个深浅不一的海底采集岩石样本，从而将海底地面的构成情况绘制出来。日本的地球号钻探船可以停泊在水深 2500 米的海面上进行深海钻探作业，并钻透距离海底 7000 米甚至更深的地球地壳——这样的海上作业深度超过了世界第一峰——珠穆朗玛峰的高度。

卫星信息

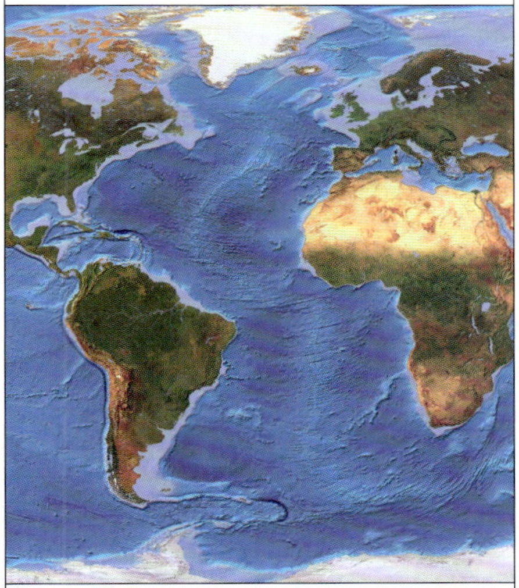

卫星采集到的数据对海洋学家来说极为重要。卫星上的探测器能够测量地球各地的重力，从而绘制出迄今为止最精确的海底图像（如这张大西洋图像）。其他卫星探测器则能够采集诸如温度、覆冰量、洋流、浮游生物分布等数据，根据这些数据，即可精确绘制出最新的海洋地图。另外，卫星图像也为我们观察海洋天气体系提供了极好的视角，比如观察飓风。

探测海洋的深度

几个世纪以来，人们一直使用简单的潜水钟对浅海地区进行科研探索。但随着水深加大，水压随之增强，这种巨大的压力足以将潜水钟挤压成碎片。因此，探测深海地区一直是可望而不可即的一件事，直到深海潜水器被成功研制出来。世界上第一台潜水器就像一个耐压的金属球，里面装了秤砣和浮子，用于控制自身的下沉和上升。建造于 1962 年的阿尔文号是世界上第一艘新型载人潜艇，它能够在水下灵活作业，轻而易举地在深海海底进行样本采集和图像拍摄。

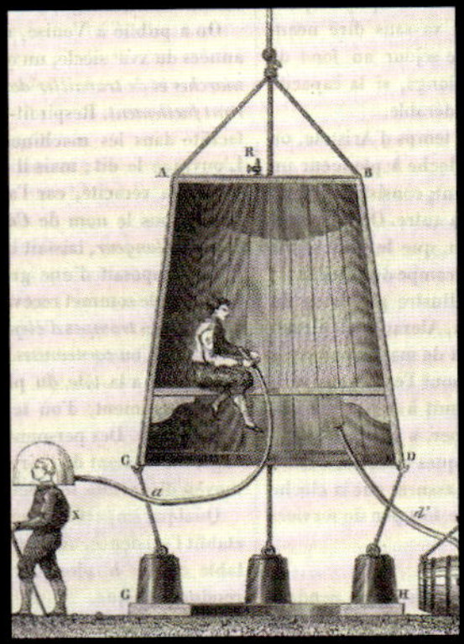

◀潜水钟

早在 1690 年，潜水钟就被用于打捞海上遇难船只的残骸。它们通常是木质的，顶端密闭不漏水，底部开口。船只承载潜水钟到达预定地点，即用缆绳将它悬放入水中。潜水钟下沉至海床后，钟内的气压能够有效防止海水涌入钟内较高位置，潜水员戴着一顶特制的、有软管连接潜水钟内所存空气的头盔，走到海床上进行各项工作。

◀阿尔文号

阿尔文号的所有权属于美国海军，但实际由位于美国新英格兰地区的伍兹霍尔海洋研究所使用。它能搭载 2 名科学家和 1 名领航员，最深潜到水下 6000 米。阿尔文号于 1964 年首次潜水，此后又潜水作业了 4400 余次。它于 1977 年探测发现了深海热液喷口，同时它也是世界上第一艘载人勘察泰坦尼克号沉船的潜艇。

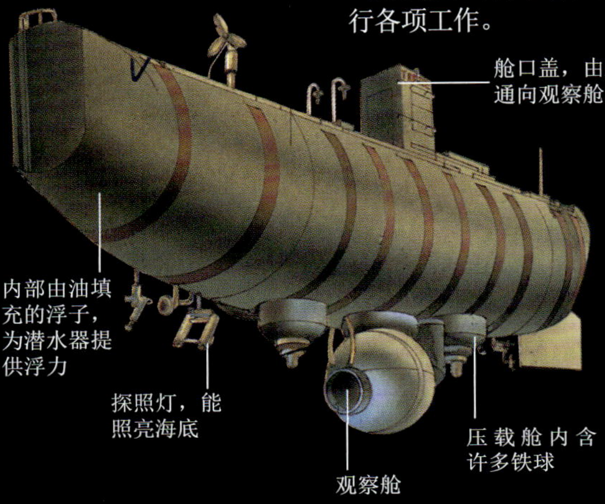

▲深海潜水器

1960 年，雅克·皮卡德和唐·沃尔什搭乘深海潜水器的里雅斯特号潜入太平洋最深的海域，到达了前所未有的水下深度 10 916 米。的里雅斯特号是一个金属制的球体，它主要依靠一个体积巨大且内部由油填充的浮子使它悬浮在水中，同时凭借铁质压载舱增加自重、控制下沉。皮卡德和沃尔什随的里雅斯特号下沉了好几个小时才到达海底，他们在此观察了 20 分钟，随后卸掉铁质压载舱，重新返回水面。不过，这次他们在海底看到了一条鱼正在游动，从而证明了生命能够在海洋极深的地方存在。

◀载人潜艇

在深度 4000 米的水域，载人潜艇至少需要 2 小时才能从海面沉降到海底。领航员和科学家们就挤在这个狭小憋闷但非常坚固的金属圆球里。他们关闭潜艇外部的电灯以节省能耗，直到潜艇触及海底。然后，他们开启潜艇外部的电灯照明，进行查看、勘探、样本采集、将视频图像传回母舰等工作。

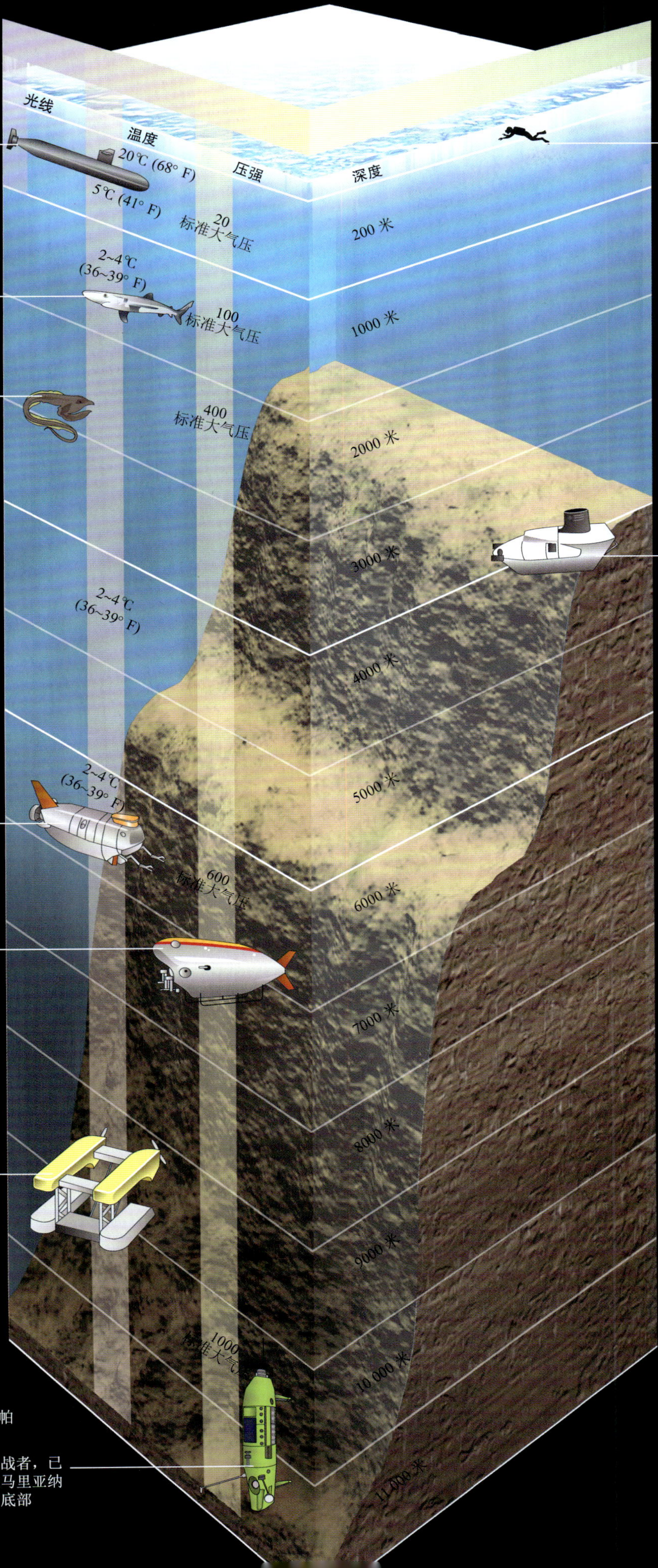

注：1 标准大气压 =1.013×10^5 帕

◀深海探测

人类无法在深水区域潜水，除非穿着特制的耐压潜水服。耐压潜艇能挑战更深的水域，但其潜水深度总会有一个极限。在不远的将来，遥控运载器将被用于探测深不见底的海沟。而工程师们还在加紧研制一种载人运载工具，使之具有能与遥控运载器相媲美的潜水探测能力。

▲遥控运载器

目前，许多深海探测都是用遥控运载器下潜到既定地点，再将海底的视频信息传回水面或载人潜水艇。很多时候，特别是对危险地带进行探测时，使用环球探索号（如上图所示）这样的遥控运载器比使用载人探测器要好得多。它们是探测沉船、洞穴内部或者极地冰面下的理想探测工具。

海底

自从19世纪人类开始探测海洋深度，科学家了解到，海水所覆盖的地球表面并非只是一个普通的盆地。他们发现，靠近海岸的浅海是海洋的边缘，深海区域则遍布着水下火山和狭长的山脊。此外，他们还发现了海沟，从海底裂开，一直延伸到地壳深处。他们根据收集的数据绘制出令人惊叹的海底地图，从而将海底的地貌特征展现出来。

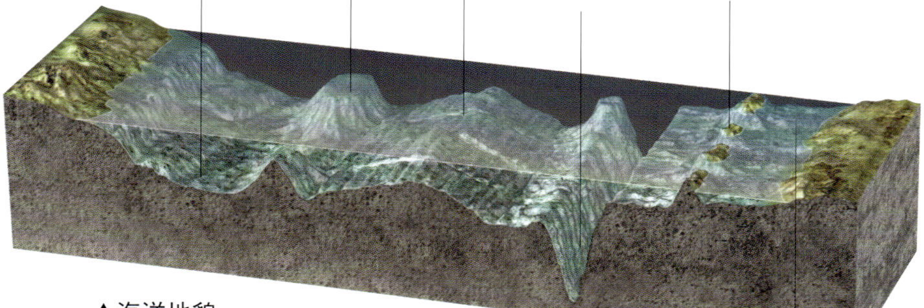

▲海洋地貌

这是一张海底剖面图，如图所示，海底的地貌变化之大远远超过一般陆地上的情况。大洋中脊在海洋中绵延不绝，巨大的断裂带穿插其中。岛屿星罗棋布，水下也山峦起伏，有的甚至连成长长的岛链或山脉。在太平洋靠近陆地的绝大部分边缘海域和印度洋东北部边缘海域，遍布着很多深不见底的海沟，其中一些海沟的深度甚至是世界上海水平均深度的3倍。

▼被夸大的高度和倾斜度

在有关海底形态的所有地图和插图中，各种地貌特征的垂直距离都被极度夸大以便特征很容易看出来。水下火山和岛屿看起来就像针一样从海底升起，海沟和大陆架就像是峡谷和悬崖峭壁。不过事实上，这些地貌的形态特征远没有这么夸张。

海底的各种地貌

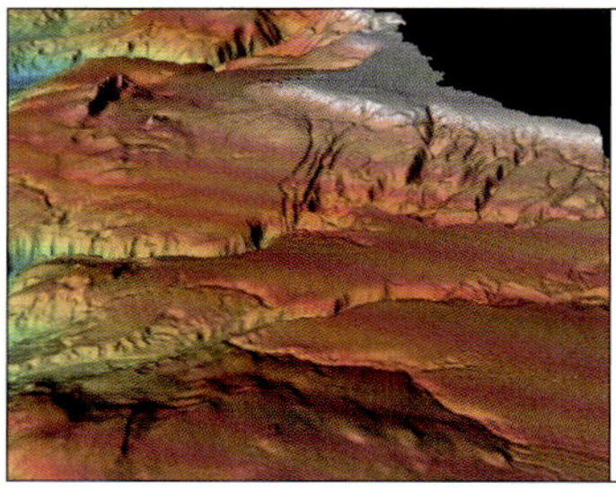

大陆架

在海洋边缘的浅海区域，海底的地貌叫作大陆架。图中，黑色的区域代表陆地，而大陆架能从海岸向远离陆地的方向延伸很长一段距离，并通常被深不见底的峡谷所阻断。在大陆架的外沿，地势缓慢倾斜，直至与海底连为一体。

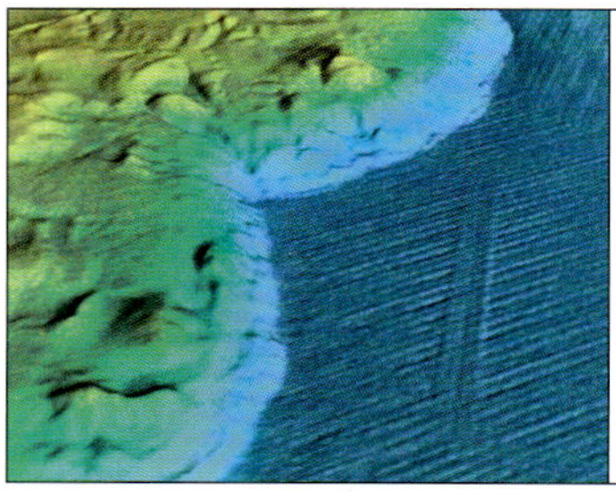

深海平原

如图中蓝色区域所示，覆盖着软泥、沙粒以及其他沉淀物的一片广阔的海底区域就是深海平原。这些沉淀物通常在海底累积起厚厚的一层，掩盖了下面凹凸不平的海底基岩的轮廓。

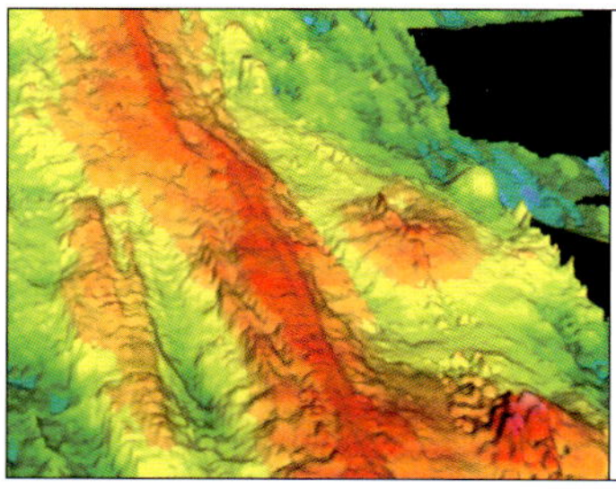

大洋中脊

图中红色区域是一座孤立海中的海底山，它也是大洋中脊的一部分。海脊相连，形成了地球上最为绵长的山脉，也形成了一个环绕地球的巨大网络。它们都是黑色玄武岩嶙峋的山峰。

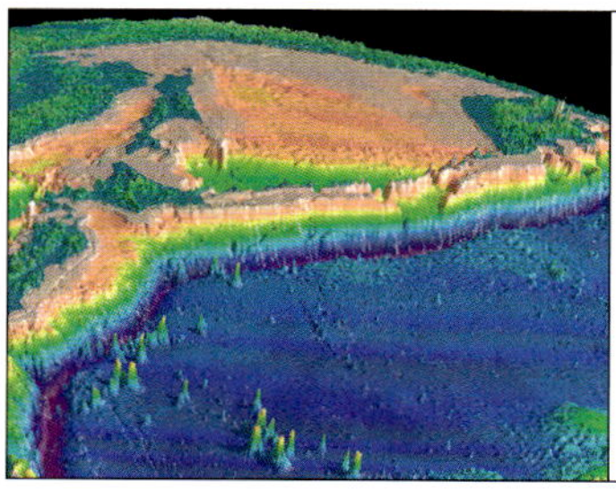

海沟

如卫星照片所示，深蓝色区域即是海沟，它位于深海和靠近亚洲大陆的浅海中间。海沟通常与地震和火山爆发有关，其中有些海沟的深度足以容纳世界上最高的山峰。

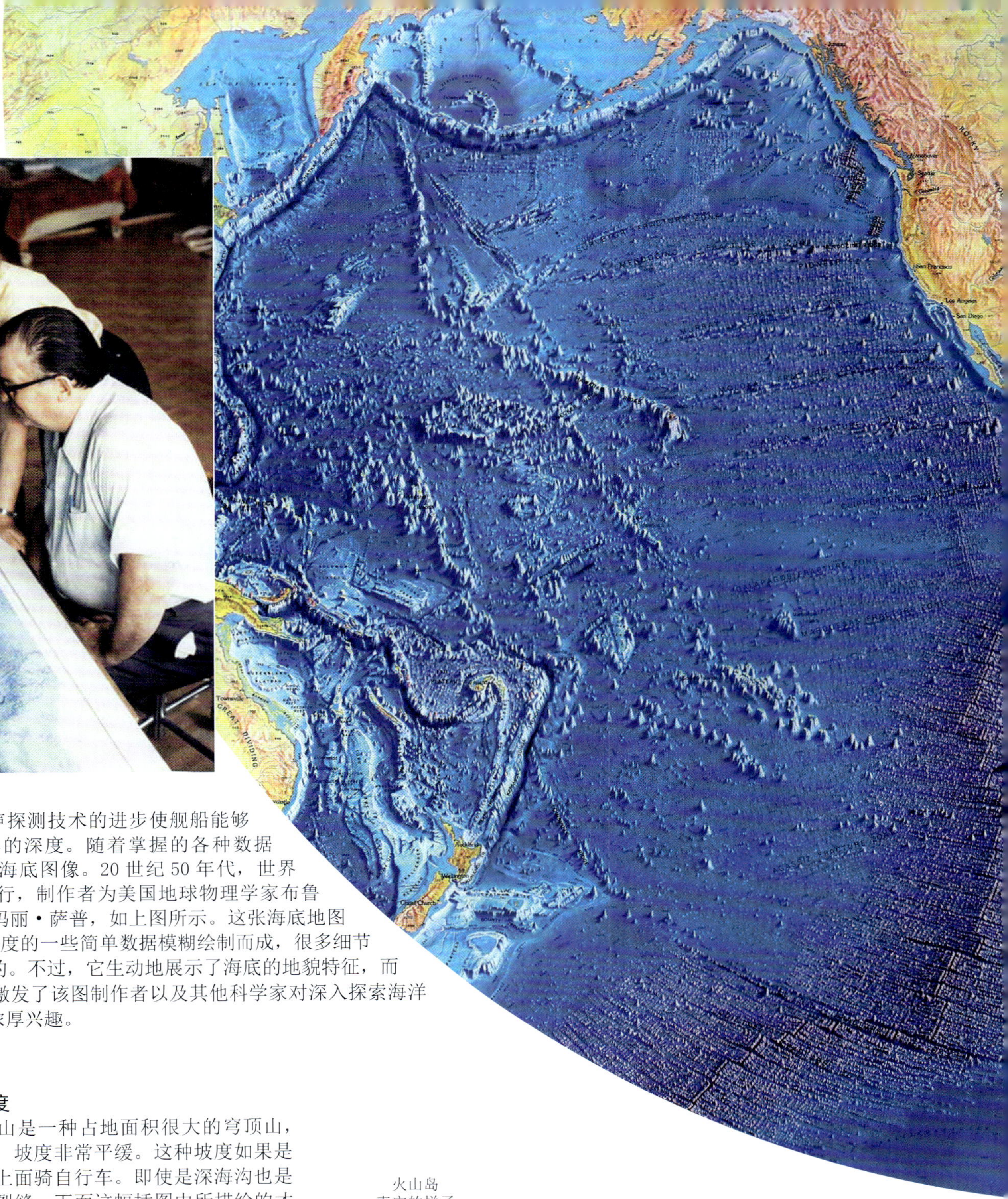

▲一张海底地图

20 世纪 20 年代，回声探测技术的进步使舰船能够便捷而快速地记录下海洋的深度。随着掌握的各种数据不断增多，人们开始绘制海底图像。20 世纪 50 年代，世界上第一张海底地图出版发行，制作者为美国地球物理学家布鲁斯·希曾和他的研究助手玛丽·萨普，如上图所示。这张海底地图（右图）是依照有关海洋深度的一些简单数据模糊绘制而成，很多细节部分都是靠经验推断出来的。不过，它生动地展示了海底的地貌特征，而这些地形地貌的发现，更激发了该图制作者以及其他科学家对深入探索海洋是如何形成的这一问题的浓厚兴趣。

▼比较真实的高度和倾斜度

事实上，海洋中的火山是一种占地面积很大的穹顶山，山坡一直延伸到浅海区域，坡度非常平缓。这种坡度如果是在陆地上，你甚至可以在上面骑自行车。即使是深海沟也是宽大的沟槽而不是陡峭的裂缝。下面这幅插图中所描绘的才是更为真实的海底情景。

大洋中脊

大洋地壳板块的离散运动导致了扩张裂谷的产生，海底也随之在这里形成。裂谷扩张能够在地幔中炽热岩石上释放巨大的压力。这种压力是导致炽热岩石在地幔中保持固态的唯一原因，因此一旦压力得以释放，炽热岩石将熔化为岩浆，从裂谷中喷涌而出，成为一种主要成分为玄武岩的熔岩。在冰冷的海水中，这种熔岩逐渐冷却，从而成为覆盖海底的固态岩石。与此同时，裂谷下方形成的岩浆房中岩石膨胀变大，进而抬升裂谷两侧的地壳，形成两条水下山脉，而这两条水下山脉及它们中间的裂谷就构成了大洋中脊。

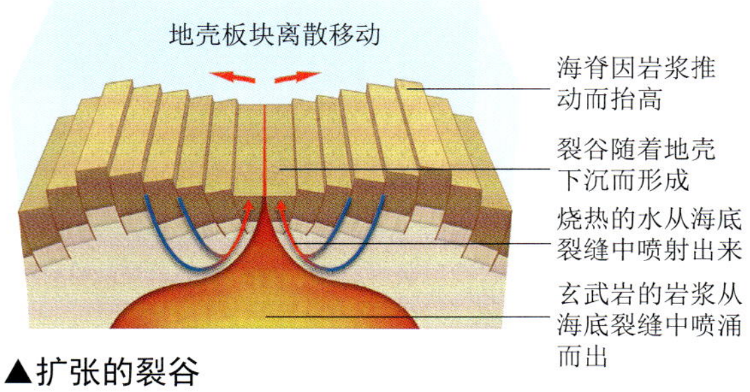

▲扩张的裂谷

随着海底在流动的地幔拖曳下分裂散开，一块块巨大的大洋地壳沿着海底裂开的边界沉降，形成一条海底裂谷。裂谷底部遍布着各种大大小小的裂缝，玄武岩的熔岩以及富含各种化学物质的过热水就通过这些裂缝从地幔中喷涌出来。在裂谷两侧，大洋地壳的碎块被地幔的岩浆抬升到隆起的海脊当中。不过，随着这些地壳碎块逐渐从这片灼热地带移走，它们将再次缓慢下沉。

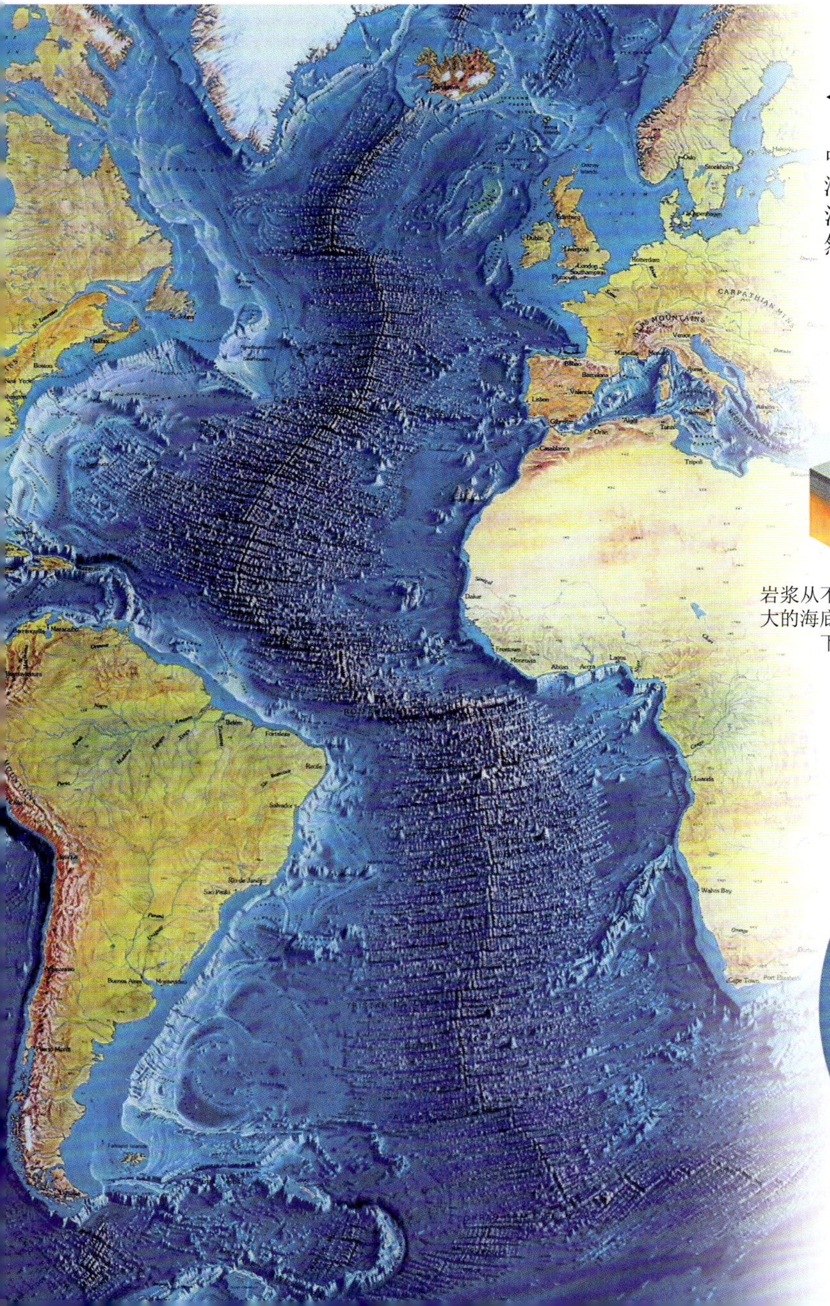

◀蜿蜒曲折的海脊

地壳的上升、下沉运动造就了海底绵延不绝的大洋中脊。其中，大西洋中脊（如左图，希曾－萨普立体海底地形图所示）在海底纵贯 16 000 千米左右，从南大洋一直延伸至北冰洋。大西洋中脊上，最高的山峰高出海底 4000 米，但山顶距离海平面依然有 2000 米。

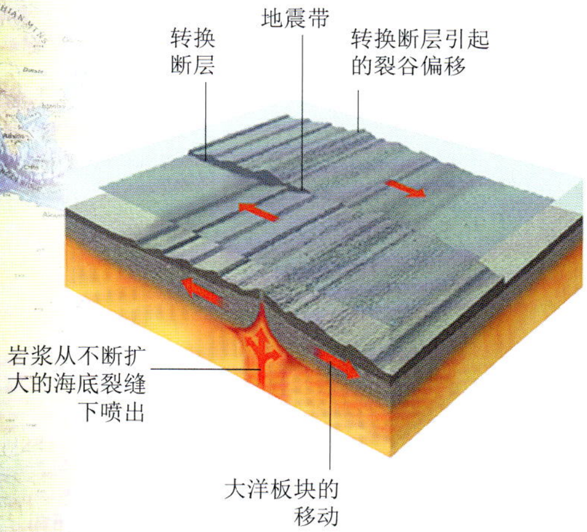

◀转换断层

大洋中脊被一条海底长裂缝切割成短小的区域。左边的图包含这些非常明显的特征。扩张裂谷连接的地方叫转换断层。当转换断层的两侧洋底向相反方向移动时，就导致了海洋地震。

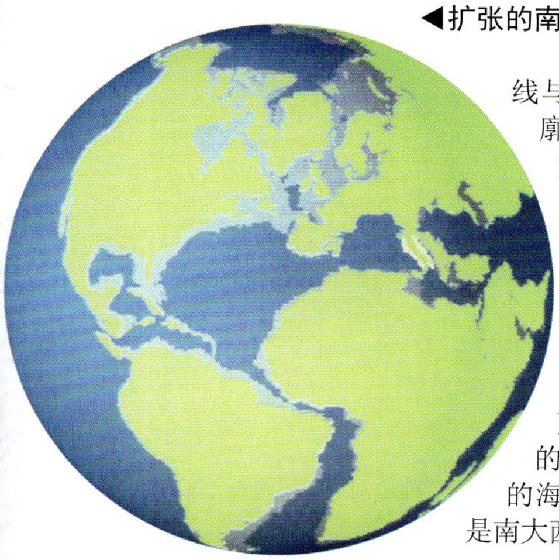

◀扩张的南大西洋

南大西洋中脊蜿蜒的曲线与南美洲和非洲的形状轮廓十分相似，而这并非是大自然中的一个巧合。大约 1.3 亿年前，南美洲板块和非洲板块是连为一体的，但后来如左图所示，这两个板块之间产生了一条裂缝，并且裂缝不断扩大。海水填充进裂缝中，并随着裂缝的扩大逐渐在水下形成新的海底，而这片新的海洋就是南大西洋。

▲翻滚流淌的熔岩

玄武岩岩浆从扩张裂谷的狭缝中以1000℃的高温涌出，触及深海中接近冰点的海水。岩浆表面遇冷立即变硬，从坚硬的地壳中向外涌出，从而在表面形成一个个椭圆形凸起。待岩浆完全凝固后，这些凸起看起来就像是一个个黑色的枕头，因此也被称作枕状熔岩。在地壳隆起的一些地区，这些枕状熔岩在陆地上也可以看到。

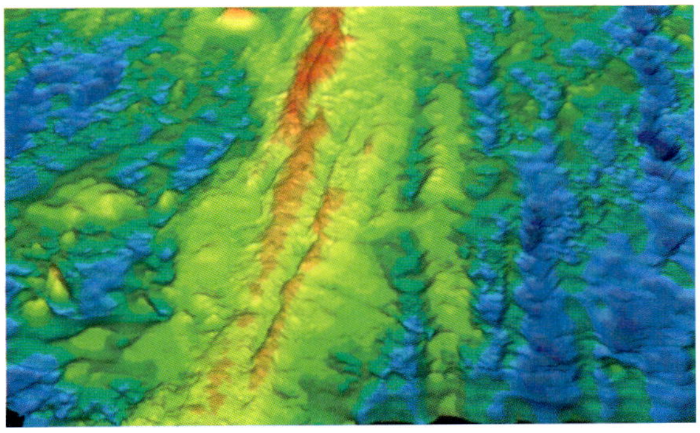

▲东太平洋海岭

大西洋中脊正以每年4厘米的速度向外扩张，而其他大洋中脊的扩张速度更为迅速。如这张声呐图像所示，东太平洋海岭正在向墨西哥南部扩张，它的扩张速度为每年22厘米。不过，尽管东太平洋中脊比较活跃，但它的海底山都不太高。因为东太平洋中脊下方的岩石比较炽热和柔软，无法承受巨大而沉重的山顶。在海底裂谷周围，遍布着许多水下火山和海底热液喷口。

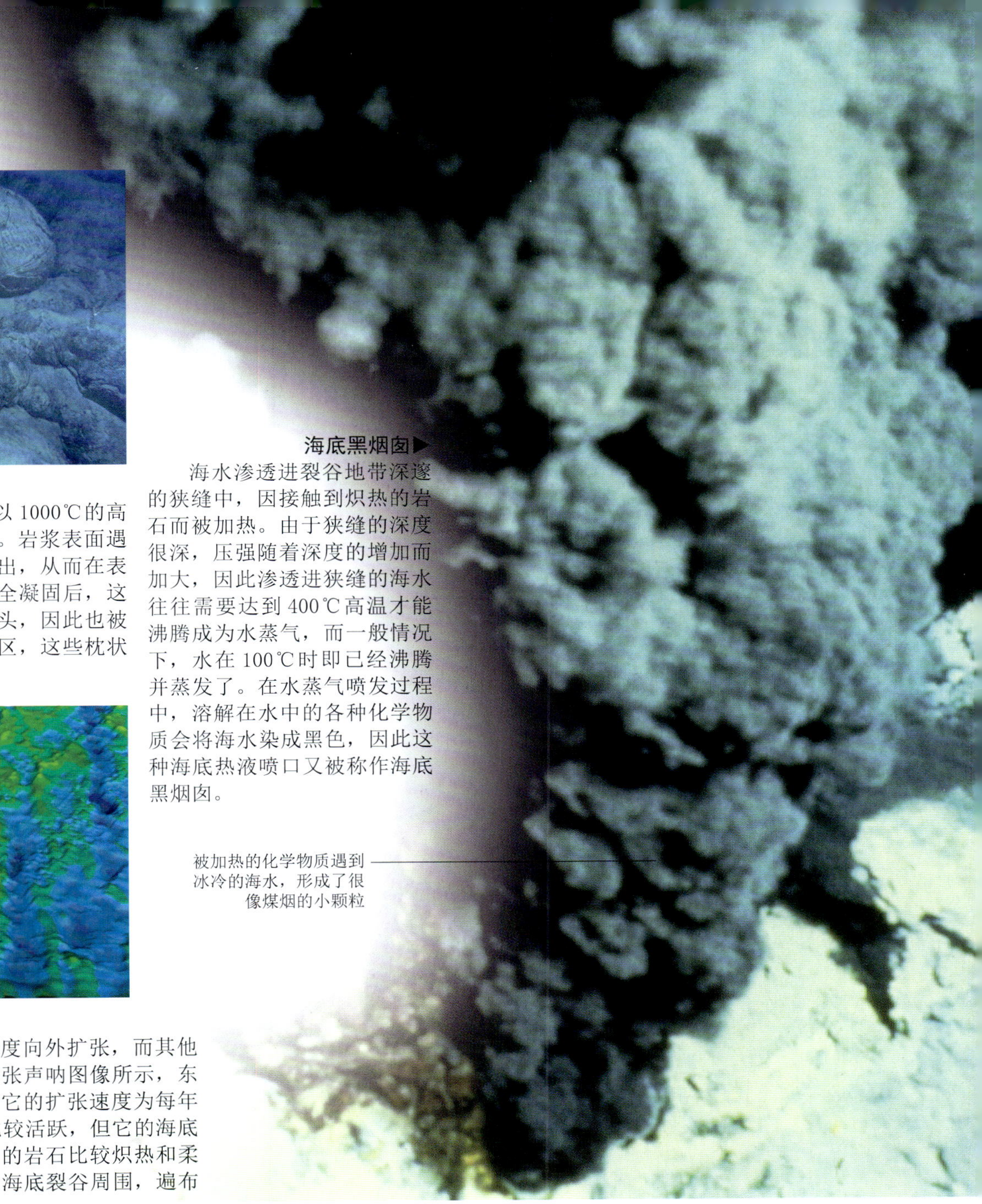

海底黑烟囱▶

海水渗透进裂谷地带深邃的狭缝中，因接触到炽热的岩石而被加热。由于狭缝的深度很深，压强随着深度的增加而加大，因此渗透进狭缝的海水往往需要达到400℃高温才能沸腾成为水蒸气，而一般情况下，水在100℃时即已经沸腾并蒸发了。在水蒸气喷发过程中，溶解在水中的各种化学物质会将海水染成黑色，因此这种海底热液喷口又被称作海底黑烟囱。

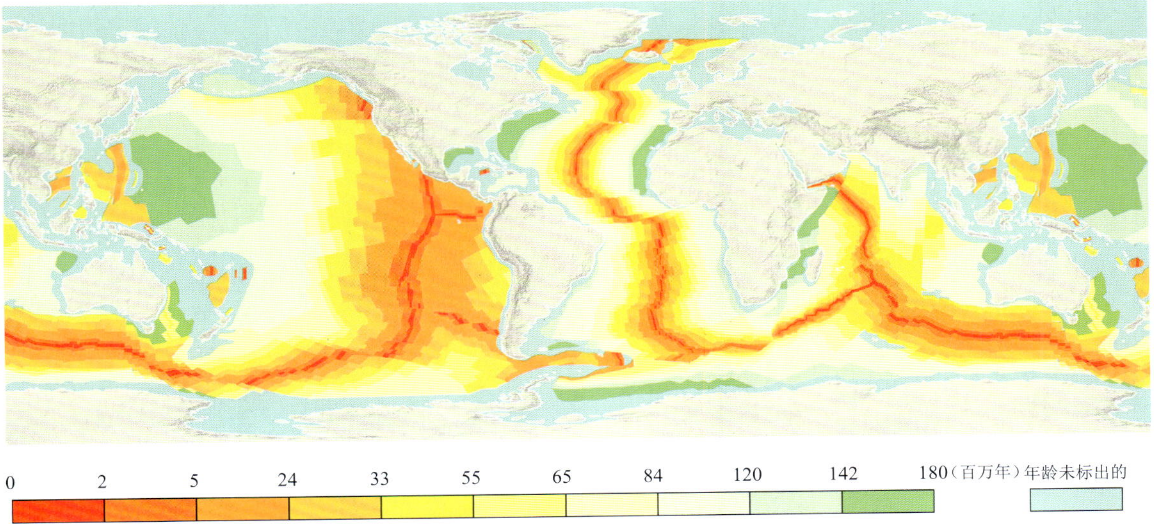

◀海底年龄

海底形成于大洋中脊，并随着越来越多的岩石从扩张裂谷中涌出来而逐渐向大洋中脊两侧移动。因此，岩石中，越靠近大洋中脊的越年轻，越远离大洋中脊的年代越久远。不过，海底岩石的年龄没有超过1.8亿年的，因为此前形成的那些岩石均已被拖曳回地幔里循环再生了。而与此形成鲜明对比的是，最古老的陆地岩石年龄已高达38亿年。通过左侧的地图和图例，可以看到以百万年为单位的海底年龄分布。

热点和海底山

并非所有的海洋地壳都形成于大洋中脊的扩张裂谷。在炽热的地幔上，遍布着很多极热的区域，它们被称作地幔柱。其中很多地幔柱都在远离各个地壳板块边缘的地方，形成了永久热点。这些热点烧穿地壳，喷发熔岩形成火山。随着地壳的移动，火山逐渐远离热点，成为不再喷发的死火山。而与此同时，另一座新火山又在热点上喷发形成。长此以往，就形成了火山岛链和成千上万的被称作海底山的水下火山。

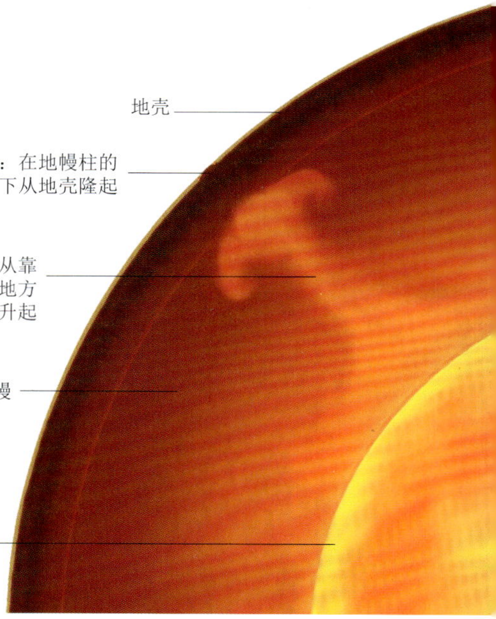

▲地幔柱

导致热点产生的地幔柱很有可能是从接近地核的深层地幔中升腾出来的。每一个地幔柱都会推动海底地壳隆起一个宽穹丘，比如横跨 1000 千米、纵深 1.6 千米夏威夷群岛，同时，在穹丘的中心还会喷发出一个更高的火山。

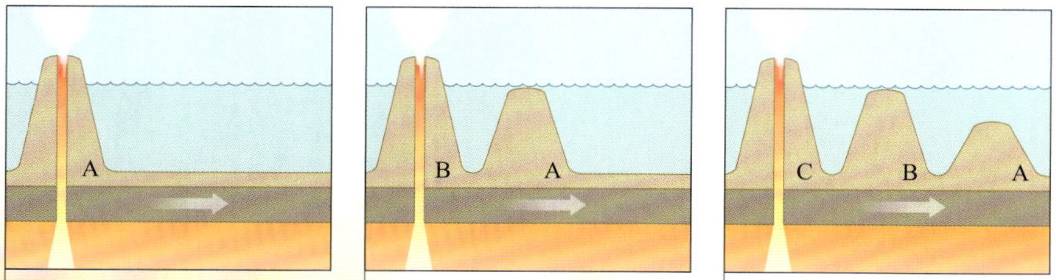

① 第一座火山从热点上喷发而出，形成一座火山岛

② 火山漂离热点成为死火山，同时，一座新的火山喷发形成

③ 死火山逐渐下沉，与此同时，又有一座火山喷发形成

◀火山链

热点将地壳烧出一个洞，从而形成火山 A（如左图所示）。然而，随着地壳的运动，火山 A 被带离热点，成为死火山并开始下沉。一座新的火山 B 形成了，但它也被逐渐带离热点。这时，第三座火山（火山 C）出现了，而最先形成的那座火山 A 可能已经沉到了水下。

▲夏威夷

如这张太空俯瞰图所示，夏威夷群岛是太平洋板块以每年 9 厘米的速度向西北滑行通过一个热点地区而形成的。这个热点目前位于夏威夷面积最大的东南岛火山下方，因此这座火山非常活跃。同时可以看到，夏威夷群岛中，位于北部的那些死火山正缓缓下沉，并且体积逐渐变小，它们终将缩减成为一条很长的海底山脉。

◀火喷泉

夏威夷的各个火山都是从海底隆起的巨大穹丘。其中体积最大的是冒纳罗亚火山，如果按照从山脚到山顶的距离来算，它比喜马拉雅山脉的珠穆朗玛峰还要高。位于冒纳罗亚山侧面的基劳维亚山是世界上最活跃的一座火山，玄武岩浆持续不断地喷流而出，形成火喷泉，而山体上那一条条由熔岩构成的巨流则翻滚着直接流入了大海。

▲火与冰

大量的玄武岩熔岩从位于大西洋中脊北端下面的热点喷出，堆积形成了冰岛的火山岛。冰岛上有许多座活火山，其中一座甚至处于冰层之下。海水渗透进海底火山岛炽热的岩石中，被火山加热成过热水和水蒸气喷发出来，从而在海面形成了很多天然的喷泉。

其他热点岛

加拉帕戈斯群岛

这些火山岛所在的板块正在向东穿越一个太平洋热点，其中，越靠近东边的岛屿年代越久远，而那些西边的岛屿火山活动依旧活跃。这些岛屿因其孕育出独特的野生动、植物而闻名，比如这些海鬣蜥等。

复活节岛

举世闻名的复活节岛雕像是由火山灰雕刻而成的。距今约300万年前，在一个太平洋热点附近形成了三座火山，它们喷发产生的火山灰即成为日后建造复活节岛雕像的原材料。后来，建造这些雕像的三角形岛屿逐渐偏离了热点，而那三座火山如今也均已成为死火山。

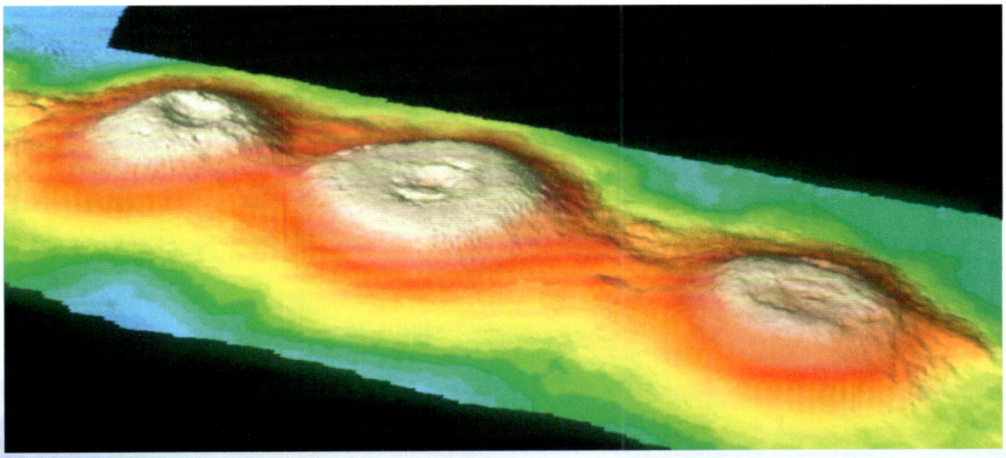

海底山和海底平顶山▶

如右边这张声呐图像所示，绝大多数在海底喷发形成的火山高度都到达不了海平面。有些海底山曾经是火山岛，但如今也已再次沉入海底。在海水波浪周而复始的摩擦作用下，这些海底山的顶部都很平坦，因此当它们被亨利·盖奥特发现之后，人们便用这名地质学家的姓氏“盖奥特（Guyot）”表示“海底平顶山”。

▶珊瑚岛

海底的火山活动也产生了许多绵延不断的海底山脊，特别是在印度洋海域，海底山连接在一起，形成了此起彼伏的海底山脉。这就为像马尔代夫这样的珊瑚岛的形成奠定了环境基础。

海沟

由于不断有新的海底在大洋中脊生成，有些海洋，如大西洋，每年都在不断扩大。但地球的表面积是不会变大的，因此当有些海底面积扩张时，其他海底面积就会相应缩减，它们的边缘将沿着被称为俯冲带的破坏性板块边缘下沉，重新回到炽热的地幔当中，而海沟、漫长的火山链、山脉、地震和海啸等也在这一过程中形成和发生。

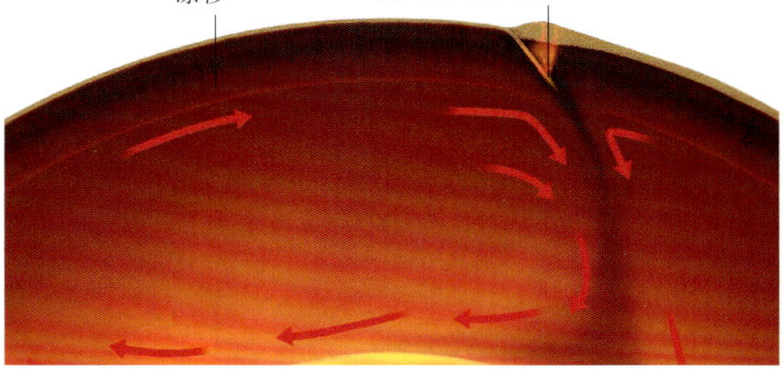

▲破坏性板块边缘

在流动地幔的拖曳下，原本形成于大洋中脊的大洋地壳逐渐向四周扩散开来。这一过程有可能只是促使海洋面积的扩大，但在东太平洋地区，大洋地壳一直向东漂移到达靠近南美洲板块的秘鲁－智利海沟，并在地幔的拖曳下沉降到密度较小的大陆地壳之下，直到逐渐消失在地幔之中。

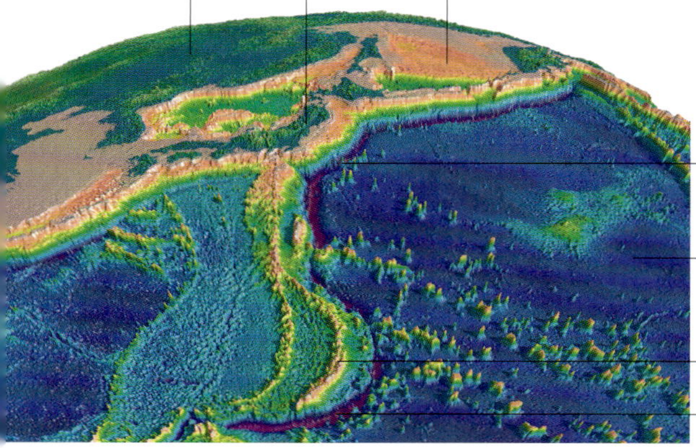

◀水下鸿沟

地壳消亡的区域叫作俯冲带，这里的显著特征是深邃的海沟以及与之相伴而生的火山岛链。海沟是海底被地幔沉降流动作用拖曳着下沉到地球炽热内核当中，从而在地表形成的地貌特征。虽然它们的表面局部或者完全被各种沉淀物覆盖了，但有些海沟的深度甚至是附近海底深度的 3 倍。位于西太平洋的马里亚纳海沟，其最低点接近海平面以下 11 千米，是世界上最深的海沟。

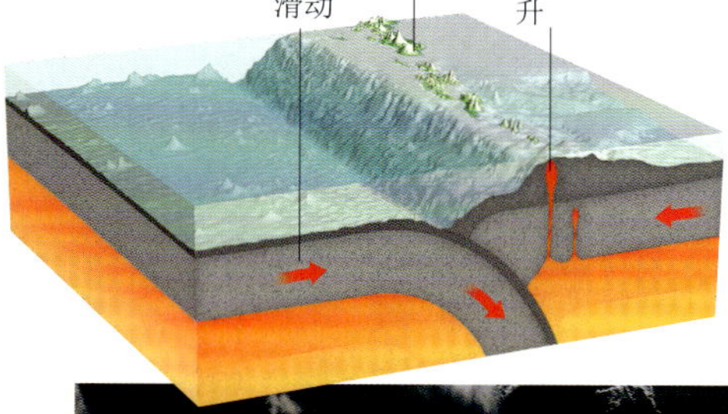

◀大洋边缘

由于大洋地壳的俯冲板块插到另一板块下方并陷入炽热的地幔，原有的地壳岩石开始熔化。熔化的岩浆从位于上层板块边缘的火山口喷发而出，通常会形成绵长的弧形火山岛链，又被称作岛弧。

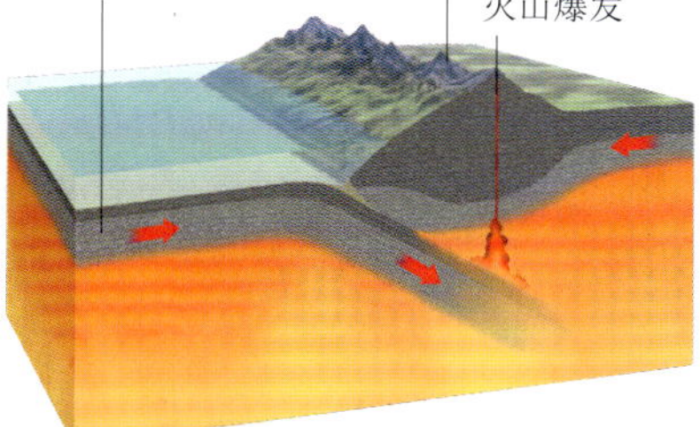

◀大陆边缘

当海底被拖曳到大陆板块之下时，以南美洲板块为例，板块间的巨大摩擦力导致大陆边缘扭曲变形，隆起高耸的安第斯山脉。而那些位于大洋边缘，原本能够形成岛弧的火山将通过这些山脉喷发岩浆。

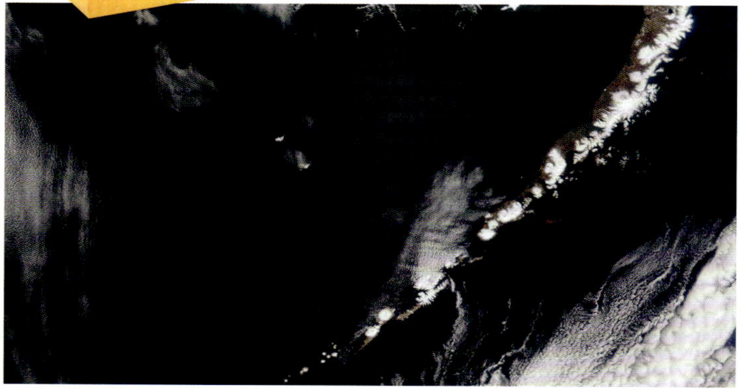

▲岛弧

这张太空俯瞰图显示的是位于北太平洋地区的阿留申岛弧。这种火山岛弧能够勾勒出板块边缘。随着时间的流逝，岛弧上的岛屿的面积将逐渐变大，连为一体，从而形成一座形状狭长的岛屿，如位于巽他海峡的爪哇岛。

▲山脉

如图中的安第斯山脉所示，那些沿着大陆边缘崛起的褶皱山脉起初都高大崎岖。群山之中掩映着许多座火山，而山体上的岩石往往含有稀有而贵重的矿，如铜、银、翡翠等。

◀地震带

俯冲带因地震频发而闻名。在俯冲带地区，沿活动板块边缘分布的岩石经常突然断裂，从而引发地震。日本群岛就位于这种俯冲带上，并且各个岛屿均沿着以日本海沟所勾勒出的板块边缘线分布。在日本，地震犹如家常便饭，每年1000次左右。而每隔几年，日本便会爆发一场大地震，对当地造成大规模的破坏，如2011年，地震引发的巨大海啸对日本东北部造成毁灭性破坏，并引发核电站核泄漏。

太平洋火环

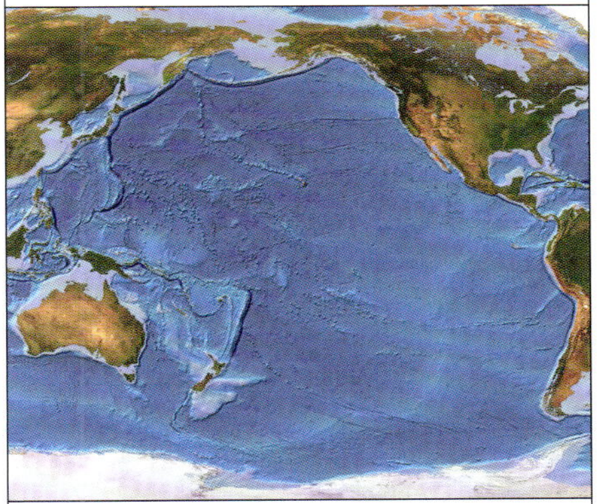

如这张卫星图像中的黑色线条所示，从新西兰到南美洲，太平洋被一连串的海沟和成百上千的火山所环绕，这一现象被称作太平洋火环。在沿太平洋火环地区，海底遭到持久的破坏，致使太平洋的面积以每年2.5平方千米的速度不断缩减。

火山岩在火山爆发的巨大冲击力下瓦解为碎片，随火山灰一起涌出

▲火山灾变

在俯冲带地区，火山爆发产生的熔岩要比从大洋中脊喷发出的熔岩浓稠得多。俯冲带的熔岩能够堵塞火山口，增大火山内部压力，并导致爆炸式的火山喷发，如1991年菲律宾的皮纳图博火山突然猛烈地喷发。

海岸侵蚀

海浪的不断撞击缓慢地侵蚀着大陆的边缘地带，在这种侵蚀作用下，海岸逐渐形成，但在此过程中，大陆架始终位于海平面的下方。同样也是由于侵蚀作用的影响，海岸上的岩石还会出现海蚀洞、海蚀崖和岩礁等的侵蚀地貌。与此同时，岩石碎屑会沿着海岸被海浪冲到铺满圆卵石的海滩、沙滩或是泥滩上较荫蔽的地方堆积起来。这样一来，海岸的部分地区会因海浪的侵蚀而变小，而在其他地区又会延伸出来新的海岸和沙滩。

▲波浪能

破碎波浪会冲入岩石的裂缝里，促使岩石碎裂，久而久之，岩石上便会形成一些洞穴。当海浪继续冲击这些洞穴后，它们便会坍塌，余下的部分便形成了陡峭的悬崖。这个侵蚀的过程在一些经常遭受强风和大浪袭击的海岸上显得尤为强烈。质地较软的岩石被侵蚀的速度更快，逐渐在布满坚硬岩石的海岬间形成了一个个海湾。

▲海蚀崖

在陆地远远高于海平面的地方，岩石边缘被侵蚀后，上面的岩石便形成了陡峭的海蚀崖，这种悬崖底部的岩石地基通常会延伸至海中，形成了大陆架的近海边缘。

▲海蚀洞

岩石距海平面的距离越高，它所受海浪的影响就越小。由于海浪侵蚀作用的影响，部分岩石会因此倒塌落入海里而形成海蚀洞，而其顶部和两侧的岩石由于距海面较高和质地较坚硬则会免于受到侵蚀作用的影响，而逐渐形成海蚀洞的顶部或两侧的海蚀拱。

▲海蚀柱

海蚀洞在受到进一步的海浪侵蚀后，顶部的岩体会发生坍陷，残留下来的海蚀拱会在涨潮时被潮水从海岸岩石上隔离出来，逐渐形成了一个个孤立挺拔于岩滩之上的海蚀柱。组成成分都是一些非常坚硬的岩石，通常能屹立多年，而海滩的其他部分早已被海浪侵蚀殆尽。海蚀柱还是海鸟孕育后代的栖息地，因为把巢筑在上面是非常安全的。

◀沙石滩

粗大的石块落到海里时，会被震碎成大小不一的巨砾、卵石和沙子。沉重的大石块不会被移动，而较轻的石块和沙子则会被潮水冲到海湾里或是海岸上，形成了堤岸或者沙滩，它们可以保护海岸免受暴风雨的猛烈袭击。

海滩和沙嘴

月牙滩

当海浪以一倾斜角度涌向海岸时，会形成一股平行于海岸的冲流，这股冲流会将海中的沙石向两侧冲击，这个现象被称为沿岸漂移。沙石会沿海岸缓慢漂流移动，并逐渐向下一个海岬延伸。这个现象通常会形成美丽的新月形海滩，例如著名的位于巴西里约热内卢的科帕卡巴纳海滩。

长滩

如果海滩沿岸没有海岬的话，泥沙等沉积物会一直在海浪的作用下随着海岸线漂移，逐渐会形成一个非常长的海滩，例如上图中的英国南部海岸。通常情况下，当长滩遇到从开阔型海域中隔离出来的潟湖时，会沿原路折回。

沙嘴

长滩向开阔海洋延伸形成沙嘴。由于不断有更多沿岸漂移的水中物质的补充，位于河口处的沙嘴面积会不断地增大。图中所示的是位于美国俄勒冈州的克拉特索普沙嘴，长度约为4千米。

泥滩▶

当河流汇入海洋的时候，河流中的一些细软黏稠的泥沙会沉淀下来形成河堤，并逐渐向海洋延伸形成河流三角洲。通常在这部分区域表面都会有数条携带沉积物的河流通过，如右边这张卫星图所示的位于孟加拉国的恒河三角洲。

深海平原

陆地上的岩石时时刻刻都在遭受着风、霜、雨和海岸侵蚀所带来的磨损。碎石和泥沙这些沉淀物被河流冲到海洋中后，会在河口附近的海底形成扇形堆积区域，我们将这种区域称为海底扇，一些海底扇的面积非常大，甚至会因为它们的重量使地壳扭曲。这些沉淀物通常会向下流动到位于大陆架边缘的大陆坡中的峡谷里，并且还会在谷底形成厚重的沉积层。它们同时会逐渐向周围地区扩散，最后会在海底形成一个覆盖面极广的由松软沉积物构成的深海平原。这些沉积物中也包括随风飘落的尘埃、泥土和冰山融化后掉落的泥沙，也有大量沉到海底的海洋微生物的残骸，这些杂质混合到一起后形成了厚厚的软泥层。随着时间的流逝，这种松软沉积物会变硬而成为沉积岩，而几百万年以后，地壳运动也许会使这些沉积岩上升而形成新的陆地。

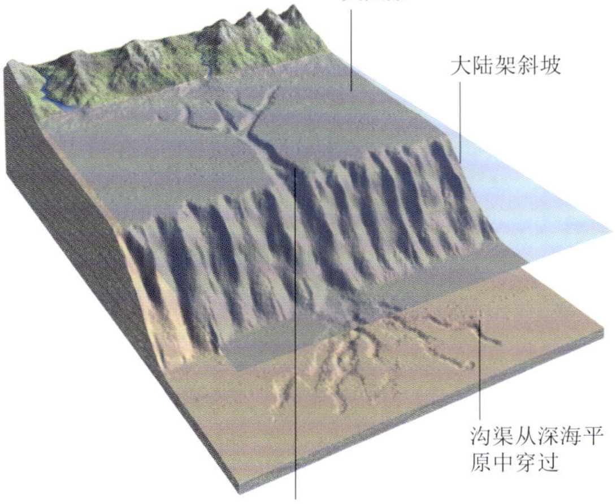

位于大陆架中的海底峡谷

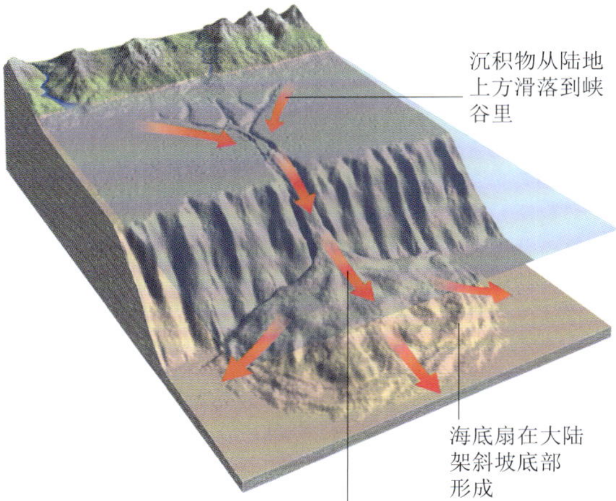

混浊流和海底扇

▲泥石流与峡谷

岩石和泥沙从大陆架上方倾泻而下落到海底，特别是在暴风雨和地震发生时，这种现象尤为猛烈，水流会混合这些岩石和泥沙流动，我们称之为混浊流。这种密集而沉重的水流对于大陆架边缘的峡谷具有强烈的冲刷作用。例如，在美国的东海岸，那里的峡谷深度大多在800米左右，海底沉积物从河口处开始呈扇形向整个峡谷扩展，形成了一个将大陆架斜坡底部和深海平原连接起来的大陆隆。

浮冰排▶

在极地地区，冰川和巨大的冰块向海岸方向流动。它们在流动的同时，还夹杂了大量沉重的碎岩石，这些碎岩石是被不断漂移的冰块从海底岩石里带出来的，有时由于夹杂了大量的矿物质，冰块会因此几乎变为黑色。当冰川触到海洋时，它们便会分解成为一个个的冰山，这些冰山会慢慢地漂动，并且逐渐融化。当冰山在海底的某处最终固定下来后，它们所夹杂的岩石碎块和泥沙便会流到海里。这个过程促进了南极洲附近宽广的深海平原的形成。

◀空中的尘埃

空中悬浮着大量的尘埃，它们落入海洋后，会慢慢沉入海底，与海底沉积物堆积在一起逐渐形成深海平原。火山爆发时会喷发出大量的尘埃，例如1991年菲律宾皮纳图博火山大爆发，所爆发出的尘埃更多。而发生于1815年的印度尼西亚坦博拉火山大爆发同样喷发出了极其大量的尘埃，以至于人们在接下来的几个月内，都无法清晰地看到太阳，因此，1816年也被称为“无夏之年”。大量的火山尘埃最后会落入海洋。沙漠里的尘埃也会被吹走，左边这张卫星图所显示的就是风暴席卷西撒哈拉沙漠的尘埃，跨过佛得角群岛吹到热带大西洋里的情景。

◀生物软泥

深海平原中也含有生物软泥，它们是由如硅藻这样的海洋微生物的残骸构成的。但是生物软泥在非常深的海域里会自动分解，所以海底最深处的主要沉积物是细泥，这种细泥由于含有分解后的氧化铁会呈现红色。

沉积岩

在经历几百万年后，原来的海底沉积物被压紧形成了坚固的岩石，在其特有的岩层中保存着其形成的记录。在岩石的形成过程中，会有一些海洋动物沉降到里面，它们随之变成了化石，例如上图中存于石灰石中的塔螺。不同种类的沉积物会形成不同的岩石：石灰含量高的软泥形成了石灰石，白垩和沙土含量高的沉积物形成了砂岩，而泥土形成了页岩，包裹在岩层中的死亡生物体也许并不会分解得十分彻底，在经过一个漫长复杂的过程后，它们体内的碳元素会形成化石燃料，人们会在海岸边搭建石油和天然气平台将它们从海底开采出来，以供使用。

不断变化的海平面

相对于陆地来说，海面总在不断地上升或是下降。当冰期到来时，陆地上的水凝结成冰，而当天气转暖时，冰块又会融化成水流到海洋中。当大型的冰块融化时，陆地压力减小，地壳会有所上升，在经过很长一段时期后，它又会被地壳中移动的板块向上推移。这种现象所导致的最终结果是，形成于海底的沉积岩会出现在陆地表面，很多海岸特征都可表明陆地曾经是沉于海底的。

白垩质软泥

白垩是一种纯白色的石灰岩，主要组成成分是海洋微小生物的残骸。大约在1亿年以前的白垩纪，在热带海洋的底部广泛分布着一种叫作颗石藻的生物，它们是生物软泥的主要组成成分。随后，生物软泥被压缩成了白垩，而且厚度达到400米，在后来的地壳运动中，厚厚的白垩层又被推升到了地表，形成了波状丘陵和下图所示的位于英格兰南部的白色悬崖这样的地貌。

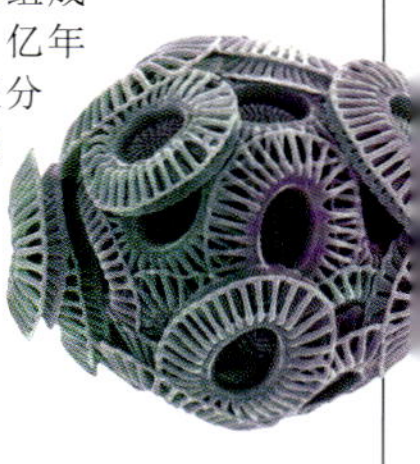

颗石藻

◀上升中的岩石

在沉积岩被向上推移的地方，由于受到外界的侵蚀，原本位于海底的岩层被暴露出来，同时显露出来的还有夹杂在中间的化石。大规模的地壳运动会将这些岩层重叠在一起，就像左图中所示的岩石海岸一样。

▶淹没景观

最后一次冰期过后，海平面到达了与现在差不多的高度，同时，一些古代的景观也被淹没在海洋之下，深不见底的“U”形冰川峡谷被海水所淹没后，随之出现的是四周陡峭的峡湾，如图中的斯堪的纳维亚半岛。

▶上升中的珊瑚礁

在很多热带地区，古珊瑚礁会露出海平面，形成一个珊瑚灰岩高原。其中最大的地区之一是墨西哥的尤卡坦半岛北部。在这里，由于所有的雨水都渗入珊瑚岩洞穴中的地下暗流网中，因此没有地表河流。在一些地区，当这些洞穴坍塌后，地下一些非常美丽的池塘会显露出来，我们称之为天然井。

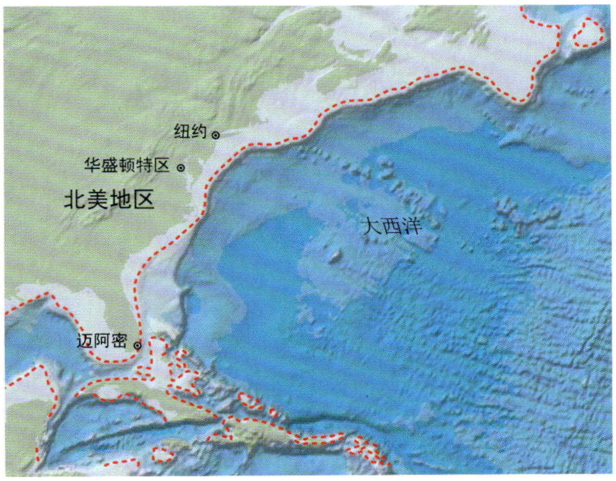

◀干涸的海洋

在1万年前的最后一次冰期中，世界海平面下降了120米甚至更多，原因在于大量水被冷冻在了陆地上成为巨大的冰川。这样一来，陆地面积变得更大了，而且较浅的大陆架也被暴露了出来，左图显示的是北美地区的地图，图中的红色虚线表示的就是当时的海岸线。人类和动物那时生活的陆地如今已经在海平面以下，在进行海洋捕捞的时候，渔网有时也会将他们的遗骸一同捕捞上来。

▲冰后回弹

在冰期过后，陆地上的冰块融化流入海洋，从而提高了世界平均海平面的高度。在一些地区，由于冰块的融化减轻了地面的重量，地壳也逐渐上升，这种现象同时也将一些古代海岸提升到了高于海平面的位置，例如上图中英国威尔士的这个海湾。

海水

最初形成海洋的海水主要来自地球内部。在地球形成的早期，火山爆发时会喷发出大量的水蒸气，在适宜的温度和地心引力的共同影响下，这些水蒸气最终凝结成巨大的液态水，这就是我们现在所说的海洋。这些海水非常不纯净，因为包含了很多溶解在其中的气体和矿物质，有些物质使海水具有咸味。海洋同时也含有许多构成生命分子的化学物质，很有可能海洋就是地球生命的摇篮。

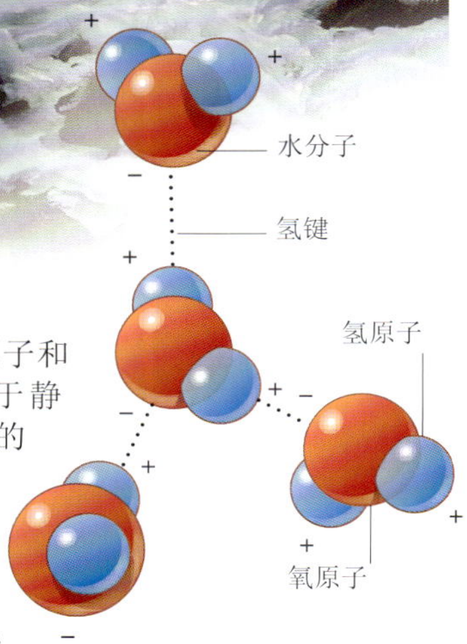

▲水的本质

水分子是由氢原子和氧原子组成的。由于静电引力较小的氢键的作用，水分子易于结合成为液体，当温度稍有所升高时，氢键便会断裂开形成水蒸气；而当温度下降时，氢键又会紧密结合起来形成冰。水的性质很特殊，因为它的这三种状态可在同时同地存在。

◀冰

当纯净水的温度降到0℃以下时，较强的氢键会将水分子紧密结合起来形成冰，咸海水的冰点要较之稍低一些，为-1.8℃。特别的是，冰的密度要比水的稍小些，这也就是为什么冰山和冰块能漂浮在水面上的原因。

◀水

当温度高于冰点时，冰会融化成水。虽然水比冰的密度更大，比重更大，但水分子的结合度要比冰弱一些，它们可以自由运动，这就是水呈液态的原因。但是水分子间的吸引力还是很强的，可以使水结合成为一个个的水滴。

◀云

当温度到达100℃时，水会沸腾并且逐渐转化成为水蒸气。此时的水分子彼此分离并且在空气中自由地流动，但是这种现象也会在稍低的温度下发生，所以在海洋上方总是笼罩着水蒸气。我们肉眼并不能看到海洋上空的水蒸气，但当它们遇冷的时候，便会液化成为水滴并形成云。

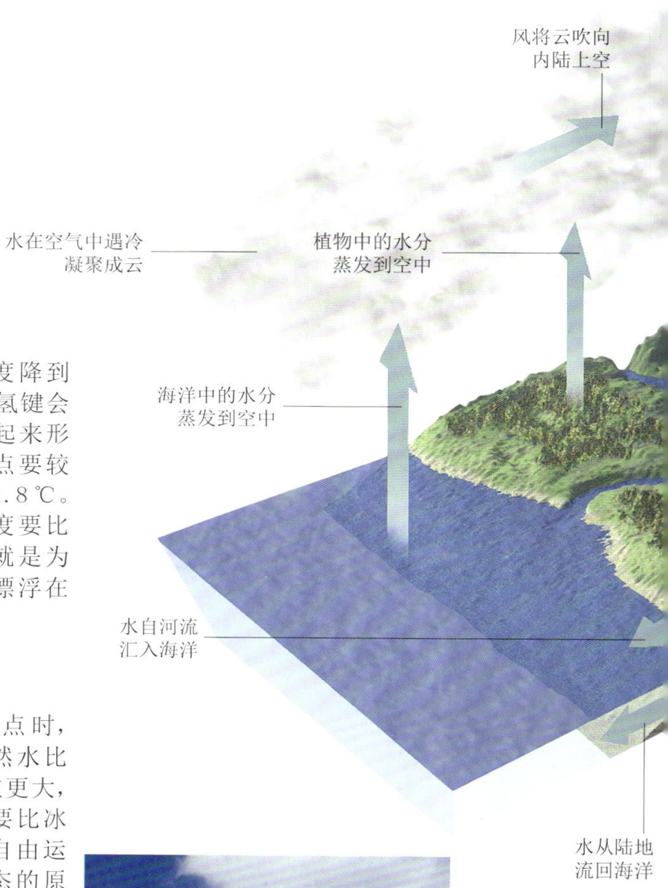

▲远古火山

大约45亿年前，地心刚刚形成，那时地球上几乎所有的水都来自火山喷发。而火山喷发会产生大量的水蒸气和其他气体，这些混合气体曾经构成了最初的大气。水蒸气凝聚在一起后会形成雨，当雨落到地面上时，便形成了最初的海洋，大约40亿年以前，海洋曾覆盖整个地球。

◀来自太空的水

彗星经常进入太阳系，由于其主要成分是冰和尘埃，因此它们经常会被人们称作“脏雪球”。据推测，在地球的早期历史中，许多彗星都曾撞击过地球，同时它们所含有的冰也会溶解并流入地球海洋中。一些科学家认为，这些来自太空的水中含有大量成分复杂的分子，而这些分子正是地球上的早期生命形成的关键。

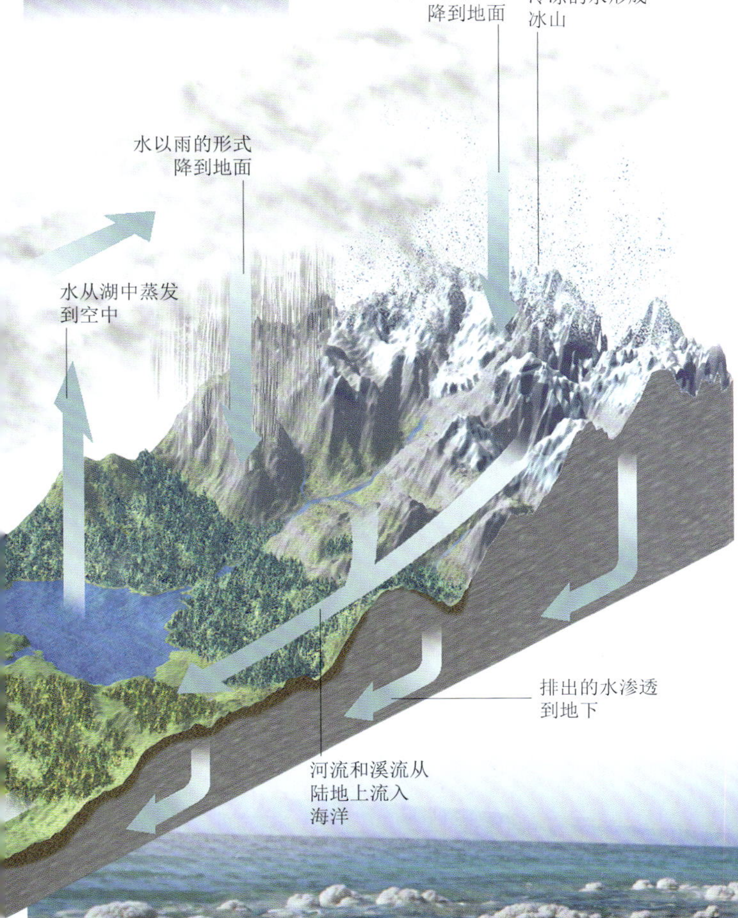

◀水循环

由于阳光的照射，海洋中的水不断地蒸发成水蒸气。在空气中，这些水蒸气会与大气中分解出的其他气体混合在一起，当这种混合气体遇冷时，它们便会凝聚起来形成云。云会引发雨的形成，当雨落到地面后，又会流回海洋，同时也会将地面上的矿物质、泥沙和其他杂质带到海里。左图显示的即为水循环图。

▼海洋中的化学成分

矿物质和气体在水中非常易于溶解，而溶解后所产生的化学物质则成为海水的组成部分。这些化学物质包括碳、氧、氮、磷、钙和铁等对海洋生物非常重要的化学元素，以下图中的这只小龙虾为例，这些元素就可用于它身体组织的构建和体内能量的供给。这些化学元素的大部分都存在于海底的沉积物中，直到有强烈的洋流到来时，它们才会被搅动起来溶入海洋中。

▼有咸味的海水

从陆地上流入河流的水中往往含有盐分。我们通常认为河水是淡水，那是由于河流中的盐分含量比较低，但是在热带地区，河水被蒸发后通常会留下厚厚的一层盐，就像下图中盐湖边缘那样。蒸发在海洋中时时刻刻都在发生，经过了几十亿年后，海水就像今天这么咸了。海水中盐的主要成分是氯化钠，这与我们在餐桌上使用的盐是一样的。

光和热

由于太阳的照射，海洋的温度会有所升高，但是与极地海洋相比，热带海洋的温度就要高得多。洋流会将这些热量在全球范围内重新分配，让极地海洋的温度变得高些，而热带海洋变得低些。同时，海洋的转冷或转暖都是一个十分缓慢的过程，所以它永远不会像陆地上那么炎热或寒冷，甚至海洋中的冰都比陆地上的冰温度高些。然而，阳光和热量永远只停留在海洋的表层，它们永远不会穿透到海洋深处那些永恒黑暗冰冷的地方。

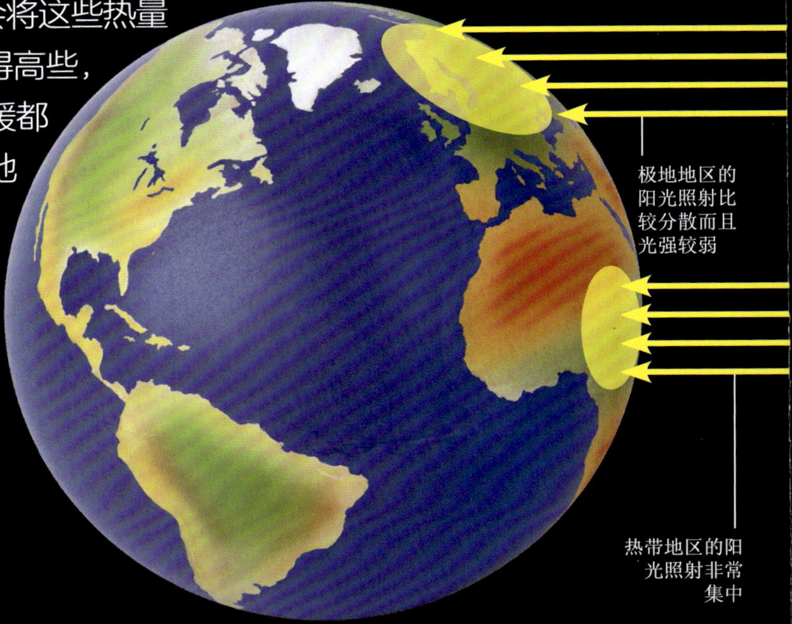

增加海洋的热量▶

在热带地区，阳光是直射地表的，这使得当地的海洋温度可以达到30℃甚至更高。但在靠近极地的地区，这里的阳光分散照射更广阔的区域，所以，就算是在阳光充足的夏季，阳光强度也会因此有所减弱。到了冬季，由于极地海洋所能吸收的热量更少了，整个海域将会结成一片巨大的海冰。

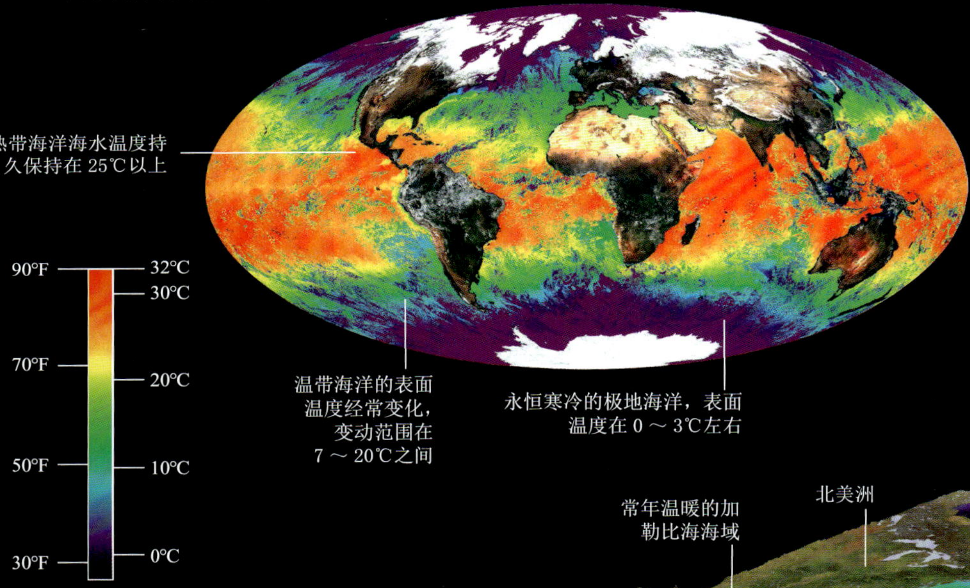

◀海洋温度

热带地区的表层海水温度最高，而靠近极地地区则温度最低，但是深层海水的温度永远只稍高于冰点，就连靠近赤道地区的海域也是如此。尽管有上述现象的存在，相比于陆地上146℃的温度范围来说，整个海洋的温度范围只有40℃。

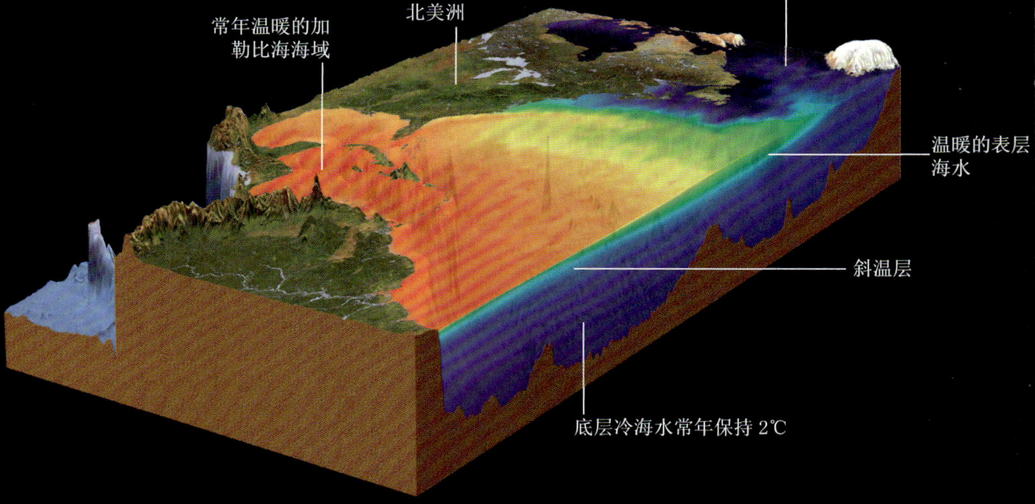

温度和水层▶

由于阳光的照射，海水变得十分温暖，所以它们会有所膨胀同时密度降低。这使得这部分海水的重量变小并且流动于寒冷密集的海水上方。温暖的表层海水与寒冷的深层海水之间的分界线叫作斜温层，它在热带地区全年存在，可以阻止深层海水与表层海水的混合从而造成供给浮游生物的植物营养无法到达海洋表面，这也是为什么热带海洋看上去都非常清澈的原因。在较冷的海洋中，斜温层会在秋季消失，这样营养物质就可以到达海洋表面去供给那些海洋生物了。

▲光和颜色

就算是在非常浅的海水里，一切看上去也都是蓝色的。那是因为阳光里其他颜色的光都被海水吸收了。首先被吸收的是红光，其次是黄光，接着是绿光和紫光，最后剩下的就只有蓝光了。而在非常深的海域，连蓝光都消失了，只有无尽的黑暗。这就意味着那些需要阳光来制造食物的海洋生物，例如海藻和微型的浮游生物，只能在光线充足的海洋表面生长和繁殖。

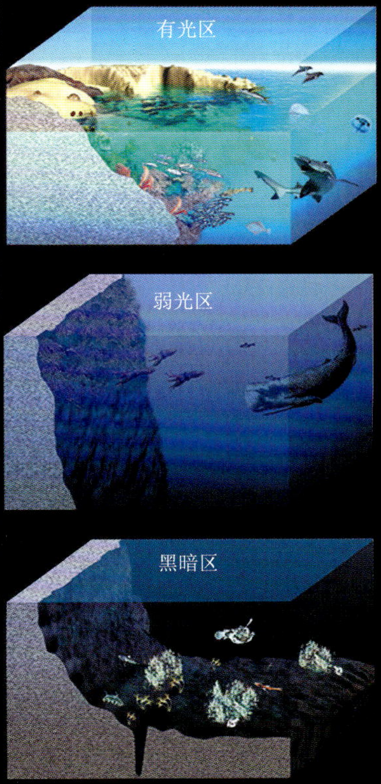

◀光照区域

根据海洋对光线的过滤作用，可以将海洋分为三大光照区域。在有光区，有供海藻、浮游生物和其他生物生长繁殖的充足光线。海面 200 米以下是弱光区，这里只有非常暗淡的蓝光，尽管白天会有很多动物从有光区游回，还是很少有动物在这里生存。1000 米以下是黑暗区，除了有一些深海动物发出的诡异的红光以外，这里终年无光。

压力

海水的巨大重量造成了海底深处巨大的压强。人类对大气中的压力（1×10^5 帕左右）已经逐渐适应了，而仅在海下 10 米左右的海域，压强就要达到 2×10^5 帕，在 20 米深的海域，压力则要达到 3×10^5 帕。在距海面 3000 米的海底，压力甚至是标准大气压的 400 倍。这就意味着那些工作在 50 米深以下海域中的潜水员必须要穿着右图中的这种特殊的耐压服。载人潜入黑暗区的深海潜水器必须要制造得非常坚硬，其金属外壳要能承受住海底巨大的压强。

▲声音

声音在水中传播的速度是在空气中的 5 倍，这使得鲸这些海洋动物可以在相隔很远的地方相互传递消息。声音在 1000 米深的海域中的传播最为有效，这部分区域被称作深海声道。任何在这里发出的声音都会被控制在这部分海域内，并且会沿原传播路径返回。这种集中效应作用下的声音传播距离十分惊人，可达到 25 000 千米以上。

冰洋

在极地地区，海水在遇到强冷空气的时候会冻结成冰。尽管冰比水的温度要低，但密度要小，所以冰块会在海面漂动而不是沉入海底。厚厚的冰块会覆盖到广阔的海域，形成一个不断漂移的大块浮冰群。浮冰群会在黑暗寒冷的极地冬季继续扩大，并对冰下海洋的温度、盐度和密度造成影响。但是到了日光持续照射的夏季，大部分的冰面将会融化，这样阳光将会直接照射到海洋里，从而触发一个海洋生物的繁荣期。

▲漂移的冰

水变冷后密度和重量都会增加，所以它会沉入水中。但是，当水变成冰后，它的密度便会变小并且漂在水面上，这是因为这时水分子扩展成了一个个结构稳定的蜂窝状六边形结晶格子。在结冰的过程中，盐分会被析出，所以海冰中的水几乎是纯净的。

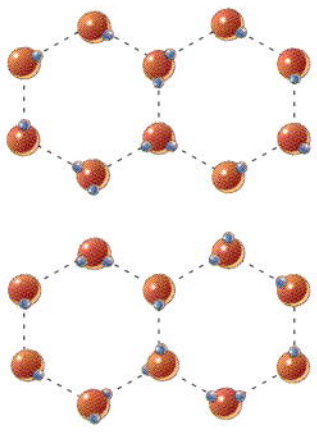

分子冰冻后形成晶格结构

海洋冰块的形成

当极地的冬季来临时，空气中的温度下降致使海洋表面的海水结成小块的冰晶，如果这些冰晶没有被海浪打散，它们会逐渐形成黏稠的油脂状冰。

当温度继续下降后，冰块会在海面形成一个很薄的冰层。海水的运动会使冰层分解成很多小冰块，它们会相互摩擦着结合在一起并最终形成一块块边缘凸起的饼状冰。

最终，一块块的饼状冰会冻结在一起，形成一个在整个冬季都会凝固的厚冰层。当夏季来临后，厚冰层会分解成很多大块浮冰并随着风和洋流在海面上漂动，这些浮冰经常会聚拢在一起形成一个庞大的不断翻滚漂动的海上浮冰。

油脂状冰

饼状冰

浮冰

▶破冰船

在北冰洋，许多大型的强力破冰船在海洋冰面上工作以保持航道的通畅。它们在冰面上行驶并以强大的力量将冰砸碎，但是对于那些极度厚密且叠加在一起的大型冰块还是束手无策，只能不断地撞击以防止冰块继续变厚。

▲漂移的浮冰

在一些类似北冰洋中心海域的地方，巨大的冰块会叠加在一起形成冰脊，即使如此庞大，它们还是会不断地在海面上移动。欧内斯特·沙克尔顿在1915年率领坚忍号在南极洲边缘的威德尔海域触冰遇险时，他的船在随冰漂移了1300千米后被彻底摧毁。

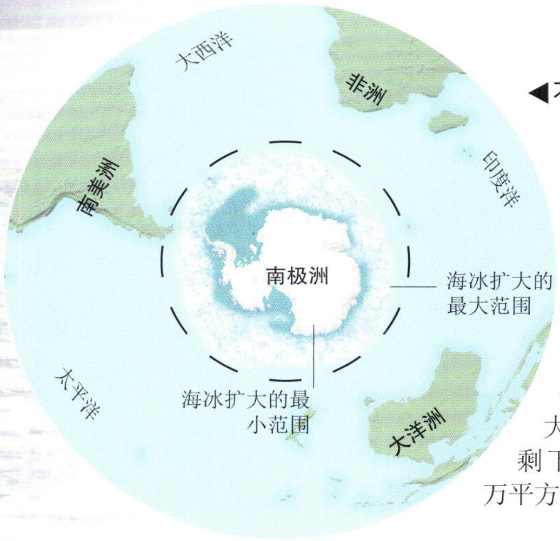

◀不断扩大的冰面

在冬季，南极洲附近海域表面的冰层面积会从200万平方千米扩展到2000万平方千米。在北半球的冬季，北冰洋的大部分海域会被冰面所覆盖，但是到了夏季，它们大部分都会融化，只剩下北极点附近的340万平方千米左右的冰面。

水下世界

海冰将冰下的海水与寒冷的冬季隔离开来，但是由于海冰的存在和黑暗的极地冬季，冰下没有任何的光线。结冰时析出的盐分使得表层海水的密度升高从而下沉。当冰融化时，富含养分的深层海水便会上升到海面以供给那些海洋生物的生长，下沉的海水则会带动深海洋流和表面洋流朝极地地区流动。

▲冰山

当冰川接触到海洋时，大块的浮冰会断裂成冰山漂在海面上。2000年，一块与美国康涅狄格州一般大小的冰山从南极洲的罗斯冰架中分离出来。大多数的冰山都要比这小，但是由于它们近90%的体积都在水下，所以实际体积要比看上去的大得多。

海洋与大气

太阳的热量使海水不断蒸发成为水蒸气，这些水蒸气上升遇冷后会形成云继而形成雨。这种蒸发现象所造成的影响在赤道地区尤为强烈，它会形成一个巨大的暴风云和强降雨区域。不断上升的空气会被来自较远的南方和北方的下沉冷空气所取代，这种空气的流动会造成一种席卷整个热带海域的盛行风，地球的旋转会使这种热带盛行风的风向偏向西方；同时，原本由温带地区向极点流动的空气改向东方流动。这些盛行风也会将各种气候系统带向各个地区，在许多地方，它们对当地的气候都会造成很大的影响。

▲上升的水蒸气

每年大约都有 42.5 万立方千米的海水蒸发成水蒸气。这些水蒸气会在海洋上空与暖空气相混合，并继续上升到较冷较密的空气上方。在这些空气上升的过程中，它们会不断膨胀并渐渐冷却。这一过程会使这些水蒸气凝结成为很小的水珠从而形成云和雨。

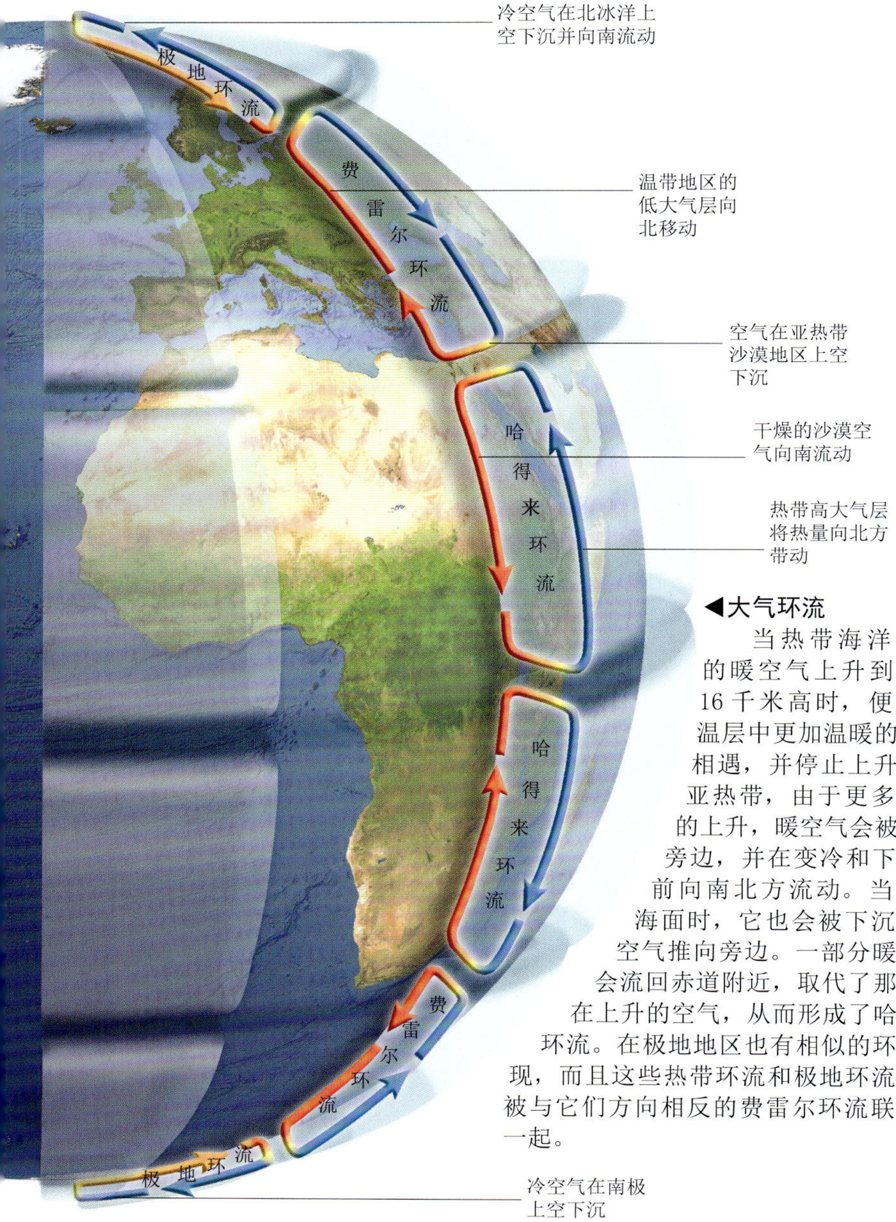

◀大气环流

当热带海洋上空的暖空气上升到大约 16 千米高时，便与同温层中更加温暖的空气相遇，并停止上升。在亚热带，由于更多空气的上升，暖空气会被推向旁边，并在变冷和下沉之前向南北方流动。当接近海面时，它也会被下沉中的空气推向旁边。一部分暖空气会流回赤道附近，取代了那里正在上升的空气，从而形成了哈得来环流。在极地地区也有相似的环流出现，而且这些热带环流和极地环流都会被与它们方向相反的费雷尔环流联系在一起。

旋转的地球

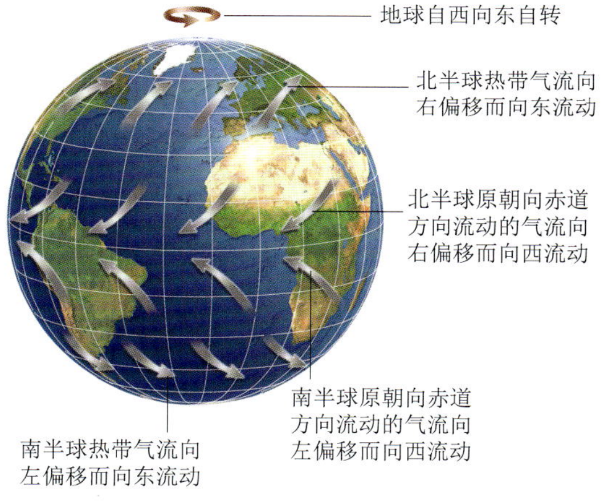

在环流层底部流动的空气引发了风的形成。如果地球不旋转的话，风将会向正南或正北的方向运动，从空气下沉区吹向暖空气上升区。但由于地球旋转的影响，空气的流动会偏离原来的路线。原本朝赤道方向流动的空气会偏向西方，而原本朝极地方向流动的会偏向东方，这种现象被称为科里奥利效应（详见第 178 页），它揭示了全球海洋盛行风的模式。

盛行风

信风

从东北或东南方吹来的热带海洋盛行风是一种非常温和的微风，被称为信风。在航海时代，商船经常要借助它向西航行，例如，当穿越大西洋向美国航行时，船队要向南航行绕过非洲的一些热带岛屿，这时他们就能借助信风向西航行了。

西风带

船队向东穿越热带向温带地区返航时，可借助西南风和西北风穿越海洋。西风带的风力要比信风强得多，特别是在极南地区，因为那里没有可分散空气流动的大陆存在。在南纬 40° 和南纬 50°，风力会非常强，被称为咆哮西风带。

极地东风带

在极地附近，吹向南方的盛行风会向西偏向。在北冰洋附近和南极洲沿岸，极地东风会将浮冰吹向西方。在南极洲附近的威德尔海，东风成漩涡状沿南极半岛海岸向北方运动，同时也将浮冰带到西风带区域中，在这里浮冰会再次被吹向东方。

▲无风带

空气正在上升或下沉的地区的风力非常小，通常根本没有风。赤道附近的空气上升区被称作赤道无风带。这种无风带曾经对船只航行造成了很大的困扰，它们经常会在此被困住几个星期。

▼海洋性气候

当盛行风从海洋吹向陆地时，同时也会带来湿润的空气。比如在爱尔兰，由于盛行西风带的存在，当地气候十分潮湿并且凉爽，这对于青草的生长是再好不过了。

旋风和飓风

当温暖潮湿的海洋气团在移动过程中与寒冷密集的气团相遇时，暖气团会爬升到冷气团之上。这会形成一个旋涡状的上升空气流，我们称之为旋风或是气旋。在暖气团的上升过程中，它会逐渐冷却，它所携带的潮湿空气会转变成云和雨。在温带地区，盛行风带动旋风向东行进，形成了潮湿多风的天气。在热带地区，极高的热量会引发强烈的风暴，例如热带旋风、台风和飓风。

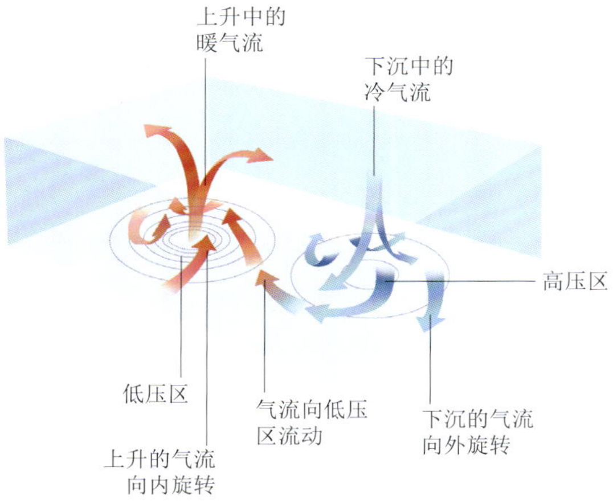

◀**高压和低压**

冷空气的密度和重量都要大于暖空气，所以它会下沉，并且在下沉过程中产生一个高压区域。冷空气下沉的时候会呈漩涡状向外旋转，如果是在北半球，方向为顺时针，如果是在南半球，方向则为逆时针。高压区冷空气还会朝着有暖空气向内反方向旋转着上升的低气压区域行进。当暖空气上升时，空气中的水蒸气便会转变成云和雨。

▲**气压和风**

相邻地区的气压差越大，它们之间空气流动的速度就越快。这种空气流动会引起强烈的大风，特别是在低压区附近。这些大风会在气旋的中心区域附近行进，并经常与盛行风方向相对，致使冷水洋海域出现类似北大西洋那样的强烈风暴。

▲**旋转状气旋**

主导冷水洋天气的是漩涡状的低压系统，或是气旋。它们大多形成于热带暖湿气流与极地干冷气流相遇的极地锋面，并向东稳定行进，行进的过程中会产生风和雨。与其相似但更加强烈的气旋会形成于较温暖的海域上空，就像上面这张卫星云图中显示的加勒比海风暴那样。

▲暴风云

暖湿气流上升时，水蒸气遇冷凝结成水珠后便形成了云。这个过程会释放出热量，从而增加了云中空气的温度使云升得更高。水蒸气凝结得越多，释放的热量也就越多，继而形成了巨大的暴风云。暴风云的高度可以达到 6 千米甚至更高，并引发暴雨天气。

▲海龙卷

暴风云中上升的空气会形成漩涡状的龙卷。当漩涡状的气流在海面上空形成时，它会将海水吸入云层中，形成海龙卷。尽管它没有龙卷来得猛烈，但它也会造成船舶失事，特别是在它解体并将吸入的海水重新倾泻回海洋的时候。

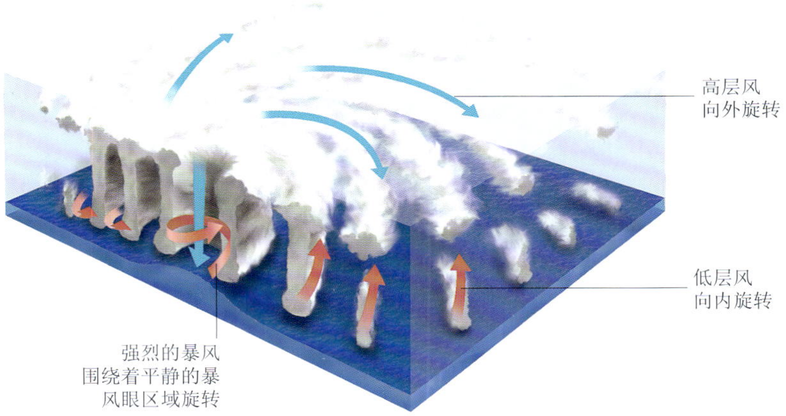

▲飓风

在热带海域，当海面温度达到 27℃以上时，大量的海水会蒸发到空气中，并形成一个快速上升的气流，从而导致一个气压极低的区域出现。这会使附近的空气以极高的速度呈漩涡状向这个低压中心流动，形成了一个包含巨大的暴风云、暴雨和飓风的旋转状系统。

▼风暴潮

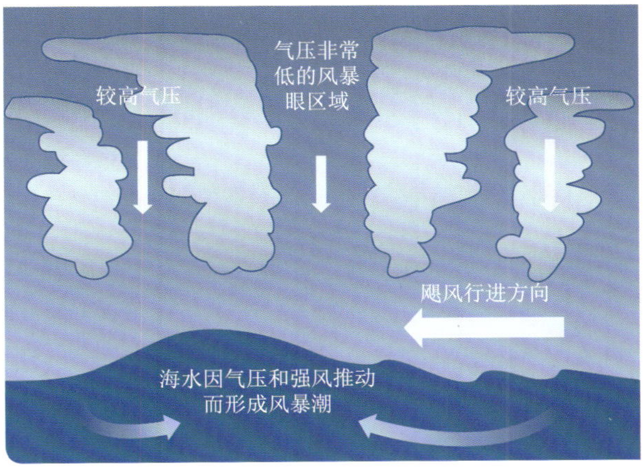

风暴眼的大气压非常低。这使得周围较高的气压和汇聚过来的风共同作用将海水朝风暴中心带动，从而形成一个个海水堆，我们称之为风暴潮，它会被带向移动着的风暴中心。如果飓风向陆地运动，那么风暴潮将会像海啸一样袭击浅水海域，并形成一个可能高于 10 米的巨型波浪。2005 年，美国海岸城市新奥尔良便遭受了这种天气的袭击。

风和海浪

风从海面吹过时带起了层层海浪，风越强，海浪越大。海浪会在行进的过程中不断扩大，所以那些非常高的海浪都是在开阔海洋上行进了很长距离的。这些高大的海浪具有强大的破坏力，特别是在裸露的海岸上，那里的海浪甚至能将坚硬的岩石击破。而在海洋中，尽管少数异常猛烈的海浪能使大型的轮船沉没，但与在海岸上相比，它们的破坏性就要小得多了。

◀波浪能

风与海洋表面的摩擦或风对海水的拖动形成了波浪。风经常会将浪尖上面的水沫吹走，但波浪本身的海水不会被风带走。每滴水都会沿着圆形的轨迹旋转着向前移动，并随着波浪的前进而后退。波浪的运动会转化为一种前进的能量，当波浪最终落到海岸上时，这种能量便具有一定的破坏性。

波浪的变化过程

涟漪

波浪刚开始时只是平静海面上的一些涟漪，就像微风吹过池塘的涟漪一样。它们都非常小，并且紧紧连在一起，当从远处望去的时候，海面波光粼粼没有一点要起浪的迹象。但如果风继续刮的话，这些涟漪便会变成很大的波浪。

波浪滔滔

涟漪会慢慢变大并发展成为杂乱的激浪，高度可达 50 厘米，且波峰间的距离逐渐会从 3 米增加到 12 米。波浪间的相互作用会导致混沌效应的出现。在风浪强劲的地区，这些杂乱的波浪尤为明显。

巨浪

这些混乱的激浪会慢慢形成一些规律变化的海浪，我们称之为巨浪。尽管波峰间的距离已经变得非常长了，但如果风继续刮的话，它们还能变得更高，并且可以穿越整个大洋。左图中的巨浪正在向海岸袭来。

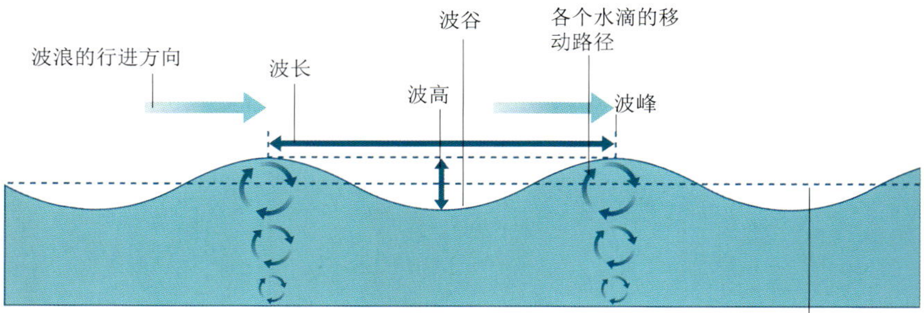

▲波浪长度和高度

一些波浪是非常混乱的，特别是那些在强风和对冲洋流作用下形成的波浪。大多数的波浪会逐渐形成有规律的波峰与波谷，波峰到波谷的距离称之为波高，各个波峰间的距离被称为波长，两个相邻波峰或波谷之间的间隔时间被称为周期。

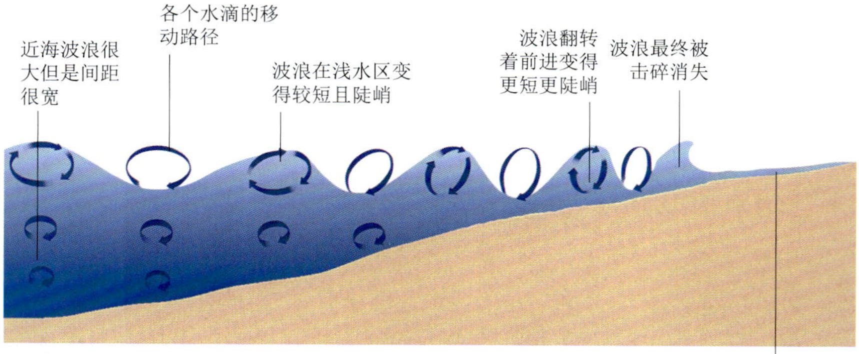

▲碎波

当波浪接近海岸的时候，会慢慢变小，并且由于海床与波浪的相互作用，波浪会变得更短更陡峭且速度会逐渐变慢。随着波浪越长越高，它会变得越来越不稳定，并最终在海岸上被击碎消失。海岸越陡峭，波浪越剧烈，被击出的碎波还会在海岸上形成一片水雾并将大量的水带到岸上。

▲卷跃碎波

波浪行进的路程越长，体积就会变得越大。地球上最大的波浪出现于南大洋，强劲的海风带动它们在南极洲周围向东行进。但是其中也有一些波浪向北进入太平洋，在到达陡峭的夏威夷海岸时，它们几乎长到了18米高，形成了巨大的卷跃碎波。

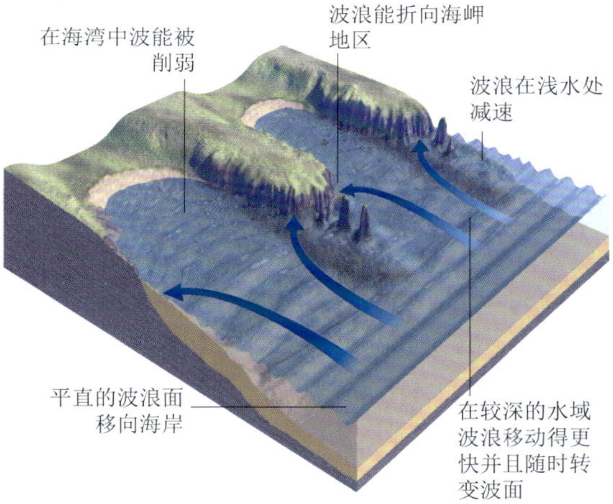

◀波浪折射

通常，波浪在涌上整个海岸前会先接触到海岸的部分地区。海浪会在较浅的地方减速，并且改变波型，平缓的波峰变陡并卷曲。这往往能转移破坏性的波浪能量从有遮蔽的海湾，集中释放在裸露的海岬上。

破坏力量

当海浪侵袭海岸时，它们向前冲击的力量十分巨大。在暴风雨中，这种力量甚至可以达到每平方米3万千克以上。在一些海岸上，这些力量会被岸上的沙石所吸收，就像一个天然的防波堤。而在其他一些地区，没有任何东西可抵挡住所有的这些能量，海浪便会冲击海岸上的峭壁和冲垮一些设施。久而久之，岩石就会被海浪冲走，而建于它们之上的城镇也会随之消失。

▲畸形波

在远海，运动有规律的巨浪虽然体积庞大，但不会有非常大的危险。如果两个波长不同的巨浪聚在一起，它们便会形成一种类型非常复杂的海浪。当一个海浪的波谷与另一个海浪的波峰相重合时，会产生一个平坦点，但是当两个海浪的波峰叠加在一起的时候，它们会形成一个异常巨大的海浪，如上图所示。偶尔，巨浪也会在来自两个相对方向的海浪相遇的地方形成，它们高达30米左右，而且通常都会形成巨大的浪峰。这些巨浪会掀翻大型的轮船，造成重大的海难事故。它们很有可能就是导致一些船只神秘消失的罪魁祸首。

潮汐和潮汐流

世界上大部分地区的海岸和近海水域都强烈地受到潮汐变化的影响。潮汐是当地球旋转时，月球引力对海洋的持续作用形成的。而诸如太阳引力等一些其他因素也会对潮汐产生影响。同时，海岸线的形状也会对潮汐现象产生影响，这种影响对部分海岸附近的潮汐来说是非常大的，不过也有一些海岸则没有潮汐现象发生。

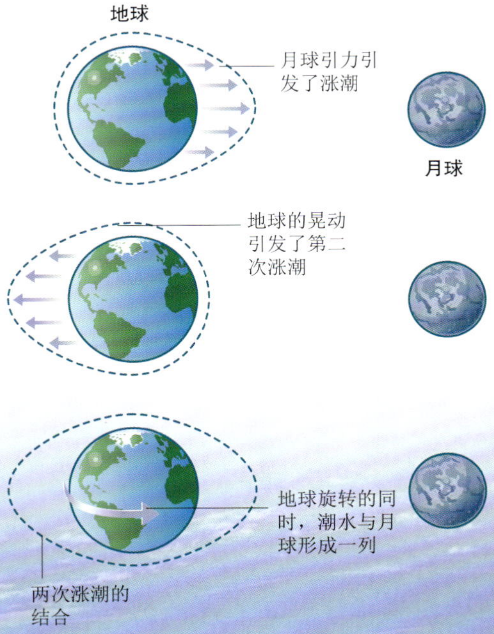

▶月球引力

随着月球的公转，月球引力对海洋的吸引作用会形成海水的膨胀。而旋转中的月球产生的引力同样也使地球沿其轴心发生轻微的晃动，从而形成了又一次海水膨胀。随着地球的旋转，海岸随着海水的膨胀而发生变化，从而形成了涨潮和落潮。

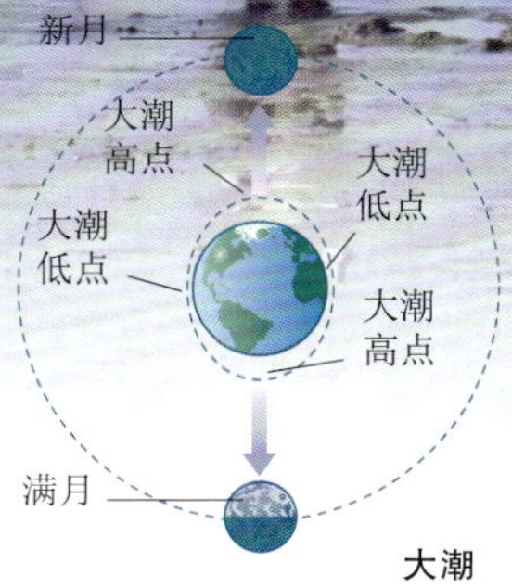

▲日循环

如果整个地球都被海洋所覆盖，那么海水膨胀将会每天都产生两次相同的涨潮和落潮，涨潮出现的时间随着月球轨道运行位置的变化而变化，大约每24小时提前50分钟。这是在很多海岸都发生过的现象，但是陆地有时会在地球旋转的同时对潮水的膨胀产生影响，从而使得一些地区出现潮汐不均衡的现象，例如在越南北海岸，每天只有一次潮汐循环发生。

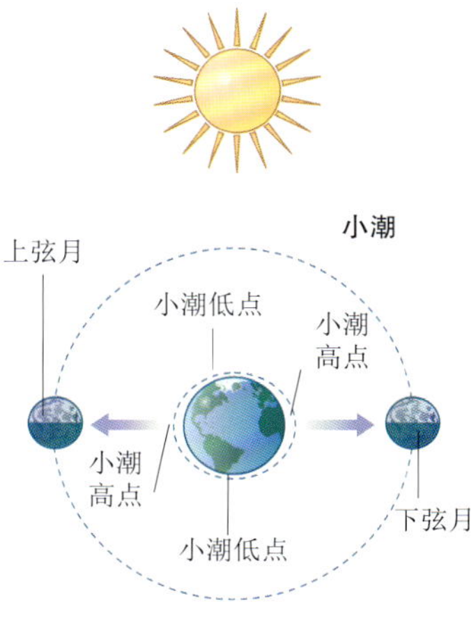

◀月循环

随着月球的公转，它在一个月中会有两次与太阳处于同一直线上，一次是满月，另一次是新月。当太阳与月球像左图中那样成一条线的时候，它们的引力将会合并起来，并会每隔两周引起一次非常巨大的大潮。在满月与新月形成之间的这几周里，太阳引力会抵消掉月球引力，从而减少其对涨潮的影响，只会引发小潮的出现。

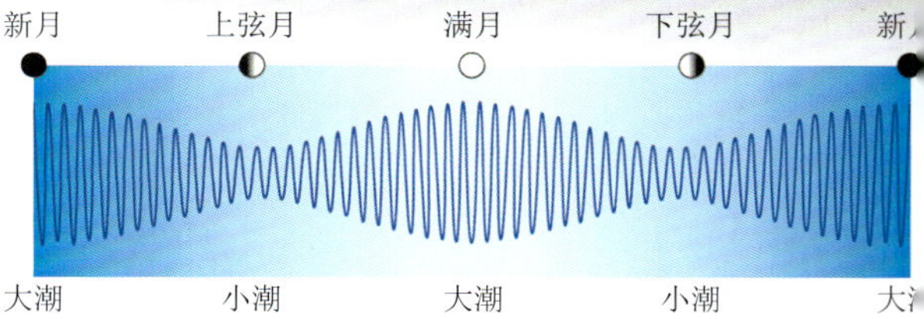

▲大潮与小潮

大小潮的每月周期影响着潮汐的总幅度，而不仅仅是它的最大高度。大潮退潮时要比小潮后退的距离远得多，从而暴露出更多的海岸，但它会在几小时之后再一次涨潮，而且潮水在海岸上上升的距离要远远大于小潮。潮汐的范围每天都会有所改变，在满月或新月的前一个星期会有所扩大，在临近上弦月或下弦月的时候会有所缩小。

◀地方性潮汐

当地地理环境以及太阳和月球的排列都会对潮汐的范围产生影响。潮水流入漏斗形的海湾或者河口的时候会引发大范围的潮汐，退潮时水位也会随之有所下降。加拿大东部的芬迪湾的数据显示，当地最大的潮差可达16米，左图所示为低潮时。

▲低潮和高潮

最上方图片所示的是芬迪湾处于低潮时的情景。涨潮时，潮水上升的速度可高达每小时4米，潮水上升一直持续到潮峰的出现，而这一过程仅仅需要6个小时，上图所示的是涨潮后的情景。与此相反，在另外一些海岸上，几乎没有潮位上升的现象发生，而且在如地中海这样的一些半封闭海地区，我们几乎无法察觉出高潮和低潮的区别。

潮汐流

涨潮

当潮位上升时，潮水沿着海岸流动并涌入海湾和河口。这些潮汐流会以极快的速度绕过海岬、穿过狭窄的海峡，例如图中所示的位于新西兰南岛和北岛之间的库克海峡。这种地方性的潮汐流往往要比海洋流来得更加迅猛。

退潮

当潮位开始下降时，潮水会以与涨潮时相反的方向沿海岸涌出海湾和河口。航海者们往往要掌握每天退潮的时间，从而利用这一现象更加顺利地完成他们的航行。

强潮汐流和旋涡▶

强烈的潮汐流在通过狭窄的海峡和绕过海岬时会出现强潮汐流现象，在这种现象发生的地区会出现迅猛的湍流、大漩涡以及纷飞的波浪。右图中所示的是位于挪威西北海岸萨尔斯特门强潮汐流的附属现象，它是世界上最大的强潮汐流之一。

海面洋流

风从海洋表面掠过时能够带动海洋表面水的流动，从而促进整个海洋表面洋流的循环。其中，全球空气环流形成的盛行风对此影响最大。由于受到地球自转的影响，盛行风的风向在热带地区向西偏，在温带地区向东偏，同时也带动水流的方向与此一致。这种情况下形成的海面洋流会产生一些巨大的旋涡，它们可以改变全球冷热海水的分布状况。

▲海洋中的河流

海洋表面洋流就像是一条条在海洋中流动迅猛的河流。例如，墨西哥湾流每秒钟就有 5000 万立方米的水量从东北方向流入北大西洋，这个流速是南美洲亚马孙河流速的数千倍。上面这张在太空中拍摄到的图片，我们可以很清楚地看出，图上方的北美洲近海与图下方迅速流动的墨西哥湾流的分界线。

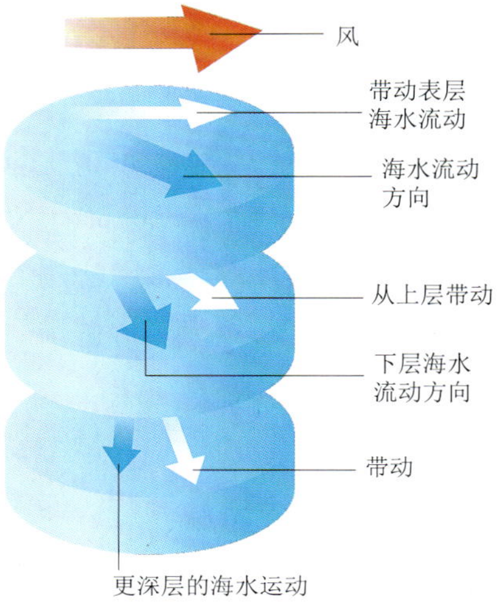

▲埃克曼螺线

向东运动的风并不仅仅是将海水向东方带动。地球的不停旋转致使风偏离了原来的方向，同时也使海水的运动方向向右转向赤道以北或向左转向赤道以南。表层海水带动了深层海水一起流动，而它们流动的方向也会向右或向左产生偏离。这样层层带动下去，水流由水面向下呈现螺线形运动。最早发现这一现象的是瑞典物理海洋学家埃克曼，后来人们将这一现象称之为埃克曼螺线，它造成的影响是使海洋表面洋流方向与风向形成大约 45° 的一个夹角。

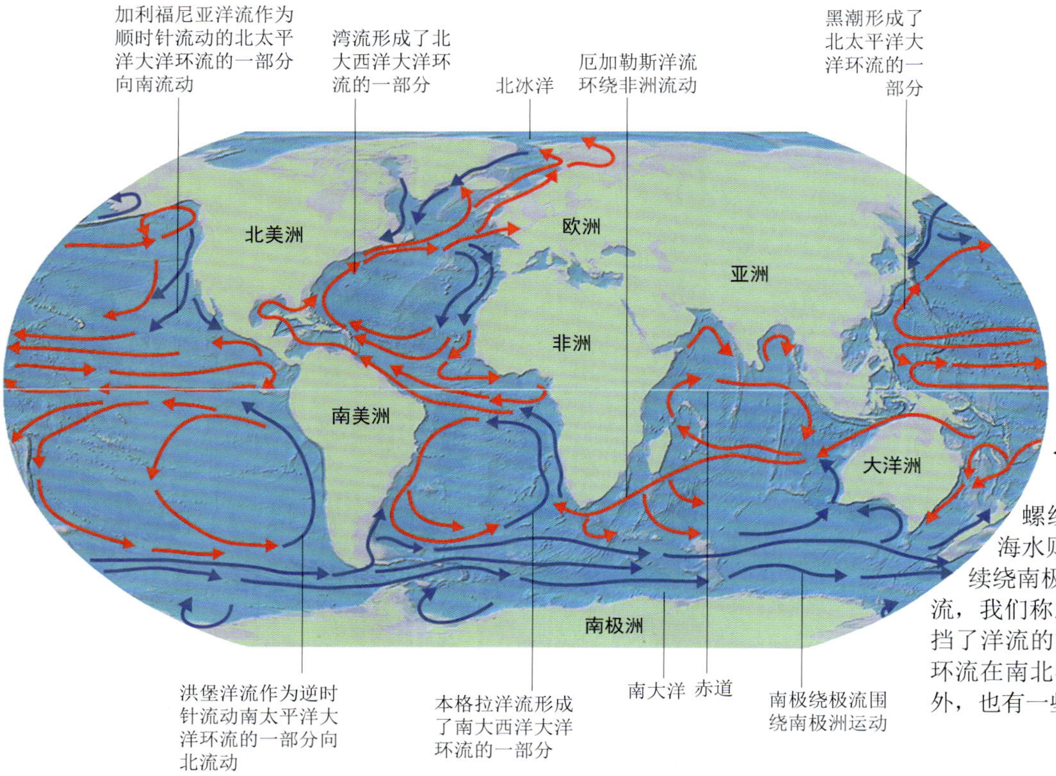

◀大洋环流

赤道附近的表层海水在盛行风和埃克曼螺线的共同作用下向西流动，而温带附近的海水则向东流动。在南大洋，向东运动的洋流继续绕南极洲运动，这种在海洋范围内循环流动的洋流，我们称之为大洋环流。但是在其他地方，陆地阻挡了洋流的前进，从而使得大洋环流无法形成。大洋环流在南北半球呈相反方向流动。除主要大洋环流之外，也有一些流向北冰洋和绕南非运动的分流。

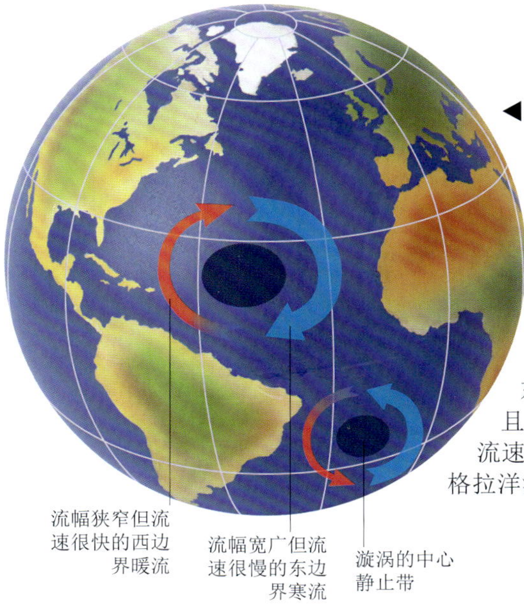

◀边界洋流

赤道洋流在大西洋和太平洋中向西流动，所以当它遇到大洋的边界时，会在边界处堆积海水从而造成水位增高。这会使得如湾流或黑潮这些较强的西边界流中的暖水从热带分别向南北方向分散。与西边界流不同的是，东边界流将冷水带向赤道，并且流幅更宽广，分布较分散，但流速更快，如加利福尼亚洋流和本格拉洋流。

中心静止带

在埃克曼螺线的作用下，海水逐渐流向漩涡中的中心静止带，从而形成了一个宽广但很浅的堆积层。在位于藻海的北大西洋漩涡中心，中心静止带的水位只比该区域的边缘地带高大约1米。由于洋流的汇集，这片海的海面漂浮着大量的马尾藻，这就是它被称为藻海的原因。

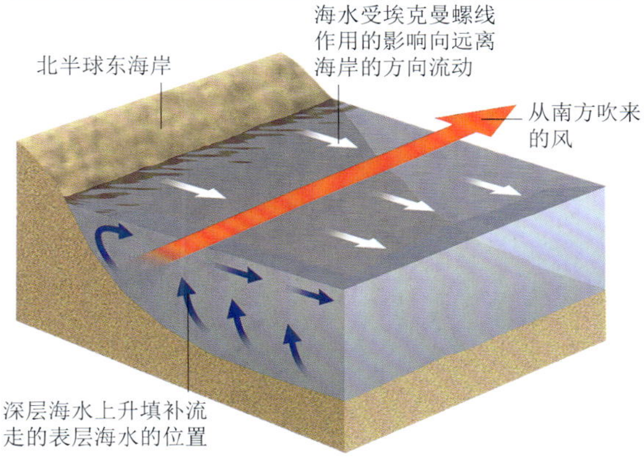

▲上升流区

在一些地区，风和埃克曼螺线会将表层海水从海岸带走，这时深层海水就会上升填补它们的位置。这样，海底的营养物质便被带到了海洋表层，浮游生物也会随之增多，从而能够为海洋生物提供丰富的食物。这样的区域我们称之为上升流区。

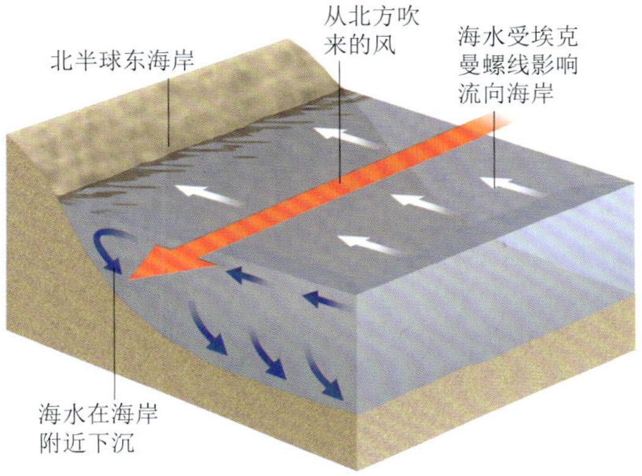

▲海岸下降流

当风和埃克曼螺线将表层海水带向海岸的时候，便会产生与上升流相反的下降流。这种现象会使海水下沉，从而使得海底的营养物质无法向海面上浮。所以在下降流区域，我们很难见到有海洋生物生存。

▲洋流相遇区

当寒暖流相遇时，冷水会从底部推动暖水，并将海底的矿物质搅动到海面上来，这些矿物质中含有对如浮游生物等海洋生物的生长非常有利的营养物质。但一般情况下，两种洋流的海水不会轻易混合，就像我们在上方这张卫星云图中看到的那样，左边的是携带大量绿色浮游生物的福克兰群岛寒流，与之相遇的是携带大量蓝色浮游生物向南流动的巴西暖流。

季节性更替

在一年中的几个特定时期里，一些海洋会被风力强度或风向变化所影响，同时会使流经的表面洋流变弱甚至产生逆转。这种现象在北印度洋尤其明显，表面洋流的模式会被规律性变化的反向吹来的亚洲季风所改变。另一个主要发生地在热带太平洋，那里盛行的弱风可带动西太平洋的暖流向东流动并且抑制正常洋流的流动，这样便导致了气候的混乱，即我们常说的厄尔尼诺现象。

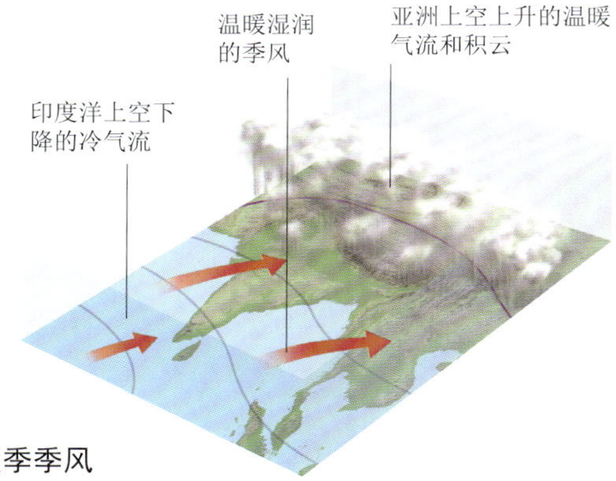

▲夏季季风

在夏季，广阔的亚洲大陆要比印度洋的温度高很多，同时西藏上空的暖气流逐渐上升，并带动来自西南方湿润的海洋空气穿过印度。在这里，空气会逐渐上升并且冷却，最后会形成盘踞在印度次大陆上空的巨大积云，继而引发暴雨和夏季季风洪水。

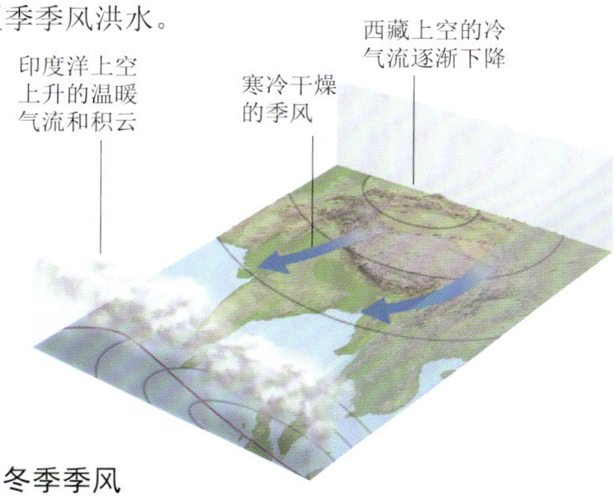

▲冬季季风

在冬季，亚洲大陆要比印度洋的温度低很多，西藏上空的冷气流逐渐下降，并且从西南方朝着有气流上升的温暖海洋上空移动。同时，它还会将非常干燥的空气从印度的东北方带入，从而形成了干燥的气候和寒冷的冬季季风。

季风洋流

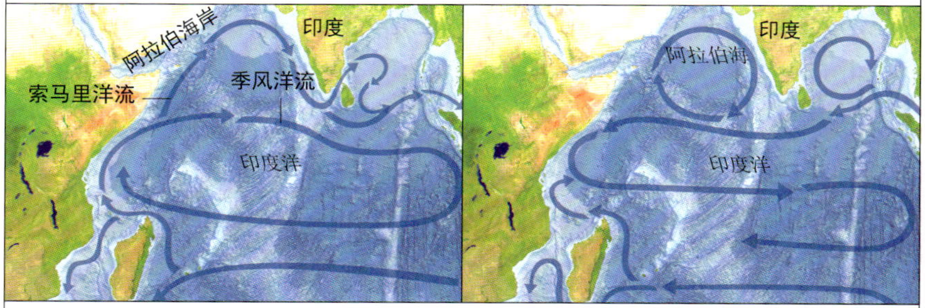

夏季季风洋流

夏季，亚洲大陆上空不断上升的暖空气带动季风从东北部向印度运动。这会将北印度洋的表面海水向东带入索马里洋流和季风洋流。这种强烈的季风同时也会将阿拉伯海岸附近的表面海水带离，从而使富有营养物质的深层海水上升到表面，为众多海洋生物的生长提供有利的条件。

冬季季风洋流

当亚洲大陆的温度低于印度洋时，季风便会改向西南方行进。这种变化会对洋流产生反向作用。当季风将表面海水吹向阿拉伯海岸的时候，海岸附近的上升流会被抑制，但是季风会将阿拉伯海中心区域的海水搅动起来，从而提供了另一个适宜海洋生物生存的地方。

▼养分充足的海水

被季风洋流搅动起来的矿物质为海洋微生物提供了丰富的养料，使得它们的繁殖数量猛增，继而为鱼类和其他海洋生物提供了充足的食物。在具备这种条件的海域，一定数量的座头鲸会全年待在这里。下图中的座头鲸正张开它们巨大的嘴从海面跃起捕食鱼类。

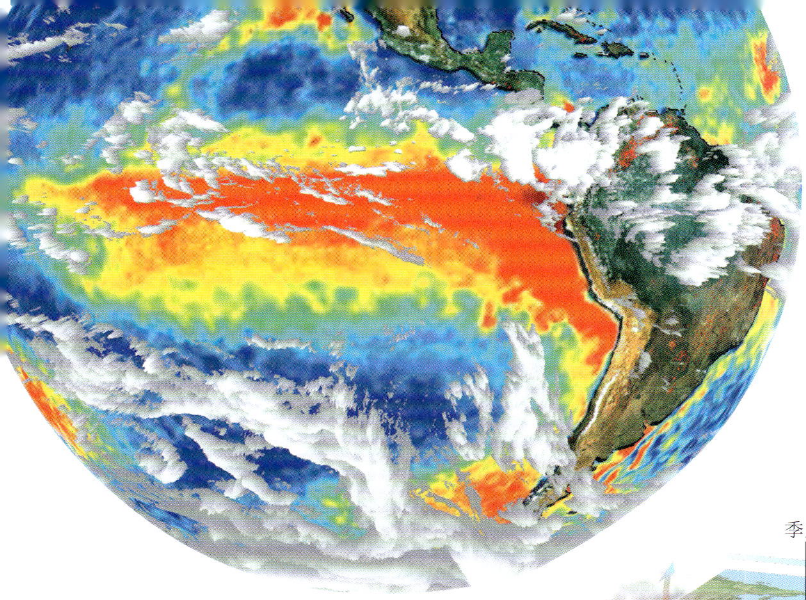

◀厄尔尼诺现象

当季风吹过热带太平洋的时候，通常会带动温暖的表面海水向西流动。但是每隔几年，这种模式便会被削弱信风的气流变化所破坏。在左面这张卫星图上我们可以看到，这种气流将大量温暖的海水向东引领回了南美洲。这种反常的现象被称为厄尔尼诺现象，厄尔尼诺在西班牙语中是“圣婴”的意思，这个名字的由来是因为这种现象经常会在圣诞节前后出现。

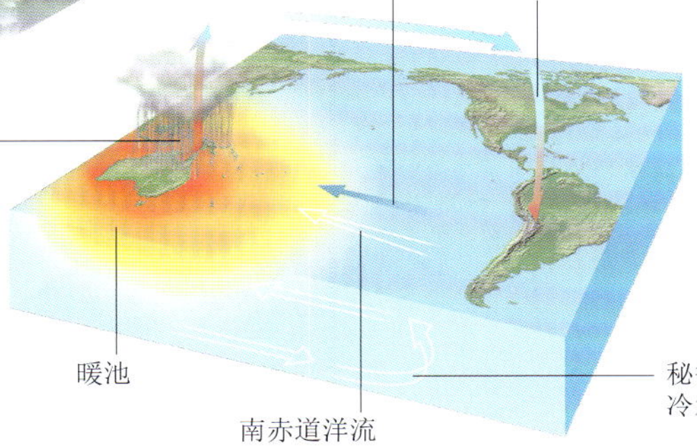

◀正常模式

围绕在印度尼西亚和新几内亚附近的暖池可提高其上空气流的温度，从而使气流上升。气流上升的同时也带动了水蒸气的上升，进而形成巨大的风暴云。上升的气流在高空中会向东流动，然后逐渐冷却且高度有所下降，并在南美洲上空形成一种无云的干燥天气。同时，向西漂移的暖流将秘鲁附近海底富有营养物质的冷海水带到海面，形成一个海洋生物丰富的上升流区域。

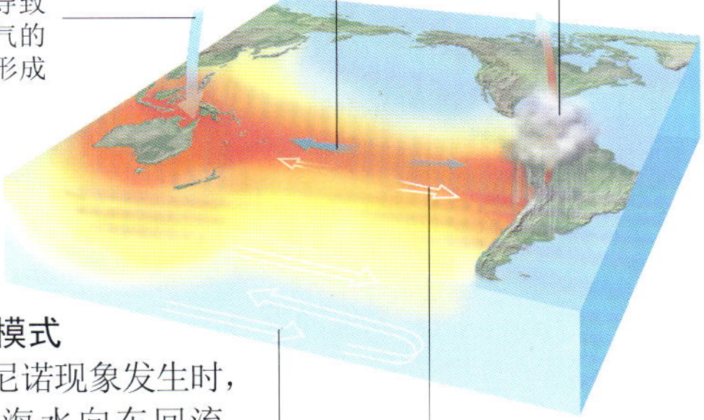

▶厄尔尼诺模式

当厄尔尼诺现象发生时，温暖的表层海水向东回流。这种洪水般的暖流阻挡了秘鲁附近可提供充足养分的上升流区域的形成，所以这里的海洋生物不是死亡就是迁移到其他地方。厄尔尼诺现象还会使南美洲遭受暴雨和洪水的侵袭，而在澳大利亚北部和西太平洋群岛，则会引起干旱和森林大火。

◀渔业的灭顶之灾

秘鲁附近海域是世界上最大的渔场之一，在这里，有大量以海洋浮游生物为食的凤尾鱼和其他鱼类。但是浮游生物喜欢聚集在养分充足且能够接触到阳光的冷水中。而厄尔尼诺现象阻止这种环境的形成，大多数微小的海洋生物会因此而死去。结果以此为食的鱼类和以鱼为食在此群集繁殖的海鸟们逐渐消失，这使得当地的支柱产业——渔业遭受灭顶之灾。

深海洋流

环绕各大洋流动的表面洋流与相互交织但流速缓慢的深海洋流网络有着紧密的联系，它们带动着海水在全球范围内流动。牵引表面洋流的力量是风，但带动深海洋流的动力就比较复杂了。深海洋流的主要动力是由于海水的变冷和盐度的增加所导致的密度的变化。这会使海水逐渐向海底下沉，在暖水的下方流动，流速通常非常缓慢，并且会逐渐与暖水混合向海面上升。这种运动将会带动所有海水在全球范围内流动，但这可能要花上千年的时间。

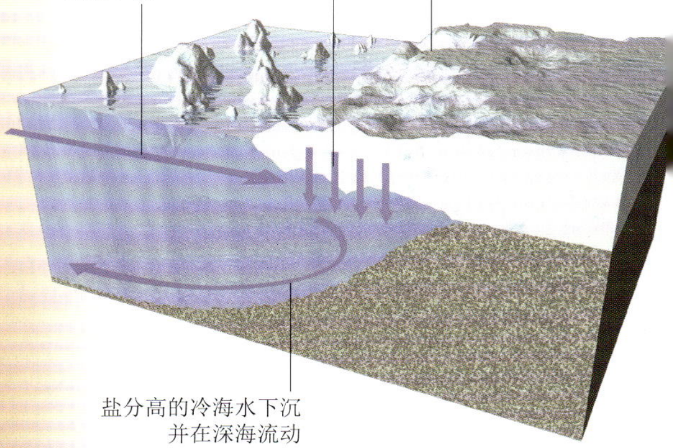

▲下降流

极地海洋的表面漂动着大量的浮冰，它们使得这里的海水更冷、更稠密、更重，而大部分带动深海洋流的下沉海水则始于此。从冰中析出的盐分会加大海水的盐度，使它的密度升高。由于受南北两极的温度和盐度双重因素影响，这种现象被称为热盐环流，它是根据希腊语中热量和盐这两个单词合成来的。

◀南极洲海水

温度最低的深海洋流是从南极洲的威德尔海流出的，在威德尔海，热盐环流在巨大的罗尼冰架和浮冰下面流动着。这引发了一种被称为南极底层水的洋流出现，它会沿南大洋海底向东流动，并在南极洲另一端的罗斯海与一种类似的冷深海洋流相汇合。

北大西洋深海洋流

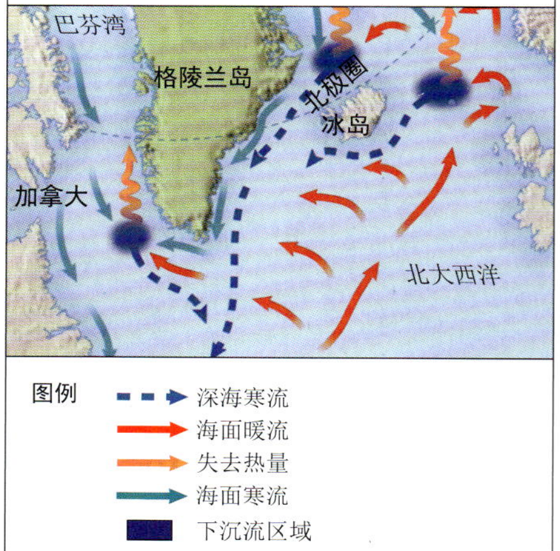

大部分极北方的冰融化后形成的深海冷水都会留存于环绕在北冰洋海底的岩石带内。但是当温暖高盐的大西洋暖流向北流动与寒流相遇时，暖流的温度会下降并且下沉到盐度较低的北冰洋下方。这三个主要的下沉流区形成了带动北大西洋深海洋流的动力。

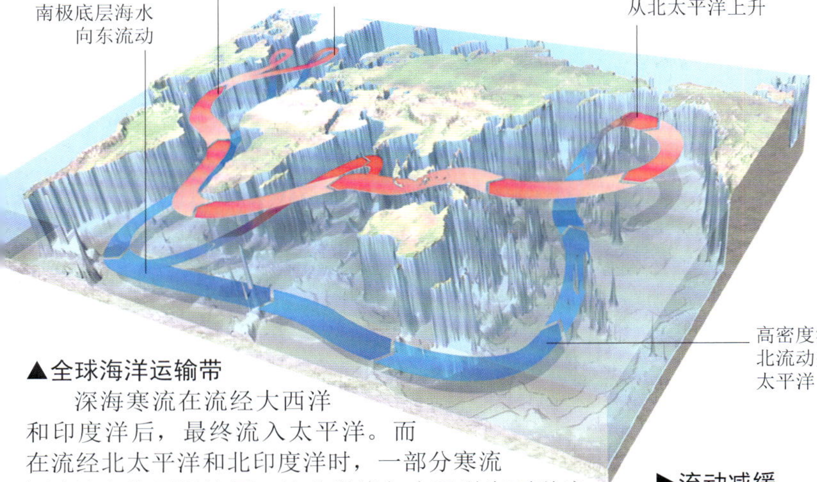

▲全球海洋运输带

深海寒流在流经大西洋和印度洋后，最终流入太平洋。而在流经北太平洋和北印度洋时，一部分寒流还会流入海面洋流圈。这些洋流与大西洋海面洋流有着十分密切的关联，当极北方的海水下沉并带动深海洋流时，湾流便会对海面缺少的这部分海水进行补充。由于这种洋流运动带动了全球海水的流动，我们便把它称为全球海洋运输带。

▲重要的补给

大量的热量随着海洋运输带在全球传递。这有助于防止寒冷的极地变得更加寒冷，热带地区变得更加炎热导致生物无法存活。深海环流对于水母等海洋生物也是非常重要的，因为它可将氧气带入海底，并将生物必需的营养物质传输到海面。

▲气候混乱

如果全球海洋运输带由于气候变化的原因而减弱，它将会影响整个世界，特别会对北欧造成灾难性的影响。冰岛附近的下沉海水会使暖湾流向北流动，这会为欧洲带来温和的气候。如果湾流消失了，欧洲将会出现如北极那样寒冷的冬季。

▶流动减缓

全球气候变暖会削弱寒冷海洋中的下沉水量，发生这种现象的部分原因是海洋表面形成的冰少了。从极地冰层中融化出的新鲜海水流到海里也会减少海水的盐度和密度，使海水不易下沉。北大西洋深海洋流的流量已经受到这种现象的影响开始减少了，而这种洋流正是全球海洋运输带的动力。

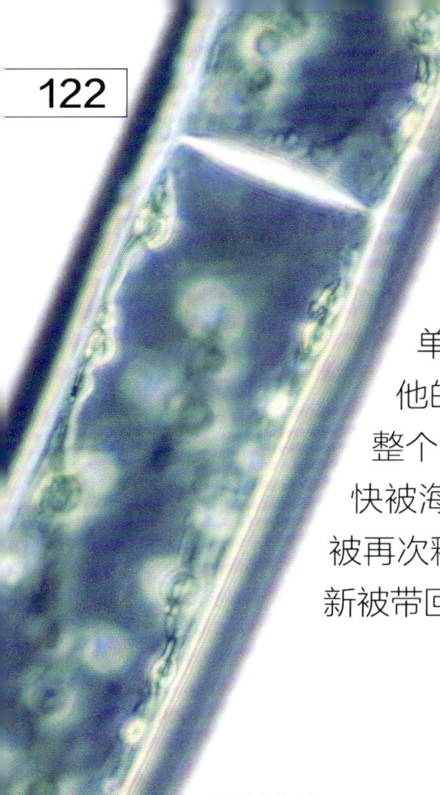

营养物质与生命

海洋中的矿物质会随着洋流在全球流动。这些可溶性矿物质对于最简单的微小植物的海洋生物体，如浮游植物来说是必不可少的。几乎所有其他的海洋生物都以这些简单海洋生物体为食，营养物质就是以这种方式供给整个海洋生态系统的。很多营养物质是随河流进入海洋的。一些营养物质会很快被海洋生物所食用，但是当这些生物体死亡且残骸落入海底后，营养物质会被再次释放出来。当海底沉积物被洋流和暴雨搅动起来的时候，营养物质也会重新被带回海面。这样，浮游植物又会将它们转变成食物以支撑整个海洋食物链。

◀制造食物

细菌和浮游植物这些海洋微生物含有一种叫作叶绿素的绿色物质，这种物质可以吸收太阳光的能量。利用这些能量，它可以将二氧化碳与水结合起来生成糖类等碳水化合物，并把碳水化合物转变成为动物组织以供其他海洋生物食用，我们将整个转化过程称为光合作用。一些深海细菌会以其他的方式制造食物，但是对于大多数的海洋生物来说，光合作用这个过程是生命之本。

◀重要的营养物质

那些通过光合作用制造碳水化合物的微小生物同样需要其他营养物质。这其中包括硝酸盐和磷酸盐这些组成蛋白质必不可少的成分，还有糖被转化成能量时所需要的氧气。除此之外，这些微小生物还需要钙和硅来“建造”它们的壳，以及尽管含量很少但却非常重要的微量元素。这些营养物质中许多存在于海水中，但它们会被生物吸收。当这些生物体死亡并且尸体分解后，就像我们在左图中看到的这具海龟残骸，这些营养物质有些会被释放到海水中，但是大多数会沉淀到海底的沉积物中，直到它们被洋流搅动起来。

藻华▶

在富含营养物质的海域，那些可进行光合作用的类植物微生物体得以成长形成浮游植物。这些小颗粒状的生物体在阳光普照的海面上随处可见，特别是在洋流将大量营养物质带到海面的海域中，它们的数量更是多得惊人。在这些地方，藻华会形成厚密的浮游生物层，就像一片乌云一样笼罩着这片海域，并使海水变色。它们可以形成极广的覆盖区，就像右图中这个位于西班牙北部的漩涡状浮游生物聚集区，这个区域至少横跨 250 千米，通常它们也是海洋生物繁荣的标志。

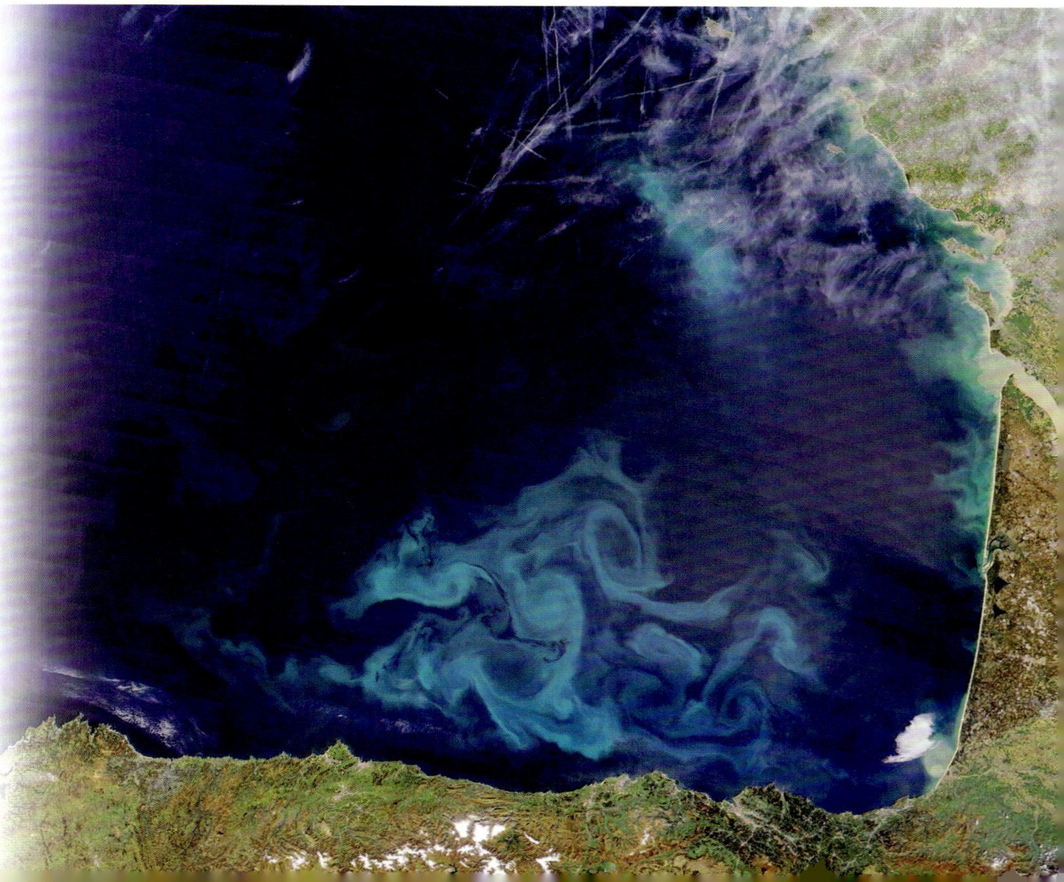

浮游植物

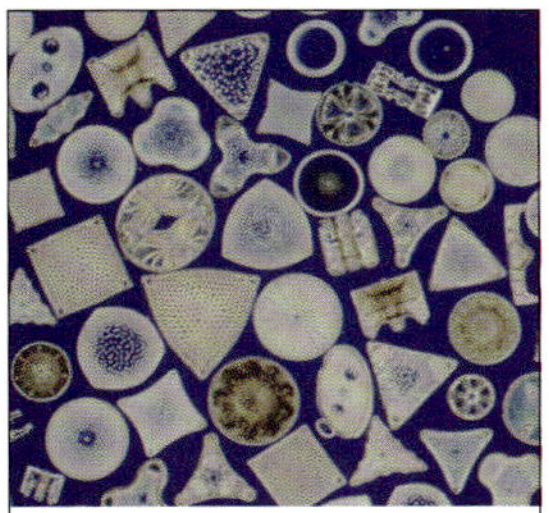

硅藻类

在凉爽的水中，大多数浮游植物是由硅藻构成的。在它们的外部，有一层由玻璃的主要成分构成的硅壳，这些壳就像是一个个有盖的微型盒子，形态各异，彼此之间整齐地排列在一起。海底大多数硅质软泥是由这些硅藻的壳构成的。

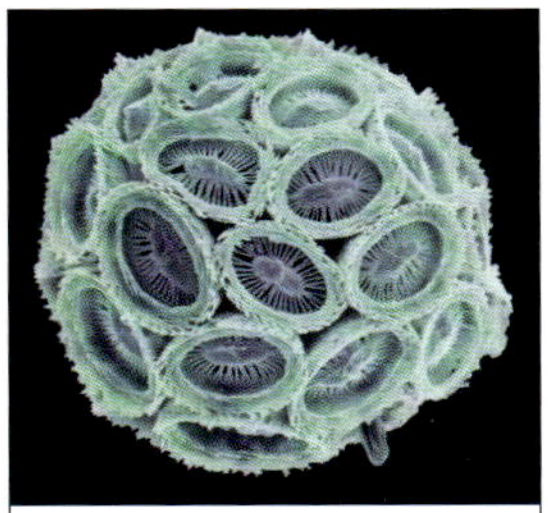

钙质鞭毛藻

这种热带浮游植物具有由带花纹的小碟片组成的粗糙骨架，这些小碟片的主要成分是碳酸钙或是石灰。当钙质鞭毛藻死亡并且分解后，这些小碟片会聚积在海底形成钙质软泥，数百万年后，它们会变硬形成石灰石或白垩。

沟鞭藻类

与众多微生物体类似，沟鞭藻类同时具备动物和植物的特征。它们像动物那样可以利用线状的微小鞭毛游动，但却像植物那样进行光合作用来制造食物。尽管它们与硅藻有着不同的外形，但它们与硅藻同样长有硅壳。

浮游植物密度

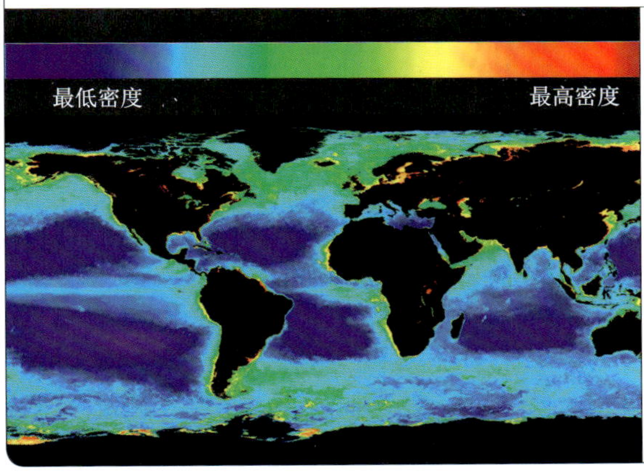

在热带海洋里，一层温暖的海水阻止了营养物质上浮到有阳光照射的海面，所以浮游植物在这种环境下无法存活。但是，在海岸附近海域，上升流会改变这种状况；在较冷的海洋中，冬季风暴也会将海水搅动以利于浮游植物的生存。左边这张卫星数据图表明，较冷的海洋中所含有的营养物质要远远多于热带海洋。

▲海藻和海草

在浅海中，海藻可起到与浮游植物同样的作用，即利用太阳的能量将二氧化碳和水转变成食物。一些海藻进行光合作用的效率非常高，以至于它们每天可以快速生长 60 厘米，而叶子更可以生长达 50 米甚至更长。在东太平洋沿岸海域，它们甚至形成了一片海底巨藻林。海草是另一种生长在隐蔽海域中的植物，它们为一些被鱼吞食的小动物提供食物，同样也被海龟所食。

◀热带珊瑚礁

清澈的热带海洋里几乎没有浮游植物的存在，但是组成热带珊瑚礁的珊瑚虫群间有着与浮游植物类似功能的生物体。这些生物体与浮游植物制造食物的方法是一样的，它们会将制造出的食物部分提供给珊瑚虫。珊瑚虫在获得营养物质后，会将这些营养物质的一部分提供给这些生物体作为回报。由于这个过程需要充足的光线，所以热带珊瑚礁总是生长在清澈的浅海区域。

海洋食物链

几乎所有的海洋生物都要依赖浮游植物生存，因为浮游植物可以将简单的化学元素转变成为复杂的物质以供其他海洋生物食用。浮游植物会成为微小动物的食物，微小动物又会成为更大海洋动物的食物。浮游植物就像浮游动物那样在海洋中四处游动。这些浮游生物群会被鱼那样的更大些的海洋生物所吞食，而鱼又会成为鲨鱼那样的捕食鱼类的腹中之物。

▲漂动的水母

所有长相奇特的水母类动物都以浮游生物为食。尽管很多这种动物可以游动，但它们的主要运动方式还是跟着它们的食物随着洋流漂动。上图中的水母就是它们中的一种，它用其有毒的触角去捕捉那些桡足类动物，与其类似的还有色彩斑斓的栉水母和看上去像一个长长的塑料包拉锁的樽海鞘。

浮游动物

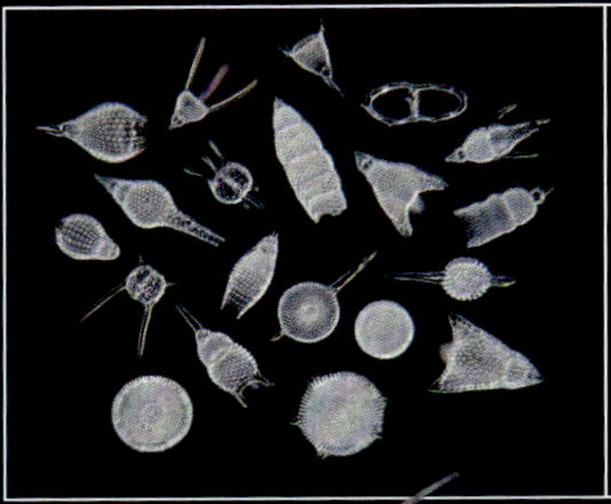

放射虫和有孔虫

这些微小的原生动物在例如硅藻和沟鞭藻这样的浮游植物群中繁殖得非常快，它们是用身上的线状体钩住这些藻类壳上的小洞捕食它们的。放射虫喜食这些长有玻璃质硅壳的藻类。与此相反的是，有孔虫则喜欢长得像小蜗牛一样的具有石灰质壳的藻类。

桡足动物

桡足动物是一种微小的甲壳类动物，外形类似虾，它们靠长着微毛的腿来回游动并捕捉浮游植物。它们在海水中会组成厚密的集群，这为鱼群捕食带来了便利。在晚上，桡足动物会向浮游植物丰富的海面游动，但是在黎明时便会撤回到更安全的海底弱光区。

磷虾

在南极洲周围寒冷的南大洋里，桡足动物无法生存，但生活着与之类似的动物——磷虾。这种体型稍大的甲壳类动物与桡足类动物的进食方式相同，但是它们会结成更巨大的集群，由于它们体上长有红褐斑，所以看上去就像是把海洋染成红色一样。它们是大多数南极洲鱼类、海鸟、企鹅、食蟹海豹和鲸的主要食物，如果没有它们的话，南极洲的生态系统将会土崩瓦解。

卵与幼虫

很多例如鱼类、软体动物和甲壳类动物这样的海洋生物都会将漂动着的浮游生物群作为它们孕育后代的场所。当它们的幼虫从卵中孵出来后，它们就会以浮游生物为食直到长成一个成熟的个体。随后，许多蟹类的幼虫将会开始一种完全不同的生活，它们将会到海床上甚至岩石上觅食。

▲饥饿的鱼群

许多类似凤尾鱼和鲱鱼这样的小鱼是靠张开嘴穿过浮游生物群这样的方式捕食的，这样海水就会从它们的鳃中流过。但鳃中铁丝网一样的鳃耙像筛子一样，会在捕食的时候保护它们的鳃。这种鱼会成千上万地聚集成一个个密集的鱼群来活动，而每个鱼群就像是一个巨大的超个体动物。

海洋中的猎手▶

浅海鱼类会成为许多如金枪鱼或海豚这样的捕食者的盘中餐，这些捕食者会在宽广的海域里飞快地游动着觅食。金枪鱼和海豚通常采用结群觅食的方式，而其他例如枪鱼和旗鱼这些鱼类则是独自在海洋中寻找它们的猎物，一生都没有一刻停息。

最强的食肉动物▶

捕食者会被一些强大的肉食动物所捕获，例如大白鲨。这种肉食动物相对捕食者来说，数量要少得多，原因是鲨鱼需要大量的金枪鱼供它食用，而金枪鱼又需要食用更多数量的小鱼。另外，金枪鱼宁可耗尽全力拼命逃窜，也不会让自己轻易成为鲨鱼的美餐。这就意味着每条鲨鱼不得不去捕食总体重超过其自身体重许多倍的小鱼才能存活下去。

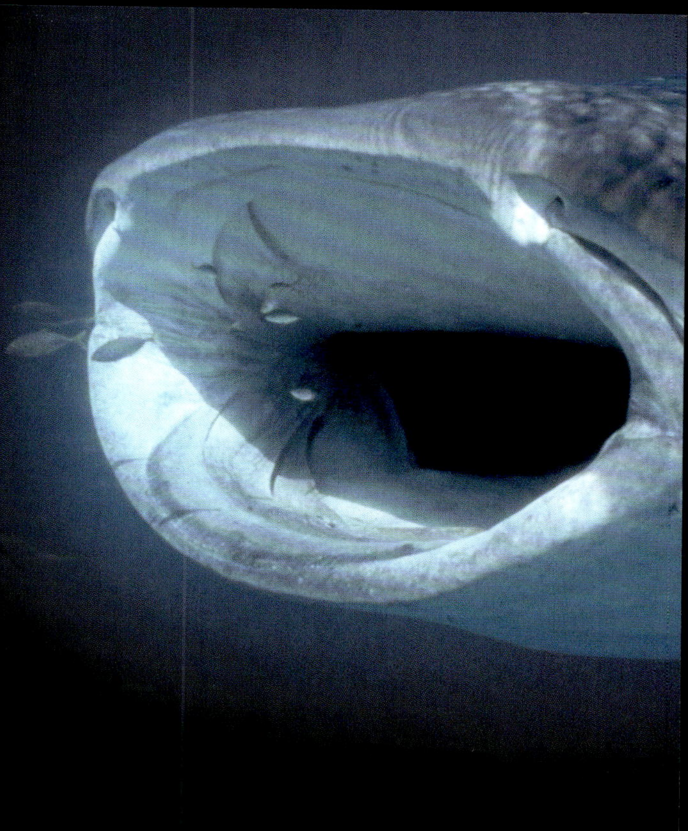

大型滤食动物▲

一些大型的鱼类会像浅水鱼类那样以类似过滤的方法捕食小动物。这种捕食方法非常有效，因为不需要将能量损失在金枪鱼这样位于食物链中间的鱼类身上。通常这样的鱼类有着非常大的体积，上图中的鲸鲨就是目前所知的最大的鱼类。很多体积巨大的鲸类也都以相似的方法捕食，主要以磷虾为食的蓝鲸，是目前所知的体积最大的动物。

海洋食物链（南大洋）

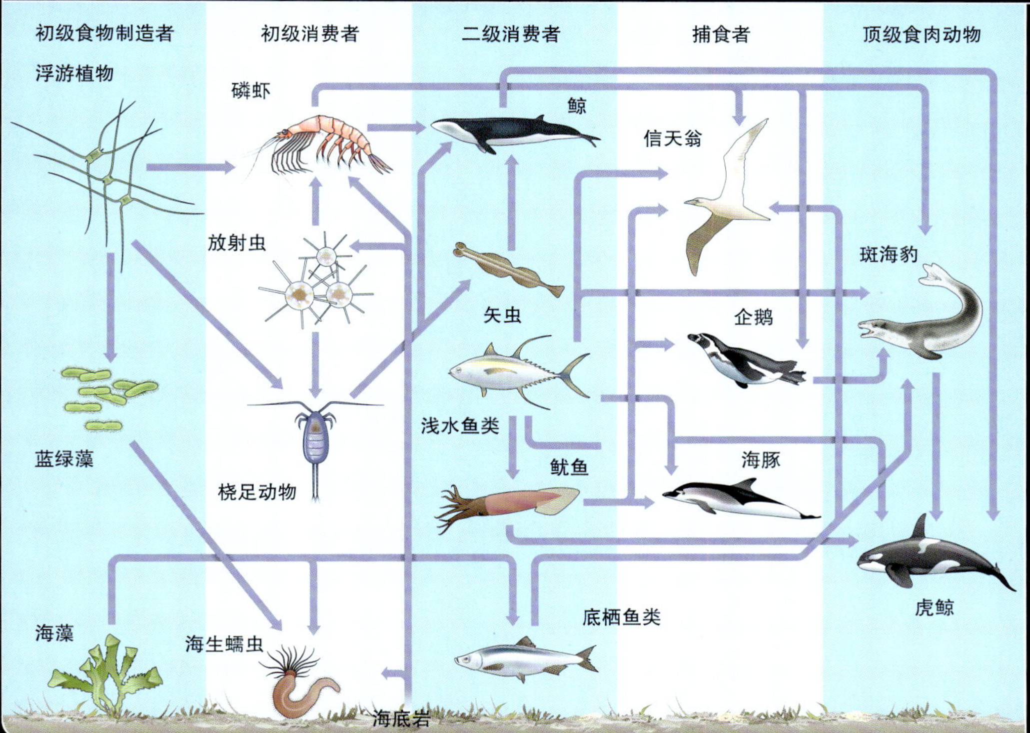

每个海洋栖息地都有自己的食物链，将初级食物制造者和高级食肉动物联系在一起。基本上，每种动物都在生态系统中处于不同的层次。初级食物制造者如浮游植物会被初级消费者如桡足类动物和磷虾所食用。而初级消费者会被二级消费者例如鱿鱼和鱼类所捕食，而鱿鱼和鱼类又会成为企鹅和海豚等的食物。而虎鲸则位于这个食物链的终端。同时，死去动物的残骸和浮游生物会下沉到海底，而海生蠕虫会翻动这些海底碎屑使其重新循环成为营养物质。

左图显示的是一个关系较为复杂的南大洋食物链。由于大多数的动物以多种食物为食，本图只是表明了食物链之间的部分关系。以虎鲸为例，它们会吃企鹅，但是它们也会吃企鹅吃的鱿鱼和鱼类，也会吃斑海豹这种主要以企鹅为食的位于另一个食物链顶端的动物。像鲸那样的大型滤食动物虽与微小的矢虫处于食物链的同一层次，但它们也会以矢虫为食，鲸同时也不会害怕海鸟、企鹅那样处于更高一级食物链的动物。

尽管食物链内部的关系十分复杂，但有一点是很明确的，那就是每种动物，无论大小，都要依赖浮游植物那样的初级食物制造者才能生存。如果没有它们，这个地区便没有食物，更不会有食物链了。

▲簇集

在营养物质充足、食物丰富的海域，一些海洋生物会只待在某一个地方，然后捕食任何从它们身边经过的食物，从而过上非常好的生活。很多类似贻贝那样的动物，会将身体吸附到岩石和其他固状物体上，其他一些动物会钻入软沙或泥土中，然后将捕食管或长长的触须伸出去捕食。

生活在海底

水中生活与陆地生活有很大不同，因为流动的海水里充满漂流的食物。许多诸如海葵、藤壶和蛤这样的动物会停在某一个地方然后等着洋流为它们带来食物。而更多的动物则会主动去寻找食物，但尽管如此，它们也是得益于海水的帮助，很多动物的外形都会呈现完美的流线型，这对游动十分有利，而且它们极度灵敏的感官更是以超乎我们想象的方式发挥着作用。

捕食

滤食

贻贝通过身体上的一根虹吸管将海水吸入体内，过滤出其中含有的食物后，再将其余的海水通过另一根虹吸管排出体外。钻在软沙中的蛤的捕食方式也是这样的。

紧紧拉住

一些海生蠕虫会在水中伸出扇状的触须去诱捕任何能成为它们食物的东西。藤壶的捕食方法与此相同，它们会从壳顶端的活盖中伸出很多只长着绒毛的腿去捕获食物。

陷阱

一些像海葵那样的动物的触须上长有很多小刺，这可用来捕获小动物。在开阔水域中活动的毒水母也长有同样的捕食器官。

捕获

热带花园鳗将尾巴埋在沙子里，向水流的方向张开嘴，时刻准备捕捉任何流经的食物。因此它们的生活范围只限于那些水流非常强的海域。

◀滑行和爬行

很多吸附在海底的动物会被在海底移动的其他生物所捕食。一些动物，如左图中的海蛞蝓就会用它们顶端的紫罗兰色的触须，爬行在岩石上去捕捉那些吸附在岩石上的动物。与此相同的还有海螺、海星、海胆等动物。移动觅食的甲壳类动物如蟹、龙虾等则可用已发育成熟的腿爬行着去寻找食物。大多数这类动物都会背着重重的壳，但是一些较小的动物，如虾和对虾，也是可以游动的。

海底动物的感官系统

视觉

光线不能穿透海洋深处，海水混浊的海域更是如此，但是很多动物都拥有非常好的视力用以捕食和防御外敌。章鱼就长着和人类类似的眼睛，但它们吃的扇贝，其眼睛则只是长在壳边上的用以探察危险的两个小圆点。

嗅觉

气味和味道对于寻找食物来说是两个非常重要的线索。只要水中有一丁点的血液，鲨鱼都会有所察觉，而一些食肉海螺，如左图中的那样，则是靠嗅觉敏锐的长鼻子来确定猎物的位置。

听觉

声音在水中传播的速度非常快，传播的距离也非常远。很多诸如鱼类的动物甚至在没有耳朵的情况下也能觉察到声音。海豚就会发出类似爆破的声音，将小鱼吓得簇成一团以便捕捉。

压力感应

很多海洋动物都有能觉察出水中压力变化的能力。鱼类主要就是依靠两侧生长的被称为侧线的线状感应器官来探知压力的改变。压力的变化可使它们得知附近的情况，也可使鱼群以更协调的方式游动。

电感知力

一些类似鲨鱼和鳐鱼的海洋动物有着能觉察到其他动物发出的微弱电神经信号的能力。例如左图中的这只鲨鱼，它的电感受器便长在鼻口部，这使得它能非常准确地找到那些看不到的、没有气味的猎物。

▲游动

许多海洋动物的身体与海水的密度几乎一致。这种特性能为它们在水中的游动提供一种中性浮力使得它们能悬浮在海水中。大多数的鱼类还长有可调节浮力的器官——鱼鳔。其他如鲨鱼这样的鱼类，如果它们不一直游动的话就会慢慢沉入海底。一些开阔水域中的鱼类，例如上图中的鲭鱼，它们拥有呈完美流线型的身体，所以它们能够在水中迅速地游动，而几乎不耗费能量。

◀深海潜水

一些呼吸空气的海洋动物会长有适合潜水的特别器官，如巨头鲸，它会潜入很深的海底去捕食鱼类和鱿鱼。这种海洋哺乳动物的主要问题是它们需要在极深的海底忍受巨大的压力。这使得它们的肺形同虚设，所以它们必须在血液和肌肉中储存足够的氧气。

浅海生物

▲浅海边缘

有阳光照射的大陆边缘海域的深度一般来说不会高于200米。浅海的海底堆积着由于河流或海岸侵蚀作用从陆地上冲刷下来的沙子、泥土和其他沉积物。这些沉积物中含有大量动植物残骸，因此含有海洋生物所需要的丰富的营养物质。

大多数海洋生物生活在位于深海边缘的大陆架之上的浅海海域。在浅海中，海床上的营养物质更易于到达阳光照射的海面，从而使浮游植物能够利用它们制造食物，而浅海下的海床也可以得到阳光的照射，使各种海洋动物直接在海底就可以寻找到食物。

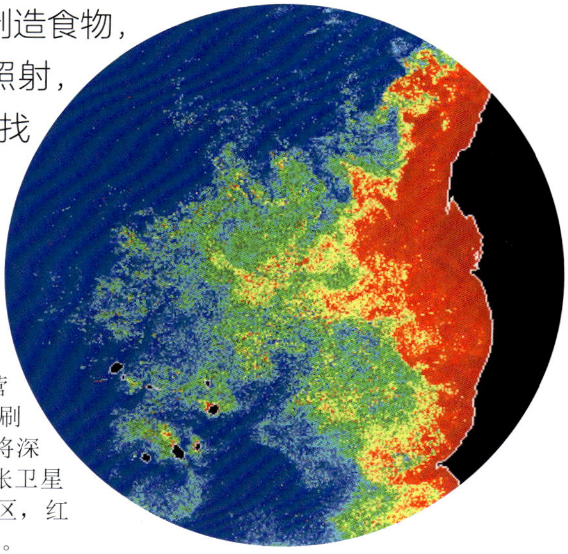

洋流的冲刷▶

活在近岸海域的海洋生物所需的多数营养物质都是由暴雨或水流从浅海海床上冲刷下来的。这种现象在表面洋流流离海岸并将深海海水带至海面的地区尤为明显。右侧这张卫星云图显示的是位于西非海岸的一个上升流区，红色和黄色部分指的是厚密的浮游植物聚集区。

大陆架区域的生物

海底

很多生活在海床上的动物会将自己埋在泥沙里或是藏身在岩石或失事的船只残骸中。这些动物包括蛤和蠕虫这样的潜穴类动物，贻贝和海葵等吸附类动物，还有海星、海胆、蟹、小龙虾和龙虾等游动动物。

海床附近

像鳐鱼、比目鱼和上图中所示的大西洋鳕鱼等鱼类，是在浅海的海床或靠近海床的地方觅食的，它们在这里可以找到非常丰富的食物，而且相对于在上层海域里捕捉那些游动迅速的鱼类而言，在这里捕捉蟹和穴居的蛤蜊这样的动物要容易得多。

开阔水域

聚集在养分充足且阳光充沛的浅海中的浮游动物为那些活动在开阔水域中的大型鱼群提供了丰富的食物。鱼群和浮游动物在夜间都会移向海面活动，而白天则会重返深海。

浅潜

许多需要在海面呼吸空气的动物可以很轻易地潜到浅海海底，并在那里捕捉到丰富的食物。这样的动物包括海雀和鸬鹚那样的海洋潜鸟，以及海獭和海豹那样的哺乳动物。

◀近岸海域

在许多冷水洋的近岸浅层水域，生长着繁茂的可制造食物的海草。特别是在北美洲附近的太平洋沿岸呈现出一片令人叹为观止的大海草森林景观。在这里，巨大的大海草生长在海下深达50米的海域中，叶子甚至可以长出海面。大海草的叶子是海胆们的美味，而海獭则会用石头敲碎海胆带刺的壳来食用它们。

▶海鸟繁殖地

广阔的沿海海鸟繁殖地依赖于大陆架海域为海鸟的幼鸟提供丰富的食物。在上升流附近地区，这种繁殖地的数量特别巨大，如秘鲁和智利附近的沿海海域，以及在极地海洋的边缘，由于春季解冻会使冰冷的蓝色海洋中突然出现一个生物数量突涨期。

▲丰富的渔业资源

几个世纪以来，大陆架附近海域一直是渔业资源最丰富的地方，离陆地较近的同时也为捕捞提供了方便。在过去的几个世纪里，由于人类的过度捕捞，像鳕鱼和鲱鱼这样的常见食用鱼类几乎消失殆尽了。但是这些富含营养物质的海水依然有能力供养非常巨大的鱼群，而环境保护和禁渔令也许可以让渔业资源的高峰期再度来临。

▲危险区域

当海浪冲击海岸的时候，海岸上的石头会被海浪冲得到处翻滚。在岩石岸上，动物们为了避免被石头砸到，会爬到岩石的缝隙里躲避，这样也可以使它们避免在退潮时被太阳晒干。大多数的海岸动物都长有非常坚硬的外壳和粗糙强韧的皮肤，从而使它们免于受到伤害。

潮汐海岸上的生物

近岸海域富含大量的营养物质和流动的食物，这为海洋动物们提供了一个非常好的栖息地。但是，这里同时也是一个非常危险的地方。狂浪会击碎没有隐藏在岩石缝隙或洞穴中的动物。在潮汐海岸，潮水退去后，留在岸边岩石上面的贻贝和藤壶等吸附动物则有被太阳晒干的危险。潮间带地区的水深每天都会变化，从而影响着生活在这里的生物，并且这种变化还会将不同海洋生物的海岸栖息地区分开来。

海岸地区▶

不同的动物和海藻可以抵御不同时期退潮后暴露的海滩为它们带来的伤害。海岸的最下层部分几乎是一直浸在海水中的，只有在大潮低点来临时才会暴露出来。海岸的中部则每天都会被潮水淹没和暴露出来，但是最上层海岸可能只在大潮高点来临时，会被潮水在一个月内淹没两次，而且每次持续的时间不过几小时。

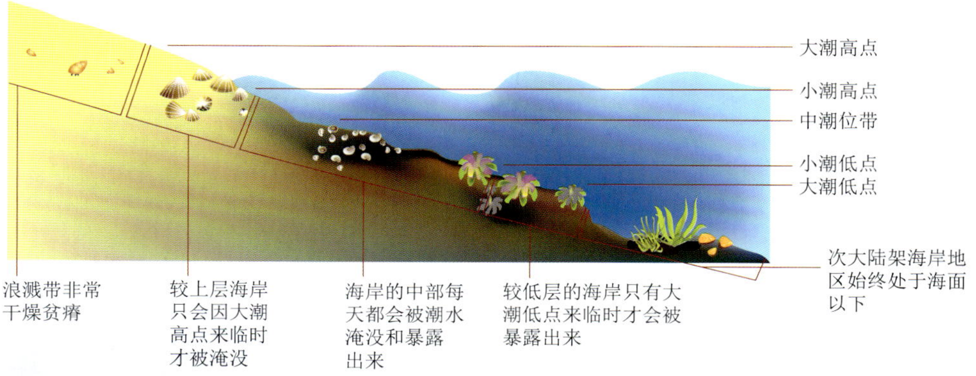

▲潮汐中的生活

大多数像海葵这样在潮汐海岸生活的动物，只会在涨潮的时候才去捕食。它们在低潮时存活的方法就是始终生活在海岸上的滞留水附近。一些生活能力强的动物在海岸存活的时间会非常长，甚至还会移到海岸上较高的地方生活。

◀生活区域

由于受到潮汐的影响，海岸底层以上的地区生存条件十分有限，只有很少的动物能够在这里生活。但是它们会在岩石岸上繁殖成为一个密集的带状集群。如左图所示，在离这个海湾较远的海岸上，贻贝群形成了一个黑色的带状区域，在它们上方的是淡褐色的藤壶带和黄色的地衣带。

▲潮池

在岩石岸上，后退的潮水经常会在岩石间形成潮池。当这种现象发生在海岸上层地区时，这些潮池会被太阳晒得很热甚至干涸，但是位于中间潮位带以下的潮池则不会被太阳暴晒很长时间，所以能一直保持较凉的水温。这就为那些不能在高处生存而且干燥时间不能超过几小时的海洋生物提供了一个非常理想的避难所，最大的潮池甚至可以容纳大型鱼类。

▲海滩生物

生活在沙滩和潮滩上的动物多为用须管和触须在潮水中捕食的蛤和蠕虫。当潮水上涨时，会有数以百万计的这类动物出来觅食，而当潮水退去的时候，它们便会退回到自己的洞穴里藏起来。不过那些在退潮时觅食的沙滩鸟类却很清楚它们的藏身之所并轻易地把它们挖出来。

海岸植物

岩石峭壁

在位于大潮高点上方的浪溅区，这里的海岸上生长着大量诸如海石竹这样的有花植物。这些海生植物能够长期生活在能杀死绝大部分物种的盐分含量很高的水环境中，这使得它们可以在其他植物无法生存的海岸上扩散成一个很大的区域。尽管这些地区的土壤很贫瘠，但它们还是能在岩石缝或峭壁中贫瘠的土壤中茂盛地生长着。

盐碱滩

在较为寒冷的地区，遮蔽水域河口的上层海岸泛滥生长着补血草和互花米草这样的矮生植物。这些植物很特别的地方在于它们能在涨潮时不被潮水冲走。每种植物对于潮水的冲击有着不同的耐受性，所以它们在中潮位线以上有着各自不同的生长区域。这些植物大面积地生长在泥泞的盐碱滩上，对于沙滩鸟类和其他动物来说，这里也是非常重要的栖息地。

红树林

在热带，与盐碱滩相类似的环境类型是红树林沼泽地，红树林是一种很特别的适宜在淤泥质潮滩上生长的耐盐树木。它们有着缠结的气生根，部分根部暴露在泥土外面，可吸收空气中的氧气，部分根系则透过泥土悬在水中。红树林就是以这样的方式沿着海岸生长。它们不仅为小到鱼宝宝大到鳄鱼的动物们提供了一处非常好的栖息地，也成为一道阻挡风浪的天然屏障。

海草牧场

海草是生长在海底的唯一一种有花植物。它们在遮蔽性浅海的沙质海底上、潮汐河口和珊瑚礁潟湖中都有分布，也是海龟、类似海牛的奇怪动物儒艮和鹅等食草鸟类的主要食物来源。海草牧场同时还是那些小鱼们的重要避难所，例如上图中的海马，还有成年后会到深海中生活的大型鱼类的幼仔。

结冰海域生物

极地海洋光秃秃的岩石上几乎是寸草不生的，因为在冬天形成的海冰导致了大多数海岸生物的死亡。在南极洲周围，当海冰向海岸外扩展的时候，海豹和企鹅会沿着海冰的边缘水域捕食，从而逐渐被带入南大洋的深处。在北极的冬季，北冰洋的大部分海面都会被大块的浮冰所覆盖，所以动物只能在仅存的开阔水域周围聚集。但是当冰在夏季融化后，冰冷的海水中会出现大量可供捕食的浮游生物。

▲寸草不生的海滩

极地海洋的大部分海岸都是光秃秃的岩石和碎石，它们在冬季会被冻得坚硬，而且还会有浮冰随着潮水涨落在上面移动。但是这并不影响动物们进海捕食，拿北极海象来说，在冰冷的海水中捕食贝壳后，它会到海滩上去休息和取暖。它们略带粉色的棕色皮肤与少数动物总是冷冰冰的灰色皮肤形成了鲜明对比。

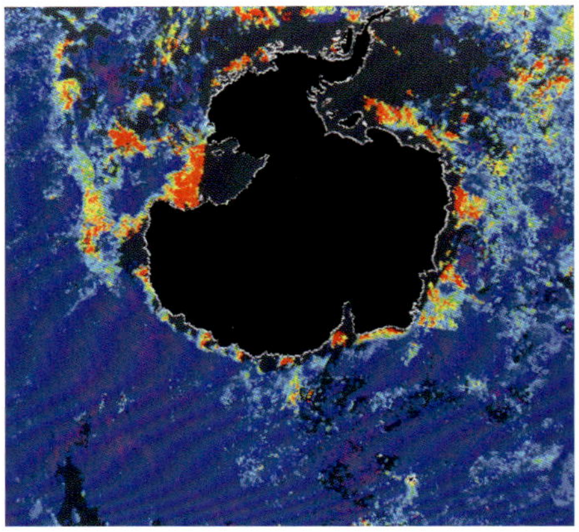

养分充足的海域▶

在极地浅海，营养物质被风暴从海底搅上来，并与表面海水混合在一起。这就为浮游生物的快速繁殖提供了一个良好的条件，并在冰块破碎的时候为海洋生物提供丰富的食物。右边这张卫星云图中标红色和黄色的部分即为南极洲夏天的这部分区域的养分情况。

▲磷虾群

在南极洲附近，浮游植物主要被可覆盖大面积海域的磷虾群所捕食。磷虾也是大部分生活在南极洲及其附近动物的主要食物，这其中包括嘴边长满筛子般鬃毛的巨型鲸类，也包括许多企鹅、海鸟和海豹。

水道和冰间湖

在冬春两季，北冰洋为数不多的无冰水面像磁铁一样吸引着独角鲸这样的哺乳动物。它们可以在水中找到所有需要的食物，但是它们必须透过海面去呼吸，这在表面是冰的海域就比较困难了。宽广的冰间湖（被海冰包围的大面积开阔水域）和狭窄的水道（如上图所示），都会在春季吸引大量的海鸟来此觅食。大多数的冰间湖只在冰块开始融化的春季才会形成，但是在一些地区，例如加拿大和格陵兰岛之间的北部海域，整个冬季都会有冰间湖的存在。

冰下捕食▶

许多海豹都会在表面结冰的海域里捕食鱼类和鱿鱼，并沿着冰的边缘透出水面呼吸。但是当南极洲的表面冰层在冬季向北扩大时，威德尔海豹会跟在后面，并在冰面下捕食。它们会用牙齿从冰面的裂缝钻出洞来呼吸。因此，大多数威德尔海豹都被严重磨损了牙齿，有些甚至死于牙齿感染。

◀冰冷的海水

海水的冰点是 -1.8℃，低于纯净水的冰点。生活在冰面下方海水里的动物要抵御可能被冰冷的海水冻住的危险。很多极地鱼类和贝类能不被冻住是因为它们体液内含有天然的抗冻剂。很多动物能在冰面下方海域生活的原因是可以在海床上找到非常丰富的食物。

▶海豹繁殖地

在北极，雌海豹会爬到冰面上去生育它们的幼仔。格陵兰海豹会选择漂浮的冰面来建立它们庞大的繁殖地，因为这样可以抵御它们的主要天敌——北极熊的袭击。在白色的小格陵兰海豹出生后的 12 天里，雌海豹会用充足的奶水喂养它们。之后，雌海豹就会带着它们的小宝宝重返海洋。

◀繁殖期的企鹅

大多数的南极企鹅会在夏季的岩石岸上繁育它们的后代，它们会选择没有冰的地方以免它们的卵被冻上。许多企鹅都会选择在南大洋边缘附近的岛屿上进行繁育，因为这里的解冻期要比南极大陆上长得多。它们会把卵放到自己的足蹼上，然后用鳍肢盖住卵以保暖。帝企鹅也以同样的方法在靠近南极大陆的海冰上繁育后代，它们能在严酷的极地冬季进行孵化。

◀北极熊

北极熊是一种在北极冰面上生活的很独特的海洋食肉动物。它们的主要食物是海豹，特别是在春季出生的小环斑海豹。它们会随着冰面的季节性移动在冰面附近活动，当冰面在夏季融化之后，它们便会被迫游回陆地。但是在陆地上并不容易找到食物，很多北极熊甚至会被饿死。随着全球气候变暖，夏季北冰洋海面上的冰面范围逐渐缩小，这对北极熊的生存是极大的威胁。

珊瑚礁和环状珊瑚岛

清澈的热带海洋里几乎没有能够供养海洋生物的营养物质，但是却存在着一种地球上生物多样性最丰富的生态系统之一——热带珊瑚礁。它的存活主要依赖于两种生物，一种是叫作珊瑚的简单动物，另一种是像浮游植物那样可利用阳光制造食物的类植物微生物。不断生长扩大的珊瑚形成了巨大的珊瑚礁，并有种类繁多的海洋生物在其中生活。

▲造礁珊瑚

珊瑚是一种与海葵非常相似的海洋动物。它们与海葵有着同样的圆柱形身体，并长着能捕捉小动物的尖头触须。珊瑚会彼此相连地成片生长，例如热带海域中的造礁珊瑚，它们独特的地方在于有很多叫作虫黄藻的类植物微生物在其中生长。这些微生物所需的营养物质是由珊瑚提供给它们的，而作为回报，它们也会利用阳光制造珊瑚所需的食物。

珊瑚礁的形成▶

出于对阳光的需要，造礁珊瑚都是生活在清澈的浅海中。它们柔软的身体被那些石灰石支撑起来，逐渐形成了礁石状的珊瑚礁。珊瑚礁通常会围绕着浅水域潟湖生长，并且在朝向开阔水域的一侧长势比较陡峭。

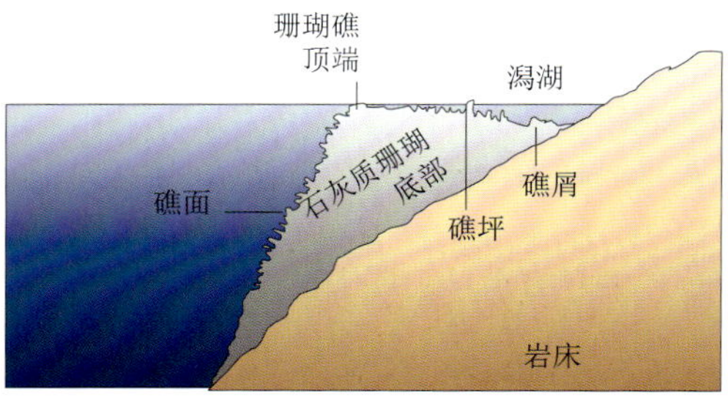

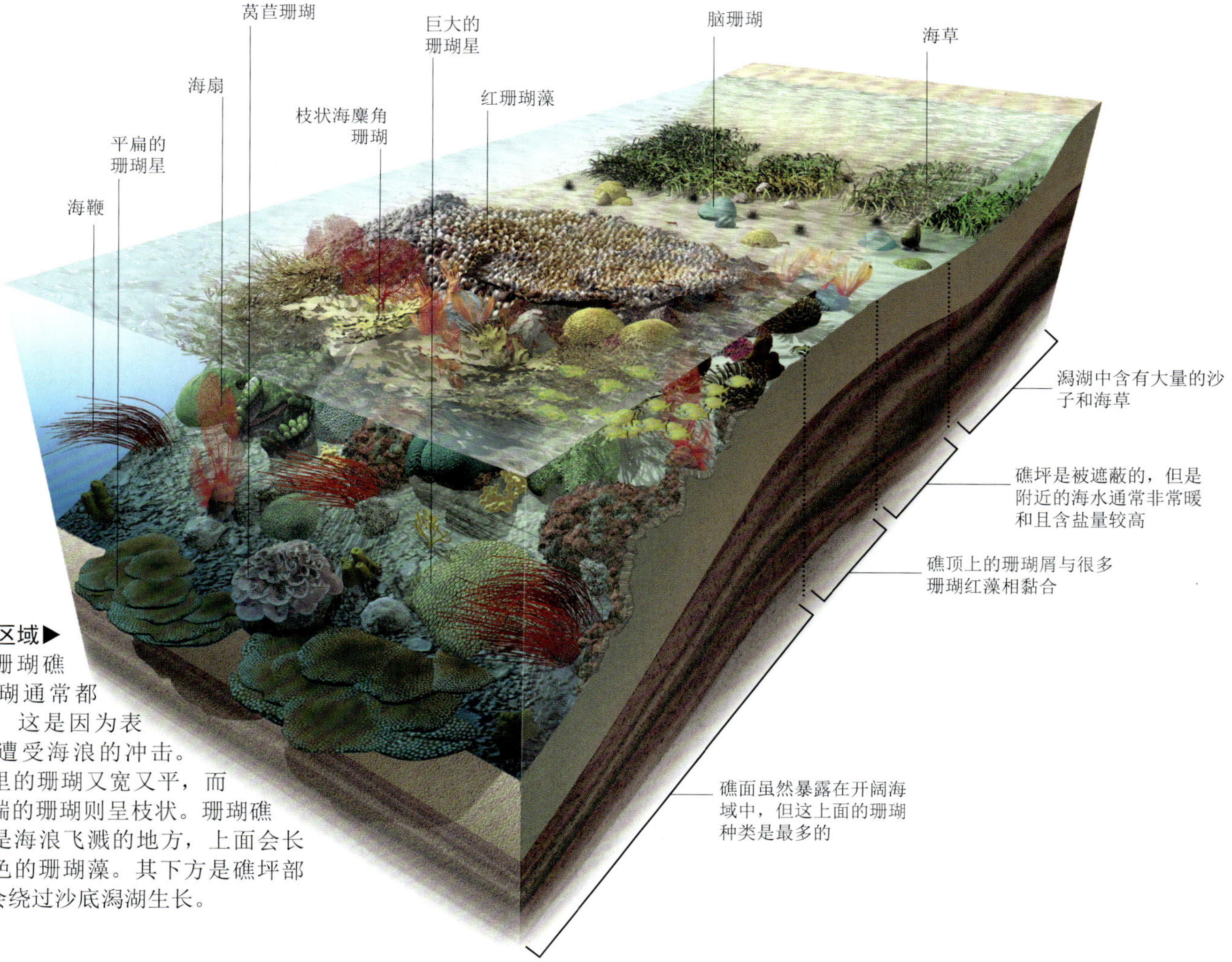

珊瑚礁区域▶

长在珊瑚礁表面的珊瑚通常都比较粗壮，这是因为表面经常会遭受海浪的冲击。长在深海里的珊瑚又宽又平，而珊瑚礁顶端的珊瑚则呈枝状。珊瑚礁的顶部正是海浪飞溅的地方，上面会长有很多红色的珊瑚藻。其下方是礁坪部分，它们会绕过沙底潟湖生长。

珊瑚礁生物

珊瑚鱼

在珊瑚礁附近生活着许多色彩斑斓并且种类繁多的热带鱼类。它们有的以珊瑚或者海藻为食，有的则以它们周围的其他小动物为食。生活在珊瑚礁的热带鱼种类比其他任何一种海洋栖息地的都要多，而且每种鱼类都有它们各自的生活习性。但是鱼的总数量也不会比在富含养分的海水里生活着的鱼群的数量多。

虾

在珊瑚礁里生活着许多甲壳类和无脊椎类动物，这其中包括海蜗牛、漂亮的海蛤蝓、海胆和蟹。清洁虾也是其中的一种，它是靠捡食珊瑚鱼皮肤上或鳃里的寄生虫为生的，珊瑚鱼会排着队来让它清洁，就像排队洗车一样。尽管许多珊瑚鱼会去捕食其他小动物，但它们从不会去伤害清洁虾。

巨人蚌

这种大型的软体动物生活在珊瑚礁之间的缝隙里，身体可长达 1.5 米。它们虽是以浮游生物为主食的滤食动物，但同时也像造礁珊瑚那样，从寄居在它们彩色软体内的虫黄藻那里获得它们所需的主要能量物质——糖。最大的巨人蚌会大到连壳都不能完全合上，并不像我们从前认为的那样会夹住人们的腿。

礁鲨

礁鲨这样的大型食肉动物主要活动在珊瑚礁的周围，寻找小鱼和其他动物作为它们的食物。它们通常会待在礁面以外的深海里，随时捕捉那些远离珊瑚礁安全区域的小动物，但是它们有时也会从珊瑚礁中间的缝里游到浅海潟湖中去觅食。很多礁鲨都长有高度敏锐的感觉器官，这使得它们具备夜间捕食的能力。

▶环状珊瑚礁

在热带太平洋海域上星罗棋布着许多被珊瑚礁环绕着的火山岛。当火山爆发停止后，这些岛屿便会逐渐沉入海底，但是四周的珊瑚礁还是会继续向上生长。它们会围绕着不断消失的中间岛屿逐渐形成堡礁，并且最终会在近似圆形的潟湖周围发展成为环状珊瑚礁。

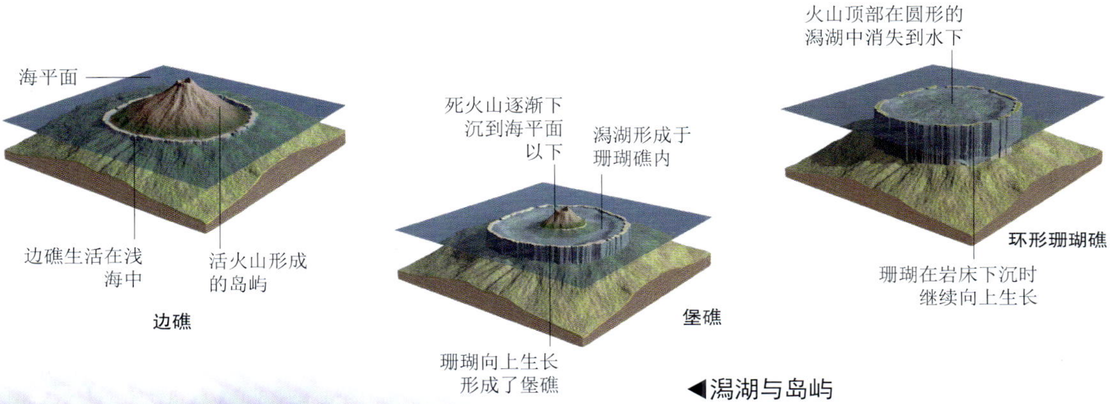

◀潟湖与岛屿

由于阳光的照射，浅海潟湖的水温可达到 35℃或更高。这对于珊瑚来说太热了，对鲨鱼来说，待水温稍降一些，它们便可在这里捕食了。珊瑚碎屑和沙土聚集起来会形成一些低矮的小岛，上面长满了茂密的棕榈树，这些小岛便成了海龟和军舰鸟安家的乐园。

棘冠海星

棘冠海星以珊瑚为食，它们通过把胃部翻转到体外覆盖住食物的方式进食。它们的繁殖能力非常强，可以很快形成一个非常大的种群，将一大片珊瑚彻底消灭而只留下白色的骨骼。但是当海星相继死亡的时候，为珊瑚带来灾难的这个种群便会消亡，从而给了珊瑚重生的机会。

开放性海域

在深海中，浮游生物生长所需的营养物质都沉积在阳光照射不到的海底。这就意味着海中几乎没有浮游生物的存在，特别是在那些温暖的表面海水很少与深处养分充足的海水相混合的热带深海中。在较冷的海洋里，季节性风暴将营养物质带到表层海水中，为海洋生物的繁衍提供了条件。然而，同样是在热带海域，地方性的上升洋流也会促生大量的海洋生物。

混合海域

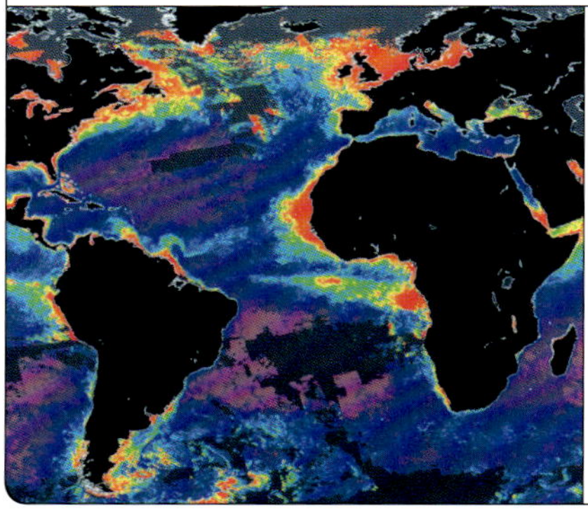

左边这张有关浮游生物分布的卫星云图中，粉色和深蓝色标示的是热带海洋中的浮游生物稀少区。它们与标示成橙色、黄色和绿色的冷水海洋和上升流区中的浮游生物旺盛区形成了鲜明对比。在上升流区，养分充足的海水是由洋流从海底带到海面的，而在冷水海洋中，它们是由季节性风暴和结冰的表面海水下沉共同影响形成的。这导致了冷水洋中浮游生物的数量在春秋两季的大量增多。

▲清澈的蓝色海洋

在开放性的热带海域，由于阳光照射而温度升高的海面形成了一个表面流动层，在它的下方，则是寒冷而富含养分的深海。在这里，冷暖海水不会相互混合，这就切断了阳光照射海域中生物所需的食物来源，所以海面几乎看不到浮游生物的存在。这种类型的海域中几乎没有海洋生物，所以十分清澈。

▶流浪者和移居者

热带海洋中分布着大量浮游生物和以其为食的海洋动物。许多如蝠鲼和鲸鲨这样的动物，会整日在海洋里游动着寻找食物。在冷水洋中的春、秋季，浮游生物的突然增多（即藻华）会引来一些规律性移居的动物，像鱼群、海豚和右图中巨大的驼背鲸等动物，它们会在每年的固定时期过来进行季节性捕食，然后会在食物被捕捉殆尽的时候离去。

◀**高速捕食者**

在开阔海洋中漫游的食肉动物都具备长距离快速游动的能力。它们中包括集群捕食的金枪鱼、独自活动的鲨鱼还有左图中所示的蓝枪鱼。蓝枪鱼是一种身体呈流线型的强壮动物，一些蓝枪鱼的游速甚至可以达到每小时 80 千米以上。

▲**鱼群体**

以浮游生物为食的小鱼群在受到大型鱼类攻击时会紧密地簇在一起形成一个厚密的鱼群球，成漩涡状旋转着抵御它们的敌人。由此而引发的混乱，还有死伤鱼的血腥气味，通常会吸引更多的食肉动物加入这场疯狂的捕食行动中。

▼**飞鱼**

生活在热带的飞鱼可以把鳍像翅膀一样展开，这样它们就能在受到袭击的时候从水中跳起并在天空中滑翔。这是一个躲避金枪鱼那样的肉食鱼类的非常好的方法，但是它们却会成为军舰鸟的目标，这些军舰鸟会突然俯冲过来并把它们叼在嘴里。

▶**海底山热点地带**

在太平洋的底部星星点点分布着许多海底死火山，我们把它们称作海底山。当洋流带动养分充足的冷海水漩涡状地通过海底山的斜坡转到海面上时，一个上升流区便形成了。浮到海面的营养物质促进了浮游生物的生长，从而为当地的鱼类提供了丰富的食物。同时被吸引的还有一些鲨鱼这样的大型肉食鱼类，这样使原本海洋动物稀少的热带深海地区变成了一个野生动物丰富的热点地带。

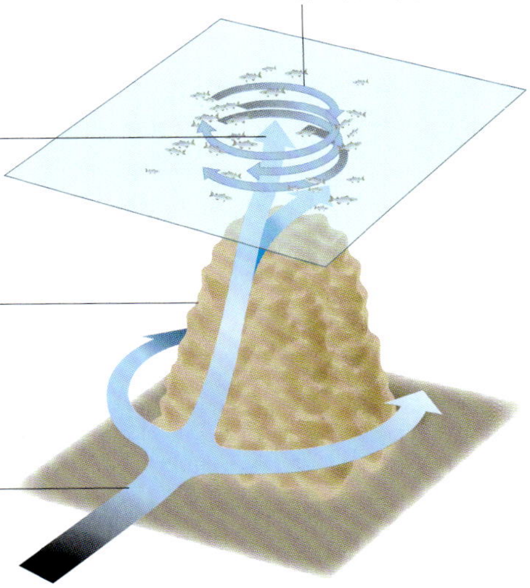

▲**纵向迁移**

一些像桡足动物这样的浮游动物会在晚上游到海面去捕食浮游生物，但是在黎明来临的时候，它们便会返回到海下1000米深的弱光区以躲避饥饿鱼群的袭击。当夜幕降临，它们又会重新迁移到海面，这个过程对于这些微小的动物来说，是一段非常长的旅行。

海洋深处

在阳光照射区下方的黑暗海域中生活的动物的主要食物来源是从海面上沉下来的生物体残骸，相比水面附近的浮游植物来说，它们的食用价值要小得多，所以那些白天在弱光区生活的浮游动物会在晚上游到海面上去寻找食物。以浮游动物为食的鱼类会在晚上跟着浮游动物游到海面上，而这些鱼类也随时会有被来自下方海域大型肉食鱼类所捕食的危险。大部分的大型肉食鱼类会在黑暗中发出红色的光芒，为了捕获稀少的猎物，它们大都长着巨大的嘴和长长的牙。相比之下，大多数生活在深海海底的动物则主要以动物尸体和其他碎屑为食。

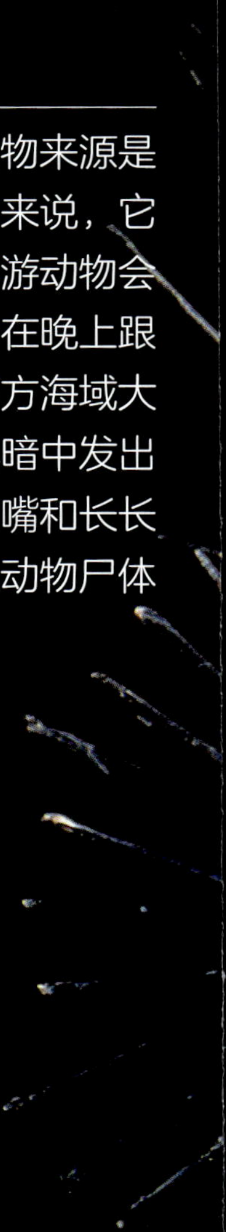

◀**斧头鱼**

白天在弱光区生活的浮游动物会被一种叫作斧头鱼的鱼类所捕食。这种鱼的眼睛是向上长着的，这使得它们可以通过从海面透下来的暗淡蓝光来发现猎物，它们的腹部上长着密密麻麻的发光器官，再配合上暗淡的蓝光，便可使它们将自己的身影隐藏起来以避开更大捕食者的袭击。

▶**怪异的红光**

与图中乌贼一样，成千上万的深海动物都能在黑暗处发光，这是因为它们身上长着一种叫发光器的器官，这种器官可以利用化学反应来发出不具热量的光芒。这种光芒对于深海动物来说主要有三种功能：一是迷惑它们的天敌；二是在黑暗中与同伴互相传递信号；三是吸引猎物。

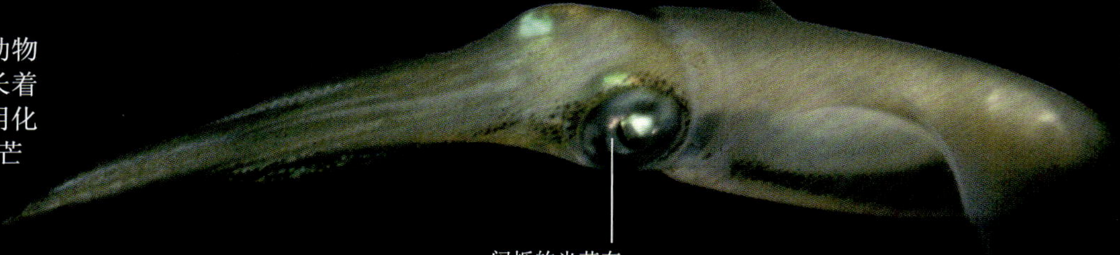

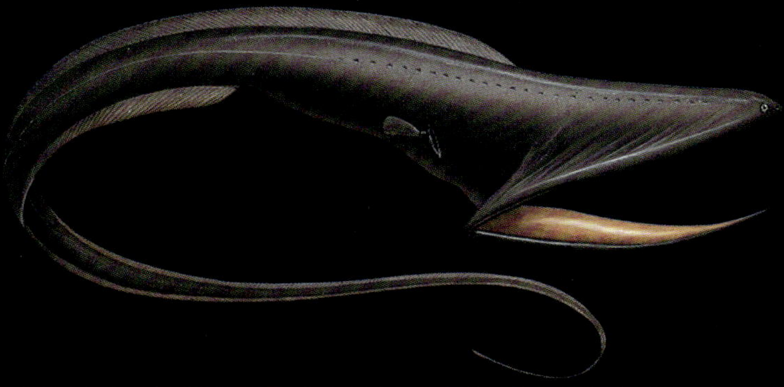

◀**深海中的怪兽**

由于在深海中很难捕捉到食物，所以捕食者们不得不以任何它们遇到的猎物为食。这种长相狰狞的巨鳗长着巨大的嘴和能像气球一样膨胀的有弹性的胃。因此，它们甚至可以吞下与它们同样大小的动物。

长相恐怖的捕食者▶

很多像尖牙鱼这样的深海肉食鱼类都张着长有长牙的大嘴来诱捕猎物。但是由于在深海中难以找到足够的食物来支撑庞大的身体，所以这种肉食鱼类的体型一般都比较小。

▲动物超感官

琵琶鱼是一种深海鱼类，长着很多恐怖的尖牙，它们就在这些尖牙能够到的范围内用发光器官诱捕猎物。一些琵琶鱼还长着像头发一样且非常坚硬的感应线，这种器官可以使它们在黑暗中连猎物的微小动作都能够觉察得出来。

淤泥处理者▲

深海平原上生活着许多海参或是吞食海底沉积物的海参类动物。海底淤泥中含有大量在海底下方觅食的甲壳类动物、蠕虫和微生物，它们会将每一点沉落到海底的食物归集起来。

◀深海中的清洁工

从海面落下来的动物尸体会被许多类似清洁工似的鱼类吃掉，这些鱼类主要指的是深海中的甲壳类动物，如片脚类动物、虾、鼠尾鱼和左图中这种长得像鳗鱼一样的黏滑的盲鳗。由于动物尸体从海面落到海底需要非常长的时间，所以通常它们在还没有落到海底的时候就被吃掉了。

海底热液喷口

大洋中脊的火山周围布满了海底热液喷口，其喷出的热液中含有丰富的可溶性化学物质。在这些热液喷口附近，会形成一些非常密集的动物群落。生活在这里的动物通常要比其他的深海动物长得更快更大，因为它们并不依赖从海面上落下的那一点点食物生存，而是将热液喷口喷出的化学物质能量作为自己的食物供给。这是地球上少有的几种不依靠阳光的生态系统之一。

◀化学烟雾

从热液喷口喷出的热液含有丰富的可溶性金属硫化物，当它们与冷海水相混合时，会转化成为乌黑的固体颗粒。这些颗粒在海水中扩散开后看上去像是黑烟，因此这些热液喷口经常被称为“黑烟囱”。虽然这其中的一些化学物质对于大多数海洋动物来说是致命的，但是在黑烟附近生活的海洋动物在逃脱它们毒手的同时，也会在其周围兴旺生长。

制造食物

喷口附近的岩石上布满了密密麻麻的白色细菌，这些细菌能够吸收热液喷口喷出的有毒的硫氢化物，然后将其与氧气混合发生化学反应，在这个过程中会释放出能量。然后它们会利用这些能量通过化学合成反应将水和溶于水中的二氧化碳结合成糖。这个过程与光合作用十分类似，只是它不需要阳光罢了。地球上最早出现的一些生命形式有可能便是以这样的方法制造食物的。

庞贝虫▶

从热液喷口中喷出的水的温度高得惊人，可以达到450℃或更高，但是一些动物却可以生活在这种超高温的海水附近。这种10厘米长的庞贝虫就生活在这些“黑烟囱”附近，它们的头部温度可达到20℃左右，而尾部可达到70℃甚至更高。这种高温对于任何一种其他动物来说，都足以致死。

▲蟹类

在太平洋海域的海底热液喷口附近密集生长着大量的细菌，它们是那些白色盲蟹很好的食物。与此类似的是，大西洋海域海底热液喷口附近的细菌也会成为虾的美餐。贻贝群和蛤群同样也以细菌为食，但不同的是细菌可以在它们壳内的鳃里生长。有了这么充足的食物源，它们的生长速度非常快，壳的长度甚至可以达到25厘米。

巨型管栖蠕虫▶

最令人惊叹的热液喷口动物多是长着亮红鳃毛的、体长可达2米的巨型管栖蠕虫。它们结群生活在热液喷口附近，吸收含有化学物质的海水并提供给生长在它们体内的细菌。这些细菌会为它们制造出生长所需的食物，这与热带珊瑚礁和寄居在其中的生物之间的关系是相似的。有了充足的食物源，巨型管栖蠕虫的生长速度要比其他大多数海洋动物快得多。

▲甲烷渗出

另一个与海底热液喷口附近相类似的细菌聚集地是海底甲烷（天然气）渗出区。由于海洋深处的压力过高，此处的甲烷只能以冰的形态存在。细菌会将冰态甲烷加工成为食物以供给冰虫和其他动物。

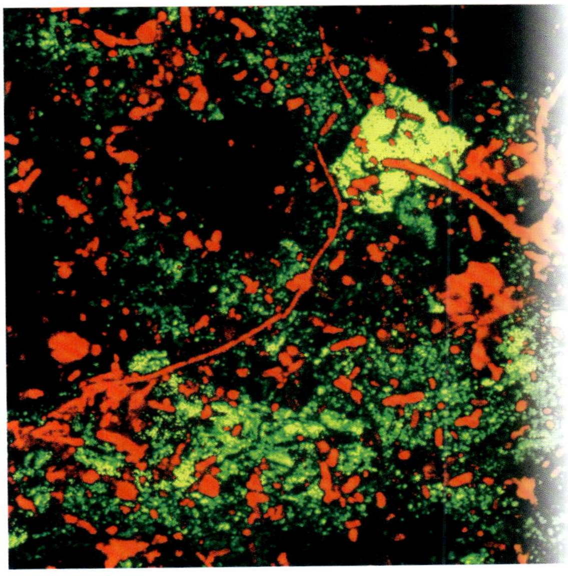

◀岩石中的生物

能够利用化学合成反应制造食物的细菌生活在海底下方的沉积岩层中的碎屑里面，如左图中被标成红色的部分，它们将氢和二氧化碳合成甲烷来为自己提供食物。它们能在这种极端环境下生存的能力恰好可以帮助我们了解地球生命起源的形式。这些细菌甚至可能在更极端的环境下生活，例如火星表层下。

海洋矿产资源

几个世纪以来，人们一直将海洋作为盐的主要来源地，同时也设法从海洋获取其他资源，小到廉价的海滩沙子，大到价值连城的珍珠。随着开采技术的不断进步，我们认识到海底蕴藏着丰富的矿产资源。这些矿产资源中最重要的便是石油和天然气了，它们存在于大陆架中的岩石深处。同时，海洋也是碎石和沙土甚至钻石的主要来源地。但是，很多海洋矿产资源开采起来都非常困难，并且费用高昂，特别是蕴藏在深海海底的那些矿产资源。

▲海盐

海洋中最丰富的矿产资源莫过于氯化钠了，也就是普通的盐。一般来说，在浅海的盐池中，人们利用蒸发海水的办法来制盐。这种简单的工艺已有上千年的历史，目前仍能满足全世界约三分之一的食盐需求量。

▶淡水

一些国家将海水用于饮用和农作物灌溉，但需要将海水通过淡化装置把盐分脱去才可以使用。由于这个过程所需的费用十分高昂且需耗费大量的能源，所以它只会被一些富裕的沙漠国家所采用，特别是中东地区。右图所示的便是科威特的一家位于波斯湾附近的海水淡化处理厂。在相邻的沙特阿拉伯，那里每年由海水淡化制造的淡水几乎占到世界总海水淡化量的四分之一。

石油和天然气

厚厚的海底沉积物中蕴含着丰富的石油和天然气资源，它们是由死亡的海洋生物残骸分解形成的。起初，人们只能对蕴藏在浅层大陆架下的石油和天然气进行开采，但是随着深海钻井平台（如下图所示）的出现，人们可以逐渐对深层的资源进行开发。这种平台可以在海下3000米深的地方工作，并且可以钻入海床下方5000米甚至更深的地方进行开采。

◀**砂石骨料**

随着工业建设的发展，大量的碎石和泥沙被从海底挖掘出来以供使用。安装在驳船上的简易起重机（如左图所示）只能用于浅海挖掘，如果要进行深海挖掘，就要使用特种挖掘船。许多沙滩里还会含有石英砂，它们被用来制造玻璃。

◀**锰结核**

部分深海海底的表面覆盖着一些土豆块状的物体，在这些物体里面富含诸如锰、钴、钛这样的贵重金属元素。但是由于它们通常存在于海下4000米的地方，所以开采所需的成本可能要高于它们本身的价值。

◀**珍珠和钻石**

数个世纪以来，在牡蛎壳中形成的天然珍珠都是由采珠人采集的。然而更为珍贵的是在非洲西南部贫瘠的大西洋海岸上发现的宝石。那里的海岸砂含有被古代河流冲离陆地的钻石。

◀**金属和甲烷**

位于大洋中脊的海底热液喷口所喷出的热液含有丰富的溶解态金属。尽管它们分布在深层海域，但仍有开采的可能性。在海底下方同样还含有丰富的冰态甲烷，它们被开发作为天然气使用。但是开发它们存在着很大的危险，因为海底甲烷大规模的意外释放会导致灾难性的气候变化。

海洋能源

海洋时刻都在运动。暴风浪能够释放出足以粉碎混凝土的能量，而潮汐和洋流则可带动全球巨量的海水流动，海洋还经常会被一些最强有力的飓风扫荡。所有的这些能量都可以被用来发电，且不会产生环境污染。几十年来，我们赖以生存的能量来自燃烧煤、石油和天然气，但是在燃烧的同时，它们会产生导致气候变化的气体。随着这些传统技术被逐渐淘汰，海洋将会成为我们主要的能量来源。

◀失落的工艺

在18世纪末以前，煤炭还未被广泛应用，那时使用的能源都是可再生的。就连炼铁所用的都是水力和可再生木材烧制的木炭。船靠风力航行，磨用水力带动，这在当时很常见。而现在，我们有必要重新使用和改造这些技术。

波能▶

显而易见，波浪是一种可利用的能源，但是将它转变成为可依赖能源却不容易。右图中这个位于苏格兰的工厂可将波能转变为气压，它所产生的能量可带动与发电机连接的两个涡轮。因为这个地方全年都有大浪，所以这个装置才会运行得非常顺利。

▲风能

通过使用风轮机，风力正在大范围地用来发电。大部分风轮机都安装在陆地上，但安置在海岸上的风轮机工作效率更高，因为海风更强烈、更稳定。世界上最大的近海风电场已在英国建成，其发电量占该国总发电量的五分之一。

拦潮闸▶

为了能让潮水在带动发电机的涡轮时不受限制地流入河口，我们通常采取的办法是在河口处建造起一道拦潮闸。右图中这座位于法国圣马洛的潮汐能发电站自 1967 年便开始运行。但为了扩大其规模而计划出的实施方案，可能它们会给当地的海洋栖息地造成严重破坏。

▲海洋洋流

洋流的强大能量从未被用于发电，但是一些关于开发流经佛罗里达和巴哈马群岛之间的湾流能计划已经开始进行了。这类似于艺术家想法的计划展示它如何做到这一点，即运用一连串固定在一起的水下涡轮来带动发电机（如上图所示）。如果这个计划能够付诸实施，它所产生的电量将会与一座核电站的发电量相差无几。

▲海运革命

海运是一种运输大件沉重货物的非常有效的运输方法。就算是最普通的轮船，也会比飞机节省很多燃料，如果利用风作动力，轮船的节能效果会更好。为了达到这种目的，人们对轮船进行了部分改造，一种方法是在船身添加一些类似帆的玻璃纤维机翼，而另一种方法则是在船头加挂一个巨大的可充气风筝（如上图）。

渔业和海洋生物养殖

人类自史前时代就已经开始在沿海水域捕鱼了，许多古老的捕鱼方法一直沿用至今。现在，商业捕鱼活动已经成为一项重要的产业，并且出现了一批具备先进搜寻、捕捞和加工装备技术的专业捕捞船队。现在许多海洋鱼类可通过不同形式进行封闭性海水养殖，如渔场和虾池。

▲沿海渔业

很多沿海地区都在以不同的形式发展渔业以供给附近市场。那些技术含量低的生产方式虽仅能满足当地市场的需求，但是由于它们不会对当地的渔业资源造成威胁，所以当地的鱼类不会有被捕捞殆尽的危险。在某片海域没有成为工业渔业区前，渔民们虽然不会赚很多钱，但也足以维持生活。

◀海洋捕捞队

世界上大多数常见的食用鱼都是由在海中作业数月的大型船队捕捞的。鱼被捕捞后运至岸上或是在有处理设备的捕鱼船上进行加工和冷藏。左图中的船队会到北大西洋和北太平洋或是渔业资源丰富的智利、秘鲁附近海域进行捕捞，但他们也会远洋至南大洋进行作业。

渔网和捕鱼绳▶

一直以来，用于海洋捕捞的都是非常简陋的漂网，现在它被能围捕整个鱼群的围网所代替了，甚至还有更大型的拖网，这种拖网可以一次性捕捞起大量鳕鱼那样的海底鱼类。经常用来捕捞金枪鱼的是一种带有一万多饵钩的多钩长绳，它可以将捕住的鱼拖在船后走120千米。

▲虾池

远东地区有着悠久的海洋养殖历史，几个世纪以来，人们会在位置较低的海岸附近挖出一些潮汐池来养殖鱼类和其他海洋动物，例如虎虾。与常规捕捞不同的是，这更像是种庄稼而不是打猎，所以它不会直接影响野生种群。但是它会对环境产生其他的影响，特别是为了建造虾池而将红树林全部砍伐干净的时候。因为红树林对于许多珍稀鱼类的幼仔来说，是非常重要的避难所，这样做会将它们的栖息地毁掉，而与此同时，也会使当地的城镇更易遭受海洋风暴的侵袭。

卫星和鱼群探测器

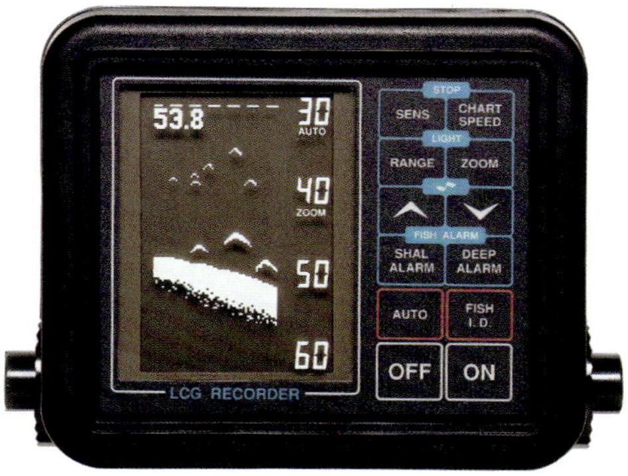

捕鱼船的船长在搜寻鱼群的时候可以借助许多高科技设备。这种设备可以利用卫星图上显示的浮游生物密集区来确定鱼群的位置，还有一种装有精准回声探测装置的鱼群探测器，它可以利用声脉冲来探测鱼群的位置。这些设备可以穿透到海洋深处的弱光区，当它们探测到鱼群准确的行踪时，屏幕上就会显示出一些弓形图来指示具体的方向。少数如上图中的鱼群探测器还会在屏幕上显示一个很宽的白色带子，它表明的是海底的位置。

▶海藻养殖

海藻是一种极具使用价值的植物，它被广泛用来作为产品的增稠剂，例如牙膏和冰激凌。它在中国和其他一些远东国家和地区还可以被食用。大多数的海藻都是野生的，但是在印度－太平洋地区，海藻养殖业正逐渐成为一项兴盛的产业，它的年产量已经超过了其他所有海洋养殖业产量的总和。右图中的海藻养殖场位于非洲东部的桑给巴尔岛海岸附近，一位养殖者正在浅海中照料她养殖的海藻。

▲贻贝养殖场

贻贝和牡蛎是非常适合养殖的动物，因为它们天生就吸附在岩石和其他坚硬的表面上生活，而不是将自己埋在沙子或泥土里。上图中显示的是一个位于法国大西洋沿岸的养殖场，贻贝被养殖在一些盘绕在木桩的绳子上，在这里它们每天都会被潮水冲刷两次。

鲑鱼网箱▶

大多数的海洋鱼类都不适宜生长在封闭的空间里，除了鲑鱼。它们可以被养殖在右图中的这种水下网箱里，流经的冰冷洁净的潮水可以使它们健康的生长。它们需要人工投食喂养，那些没吃完的鱼食和鲑鱼的排泄物会对当地的生态平衡有一定的破坏作用。除了上述这个负面影响，鲑鱼养殖业还是非常成功的，并且还减少了对野生鲑鱼的捕捞。

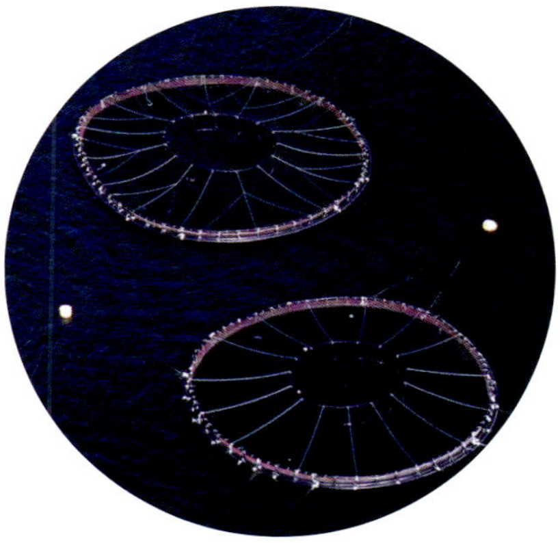

过度捕捞和副渔获物

现代商业捕鱼活动过于频繁，导致很多鱼类的数量逐渐变得十分稀少。更大的船、更好的网和新型的鱼群定位技术所带来的将不再是更多的捕获量。自 1996 年以来，全球捕鱼量已每年下降 120 万吨。海岸附近的鱼类所受到的影响尤为严重。与此同时，一些其他海洋生物也因捕鱼而受到了威胁，有时候，人们在捕鱼的同时会将海龟、海鸟、海豚、海豹和本不该被捕捞的动物等副渔获物捕捞上来。过度捕捞还会对一些像信天翁这样的动物产生极大的威胁甚至会导致其灭绝。

世界需求

世界人口的急速增长给一些自然资源带来了巨大的压力，这其中也包括海洋鱼类。现在每年全球鱼类的捕捞量约在 7400 吨以上。它们其中的一些是像上图那样整条在市场上出售，但更多的是被冷冻起来或是做成罐头。鱼类的数量正在急剧减少，如果照此形势发展下去的话，世界上绝大部分的鱼资源将会在 2050 年被捕捞殆尽。

◀整群捕捞

现代鱼类定位技术和围网的使用使得一次性捕捞到整个鱼群成为可能。这就像是一个装满了足球的网，但更像是将一个群体从它自己的种群里孤立出来。这样做会减少这个种群的基因多样性，从而导致它们更容易灭绝。

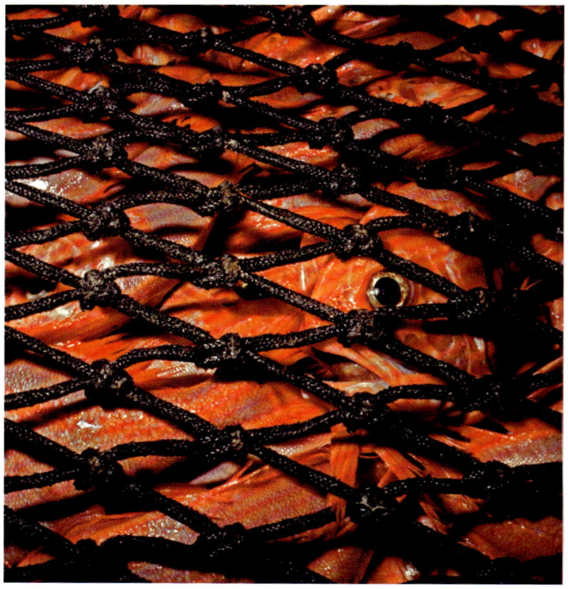

▲没有繁殖的时间

一些像罗非鱼这样的鱼类要到它们几岁大时才会开始繁殖后代，并且繁殖速度还非常慢。由于人类过度捕捞，它们的数量急剧下降。如此下去，过不了多久，它们可能就会灭绝。

处境危险的鱼类

鳕鱼

鳕鱼作为一种主要的捕捞对象正逐渐从世界上两个最主要的渔场——北海和大浅滩中消失。虽然一只雌性鳕鱼每年都可产下几百万个鱼卵，但是许多鳕鱼还未等到产卵就被捕捞了。

金枪鱼

金枪鱼是一种食肉鱼类，但它的数量要远比其捕食的鱼类少。成千上万的金枪鱼被从海里捕捞出来并制成罐头，这使得本来数量就不多的金枪鱼变得更加稀少，一些种类的金枪鱼甚至面临灭绝的危险。

鲨鱼

人们在将鲨鱼捕捞上来之后，通常会将它们的鳍切掉用来做鱼翅汤，然后会在它们还活着的时候把它们扔回海里。这种残忍的贸易活动使得这种本来繁殖速度就很慢的海洋动物变得更加稀少。

◀捕鲸业

看到鲸的命运，人们就能知道过度捕捞的破坏性有多大。过度的捕杀几乎使大蓝鲸这样的鲸类从地球上消失，所以从1986年开始，捕鲸便被严令禁止。尽管如此，直到今天，大蓝鲸还是非常稀少，因为为数不多的幸存者繁殖速度缓慢的缘故。

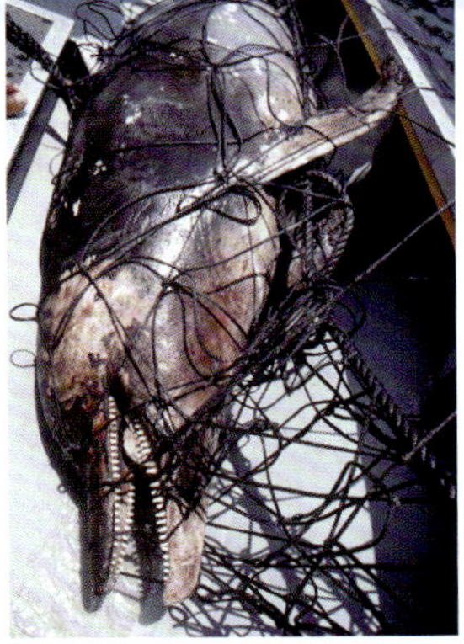

◀海豚成为副渔获物

所有的海洋动物都面临被捕捞的危险。很多被捕捞上的鱼类原本不是捕捞的目标，还有其他一些因到海面上呼吸而陷到渔网里的动物也被捕捞了上来。海豚就经常跟随在捕捞金枪鱼的渔网附近，如果金枪鱼被捕住了，那么海豚也有可能会跟着被捕捞上来。尽管人们设计了很多装置来避免这种情况的发生，但是每年还是有成千上万的海豚因此而死亡（如左图所示）。

◀捕鱼绳下的海鸟

一些鱼类是被挂有很多饵钩的捕鱼绳捕捞上来的。当捕鱼绳从船上放到海里的时候，许多像鲣鸟（如左图）这样的海鸟就会俯冲下来去抓那些钩上的诱饵，这样它们可能会被钩住拽到海里淹死。每年都会有高达10万只信天翁因此而死亡。为了不使世界上仅有的21种信天翁因此遭到灭绝，人们正在努力终止这种杀戮。

海洋贸易与海洋旅游

海洋一直以来就是重要的贸易运输途径。当人们需要将石油这种比较重的货物运到很远的地方时，航运仍然是最有效的方法之一。那些大型的集装箱货运船可以运送各种各样的货物，小到冷冻食品，大到汽车和计算机。由于很多度假胜地都在海滩附近，所以海洋也是一种非常重要的旅游资源。还有很多人喜欢在海上旅行，他们或是乘坐大型游轮，或是乘坐自己的小型游艇，试着以自己的航海技术与浩瀚的海洋一争高下。

▲散装货船与集装箱

当人们需要越洋运输石油和沙子这些比较沉重的货物时，货轮是唯一经济的运输工具。上图的这种大型集装箱货运船具备运送大量货物的能力。因为支持轮船行驶和承载装载量的主要动力是海水，而且轮船所需的燃料也不会因为货物重量的增加而增加。与此不同的是，飞机单是停留在空中就需要耗费大量的燃料，而且每多运载 1 千克货物，燃料消耗就会增加。

▲运河通道

更安全更快捷的海洋贸易始于埃及的苏伊士运河和中美洲的巴拿马运河的成功修建，它们分别修建于 19 世纪和 20 世纪初。运河切断了连接各大洲的狭长陆地通道，从而将被分隔开的大洋连接在一起。这样一来，轮船就可以在印度洋、大西洋和太平洋之间自由往来航行，而不用绕过非洲南端和南美大陆去经历那种危险的长途航行了。

◀繁忙的海港

大多数的海滨城市都是基于海洋贸易所创造的巨大财富而建立起来的。一些海滨城市在今天仍然拥有繁忙的港口，但是现在许多轮船通常会停靠在离市中心较远的地方。这是为了方便一些特殊货物的装卸，例如左图中的集装箱。

◀游轮

远洋客轮曾经是人们在不同的大陆间往来的唯一工具。如今，飞机的出现使得人们的全球旅行变得更加快捷，同时轮船也被改造得像海上酒店，将旅客们带往塔希提岛、南极以及其他各个地方。与大型货物不同的是，相对于客轮来说，旅客的重量要小得多，如果将所用的燃料平均分摊到每位旅客身上的话，也要消耗大量的燃料。

驾船探海

游艇出海是很常见的一种休闲活动，很多人还拥有自己的私人游艇。这项活动不仅可以让我们欣赏大海的美丽，也给了久居都市且很少经受真正挑战的我们一个完全依靠自己能力才能成功的机会。

▲海滨度假胜地

每年都会有数百万人蜂拥到海滨度假地去享受海洋和沙滩。随着航空旅游业的迅速发展，旅游业已经成为许多曾经很偏僻的岛屿的支柱产业，例如上图所示的位于印度洋的毛里求斯。现在岛屿的主要收入依赖于旅游，但是为了吸引旅游者所开发的一些项目往往也会导致很多环境问题。

◀探索海洋

出现于20世纪40年代的水肺潜水已经成为一种流行运动，这也是一种探索深海世界的新方式。红海、马尔代夫、密克罗尼西亚和澳大利亚的珊瑚礁地区吸引了大量的深海潜水爱好者，而像马尔代夫这样的珊瑚岛小国，深海潜水收入则可以占到其旅游收入的绝大部分。一些海边度假地还会为旅游者提供与海豚或鲸共同潜水的机会，甚至体验与大白鲨的惊险相遇。

栖息地的毁灭

海洋是如此的辽阔，曾经我们认为，无论做什么都不会对海洋产生影响。人们认为，海洋能够吸纳所有我们排放进去的东西，从污水到核废料，并且任何由于人类活动所产生的破坏会因海洋物种的丰富而得到迅速恢复。但是，过度捕捞、环境污染和沿海开发都在逐渐破坏着许多海洋栖息地并且导致了此处生物的死亡。在部分海洋地区，这种破坏已经严重到不可挽回的地步了，因为曾经在那里繁荣一时的海洋生物已经彻底灭绝了。

◀赤潮

每年都会有大量的污水未经处理便被排放到海洋中。这些污水里面含有大量的有毒微生物，并极度刺激浮游生物的滋生从而形成有毒的赤潮。在密集的浮游生物群死亡并且尸体逐渐腐烂变质的过程中，它们会消耗掉海洋中所有的氧气，从而夺取其他海洋生物的生命。

有毒污染

石油

经常会有石油泄漏到海洋里的事件发生，它们有的是从失事的油轮中流出来的，有的是从坏掉的石油钻塔里漏出来的。这些泄漏的石油会污染海滩、破坏海边栖息地和毒害海洋生物。对于沾上石油的海鸟来说，将石油清洗干净后虽然可以存活一段时间，但最终还是会被它们吞食的石油毒害致死。

重金属

汞和铅是海洋中本身就含有的两种金属元素，但是含量十分微小。而工业废物中汞和铅的浓度就要高得多了，当它们被排放到海洋中，便会对海洋生物产生毒害作用。人们如果食用了被污染的海洋食品也会重金属中毒。

杀虫剂

当杀虫剂随着河流流入海洋的时候，它其中含有的化学物质就会像杀死庄稼里的害虫一样杀死海洋生物。而这类有毒物质需要很长的时间才能分解，所以人们经常会在小到鱼类大到北极熊以至所有的海洋动物体内都发现有很高浓度的有毒物质。这些有毒物质会使它们生病甚至死亡。

▶致命的垃圾

每年都会有大量的废塑料进入海洋，由于它们不会像其他垃圾那样可降解，所以会一直存在海洋里。废塑料还会危及海洋动物的生命，如右图中那只受伤的海豹，它被一个塑料圈紧紧地卡住了。许多大棱皮龟的胃里都会有很多塑料袋，因为这些袋子看起来太像它们的主要食物水母了。其他一些海洋动物还可能被那些长年置于水中捕鱼的旧渔网夺去生命。

▲死亡带

许多河流都被有毒物质严重污染，当它们汇入海洋的时候，在入海口的下方海域便会形成一个死亡带。世界上最大的死亡带位于墨西哥湾的密西西比三角洲，在这张鸟瞰图中我们可以看到，有毒的沉淀物成漩涡状不断涌入海洋，逐渐形成了22 000立方千米的死亡带。

对海岸的破坏▶

旅游业蓬勃发展的同时会对沿海栖息地造成破坏，这种情况在热带地区尤为严重。为了开发沿海旅游区，红树林被砍伐，海岸上就没有任何抵挡物可抵抗海洋风暴的袭击。海岸上的沙土会被暴雨冲到海洋里造成污染，还会被冲到附近的珊瑚礁和海草床上，影响生物的生长。

◀被破坏的珊瑚礁

潜水者、潜水船的锚和游览船都会对热带珊瑚礁造成破坏，就像左图中显示的那样。除此以外，人们对一些海岸地区的野蛮开发也会污染珊瑚礁。在印度尼西亚，人们为了从宠物贸易中获得巨大的利益，会采取用剧毒的氰化物从事非法捕捞珊瑚礁鱼类的勾当，甚至他们自身也被毒死。

气候变化

对海洋和沿海城镇来说，最大的威胁莫过于气候变化。全球气候变暖使极地的冰块逐渐融化，从而提高了海平面的高度，随之而来的还有更加频繁猛烈的海洋风暴。气候的变暖也使海洋的温度逐渐升高，同时二氧化碳污染也会增加海水的酸度。这些变化不仅对珊瑚礁有破坏作用，也使很多海洋生物濒临灭绝。洋流会陷于混乱，而且如果温度升高的海水将存于海底的甲烷解冻的话，那么后果将是毁灭性的。

▲温室效应

部分地表放出的太阳热辐射被大气吸收后，大气的温度会因此而升高，因其作用类似于栽培农作物的温室，故名温室效应。造成这种现象的罪魁祸首便是伴随煤炭、石油和天然气的燃烧而产生的二氧化碳。这些燃料的广泛使用增加了大气中二氧化碳的含量，从而加剧了温室效应并导致全球气候变暖。

▲逐渐融化的冰

不断上升的温度使得南极洲和格陵兰岛上的冰面逐渐融化。融化后的冰水会流入海洋从而提高了海平面的高度，并且使极地海洋的盐度下降。在夏季，北冰洋表面的冰雪覆盖面积已缩减到历史上的最低点，对于生活在冰面上的北极熊等北极动物是一种巨大的威胁。如果海洋上的冰面消失了，北极熊也会随之灭绝。

▲不断上升的海平面

不断有极地冰面融化成冰水流入海洋，如果这种现象持续发生的话，在22世纪结束时，全球海平面的平均高度将会提高1米，甚至更多。这对一些经常遭受大潮和风暴潮侵袭的地区的影响是非常严重的，海滨城市可能会发生巨大的洪水，图中所示的孟加拉国那样地势较低的地方将会被海洋所淹没，而个别岛国甚至可能消失。

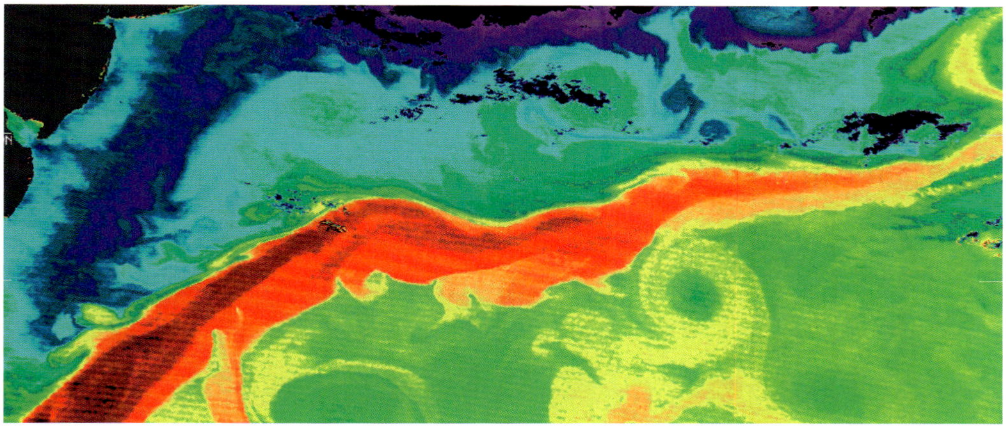

◀混乱的海洋洋流

大陆冰面融化产生的水流到附近海洋中后会降低海水的盐度和密度并且使表面海水不易下沉，这削弱了北大西洋下沉的洋流，这些洋流有助于推动温暖的墨西哥湾流。在这张卫星图像中显示的红色表示，如果墨西哥湾流遭到破坏，这会严重地影响北欧地区的气候，甚至整个世界。

珊瑚的白化▶

造礁珊瑚是靠寄居于它们体内的微生物所制造的食物存活的。如果海水的温度过高，这些微生物会从珊瑚体内移出，这样珊瑚就失去了食物的来源，继而颜色变白甚至死亡。这种白化现象在 2016 年造成了世界上三分之一的珊瑚死亡，而且演变成了一种逐年发生的现象，这样将摧毁这种物种丰富的栖息地。

◀危险的甲烷

导致气候变化的温室气体并不只有二氧化碳，还包括甲烷，一种在许多自然过程进行中产生的气体。海底沉积物里含有大量的冰甲烷。如果持续上升的海洋温度将它们解冻便会变成气泡从海面上冒出并溶入大气中去，这将会大大加剧全球气候变暖的速度。

▲风暴的警示

海水升温变成水蒸气蒸发到大气中后会加大飓风的破坏性。海洋的温度越高，风暴的破坏性就越强，所以，海洋的温度升高会增加风暴的发生频率。在海洋温度最高的地方，这种情况就更严重了，而且还会波及其他地区。发生在 2017 年的大西洋飓风季是历史上破坏性最严重的一次。

酸性海洋

被人们排放到大气中的大量二氧化碳都被海洋所吸收了，这大大增加了海洋的酸度。酸会腐蚀蟹和蛤这样的甲壳类动物和软体动物的白垩质壳，也会破坏珊瑚的石灰质骨架。如果酸化问题继续恶化，那么全世界范围内的珊瑚礁将会死亡，并会导致大量有壳类海洋动物的灭绝。

海洋保护

我们很珍惜海洋为我们带来的美丽风景和种类繁多的生物资源，但是人类的未来生存也许还要更多地依赖于海洋的健康。人类生存需要食物，可一旦占 20% 蛋白质供给的鱼类资源消失的话，许多人可能会饿死。如果海洋生态系统遭受破坏，我们没有办法知道这将会对其他生物造成什么样的影响。为了不让这种情况发生，保护海洋迫在眉睫。虽然不会对目前最棘手的气候变化问题做出什么改观，但是如果我们保持海洋的健康，海洋也会使整个地球健康。

◀配额与协定

许多渔业活动现在都受国际条约的管制，其限定了每艘渔船能够捕捞的最大数量。例如左图中这些位于加拿大纽芬兰的渔船，现在都已经停止工作了，这使得当地以捕鱼为生的人们的生活陷入了困境。但这总比渔业赖以生存的鱼的完全毁灭要好。这些条约最终会使鱼类资源得以恢复，但这也是需要很长一段时间的。

海洋储备▶

在一些地区，一些海域被划为保护区。为了保护海洋生物的生长、繁殖和向附近海域的扩散，捕鱼和其他一些破坏性的活动在这里都会被严令禁止。这样做对鱼类种类和数量的增加都是十分有效的。所以说“禁渔区”可以使附近海域的捕鱼活动变得更加容易，其收获也更多。

技术的改良

数十年来，人们为了捕捞到更多的鱼不断地改良捕鱼设备。同样，先进的技术也可以帮助人们保护海洋，主要的做法就是确保只捕捞目标鱼类而使其他生物不遭到破坏。比如说，可以在会钩住信天翁的捕鱼饵绳上装上一些吓鸟的设备（如右图所示），或是将饵绳从船上直接伸到水下，这样鸟就看不到鱼饵了。一些特别设计的渔网也可使海豚不被缠结溺水而死。总的来说，问题的解决并不在于设备的设计而是在于那些远洋捕鱼的人们正确的使用。

◀规划法

许多沿海开发项目并没有进行很好的规划。为了吸引游客，海岸附近涌现出了大量的别墅和宾馆，这样往往会破坏游客们非常想看到的美丽海景。很多的沿海建筑都没有设计适当的排水系统，从而造成严重的水污染。只有严格的规划法才能阻止这种破坏。

▶污染控制

大量的塑料垃圾被排到海洋中。很多漂浮在海面的垃圾最终被冲上海滩，但更多的是被分解成无形的微小颗粒，这些颗粒对于海洋野生动物来说是致命的。未经处理而被排入大海的污水也会破坏许多地方的海洋生物。因此，有效的污染控制是海洋保护的重要组成部分。

◀生态旅游

一些拥有丰富海洋生物资源的地区会利用这一点来吸引大量的游客。许多猎奇项目如左图中的观鲸旅行就只在能看得到鲸的地方才能开放。支持和发展旅游业，政府支付当地居民保护海洋的费用，海洋污染和过度捕捞的情况就会大大减少，从而保护了海洋。

减少碳排放▶

除了捐款和给予支持，大多数的人并不能为海洋保护做些什么。但是，我们所面临的最大环境问题是全球气候变暖，这个问题则是每个人都能够帮助改善的。比如说，我们可以尽量减少能源的使用，这样就能减少二氧化碳的排放量，从而保护海洋的未来，甚至地球上的所有生命。

大事记

公元前 1500 年 波利尼西亚人开始驾驶着巨大的双层平台木舟征服了众多的太平洋岛屿。在公元前 1000 年，他们到达了夏威夷岛和新西兰岛。

公元前 985 年 维京海盗从冰岛出发向格陵兰岛航行，途中遭到了暴风雨的袭击，因此使航线向西南方向偏离，到达了北美洲的纽芬兰岛。

1405—1433 年 中国航海家郑和率领他的船队开始了对印度洋的探险。

1492 年 热那亚商人克里斯托弗·哥伦布（Christopher Columbus）借助信风的力量开始穿越大西洋的航行，他希望寻找到一条通往中国的航线，但最终却发现了西印度群岛。

1519—1521 年 葡萄牙航海家费迪南德·麦哲伦（Ferdinand Magellan）被西班牙国王派遣寻找一条经太平洋通向东印度的航线。麦哲伦在菲律宾被杀后，他的船队继续穿越印度洋向西航行回到西班牙，完成了世界上第一次环球航行。

1735 年 英国物理学家乔治·哈得来（George Hadley）对地球自转对海洋信风的影响进行了科学解释，为此，人们将一种全球大气环流类型称为哈得来环流。

1759 年 英国钟表工匠约翰·哈里森（John Harrison）对原有的计时器加以完善，制造出了一台精确且可信度高的航海用计时器，它可用于海上经度的测定。

1768—1779 年 英国航海家詹姆斯·库克（James Cook）船长进行了三次探险航行，主要活动范围在太平洋和南大洋。

1770 年 库克船长率领他的船队在澳大利亚的东海岸发现了大堡礁，而奋力号差点在此触礁沉没。

1770 年 美国发明家及政治家本杰明·富兰克林（Benjamin Franklin）出版了第一幅墨西哥湾流的地图。

1805 年 英国航海家弗朗西斯·蒲福（Francis Beaufort）设计了一种测量和描述海上风速的标尺。

1819 年 瑞士化学家亚历山大·玛西特（Alexander Marcet）发现全球海水的基本化学成分是一样的。

1831—1836 年 英国博物学家查尔斯·达尔文（Charles Darwin）在随英国皇家海军舰艇小猎犬号进行航海的同时开始了最早的海洋学研究。

1835 年 法国物理学家古斯塔夫－贾斯珀·德·科里奥利（Gustave-Gaspard de Coriolis）发表了一篇论文，描述了地球旋转对海洋洋流和气流的影响，后来这种影响作用被称作科里奥利效应。

1839—1843 年 英国航海家詹姆斯·克拉克·罗斯（James Clark Ross）远征南极探险，发现了罗斯海和罗斯冰架。

1842 年 查尔斯·达尔文阐述了关于珊瑚礁和环状珊瑚岛的构造理论，但这一理论直到 20 世纪 40 年代才被证明是正确的。

1843 年 英国自然学家爱德华·福布斯（Edward Forbes）宣称在海洋 550 米以下的地方没有生命的存在，就此开始了一场关于无生物层存在性的辩论。

1868—1869 年 在英国皇家海军舰艇闪电号和豪猪号的疏浚作业过程中，苏格兰自然学家怀韦尔·汤姆森（Wyville Thomson）在海底 4390 米以下的地区发现了生命的存在。这一发现证明了爱德华·福布斯关于海底无生物层的理论是错误的。

1869 年 在经过 11 年的艰苦工程后，连接地中海和红海之间的苏伊士运河终于竣工，至少 12.5 万人在这场浩大的工程中死亡。

1872 年 英国科学家威廉·汤姆森爵士（William Thomson，开尔文勋爵）发明了一种可用于测量海洋深度的测深仪，该仪器用钢丝绳代替了原来老式的增重麻绳作为主要的材料，大大提高了测量的精确度。

1872—1876 年 英国皇家海军舰艇挑战者号完成了第一次的全球海洋科考任务，这次航海历经 4 年，航程约为 110 900 千米。

1874—1875 年　供职于美国海军的查理•西格斯比（Charles Sigsbee）在测绘墨西哥湾时首创了一种新型的海底制图方法。

1882 年　第一艘专门为海洋研究而制造的船只——美国渔业委员会的信天翁号开始试运行。

1883 年　位于爪哇岛和苏门答腊岛之间的喀拉喀托火山喷发，其引发的海啸吞噬了 36 000 人的生命。

1893—1896 年　挪威探险家弗里特约夫•南森（Fridtjof Nansen）率领前进号轮船在北极探险时，在被浮冰困住的情况下，随冰块漂流到了北极中心区域，证明了极地浮冰不断移动的现象。

1897 年　第一台海上石油钻机在加利福尼亚海岸建造成功，这台机器距海岸仅 90 米。

1900 年　美国得克萨斯州的海边小镇加尔维斯敦遭受到了一场飓风的猛烈袭击。该场风暴及其引发的洪水夺走了 8000 多人的生命。

1903 年　挪威探险家罗阿尔•阿蒙森（Roald Amundsen）成功完成了第一次通过西北航道穿越北极的壮举。

1912 年　大型蒸汽轮船泰坦尼克号在距纽芬兰岛东南方 700 千米的地方与冰山相撞后沉没，约 1500 人在这次海难事故中丧生。

1914 年　经过漫长的建设施工后，连接加勒比海和太平洋的巴拿马运河终于开通了。

1915 年　德国气象学家阿尔弗雷德•魏格纳（Alfred Wegener）发表了大陆漂移学说理论。他认为所有的大陆都是由连在一起的一个超级大陆分解出来的，后来他将这个超级大陆称为盘古大陆。

1915 年　英国探险家欧内斯特•沙克尔顿（Ernest Shackleton）率领的坚忍号在南极威德尔海面被冰块困住，在随冰块漂流了 1300 千米后，船体终于被毁。

1919 年　法国科学家成功利用回声探测器（声呐）装置进行了第一次深海测量。

1924 年　在得出最早组成生命的复杂分子是由简单物质构成的这一结论后，苏联生物化学家亚历山大•欧帕林（Aleksander Oparin）提出了地球生命起源于海洋这一理论。

1925—1927 年　德国测绘船流星号利用声呐测出了大西洋中脊的轮廓。

1934 年　自然学家查理•毕比（Charles Beebe）与机械师奥蒂斯•巴顿（Otis Barton）乘坐一种叫作潜海球的简单潜水器潜入海底 923 米深的地方，这一壮举也创造了一项世界纪录。

1943 年　法国潜水员雅克•库斯托（Jacques Cousteau）和机械师埃米尔•加尼昂（Emile Gagnan）制造出了第一台自行携带式水下呼吸器（SCUBA）。

1948 年　美国海洋学家亨利•梅尔森•施托梅尔（Henry Melson Stommel）发表了一篇论文，阐述了湾流和海洋环流是如何在全球范围内进行热量再分配的理论。

1948 年　美国海洋地质学家布鲁斯•希曾（Bruce Heezen）和玛丽•萨普（Marie Tharp）开始利用声呐测出的数据来绘制海底地貌图。他们在 1977 年发布了世界海底地图。

1954 年　乔治•乌奥（Georges Houot）和皮埃尔•维尔姆（Pierre Willm）驾驶的法国深海探测潜艇 FNRS3 号潜入到非洲西部达喀尔水域 4040 米深的海底，开创了载人潜水器的新纪元。

1955 年　先锋号海洋测量船第一次用船牵引海洋磁力计并在美国西海岸发现了海底条形磁区的存在。

1958 年　美国核潜艇鹦鹉螺号在北极的冰面下方进行了一次航行，这次航行证明了北极地区没有大陆存在。

1959—1962 年　美国地质学家哈里•赫斯（Harry Hess）提出了海底扩张假说，即海底是由大洋中脊扩张形成的。

1960 年　雅克•皮卡德（Jacques Piccard）和唐•沃尔什（Don Walsh）驾驶的里雅斯特号深海潜水器潜入太平洋海底最深的区域——马里亚纳海沟。

1961 年　美国斯克里普斯海洋研究所开始进行深拖系统的研究工作，开创了远程海洋研究的先河。

1963 年　英国科学家弗雷德里克·瓦因（Frederick Vine）和德拉蒙德·马修斯（Drummond Matthews）在海底的岩石中发现了海底条形磁区的存在，这为哈里·赫斯的海底扩张假说提供了证据。

1963 年　冰岛南端的叙尔特塞岛是由位于大西洋中脊上的一个火山爆发后形成的新的苏尔特西岛。

1963 年　地壳中的热点是由于地幔中存在热羽而形成的，加拿大地质学家约翰·图佐·威尔逊（John Tuzo Wilson）阐述了这一理论。

1963 年　第一台多波束声呐系统在美国测绘船罗盘岛号上投入使用。

1964 年　北美洲发生了历史上最大的一次地震，导致这场地震的原因是阿拉斯加下方的太平洋海底滑动了 20 米。

1964 年　美国伍兹霍尔海洋研究所的阿尔文号潜水器进行了它的第一次潜水活动，这为深入研究深海翻开了新的一页。

1967 年　朗斯拦潮坝在法国的圣马洛投入使用，它利用每次退潮可以发出 24 万千瓦的电量。

1968 年　格洛玛挑战者号钻井船对海底下方 1000 米处的岩石进行了取样分析，进一步肯定了海底扩张学说。

1970 年　20 世纪最猛烈的一场热带风暴在孟加拉国登陆。巨浪和洪水夺去了 50 多万人的生命。

1977 年　乘坐阿尔文号潜水器进行海底科研活动的科学家在东太平洋脊海域附近发现了海底热液喷口。

1980 年　位于墨西哥坎佩切湾的 Ixtoc 1 号油井发生井喷事故，在这次事故中共有 47.5 万吨原油泄漏到了墨西哥湾海域中。

1982—1983 年　一场来势异常凶猛的厄尔尼诺现象席卷了太平洋区域，并严重影响了当地的天气，厄瓜多尔和秘鲁附近的东太平洋海域中的鱼类遭到灭顶之灾。

1985 年　密西西比河中的污染物随河水流入墨西哥湾，并在入海口形成了一个海洋生物无法生存的死亡带，这个区域第一次被系统地进行了测定。

1985 年　一支由罗伯特·巴拉德博士（Robert Ballard）率领的探险队在距海面 4000 米的北大西洋海底发现了泰坦尼克号的残骸。

1989 年　大型油轮艾克森·凡德兹号在美国阿拉斯加州威廉王子海峡附近海域航行时不慎触礁沉没，并泄漏出 1.14 亿升原油。约有 25 万只海鸟和 6000 只海獭被毒死，这是历史上最严重的一次原油泄漏事故。

1990 年　美国地球物理学家真锅淑郎（Syukuro Manabe）在对全球气候用电脑模拟系统进行分析后得出结论，全球气候变暖有可能会使墨西哥湾消失。

1995 年　有记录以来世界上最大的海浪在加拿大纽芬兰岛海滨袭击了伊丽莎白二世号海轮，海浪高达 30 米。

1995 年　瓦尔特·史密斯（Walter Smith）和戴夫·桑德维尔（Dave Sandwell）利用观地卫星的雷达数据首次精准地绘出了海底地图。

1998 年　海洋温度的异常升高导致了一场严重的珊瑚白化事件，世界上四分之一的珊瑚礁在这次事件中遭毁坏。

1998 年　勘探人员在寻找油田的过程中，在苏格兰附近的北大西洋海域发现了一个巨大的冷水珊瑚礁群。这个礁群存在于海下 1000 米处，面积约有 100 平方千米。

2000 年　据伽利略号航天探测器提供的证据表明，木星的一个卫星表面冰层下有可能存在海洋。如果这种情况属实的话，它将成为太阳系中除地球外的唯一一个拥有海洋的星球。

2002 年　位于南极洲威德尔海域北部的拉尔森 B 冰架由于海水温度升高而坍塌。这次坍塌事件，引起了人们对全球气候变化的广泛关注。

2003 年　世界上第一座开放型海域潮汐能发电站在英格兰南部的德文郡北海岸附近建造成功。这个系统采用涡轮机来利用强大的潮汐流产生动力。

2004 年　一项有关墨西哥湾相关的洋流测量表明，自 20 世纪 60 年代以来，湾流的流速减慢了 30%，这说明湾流面临消失的危险。

2004 年　亚洲海啸为印度洋沿岸的海滨地区带来了灭顶之灾，导致至少 15 万人死亡和 2.5 万人失踪，是历史上伤亡最大的一次海难事故。

2005 年　一场由飓风“卡特里娜”引发的风暴潮袭击了美国南部的新奥尔良市，导致 1000 多人死亡。

2005 年　一份由国际海洋学家联合队发布的报告称，由于空气中的二氧化碳不断溶入海洋，致使海洋的酸性逐渐加大，这严重威胁了海洋生物的生命。

2006 年　科学家通过对加拿大附近海域海底沉积物的钻探研究后发现，冰态甲烷的储藏层要远远浅于预期值，这增加了对其开发的可能性，但同时也引发了这可能导致气候变化的担忧。

2006 年　一项科学研究表明，世界上三分之一渔场中的鱼群正在消失，而且消失的速度正在加剧。如果这个趋势持续下去，到 2050 年，海洋将会被捕捞殆尽。

2007 年　科学家指出，南大洋现在吸收的二氧化碳要比以前少很多，这大大提高了气候变化的速度。

2011 年　日本北部海岸发生大地震，引发海啸造成 15 000 多人死亡。

2017 年　电视剧《蓝色星球 2》揭示了塑料污染对世界海洋的破坏性影响。在剧中，为解决这个问题，人类付出了巨大的努力。

2019 年　研究表明，目前格陵兰冰盖的融化速度是 2003 年的 4 倍。这将导致海平面急剧上升，淹没许多沿海城市。

气象密码

天气与气候

我们对天气都很感兴趣，想知道今天的天气是热还是冷，是潮湿还是干燥，该穿什么衣服，是不是去海滩的好日子。有些人为了谋生或生存必须了解天气。一场严重的暴风雨会使农作物受损或使渔船沉没。极端的天气甚至会毁灭整个城市，引起可怕的饥荒。因此，天气对我们的生活有很大影响。

气候

干旱和沙尘

一个地区长期统计的平均天气状况称之为气候，尽管一年的气候是逐渐变化的，但还是可以预测的。例如，像撒哈拉沙漠这样的地区总是相对干旱和贫瘠的，那里偶尔也会有暴风雨，但每年的平均降水量却绝对不够弥补被蒸发到空中的水分。

茂密和葱绿

沿海地区一般有大量的降雨。虽然沿海地区的夏季是一年最干暖的，但比内陆地区还是要湿润。由于受海洋性气候的影响，沿海地区冬季也永远不会像同纬度地区的内陆那么冷。在这种温和的气候中，植物生长旺盛，无论是什么季节到处是郁郁葱葱的景象。

▲雨阻止玩耍

天气是一种复杂的综合性的大气状况，它包括温度、云量、风和雨等多种要素。这些要素总是变化的，而且一些地区的气候比其他地区更加多变。像英国这样的地方，其多变的天气是家喻户晓的。户外活动如网球联赛，往往会因下雨而中断。像加利福尼亚等另一类地区则不然，整个夏季人们都可以享受到阳光。

闪电是不可控制的——我们不知道什么地方将会出现闪电

不可主宰的力量▶

天气是人们不可主宰的。虽然我们可以了解它和预测它，但不能让它听我们指挥。我们只能保护自己避免遭受剧烈的天气灾害，并学会预测这些天气事件会发生的时间。但有时我们所做出的事情是可能影响天气的。例如，大气污染造成的烟雾和霾，正在导致全球性气候变化，然而这种变化的后果又是我们无法控制的。

◀流动着的大气

围绕着地球的空气层叫大气层，大气层中的空气流动形成了天气。大气层流动的方式是相当复杂的，但是它绝对是遵循着我们能够理解的方式在运动。这就使我们预报天气成为可能，但是大气层的确切运动实际上仍然是难以预测的。例如预报员预报将要下雨，但他们很难说准在何时何地降雨。

预报天气

由于新技术的运用和人们对天气变化方式理解的加深，天气预报一直都在完善。卫星和自动气象站所收集的信息被输入功能强大的计算机，就可以逐日提供全世界各地的气象图片。计算机对这些材料数据加以处理，就可预报出未来几天将会有什么样的天气形势。卫星甚至可为人们提供在太空中所观察到的天气景象。如本图所示为飓风正在袭击美国东海岸的卫星图片。

正常天气▶

正常天气和极端天气的区别主要看你所在的地方而定。世界上有些地区的经常性天气在生活于另一些地区的人们看来却是极端的。这种天气在当地的气候中是典型的，那么当地人就认为它是正常天气。比如说在印尼爪哇岛中部，暴雨是完全正常的天气，那里几乎每天都有雷暴。但如果暴雨出现在澳大利亚的悉尼，就会当作新闻来报道，因为那里的气候相对干旱得多。

◀极端天气

有些天气非常极端，在任何地方生活的人都不会认为它是正常的。比如飓风是加勒比海地区气候的一部分，但那里的任何一个地点，也很少遭受两次以上的飓风袭击。因此，对于飓风从大海横扫过来，袭击岛屿和城市，人们事先毫无提防。左图所示为2005年10月飓风“威尔玛”袭击墨西哥坎昆的惨状：建筑物被推倒，供电设施被摧毁。

▼气候的恶兆

从历史上大部分情况来看，人们习惯于当地气候，气候变化一般不太大。人类可能经历过干旱、暴风雨或霜冻等极端气候事件，但人们知道天气总会转为正常。但是在当今剧烈的气候变化的威胁下，人类已经感觉到气候不再如往常。现在每一次异常的气候变化，都可能是未来气候的一种不可预测的征兆。因此，探索天气比以往任何时候都更加重要。

太空中的地球

地球的大小和在太空中的位置决定了地球上的天气及其变化。地球是围绕太阳这一恒星旋转的八大行星之一。大部分带外行星是巨大的气态球体，内核较小，由岩石构成。地球与太阳的距离较近，能够保持相对的温暖，这样充满水的海洋就能在地球表面存在，而且它有大气层。来自太阳的不均衡热量使地球上的水和大气流动，这就形成了地球上的气候。

▲地心引力

地球是由含铁、镍丰富的陨石撞击在一起形成的岩石球体。陨石撞击产生的能量熔化了岩石，使绝大部分的铁、镍流入地核，地核的重量给予地球足够的引力吸引住大气层。

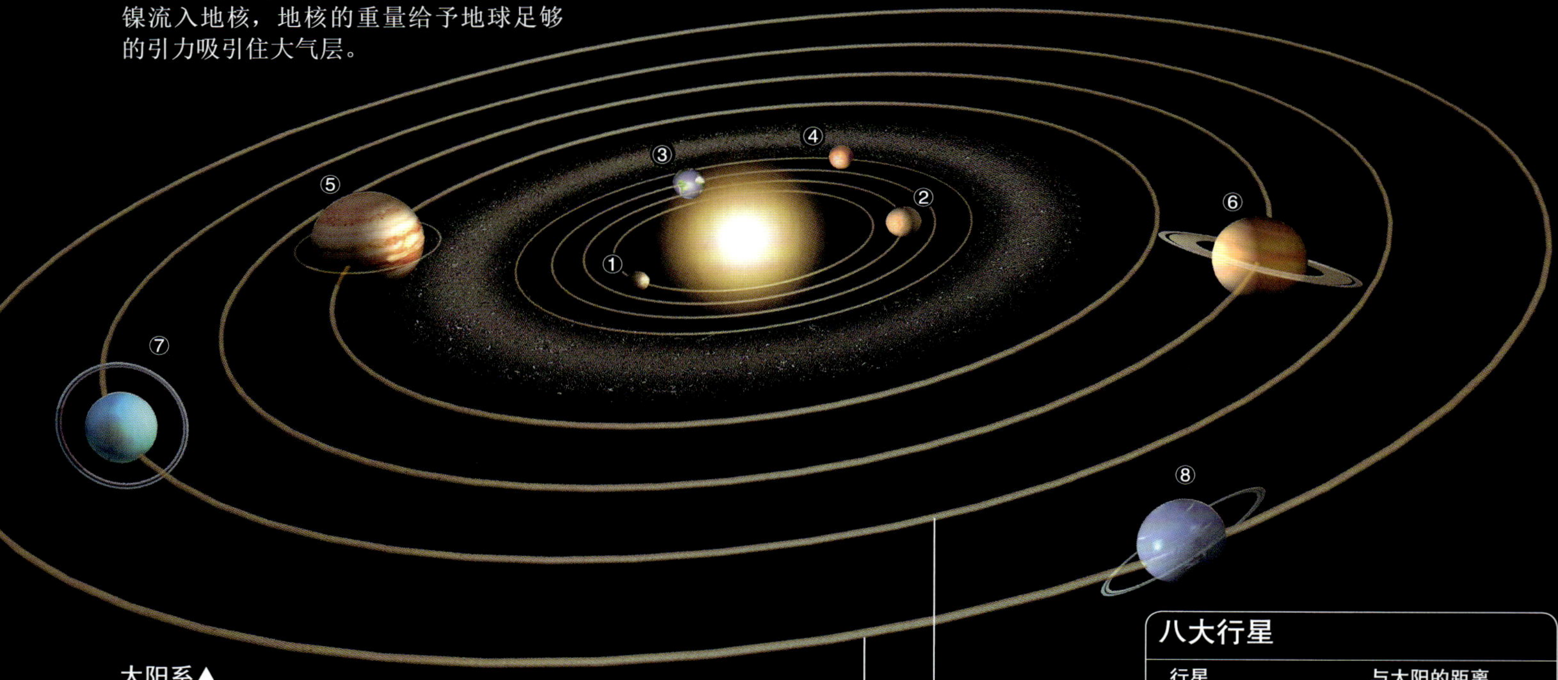

天王星主要由岩石和不同的水冰物质构成

海王星用约 165 年的时间围绕太阳旋转一周

太阳系▲

太阳系主要由太阳及其八颗行星所组成。靠近太阳的四颗行星由岩石质构成，称为带内行星（水星、金星、地球和火星）；远离太阳的四颗行星由岩石和气体构成，称为带外行星（木星、土星、天王星和海王星）。带内行星与带外行星被小行星带隔开，小行星带是由类似的岩石碎片（小行星）构成。太阳系中的行星曾经在一条很宽阔的带内像飞碟一样围绕太阳运行。这也就是为什么所有的大行星的轨道，都在同一平面内的原因。离太阳越远，绕太阳一周的时间越长。地球绕太阳运行一周用时 1 年。

八大行星

行星	与太阳的距离
①水星	5.80×10^7 千米
②金星	1.08×10^8 千米
③地球	1.50×10^8 千米
④火星	2.28×10^8 千米
⑤木星	7.78×10^8 千米
⑥土星	1.429×10^9 千米
⑦天王星	2.87×10^9 千米
⑧海王星	4.504×10^9 千米

▲水

地球是太阳系唯一能使水以三态的形式存在的行星——固态（冰）、液态（水）和气态（蒸汽）。海水能促进云和雨的形成。当水从一种形态改变到另一种时，它以潜热的方式吸收或是释放能量，这些能量有助于推动地球天气系统的演变。

太阳系的其他行星

水星

水星离太阳最近，是带内行星中最小的一颗，它没有隔热的大气层，因此没有天气变化，其表面暴露在太阳的直接照射下，白天温度高达 400℃，在晚上可下降到 -175℃，这是由于热量很容易流失到宇宙空间。

金星

金星与地球的大小差不多。它周围有一层厚厚的大气层，二氧化碳占 96.4%，这样的大气层像一块地毯围绕着这个星球，阻碍了热量向太空流失。因而金星表面温度高达 500℃——热得足够达到熔炼铅的程度。

火星

火星比其他任何行星都更加与地球相似。但因为它小得多，所以只具有较小的引力和较薄的大气层。火星距太阳较远。白天最热的地区气温仅仅有 10℃，夜间温度通常会下降到 -140℃。

木星

木星是太阳系最大的行星。它的直径是太阳直径的十分之一。木星的绝大部分构成成分是巨大的旋转气团。大约 90% 是氢气，是所有气体中最轻的一种。木星气团层顶端的气温大约为 -145℃。

地球上的生命

地球上存在水，为生命的存在提供了条件，并衍生成种类繁多的形式，从简单的微生物到巨大的树木和美丽的动物。地球上生命的演变，部分是由于天气格局的变化和气候变化所致。但生物的存在也影响着大气层和局地天气。例如，大气层中所有的氧气最初都是生物释放出来的。

呼吸装置

因引力极小，所以航天员可以在月球表面跳得很高

◀月球

地球也有自己的卫星——月球。在太阳系的早期历史上，由于星球的碰撞，从地球上分离出去的一团尘粒形成了月球。月球上绝大多数尘粒都是来自地球的岩石外层，而不是来自地球的铁心，所以月球铁的含量比地球少得多。这就使月球轻一些，几乎没有地心引力，故无大气层，也就不存在天气了。

大气层

地球周围被一层空气所覆盖，这就形成了大气层。白天，大气层保护地球免受太阳全部光线的暴晒，并吸收对地球有害的紫外辐射；夜间它又防止热量扩散到宇宙空间。热量不均使大气层的低层气流在地球表面到处流动，有助于减少极端的热或极端的冷。这层气流也形成了地球的天气。

空气

大气层中绝大部分的空气集中在最低层，即对流层。因而随着高度的增加空气的密度递减。如果你在空气中上升 10 千米（这对陆地上的旅行距离来说不算太远），就会进入到空气稀薄到不能正常呼吸的边缘。这也就是为什么登山运动员攀登喜马拉雅山的珠穆朗玛峰时往往须佩戴呼吸装置。

▼对流层

大气层是相对薄的一层空气，越往高处，空气越稀薄，航天器上所拍摄的照片显示出大气层的蓝色光辉消失在无空气的太空的黑暗中。云和天气只出现在最低的大气层，称为对流层。

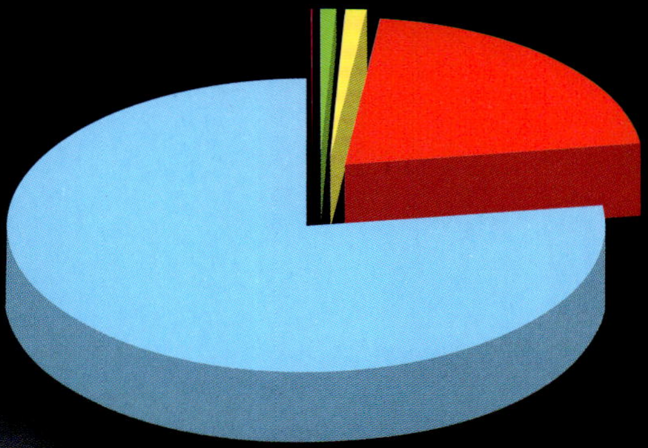

空气成分组成

成分	百分比
氮气	78%
氧气	20%
氩气	1%
二氧化碳	0.04%
其他气体	接近 1%

▲空气的构成

我们所呼吸的空气是混合气体。主要的两大组成成分是氮气和氧气。此外，对生命至关重要的二氧化碳是混合气体中比例非常小的一种气体。空气的其余组成成分还有氩气、氖气、氦气、臭氧、氢气、氪气及其他气体。

▲大气层

大气层由几个很厚的层组成。最低的是对流层，它包含着大气层中绝大多数的空气，是各种天气发生的地方。对流层上方是平流层，该层含有臭氧层；然后是中间层；中间层上方是热层，热层上方是散逸层，最后消失在太空的真空中。

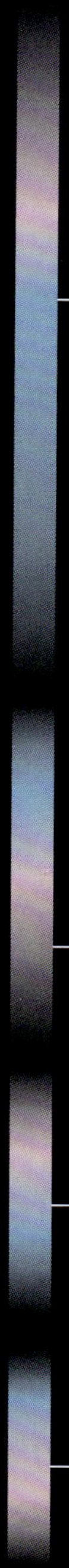

▲大气层的分界线

大气层中每两层之间的分界线是逆温层——在这一点上，温度不是随着高度升高而下降，而是升高（反之亦然）。温度的逆转，阻止了空气在层与层之间自由流动。

▲燃烧的流星

大气层上部，气体的密度很小，但也会对降落的陨石造成阻碍。随着向地面下降，摩擦生热，小的陨石以流星的形式坠落下来。

▲给天气“盖盖子”

湿润的暖空气向着平流层上升，形成很厚的积雨云。但在对流顶层的逆温阻碍空气的继续上升，于是空气向侧面扩散开来，因此，对流顶层起到给地球的空气盖上盖子的作用。

氧气的生产者

大气层中的氧气绝大部分是由 20 亿年前生长在地球上的微生物制造出来的。它们与现在在澳大利亚沙克湾的水域中找到的蓝细菌非常相像。这种菌可利用阳光的能量，将二氧化碳和水转化为糖，这一过程会释放氧气。

太阳能

在太阳内部，氢气不断地变成氦气，这一过程释放能量。这些能量辐射到宇宙空间，只有一小部分到达地球，这就足以照亮我们的星球和保持其温暖。来自太阳的热量使大气层持续运动，形成了地球上的天气。

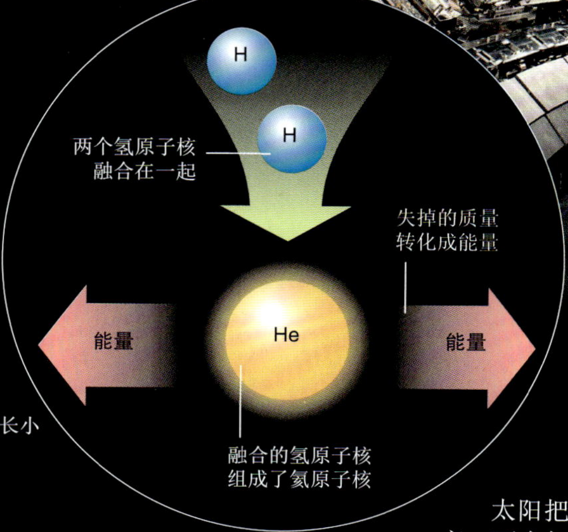

▲核聚变

太阳把氢变为氦的过程叫核聚变。两个氢原子核在高温和高压下产生一个氦原子核，但是每一个氦原子核比两个氢原子核的重量轻一些，那么一些质量就流失，这些失掉的质量以电磁辐射的形式转化成能量。地球上，科学家们正在努力利用实验室进行核聚变反应，要把核聚变当作能源。图中就是这样的实验装置。

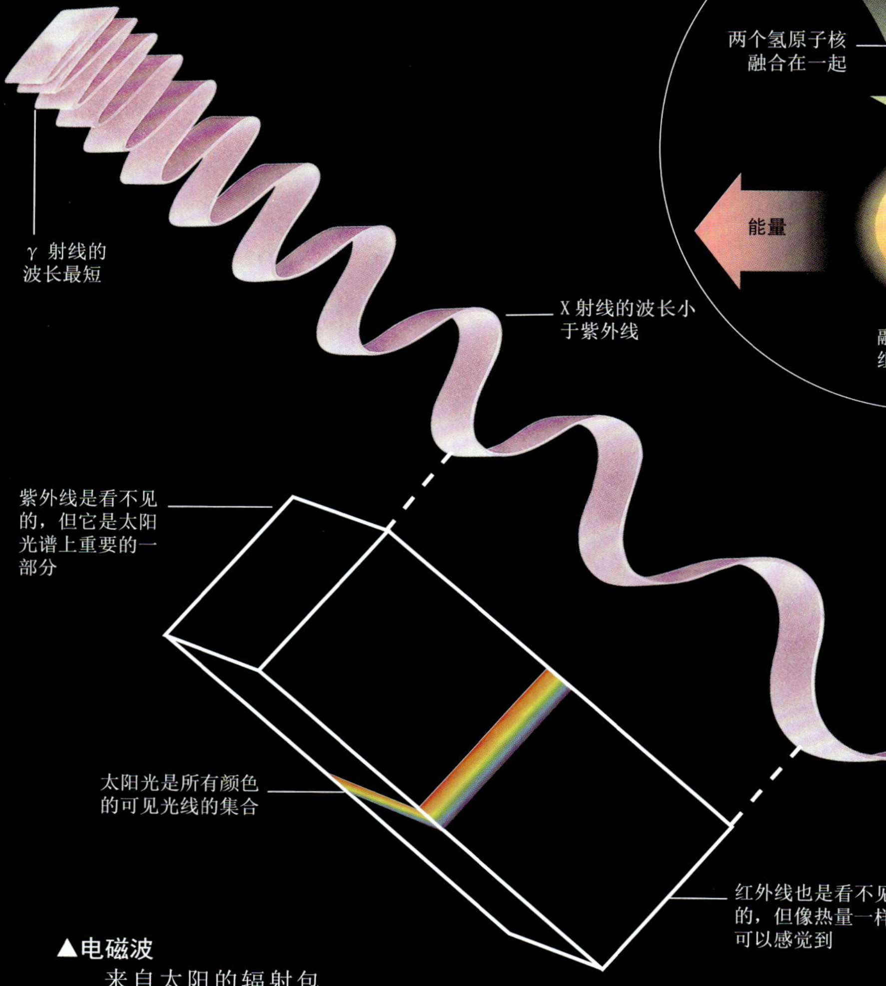

▲电磁波

来自太阳的辐射包括了所有波长的电磁波谱，从波长非常短的 γ 射线到很长的无线电波。但 99.9% 的太阳辐射是在从紫外线到红外线的范围之内，可见光位于其间，只占整个电磁波谱上很少一部分。可见光组成光谱上所有的颜色，这些颜色合并形成白色阳光。

◀看不见的光线

虽然我们看不见紫外线和红外线，但能感受到它们的存在。紫外线能引起皮肤晒伤，对生命有危害。因为大气层中的平流层吸收了大部分来自太阳的紫外线，地球上的生命才得以存在。高空的平流层加热，形成逆温层，为地球的空气盖上盖子。我们能感觉到红外线散发的热，当红外线从地表辐射出来时，它能推动气流形成天气。

白炽热

具有温度的物体辐射能量，而且它们的温度越高，辐射出的射线的波长就越短。加热钢会辐射长波红外线。如果它开始闪红光，那么它的波长变短，那时它就比较热了。如果它突然辐射出光谱上的每一种颜色，那么它就白炽化了，就达到熔化的程度了。因为太阳是以更短的波长辐射能量，说明太阳更热。

北极光▶

太阳有时以含有粒子流的太阳风的形式释放一些能量，这些粒子流被地球磁场吸引，到达极地，把能量传递给大气层上层的空气分子，就会形成各种颜色的光帘，称作极光。本图为位于北极的加拿大夜空中闪耀出的北极光。

◀光的颜色

照亮地球的太阳的白色光实际上是光谱上各种颜色的混合，从短波的紫色到长波的红色。如果白光通过可折射光的玻璃三棱镜，不同波长就会产生不同程度的折射，各种光就会分离开来。当阳光和空气或水相互作用时，会产生蓝色的天空、红色的日落以及五颜六色的彩虹。

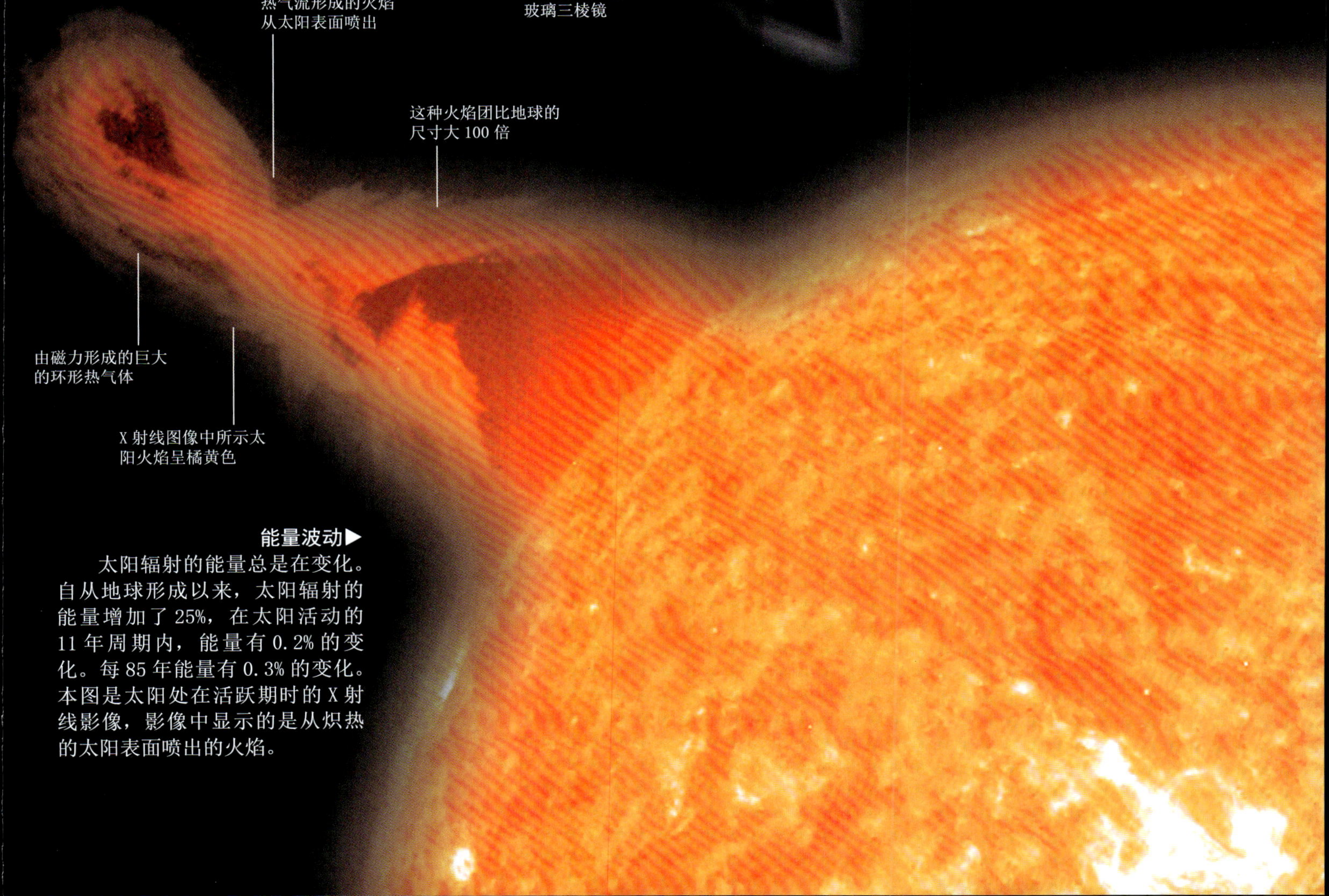

能量波动▶

太阳辐射的能量总是在变化。自从地球形成以来，太阳辐射的能量增加了 25%，在太阳活动的 11 年周期内，能量有 0.2% 的变化。每 85 年能量有 0.3% 的变化。本图是太阳处在活跃期时的 X 射线影像，影像中显示的是从炽热的太阳表面喷出的火焰。

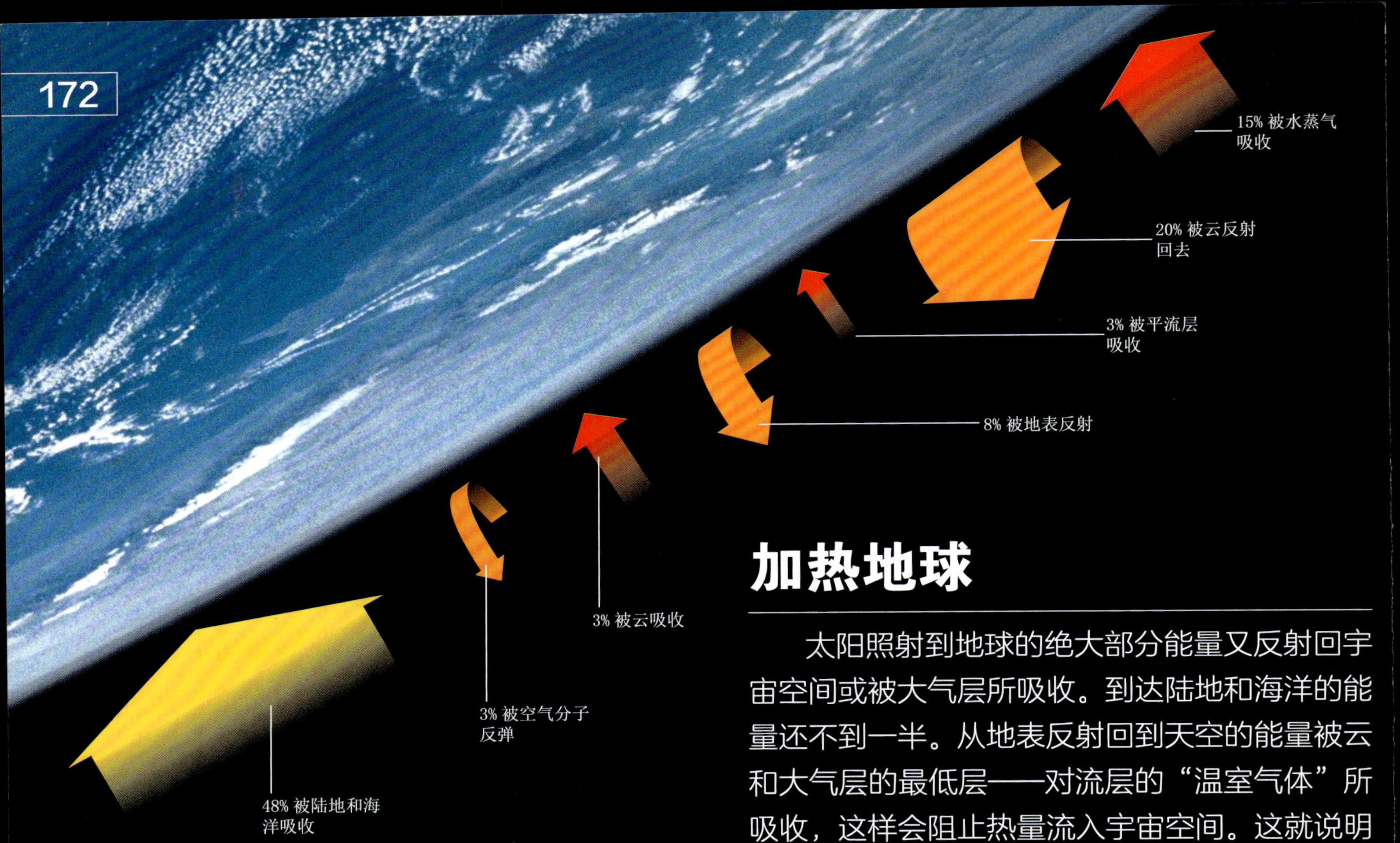

加热地球

太阳照射到地球的绝大部分能量又反射回宇宙空间或被大气层所吸收。到达陆地和海洋的能量还不到一半。从地表反射回到天空的能量被云和大气层的最低层——对流层的“温室气体”所吸收，这样会阻止热量流入宇宙空间。这就说明对流层是从底部加热的，所产生的热气流最终形成天气系统。

▲流失的能量

在太阳辐射照射地球的大气层时，近三分之一的能量立即返回了太空。绝大部分能量是被云反射回去的，也有被空气分子反弹回去的。还有一些是被地球表面反射回去的，尤其在有冰的区域。更多的能量是被平流层的气体所吸收，或是被对流层的云或水蒸气所吸收。只有 48% 的进入大气层的太阳能量可以到达地面，加热地球的陆地和海洋。

要点

- 反射回太空的能量没有发生热效应
- 大气层吸收的能量发生了热效应
- 地球表面吸收的热量发生了热效应

平流层中的臭氧

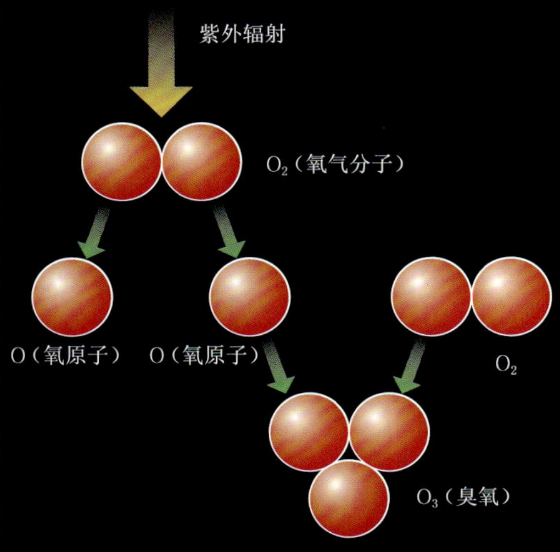

大约 3% 的进入大气层的太阳总辐射的能量，被平流层的气体接收下来。这些辐射大部分是紫外线，被氧分子所吸收。每个氧分子由两个氧原子组成，于是它的化学分子式是 O_2。紫外辐射把能量传给分子，能量的注入使它们中的一些分离成单个氧原子。这些可能附着在别的氧分子上，形成三个原子的氧分子，就称为臭氧（O_3）。但臭氧也吸收紫外辐射（不同的波长），并以同样的方式分裂开来，形成更多的氧气。在正常状态下，臭氧的生成和破坏的速度是相同的，整个过程中臭氧都在吸收紫外辐射，其密度是保持稳定的。

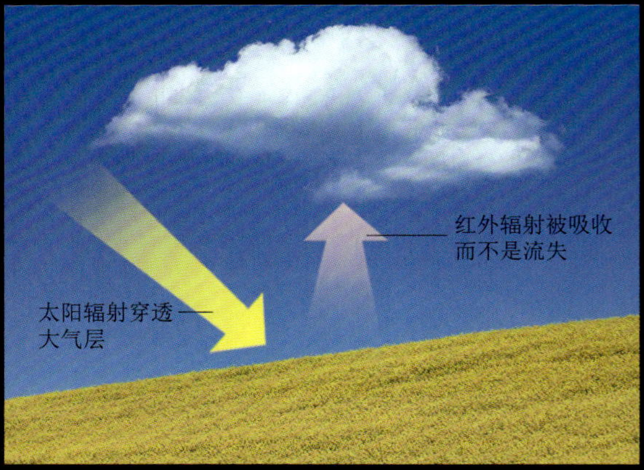

▲温室效应

很多的太阳能量是以相对短波的辐射形式直接穿过大气层，照热地球。加热的地球也辐射能量，不过是以波长较长的红外辐射。这种辐射被大气层中的“温室气体”诸如二氧化碳和水蒸气所吸收。这种效应就使地球表面的气温比没有空气的月球高出大约 30℃。

太阳能熔炉▶

太阳光线可被聚焦在一起而产生很高的温度。可以用放大镜把阳光聚焦在小范围内；也可以用若干镜子聚焦在大范围内。像加利福尼亚的一架太阳能熔炉，是利用大量的镜子把太阳能聚焦在一点上，可获得高达2000℃的高温。

反照率效应

某些物体的表面比另一些物体反射的太阳能量多，这种反射能力就叫作反照率。反照率越高，被吸收的热能就越少。冰和雪有时具有80%以上的反照率，它们就像镜子一样，极地勘探人员不得不戴上反光护目镜。冰可吸收的热量非常少，必须用大量的太阳能量才能融化它。如果把冰融化，就会露出光秃秃的岩石，这些岩石反照率不到20%，会吸收更多的能量，很容易使温度上升，阻止更多冰的形成。

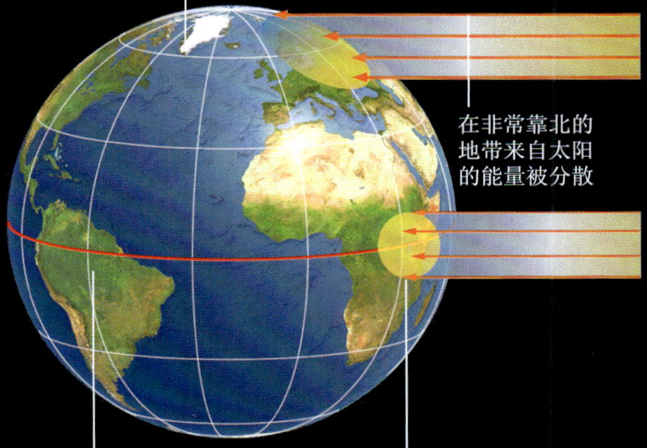

◀分散的能量

在热带，太阳光线直射地表，太阳能量非常集中。在极地附近，太阳光线倾斜照射地表，这就使太阳能量分散。在赤道附近的某一地区所吸收的能量大约是奥斯陆（挪威的首都）纬度上的两倍。这就是为什么奥斯陆比内罗毕（肯尼亚的首都）冷得多的原因。气团流动的主要原因就是在不同纬度上太阳加热的程度有差别，这种现象导致了地球天气系统的产生。

▼温室行星

金星距太阳太近，不能形成海洋，不能像地球那样由海洋吸收大量来自大气层的二氧化碳，因此所有火山产生的二氧化碳都留在金星的大气层中。这就使金星形成了强烈的温室效应，把表面平均温度从大约87℃提高到465～485℃。

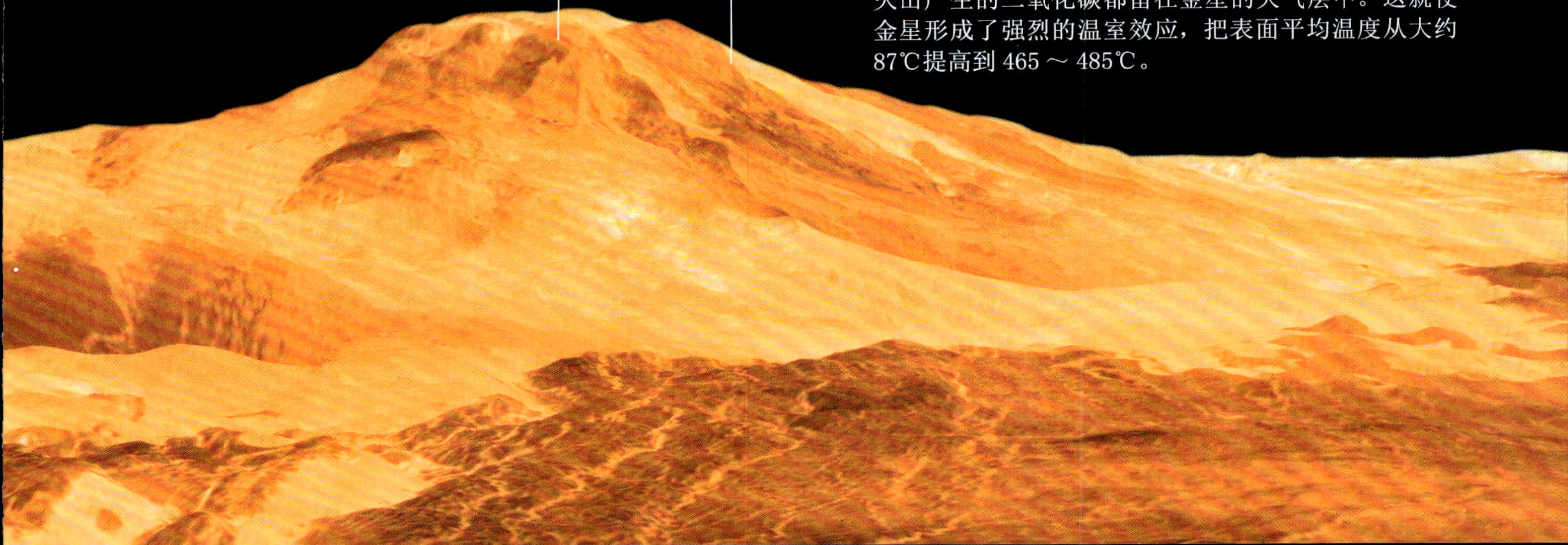

季节

地球沿轨道绕太阳旋转的同时，也在与地面垂直倾斜 23° 26′ 的轴上自转。轴总是以同一角度倾斜。因此在 6 月时，北极转向太阳；在 12 月时北极却远离太阳。这就意味着 6 月时，北半球比南半球要炎热，所以这时在北半球是夏季，南半球为冬季。6 个月后情况发生转变，南半球变成夏季，北半球又变成了冬季。

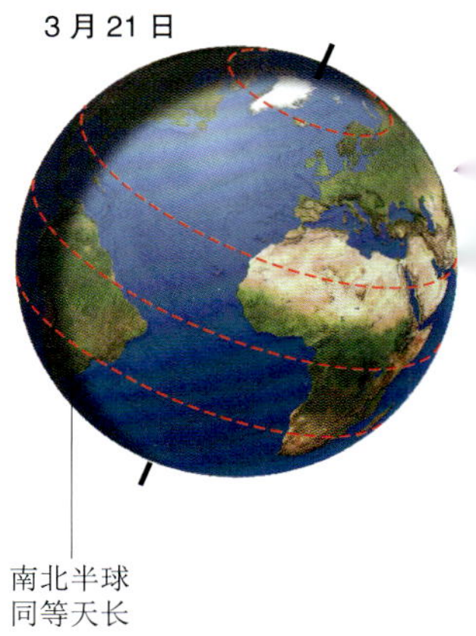

极地季节

南极的冬季

冬季南极地区几乎见不到阳光，温度降到 0℃之下。在南极周围地区孵蛋的皇企鹅被迫聚在一处保暖，它们用腹部温暖着蛋以免冻成冰块。

北极的夏季

夏季，北极地区经历着连续不断的白天。在北极草原上，生命萌发出来：植物开花，昆虫孵化。像绒鸭这样的候鸟，成千上万地到这里产卵孵化，并利用短暂时期内丰富的食物来喂养其雏鸟。

在轨道上运行的地球▶

6 月 21 日，北极圈以内的地区全是白天，没有夜晚。这是因为北纬地区比南半球更直接面对太阳，因而享受着温暖的夏季；12 月份，南半球面向太阳，南纬地区变为夏天。北半球远离了太阳，这就导致了北极寒冷的冬天和持续的黑暗。

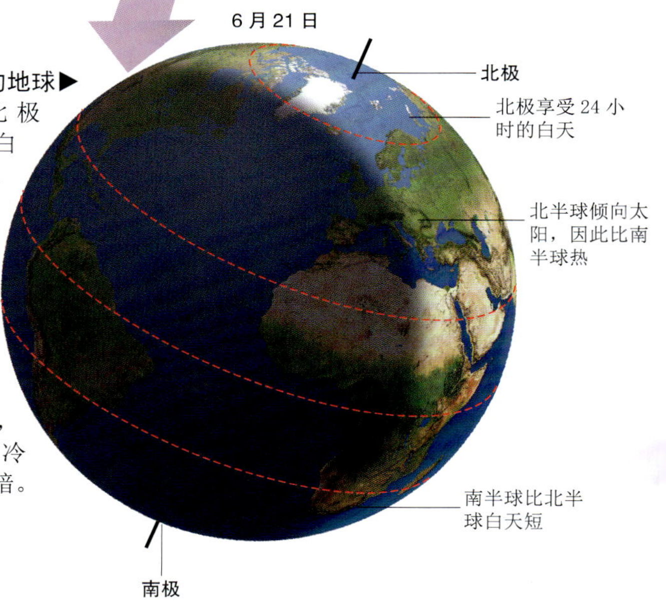

▲冬季

在北半球和南半球的中高纬度地区，冬季都是寒冷的，白天较短，黑夜较长。一些树木用落叶和休眠的办法度过冬天。很多动物或是冬眠或是迁徙到温暖的地区过冬。

▲春季

随着春天的到来，温度上升，白昼变长。在落叶树木下面的低矮的植物受到阳光照射开了花。动物从它们的洞穴里出来，或从越冬地返回，开始产卵孵化。

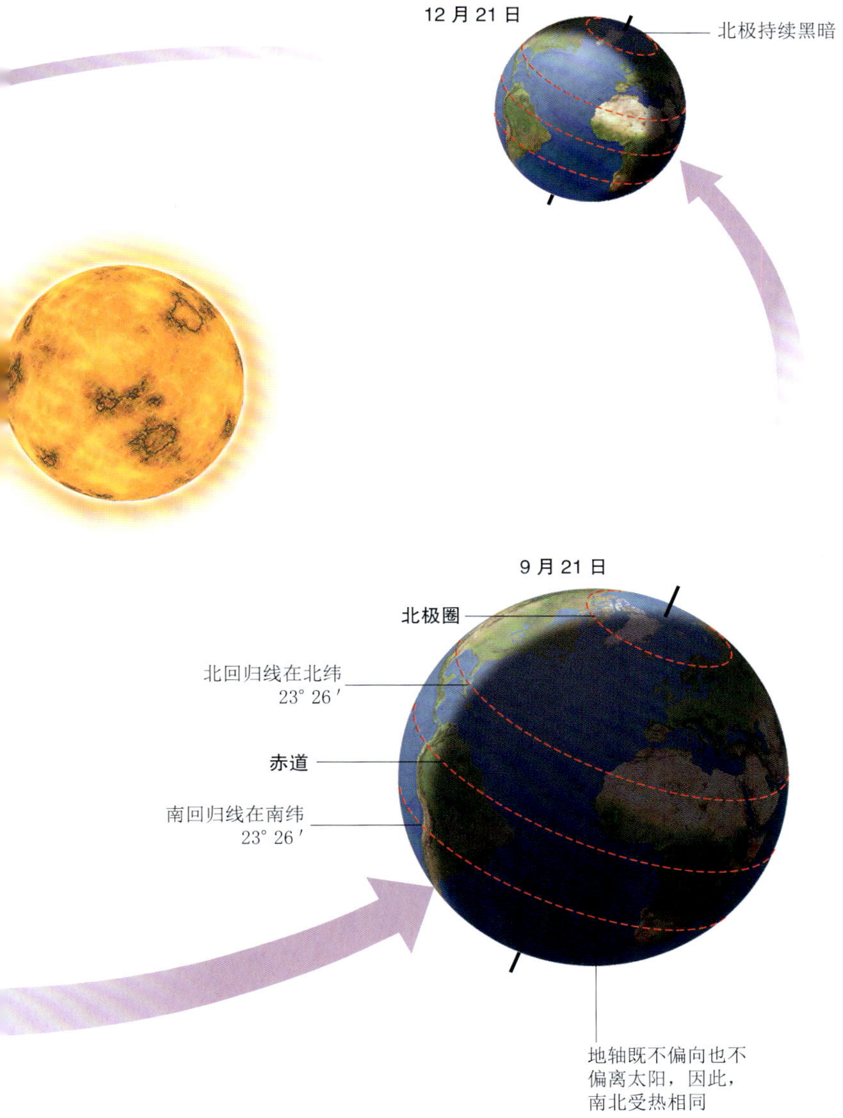

▲热带的积雪

爬山爬得越高，你感受的气温越低。山上总会比周围凹地温度低。即使在热带，像非洲的乞力马扎罗山峰上，也覆盖着积雪。通向山顶的路线会经过一系列如同从赤道到极地的不同纬度上的各种气候带。

热带季节

雨季

在热带，太阳光的最大密度一年之内会北移和南移，把热带暴雨系统拉向北或拉向南，这就出现雨季和干季。图中，在雨季，东非的热带稀树草原在经受从布满天空的雷雨云上倾倒而下的大暴雨的袭击。

干季

7 月，雷暴带退到东非大草原的北部。南部地区雨停了，干季一直延续到 11 月，到那时，土壤也旱成一片灰尘。野草枯萎或被火烧掉。然而像金合欢这样坚韧不拔的树木幸存了下来，因为它们的长根可以从很深的地下汲取水分。

▲夏季

夏季天气炎热，白天很长。在海岸沿线地区，雨水充足，植物生长旺盛，长出了茂密的枝叶。但在内陆地区，干旱限制了树木的自由成长，从而衍生了广阔无边的大草原。

▲秋季

随着秋季的到来，白天变短，气温下降，往往雨水增多。在冬季寒冷的地区，秋季树木将要落叶。叶子不再产生绿色的叶绿素，变成了棕色、黄色或红色。

暖空气和冷空气

主宰天气的动力是来自太阳的热量。但是太阳为地球提供的热量是不平衡的，靠近赤道的地方接收的热量比两极地区多得多，这就意味着在大气层底部的空气随着纬度不同被加热的程度也不相同。因为暖空气往往是穿过冷空气在上升，温度的差异就会使空气流动。这就形成了能把热量重新分配给全球的环流系统。

▲上升的暖空气

随着空气受热膨胀，它们占据更大的空间，这就说明它们原来的体积里含有较少的分子，其密度较小。因为同体积暖空气的密度比同体积冷空气的密度小得多，它们的重量就轻，因此就能穿过冷空气向上流动。就是这一效应能使热气球上升到空中。但随着空气的膨胀，暖空气开始冷却。当暖空气的温度和周围空气一样高时，热气球就会停止上升。

膨胀的空气

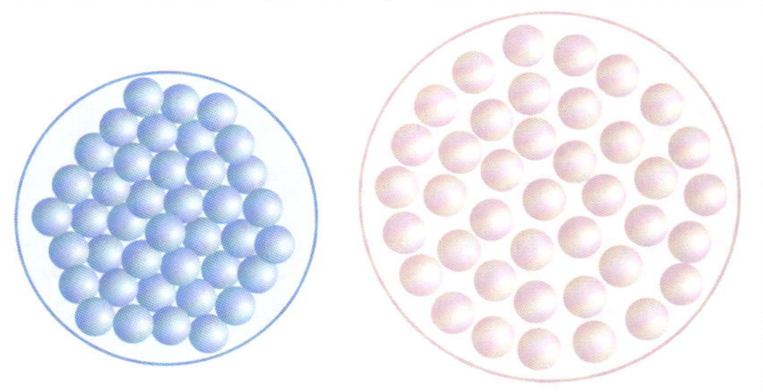

空气的分子是被引力凝聚在一起的。但空气不断运动，这就要克服引力。分子的流量和它们的能量有关。冷空气含极少的能量，因此引力能把冷空气的分子吸引到一起。加热空气可以给空气分子更多的热量，使得它们四处运动相互分离。如果它们受热的话，同样数量的空气分子会占领更多的空间。这就解释了为什么空气受热会膨胀的道理。

▲上升的热气

如果空气下面受到不均衡的加热，那么部分气团变热密度减小。这些热而轻的空气向上流动，轻的冷气流从低处流入作补充。如在热带岛屿上，中午的太阳使地面比周围的海洋温度高，这样的热地面使岛屿上空的空气变热，气流上升。周围大海的冷气流从下面流入岛屿作补充，然后又受热上升。

▲高空冷却

暖空气随着上升而不断膨胀。因为在高空大气压力很小，不会把上升的暖空气挤在一起。这种膨胀需用能量，这样可使空气冷却下来，最后气流停止膨胀和上升，开始向两侧扩散。当上升气流遇到和它密度相同的周围空气时，这种现象同样也会发生。这就是积雨云到达平流层的底部时向侧面扩散的原因。

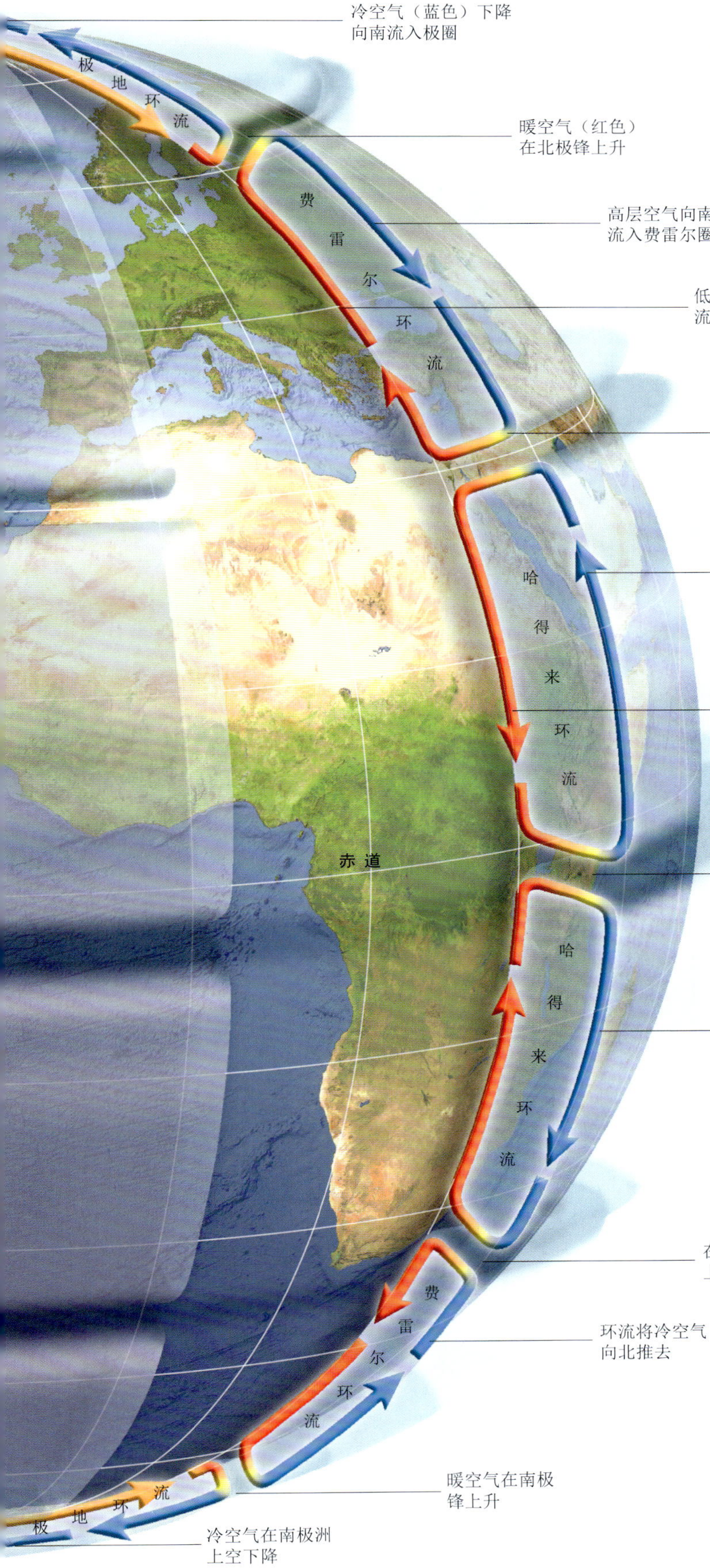

◀环流圈

在温暖地区上空的空气被更多的暖空气上升时推开，开始冷却而下降。快到达地面时，可能会又流入暖区来补充那里的上升空气，这就叫作对流环。在热带，暖空气在赤道附近上升，然后向南或向北流动，构成哈得来环流圈。同样的对流发生在极地，形成极地环流。在哈得来环流与极地环流之间是费雷尔环流，在这里是反方向环流。

▲雨林带

暖气流上升时，形成低气压带。赤道附近空气上升的地带与哈得来环流聚在一起，形成所谓的热带辐合带（ITCZ）。在这里上升的暖空气中的水分形成云和降雨，导致热带雨林的生成。

▲沙漠带

空气下沉时，其重量增加，在大气层形成高压带。下降的气流阻止了云的形成，因而几乎不降雨。这就导致沙漠的形成，像亚热带的撒哈拉和卡拉哈里沙漠就是在副热带高压带形成的；同样下沉气流也导致极地沙漠的形成。上图所示为南极洲干谷。

▲混合带

在极地环流和费雷尔环流之间的分界处的上升气流带称作极锋。这里，极地冷空气在来自亚热带的热空气下方流动，把暖空气向上推。在这一过程中，暖冷空气以复杂的方式混合在一起，形成了环流的天气系统。这种系统使欧洲北部区域的气候多变，如上图所示。

科里奥利效应

地球上的大气层在不断地流动着。暖气流从热带向极地流动，冷空气从极地向赤道流动。但这种环流形式受到另一种运动的影响，那就是我们的星球在地轴上自转，使南北流向的气流偏向东西方向移动。这种偏向称为科里奥利效应。在靠近极地的地区尤其强烈，但在赤道上却不存在。

牛顿第一定律

1687年，英国科学家艾萨克·牛顿发表了他的三个运动定律，第一定律说明运动的物体在不受到外力作用下，总是保持它自己的速度和方向。这就是地球上空的气流总是以同一速度流动的原因。即使在地球各纬度以不同的速度自转的情况下，亦是如此。其结果是使气流从直线方向突然转向跨过地球表面。

科里奥利

物理学家兼数学家古斯塔夫·科里奥利，1816年任巴黎综合理工学院的助理教授。他进行了包括水力学在内若干领域的研究。他通过对水轮的研究，解释了自转着的地球表面上的液体和固体运动的规律。他在论文中阐述了这一运动规律，现在称为科里奥利效应。这篇论文在1835年发表。科里奥利51岁时在巴黎去世。

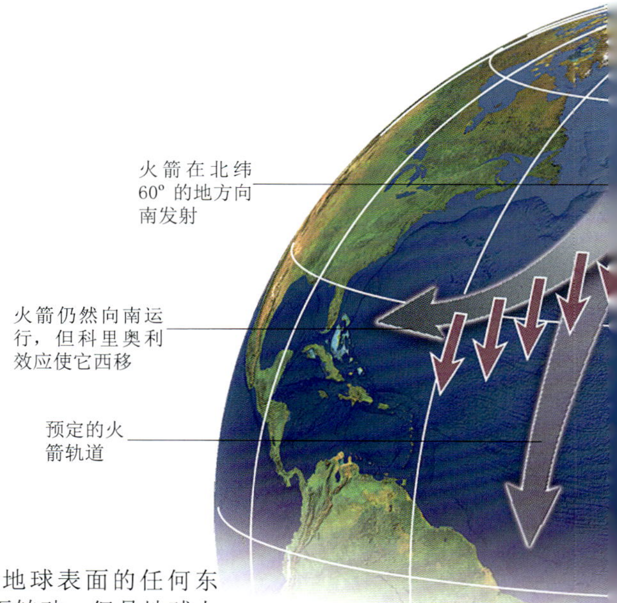

偏离方向的运动▲

要绘出科里奥利效应图的一个方法是设想火箭在发射。发射基地坐落在北纬60°的地方，由于地球在自转，基地实际上是以每小时835千米的速度向东移动。火箭是向着赤道发射，然而当它向南运行时，仍然维持着向东移的速度（按照牛顿第一定律）。但地球比之前向东移动速度稍快一些，火箭就被落在后面，这样火箭实际上相对于地球表面向西漂移了一段距离。现在设想火箭是从赤道附近的基地发射，相反的事情发生了，火箭是以每小时1670千米的速度向东移动，但它本来是向北发射的，火箭在发射的过程中还保持着东移的速度，它在东移行进的过程中，在它下面的地球表面东移的速度变慢了，这样火箭就会漂移在地球表面的东方。

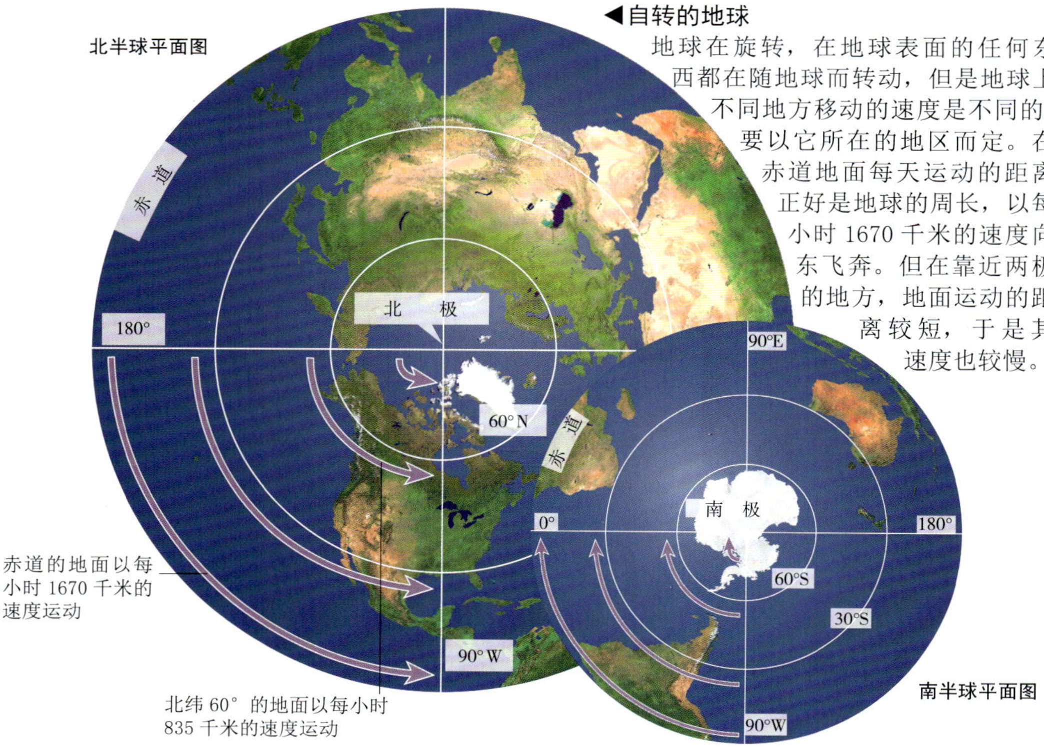

◀自转的地球

地球在旋转，在地球表面的任何东西都在随地球而转动，但是地球上不同地方移动的速度是不同的，要以它所在的地区而定。在赤道地面每天运动的距离正好是地球的周长，以每小时1670千米的速度向东飞奔。但在靠近两极的地方，地面运动的距离较短，于是其速度也较慢。

流动空气▶

像火箭一样，气流也受到科里奥利效应的影响。在北半球，科里奥利效应使流动的空气朝着原方向的右边偏转，这是和地球表面自转有关的。向北流动的气流向东方偏转，而向南流动的气流向西方偏转；在南半球，情况正好相反。流动空气朝着原方向的左边转向。这就解释了为什么大的气团不是从赤道直接流动到极地而是返回到赤道的原因。由于风向和天气系统均是由地球表面上空流动的气流形成的，因而科里奥利效应对其均有较大影响。

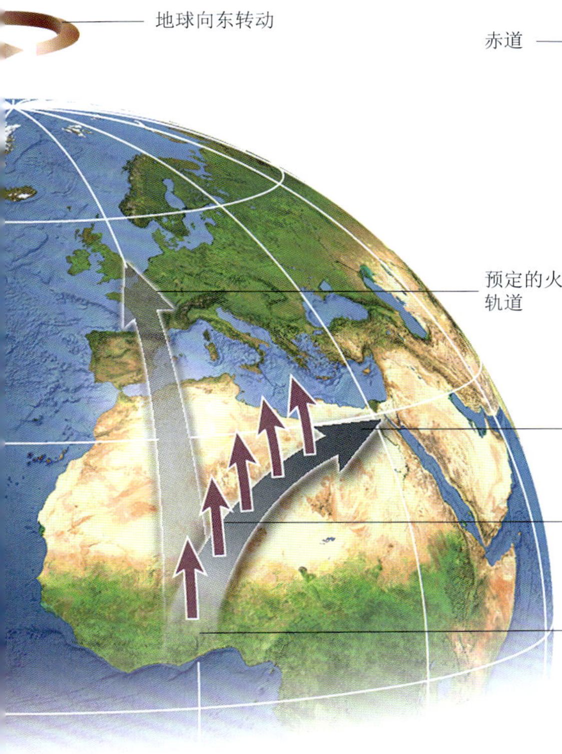

◀向下排水

当通过排水管道排水的时候，往往被人们说成是“在赤道以南和以北水流下去的旋转方向不同”，实际上科里奥利效应在像水池或脸盆这样小的地方是几乎显示不出来的。排水向左或向右旋转都可能，要看它原来的水流方向。

科里奥利效应和天气

旋转的风暴

热带风暴，如飓风，需要科里奥利效应帮其开始旋转。这些风暴是由热带海洋提供能量的。但它们永远不会在赤道附近形成，那是因为在赤道附近没有科里奥利效应使它们旋转。

海洋性气候

在北半球中纬度地区，科里奥利效应使风向东吹。这就使北大西洋湿润的暖风向欧洲西北部上空吹来，因此那里的气候比大洋彼岸的加拿大东部湿润温暖得多。

海风

远在加勒比海的东海岸的岛屿是著名的迎风岛，因为它位于从北大西洋吹来的信风的途中。这些稳定的风受到科里奥利效应的影响，把热带气流吹向偏西方。

盛行风

世界上很多地区，风一般总是从一个方向刮来的。例如西欧，风一般来自西南方向，这种风被称作盛行风。盛行风多数是在远离陆地的开阔的大海上比较明显。大块陆地总是对盛行风起到扰乱作用，那是因为大陆受热、受冷都比海洋快得多。这就产生了局地的季节性风，它会改变盛行风的风向。

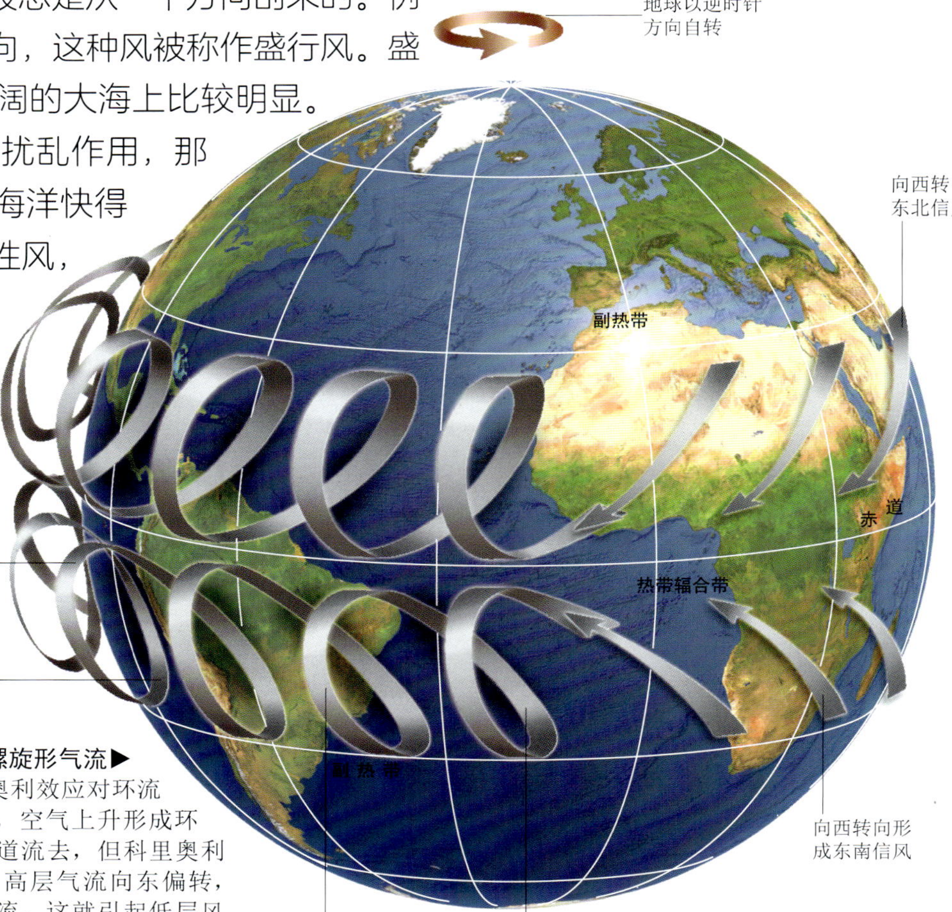

螺旋形气流▶

盛行风是地球自转效应——科里奥利效应对环流气流的作用所形成。例如在回归线上，空气上升形成环流，偏离赤道，然后下降在低空向赤道流去，但科里奥利效应使这些环流气体突然改变方向，高层气流向东偏转，低层气流向西偏转，形成螺旋状的环流。这就引起低层风在北半球热带从东北吹来，在南半球热带从东南吹来。在中纬度和极地地区同样会形成这种环流的流动方式。

▲信风

热带的盛行风又称信风，此风对航船十分重要。轮船利用东北信风向西横跨大西洋到达加勒比海——这是一条自克里斯托弗·哥伦布发现以来一直被海员遵循的航线。同样的东南信风使他们跨过太平洋。

▲静止无风带

在赤道附近的热带辐合带上，几乎无风。信风在这里辐合导致气流主要是上升。在海上这种无风带被称作无风区。无风带也出现在副热带地区空气下降的时候，无风带也包括在北大西洋的马尾藻海，在那里使古老的依赖风和洋流助力才能航行的船只在这片海域踟蹰不前。

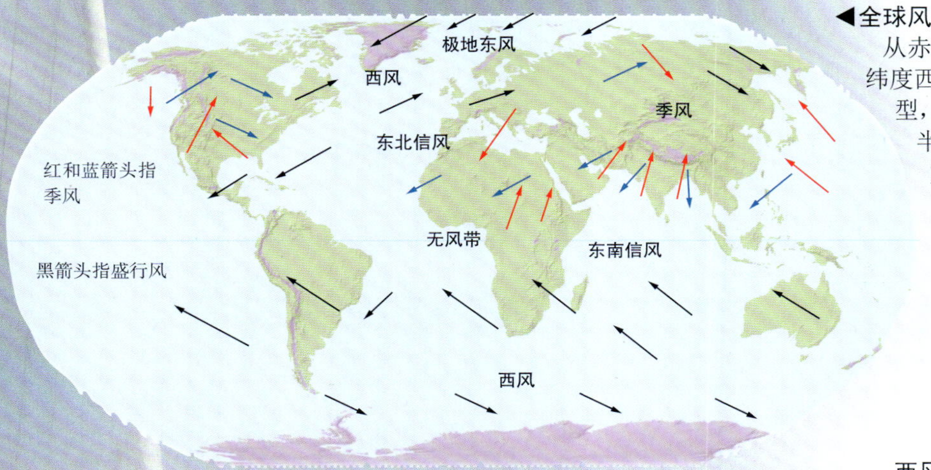

◀全球风

从赤道到两极，盛行风的主要形式有热带信风、中纬度西风和极地东风。盛行风这种模式在南半球很典型，因为那里有广阔的海洋，天空很晴朗；但在北半球的陆地如亚洲、北美洲、北非都会生成季风，如南亚季风就会干扰全球风的正常模式。

西风带▶

在中纬度地区，大洋上的盛行风称作西风，那是因为它们是从偏西方向吹来的。在北大西洋，这些西风把含盐分的海洋气流吹到爱尔兰上空产生了像这棵被风刮倒的树一样的效果，并使爱尔兰的气候保持温和湿润，但树木有时被不停的西风吹弯。同样，盛行风主宰了位于南半球中纬度地带的新西兰的气候。

极地东风带▶

在两极地带，盛行风是从东方吹来的，故称极地东风。这些风吹动着漂浮在水面的冰块向西沿着南极洲的海岸线流动；也吹动冰块按顺时针方向沿着北冰洋流动。并不是所有的极地东风整年都是对人们有益的。而且因为两极地区的表面绝大部分都是结冰区，所以这些风对海员航船并没有帮助。

大风中飘游的盐分使能见度降低

轮船通过山峰一样的巨大波浪行驶

◀怒吼的南纬 40°

由赤道出发远行，离赤道越远，盛行风风速越大。这种情况在南极洲周围的南半球海洋上尤其明显。在南纬 40° 时，盛行风十分强大，被称作“怒吼的 40°”，然而越向南行进，风速越大。到南纬 50°，称作“大发雷霆的 50°”，之后是“声嘶力竭的 60°”。这也说明了为什么南纬 56° 的南美洲最南端的好望角被冠以“死角”的名声。那里的大海风暴如此汹涌以致毁坏船只的现象屡见不鲜。

海洋和大陆

地球上气候形成的主要原因是气流从热带流向两极再返回。这种流动气流的方向受科里奥利效应的影响发生偏转。但这种方向的偏转由于大陆的存在又被一定程度地修正。大陆变热和变冷的速度比海洋快得多，这就导致陆地和海洋有温差，使空气的流动方向改变。变化缓慢的海洋气温也使海岸线的气候不像大陆上那么极端。

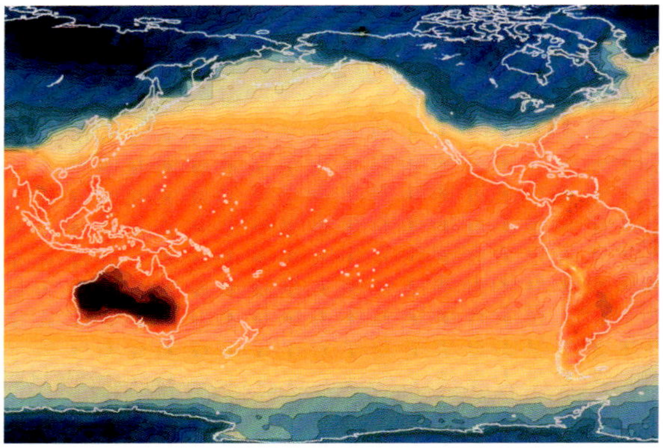

▲陆地和海洋的温度

海洋比陆地受热和冷却的速度慢，科学家称之为热惯性。因为这一特性，海洋的温度差异比在同一纬度上的陆地要小得多。卫星云图显示，1 月份北美和北亚气温非常低（用深蓝色表示）；澳大利亚非常炎热（深红色）。但海洋温度的差异却不太明显。

▲海岛天堂

海岛和沿海地区总要比内陆的气候温和得多，因为海洋能防止它们变得太冷或太热。北非附近的特内里费岛具有温暖、宜人的气候，尽管它和撒哈拉沙漠在同一纬度。

凉爽的水▶

海洋的热惯性确保了海洋永远也不会变得非常热或非常冷。这就是为什么在海滩上坐了一会儿之后下到海里会感觉到凉爽的原因。即使在冬季，极地附近的海洋也比冰封的陆地温暖一些。当海水达到快要结冰的温度的时候，在格陵兰岛和南极洲厚厚的冰盖下大陆的气温要比海水低得多。

▼冰流

像气流一样，海水流也能把热量带到世界各地。热带洋流从热带把热量带到两极地带，冷洋流又从极地返回，给热带带回凉爽。寒冷的洋流甚至可以把冰山推到温暖的水中。下图所示为从格陵兰岛向南漂浮的一块冰山。正是类似的一块冰山，于 1912 年撞沉了泰坦尼克号。

◀高气压和低气压

冬季，大陆上空的气温比海洋上空低。这些冷却的空气下降，形成高气压，阻碍了云的形成和降雨，如亚洲中部的戈壁沙漠冬季就是在这种高气压的控制下。但夏季情况恰恰相反，暖空气在大陆上空上升形成低气压。这些季节变化影响了空气环流。

海洋输送带

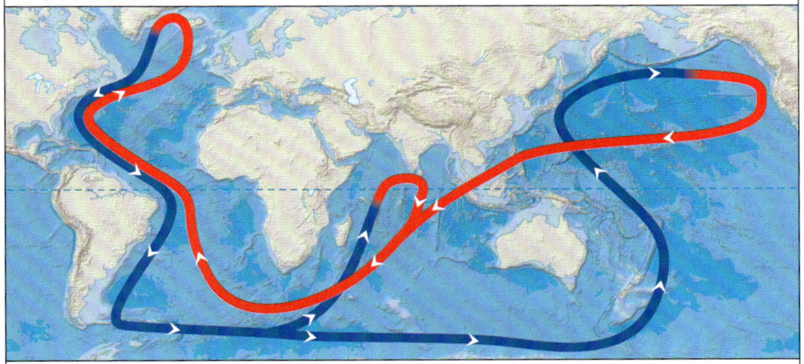

表面暖流　深层盐水寒流

海流连接在一起，形成了一个把水运送到全球各地的系统，也可把热量带到世界各地，很像一条水流组成的巨大的传送带，穿过各个大洋形成环形线路。于是有时人们把它称作海洋输送带，科学家把它称作热盐环流，因为它是由水中的温度和盐度推动的。低温和高盐度，使海水浓度大而重，就会下沉。在北大西洋的格林兰附近冰冷的含盐的海水下沉，形成主要推动传送带的“引擎”之一。随着这些水向南流动，来自北大西洋漂流的热水向北流入作补充。这种漂流是墨西哥湾流的延长部分。

▼墨西哥湾流

墨西哥湾流把热水从墨西哥湾运送到北大西洋。这些暖流使得北欧的气候比较温暖。墨西哥湾流对英格兰和爱尔兰的影响比较明显，虽然它们是与大西洋另一端的加拿大在同一纬度，却在冬季温暖得多。如果墨西哥湾流停止流动，那么北欧在冬季就会冰天雪地。

大陆气候

冰封的冬季

沿海地区的冬季温和、夏季凉爽。但在大陆内地，气温非常极端。在西伯利亚的上扬斯克，冬季气温可下降到-68℃，是北半球最冷的城市，它比北极还要冷，因为北极位于大海中漂浮的冰层相对薄的冰块上，大海阻碍气温下降到冰点以下。

炎热的夏季

上扬斯克（如左图）位置非常靠北，在夏季也得不到很多的温暖。但气温还是能把所有的冰雪融化，人们能够在冰雪融化后暴露出来的土壤中种植庄稼。再向南移，在西伯利亚中部，夏季气温会升高到30℃，但在冬季这里则可下降到-30℃。像这种有着巨大温差的气候就是典型的大陆性气候。

热带棕榈树生长在受墨西哥湾流影响的英国西南方的锡利群岛上

气团

当大气围绕地球流动时，会跨越温暖和寒冷的海洋和陆地。这些地表特征会改变通过其上空的空气，可使空气变暖或变冷、变干燥或变湿润。气团流动得越慢，它停留在像温暖的海洋这样的特定区域的上空的时间就越长，那么海洋对空气的影响就越大。这就会产生四种主要气团。每种气团都有不同的温度和水分含量。

多样化的气团

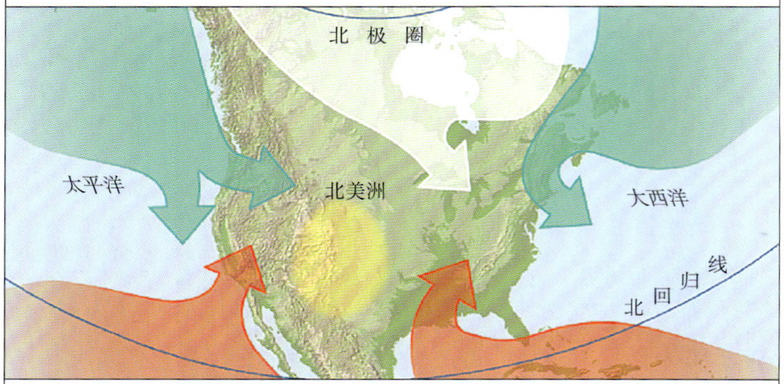

热带海洋气团　极地海洋气团　极地大陆气团　热带大陆气团

地球上任何地方的气候通常总会受到两种或两种以上不同的气团影响。例如在北美洲，气候就受着6种不同气团的影响。寒冷的极地大陆气团由位于靠近北冰洋地区的加拿大向南流入，同时极地海洋气团却由北半球的大海向这一地区流入；湿润的热带海洋气团由热带海洋流入北美洲，而该地区南部中心区域上空会产生热带大陆气团。

▲季节的交替

一年之内海洋温度改变并不很大，但在一个大陆的中部，冬夏气温变化幅度可高达60℃，这样就影响和改变了大陆气团的特点，同时影响了它们与稳定的海洋气团交互作用的方式。春季从加拿大通过美国向南流动的大陆气团比来自墨西哥湾的海洋气团寒冷和干燥得多，它们之间的交互作用会导致春季的大陆龙卷。

◀**热带大陆气团**

当气流在炎热干燥的大陆上空通过时，可获取大量的热量并形成炎热而干燥的热带大陆气团。这种气流能导致干季的到来，例如非洲撒哈拉南部的撒赫勒热带沙漠附近的地区。在这里，炎热干燥的气团会被赤道附近的上升气流推向沙漠以南的地区，如果继续向南推进，受这种气团影响当地气候也会变得炎热干燥。

◀**极地大陆气团**

当气流通过像加拿大和西伯利亚这样的寒冷而干燥的大陆地区时，就会形成寒冷而干燥的极地大陆气团。这些地区在冬季气温变得极端寒冷，这是因为地表气温降得远低于0℃，因而空气也会变得特别寒冷。如果这些气团被推向温暖的地区上空，就会使这些地区的地温急转直下。因为气流中几乎未含有水汽，就可形成蔚蓝天空下的干旱天气。

◀**热带海洋气团**

当气流通过温暖的海洋时，吸收了海洋的热量和水分，形成了热带海洋气团。热空气比冷空气所含的水蒸气要多，因而这些气团是非常潮湿的，并往往会形成大雨。在印度洋季候风期，来自印度洋的热带气团会向北流动，到达次大陆时，常会形成数月的持续降雨，这往往导致严重的洪灾。

◀**极地海洋气团**

气流通过寒冷的海洋时，由于与海水的接触，会变得凉爽下来。但不会像通过寒冷的大陆后温度变得那么低。这种气团也会吸取海上的湿度，但绝不像暖气团所含的水蒸气那么多，这种凉爽且潮湿的气团叫作极地海洋气团。在澳大利亚的塔斯马尼亚岛，由于受凉爽而湿润的海洋气团的影响，整年无霜，气候温和、湿润，岛上到处是保持茂密生长的温带雨林。

可变气团

虽然海洋气团含有大量水分，但其所通过的地区并不是总会形成降雨，这是因为气团的性质是可变的。例如，如果这种气团通过山脉，其气团中的湿度会形成雨水降落在山中，这气团再通过山峰后将会由潮湿而变得干燥，这就形成“雨影”，即在山脉的另一侧则几乎看不到雨。这种效应在南美洲非常显著。在那里，从太平洋向西流动的海洋气团会在通过安第斯山脉时降下大雨。在太平洋与安第斯山脉之间的智利，就会是湿润而肥沃的。但在山脉的另一侧，雨影效应就形成了巴塔哥尼亚沙漠。

▲**多雾的沙漠**

海水的流动也会导致气团性质的变化。温暖而湿润的气团从大西洋流入非洲西南部，会遇到从南极洲向北流动的本格拉海流。气团与寒冷的海水接触，空气中的水蒸气变成雾和雨水降落下来。经过降雨后的气团再向前行进，到达纳米比亚的骷髅海岸时，已经丧失了其绝大部分水分，经常受这种气团的影响，其下的陆地变为贫瘠的沙漠。尽管如此，这种沙漠上的作物和动物也可以从来自海岸的雾气中吸取维持生存所需的水分。

锋

当两股气团相遇时，它们不是简单地混合在一起，其中一股气团往往比另一股温度低一些。有时冷而重的气团会推动它上面的暖空气；有时温度高而轻的气团会滑到冷气团的上方。无论哪一种情况，暖空气总会被向上推动，生成云和雨。在两种气团汇合之处，称为“锋”。大气层中常有一些锋，可延续数千千米之远；另一些锋是短距离，或是局部的。但所有的锋都会给两种气团之间形成界限。

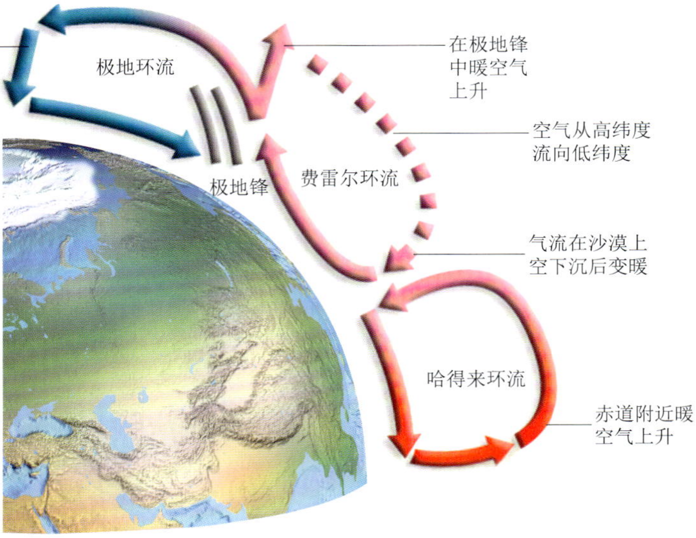

极地锋▶

两种最重要的大型气候锋就是北半球的极锋和南半球的极锋，这两大气候锋标志着寒冷的极地气流和温暖的热带气流的界线。在北极锋，来自北冰洋的寒冷而沉重的气流，将它下面的来自热带的热气流推动前进。暖空气沿着倾斜的锋向上行进，一部分暖空气向北流动被推向极地。

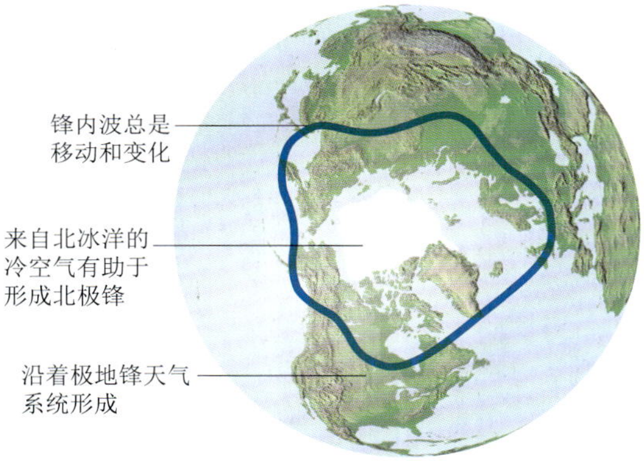

◀移动波

极地锋并不是机械地在一个固定的纬度上围绕着地球旋转，一些气团比另一些气团向北或向南推进得更远。这就将极地锋划分成四到五个具有不规则的形状的气流。这些波围绕地球缓缓地向东推进，随着风向，不断地改变其形状。锋面上的波动促使天气系统形成。它们影响着位于极地锋下面地区的天气变化。

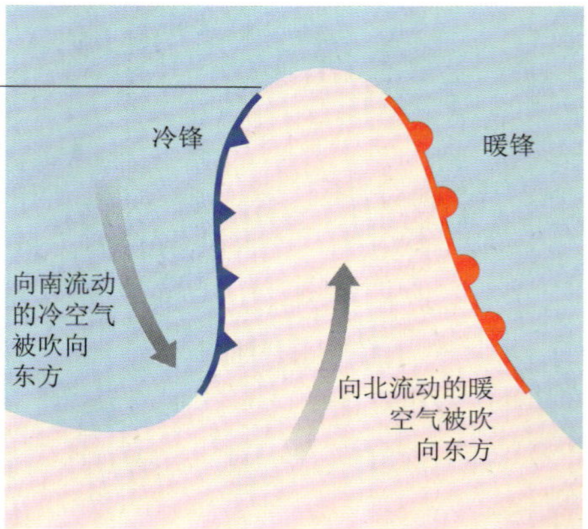

局地锋▶

当极地锋两边的暖气团和冷气团分别向北或向南推进时，它们在交错时互相挤压而在其前方形成移动波。如在北极锋，暖气团可能向北推进，而冷气团会向南推进。同时两股气团都向东移，它们前进的界线形成局地锋。移动的暖气团的主要边缘形成暖锋，移动的冷气团的主要边缘形成冷锋。

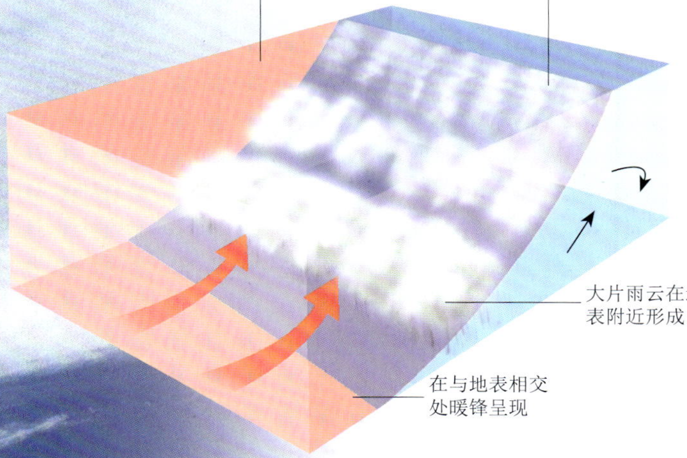

▲暖锋

当一股相对轻的暖气团向一股相对重的冷气团移动时，暖气团倾斜划到冷气团之上，形成一条坡度很小的边界，这就是暖锋。暖空气往往含有很多水蒸气。随着暖空气的上升或下降，水蒸气形成云或雨。因此，当暖锋到来之前天空中往往呈现一条很高的云带，接踵而来的是一片低而浓的云，就会有一场持续的降雨。

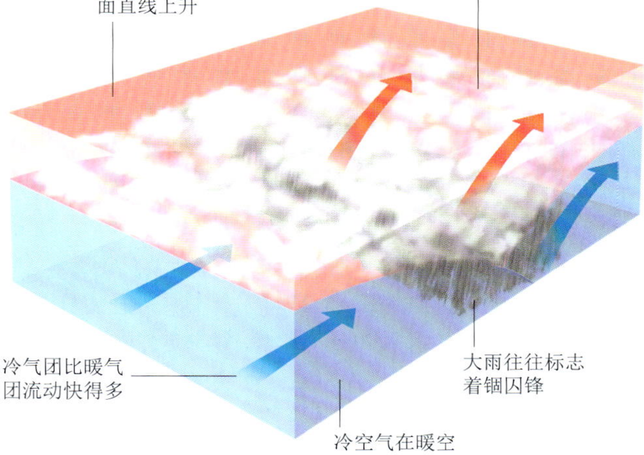

▲锢囚锋

有时冷锋前进的速度大于暖锋，逐渐赶上暖锋，最终前进中的冷气流会在暖气流下方推进，在暖锋的另一边会与更多的冷空气相遇，这就会把所有的暖空气从地表推向上空。这种态势就称作锢囚锋，或叫作一个锢囚。锢囚锋会生成很厚的浓云和大雨。

▲冷锋

当一股密集的、相对重的冷气团在冲着一股轻的暖气团移动时，冷气团冲向暖气团的下方，就会形成一个坡度很陡的边界，这就是冷锋。暖空气上升很快，如果含有大量的水蒸气，那么就会沿着狭窄的锋带形成大的风暴云。这会导致短时暴雨，随后便呈现一片蔚蓝的天空。

气象图上的锋

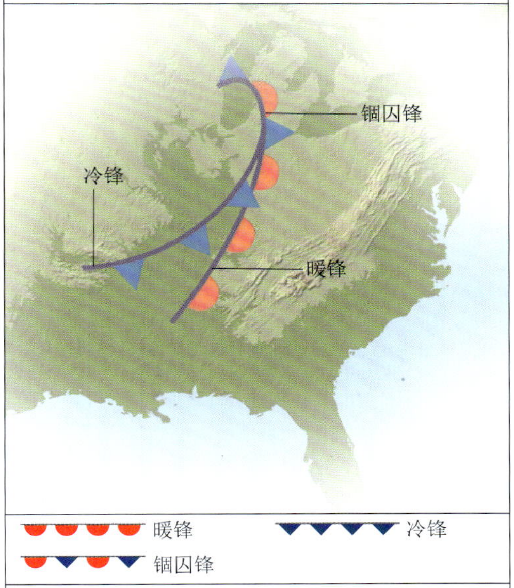

在气象图上，三条线段代表着三个类型的锋。在锋的界线与地面接触的地方，在地图上找出相应的位置画出锋线，冷锋的锋线上标有蓝色三角形，指出锋移动的方向；暖锋的锋线上标有红色半圆；锢囚锋线上是三角形和半圆相间，因为锢囚锋是由冷锋赶上暖锋所引起的。上图所示为美国东南部的气象图。

高气压和低气压

在像欧洲这样的中纬度地区，天气是由自西向东移动的天气系统所主宰的，这些天气系统是在分隔暖气团和冷气团的锋面处形成的。暖而轻的气流形成一个低气压带，这里空气趋于上升，周围的气流旋转流入这一地带，被低气压吸入，这就形成一个所谓低气压带的天气系统。在相邻的两个低气压之间的高气压带被称作“反气旋”，或叫高气压。

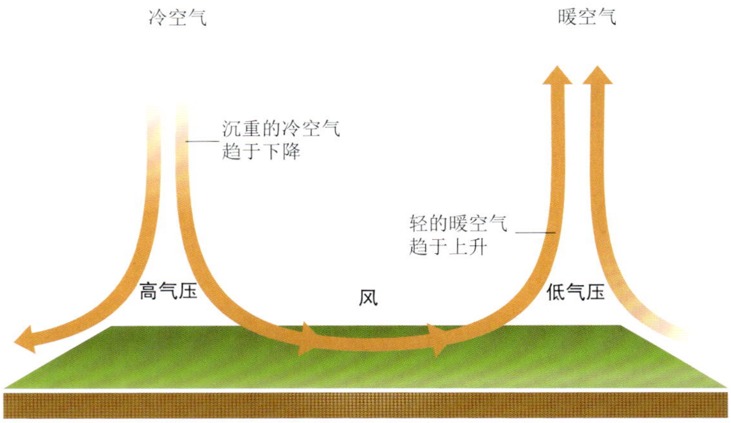

▲气流

冷空气比暖空气密度大，趋于下沉。因此在冷气团下面的大气压要比暖气团下面的大气压高得多。高气压带的表面空气被挤压出来，以风的形式向低气压带流动。当这些空气到达低气压带中心时，就会上升。这就会导致更多的气流在低空补充进来。

▲蓝色天空

在高气压的反气旋中，密集的冷空气会下降，阻止了湿润的暖空气上升形成云，于是天空往往清澈而蔚蓝，或有少部分浮云。在夏季，有时这会导致阳光充足的炎热的白天，夜间气温较低。在冬季以高气压带为主的地区会形成晴冷的天气。但是，有时高气压带的湿润空气也会在低空形成一片片的灰色云片，这种现象称作“反气旋阴暗”。

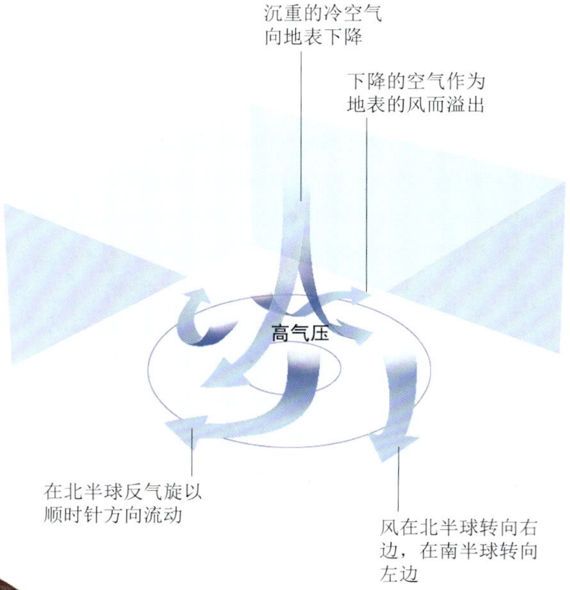

反气旋▶

以风的形式从高气压带溢出的气流受到科里奥利效应的影响，导致在北半球气流突然以顺时针方向向右转向，在南半球以逆时针方向向左转向。这些反气旋中形成的风往往较小。反气旋本身移动较缓慢，会阻碍低气压向别的天气系统的运动，有时会形成延续数周的相同的天气。

◀气压计

随着天气系统在空中的移动，气压也不断发生变化。当气压开始下降时，往往表示恶劣气候将要降临。人们用一种以毫巴（1 毫巴 =100 帕）为计量单位的仪器，称为气压计，来度量气压。在地球的海平面平均气压为 1013 毫巴。在高气压的中心地区大约是 1030 毫巴，低气压约为 990 毫巴。但实际上，相对气压是很重要的。1000 毫巴的气压可能被认为是高气压，也可被视为低气压，那要看周围地区的气压而定。

低气压涡旋

在北半球，正在流动到低压带的气流趋于向右转向，其原因是受到科里奥利效应的影响，但流动的空气也受到低气压中心气压的吸引，而同时趋于流向低气压中心，这种现象抗拒了科里奥利效应，其综合效应是形成逆时针方向的螺旋状，称作涡旋。在南半球，一切都是相反的，因此其低压涡旋也是以顺时针旋转。

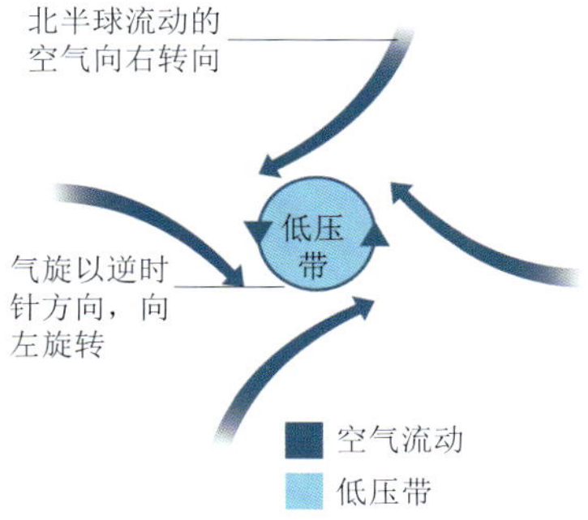

云和雨▶
低气压地带的上升气流能够把水蒸气带到高空，冷却后形成云。这样低气压地区的天空往往是阴沉沉、灰蒙蒙的，常常下雨或下雪。由于太阳被云遮住，与附近的高气压地带相比，白天总是相对凉爽，夜间往往相对温暖。

▼从宇宙空间观察
卫星云图中显示的旋转云系几乎都是低气压系统。从卫星云图上很少能观察到高气压系统，那是因为在高气压中几乎没有多少云形成。下面的云图中，一股逆时针旋转的云流显示了一个以爱尔兰上空为中心的低气压系统。欧洲大陆上空晴朗的天空表示着高气压系统的存在。

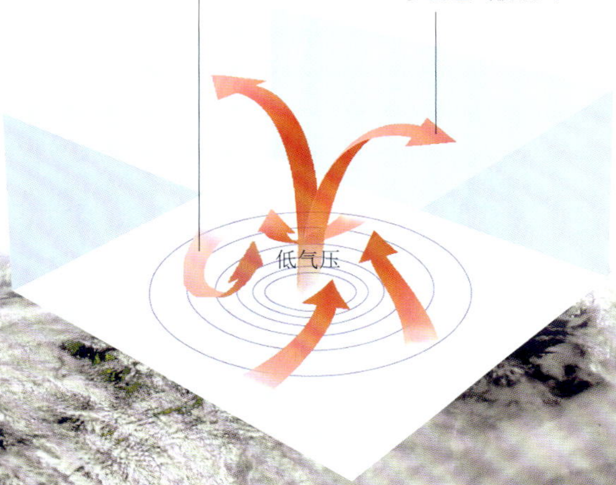

◀低气压
低压涡旋产生一种被称作低气压或气旋的系统。气流形成风卷入该系统，在低气压中心上升。低气压系统中的风往往比高气压中的风大得多，可达到暴风甚至飓风的风力。低气压系统往往满载风和雨，流动速度也很快。

风力

风实际上就是气流在高气压带和低气压带之间的流动。风在这些天气系统中吹动，从高气压带席卷而出，然后被吸入低气压带。随着高气压到低气压之间的距离改变而气压改变的现象叫作气压梯度变化率，这就决定了风的强度。很少的差别或很小的气压梯度变化生成微风，而巨大的差异或巨大的梯度变化会生成强风。

改变梯度

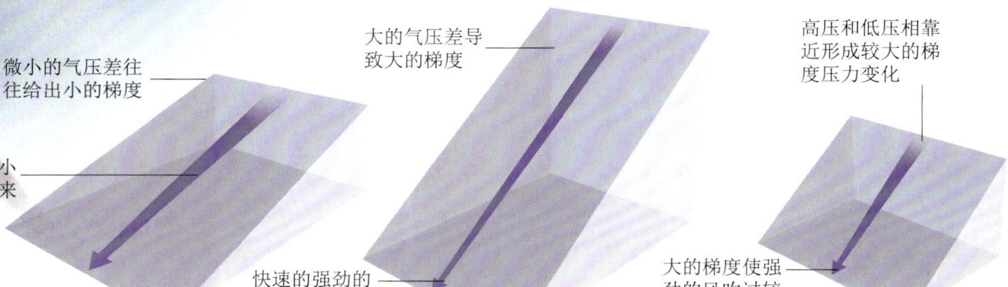

▲气压梯度

气压梯度跟溜冰场上的斜坡的坡度的原理类似。如果斜坡的一端比另一端仅仅稍高一点，滑冰者将会缓慢地滑下来。但如果相同的距离高度发生很大的变化，那么斜坡的坡度将会更陡，下滑的速度将快很多。形成风的气流就像滑冰者一样，是从斜坡上吹下来的。

▲增大气压梯度

斜坡可以用两种方式增大坡度：一种是增加高度；另一种是缩短其两端的距离。同样的方法可适用于气压梯度。通常强高气压系统，通过增加气压梯度另一端高度的方法，增大坡度。这样向着低气压带吹的风速就会增大。而如果低气压距离高气压靠近一些，气压梯度也会增大，造成了在短距离之间的气压的变化，风速也因此增加。

克里斯托夫·白贝罗

克里斯托夫·白贝罗是荷兰皇家气象研究院的奠基人，他首先发现并诠释了气压梯度影响风力和风速的道理。他发现风并不是像所想象的那样从气压梯度上直线吹下来，而是围绕高气压和低气压的中心回旋，这就意味着风是沿着气象图上的某等压线吹来的，而不是横跨等压线。

绘气压图▶

在气象图上，大气压力是用等压线来表示的，即连接相同气压的地区的连线。如等压线间距离靠近，那么在较短距离内气气压梯度大，形成大风。如果等压线间距离较远，气压梯度就会缩小，会产生微风。在这张图上，大片空白的澳大利亚上空的等压线说明该地区的风力要比南极地区的风力小得多。

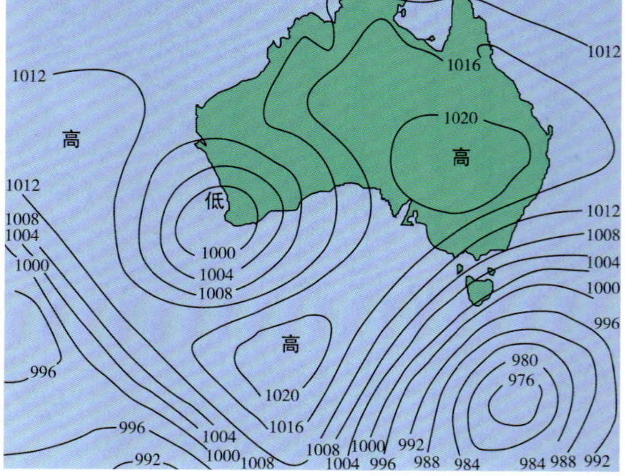

◀白贝罗定律

高气压和低气压地带的所有地区均有风吹过，风并不是只在它们之间吹动。白贝罗认为，如果在北半球一个人背对风向站立，那他左边总是低压带，而他右边总是高压带，但在南半球，情况正好相反。这就是白贝罗定律。

风螺旋▶

在反气旋中，风总是从气压梯度顶端以螺旋方式旋转下来，由底部滑出去，这正像在游戏中一个人从旋转滑梯上滑下来一样。在低气压带，空气在气压中心向上旋转，而且方向是相反的。这正像旋转滑梯系统把一个人从下面拉到顶部一样。

◀风速和风力

风速越高，风力越大。但风力增加的速度比风速快得多。例如风速增加1倍，假设从每小时10千米增加到20千米的话，其风力就会增加4倍。在高风速下，速度上的微小增加就会引起风力的巨大增加，从而毁坏房屋、折断树木。

蒲福风级

1805年，一位名叫弗朗西斯·蒲福的英国海军军官设计了一个刻度系统，以帮助士兵测量风力的大小，蒲福风级计就是以他的名字而命名的，刻度从0～12，可测量到除巨大的飓风以外的任何风力。

蒲福数	风类型	风速（千米/时）	风力的影响
0	无风	0	无影响
1	软风	3	烟示风向
2	轻风	9	树叶微摇
3	微风	15	树叶及小枝摇动
4	和风	25	小树干摇晃
5	劲风	35	小树整个摇动
6	强风	45	持伞有困难
7	疾风	56	大树整个摇动
8	大风	68	步行困难
9	烈风	81	木屋顶受损
10	狂风	94	大树连根拔起
11	暴风	110	建筑物严重受损
12	飓风	118	建筑物普遍损坏

风与波浪▶

风吹大海，掀起浪花。强风掀起大浪，波浪翻滚得越远，浪就越大，因而在地中海这样的小的海里掀起的波浪，永远也不可能像在太平洋这样的大洋里，用同样大的风所掀起的波浪一样大。

急流

急流是在高空绕地球快速流动的气流，是在像极锋这样大的天气锋上空所形成的。有四条主要的急流，它们沿着像波浪一样的轨迹向世界各地流动，这些轨迹不断改变其形状。急流对我们的气候有很大的影响，因为它们会产生随同它们一起流动的高、低气压。通常，急流中的一些独特的波动往往和一些极端天气形式有联系，比如干旱和洪水。

▲急流云

急流常常是看不见的，但有时它们的位置是被高空中的一长条冰卷云给显示出来。这条急流云是北半球副热带急流，是在红海和埃及的尼罗河上空流动的。急流中的气流流动非常快，速度差不多与飓风的风速相当。但因为急流在距地面 11 千米高的空中流动，所以看起来比较缓慢。

◀高速风

主要急流有南极和北极急流、南半球和北半球副热带急流。极地急流位于极锋上空，而副热带急流位于高气压沙漠地带。这些急流都自西向东高速度流动。极地急流比副热带急流的风力要大。在急流中心的风是最强的，随着往两边的扩散，风力减弱。北极急流中心地带的风速可达到每小时 450 千米，但是平均来说，在冬季其风速为每小时 160 千米，在夏季为每小时 80 千米。

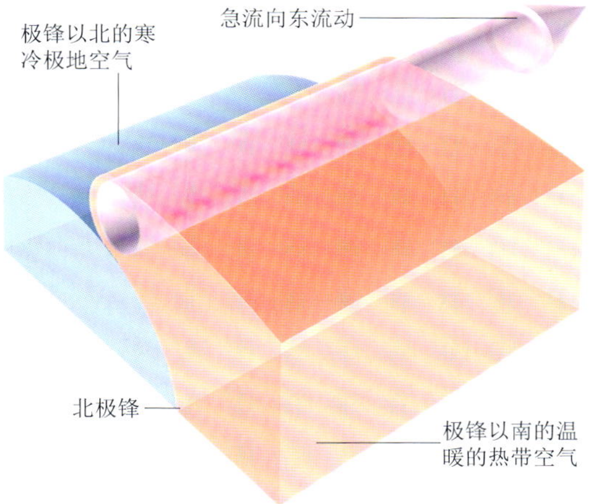

▲急流如何形成

当冷暖气团在某一锋上相遇时，急流就会生成，在对流层顶部附近，锋的暖的一侧的气压就会比冷的一侧高。这个气压差使气流从暖的一侧向冷的一侧流动，科里奥利效应使气流转向东方。温差越大，急流流动速度越快，这也就说明为什么极地急流的风力要比副热带急流的风力强的原因。

◀雨日

极地急流波自西向东缓慢移动，它们所生成的天气系统也随之由西向东。低压带形成，在移动中逐渐加厚，给下面的地区降下大雨后低压带就崩解。这就是为什么极地急流下面的区域比如欧洲北部会有变化莫测的天气的原因。

◀晴朗季

如果极地急流波变得非常极端，它们能够把高空的空气形成环流圈，使这些空气不能向东流动。这就阻碍了低压带由西向东移动，往往会导致一段很长时间的晴朗的高气压气候。最后上空的气圈扩散开来，低压带又开始东移了。

◀干旱

因为随着极地急流的流动会形成不同的天气系统，那么其位置就会影响当地的天气，急流向北或向南的小的移动，就可能导致天气转晴或转阴。但是急流位置的巨大移动则可完全打破通常的天气格局，会引起干旱，使庄稼受灾。

高空飞行

20世纪40年代，美国飞行员驾着战斗机在高空飞行时发现了急流。今天，飞机在向东飞行时，利用急流来增加飞行速度。利用急流，飞机横跨美洲大陆向东飞行的时间会提前半小时。但向西飞行时，飞机要避开急流，因为这种迎头强风会减慢其飞行速度。

急流波和天气

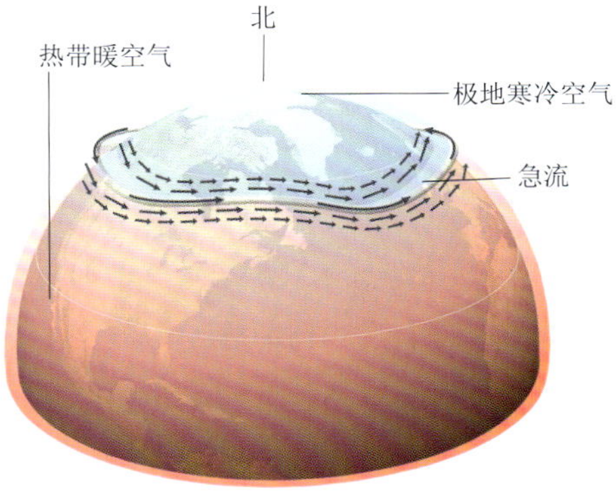

▲随着锋一起流动

北极急流位于北极锋上空，在自赤道向北流动的暖气流和自北冰洋向南流动的冷气流之间划出一条界线。极锋是一条带有四到五个波动的移动界线，于是急流也会沿着这些波向北或向南流动。

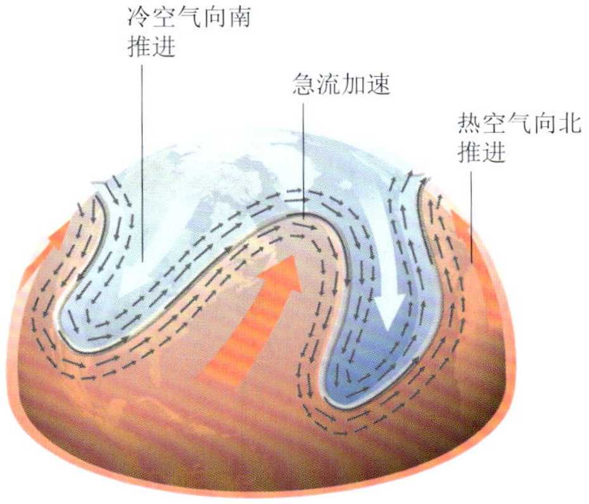

▲形成波形

在极锋两侧温差很大的地方，极地急流的流速最快。因此当暖气流从远距离推进到冷气流时，急流会加速前进。不稳定的速度会使急流突破周围的空气，使波形更加扩大。

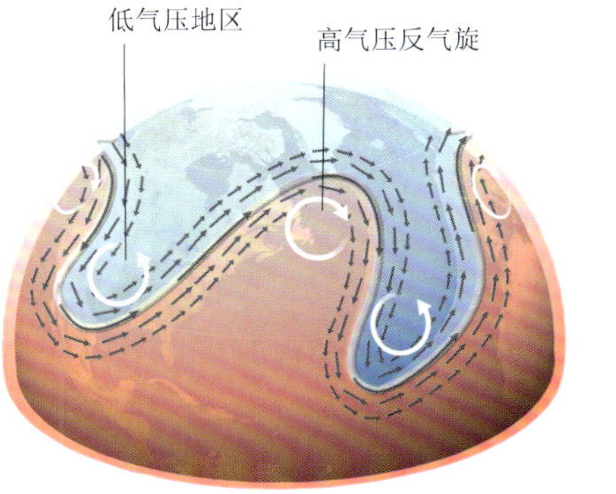

▲推与拉

当极地急流向南推进时，会变得更加强烈，将空气往下压，形成高压带；当它掉头北上时，又趋于把下面的空气往上吸引，形成低压带。于是急流中的波形模式可在急流下面的空气中形成一系列的高压或低压带。

▲海洋蒸发

在热带地区，炎热的太阳把洋面的水温升高到25℃以上，这意味着水分可以不断地从大海蒸发，使大量的水蒸气上升到天空。由于水蒸气是看不见的，所以它形成时天空看起来仍然是很晴朗蔚蓝的，但当水蒸气被带到大而高的岛屿上空时就开始凝结形成云，就会给下面的岛屿带来降雨。

水蒸气

水受到阳光的照射而向上蒸发，就生成无色的气体，称为水蒸气。水分不断地从大洋、湖泊、湿地或植物上蒸发掉，甚至当气温很低的时候也是如此。水蒸气上升到天空遇冷凝结成水滴，这种现象称为“凝结”。这种蒸发和凝结的循环导致生成云、雨和雪。同时也会吸收或释放能量，影响天气变化。

湿度测定

空气中所含水蒸气的量称为湿度。当测量湿度时必须考虑气温，那是因为暖空气比冷空气所含的水蒸气多。湿度表示在特定的气温下，空气所含的水蒸气总量的百分比。湿度可用含有两个温度计所组成的湿度计来测量，一个温度计用来量气温，另一个保持潮湿。空气中的湿度控制着温湿度计上的水蒸气蒸发的速度，而显示出读数，两个读数一起用来计算湿度。

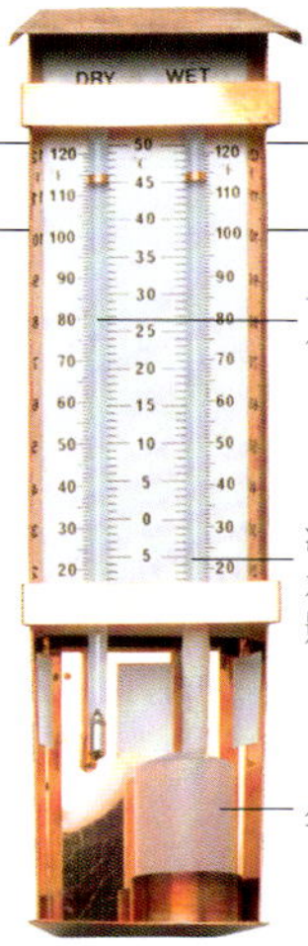

▲湿热

虽然我们看不见水蒸气，但能感觉到空气中的高湿度，这在温暖的天气中感觉更明显。这不仅因为暖空气比冷空气所含的水蒸气多，而且因为高湿度会阻碍身体排汗。出汗是身体的一种散热功能，如果不能畅快地排汗，你就会感觉非常热。在热带气候中，人们会感觉全身潮乎乎且闷热，在暴风雨来临之前更是如此。

▲雾和云

即使在热带的暖空气中，所含的水蒸气也有一定限量。如果一旦达到这个极限，我们就说它饱和，含有100%的湿度了。冷空气不像暖空气的水蒸气含量一样多。如果饱和气体冷却，水蒸气就会变成液态水，这些水分凝聚成微观的，但却可见的小水珠，飘浮在空气中，被称为雾。如果水蒸气在上升到天空中后才凝结，称为云。

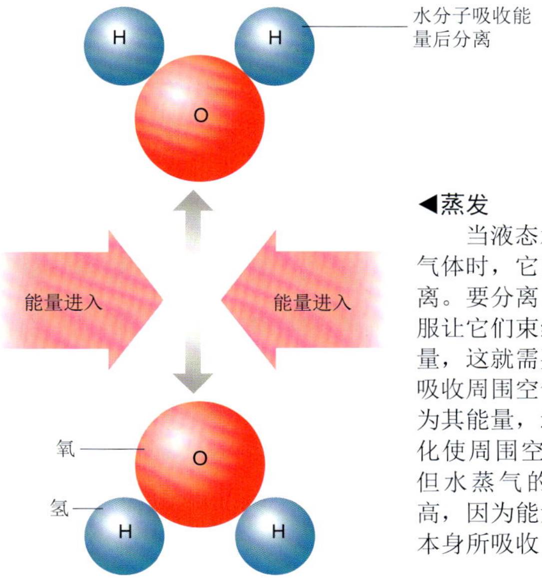

◀**蒸发**

当液态水蒸发而形成气体时，它的分子互相分离。要分离，分子必须克服让它们束缚在一起的力量，这就需要能量。它们吸收周围空气中的热量作为其能量，这种热量的转化使周围空气凉爽下来。但水蒸气的温度不会升高，因为能量被蒸发过程本身所吸收。

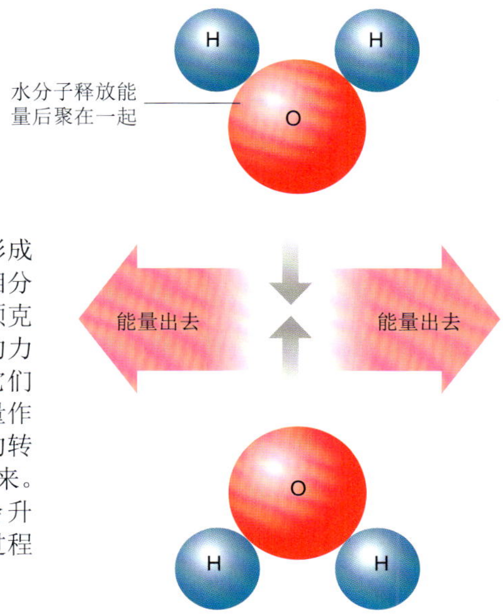

◀**凝结**

当水蒸气形成时，吸收能量，因此水蒸气比液态水所含的能量要大得多，如水蒸气凝聚成水珠，那么能量就会以一种被称为潜热的形式释放出来。这些能量把水滴周围的空气加热，并使其膨胀，那么空气就会上升。水蒸气也一起上升到空中。这个过程为云的上升扩大提供能量，有助于形成风暴和飓风。

▲**晨露**

空气中水蒸气凝结的另一个例子就是露。露在凉爽而晴朗的夜晚形成，那时白天的热量已消散在宇宙空间。空气在地面冷却，其中的水蒸气凝结，液态水以露珠的形式出现在凉爽的植物或其他陆地表面。当把冰冷的饮料倒入玻璃杯时，也会出现上述相同的现象。那是因为玻璃杯突然遇冷，造成周围的空气冷却，使水蒸气变成水珠凝结到玻璃杯外壁。

▲**霜**

冬季地表温度下降剧烈，空气中浮游的水蒸气不是首先变成液态水，而是直接结成冰，形成柔软呈白色的结晶体，我们称之为霜。这些小霜块可像雪一样堆成厚厚一层，也可以在玻璃上形成美妙的树枝状的结冰图案，当霜融化时会直接变成水蒸气，出现“在阳光下冒气”的景象。

云的形成

含有水蒸气的空气上升到高空，遇冷，冷空气不能像暖空气含有那么多的水蒸气，于是水蒸气开始凝结成液态水，形成微小的水珠，那就是我们所看到的云。如空气内的水蒸气达到了饱和的程度，而且又处于低空，那就形成低云。如果含有水蒸气的空气继续上升而没有形成云，那么当它们到达气温在 0℃以下的高空，水蒸气就会凝结成小冰晶块。

▲稳定空气

当暖空气上升时，开始冷却。在晴朗的天空中，每上升 100 米，气温会下降 0.6℃，这种随高度增加而温度下降的变化称为“直减率”。随着空气冷却，其密度增大，最后密度增大到与周围空气相同时，就停止了上升，这类空气称为稳定空气。随着温度降低，所含的水蒸气就变成了小块的浅云。

凝结核

除非附着在固体物质上，否则水蒸气很难凝结成小水珠。在空中有微观的小尘粒，或从海水中蒸发上去的小盐粒，这些颗粒就被称为凝结核。空气中，通常情况下每立方分米含有 50 ～ 500 个凝结核。

不稳定空气▶

湿润的暖气团上升，膨胀又冷却时，空气中的水蒸气凝结，就会释放出潜在的热量。这些热量可使气团微热，这样会比周围的空气温度高一些，密度就会小一些，因而可以再上升一段距离。如果空气中仍然会有水蒸气，那么又可以凝结，就又会释放出热量，上述过程中又会重复。用这种方法上升的空气被称作不稳定空气。

▼云滴

典型的云滴其直径仅仅为 0.01 毫米，云滴如此之小以致 100 万个云滴才能组成一个雨滴。在高空所形成的冰晶体也仅仅和云滴一样大小。它们的重量如此之轻以致能被上升气流托起，在空中作为云漂来漂去。然而随着更多的水蒸气凝结，云滴相互结合在一起，最终以雨的形式降落下来。

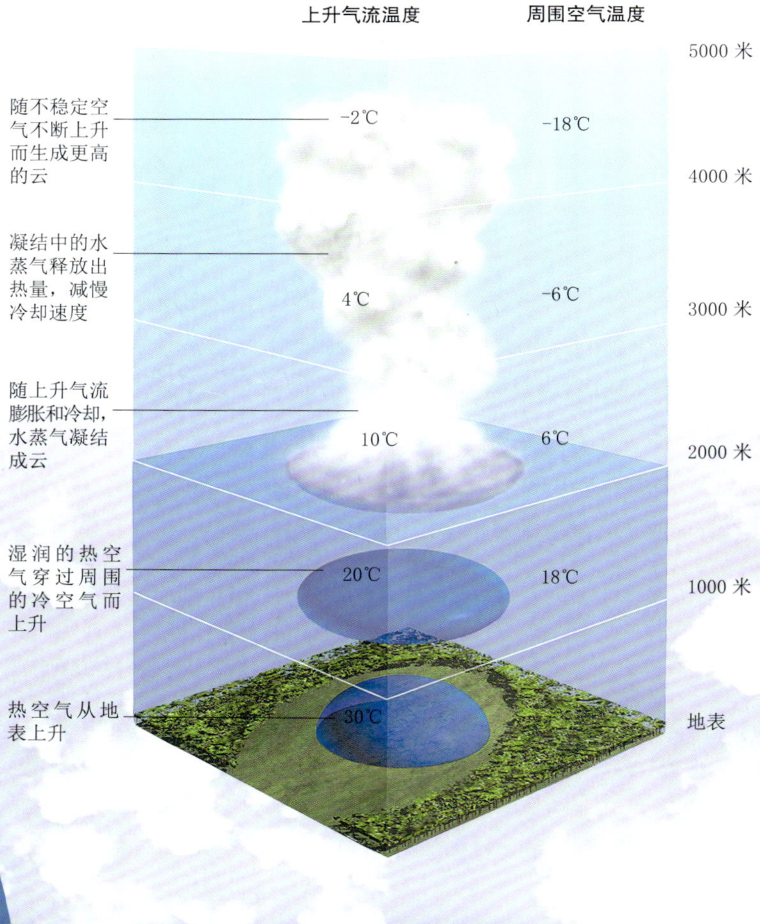

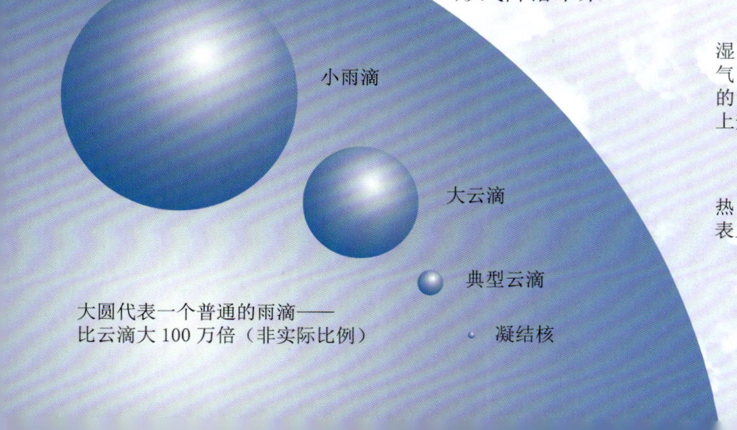

大圆代表一个普通的雨滴——比云滴大 100 万倍（非实际比例）

对流云▶

湿润的空气受热而上升，形成云。这种上升运动是由于太阳照暖地表或海面，上面的空气也变暖，继而上升引起的。上升气流遇冷在空中形成云。这种过程被称作“对流”，这样生成的云被称为“对流云”。对流云范围很广，从绒毛般的淡积云到巨大的风暴云。

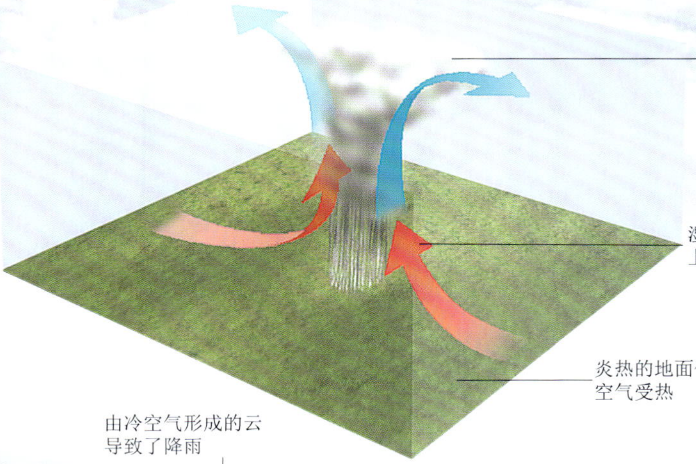

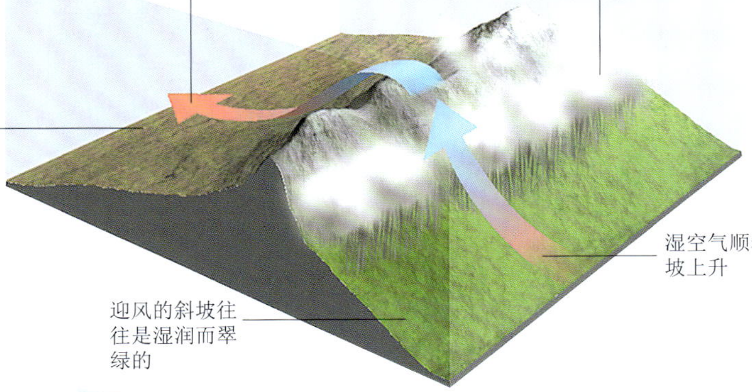

◀地形云

通过山脉的气流被迫沿斜坡上升，在上升过程中膨胀和冷却，在山坡和山峰上空形成云，这种云可被风吹走，也可当到达另一侧时，空气下降时而被蒸发掉。但新的云又可生成。云经常在山的某一地方出现，仿佛给山峰戴上一顶帽子。这种云被称作“地形云”。

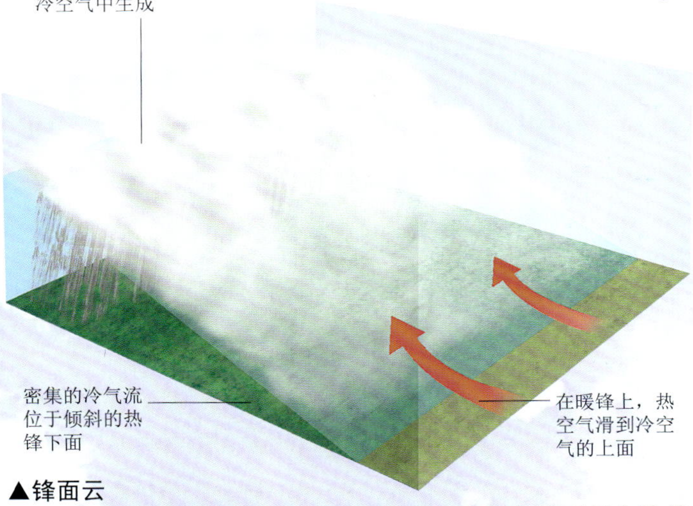

▲锋面云

当一股暖气团或冷气团在锋面相遇时，暖气流可能会沿着密集的冷气流的上方流动，或者说是被冷空气推上去的。随着上升，空气膨胀，然后又冷却变得密集，促使水蒸气凝结形成云。这种云被称为“锋面云”。锋可以移动过很长的区域，于是锋面云往往会布满天空而遮住阳光。

波状云▲

当暖空气通过山脉上升时，并不总是在山的另一侧下降，它可以继续上升或下降，以一系列很浅的波浪状态起伏前进，延续到远离山脉的地方。有时这些波形由每一波峰上的云显示出来，故称之为波状云。当空气上升到波峰顶端，冷却，水蒸气凝结形成一股股可见的白色的云。当空气下降到波谷时，受热后的云滴蒸发为不可见的水蒸气，蔚蓝的天空又显露出来。

高云

水蒸气上升到高空后才凝结，会形成看上去一缕一缕的云。这种云完全是由小的冰晶所构成。高云在高度为 6000 ～ 18000 米的高空才出现，也就是对流层顶的附近。它们都以拉丁文 cirrus 命名，这个词的意思是“头发”。有三种主要类型的高云，分别为卷云、卷积云、卷层云。

▲卷云

卷云是最基本的一类高云。高空的风把很多束卷云吹成看上去像马尾巴一样形状的云，这些形状的卷云有的是直的，有弯的或钩状的。一般来说，这些形状都表示了高层风的风向。卷云几乎总是呈亮白色。它们在日落时呈现的时间比别的云久一些。密度很大的卷云在光亮的背景下呈灰色。虽然卷云总是在干燥的空气里形成，但如果它是在暖锋最高层的边缘生成的话，它可表示低压系统即将到来，卷云有时也和晕效应有关联。

云的基本分类

我们现在所使用的云的名字是英国业余气象学家都卢克·霍华德设计的，他把云分为四种基本类型，以拉丁文命名：卷云、卷积云、卷层云和雨云。这些名字的意思分别为“束状的”“堆积的”“扁平的”和“雨的”。它们可以组合使用。例如“雨层云”意思是“扁平的雨云”。但是卷云的意义逐渐演变为“由冰组成的高云”，云也可以按其云底（云的底线）的高度分为高、中、低三种。

名字	意思	云的形状
cirrus	拉丁文字义为“头发”	细束状，高的
cumulus	拉丁文字义为“叠”	堆积的
stratus	拉丁文字义为“层”	扁平帘状的；薄层状

卷云的类型

幡状卷云

我们常常会看到冰晶从卷云上落下来，这些幡状降落物就被称作云幡。它们是类似雨和雪一样的天空降落物，但由于它们从非常高的天空降落，在到达地面之前就又被蒸发了。这些幡状下降物使云呈现一种边缘不整齐的外观，但往往这些云又被风吹成钩状物，后又摆脱下降的风减弱成一缕缕云痕，但仍然在高空。云痕越长，高层风就越强，长长的卷云雾，有时会被认为是飞机留下的轨迹。幡状云雾也可以从其他类型的高云、中云或低云降落下来。

急流卷云

急流的位置有时会被卷云的轨迹表示出来，这些云跟随着急流的方向流动。在卫星云图上，它们显示出非常独有的特征。本图所示为非洲北部副热带急流。尽管它们处在 11 千米的高空，急流卷云有时仍会在地面上看到。急流卷云有时呈现数道平行的云带。每一道急流卷云是由交叉的云带（被称作波状卷云）所组成。这一现象是快速的急流卷云和慢速流动的周围空气相互作用形成的。

▲卷积云

高空细波纹状的云体称作卷积云，像其他高云一样，它是由冰晶形成的，那是因为高空中气温在0℃以下。但空气的流动导致了气流在云的内部以规则的波浪形状上升或下降，当气流下降时，一些冰晶变成看不见的水蒸气。这就使连绵不断的云层转化为很多的小云体，这些云滴常会遮蔽大块的天空。

▲卷层云

当连绵不断的高云形成白色透明的云幔遮盖住天空时，那就称为卷层云。它可在白天将天空变成白色，在日落时变成红色。本图中，卷层云在顶端形成了云层。卷层云很薄，可以透过它看到太阳和月亮。如果卷层云是由卷云形成的，预示着恶劣天气将要来临；如果卷层云散开了，说明天气将有所好转。

▲鱼鳞天

卷积云和细小高积云可形成常见的条纹形，这在高积云上空常常可以看到，从图案上看却很像鲭鱼背上的鱼鳞，布满这种高积云的天空常被叫作鱼鳞天。这种图案实际上对高积云来说更加常见。这也是它区分其他高云的一个较固定的云形。鱼鳞天的出现往往是低压天气系统即将来临的征兆，随之会有浓云和降雨将至。

▲凝结尾迹

喷气式飞机在高空飞行会留下一道道水蒸气的轨迹划过天空。水蒸气在散开之前就结成冰，而形成了凝结的痕迹，又叫凝结尾迹。水蒸气结冰会有一个短暂的时间，从喷气机和尾迹起始处之间通常存在有缝隙可以看出。凝结尾迹下有一道块状或波形出现，这是由飞机机翼的气流所造成的。这些尾迹在天空中到处扩散，特别是在繁忙的航线上更是如此，看上去好像大自然的卷云。

中云

底部位于 2500 ～ 5000 米高度的云被称为中云。最高的中云是在热带，因为那里的对流层顶部最高。很多中层云的名字以“alto”开始。易混淆的是“alto”出自拉丁文词汇 altus，意为“高”，尽管这些云不属于高云。中云有三种主要类型：高积云、高层云和雨层云（也可以发生在低层）。

高积云▲

飘浮在中层天空中的大小不一的、不整齐的云片被称为高积云。这种云大部分是由小水滴组成，形成其清楚的轮廓，它通常生成于一层湿润的空气之内，在那里气流以很小的波形流动，云是在波峰形成的。高积云往往在夜晚形成，在早晨消散掉。

高积云的类型

平行滚轴云

高积云往往发生在两层不同温度和湿度、朝着不同方向、以不同速度流动着气流层的分界线处。其分界面可呈大的波形。当气流上升到波峰，水蒸气受冷而凝结成可以看见的云。当下降到波谷时，云被蒸发为看不见的水蒸气，出现一条蓝色天空。这就形成平行滚轴云，在它们之间可以看到晴朗的天空。当这些滚轴云合拢起来时，天空就会出现鱼鳞状的图案。

荚状高积云

如果气流上升越过山脉在山的另一侧下降，那么就可在空中形成波。在这些波峰，空气较冷，于是水蒸气凝结形成云，这些云被称为“荚状高积云”。其名字的意思是“像荚一样形状的高积云”，但其实这种云的形状比它的名字复杂得多。荚状高积云看起来像大量的盘子或垫子层叠而成。这种形状的云往往被当作不明飞行物而报道。

堡状高积云

在水蒸气凝结形成高积云时，会释放出能量加热内部的空气，这些暖空气上升，使云状呈现城堡或塔样的形状，故得名为堡状高积云。这种云的出现是空气中强烈的上升气流的前兆。这种上升气流会导致生成非常大的积雨云，引起暴风雨或冰雹。虽然堡状高积云外观动人，但往往它出现后的数小时之内就会带来暴风雨天气。

可以看见的雨

当雨、雪或雹从像雨层云这样的云层降落时，在相隔一段距离之外的地方往往会看到黑暗的云层下面有一层像灰色幕布一样的东西。有时在云后面的太阳照射下就呈现一种奇妙的银色景象。这种雨云和可见雨的结合称为“降水性”，拉丁文代表“降水”的意思，也即为“降雨、降雪”。于是雨层云以这种方式降雨被称作“雨层云的降水性”。同样的雨帘景象在通常下雨比较少的地区也会出现。本来阳光充足，突然出现阵雨或雷雨天气时，雨帘可从积雨云或暴风云上垂下来。降水性同雨幡非常相像。但所不同的是，雨幡是冰晶穿透空气降落的同时蒸发掉，而降水性则是指雨、雪或冰雹实际上已经降落到地面。

▲高层云

大片的灰色或浅蓝色的几乎把整个天空都遮盖起来的中云，叫作“高层云”。高层云的顶部是由冰晶所构成，但下半部却是由水滴组成。高层云的厚度可遮住太阳，但透过云层可看见模糊的阳光下形成一片“水样的天空”。这种云往往是当暖锋顺着冷空气倾斜向上流动时形成的。这种云的出现表示低气压气候要来临，往往会下毛毛雨或小雪。

▲雨层云

高度最低的一类中层云就是雨层云，它可在600米的低空形成，也可以向高空延伸到2000米的高度，因而它是最厚的中云。它是以拉丁文nimbus和stratus的组合得名，nimbus意为“雨云”，stratus是“层”的意思。于是雨层云是一层很厚的深灰色的雨云，可以遮住阳光。它可形成持久降雨或降雪。它往往产生在暖锋流动的地方。暖锋向上移动时，雨层云跟随高层云流动，天气便会变得恶劣。

低云

底部在 2000 米以下的云则属于低云。它的范围很广，包括标志着好天气的小型的绒毛般的积云，还有层云、层积云，以及可能上升到对流层顶部的巨大的积雨风暴云。地表所形成的雾也属于低层云。

▲晴天积云

夏季空中飘浮的乳白色的绒毛般的云被称为积云。湿润的暖气流上升到空中一定高度时，能够冷却凝结成水蒸气，积云就存在于这一高度。积云的周围有冷空气下降，流动到云的下方，在下降过程中又会受热。这就防止积云从两侧扩散。

▲中展积云

小片积云在早晨出现到午后逐渐变大。这是因为云中的水蒸气凝结而释放出潜在的热量，这会引起它们继续上升，这种情况下的积云称作中展积云。这种云比积云形状更庞大，顶部出现上升云瓣，其顶部的边沿界限分明而清晰，云底平整，一般不会下雨。

▲云街

积云会形成很长的一条条平行但隔离的云，称作云街。它们是在有强烈的上升暖气流发源地上空形成的，如大洋中的岛屿或小山上空，上升的空气形成云，之后会随着风消散。它们往往是在没有形成大块云之前就分裂开来，从而阻碍它们聚集在一起。在高原山脉上往往会出现多种多样的云街。

积雨云

积雨云是所有云的类型中最庞大的一类，它可带来大雨、雷暴和冰雹天气，虽然积雨云在分类上属低云，但是它可以穿过所有的云层而上升，直接上升到对流层顶部，然后在顶部形成砧状云而扩散开去。这类云可以上升到1万米高的高空，其云底是水珠，顶部由冰晶构成，积雨云是由非常湿润的暖空气对流生成。在水蒸气凝结的同时，释放出热量为其继续上升提供了能量。

◀地形层云

在流动的湿润的暖空气跨越丘陵或山脉时常会形成云片，这种云就是地形层云。本图所示为非洲南部的桌山被地形层云笼罩。在山上这种云看起来似乎与雾一样，相同的现象出现在高地，层云底上升，形成了山雾。

◀层云

在冬季，低空往往生成延伸很远的灰色云片，又无明显特征，这种云称为层云。层云的云底几乎不会超过600米高。层云的形成往往是湿润的空气被吹过寒冷的地表，使水蒸气冷却而凝结成云滴。这个过程与雾形成的过程一样，但层云是被空气流吹离地表或海面的。

◀层积云

层积云是由数堆或数卷合并形成的延伸很远的低空云层所组成。上升的湿润空气中的水蒸气凝结而形成层积云。当上方的一层暖空气阻碍了云继续上升时，云以灰色块状云层散布开来，这就形成了层积云。它也可由变平的积云形成，这类云通常并不会产生降雨。

▲浓积云

当中展积云生成的高度超过宽度，那就是所谓浓积云。此类云呈亮白色，具有塔形云顶和明显的轮廓。而侧边被大风吹成棕色。云底呈灰色，具有不整齐的边缘，预示着要降雨。如果这类塔状的浓积云继续扩大，那么将会变成积雨云。

霭和雾

云是在地面生成，那么空气里就会充满了微观的小水滴，能见度就会变得很低，这种现象就叫作霭或雾。霭和雾非常相似，但只不过雾比霭浓一些而已。如在空气中能看清距离 1000 米远的物体，那空气中就是霭（也称为轻雾）；如果能见度不足 1000 米，就是雾。霭和雾与云的形成原因相同——空气受冷，其中水蒸气凝结为能看见的小水珠。霭和雾的出现往往是湿润的空气受到了来自陆地或海洋的冷却的结果。

▲海洋寒流

海雾常常在海洋寒流上空形成。例如在旧金山金门桥下的雾，就是当太平洋的暖湿空气被吹到来自阿拉斯加向南流动的加利福尼亚寒流上空时形成的。海雾能将空气中所有的水分凝聚在其中，使空气中几乎再没有水分形成降雨。这种效应有时会导致沿海沙漠，例如在智利的阿塔卡马沙漠和非洲西南部的纳米布沙漠就是这种原因造成的。

辐射雾▶

在寒冷、晴朗的冬季夜晚，天空中几乎无云，热量就会从陆地辐射到空间。这些热量的丢失会使地表以上的湿空气冷却，水蒸气凝结而形成雾。这种雾就被称作辐射雾。湿度在这个过程中起着至关重要的作用。因此辐射雾是在雨后，或在河谷、沼泽地最常见的一种雾。当早晨陆地被太阳照热之后，雾很快就消失了。

平流雾▶

另一种主要的雾就是平流雾。这种雾的形成是当潮湿的暖空气流动到寒冷的表面时，受冷却，水蒸气凝结成小水滴形成的。平流雾往往在大海上空形成，当风把湿润的暖空气吹到寒冷的水面时，这就导致海雾，海雾对行船是十分危险的；海雾也可以从海岸线被风吹到大陆，尤其在陆地变冷的夜间时。当陆地受热后，雾就会蒸发掉，但如果陆地仍然像海水一样冷，雾就仍然会在陆地上存在。

霾

霭和雾是影响视线的主要原因，但能见度也受到霾的影响。霾是光线受悬浮在天空的细微尘粒的影响而散射的一种自然现象。霾使远处的目标颜色减退。例如，我们看到远处的山脉是淡蓝色；在日落时，地平线上呈现一片淡红色等都是霾的效果。

▲北冰洋的海烟

在寒冷的气候里，从无冰的水域上升的水蒸气，在空中凝结，形成可以看见的云柱。这种现象往往被误认为是海水在冒气，被称作“北冰洋的海烟”。在极地这种现象很有趣，在那里当海烟上升到头顶以上的高度后，才在干燥的空气中蒸发。

▲冰雾

气温下降到一定程度时，雾滴就会冻结成微观的冰晶在空中浮游。这种冰雾也是一种卷云，但只是发生在地表。当受到太阳照射时，这种冰晶闪闪发光，因此有人称它们为“钻石灰尘”。当阳光照射穿透冰晶时会产生像光圈之类的视觉效果。

▲雾凇

在某些状态下，云或雾滴能在水的正常结冰点以下“超常冷却”而不会结冰。当这种雾遇到像树枝等寒冷物体时，就会附在上面结冰。冰层形成一层厚厚的凝华称作“雾凇”。这种景观很好看，但使路面交通变得危险。

雨

形成云的小水滴相互结合组成较大的水滴，当重量达到一定程度时就会降落到地面。在高空，云中的冰晶也以相同的方式组成雪片，在降落的过程中融化成液态水。也有很多降落的水滴在到达地面之前被蒸发掉，又变成水蒸气，又被上升的气流带走凝结成为云。那些没有被蒸发掉的水滴又组合在一起形成重的大水滴，以雨的形式降落到地面。

▲雨滴

大部分雨滴直径小于5毫米，一个雨滴所含的水量相当于100万个以上云滴，有些雨滴甚至更大，但在下降过程中，它们常相互摩擦而破裂。较小的雨滴下降速度比大的雨滴缓慢。直径小于0.5毫米的雨滴称之为毛毛雨，毛毛雨降落速度很慢，常在没有落到地表前就被蒸发掉了。

雨的形成

随着空气上升，云滴受到凝结而变大，直到重量达到一定程度就开始下落。大的云滴下降速度比小的云滴快，较小的云滴漂浮在上升气流中。但云滴往往相互碰撞，而融合在一起形成越来越大的雨滴，这个过程被称为云滴的合并。云层越厚，云层的气流就越湍急，越会形成较大的云滴，当它们大到直径约0.5毫米时，开始成为雨而降落。

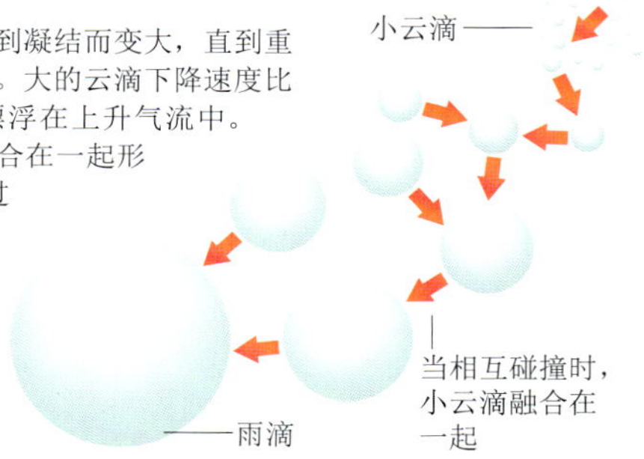

雨的分类

暖雨

在温暖的气候中，会形成大的卷云。这些云中不含冰晶，因为其气温总是在0℃以上。在卷云中下降的云滴结合，又被湍流带回到云中，这样就形成大而重的热带暖雨滴。

冷雨

热带以外，绝大部分雨都是由冰晶产生，因为那里的云上部的温度总是在0℃以下。非常冷的云滴被冻结在冰晶上，使冰晶越变越大，直到重量达到一定程度而下落。在降落过程中，它们受热融合成为雨滴，这就是所谓的冷雨。

▲持续降雨

在低压天气系统中，会形成大片的层云。但这些云没有足够厚，流动也不够湍急，不会合并成大的雨滴。从层云降落的雨滴太小，往往到达不了地面，因此一般形成不了大的降雨。但在高原地区，会有浸湿的霭的小水滴降落。不过层云会产生毛毛雨或持续数小时小雨，因为卷云延伸很远而且流动缓慢。

冰雹▶

深厚的风暴云一般会形成大的阵雨，有时候也能产生冰雹。当云中的小冰晶从高处跌落到低处时，就容易产生雹胚，并且再次进入的强烈的上升气流能够使其增长。当这种情况发生时，冰晶将水蒸气凝结在它们的表面。冰层反复堆积，直到这些冰晶变得非常重，它们就会形成冰雹降落到地面。

▲阵雨

深对流云，像浓积云和积雨云，会制造小范围强阵雨。由于深对流云深度大，对流较强，使得雨滴比层云增长得更大更重。它们有时形成短时剧烈的倾盆大雨，所到之处，引起排水沟溢水、庄稼倒伏和瞬间洪水。

雨量的测量

测量降水量用一个叫作雨量计的工具，根据收集到水的深度，可以划分为轻度、中度、重度三个级别。每小时降水量小于 0.5 毫米的称为轻度降水；每小时降水量 0.5～4 毫米的称为中度降水；每小时降水量大于 4 毫米的称为重度降水。但是这种测量方法可能引起误导，因为降雨速率是经常变化的。例如，一次强降水过程也许仅 5 分钟，随后伴随小雨。但是如果在 1 小时以后检查雨量计的话，也许会认为这是一次持续时间较长的中度降水。

▼降雨对石灰石的影响

所有的雨都有些轻微的酸性。因为水蒸气能够从空气中吸收二氧化碳形成弱碳酸，这些酸能够腐蚀掉石灰石和其他富含石灰的石头。由此造成了壮观的喀斯特景观——有复杂的洞穴系统和坚如岩石的尖顶，像中国南部的广西就有这种地形。同样的过程被雨深度侵蚀后形成了石灰石人行通道，如爱尔兰西部的布伦和墨西哥尤卡坦半岛的地下洞穴。

雪

远挂在高空的云主要由大量的冰晶组成，这些冰晶在显微镜下可以看得到。冰晶又小又轻，悬浮在上升气流中。它们能够聚在一起形成更重一些的规则六边形雪花。当雪花落到地面上时，往往就化掉了，但是如果气温足够低，它们将以雪的形式落到地面上。在温度非常低的情况下雪花能够单独存在，但是通常它们分别融化后堆积到一起，形成大块的绒毛状冰晶降落到地面上，这就是我们通常所说的雪。

▲光滑的雪

如果雪一直保持彻底的冻结和干燥状态的话，便不是光滑的。但是当脚或者用滑雪橇压在上面时，雪就会融化，光滑效应也就产生了。这就在人和雪的接触面形成了水薄膜，起润滑剂（像油一样）的作用，易于滑雪橇在雪上滑行。

雪花

在显微镜下可以看到，高空的云里形成的冰晶是六边形的冰。云里还有过冷的水滴，这些水滴的温度低于正常的结冰温度。当这些冰晶和水滴相遇时，这些过冷的水滴就会结冰，并将冰晶连接在一起，形成了对称的六边形雪花。由于冰晶聚集到一起是完全随机的，所以没有任何两片雪花完全相同。

▼干雪

在非常低的温度下，尤其是在空气湿度较小的地区，在云中形成的六边形小雪花以雪粒的形式单独降落下来。这些雪非常冷，温度低于冰点。由于它们的里面和外边的水分都是固态的，粘不到一起。这些雪就像灰尘一样，很容易被风堆积和吹起，就像下面这个南极洲的图片所示。

◀湿雪

当温度接近冰点时，降落的雪花被一层很薄的水膜所覆盖。这层薄膜就像胶水一样，将它们粘在一起，形成蓬松的大块湿雪。这种类型的雪在一定的压力下很容易融化并重新结冻，于是湿雪较之于干雪更加光滑和危险。

◀冻雨，雨夹雪

如果气温刚好在冰点以上，雪能够在降落的时候部分融化。这就形成了一个湿雪和雨的混合物，有时称为冻雨或者雨夹雪。冻雨这个词有时也用来描述相对柔软的小冰球，这些小冰球是当融化的雪花或者雨滴途经冷空气时再次冻结形成的。

◀雪盖

一旦雪降落到地上，它将很难融化。降落到地面上的积雪形成一个白色的反光层，并且阻止太阳辐射给地下加热。同时，冷的地面又助于阻止积雪融化。但是因为雪中含有大量的空气，所以它也是一个很好的绝缘体。这就是为什么一个冰屋里面十分温暖，即使它是由冰冷的雪所组成的。

◀雪堆

在大风雪天气中，强大的风能够将雪堆起，将它们吹得到处都是。尤其是在一个非常冷的环境下，因为这时候雪是由疏松干燥的雪粉组成的。当风从雪堆上方吹过或者是沿着一个障碍物吹时，会在另一边减速。雪降落在地面上，形成很深的雪堆，能够埋住房屋、道路和铁路。

▲雪崩

在山区，降雪和大风雪能够在山坡上堆起很厚的雪层。随着积雪的加深和变重，它将变得越来越不稳固，如果山坡足够陡，雪堆最终会沿着山坡往下滑，发生雪崩。因为下滑的积雪经常席卷着冰块和石头，所以雪崩的破坏性很大。除非在30分钟内得到救护，否则任何人被雪崩掩埋后都不能生还。

天空中的光

白色太阳光是所有颜色的光谱混合物，其中每种光都具有不同的波长。当太阳光穿过雨滴或者冰晶时光线会发生弯曲，不同的波长被分开，形成了色彩斑斓的视觉效应，像彩虹和晕。光被空气中的尘埃颗粒散射的方式是相似的，形成了日出日落鲜艳的色彩。当光线穿过非常冷或者非常热的空气时，也会弯曲，形成海市蜃楼。

▲曙暮光

我们经常会看到太阳光线从云的缝隙或者云的边缘射出来。它们从太阳直接辐射而来，被一些阴影带所分离。它们就是通常说的曙暮光，当它们最引人注目的时候，经常是淡红色的。这些光线在一天的任何时候都会发生，从天空中部向下辐射，或者在日出日落时刻向上辐射。

彩虹效应

雨虹

当太阳光穿过雨时，能够被分离成一个从红色到紫色的彩色波谱。这种效应形成的光谱是圆形的，但是我们只能看到它们的上半部分。在天空中形成了拱形的雨虹，它的中心与太阳方向相反。如果所有颜色的光谱都被反射两次，可能会有一个较淡的雨虹（霓）出现在第一道虹的外围。

雾虹

形成雾的小云滴非常小，不能将太阳光分离成清晰的可见光谱。取而代之的是，它们能将太阳光集中成一条白带，和雨虹的形状是一样的。有时候这些雾虹带有淡蓝色或者红色的边缘。它们经常形成于低处的海雾中，并且上边有明亮的阳光。上图所示，是西伯利亚北部冰冷的北冰洋上方。

露虹

露滴能够制造一个雨虹效应，尤其是在秋天，在被蜘蛛网覆盖的草地上。尽管一次只能看见弓形的一小部分，但是还是将这种现象称为露虹。这里光线被露珠折射，在蜘蛛网上形成一个非常小的露虹，比人的手指都小。

▲日冕

当我们通过稀薄的云层来看太阳或月亮的时候，它们经常看起来好像被一条彩色的光环围绕着。这个光环就叫日冕。这是由于光线被云中的颗粒物折射或者衍射形成的。这些衍射光互相干涉，形成干涉波，这就是我们看到的各种色彩。我们观看月亮周围出现日冕的情况要比太阳周围多，这是由于太阳光太耀眼了，用眼观察很费力。

▲彩虹色

衍射形成的日冕，也能够在薄而高的云层制造彩色效应，这些衍射光看起来距离太阳或者月亮非常近。每种颜色都是由特定尺寸的小云滴或者冰晶中产生的。这个效应看起来就像是浮在水面上的油滴薄膜的彩虹色，通常称为彩虹色。我们平时都不太留意彩虹色，因为太阳本身非常亮，但是彩虹色的确是非常漂亮的。

▲（日月周围的）晕

在显微镜下可看到空气中的冰晶，这些冰晶使太阳光线折射和分离，形成白色或者多种颜色的光环。如果天空中有广阔的、薄的、高的冰冷的云，如卷层云或者是薄的高层云，可能在太阳周围出现晕。但是它们也会发生在贴近地面的地方，在温度非常低的情况下，冰晶悬挂在低空中，在这种情形下，只有光环的上部能够看到，于是这些低空的晕有时候被称为冰虹。

海市蜃楼

光线穿过温度和密度不同的空气时会发生折射。这就会造成一些事物的影像出现在事实上不可能出现的地方，例如在炎热的沙漠中发生的海市蜃楼现象。贴近沙子上面的空气层经常是非常热的，但是再往上会凉一些。光线通过这些冷热不同的空气时，发生折射，使天空或远处的物体看起来比实际要低。它们看起来就像是水中的倒影，如上图所示的非洲西南部的纳米比沙漠。在夏季炎热的道路上也会发生同样的效果。

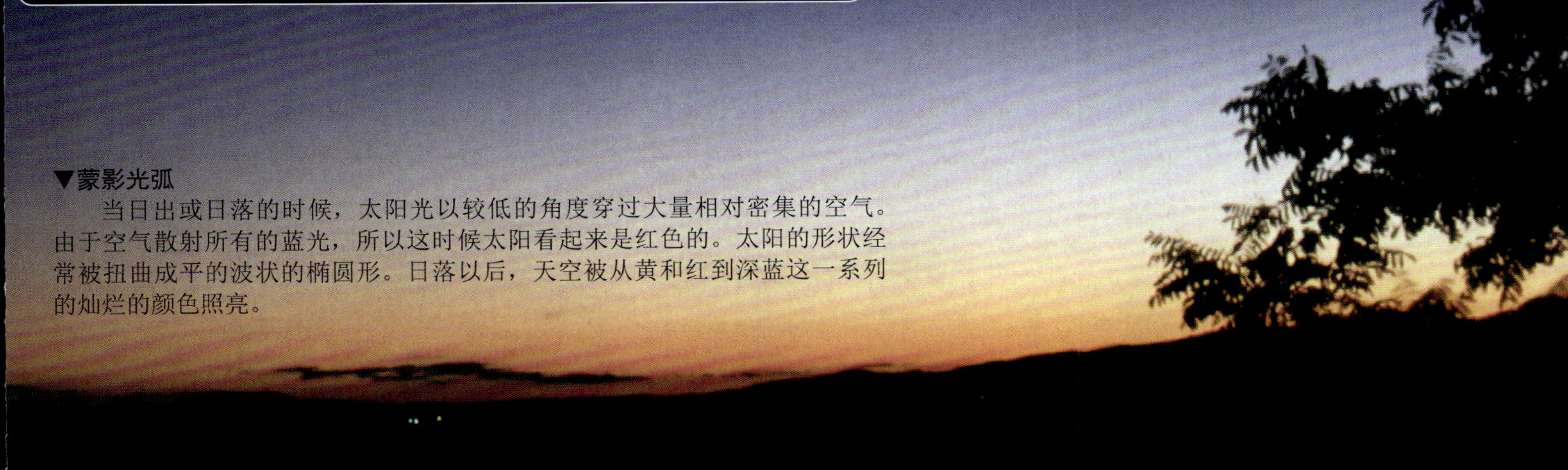

▼蒙影光弧

当日出或日落的时候，太阳光以较低的角度穿过大量相对密集的空气。由于空气散射所有的蓝光，所以这时候太阳看起来是红色的。太阳的形状经常被扭曲成平的波状的椭圆形。日落以后，天空被从黄和红到深蓝这一系列的灿烂的颜色照亮。

移动天气系统

中纬度地区，如北欧、美国北部和新西兰等，经常被一些低气压系统所控制，这些系统从西向东移动，带来云、强风和降雨。当低气压从上空移动时，它的显著特点是气压和风向发生改变，以及出现一连串不同的云。你可以通过观察云和风的改变来观察这个系统，如果可能的话，还可以利用一个气压计来测定当时的气压。

一个低气压系统▶

低气压中心是大块的暖空气。当它向东移动的时候，暖空气的前缘爬过冷空气形成暖锋的小斜坡。更多的冷空气在后面跟随，推动暖空气上升，形成一个陡峭的锋。移动的锋经过时，会形成不同的云，从这些云的不同形状就能看出锋的类型。低气压经常从西向东移动（在图中就是从左往右）。如果这种天气系统从头顶经过，人们经历的第一件事就是移来的暖锋。

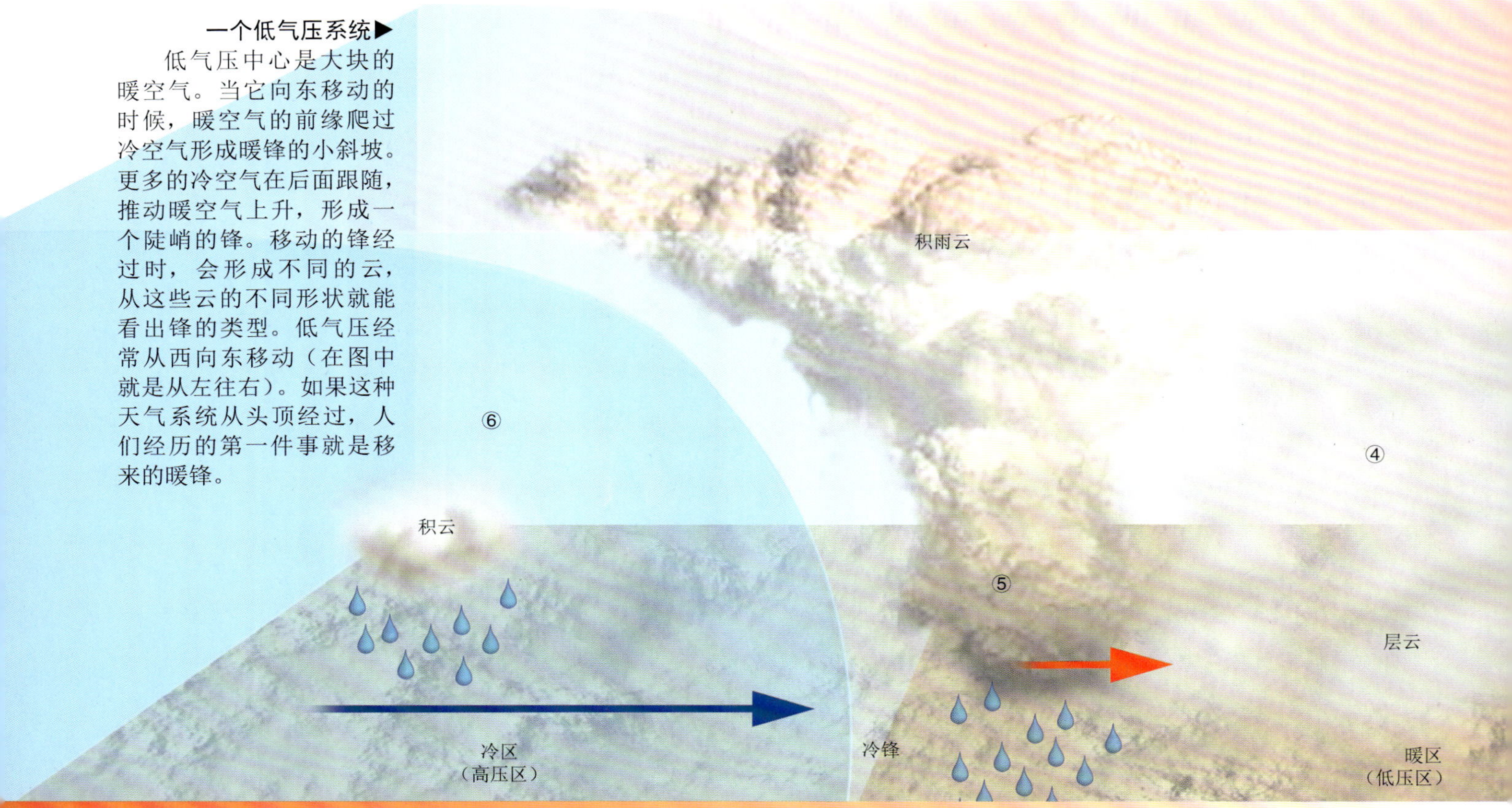

⑥冷区

当冷锋上方的深云向东移动时，冷区的天空非常清澈。冷锋后面可能会有积云、积雨云和阵雨，但是最终雨云会过去，太阳会出来，将泥泞地晒干。

⑤冷锋

随着冷锋的经过，气压上升，变成西北风（在北半球）或者西南风（在南半球）。暖区湿润的空气被冷锋向上推，经常会形成一条深积雨云和强阵雨的带。

④暖区

随着暖锋的经过，风速变大，并且风向发生改变，变成西风。雨通常会减弱，云基上升一些。太阳经常会藏在大片灰色的层云里，总而言之，雨停了，尤其是在靠近低气压中心的地方。

锢囚锋

如果冷锋追上暖锋，暖空气从地面被抬升，便形成锢囚锋。如果暖空气堆积的足够快，它包含的水蒸气可能会凝结，形成高耸的塔状云，制造短暂的大雨。但是这种现象并不常发生。

从人造卫星观看▶

这个假彩色图像显示了北大西洋上方的一个低气压系统，就像通过气象卫星从空间看到的一样。低云用黄色和红色表示，高云用白色表示。黑色面积表示几乎没有云的区域。这个卫星图像中紧凑的螺旋形云就是由锢囚锋造成的，这表明低气压正在接近它的最后阶段。

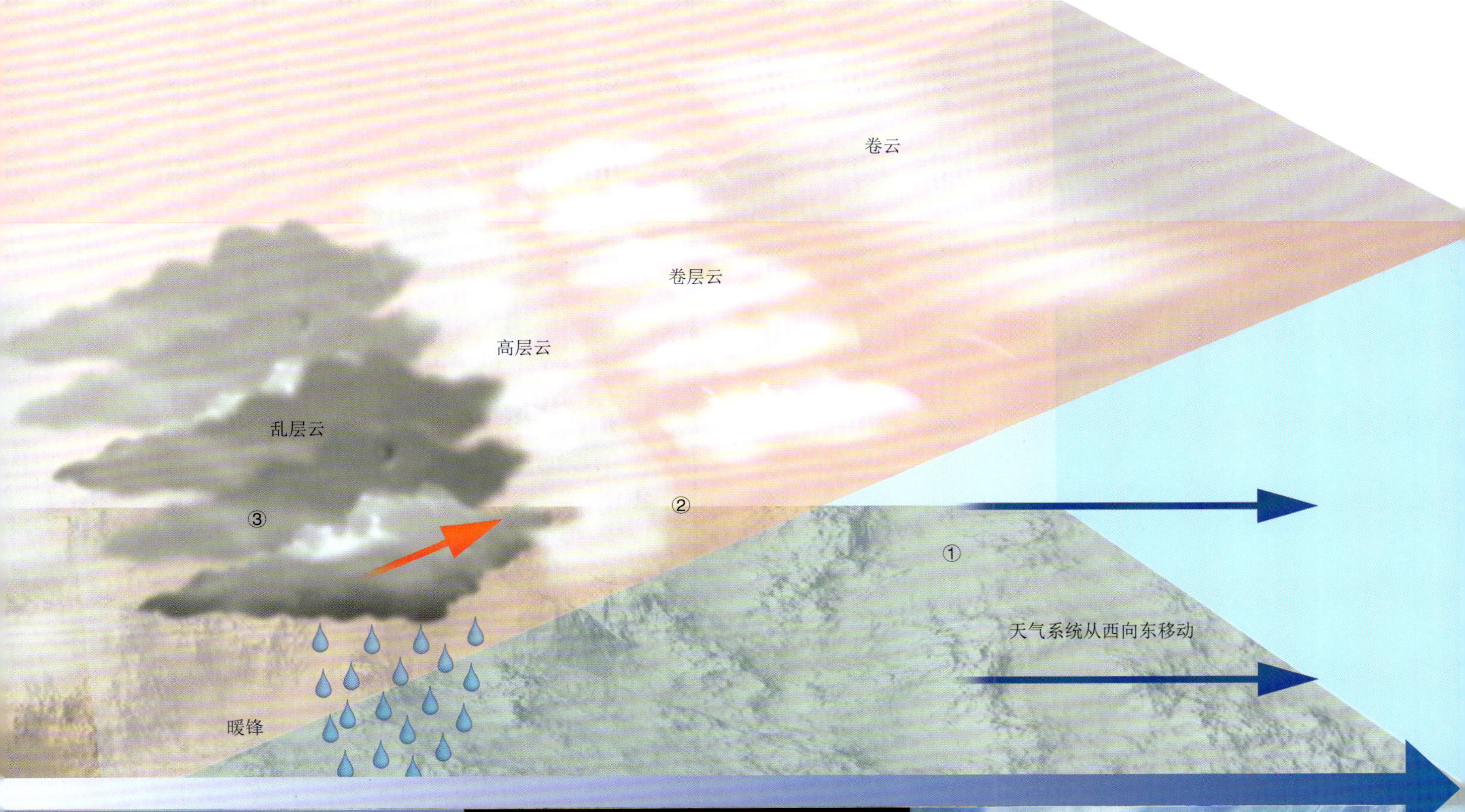

③暖锋

随着锋的前进，云基变得越来越低。高海拔的卷云变成大片的卷层云，然后加厚，变成低一点的高层云。当暖锋在头顶缓慢向前移动的时候，低的高层云逐渐堆积，变成密度更大的灰色乱层云，并且造成稳定的降雨，降雨能够持续几个小时。

②风的改变

风的方向随着低气压的经过而发生变化。在暖锋到达以前，并不吹西风，一般在南半球吹南风，在北半球吹北风，并且风速随着气压的下降而增加。

①接近暖锋

大块暖湿的空气，滑升到冷空气上方，形成暖锋。暖空气中的水汽凝结到云里去，首先会形成小束状的、高海拔的卷云，大概比锋本身出现约早 12 个小时。当这些暖而轻的空气移到头顶时候，气压便开始下降。

风暴云和冰雹

暴雨从巨大的积雨云中降落，这些积雨云悬挂在 15 千米的高空。这些巨大的风暴云是独一无二的，再也没有其他类型的云像它这么大。它们包含了强大的气流，能够带来很大的局地风。积雨云中的冰晶在风的带动下上下移动，形成冰雹，并且产生静电，形成闪电。积雨云还能够带来旋涡和上升气流，甚至可能发展成为龙卷。于是，当积雨云出现时，往往会带来剧烈的天气变化。

黑暗威胁▶

热量和湿度能够为积雨云增加动力。积雨云从空气中吸收大量的水蒸气，将这些水蒸气转化成更密集的云滴和冰晶。这些云滴和冰晶能够反射光，于是当云被太阳照射时，变得非常耀眼。积雨云在温暖湿润的夏季容易形成，从积雨云底下看起来，非常黑暗和危险，在炎热的气候条件下，有时候会爆发雷暴天气。

◀云的建立

当温暖、湿润的空气上升时，体积膨胀而后温度降低。这就使得空气中一些水蒸气凝结形成云滴。冷凝释放的能量会加热云中的空气，使其翻腾。随着空气继续上升，以上整个过程重复进行。如果条件合适，能够形成一个可以发生到对流层顶部的积雨云。在积雨云的顶部，水滴凝结形成冰晶向边缘蔓延。

◀湍流的空气

积雨云里面的空气流动非常湍急，靠近云的中心，暖空气的向上气流能够达到每小时 160 千米的速度或者更高。同时，降雨和冰雹形成了强大的下沉气流，从云的基部涌出。在地表，这些冷的下沉气流引起强烈的风，经常领先于暴风雨。在空气上方，垂直气流制造了湍流，当飞机航行通过这样的强风暴雨区域的时候，旅客会有切身体会的。

◀倾盆大雨

大部分云存在的时间并不长，但是积雨云可能会在 1 小时或者 1 小时以上发展到它的最大高度。于是云里面大量的水汽开始冲破上升气流的束缚，云滴开始下降和积聚，形成雨滴。最终，大的阵雨降落。在一次倾盆大雨中，能够释放近 275 000 吨水，足以引起一次暴洪，如上图所示。

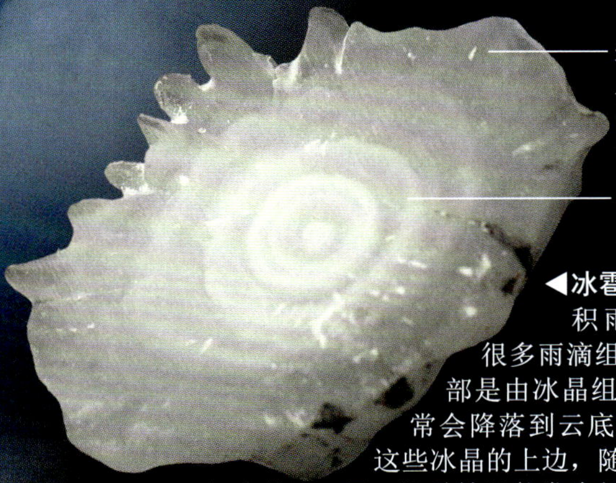

◀冰雹

积雨云的底部是由很多雨滴组成的，而它的顶部是由冰晶组成，这些冰晶经常会降落到云底部，水汽冻结在这些冰晶的上边，随后被强大的上升气流带回云层。这种情况能发生好多次，在冰层外面也就形成了很多层。最终，冰晶变得很重，冲破上升气流的浮力降落到地面上，形成冰雹。

巨型冰雹

一般来说，冰雹跟豌豆大小差不多。但是在世界上的某些地区，比如美国的中西部，冰雹能够比柑橘还要大。这些巨型冰雹形成于非常大的能够造成龙卷的风暴云。这些云里的上升气流非常强大，所以它能够携带和托举这么大的冰雹，直到它们外侧积聚很多冰层，像一个棒球那么重的时候，这些冰雹就会像石块一样从空中降落，毁坏庄稼和打碎玻璃。

多单体和飑▶

积雨云有时候会形成一组，按顺序生长和崩溃。这就是我们通常说的多单体风暴。冷锋有时候会切入暖湿空气的下边，并将暖湿气流抬升，形成一个积雨云的条带，称作飑线。这些云都会带来持续几个小时的大面积的狂风、强降雨和闪电。

雷和闪电

在积雨云里边，很多力在起着作用。垂直气流使小水滴、冰晶和冰雹上下翻转，从而产生静电。这些云像被充足了电的电池，电压很高，产生巨大的火花在云和地面间跳跃，这就是闪电。闪电产生的高温作用力非常强，它所经之处空气体积迅速膨胀甚至爆炸，这就是我们听到的隆隆雷声。

▼闪电

空气是一种优良的绝缘体，于是它需要巨大的电压才能突破自身的电阻。这种情况发生时，就会形成通向地面的“Z”字形闪电。当一个先导闪击接触到某个高点（如树）的时候，将会产生更亮的闪电火花，也就是我们通常说的回击。经常在一秒内产生几个火花，所以我们平时看到的闪电是一闪一闪的。

充电

在一个风暴云中，当小冰粒彼此相遇时，它们将会得到或失去电子。由于所有的电子都是带负电荷的，于是失去电子的小冰粒获得一个正电荷，得到电子的获得一个负电荷。带有正电荷的颗粒向云顶积聚；带有负电荷的颗粒经常是又大又沉，大部分积聚在云底。

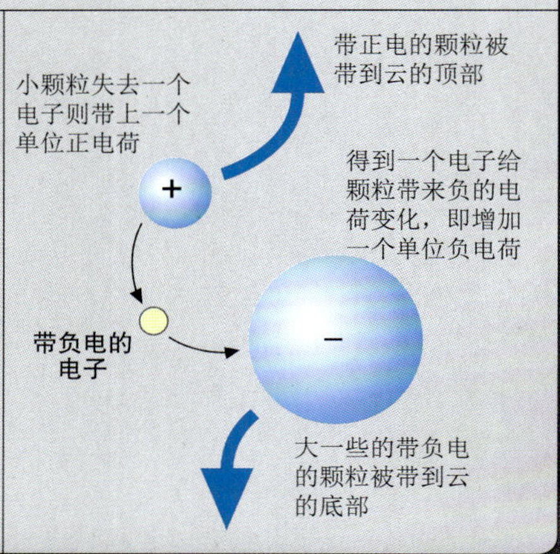

高电压▶

积雨云顶部带有正电的冰晶，与积雨云底部带有负电的水滴之间的正负电荷差异，就是通常说的电势差，即电压。用伏特来测量表述的话，就像电池中电势差一样，在云的顶部电压可能达到1亿伏或者更高。由于云的底部带有负电荷，那么它对应的地表成了正电压，如果电压达到每米1万伏，空气中的电阻可能会被冲破，这些能量就会以闪电的形式释放出来。

熔岩是由沙子构成的，沙子融化形成玻璃状的硅石管

▲火花和灼烧

被闪电击中产生的高温破坏性非常大。如果它击中一棵树，会立即在树上灼烧出一道很深的伤疤，从外向里，这个伤疤由树皮延伸到里边的木材；从上到下，由闪电击中之处一直延伸到地表。闪击经常会引发野火，火势会席卷干旱草地和灌木丛。闪击能将建筑物烧成灰烬，尤其对于由木料制造的建筑物而言，破坏性就更大了，除非它们被电的绝缘体保护。闪电也能够融化沙漠中的沙子，将其融成玻璃，形成多枝状的硅石管。

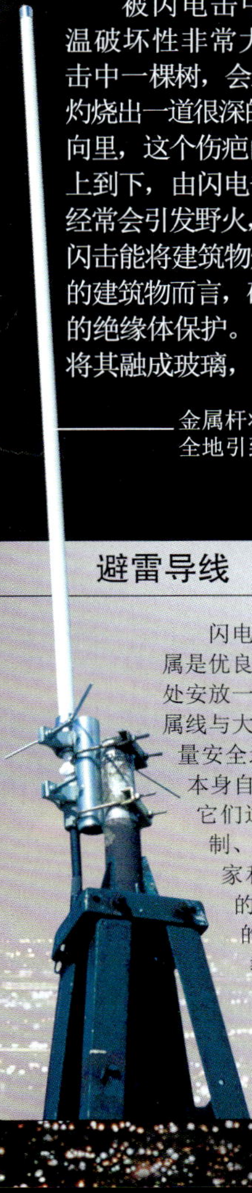

金属杆将闪电安全地引到地面上

避雷导线

闪电能够被金属物体所吸引，因为金属是优良的电导体。如果在建筑物的最高处安放一个金属杆，将这个金属杆用粗金属线与大地相连，它就能够将闪电中的能量安全地输送到大地。这就阻止了闪电本身自然选择一些阻抗更大的路径，将它们过度加热从而将其毁坏，比如木制、石制的建筑。避雷针是美国科学家和政治家本杰明·富兰克林发明的，他曾经参与美国《独立宣言》的起草。在避雷针广泛应用之前，教堂等比较高的建筑物经常被闪电损坏。

▲雷

闪电中巨大的电压能够在几千分之一秒内将沿途空气加热到约 30 000℃。这就使得闪电所经之处空气爆发性膨胀，引起声音很大的震动波，这就是我们通常说的雷声。雷声经常会在闪电之后听到，这是因为声音的传播速度要比光慢得多。

其他类型的闪电

云间闪电

由于云的一端与另一端都带有电荷，所以闪电可以在云内发生，也可以在云间发生，这就是我们通常说的云间闪电，即云闪。如片状闪电，它能够将云内照亮，或者穿越雷雨云的基部，以可以看见的闪电的样子出现。

球形闪电

球形闪电是一种非常罕见的闪电形状，也能够带来一些奇怪的影响。它是一个火球，直径可达 2 米。它与雷雨云的闪电同时出现，或者是紧随其后。同其他闪电不同的是，球形闪电能够持续几秒钟，并且有些时候能够进入建筑物。

热带风暴▶

在赤道辐合带，大量的水汽从洋面蒸发上升进入空气中，形成雷雨云。在热带的一些地方，几乎每天都会形成雷雨云：比如爪哇的一些地区，一年中有 300 天有雷雨云。从右边这个卫星影像上可以看出，赤道辐合带有一个显著的特点，一个雷雨云的条带环绕在印度尼西亚和几内亚的上空。

龙卷

风暴云中强大的气流能够产生最恐怖的天气现象之一——旋转的上升空气柱，通常被称为“龙卷”。强烈的龙卷比任何飓风都要强烈，它产生的风速是记录中最高的。龙卷能够将建筑物撕成碎片，将树木连根拔起，将汽车毫不费力地抛到空中。与飓风相比较，一定时间内龙卷影响的区域较小，但是它能够穿越一个很长的地带，所经之处留下一个长长的破坏痕迹。

龙卷走廊

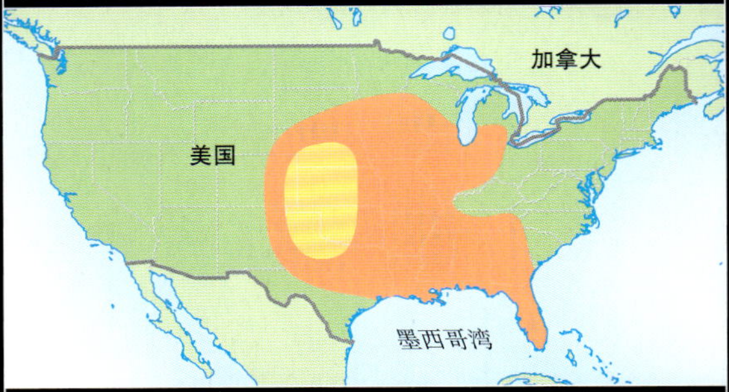

受龙卷影响的区域　龙卷走廊

龙卷能够袭击任何地方，但是它们经常是比较微弱的。大部分较强烈的龙卷发生在美国，美国每年都要经受约 1200 次龙卷的袭击。大部分龙卷发生在春季和初夏，发生于美国中西部那些被大草原所覆盖的州，这些区域被称为“龙卷走廊”。这里大部分湿润的热带气流从墨西哥湾向北移动，与来自加拿大向南移动的干燥的极地气流相遇，形成了能够引起龙卷的深厚的风暴云。

龙卷的诞生

危险的云

快速上升的暖空气携带着大量水汽。这些空气上升膨胀后冷却，浓缩形成浓厚的积雨云。

一个漏斗状窗体

上升的空气柱开始旋转。暗云呈漏斗状向下延伸。空气急冲地面，将灰尘和碎片随之卷起。

龙卷

这个黑暗的漏斗云向下延伸到达地面，形成了一个完整的龙卷。它可以持续几分钟到一个小时或者更长的时间。

▼旋转的空气

如果云中的空气开始旋转的话，一次龙卷可能会从一个雷暴积雨云的底部发展而来。这种旋转的风暴云被称为超级单体。高空的风与地面风方向不同有助于启动上升气流旋转。通常，龙卷会从云层向下延伸到地面。

▲上升旋涡

在龙卷内部，气压非常低，就像一个巨大的真空吸尘器，它非常有力量，能够将屋顶掀起和撕碎，并将里面的东西吸入空气中。狂风猛烈地旋转入上升的空气柱中——在 1999 年的俄克拉何马州龙卷事件中，龙卷速度的最高纪录达每小时 512 千米，而在一次飓风中最大风速仅每小时 300 千米。

▲横穿三个州的龙卷

单个的龙卷并不能够持续长久的，但是它们的母云还能够产生其他龙卷。多龙卷系统可能持续几个小时，引起大范围的破坏。最严重的一次记录是发生在 1925 年 3 月 18 日的“三州龙卷”，它穿过密苏里州、伊利诺伊州和印第安纳州，留下了一条长达 352 千米的毁坏痕迹，造成 695 人死亡。

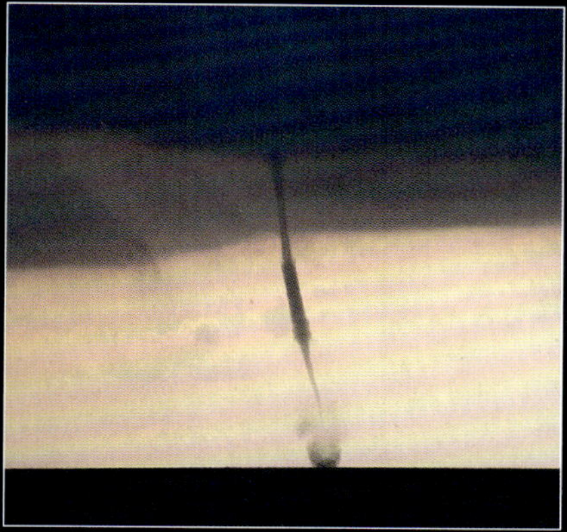

▲水龙卷

旋转上升的暖空气柱也能够在海洋或者是比较大的湖泊上空产生，尤其是在热带和亚热带地区，这就是通常说的水龙卷，它能够将海水吸入旋涡气柱。一般来说，海上龙卷比陆地龙卷要弱一些，但是先前卷入的大量水崩溃和释放的时候，也能造成不小的破坏，如颠覆船舶或将其损坏等。

尘卷风

在炎热的沙漠，地表的高温形成了很小的上升暖气流。这些气流可能会迫使沙子和灰尘卷入类似龙卷的空气柱中，这就是通常说的尘卷风。大部分的尘卷风最大高度能达到 30 米，少数还会达到这个高度的 3 ～ 10 倍。尘卷风通常会持续几分钟，因为冷空气会吸入这个上升旋涡的底部，能够使尘卷风的地表降温，从而切断它的能量供应。

风暴追逐者▶

有些人喜欢到户外去看大的雷暴和龙卷。他们录像和拍照，仅仅是为了享受如此大的天气事件发生时的兴奋心情。大部分风暴追逐者是狂热的业余爱好者，但是随着他们看到的越多，他们知道的也就越多。他们搜集到的资料现在能帮助科学家们更好地了解龙卷和其他的强烈风暴。

藤田分级▶

在 20 世纪 70 年代早期，藤田研发了一个衡量像龙卷这样高风速风的标准，藤田分类标准对龙卷的分类可见右面的图片。由于准确的风速测量很难，所以藤田分类标准中给出的不同的风速等级仅仅是一种估计。

F0 每小时 64 ～ 116 千米	F1 每小时 117 ～ 180 千米	F2 每小时 181 ～ 252 千米	F3 每小时 253 ～ 330 千米	F4 每小时 331 ～ 417 千米	F5 每小时 418 ～ 512 千米
轻度破坏 损坏烟囱；刮断树枝；拔起浅根树木；损坏路标。	**中度损坏** 掀起屋顶砖瓦；刮跑或掀翻移动住房；行驶的汽车被刮离路面。	**较严重的破坏** 撕碎木屋屋顶，摧毁活动住房；掀翻火车车厢；连根拔起大树；空中轻物狂飞；汽车被卷离地。	**严重损坏** 砖房的屋顶和墙壁被吹走，倾覆火车，森林中的大部分树木被连根拔起；将重型汽车从地面上抬起并掀翻。	**毁灭性破坏** 砖房屋被夷为平地；基础不牢固的建筑物被刮倒刮走；空中大的物件横飞；卡车被掀翻。	**极度破坏** 坚固的木质房屋从地基上被刮走；汽车和其他的大物体被吹到 100 米以外的地方；树皮从树上被剥下来，出现难以置信的现象。

飓风（台风）

飓风是一种强烈的、毁灭性的热带风暴，也被称为台风或热带气旋。飓风中心的气压很低，这个低压由来自海洋的暖湿上升气流产生。飓风能够达到 500 千米宽，产生每小时 300 千米的风速。飓风通常产生于海洋上空，所经之地无论是岛屿还是海岸地带，都会造成很大的毁坏。科学家给每个飓风从“A”到“W”都命了名。

▲海上风暴

飓风通常形成于温暖的热带海洋地区，在这里有大量的水蒸发上升变成水蒸气进入空气中。最终水蒸气凝结形成巨大的积雨云。这个过程形成了一个低压区域。在较低处，空气旋转进入低压区域，然后螺旋形上升，形成了风暴中心，使得云在中心顶部旋转。

飓风内部▶

飓风的中心很平静，其中有一个气压很低的核。飓风核和周围空气间存在很陡的气压梯度，使得风和云都向飓风中心为螺旋形吹进，云墙越来越高，风速越来越大。飓风眼周围强烈的上升气流造成了最高的云，这种云能够形成暴雨。它的顶部是高卷云，高空气流与低处的风向相反的方向溢出。

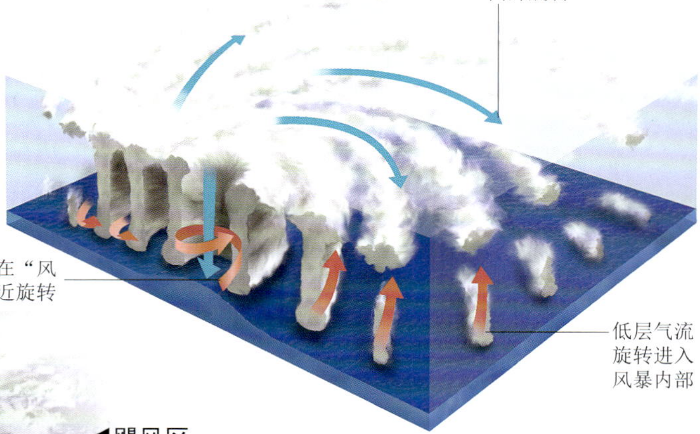

◀飓风区

飓风区能够在海温高于 27℃的地区形成。如果它们移经较冷海域，就会消失。但是它们仍然需要科里奥利效应使它们旋转，在赤道中没有科里奥利效应，于是主要的飓风区分布在赤道南部或北部 5°～20°范围内。在这些区域，飓风向西移动，直到被陆地拦截。2005 年卫星影像上（左图）可以看到飓风“威尔玛”移动穿过加勒比海。

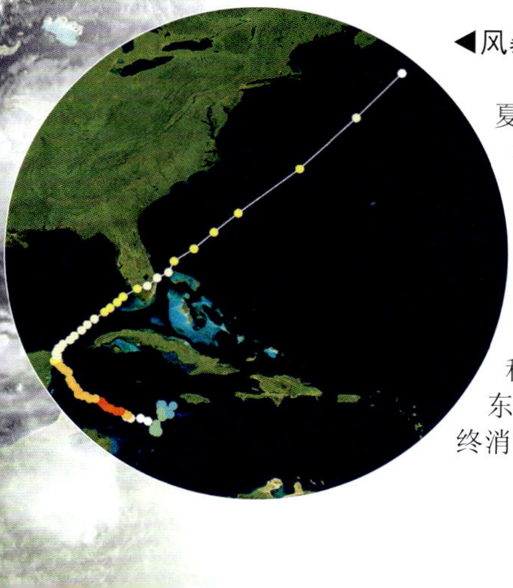

◀风暴跟踪

飓风主要的发生季节是在夏末，因为这时候海洋比较温暖。每一个风暴都远离赤道向西漂移，直到遇到陆地就会突然转向。左边这张地图展示了飓风“威尔玛”的路径。它形成于牙买加南部，并且向西北移动，在墨西哥着陆，向东北转向佛罗里达方向，最终消失在寒冷的北大西洋。

风暴潮

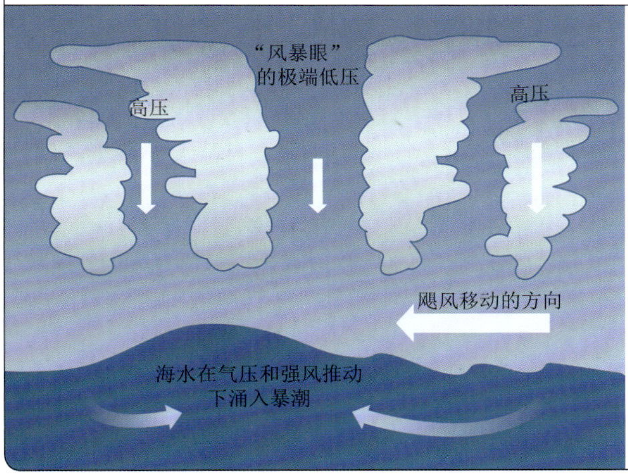

由于飓风眼中心存在极端低压，周围的高压和风会把海水推向暴风雨中心。这就使得海平面上升几米，形成了一个风暴潮，它向暴风雨中心继续推进。如果飓风朝向陆地移动，风暴潮堆积在暴风雨前边的浅海水域，能够制造约 10 米高的海浪。这堵水墙能够席卷低海拔的小岛或海岸线，或者冲毁沿海城市。

飓风"卡特里娜"将新奥尔良的这栋房子从它的地基上吹倒

▲风和雨

尽管飓风在海洋上力量是最强大的，但是当它们遇到陆地的时候才会达到最强的破坏性。风和雨同时发生，造成巨大的损害，将建筑物夷平，暴发洪水，甚至席卷整个社区。萨菲尔－辛普森飓风等级中，第五级是飓风的最高级别。飓风"威尔玛"就是一个五级飓风，当它撞击到墨西哥海岸的时候减弱为四级。

洪水▶

由飓风引起的大部分毁坏，是由于风暴潮造成的。美国南部新奥尔良的大部分地区实际上海拔是低于海平面的，它由防洪堤坝保护着。2005 年 8 月底，当飓风"卡特里娜"袭来时，在风暴潮的压力下，堤坝被冲毁，城市的大部分地区被洪水淹没，造成 1000 多人死亡。

致命的泥石流▶

在热带雨林被砍伐的地区，飓风的破坏性更加强大。树木能够涵养水源和保持水土，如果树木被移走，洪水将会淹没该地区，这会比风的破坏力更大。1998 年，飓风"米奇"给美国中部倾泻了 127 厘米的雨水。这次洪水引发多处泥石流，如右图所示。尼加拉瓜西北部的这次泥石流造成 11 000 多人死亡。

季风

当季节变化时，地球上得到最多光照的地区从北回归线到南回归线发生周期性的变化，这就使得气候系统也随之由北向南移动。跟大范围的冬夏季节盛行风相反的就是季风，季风会带来干或湿的空气，常发生于印度和东南亚地区。

人们抓住一根绳子穿过被洪水淹没的孟买街道

▲季风洪水

在季风气候下，几个月的干季之后常会突然又有几个月的大雨。生活在南亚的人们依靠降雨来减轻干旱，并且将烤干的土壤变成肥沃的田地。如果湿季风来得较晚，这一季的庄稼将会颗粒无收。但暴雨也能够导致灾难性的洪水，就像2005年7月的那次大暴雨，将孟买变成灾区。

随季节移动▶

赤道辐合带是一个经常出现低气压、云和雷暴的区域。在右图的卫星影像中可以看到，它的位置由一个云带标出，穿越印度洋从印度尼西亚到非洲。随着季节的变化，赤道辐合带的位置从赤道北部移到赤道南部。夏季当它在亚洲南部向北移动的时候，会引起一个季节性的风向变化，或者说是季风。

印度季风

湿季风

在北半球的夏季，亚洲大陆升温，暖空气上升到印度北部区域上空。这将赤道辐合带吸引到北部，在喜马拉雅山上空形成了一个低压区。南部从印度洋来的温暖、湿润的空气受低压影响向北驱动。在印度湿季风（季风湿季）期间，带来多云和倾盆大雨。

夏季

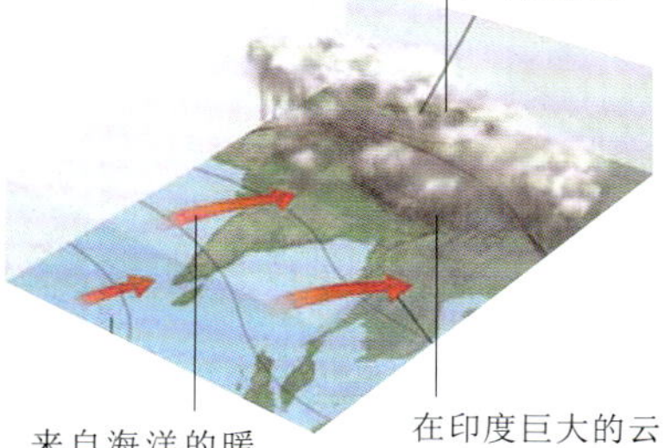

干季风

在北半球的冬季，印度洋比亚洲大陆温暖，赤道辐合带向南移动，如上图的卫星影像所示。赤道辐合带的低气压区从西藏南部带来凉爽、干燥的空气，输送到印度。于是风吹向相反的方向，造成了干旱季风的漫长干旱。

冬季

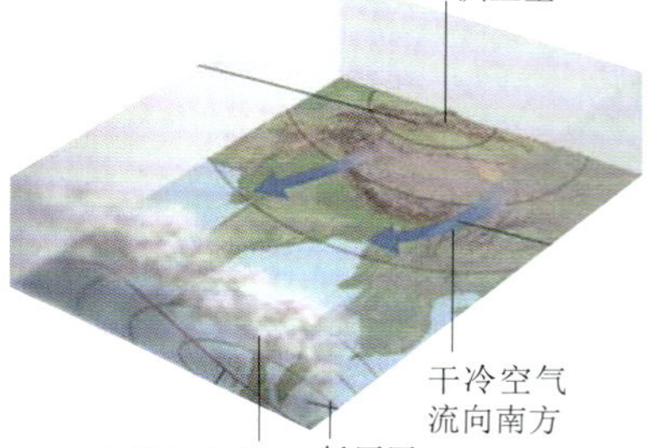

▲季风森林

亚洲季风区季节性的风向变化对大面积地区产生影响，向东从印度和巴基斯坦，穿过亚洲东南部，中国南部和日本，到达澳大利亚北部。这种气候格局形成了印度虎的栖息地——季雨林。在湿季风期同热带雨林有着相似的气候，但是树木和其他植物已经适应在干季长久的干旱环境中生存。

▲开花的沙漠

季风区季节性的风向变化在世界各地的热带附近都有发生。它们甚至能够影响墨西哥北部沙漠中的仙人掌。比如，索诺拉沙漠一年中的大部分时间非常干旱，但是从7月到9月中旬，夏季风带来了湿润的热带空气和频繁的雷暴天气。这种降雨会使沙漠中的植物开花，给多刺的仙人掌一个吸吮大量水分供给生命的机会。

撒哈拉沙漠的尘土

季节风也会影响到地中海地区，春季形成的低压天气系统，将沙漠空气从撒哈拉向北驱赶，形成了炎热、干旱的风，就是通常说的非洲热风。这些风经常带来微红的沙漠沙尘，如上图卫星影像中可以看到在埃及北部的非洲热风。风携带着地中海的水汽，可能会以红雨的形式将这些水汽和灰尘降落在欧洲。与之相似的沙漠风还有席卷西班牙的累韦切风和撒哈拉大陆南部干燥的哈麦丹风。

干湿季▶

在12月份，赤道辐合带移过东非的塞伦盖蒂平原，带来大雨和强烈的雷暴。降雨使得牧草开始生长。但是在6月份，当赤道辐合带开始向北移动时，降雨停止，一个漫长的干季开始了。在干季牧草停止生长，迫使食草野生动物为了寻找食物，开始它们漫长的旅行或迁徙。

局地风

在世界的一些地区，因为不同的地理景观和海陆分布状况的影响而产生局地风。有的风一天到晚都在吹，有的风仅在一天中的某一时刻吹。局地风的产生是由于上升的暖湿气流和下降的冷干气流的不同组合，以及气压的不同而造成的。这些风能够在小区域形成显著不同的气候特点，尤其是在山区。

▲极地风

大西洋和格陵兰岛被巨大的冰原所覆盖，大冰原中部的冰要比边缘厚。这样整个大冰原就形成了一个屋顶形状，越临近屋顶的边缘就越是陡峭。这些冰表面的空气很冷，空气的密度很大。这些密度大的冷空气向海岸涌流，以极地下降风的形式向下沉，能够达到暴风雨的力量。如果这些风卷起雪粒，就会形成严寒的暴风雪天气。也正是由于这些风的存在，使得南极勘探非常困难和危险。

海风和陆风

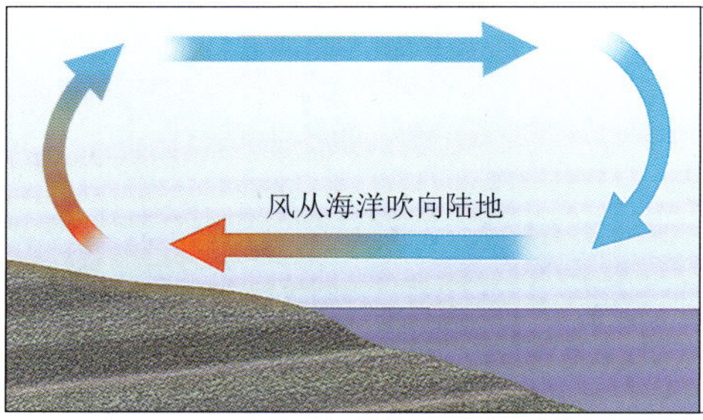

白天

在阳光充足的白天，陆地表面加热比海洋快，温暖的陆地将其表面的空气加热，空气受热后上升。这就将海洋表面的凉爽空气以海风的形式吸引过来。陆地表面空气上升后冷却，在较高的地方移到海洋上空下沉，从而取代海洋低空流入陆地的空气。

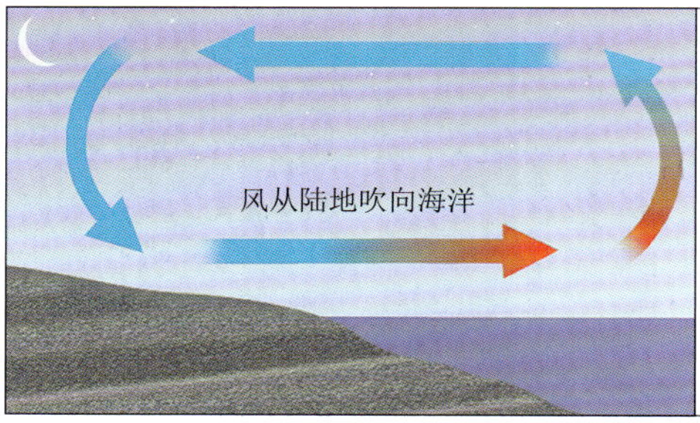

夜晚

在夜间，环流正好与白天相反，陆地比海洋热量损失速度快。陆地冷却下来后，使其表面的空气降温。陆地表面较冷的空气下沉流入海洋，形成陆地风，填充从相对温暖的海洋表面上升流向陆地高空的那些空气。

下降风▶

在山区，比较高的地面夜间热量损失快。于是，这些较高地方的空气冷却密度变大，沿着山体下降，形成下降风。较冷空气在下降过程中逐渐增温，或者是取代下面谷地的温暖空气，形成一个霜池或雾池。下降风有时候风力非常大。在陡峭的斯堪的纳维亚海湾，这种空气输送是很危险的，有时候它们几乎是垂直吹向谷底的湖面或洋面。

◀上坡风

在山区，由于山谷的边缘比谷底得到更多的太阳辐射，因此，在白天它得到的太阳的热量更多，上空的空气比较热。这些暖空气加热后上升，于是山谷底部的冷空气就沿着斜坡向上流动，取代这些暖空气的位置。这样就形成了一个轻微的风或者是气流的上升，即上坡风。这与通常发生于晚上的下降风方向正好相反。

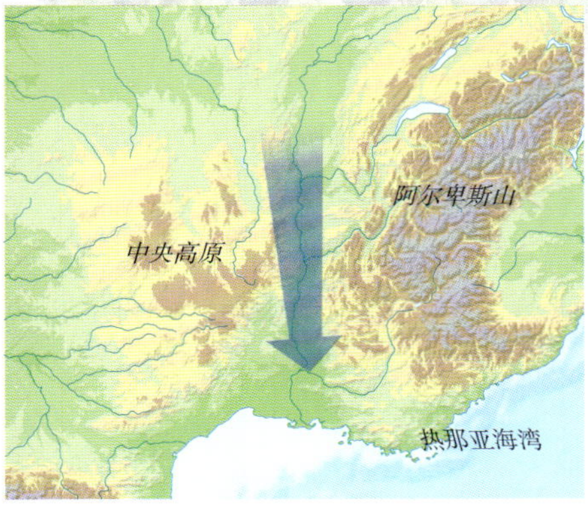

◀山谷风

山谷能够使空气流呈漏斗状，将其集中成强有力的风。最声名狼藉的风之一便是寒冷西北风（密史脱拉风），它沿着法国南部的阿尔卑斯山和中央高原之间的罗讷河谷向下吹。这个风被热那亚海湾的低气压系统向南吸引，尤其是在冬季，被发生在较高山谷的下降风推动。

海洋风

在陆地表面吹的风，由于陆地表面的摩擦作用，风速减小。在海洋表面吹的风，相对来说摩擦作用较小，因为水的表面比陆地表面光滑。一般来说，海洋风比陆地风要强大。在南部的海洋地区，由于没有陆地减弱风速，不停积聚的力量甚至达到接近飓风的强度，于是它在南极洲周围咆哮的时候，能够将高空的信天翁带到很远的地方。

焚风效应▼

当湿润的空气沿着一个长山脉的一侧向上爬升的时候，慢慢冷却，里面的水汽凝结，形成云或者雨。通常雨在山脊的迎风坡降落。一旦气流越过山顶，它就会跑到山脊另一边，在下降过程中逐渐变暖。由于空气现在是干的，下降过程中增温非常快。这样就形成了又暖又干的风，如阿尔卑斯山的焚风或美国洛基山脉东部的切努克风。我们把这种现象叫作焚风效应。

洪水和干旱

暴雨或极大的热量能够对自然景观产生戏剧性的影响。洪水和泥石流所经之处，能够毁坏任何东西；干旱的危害也不可小觑，严重的干旱也会将肥沃的农田变得灰尘满天，不适于耕作。在沙漠和季风气候区，这些事件正是一个有规律的自然气候的特点。但是在其他地方，当地的动植物可能一生中仅受到一次这样的灾害。有些时候，这些灾祸是由反常气候引起的，但是由于人类活动改变了自然景观原貌，使得这些灾难变得更严重。

◀暴洪

当水沿着山体向山谷流动的时候会形成一个漏斗形状，非常大的降雨会造成突发性洪水灾害。大水形成急流，将石块、树木、小汽车和房屋卷走。2004 年 8 月，在英国博斯卡斯尔的一个小村庄，在一次较强烈的雷暴天气之后，洪水向着陡峭的河谷汹涌而来。巨大的洪水将建筑物和桥梁冲走，并将 80 余辆小汽车冲入大海。

沙漠急流

洪水

沙漠地区比较罕见的强暴风雨能够引起突发性洪水灾害，将这些贫瘠的土地，以及布满沙尘的土壤冲洗成一条条小沟。当暴风雨来临，洪水伴随着石块和泥沙的快速流动，沿着这些小沟渠，将岩石冲走。几千年过去，将这个地方变成陡峭的山谷，成为干枯的河道或者河床。

干涸的河谷

当降雨停止后，洪水迅速地流走或者排走，床依旧干涸。每一条干涸河床能够保持几个月或几年的干旱，下一次暴风雨会制造一个新的急向干涸的河床汹涌而来。于是，一段时间以后，使在极端干旱的气候条件下，沙漠地区仍然存在洪水塑形的景观。

◀洪水

奔流的热带降雨会引起巨大的洪水暴发。1988 年，孟加拉国的一多半国土被恒河和布拉马普特拉河的洪水所淹没。洪水使 2000 多人死亡，4500 万人无家可归。仅仅 3 年以后，这个国家再次被洪水淹没，造成 15 万人死亡。

◀干旱

在沙漠的边缘，干燥的土壤被草或其他植物的根固定住，这样植物就能经受长时期的干旱。但是如果当地的人们过度放牧，这些植物将会很难生存，甚至灭绝。没有这些植物，土壤将被风吹到其他地方而流失，或者是暴雨后被洪水带走。这样的话，干旱的影响将会更加严重。慢慢地沙漠面积更大，人类以及牲畜就会饿死。

◀暴风雨的力量

一场非常强的风能够将森林夷平，庆幸的是这种风一般并不多见。在1987年10月，一次强烈的暴风雨席卷了英国南部，将1500万棵树连根拔起，毁坏了上千座建筑物。尽管暴风雨比不上热带飓风，但是它们对景观的影响和破坏性仍不可小觑。由于这种风在欧洲北部很少发生，所以当地的树木并不适应，也抵挡不住如此强烈的风。

◀尘暴

如果干旱地区的农民过度种植农作物毁坏了当地的自然植被，土壤会变得越来越贫瘠。这个问题可以通过在这片土地上大量播撒有机肥来解决，否则的话，干燥的土壤就会变成沙尘。这种情况在美国中西部20世纪30年代曾有发生。经过了多年的干旱和重复多次的小麦种植，这个地区变成了尘暴区。最终，土壤被吹走，沙尘暴席卷美国。

泥石流

热带森林能够在暴风雨下生存，因为当地的树木在漫长的进化过程中已经适应强风和暴雨，树根将土壤固持住，并能够涵养水源。所以有自然植被覆盖的区域一般能够抵挡住飓风袭击，遭受的损失很小。但是如果森林已经被砍伐，自然植被遭受破坏，便没有东西能够在洪水中固持土壤了。在一次大的暴风雨中，土壤将会变成液体泥浆，席卷村镇，毁坏建筑物，危及生命。

▲野火

长达几星期的干旱能够将一个地方的水分榨干甚至暴发火灾。像澳大利亚、美国加利福尼亚州和欧洲南部，这些地方生长的植物富含油脂，非常容易点燃，因此这些地方燃烧的野火最剧烈。植物能够在有规律性的比较小的野火中生存，一般这些野火很快会被熄灭。但是如果大火控制的范围覆盖了这些零星的小火，那么枯叶就能提供燃料来源，造成更大的火灾，就像葡萄牙这次火灾一样。

冰

在世界上最冷的地方，空气和地表温度远远低于水的冰点，尤其是在冬天。因此，在这些地方，大部分水以固态冰的形式存在于自然界中。冰存在于地表冻结以后的土壤里、江河表面、极地冻结的海洋里，以及常年不化的积雪中。最终，这些积雪紧缩成冰川、冰帽和冰原，形成了高山和极地大陆。

结冰和融化▶

水结冻成冰以后，体积扩张。随着季节变换，这些水结冻、融化又结冻的扩张力使得石头和土壤相分离。这种变化能够粉碎大石头和悬崖峭壁，将它们弄成碎石或鹅卵石。多年的反复冻融使地表产生了一些裂缝，这些裂缝慢慢变大并被岩石碎片所填充，形成了很多苔原多边形，就像右图中阿拉斯加州这些一样。每个多边形约几米宽。

◀永久冻土

在极地，那些没有被永久冰块所覆盖的陆地在冬天会冻结成固体。到了夏天，这些地方的表层地面融化，但是深层仍然保持冰冻状态。深层冻土阻止了融化的水流向其他地方，并且在北极的广大地区形成了一些池塘和沼泽。这种准永久冻土景观被称为苔原或冻土地带。有些地方，冰陷入土壤中，推起了些水泡状突起，称为小丘，约50米高。

结冰的大洋▶

北极地区天气非常严寒，北冰洋的表面结成了冰。这种洋面结的冰与陆地上的冰原比起来就薄多了，并且它们经常处于移动状态，如被洋流所驱动围绕着极地打旋等。极地冰是永久性的，当冰融化的时候，它们经常被在水上形成的新冰所取代，这些新冰形成后向极地移动。

深度结冰

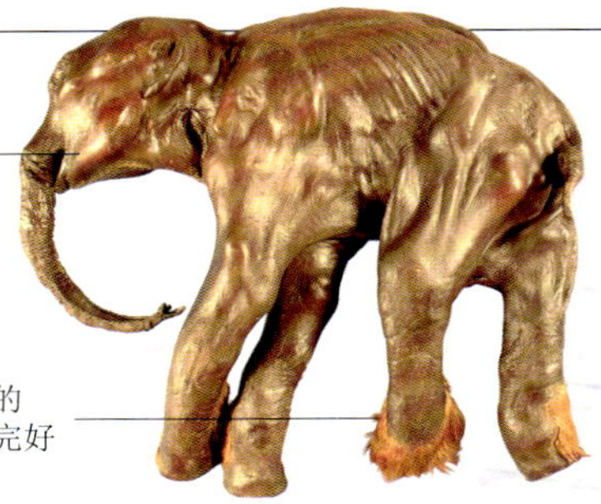

北极永久冻结带长期的深度冰冻，保护了一些植物、动物的遗迹或遗体，甚至数千年以前的人类遗迹或遗体。1977年，在西伯利亚东部的科累马河发现了几具史前长毛猛犸象的冰冻尸体，包括上图这头小猛犸象。科学家利用放射性碳测年测定其年龄，发现它死于约4万年前，但是它的皮毛、内脏器官和一些长毛仍然被冰块保存完好。

移动的冰产生压力形成冰脊

冰川▶

在寒冷的极地和高山地区，降落的雪即使在夏季也不能完全融化。许多年过去后，这些雪不断堆积，直到它自己的重量把内部大部分空气都挤压出去，就变成了固体冰体。这些冰体随着移动的河流沿着斜坡缓慢下滑，称作冰河或者冰川。最终，这些冰川要么流入海洋，如右图中的阿拉斯加州，要么边缘融化形成河流。

◀冰山

大部分冰山是由于北极或南极的冰川流入海洋形成的。当它们到达海洋时，大块的冰体脱离，形成冰山。如果冰块足够冷，它们密度就非常大，呈蓝色。由于冰山是由积雪形成，是淡水组成的。冰山里面仍然有石头和灰尘，冰山融化后，这些灰尘和石头就会沉在海洋的底部。

大冰原▶

覆盖南极洲和格陵兰大部分地区的巨大冰原，是非常大的冰川。在南极洲中部，任何降落的雪花都是不会融化的，它们逐渐堆积成冰。南极洲冰原有4500米厚，它能将整座山脉掩埋，仅有山顶能够露在外边。冰太重了，使得南极洲下沉了约1000米。

冰冻期，严寒期

严重的冰冻期并非严格限定在极地区域。在正常温暖季节的冬季有时候天气冷得都会让江河冰冻，引发破坏性的暴风雪。这种寒潮经常是高压系统引起的，持续几天或者几周，在大陆性气候地区更容易发生。温暖、湿润的空气途经非常冷的区域时，可以引起冻雨，冻雨能够盖住所有的东西。左边的这幅图片，是19世纪末在加拿大的蒙特利尔拍摄的，人们试图用水去灭火，结果水都冻结在建筑上。

厄尔尼诺

正常情况下，热带太平洋区域的季风洋流是由东边流向西边，但这种模式每 2～7 年被打乱一次，太平洋洋面海温会出现一次异常，削弱正常情况下的洋流的流动。此时，太平洋表面的暖水又流回东方，抑制了携带着丰富食物的冷流流到东太平洋。这种现象称为厄尔尼诺。它与南方涛动是同步的，南方涛动是热带太平洋与热带印度洋气压的升降呈反相关关联的振荡现象，它发生时可以破坏正常的气候模式，引起干旱和洪涝灾害。这就是厄尔尼诺和南方涛动，或者两个事件合起来叫作恩索（ENSO）。

对野生动物的影响▶
美国北部的加拉帕戈斯岛周围被秘鲁洋流的冷水围绕。秘鲁冷流带有大量的浮游生物和各种鱼类。在一次厄尔尼诺事件中，向东的暖流抑制了冷流，浮游生物得不到足够的营养而死亡，连带引起以浮游生物为食的鱼类大量死亡。海鸟也因找不到足够的食物喂养幼鸟，导致幼鸟饿死。

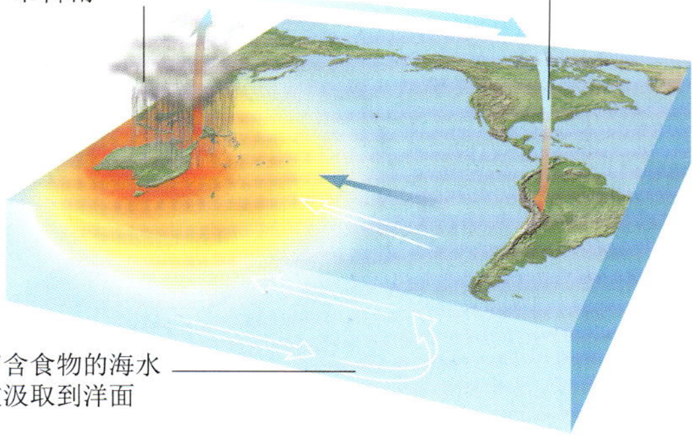

▲正常年份
正常情况下信风穿过赤道地区太平洋向西流，堆起暖流环绕澳大利亚和印度尼西亚。这就使海水远离美国南部的海岸，导致冷水从洋底泛起。这些营养丰富的冷水滋养了大量的海洋生物。同时，水汽从大洋西部上升，为大雨的发生创造了条件，并且形成了部分的空气环流，称为太平洋环流。

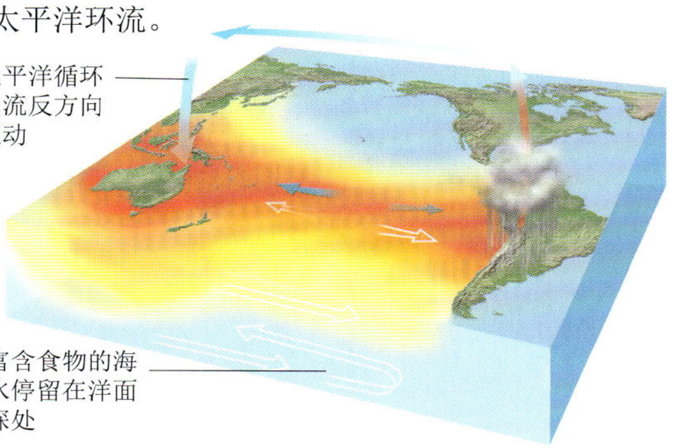

▲厄尔尼诺事件
在一个厄尔尼诺事件中，信风减弱使得温暖的海水向美国南部回流。温暖的海水因阻止了含食物丰富的寒冷海水上升到表面，从而切断了维持海洋生物的食物供应。这额外的表面暖流在太平洋东部形成了一个低压系统，造成了南美地区的暴雨，使得太平洋环流反向流动，同时太平洋西部可能会形成高压系统，引起干旱。

在一次拉尼娜事件中悉尼的大风雨

◀拉尼娜
厄尔尼诺在西班牙语中是“小男孩”的意思，它指圣婴，因为厄尔尼诺经常在圣诞节前后发生。但是，有时情况正好相反，西太平洋正常的低压系统变得更加强大。信风加强，将暖水向西部延伸，改善了南美沿岸海洋生物的条件。西部的低压引起了印尼和澳大利亚不寻常的强降雨。这种现象称为拉尼娜（又称反厄尔尼诺），即“小女孩”的意思。

◀对渔业的影响

从秘鲁流来的寒冷水分富含浮游生物，流经之处有世界上最丰富的鱼类产区。大量的鱼类被商业捕捞船队捕获，例如凤尾鱼。但是严重的厄尔尼诺会阻止寒冷海水上翻到水面，海面不再有浮游生物，造成鱼类数量减少，导致以捕鱼为生的人们丧失了谋生来源。

全球影响▶

由于厄尔尼诺事件与大气环流的变化相联系，它的影响范围很大，能对半个地球都产生影响。它影响的区域远远不止赤道太平洋地区。在1992年，与一次厄尔尼诺事件相联系的天气系统在得克萨斯州制造了3次降雨，包括加利福尼亚南部反常的暴风雨，另外一个重要影响是阿拉斯加温度比正常年份上升7℃。在南非造成了灾难性的干旱，将很多肥沃的土地变成了沙漠。

北大西洋涛动

南方涛动是太平洋地区一个常规的事件。与之相似，一个较小的极端摆动在其他地方也有发生。其中一个就是北大西洋涛动。它影响两个不同天气特征之间的气压差，即亚速尔高压和冰岛低压。当这些气压的差别比较大的时候，强烈的极地急流把低温湿润的气候特点带到北欧；但是当这种气压差别较小的时候，急流会减弱，寒冷的空气移向西方，给欧洲北部带来多雪的冬季。

▲印度尼西亚干旱

正常年份下，印度尼西亚和新几内亚岛大部分地区都有丰富的雨水，但是南方涛动能够在这个地区制造一个高压天气系统，阻碍了云和雨的形成。结果是会产生干旱，导致庄稼死亡，引起灾难。随着植被的死亡，火灾容易发生，大部地区可能会被毁灭性的森林火灾一扫而光，当地的农民对此无能为力。

沙漠雨▼

在智利的部分地区，正常年份下一般被高压天气系统控制，降雨稀少。这就促进了地球上最干旱的沙漠——阿塔卡马沙漠（见右图）的形成。在严重的厄尔尼诺事件过程中，南方涛动在南美的太平洋海岸制造的低压天气系统，会导致热带降雨和洪水的发生，有时使得阿塔卡马沙漠充满生机。

空气污染和烟雾

空气经常被来自自然界的各种形式的污染所影响，比如自然火灾中的烟雾，或者是火山爆发产生的烟灰和各种气体。它们是自然环境的组成部分。但是在过去的200年中，由于人口增长、城市扩张和工业的发展，以及汽车和航行器的使用，人为的空气污染日益严重。开始，只是城市和工业区受到影响，现在空气污染扩展到全球，甚至影响到北极。

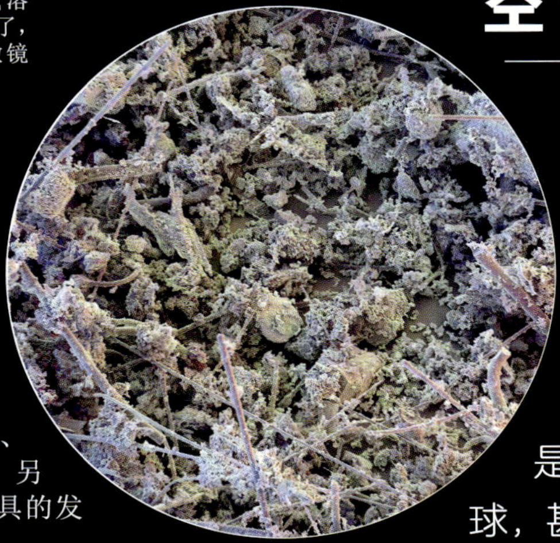

气体中的悬浮微粒（如气溶胶等）太小了，不借助显微镜是看不到的

悬浮在空气中的微粒▶

低空中有大量的看不到的微小颗粒，即气溶胶（气溶剂或者烟雾剂），它们可能会在空气中悬浮很多天，右图我们看到的是扫描电子显微镜下放大了的微粒。一些是自然物质，如灰尘、火山灰、孢子菌和花粉粒，另一些则是煤烟、由交通工具的发动机和工业释放出的物质。

煤烟中充满了悬浮的煤烟烟灰颗粒

◀煤烟

煤作为燃料能够引起严重的空气污染，因为释放出的这些烟雾中不仅含有污染气体，而且含有烟灰颗粒。这种混合物能够染黑建筑物，引起人体呼吸困难，以及影响植物正常生长。在过去，煤烟雾污染对整个景观都造成了不良影响，至今这仍是世界上一些国家的主要问题。

适应污染

这种飞蛾在没受污染的地区是正常的苍白色的

在受污染的地区暗色飞蛾则更常见

在19世纪的英国，烟雾污染非常广泛，以致影响到了野生动物。正常的飞蛾翅膀是苍白色的，有暗色的斑点，但有些颜色非常暗。在工业区，当它们停留在被煤烟染黑的树上时，暗色的飞蛾由于跟树色泽相近，能够更好地伪装，从而不大可能被鸟类发现和吃掉。

灰烬云▶

火山爆发是一种自然现象，它们对大气的影响是巨大的。在1991年，菲律宾群岛的皮纳图博火山爆发，炸裂了大量岩石和细灰，并且将它们喷向天空。火山灰笼罩在上空形成了火山云，挡住了太阳辐射给地球的热量，导致当地的平均温度降低0.5℃。

▲烟雾

空气中的煤烟粒子使得水蒸气非常容易凝结并形成雾。在这些煤烟粒子的帮助下，空气中常会形成厚重的危害很大的烟类的雾，即人们通常说的烟雾。烟雾在城市中非常常见，如上图所示为 20 世纪 50 年代的英国伦敦，当时人们在家庭中都是燃烧煤来取暖的。在 1952 年的 12 月一次严重的伦敦烟雾事件导致了约 12 000 人死亡，从此以后，这个城市中就禁止使用煤炉了。

▲光化学烟雾

汽车和卡车发动机排放的气体能够与太阳辐射中的紫外线部分发生反应，形成棕色的薄雾或者叫作阴霾，这种薄雾或者阴霾称为光化学烟雾。这在汽车多、光照充足的城市里是非常常见的，像美国的洛杉矶。上图中所示的这种现象可能更为严重，这是由于这个地方经常会有一层较凉的海风吹过，这些海风的高度比较低，经常在暖空气下边，这就阻止了暖空气的上升，污染物就不能随着暖空气的上升而扩散掉了。

无夏之年

1815 年，印度尼西亚发生了有记录以来的最大一次火山爆发，将坦博拉火山海拔 1200 米以上的峰顶都喷走了。左图中可以看出，火山灰环绕在地球表面，使温度大幅度降低，于是 1816 年就变成了著名的“无夏之年”，夏季出现了寒冷的气候使作物停止生长，从而造成粮食短缺，甚至是饥荒。在法国，葡萄在树上就被冻住了；在瑞士，饥饿的人们开始吃苔藓为生。

亚洲褐色阴霾▶

在亚洲，数以百万计的生火做饭会产生巨大的烟雾云，被称为亚洲褐色阴霾。阴霾中的有毒物质造成的空气污染每年导致 220 万人死亡，主要危害妇女和儿童。煤烟颗粒散布到世界各地，甚至在北极冰雪覆盖的区域都有发现，使得北极冰的颜色加深，这也使得冰更易于融化。因而亚洲的厨房用火可能会导致融化极地冰盖。

酸雨和臭氧损耗

煤烟、灰尘和其他固体小颗粒形成了可以看得见的烟云，很多的空气污染是由它们引起的。然而一些看不见的气体，如硫、氮和碳的氧化物，也能产生污染。所有这些气体都可以自然产生，但是人类活动使得它们在空气中的含量增加。如发电厂、工业、交通工具和家庭中燃烧碳、石油和煤气，排放出这些有害气体，会导致酸雨等污染问题。人造气体氯氟碳化物（CFCs）释放到空气中，会导致臭氧层被破坏。

▲废气

如果水汽中溶解了硫和氮的氧化物，就会产生酸性较弱的硫酸或氮类酸，从天空降落形成酸雨。大部分硫氧化物来源于烧煤的发电厂，而多数氮氧化物来源于燃烧汽油或柴油的交通工具。可以用一些装置将氧化物从废气中过滤出来，如用在汽车尾气中的催化转换器等，但是这些装置一般工作效率并不高。

正在消溶的石头

很多历史悠久的塑像和建筑物是由石灰石做成的。石灰石相对来说比较容易雕刻和塑形，但是它们会被酸雨溶解。自然界中的雨一般都带有轻微的酸性，过去很多年，因为雨水中酸性不大，古代的很多石雕工艺经历了千百年的雨水淋浴后还基本完好。但是近些年人类活动造成的空气污染大大加剧，酸雨酸性增强，加快了石雕腐烂的速度。上图中法国巴黎圣母院的滴水兽近些年部分已经被酸雨侵蚀了。

死湖▶

在很多地区，酸雨落在了富含石灰的岩石、土壤和湖泊中。石灰与酸发生反应使得它接近中性，与纯净水类似。但是广袤的加拿大和斯堪的纳维亚地区是由远古的坚硬的岩石组成的，这些岩石不含有任何石灰成分，任何酸雨落到这里都会增加这些土壤和湖泊的酸性，杀死鱼类和其他野生生物。加拿大的伊利湖，如右图所示，正是被这种方式影响的数千个湖泊之一。

濒临死亡的树木▶

在欧洲中部和东部、斯堪的纳维亚和加拿大，成百万的树木正在走向死亡。这也许是酸雨毁坏的结果，虽然有些科学家认为这些是由光化学烟雾造成的。无论如何，树木被风从大城市和工业中心带来的某种气体污染物所损伤，大片森林已经被毁坏，这对居住在那里的野生动物有灾难性的影响。

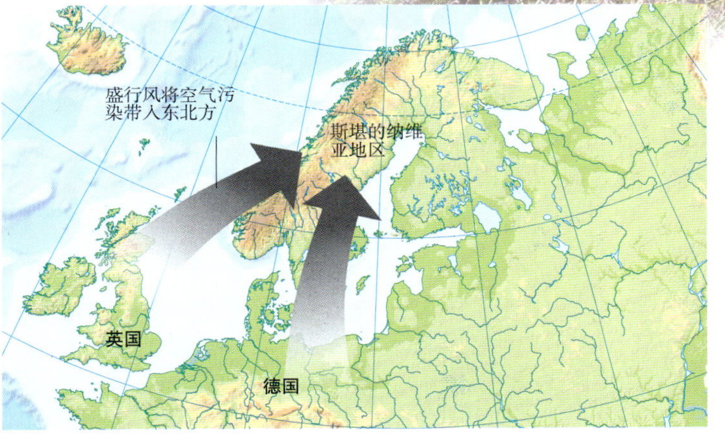

▲降临的破坏

风携带着形成酸雨的酸化水汽，吹过工业区和城市，把污染带到其他地方。比如斯堪的纳维亚地区受到酸雨的影响就很严重，并且由于这些酸雨是由英国和德国北部被风吹来的，从而构成了欧洲政治局势的紧张。加拿大也有同样的问题，污染源由风从美国吹来。但是这种情况随着污染得到有效的控制而有所改善。

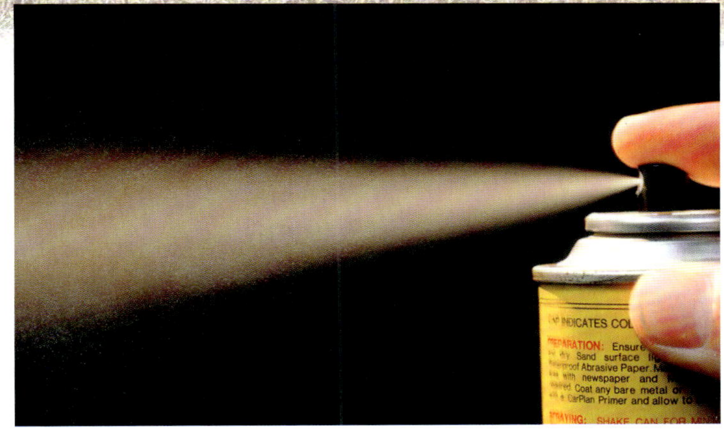

▲臭氧损耗

臭氧是一种氧化物，在平流层中有一个臭氧薄层，它能够强烈地吸收太阳辐射中的紫外线。人造气体氯氟碳化物能够破坏臭氧。氯氟碳化物曾被用来给喷雾剂罐装瓶增压，并作为冰箱的冷却剂。如果氯氟碳化物被排放到空气当中，它们能够攻击和减少臭氧层的臭氧。

冰箱山

很多冰箱被堆在废车场等待安全排放氯氟碳化物

一旦人们了解到氯氟碳化物的影响后，就会采取措施限制它们的排放。罐装物制造商转而应用对臭氧友好的喷雾气体代替氯氟碳化物，并设置一些系统将废旧冰箱中的氯氟碳化物安全地排放。但是大气中已经存在的氯氟碳化物的衰减是十分缓慢的，将会在未来数十年中继续与臭氧发生反应。

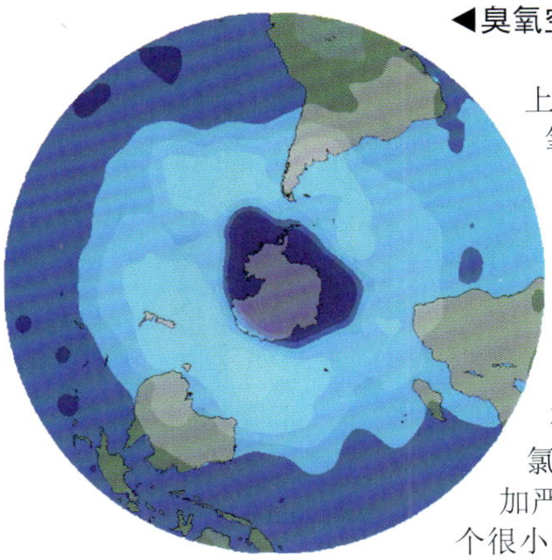

◀臭氧空洞

1983年，科学家在南极上空的中部发现了一个臭氧空洞。在卫星影像上，这个洞看起来是深蓝色的。温度低于-78℃时，加剧了臭氧层的破坏，于是经过黑暗的极地冬天以后，在南极洲上空臭氧自然就减少了。但是空气中的氯氟碳化物使这个问题更加严重。在北极也发现了一个很小的臭氧空洞。

变化的气候

只要地球存在，气候变化就会一直持续下去。造成的原因有以下几种可能：随着时间的推移，地球表面的大气组成成分发生着变化，太阳发射出的能量也在上升。地球大陆还在不断地移动，影响了风和洋流。并且，地球绕太阳转动的方式也在发生着可以预计的变化。于是在过去的数千年中，大部分大陆都经历了各种气候，从热带沙漠到冰冻的极地荒原。

▲进化的大气

在大约 36 亿年前，大气中的二氧化碳比现在多得多。如果现在仍然有那么多二氧化碳的话，将会产生非常大的温室效应，可能会将海洋煮沸。但是在当时，太阳能比现在少 25%，于是水依然能够以液态形式存在于地球上。水慢慢地从大气中溶解了很多二氧化碳，并将它们转化为碳酸盐岩石，比如石灰石。

◀移动的大陆

地球的表层在缓慢地移动，大陆也随之移动。从这里（左图）可以看到，西部的撒哈拉沙漠，以前在南极地区，并且被埋在冰下。与之相反，南极洲的部分地区，原来曾经被热带雨林所覆盖。当时，几个大陆连在一起，是个非常大的超级大块陆地，由于这个超级大陆的中心地区距离海洋太远，可能几乎不下雨。

轨道循环

地球轨道遵循固定周期变化规律，这影响着地球上的气候。这种变化叫作米兰科维奇假说，是由塞尔维亚气候学家米兰科维奇在 1920 年发现的。这个假说认为存在三个循环，它们分别具有不同的时间尺度。第一个循环影响着地球绕太阳转动的轨道形状，即由圆形向椭圆形变化（地球轨道偏心率）；第二个循环逐步改变地轴相对于太阳的倾斜角，即黄赤交角；第三个循环使得倾斜轴晃动，或者是旋转。它们影响全球和季节的温度，比如不同地方的季节起始时间和长短。这个循环也可能与某个气候事件相联系，比如冰河时代。

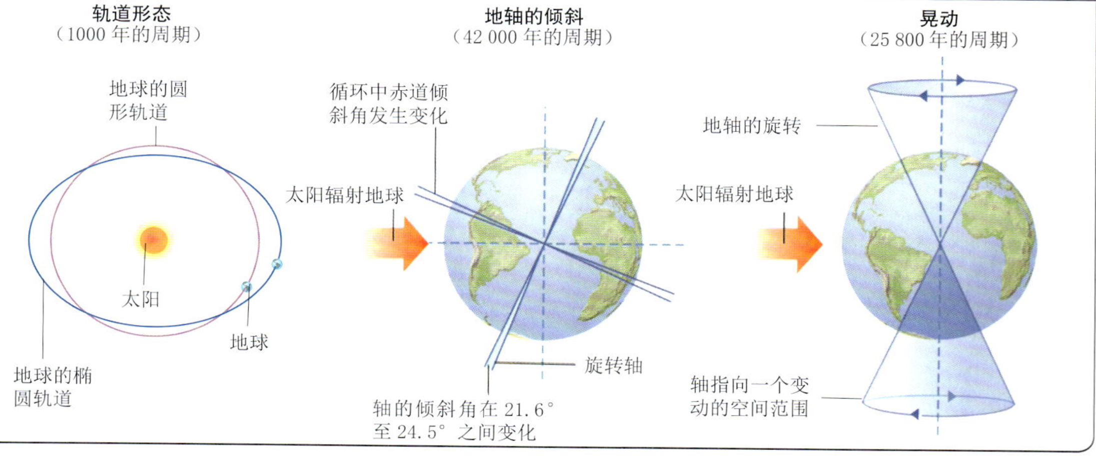

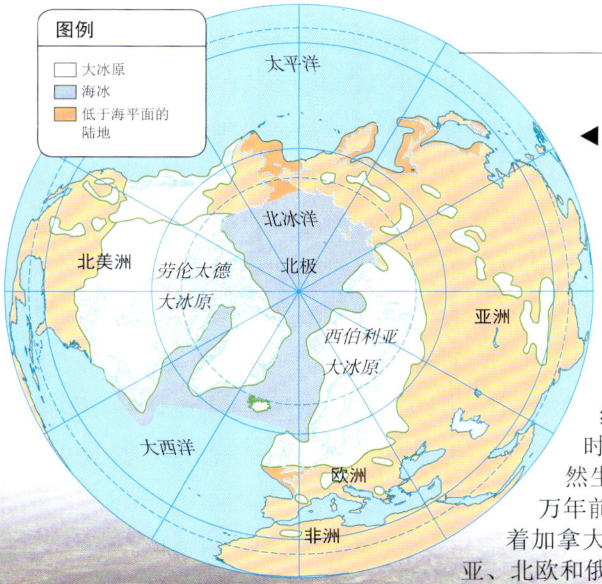

◀冰河时代

在地球历史上的若干时期，极地大冰原发生着增大或者缩小的变化。最大的一次波动可能是由于大陆位置的改变引起的。当现在地球上这种海陆格局建立时，也就是大约在200万年前，冰河时代到来了，我们至今仍然生活在冰河时代。在1.8万年前，北极大冰原冰盖覆盖着加拿大、格陵兰、斯堪的纳维亚、北欧和俄罗斯北部。

热和冷的时期

最近的一次冰期大约在200万年前，其间有几次气候较暖的间冰期。在冷的时期，北半球大部分地区都与北极相似（见上图）。但是在12.5万年以前，大象和其他热带动物的栖息地向北能移到英国。这些冷的或暖的时期可能是由米兰柯维奇周期造成的。上一次大的寒冷期大约在1.2万年前结束，我们目前就生活在一个相对温暖的时期，将来会有更多的寒冷期，不过下一个寒冷期在5000年以内不会出现。

小冰河时代▶

在一些小的尺度上，气候经常会经历一些温暖或者寒冷的时期，每个时期大约持续几百年的时间。大约从1430年开始，一直持续到约1850年的小冰期是其中之一。在欧洲，由于这种低温，人们可以在结冻的江河和沟渠运河上举行霜冻展览会，就像1600年左右的这张荷兰油画所描绘的场景一样。

暴龙，恐龙的一种，灭绝于6500万年前

▲灾难

非常偶然的火山爆发会释放出大量的灰尘和气体，引起气候发生变化。在澳大利亚的一次陨石碰撞地球时就造成了一个陨石坑，对气候也会有类似的影响。在大约6500万年前，一块巨大的陨石撞击到墨西哥湾的尤卡坦半岛。许多专家认为，这次陨石撞击事件造成的气候变冷可能造成了当时的恐龙大灭绝。

◀大规模灭绝

大部分自然气候变化都是在非常长的时间内完成的，所以动物和植物都能够适应这种变化，它们或者是向北和向南迁移，或者是通过物种进化来适应气候的改变。但是也有一些变化发生的非常突然，导致某些野生动物来不及适应而灭亡。大约在6500万年前，成千上万的物种集群绝灭，造成恐龙时代的结束。

全球变暖

研究表明，全球正在变暖。19 世纪 80 年代至今，全球的平均温度大约上升了 1℃。这个数字也许听起来并不大，但是自从末次冰川结束以来的 1.2 万年间，全球气温总共才增加约 8℃。从此看来，在 100 多年间能够增长 1℃这个幅度已经是很大了。温度升高引起海平面上升，极地冰融化，颠覆世界气候格局。这个问题主要是由于人们燃烧化石燃料带来的温室效应造成的。

▼碳危机

大气中二氧化碳浓度的增加是造成温室效应加重的主要原因。最近的研究结果表明，现在二氧化碳的水平是自 6.25 万年以来最高的。释放到空气中的二氧化碳来源于汽车和航行器材提供动力，以及供家用发电的煤、汽油以及其他富含碳的燃料的燃烧。

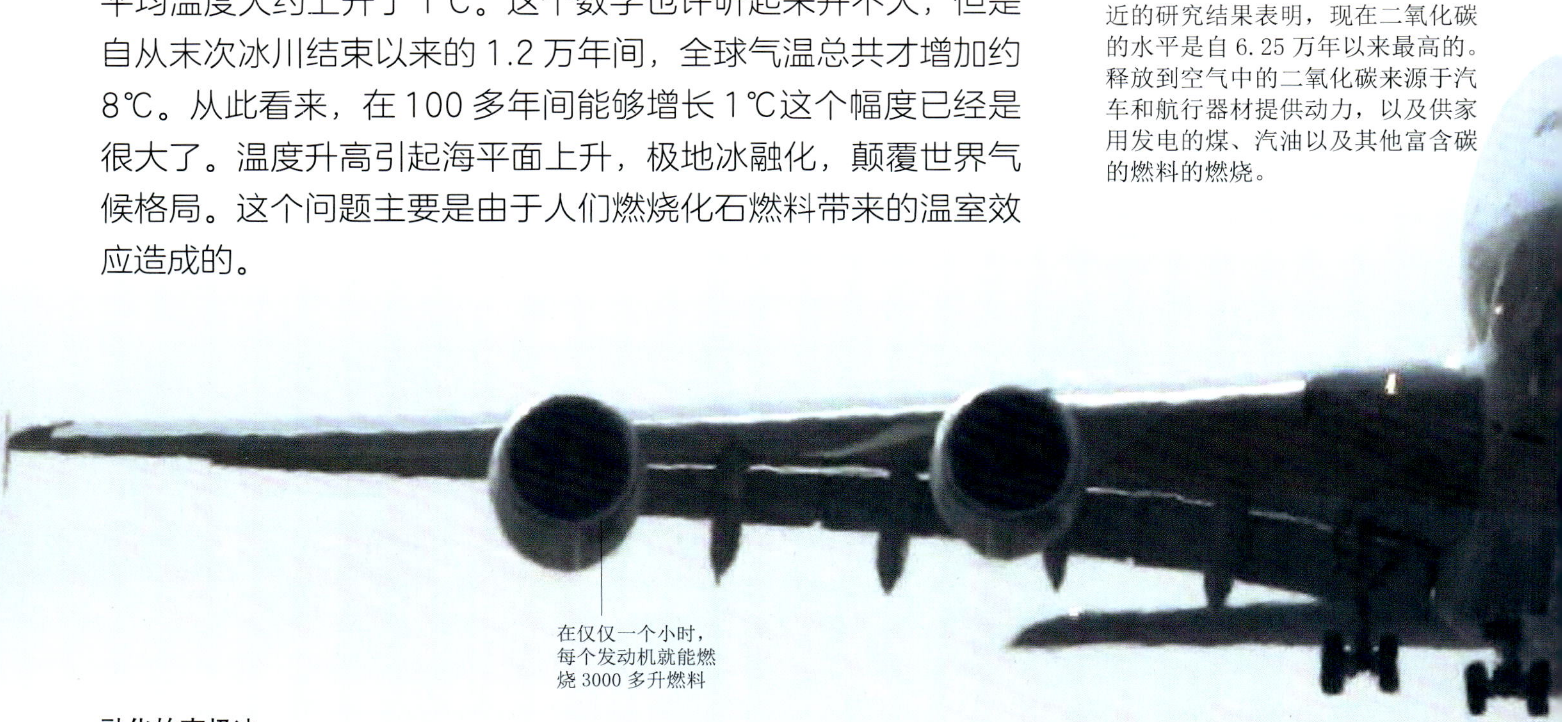

在仅仅一个小时，每个发动机就能燃烧 3000 多升燃料

融化的南极冰

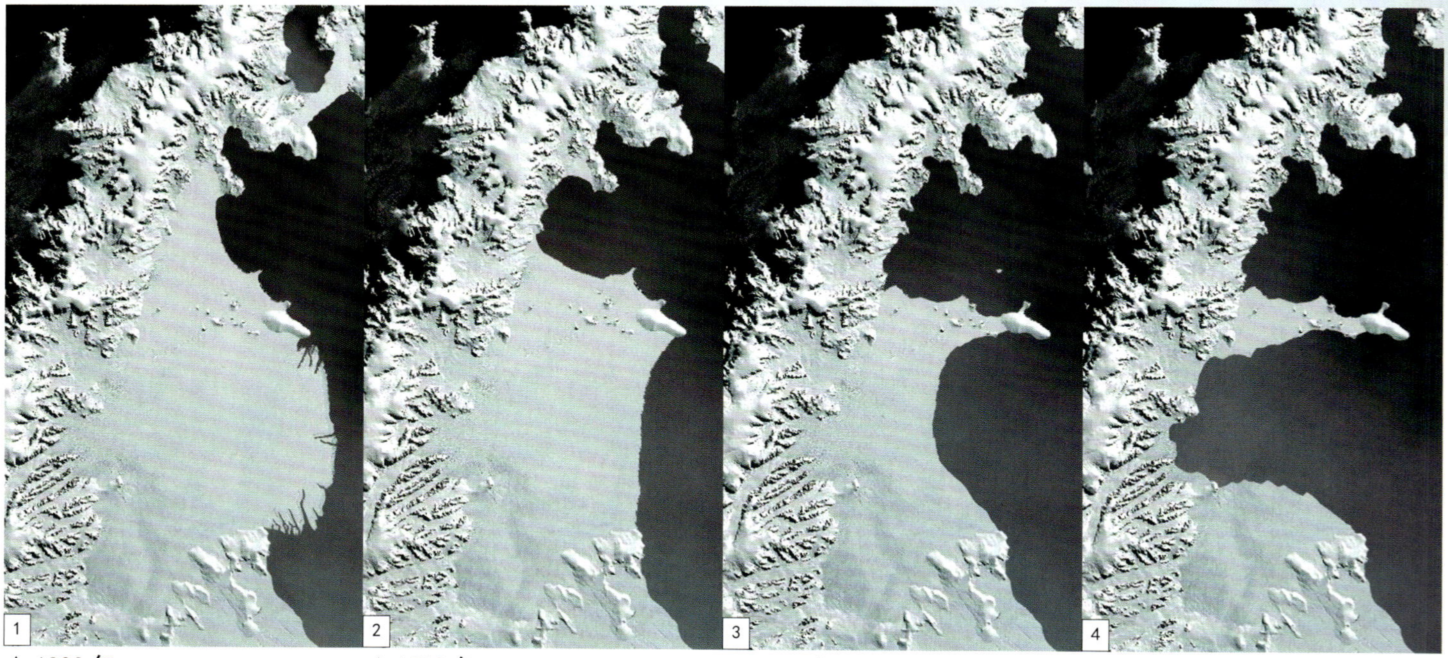

▲ 1993 年

极地地区温度上升是最快的。在南极半岛，夏季温度比 20 世纪 60 年代上升了 2℃，大面积的冰已经融化。图为 1993 年的冰壳。

▲ 1995 年

在南极半岛，冰壳曾经被两个非常大的海湾填满，这两个海湾是由一块向水中突出的陆地分开的。在 1995 年，北部海湾的一半冰破损，南部大面积的冰也消失了。

▲ 2000 年

5 年以后，北部海湾所有的冰都消失了。南部地区的大冰原也在回缩融化，露出了一块石质陆地，这块陆地曾被厚厚的永久冰覆盖了 2000 年。

▲ 2002 年

2 年内，另一块巨大的厚冰板也消失了。在这 9 年间，大约 3275 平方千米、200 米厚的冰融化，或者是变成冰山漂移到南部的海洋。

◀**冰芯证据**

一个冰芯就是取自大冰原深处的一个样品。来自格林兰和南极大冰原的冰芯含有来自大约 40 万年前的小气泡，它展现了空气中各成分的比例，指示了当时的气温。冰芯揭示了上升的气温，与高水平的二氧化碳浓度正好一致。科学家因此得出结论，今天的全球变暖是由于二氧化碳上升造成的。

火山爆发

火山爆发向大气中释放大量的二氧化碳、水蒸气和其他温室气体。一次大爆发释放很多气体，比起人类制造的二氧化碳要多很多。但是，自从地球形成以来，就有火山爆发，因此，从长远来看，它们对大气成分变化的影响是很小的。火山爆发并不能为当今的全球变暖负责。

固定航线每年释放 60 多亿吨二氧化碳

化石燃料▶

化石燃料，如煤、石油和汽油是几百万年前植物和动物形成化石后的残余物，并保留全部的碳成分。这些碳组分储存了能量。当燃料燃烧时，能量释放，碳就变成二氧化碳进入空气中。

◀**燃烧森林**

树木和其他植物生长的时候，从大气中吸收二氧化碳。当它们死亡和腐烂的时候将这些碳释放。森林中，包括年轻的、老的和死亡的树木，吸收的二氧化碳量与释放的相当。但是如果森林被砍伐和燃烧，它含有的所有碳都被释放到空气中。热带地区每年大面积的森林遭火灾破坏，这种情况时有发生。

甲烷▶

作为燃料的天然气主要成分是甲烷，甲烷是一种非常重要的温室气体。尽管在大气中甲烷比二氧化碳少得多，甲烷仍然制造了 20% 的温室效应。甲烷是由掩埋的垃圾、稻田以及涝灾沼泽释放的。随着北极冰冻的沼泽逐渐解冻以及里面死亡的植被开始腐烂，甲烷含量上升。

◀**全球变暗**

最近的 50 年以来，由于煤烟灰、城市烟雾和大气中的其他污染物的原因，使得到达地球表面的太阳辐射能正在逐步减少。这就是通常说的全球变暗。全球变暗部分地抵消了温室效应，因为由于它的作用，温室气体可吸收的地面热量减少了。但是如果空气污染降低，减少全球变暗的效应，全球变暖将来会更加严重。

未来气候

预测未来的气候是非常困难的。但是多数科学家认为，如果全球变暖继续，它不仅仅只会将我们的气候变暖，还能够带来更多的沙漠化、森林毁坏、海岸城市淹没以及更多的极端天气现象。全球变暖可能会破坏洋流，融化极地大冰原。其结果将导致许多种动植物灭亡，居民受到伤害。

全球热浪

干旱和饥荒

如果温度继续上升，大陆地区将会变得更加干旱。不仅现存的沙漠可能会继续扩张，而且一些比较干的草地或者农场还可能会变成沙漠。比如，美国大草原可能会很容易变成一个贫瘠的尘暴区。许多人不得不抛弃家园，像这些从干旱的埃塞俄比亚逃离的难民一样，甚至许多人或许会被饿死。

烧焦的地球

干旱会导致更多的野火发生，比如2003年在加利福尼亚州发生的野火灾害，破坏了2500个家庭。在气候变暖的条件下，雨林也许就不能存在了，可能会发生野火灾害。如果这些发生的话，会释放到空气中更多的二氧化碳。这将加重温室效应，并加剧全球变暖。

洪水和暴风雨（雪）

淹没城市

受海洋气候系统影响的地区，比如欧洲、印度和东南亚，将会遭受更多的暴雨。江河将溢出堤坝，淹没城市，重演2002年夏天发生在捷克共和国布拉格的那一幕。

飓风警报

温暖的海洋意味着飓风能够在离赤道很远的地方形成。专家相信暴风雨也许会变得更剧烈，比如像飓风“卡特里娜”这样大的灾难将会更加频繁，这种趋势也许已经开始了。

冰冷的欧洲

洋流一定程度上是由北大西洋寒冷的、含盐的高密度下沉海水流所驱动。这使得温暖的墨西哥湾流向北流去。但是北极融化的冰块向海洋注入了更多的淡水，降低了含盐量和浓度，于是它便不会下沉得这么快。这可能会削弱墨西哥湾流，并且可能会将西欧带入一个小的冰期。

▼海洋威胁

较高的温度使冰融化，造成海平面上升。如果这种情况持续的话，一些低海拔的岛屿如马尔代夫群岛可能会消失，像纽约和上海这样的沿海城市也可能会有风险，野生动物的生存也会受到威胁。随着赤道洋面升温，将会溶解更多的二氧化碳，使海水变得更酸。这会造成珊瑚死亡。科学家现在担心大堡礁到2050年可能会消失。

▲渐缩的大冰原

极地区域比地球上任何地方都升温快。极地大冰原边缘的冰河向海洋移动的速度更加快了，它们逐渐融化使海平面上升。北极海冰的厚度现在仅仅是50年前的一半，并且它的面积正以每年13%的速度缩小。按照当前的融化速率，北极的冰可能会在2050年彻底消失，北极熊会丧失生活栖息场所从而灭绝。

制约与平衡▶

有些人认为气温上升将会触动维持气候稳定的自然平衡的扳机。例如，海洋中微小浮游生物可能会加倍吸收二氧化碳来对抗温室效应。无论如何，有证据表明气温仍然在上升，自然制约也可能会减缓全球变暖，但并不能阻止它的继续发生。

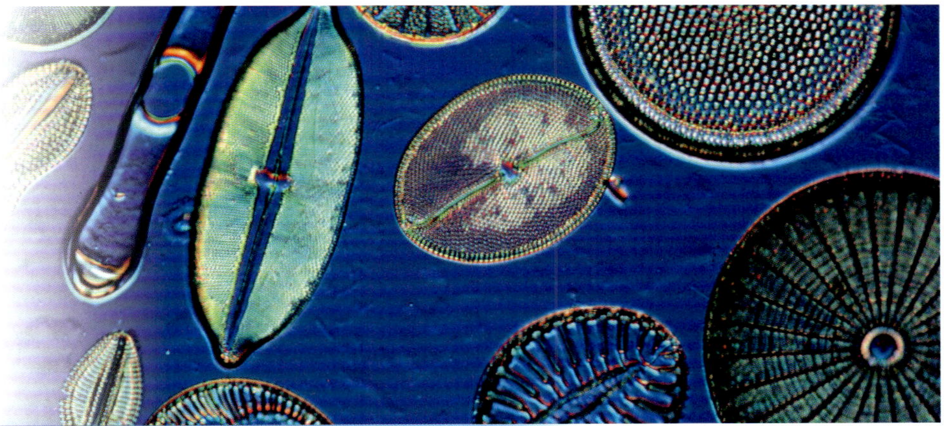

◀正反馈式的融化

其他自然过程也会使全球变暖更加严重。大面积的极地永久冻土开始融化。如果这种情况持续的话，更多的苔原沼泽将会腐烂和释放甲烷气体。这些气体将进入大气层，增加温室效应。从温暖洋面上升的水蒸气的增加，可能会产生同样的效果，因为水蒸气也是一种温室气体。当极地区域反射率很高的冰融化，海洋和大陆将会吸收更多的太阳辐射能量，快速升温。

天气监测

人们从全世界气象台站以及轨道人造卫星中搜集到天气信息，从大量仪器中得到原始数据。人们借助各种仪器观测地球大气，由简单的仪器如温度计、风向标、雨量计到现代的自动传感器，将获得的全部数据集合到一起，给出局部或者全球任何时间的精确图像，也用它们来做天气预报。

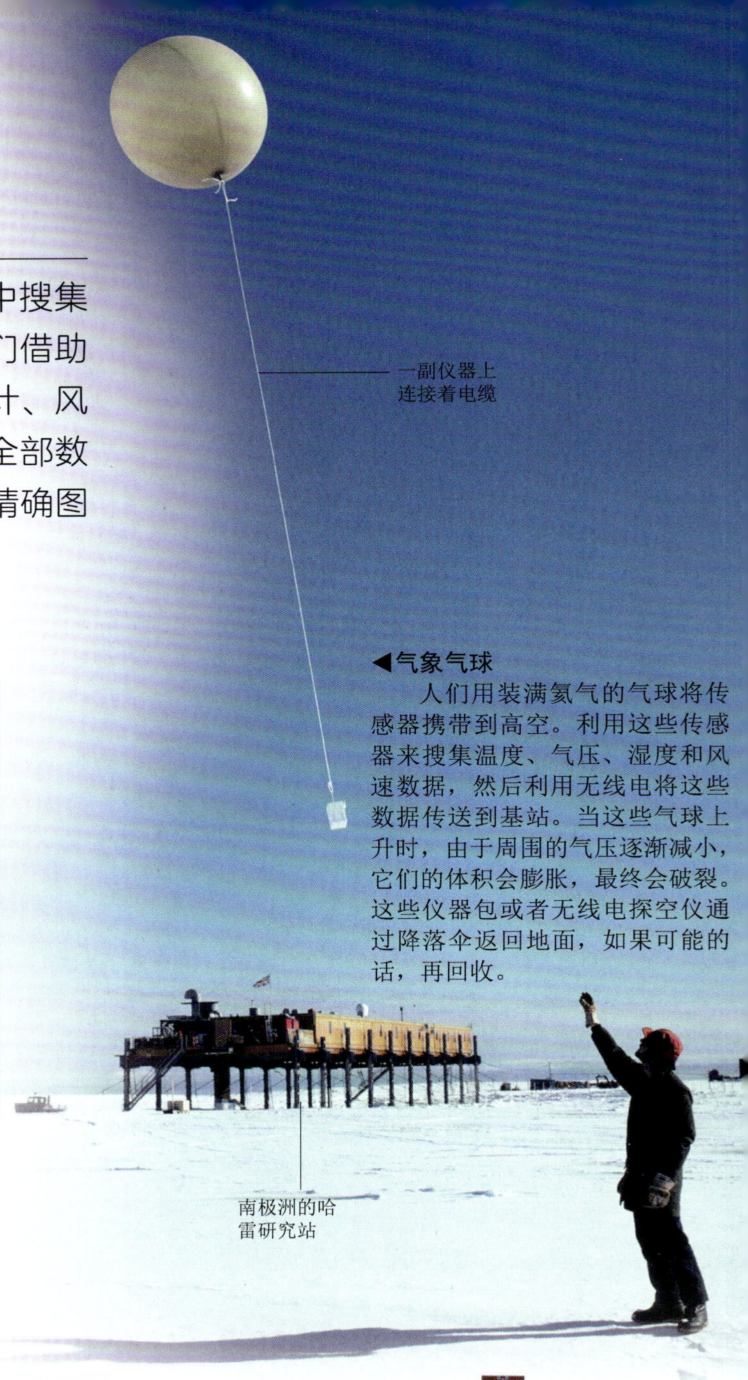

◀**气象气球**

人们用装满氦气的气球将传感器携带到高空。利用这些传感器来搜集温度、气压、湿度和风速数据，然后利用无线电将这些数据传送到基站。当这些气球上升时，由于周围的气压逐渐减小，它们的体积会膨胀，最终会破裂。这些仪器包或者无线电探空仪通过降落伞返回地面，如果可能的话，再回收。

▲**百叶箱**

许多气象站就是一些简单仪器，必须依靠人工记录这些仪器的读数。上图是在法国的格勒诺布尔雪研究中心，这位记录者正在检查仪器设备。这些仪器保存在一个箱子中，这个箱子称为一个斯蒂文森百叶箱。百叶窗板的侧面将直接的日照和风挡在百叶箱外，使箱内仪器不受其影响。用来测量风、雨和降雪的设备安放在箱子外面。

基本仪器

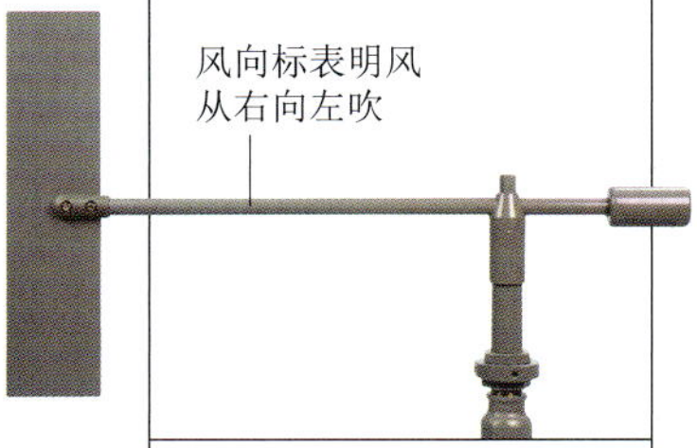

风向标

这个仪器称为一个风向标，表明风的方向。它随风旋转指向风吹去的方向。一个基本的风向标能够用肉眼观察。上图这个风向标跟一个电子传感器联系着，它指示着风的方向，就像指南针轴一样。数据能够被无线电通信传送，或者是被输入电脑中。

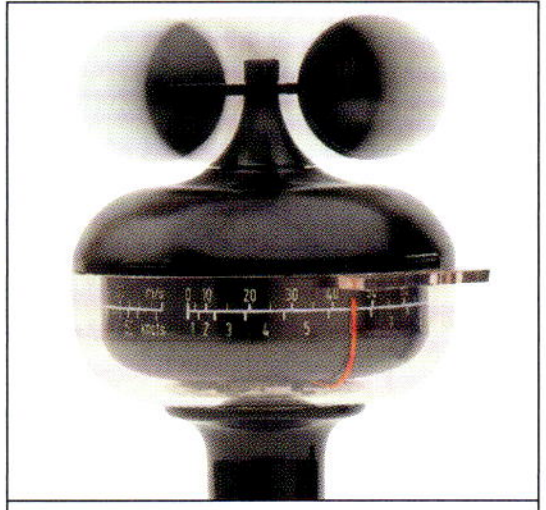

风速计

风速计是测量风速的仪器。风吹得越快，旋转得越快。这个手持模型给了一个风速的标准。风速计的其他电子设备与基站相连，于是就能够自动记录风速。

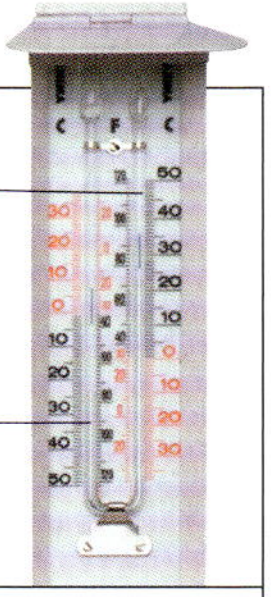

温度计

温度计是用来测量温度的。这个U形温度计展示了当前的温度，也记录了上次检测以来的最高和最低温度。它需要人工读数，也有其他类型的温度计与无线电发报机相联传输到计算机中。

雨量计

雨量计用来测量降水量的多少。它包括一个放在金属器皿里的搜集广口瓶。在这个金属器皿的顶端是一个漏斗用来搜集已知区域的降雨。广口瓶中的水倒入一个玻璃量筒，以确定已经下了多少雨。雨量表也有电子式的。

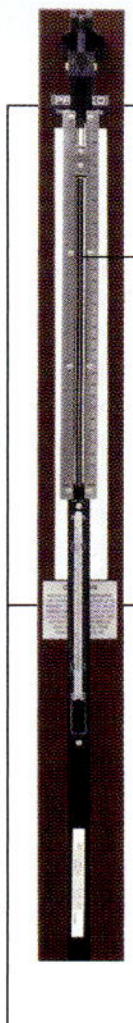

气压计

气压计可以测量大气压。一些简单的无液气压计在表盘中给出读数，或者通过一个电子线路连接，但是上图中的水银气压计更加精确一些。气压迫使管中水银向上移动。

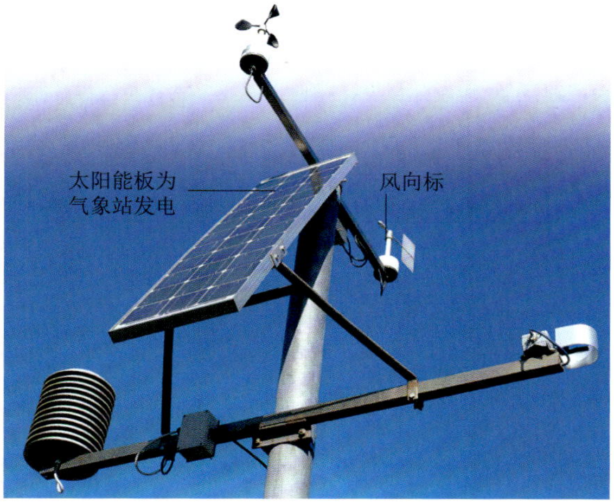

自动的阵列▶

成千上万的自动气象站用来搜集世界各地的气象数据。每个气象站包括一系列气象仪器，通过一个无线传输器联系起来。它搜集的数据一天多次通过人造卫星被自动传输到世界各地的气象中心。

气象浮标▶

在大海上搜集气象数据尤其重要。船舶航行依靠精确的海洋天气预报，并且海上的天气数据也能有助于预测陆地上的天气状况。一些信息是从商业船只获得的，但是也有一些特殊的气象船只和像上图的这个气象浮标。浮标是一个漂浮的自动气象站，它要么固定，要么随着洋流漂流。

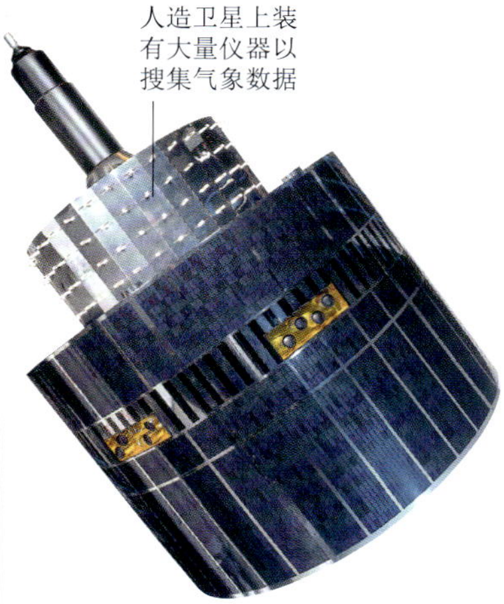

▲气象卫星

被火箭发射到太空的人造卫星能够提供非常有价值的天气数据。这是一个地球同步卫星，在赤道上空 36 000 千米高度围绕地球转动。在这个高度，它始终保持在地球上某地的上空。它用特殊的传感器来监控温度、云、风和湿度，并将这些信息传回地球。

遥测天气

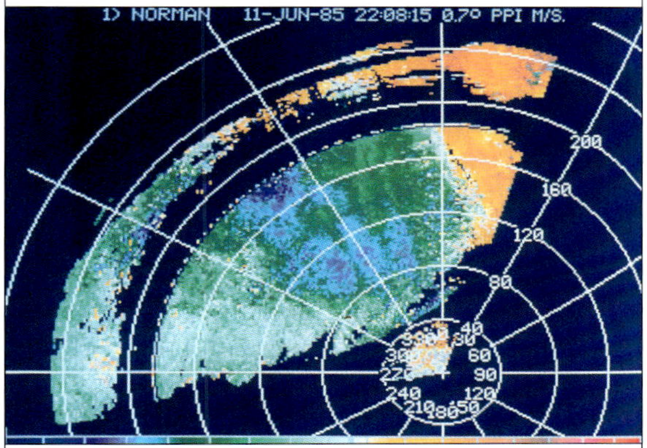

除了人造卫星之外，还有大量的其他方法遥测天气。比如雷达装置能够被用来探测降雨。一次无线电波的脉冲能够通过大气传播。根据反射量和反射时间，气象学家来测量一个广阔面积内的降雨的速率。这张多普勒天气雷达图像表明在美国俄克拉何马州的一次暴风雨内的风速，多普勒天气雷达能够用来探测龙卷。

气象飞机▼

气象飞机在空中巡航，进行测量和取样。由于运行费用昂贵，它们的数量并不多，但是现在的一些商业飞机也做常规的天气观测。这些商业飞机被美国政府操控。它能飞入飓风中采集风速、气压和湿度等信息。

◀**天气监测**

美国国家气象局发布定期的天气报告，通常是一天两次。它们将这些传给天气预报员，由预报员将这些信息转化成公众容易理解的形式。包括从收音机中对基本天气情况的广播，以及详细的气象图和数据，这些资料被传给海员等需要的人员。这些图显示在屏幕上，使用户了解天气情况，了解他们所在区域的天气预报。

天气预报

气象学家利用气象站的数据，推测出未来的天气情况。通常这些数据适合于公认的模式，比如一个低气压系统，于是能很容易预测总体情况。但是预测天气的细节是比较困难的，尤其是预测一些局地事件是否会发生比较难，如雹暴。尽管利用计算机能够做出更加准确的预报，但是这在很大程度上仍然需要依靠预报员的技能。

▲**计算机程序**

几乎现在所有的天气预报都要依赖于计算机。从数百个天气监测站和人造卫星搜集到的信息输入一个特殊的计算机程序，这是一个移动大气的数学模型。当运行程序时，利用最近的天气观测值计算出一系列的数，来表明大气状态可能的变化。气象学家根据这些信息做天气预报。

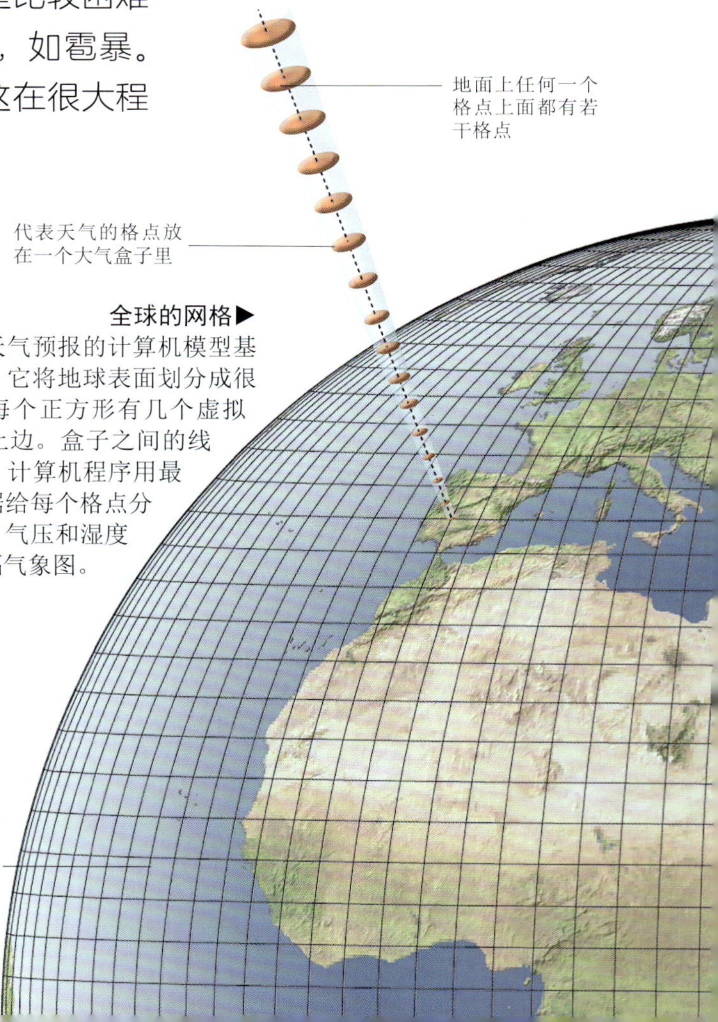

全球的网格▶

用来做天气预报的计算机模型基于三维网格。它将地球表面划分成很多正方形，每个正方形有几个虚拟的盒子堆在上边。盒子之间的线在格点相遇。计算机程序用最近的天气数据给每个格点分配温度、风、气压和湿度值，形成一幅气象图。

气象图▶

报纸上的天气预报经常以图形的形式给出。一些图形展示了天气系统是如何移动的，并给出气压、锋等数据，如右面的环流图所示，黑线或是等压线标志出欧洲北部和南部的两个低气压中心。也有的图用一些图标标志了可能会发生的天气类型如一段时间的晴天、小雨，或者是强风。右边的图中也有这些标志。

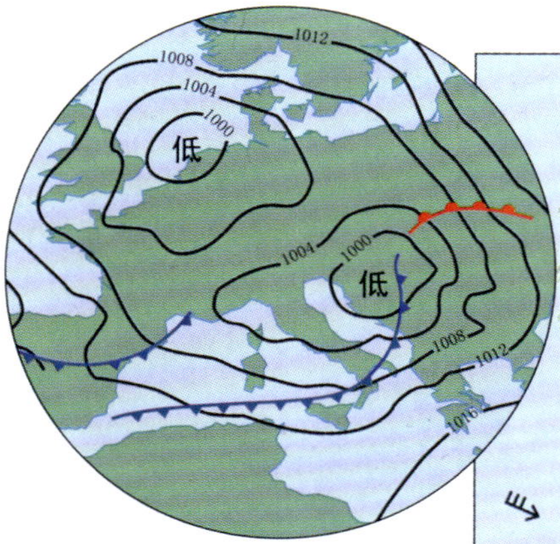

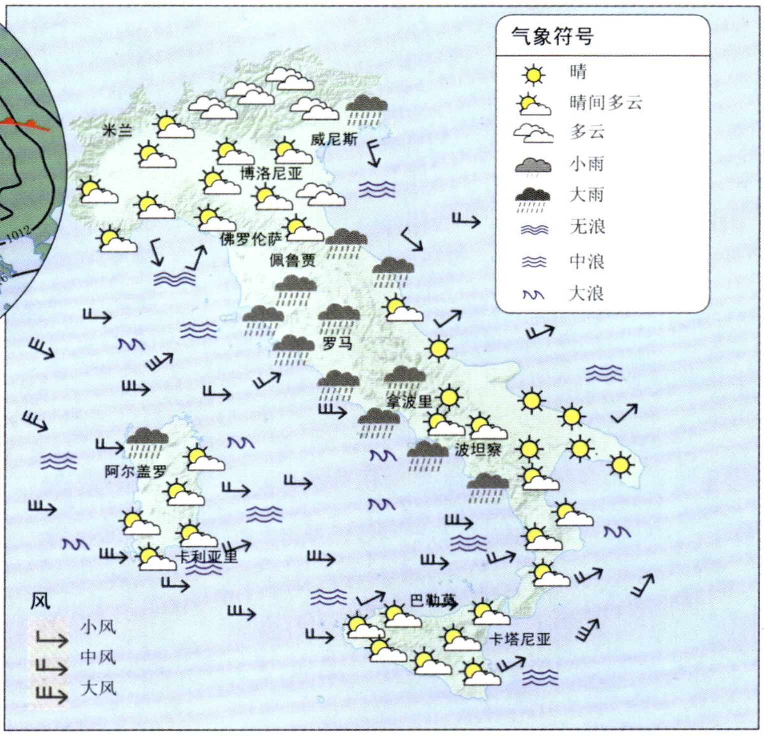

◀电视上的天气预报

预报员实际上是站在一个空白的蓝屏前，手指的地方什么标志都没有。在做好的天气预报节目中，这个蓝色区域被地图或者其他效果所代替。在录制天气预报时，解说员旁边常会放置一些小的电视监视器，通过监视器预报员能够看到他（她）所指的地方。

◀人造卫星影像

如果你浏览美国国家气象局的网站，能够看到气象卫星传来的影像图。这些影像包括世界各地当前天气的图片，以及大型天气系统的发展情况。这三部分依次展示了飓风“卡特里娜”经过美国南部的新奥尔良时候的情景。

观看天气预报▶

每个人都对天气预报感兴趣，但是有些人必须依赖天气预报。农场主或农民的庄稼需在充足的阳光下才会成熟，然后最好在被暴风雨毁坏之前能够快速收获。对于他们来说，一次天气预报的准确与否，对庄稼收成的获利或损失有着实际作用。飞行员、机场管制员、海岸警卫队和渔船船长也是依赖天气预报的人群，他们的工作和人身安全与准确的天气预报密切相关。

农民依赖于天气预报对暴风雨来临的预警

大事记

约公元前 200 年 希腊亚历山大城的发明家希罗（Hero）发现空气是有重量的。

公元 23 年 希腊地理学家斯特拉波（Strabo）发表了《地理学概要》，其中将地球分成寒冷的、温和的和炎热的气候区。

1430 年 欧洲进入“小冰期”，一直持续到 19 世纪。低温使得江河和运河每个冬天都结冻，造成大面积农作物受灾和当地饥荒。

1492 年 在往加勒比海的旅行中，克里斯托弗·哥伦布（Christopher Columbus）成为第一个利用信风从东向西穿越大西洋的欧洲人。

1564 年 得益于小冰期的寒冷气候，在英国伦敦结冻的泰晤士河上举办了第一届冰上博览会。帐篷、杂耍以及食品摊设立在厚厚的冰面上。

1611 年 德国天文学家约翰尼斯·开普勒（Johannes kepler）是描述雪花具有六边形的第一人。

1644 年 意大利物理学家埃万杰利斯塔·托里拆利（Evangeliste Torricelli）发明了水银气压计来测量大气压。

1654 年 意大利托斯卡纳区大公斐迪南二世·德·美第奇（Ferdinand Ⅱ）发明了第一个密封温度计来测量温度。他还发明了凝结式湿度计来测量湿度。

1662 年 英国建筑师和科学家克里斯托弗·雷恩（Christopher Wren）发明了第一个现代雨量计。

1679 年 英国天文学家埃德蒙·哈雷（Edmund Halley）将气压和海拔联系到一起，认识到太阳加热地球表面造成了空气的流动。

1687 年 英国科学家艾萨克·牛顿（Isaac Newton）出版了《自然哲学的数学原理》，也被称为《原理》，解释了运动的基本定律。

1703 年 英国有记录以来最严重的一次暴风雨“大风暴”，毁坏了许多城镇，造成陆地上 123 人丧生。另外 8000 人在海水中淹死。

1718 年 德国科学家丹尼尔·加布里埃尔·华伦海特（Daniel Gabriel Fahrenheit）设计出华氏温度标准用来测量温度。

1735 年 英国物理学家乔治·哈得来（George Hadley）解释了地球旋转是如何影响信风的。哈得来环流就是以他的名字命名的，是全球大气环流的一部分。

1742 年 瑞典科学家安德斯·摄尔西乌斯（Anders Celsius）设计了摄氏度标准来测量温度。

1752 年 美国科学家和政治家本杰明·富兰克林（Benjamin Franklin）利用风筝来研究闪电——一个发明闪电传导的试验。

1803 年 英国业余气象学家卢克·霍华德（Luke Howard）发表了他的第一篇关于识别云类的笔记。在这本笔记里，他建立的云的命名系统至今仍被应用。

1805 年 英国人弗朗西斯·蒲福（Francis Beaufort）设计了一个用来测量海上风速的仪器。它后来经过修改也被用到陆地上。

1815 年 有记录以来最大的一次火山喷发——印度尼西亚塔姆波拉火山喷发。释放到大气中的火山灰笼罩着地球，导致 1816 年整年都没有夏季。

1827 年 法国数学家让·巴普蒂斯·约瑟夫·傅里叶（Jean Baptiste Joseph Fourier）发现了温室效应，通过温室效应，大气吸收来自太阳辐射的热量加热了地球。

1835 年 法国物理学家古斯塔夫·科里奥利（Gustave-Gaspard de Coriolis）发表了一篇论文，描述空气和水在旋转的地球上移动的方式。这就是科里奥利效应。

1840 年 生于瑞士的科学家路易斯·阿加西斯（Louis

Agassiz）提出冰期理论，暗示北欧曾经被大冰原所覆盖。

1848 年　史密森学会的约瑟夫·亨利（Joseph Henry）建立了一套跨越全美国的获取天气预报的系统，很快有 200 名观察者给亨利发出气象数据，使其能够为《华盛顿邮报》提供天气预报。

1856 年　美国教师威廉·费雷尔（William Ferrel）发现中纬度环流存在于极地环流和哈得来环流之间，即费雷尔环流。

1857 年　荷兰气象学家白贝罗（Buys Ballot）解释高低压中心是如何影响风速和风向的。

1863 年　爱尔兰科学家约翰·丁达尔（John Tyndall）发表了一篇文章，描述水蒸气是如何作为温室气体起作用的。

1892 年　第一个天气气球在法国放飞，携带记录气压、大气温度和湿度的仪器。

1895 年　瑞典化学家斯万特·阿雷纽斯（Svante Arrhenius）揭示化石燃料的燃烧增加了大气中的二氧化碳含量，这可能会产生温室效应，引起全球变暖。

1899 年　澳大利亚遭受了有史以来最致命的一次飓风灾难，300 多人在“巴瑟斯特湾”飓风中死亡。

1900 年　位于得克萨斯州东南部的加尔维斯敦镇，被一次飓风所毁坏。风暴潮汹涌澎湃引起洪水暴发，导致 8000 多人死亡。

1912 年　4 月 15 日，泰坦尼克号游轮撞击冰山后下沉，向加拿大纽芬兰东南漂移了 700 千米，造成 1500 多人丧生。

1913 年　世界上最严重的一次暴风雨——“黑色星期天”风暴席卷伊利湖和安大略湖，造成 34 艘船舶沉船，270 名海员丧生。

1916 年　当太平洋西部的降水异常多的时候，澳大利亚东北部的克莱蒙特区域，在一个“拉尼娜年”被灾难性的洪水袭击。

1920 年　塞尔维亚科学家米卢廷·米兰科维奇（Milutin Milankovitch）揭示地球围绕太阳转动轨道的变化是如何引起全球气温的周期性变动的。

1921 年　挪威气象学家威廉·比耶克内斯（Vilhelm Bjerknes）发表了一个关于在大气中鉴别气团和锋的重要研究，这项研究成果奠定了现代天气预报的基础。

1922 年　英国物理学家刘易斯·理查森（Lewis Richardson）利用数学计算来预测天气。然而，直到计算机的问世，这个方法都没有投入实践应用。

1922 年　世界上最高的温度记录出现在利比亚的阿齐济耶，当时的气温达到 58℃。

1925 年　有记录以来危害最大的龙卷——“三州龙卷”通过美国密苏里州、伊利诺伊州和印第安纳州的时候，造成 695 人死亡。

1931 年　中国的长江洪水，导致 370 万人死于疾病、饥饿和溺水。这次洪水是有记录以来最具破坏性的天气事件。

1932 年　经过多年的干旱和农田过度耕作，美国中西部的土壤已经退化为尘土，被风吹走。沙尘暴一直持续到 1939 年。

1934 年　冷气团控制北美洲东北部从加拿大到美国佛罗里达的广大地区，造成安大略湖彻底结冻，这是有历史记录以来第二次。

1936 年　热浪袭击加拿大的马尼托巴省和安大略省，连续几天的气温都超过了 44℃，造成 1180 人死亡。高温使铁路钢轨和桥梁扭曲变形，树上的水果也被烤熟了。

1939 年　澳大利亚南部的一次热浪袭击造成 438 人死亡，这次“黑色星期五之火”摧毁了墨尔本附近许多城镇。

1940 年　吉姆·费德勒（Jim Fidler）为美国辛辛那

提的一个试验站首次播报电视天气预报。

1945 年　在高空飞行的美国空军飞行员发现急流——大束快速移动的空气被吹到高纬地区，仅比对流层低一点。

1947 年　北美有史以来最冷的温度记录在 2 月 3 日，出现在加拿大育空地区的斯纳格，当时气温下降到 -63℃。

1948 年　美国海洋学家亨利·梅尔森·斯托梅尔（Henry Melson Stommel）发表了一篇文章，解释了墨西哥湾流和大洋环流如何将全世界的热量重新分配。

1950 年　最早的电子计算机之一——电子数值积分器和计算机（ENIAC）制作了世界上第一次数值天气预报。

1952 年　英国伦敦发生了一次严重的雾霾，导致近 12 000 人死亡。从此以后，伦敦禁止燃烧煤。

1953 年　大西洋北海的暴风雨伴随着很高的潮水，淹没了英格兰和荷兰东部部分低海拔地区，造成 2000 多人死亡。

1957 年　美国海洋学家罗杰·雷维尔（Roger Revelle）警告人类排放温室气体的行为其实就是在地球上进行“大规模的地球物理实验”。

1960 年　世界上第一个人造气象卫星从美国佛罗里达州的卡纳维拉尔角发射，被称作电视红外观测卫星。

1962—1963 年　英国经历了自从 1740 年有记录以来最冷的一个冬天，平均温度仅 0.8℃。

1966 年　有记录的世界上最大的一次降雨发生在印度洋留尼旺岛的佛克－佛克，仅一天时间就下了 182.5 厘米的雨量。

1970 年　20 世纪最严重的热带风暴发生在孟加拉国。风暴潮引起的大风和洪水造成了 30 万～50 万人的死亡。

1971 年　美籍日裔气象学家藤田（Fujita）设计了 6 个分类尺度来划分龙卷。在同一年，罗伯特·辛普森（Robert Simpson）和赫伯特·萨菲尔（Herbert Saffir），提出萨菲尔－辛普森飓风等级来衡量飓风的大小。

1974 年　澳大利亚北部的达尔文镇几乎被热带飓风“特蕾西”彻底毁坏。

1980 年　美国科学家路易斯·沃尔特·阿尔瓦雷茨（Luis Walter Alvarez）认为，6500 万年前的一次陨石撞击墨西哥尤卡坦半岛事件，可能导致了当时世界气候的突然变化并随之导致恐龙灭绝。

1982 年　研究格陵兰岛冰气体样本的瑞士物理学家汉斯·奥斯克格（Hans Oeschger），揭示了大气中的二氧化碳气体含量与全球变暖的联系。

1982—1983 年　一次厄尔尼诺事件破坏了太平洋地区的正常天气状况。东太平洋沿岸的厄瓜多尔和秘鲁的捕鱼业损失巨大。

1983 年　在南极洲的苏联东方站，记录到世界最低温度——-89.2℃。

1985 年　英国科学家们发现了南极大陆上方的一个臭氧层空洞。

1987 年　自 1703 年以来最猛烈的一次暴风雨席卷英国南部，将 1500 万棵树木连根拔起。

1990 年　地理学家真锅淑郎（Syukuro Manabe）利用世界气候计算机模型展示了全球变暖能够切断墨西哥湾流，使欧洲北部变冷，而不是变暖。

1991 年　菲律宾皮纳图博火山爆发，所喷出的火山灰释放到大气中，导致了暂时的全球变冷。全球平均温度下降了 2 年才开始继续上升。

1991—1992 年　非洲遭受了最严重的一次干旱期，当时，670 万平方千米的面积受到干旱的影响。

1995 年　在飓风“路易斯”期间，高达 30 米的海浪袭击了加拿大纽芬兰省的海岸。

1998 年　飓风“米奇”袭击美国中心，造成巨大的破坏，导致至少 1.1 万人死亡。

1998 年　加拿大遭受“世纪暴风雪”，毁坏了成百万的树木，刮倒了 12 万千米的电线和电话线。

2003 年　欧洲经历了 500 年内最热的一个夏季，导致约 3 万人死亡。

2004 年　关于墨西哥湾流的测量表明，自 20 世纪 60 年代以来，这个洋流的流速降低了 30%。这表明墨西哥湾流处于危险的状态。

2005 年　英国南极洲勘探揭示，南极洲西部大冰原正在碎裂，可能会造成全球海洋洋面上升 5 米，淹没低海拔的城市和地区。

2005 年　飓风“卡特里娜”毁坏了美国南部城市新奥尔良，造成 1000 多人的死亡。2005 年是有记录以来最严重的一次太平洋飓风季，27 次已命名的暴风雨中有 14 次是飓风事件。

2008 年　强热带风暴“纳尔吉斯”横扫缅甸人口稠密的伊洛瓦底三角洲，造成灾难性破坏。13.8 万人死亡，是有史以来最致命的热带气旋之一。

2010 年　经过 12 年炎热干燥的天气，澳大利亚结束有记录以来最严重的干旱。

2018 年　美国加利福尼亚州经历了有史以来最致命的大火。

2018 年　在中国，50 年来最极端的热浪打破了北京 39℃气温的纪录。

2019 年　冰冷的极地空气向南越过北美，创造了 -30℃的极端寒潮。

岩石・矿物

了解地貌▲

通过对地貌的研究，地质学者（地球科学家）能够了解数十亿年以前该地貌的形成过程。这个长515千米，十分壮观的大峡谷（如上图）位于美国亚利桑那州的沙漠中，被河流侵蚀而形成。这里显示出位于花岗岩和片麻岩岩层以上的古老砂岩层。

岩石地球

在数百万年以前，人类将岩石作为最早的工具。人类发展的这个阶段，就是众所周知的旧石器时代。而后，人们学会了使用黏土（岩石颗粒）来制作陶器，从那以后，利用岩石的很多方法逐渐被人们所发现。几乎所有种类的岩石都可以在经切割或破碎后，成为供家庭和城市使用的建筑材料。大量的矿物可以从地下提取并加工成特殊的材料。我们所有的金属都来自岩石中所找到的矿物，如铁和钢。同样，有些岩石可以作为燃料，如石油和煤。岩石中的矿物还有很多用途，如我们在食物中所放的盐和为了促进谷物生长而使用的肥料。

◀正在工作的火山学家

研究地球是一个大学科，分为很多分支学科。矿物学家研究矿物，岩石学家研究岩石，火山学家则研究火山。由于取样时温度极高，所以火山学家通常穿着特殊的可反射热量的防护服。对采集的火山熔岩样品（如左图所示）进行矿物成分的分析，是监测火山喷发的一种方法。

采矿与采石▶

岩石和矿物通常从地下被开采或挖掘出来。图中所示的是名为“超大矿坑”的金矿，长约3千米，是澳大利亚最大的露天开采金矿。当矿石（可提炼出有价值金属的岩石或矿物）沉积物位于近地表时，采用露天挖掘开采的方法。这种方法比地下开采要更便宜也更容易。采石场是开采大量建筑材料（如石块、沙子）而在地表挖出的深坑。

▲装饰性的岩石和矿物

岩石和矿物可呈现出奇的美丽，尤其是经过雕琢和抛光以后制成的珠宝、雕像或建筑物的装饰面尤为美观。很少有建筑物可以比印度北方邦阿格拉的泰姬陵（如上图所示）更好地将石头的美展现出来。泰姬陵于 1631—1653 年由莫卧儿帝国的国王沙·贾汗为纪念他最宠爱的皇妃所修建。它由采自拉贾斯坦邦采石场的白色大理石建造而成，并且镶嵌有多种装饰性岩石（如玉石和碧玉）。

▲矿物中的金属

人类对金属的使用大约始于 1 万年以前。人们从地表获得自然金属（如金和铜），并将它们制作成第一批金属工具和首饰。大约 5000 年前，中东的人们发现，金属可以用加热至高温的方法从矿物中提炼出来。利用这个发现，可以获得很多类型的金属。这些金属几乎为所有工具和机械的制造提供了原材料。如果没有这些金属，诸如航天飞机（如上图所示）之类的技术发展是不可能实现的。从钢和铝到更珍贵的轻金属（如钛），所有用于航天飞机的金属都来自地球中的各种矿物。

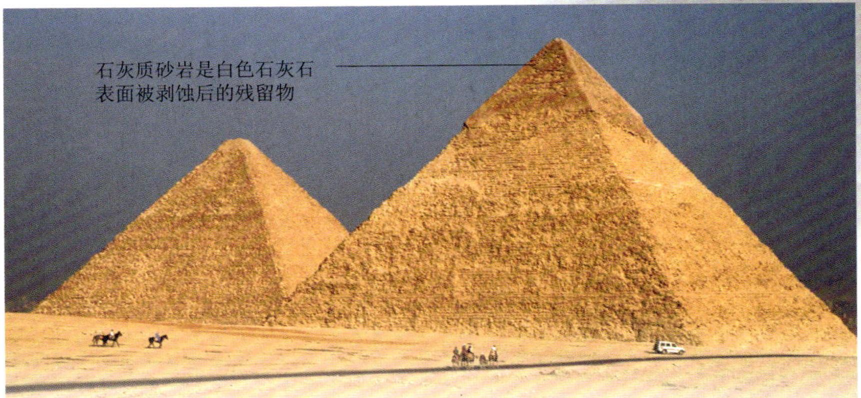

▲永恒的建筑

由于石头非常耐磨，所以当人们想要使建筑物经久耐用时，他们便采用石头来建造。古埃及人在 3500 多年前建造了金字塔，很少有其他建筑能够比它们更加耐久。埃及人对各种岩石的使用都十分专业，而金字塔更是石匠的杰作。吉萨的三座金字塔的核心建筑（其中的两座如图所示）是由数以百万的巨大石灰质砂岩石块所构成。随后，用明亮的白色石灰石将这些石灰质砂岩覆盖于其中，并以巨大的花岗岩置于金字塔的顶端来完成最后的工程。

岩石与矿物

岩石与矿物是地球表层的原生物质。岩石由数不清的矿物颗粒组成，有些很大，有些矿物则仅在显微镜下可见。少数岩石由单一的矿物组成，其他种类的岩石则含有 2 种或 2 种以上的矿物成分。矿物是天然的固体化学物质，可以根据化学成分和结构对其进行分类。根据岩石的成因将其分为火成岩（来自熔融态岩石）、变质岩（在高温和压力等作用下，发生了变化的岩石）和沉积岩（由松散物质沉积层固结形成的岩石）三大类。

铜化合物▲

大部分矿物都是由至少两种化学元素组成的化合物（集合体）。例如，碳酸盐矿物，是在金属或半金属与碳酸根（碳与氧元素结合而成的原子团）化合时而形成的。孔雀石（如上图所示）就是一种含铜的碳酸盐矿物，由于铜的存在而使其具有明亮的绿色。

◀元素硫

只有少数的矿物属于自然元素——完全由单一化学元素组成的矿物，单一非金属自然元素构成的矿物就更少。硫便是这些少数非金属自然元素中的一种。在美国黄石公园的温泉区（如左图所示），从地壳中溢出的富含矿物质的热水遗留了大量的硫沉积物。

三种主要的矿物类型

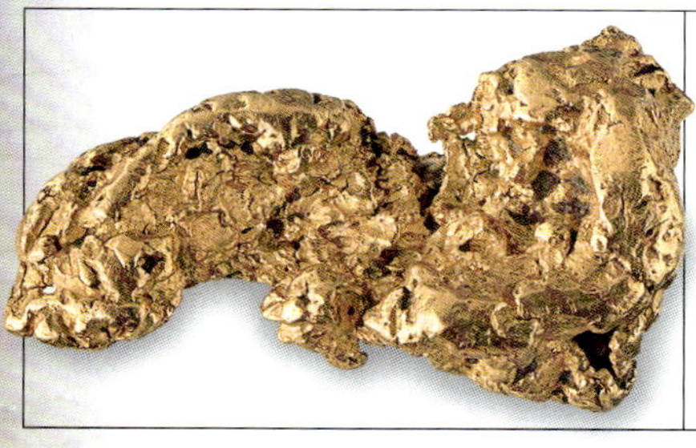

自然元素：金属

是可以从岩石或河床中直接获得的纯净形态（单质）的金属元素，如金（如图中所示）、银、铜、铂和铅几种自然元素。但是，大多数金属会与其他化学元素形成化合物，如铁、铝和锡。这些矿石都可以用于提炼金属。

自然元素：非金属

只有硫（如图中所示）、石墨和金刚石是纯净形态（单质）的非金属元素。更多的非金属元素存在于矿物的化合物中。自然硫趋向于在温泉和火山口周围结晶，然而，它更常见于硫化物和硫酸盐矿物中。

复合矿物

通常当一种或多种金属元素与一种非金属元素相结合时，大部分矿物以复合形式（如元素化合物）存在。根据非金属原子团的成分，可将这些复合矿物分为九大类。石膏（如图中所示）就是一种由钙、硫和氧三种元素组成的硫酸盐。

花岗岩山脉▶

花岗岩构成了美国加利福尼亚州内华达的山脉。当岩浆由地球内部涌出、冷却并凝固后，便在地表以下形成了花岗岩。花岗岩十分坚硬，以至于当其覆盖岩石层经过长期的风化而剥落后，它往往仍会出露于地表。

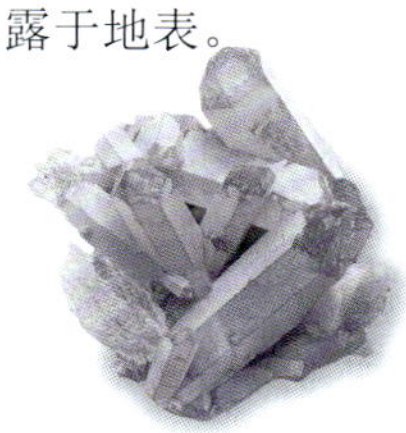

▲花岗岩薄片的显微照片

大多数岩石都属于矿物集合体。用肉眼观察，花岗岩属于浅色岩石，分散状分布有暗色斑点。在偏光显微镜下所照的照片，可以协助区分薄片内存在的不同矿物，但是在偏光镜下矿物所呈现的颜色与它们在自然光下是不同的。花岗岩由黑云母、粉色或白色的长石和灰色砂粒状石英三种主要矿物组成。其中，石英与长石矿物是许多岩石的基本组成成分。

岩石的三种类型

火成岩

火成岩的形成，最初始于地球内部的岩浆——岩石逐渐升温直到变为熔融态；而后，当岩浆上升至地壳时冷却并结晶，从而形成新的岩石。岩浆或在地表以下凝结形成侵入岩，如花岗岩；或以熔岩的形态喷出到地表形成喷出岩，如玄武岩（如图所示）。

变质岩

变质岩是由其他岩石经高温（如深层火山的热能）和压力（造山作用的应力）作用后转变而来的。有时这些变化发生在局部，有时则大规模的发生。一些变质岩可呈现出带状形貌，如片麻岩（如图所示）。

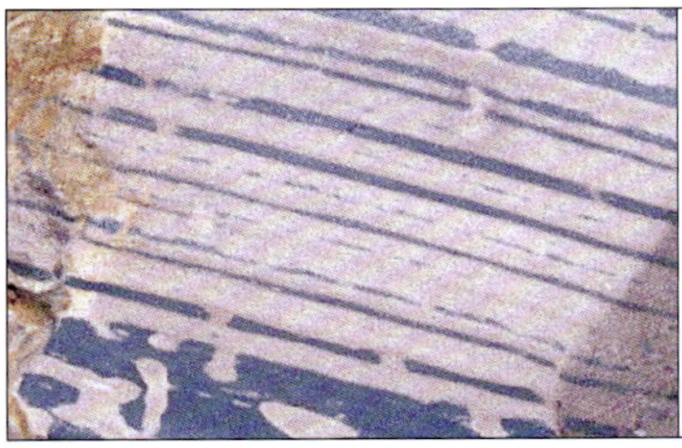

沉积岩

沉积物是指岩石的微小碎片或由风和水的作用而沉积的生命物质。沉积岩是由沉积物所形成的岩石，如黏土岩（如图所示）。形成时间早且埋藏深的地层受其上部所负重量的挤压，在数百万年的时间里被压实成坚固的岩石，这一过程被称为岩化。

地质学史

岩石和矿物在很早以前就已经形成了，但我们对它们的认识则相对较晚。金属的发现和对含金属矿石的找寻，很可能曾第一次促使人们去找出更多与岩石成因相关的信息。但是岩石和矿物留下了十足的神秘色彩，从而吸引了许多神话般的人物。对于地球形成过程方面认识上的戏剧化进步，大约起始于 200 年以前，当时就已有形成岩石需要几百万年时间的观点。

◀早期的地动仪

这个早期的地质学仪器是一个地震再现监测仪，它大约是在公元 132 年时由中国学者张衡所设计。它的外形为一个很重的缸，周边被 8 个龙头所围绕，每个龙头的口中都含有一个铜球。当地震发生时，龙口中的球就会掉落到其下方对应的蟾蜍口中，根据蟾蜍的方位以指示出地震发生地的方位。

▲矿物与采矿业

许多早期的地质学知识来自金属矿石的交易。第一本有关地质学的伟大著作是《金属学》（金属矿物方面），它出版于 16 世纪，由德国矿物学工程师乔治尤斯·阿格里科拉所著。这张图中所展现的是矿工们正在架高的水槽中筛选并清洗矿石的情景。

▲侵蚀循环

历史学家称，现代地质学始于 18 世纪，以苏格兰的地质学家詹姆斯·霍顿为代表。霍顿认为，地球上景观的形成与毁灭要经过数百万年重复的侵蚀循环、沉积和隆起。苏格兰山脉（如图所示）中严重的侵蚀地貌，使他确信这些地质过程还在继续进行。

▲地质图

地质图所显示的是不同岩层出现的地点。第一张地质图（如图所示）由英国人威廉·史密斯制作于 1815 年，当时他正在勘测运河的路线。他留意到每种岩石层都含有各自的化石类型。他意识到，相隔距离较远但含有相同化石类型的岩石有可能具有相同的地质年龄。

▲塞拉皮斯的梁柱

19 世纪具有影响力的地质学家查尔斯·赖尔，拥护霍顿有关持续地质过程的理论。这个理论的关键在于，提出了全部陆地块可以随着时间的推移而上下移动的观点。在具有里程碑意义的《地质学原理》一书的内页中，赖尔用一张来自意大利海滨波佐利，距今有 1600 年古老历史的塞拉皮斯神庙（如图所示）的照片阐述了这个观点。在神庙圆柱上由贝类形成的洞显示出这些柱体在被打捞上来之前，曾经浸没在水中。

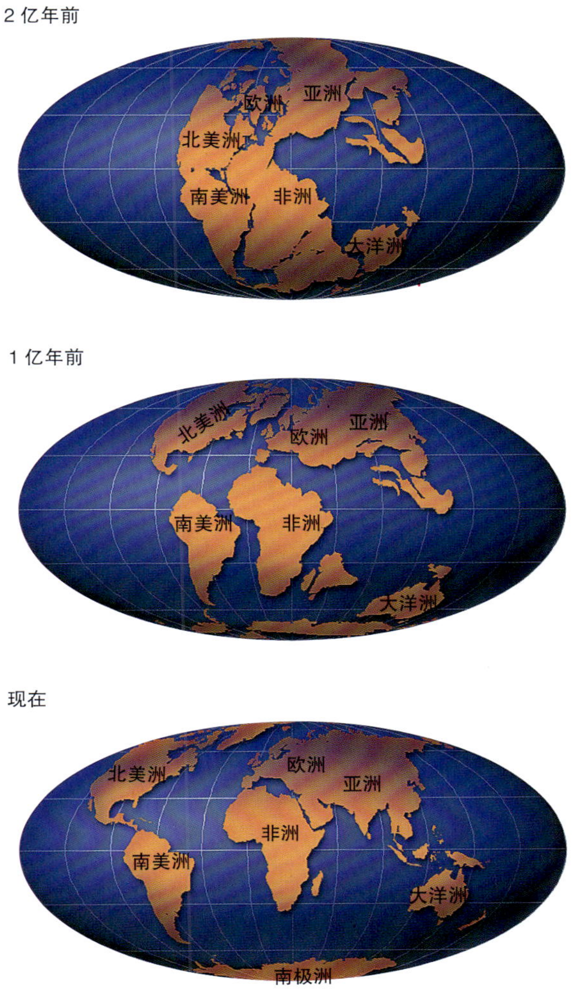

▲大陆漂移

20 世纪 20 年代，德国气象学家阿尔弗雷德·魏格纳首先提出地球大陆移动的观点。魏格纳指出，南美洲东部海岸线与非洲西部海岸线具有明显的拼合匹配性，这些证据使他联想到这两块陆地曾经一度是连接在一起的。在那时他被人们所嘲笑，但进一步的证据已经证明，现代的大陆的确是过去一整块超级大陆的漂流碎片。

矿物的神话

火山毛

火山已经引发了很多神话。根据夏威夷的传说，由火山女神贝利负责火山喷发。夏威夷的岩浆具有很好的流动性，当岩浆喷溅掠过空气时，可以拉伸成很细小的、金棕色的玄武玻璃纤维。将这些集中到一起就成为被人们所熟识的细丝状岩石——火山毛，也就是被人们称为的“贝利的头发”（如上图所示）。

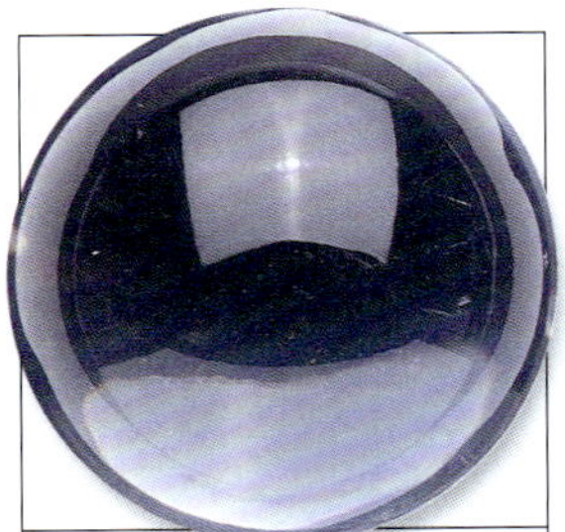

石英水晶球

石英由于具有神秘的特性，自古以来在多种文明中都受到尊崇。几个世纪以来，人们认为石英（水晶）是冻得十分坚硬的不会融化的冰。藏传佛教的喇嘛、凯尔特德鲁伊教的祭司和吉卜赛的通灵者都想通过凝视水晶球，从中看到未来。

起保护作用的宝石

《圣经》中描述了以色列的第一祭司长亚伦所穿着的一个镶有宝石的护胸甲（如图所示）。每一种石头都代表以色列 12 个部落中的一个。宝石与人类的象征关系，以生辰石的形式一直延续到今天。不同的宝石代表一年中不同的月份。

铜盾

由于铜以纯净形式发现于地层中，因而是最早被使用的金属之一。它的稀少使其在贸易中具有很高的交易价值。这些被称为“铜”的雕花的盾形装饰品，因被美国西北部沿海部落的印第安人视为财富和繁盛的象征，而具有很高的价格。

护身符

古老的埃及人用镶有宝石的护身符（驱邪符）来保佑其免受伤害。一些珍贵和较珍贵的石头（如绿松石）被认为拥有神奇的力量。（如图所示）这只圣甲虫（蜣螂）被用作胸前的护身符，它所撑起的一颗红色玛瑙则用来象征太阳。

岩石循环

侵蚀作用无情地破坏着暴露于地表的岩石，而新的岩石总是由旧的岩石残留物再次重组而形成。这种反复的循环被称为岩石循环。一部分的循环十分快速而且非常显著，如悬崖的崩塌与火山的岩浆喷发；然而，大部分岩石仍深藏于地下，且循环周期长达数百万年或更长。板块的移动使沉积岩和火成岩转变为变质岩，或者使变质岩转变为火成岩。

岩石之旅

侵蚀作用

这些看起来十分坚硬的玄武岩悬崖会在不间断的岩石循环中被破坏。随着时间的推移，它们会被不断拍打的海浪磨成沙砾。这些沙砾可能形成新的沉积物；或者会沿着海底俯冲到地幔，并与上升的岩浆混合而形成新的火成岩。

融冻崩解作用

岩石循环可以发生在任何地方。这些火成岩分散在英国境内的威尔士山坡上，并且已经被渗透到裂缝中的水结冰膨胀作用而破碎。当进一步的侵蚀使碎片足够小时，它们将会被水流、风或冰带至山坡下。

▲日本海上空的尘云

甚至连风都可以在岩石循环中起到一定的作用。在这张照片中，自亚洲中部平原吹来的细小尘埃被带到位于东部的日本海上空。最后，这些尘埃将会停留并沉降到海底，并可能形成新的沉积岩或被俯冲作用（一个板块向另一个板块下方的沉降移动）带回地幔。

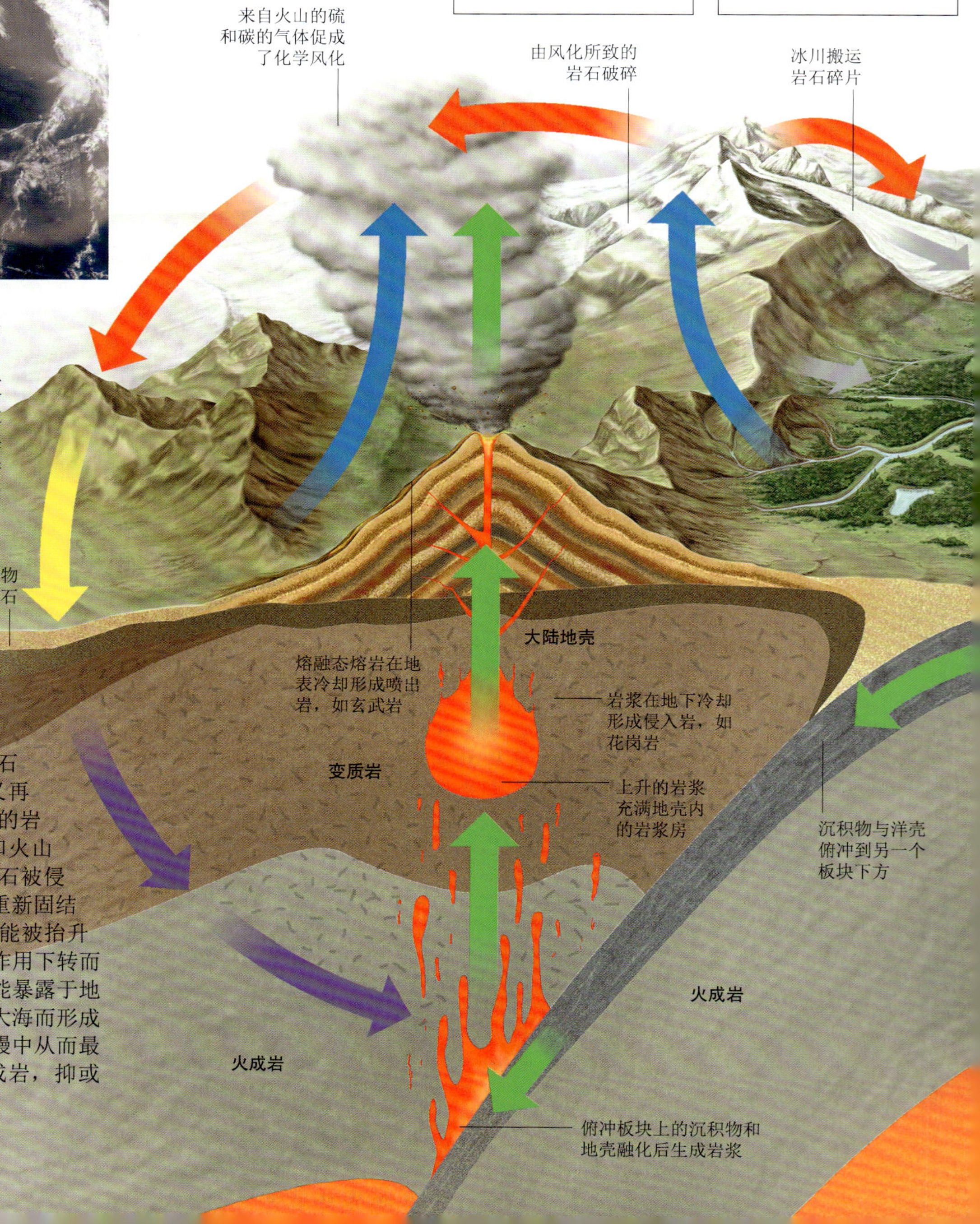

岩石循环▶

这张示意图说明了地球中的岩石在岩石循环中持续的生成、消亡又再生成的过程。物质以岩浆（熔融态的岩石）形式被带到地壳，在侵入体和火山中形成了火成岩。暴露于地表的岩石被侵蚀后，其碎屑可能冲到海洋中，经重新固结而生成新的沉积岩。此岩石随后可能被抬升而形成山脉，或者在高温和压力的作用下转而形成变质岩。沉积岩和变质岩也可能暴露于地表并被侵蚀，其碎片也可能被冲入大海而形成新的沉积岩，或被俯冲作用带到地幔中从而最终以岩浆的形式再次上升形成火成岩，抑或转变为变质岩。

搬运作用

为了形成新的岩石，风化碎片必须被带到它们可以堆积的地方。这里可以看到一条河，在其每一个弯曲处能够将沉积物堆积在河床上，并且改变其水流路线。当这些沉积物变为岩石时，河流的波痕便会清晰可见。

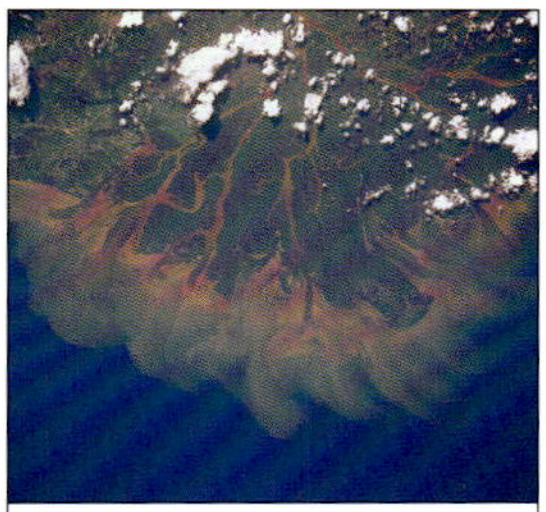

沉积作用

一些沿途的沉积物被冲刷到流向海的河流中，随后沉积成三角洲，如图中这个位于印尼婆罗洲东南部的三角洲。较重的颗粒先沉淀，并且趋于压实成为砂岩；较轻的沉积物则被搬运到较远处沉积下来，形成页岩和泥岩。

沉积岩

沉积物一旦岩化（变为岩石），构造板块的移动就可能将其岩层抬升到地表。出露的岩石（如这里所示的页岩层），可能被水和风所侵蚀，从而为新岩石的生成提供原料。未出露于地表的沉积岩可能会在变质作用下形成新的岩石。

变质岩

所有类型的岩石（火成岩、变质岩或沉积岩），都可能在高温和压力下发生变化而形成新的变质岩。例如，当页岩受到构造压力时变为板岩，而随后，板岩亦可能在过高的温度和压力下生成片岩（如图中所示）和片麻岩。

火成岩

地表的喷发熔岩或地下的岩浆凝固，都在持续地为地壳补充新生的岩石。直至今日，这种物质仍在重复地循环。在临近夏威夷海滨处喷发的熔岩（如图中所示），可能含有数百万年前俯冲到地下的物质和那些已经历了再次循环而到达地幔的物质。

◀**漂砾**

这些巨大的石块，也就是众所周知的漂流石，是由冰川携带滚落而形成的景观。一些在冰川融化前，已经被带至800千米以外，并且遗留了下来。作为岩石循环的一部分，它们可能看起来过于庞大，但即便是最大的石块也会因长期的风化而变为沙砾和黏土，最终成为沉积岩。

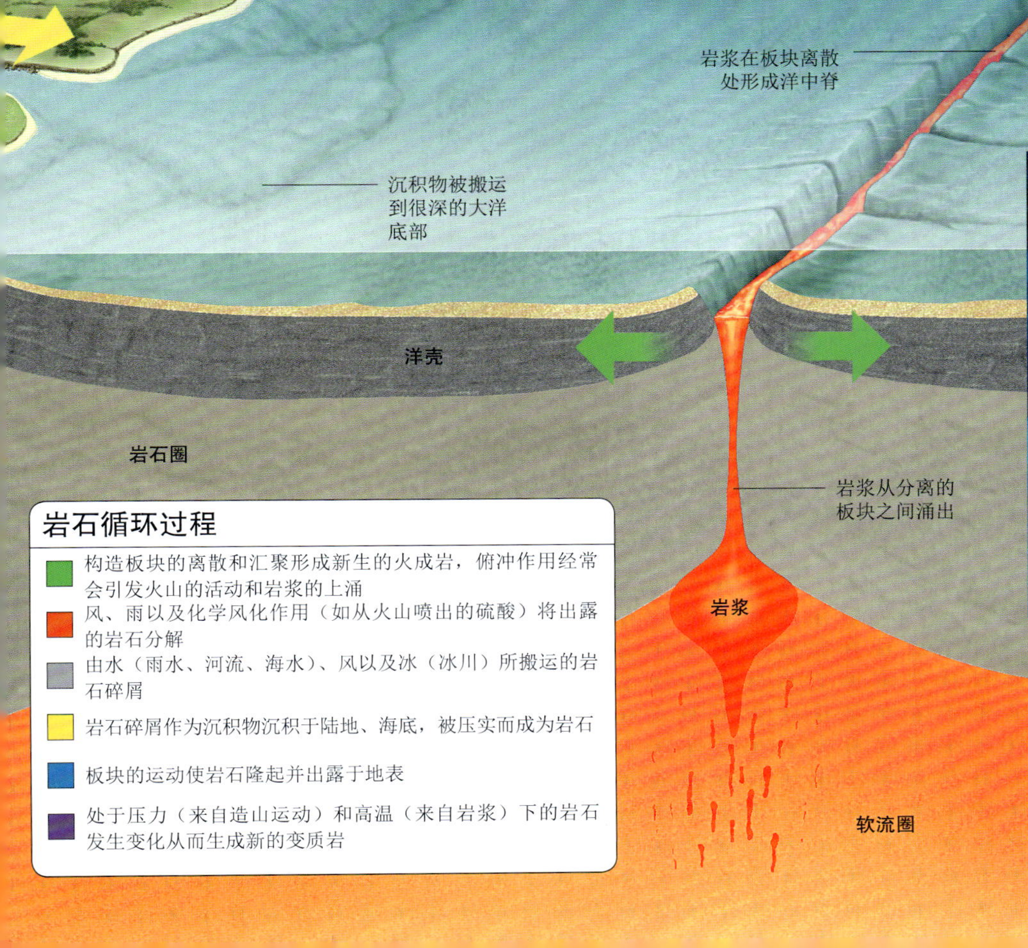

▲**洋中脊上的枕状熔岩**

不断活动于大西洋中部下方的是一条处于两个主要构造板块间的裂缝。这两个板块正在缓慢地分离，使岩浆通过这个裂缝涌出，并且在其向后倾斜的边缘冷却，形成一个隆起的洋中脊。炽热的熔岩在冰冷的海水中迅速冷却，凝固成被称为枕状熔岩的枕形块体。

火成岩

尽管经常被沉积岩薄层所覆盖，火成岩还是形成了地球的大部分地壳。火成岩共有 600 多个不同的种类，但都形成于岩浆（来自地球灼热内部的熔融态岩石）。当其接近于地表时，会冷却结晶成大量坚硬的固体岩石。岩浆在变成岩石之前，有时会从火山中喷发出来，这种岩石被称为喷出岩。而当岩浆在地下成体系地凝固时，岩石则会以侵入的方式形成，如岩基、岩墙和岩床。

正在活动的岩层▶

在一些火山上（如夏威夷这样的火山），很容易看到火成岩真实的形成过程。灼热的岩浆软泥在表层形成熔岩，并流经地表。熔岩的表面很快冷却，当炽热的熔岩仍在下层流动时，上层已经形成了由岩石组成的外壳。熔岩的冷却十分迅速，以至于形成的岩石没有时间以结晶的方式生成。这就形成了具有细密纹理的火山岩，如玄武岩。

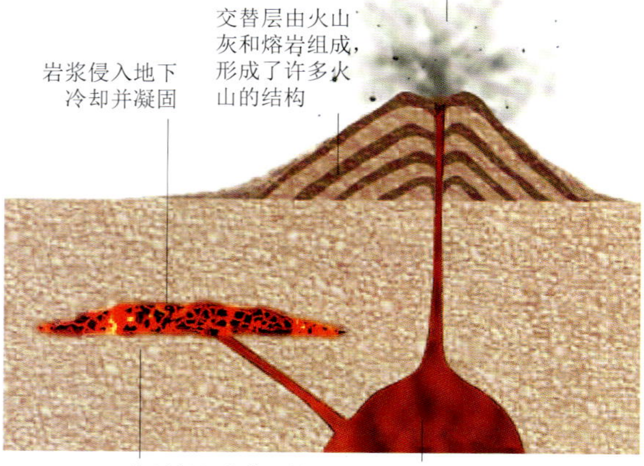

▲岩浆转变为岩石

岩浆可以通过地表火山喷发的方式和地下大量凝固的方式形成火成岩。火山能以多种不同的形式喷涌出岩浆，如以熔融态岩石（熔岩）、火山灰、火山渣、火山泡沫等形式，所有这些物质在冷却后都会转变为岩石。例如，火山灰能形成一种被称为凝灰岩的岩石，而在熔融态熔岩顶部的火山泡沫则可以形成一种轻而多孔，可以漂浮的名为浮石的岩石。

冷却岩浆的溢流▶

位于北爱尔兰北部海滨的巨人堤，是一个由玄武岩质的六边形柱体所构成的显著岩层。这些柱体的形状十分规则，以至于有人将它们化为一个传说，在传说中这些石柱是一个名为芬恩·麦克库尔的巨人为出海所建造的路，它将爱尔兰与苏格兰连接到一起。事实上，这个巨人堤是6000万年前溢出到地表的古老的熔岩流。这些石柱形成于熔岩的冷却、收缩和破裂。

侵入构造

岩基

大量的巨型岩浆泡可以将岩浆推向地球表面，并将其他岩石推到周边或将其融化。一些岩浆泡在地表以下变硬，生成了大量的被称为岩基的坚硬岩石。岩基周围的软岩石经过数百万年的侵蚀，使出露的岩基转化为山脉。

岩墙

在地表以上的岩墙，展现出上升岩浆将覆盖于其上的岩石劈开并经由裂缝将自身向上推的位置。当覆盖在岩墙上的软岩石消磨掉之后，壮观的岩墙保留于原地。岩墙和其他切穿原有岩石结构的侵入体被统称为不整合侵入体。

岩床

图中所示的这种暗色的岩石条带就是岩床，它是一种薄的火成岩条带，由灼热岩浆侵入到两个岩层间的裂缝中而形成。这样有时可以留下一条细的贯穿于一个广阔区域内的火成岩带。岩床与其他仍保留原岩结构的侵入体被统称为整合侵入体。

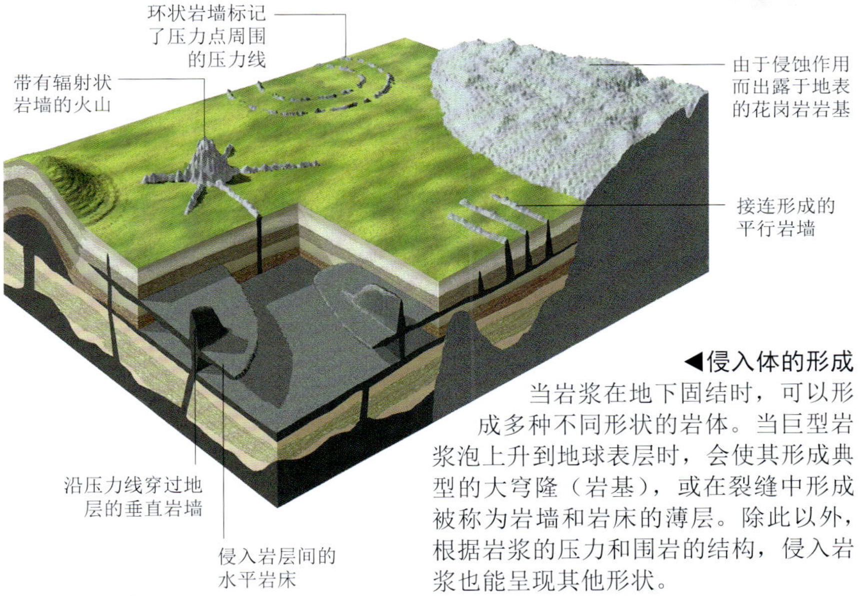

◀侵入体的形成

当岩浆在地下固结时，可以形成多种不同形状的岩体。当巨型岩浆泡上升到地球表层时，会使其形成典型的大穹隆（岩基），或在裂缝中形成被称为岩墙和岩床的薄层。除此以外，根据岩浆的压力和围岩的结构，侵入岩浆也能呈现其他形状。

纹理粗糙的结晶花岗岩▶

花岗伟晶岩中的晶体很大，不用借助于显微镜就可以很容易地观察到。大颗粒的晶体指示出，这种岩石是在地表以下深层的侵入体中缓慢冷却而形成的。当花岗岩岩基冷却凝固时，典型的花岗伟晶岩脉在其裂缝中结晶而成。它们以花岗岩为基础，但可以包含巨大的宝石晶体，如黄玉和绿柱石。这里所看到的暗色晶体为电气石。

纹理细致的安山岩▶

安山岩是仅次于花岗岩的最普遍的火山岩，它的名字来源于美国南部的安第斯山脉。安山岩由一种黏稠的熔岩形成，在强烈爆发的喷发前它趋于将火山阻塞的状态。与大多数火山岩相似的是，由于在地球表面的快速冷却，安山岩具有细致的纹理。尽管如此，这个样品还是包含了较大的晶体，它们是在岩浆到达地表之前就形成的。

火成岩的鉴别

所有火成岩都属于结晶质（由晶体聚集而成）。通常根据光泽和颗粒形态就可以很容易地识别它们。少数岩石会具有玻璃状（无颗粒感）的外观，如黑曜岩。岩浆无论形成于何地（在地面以上或以下），也无论冷却得有多快，它的化学成分都供给了不同的火成岩岩体。酸性岩浆形成了浅色岩石，如流纹岩；基性岩浆形成颜色较深的岩石，如玄武岩；形成于深部的岩石由于岩浆的缓慢冷却而形成粗晶粒，如花岗岩；靠近地表形成的岩石由于岩浆的快速冷却而形成细晶粒，如玄武岩。

▲黑曜岩刀

黑曜岩是一种墨黑色的如玻璃般的岩石，被中美洲的阿兹特克人所珍视，他们用它来做祭祀用的刀（如图中所示）。它是由冷却过快还来不及结晶的流纹岩质熔岩而形成的。黑曜岩通常只有在现代火山活动的发生地才能找到，因为在经过数百年后，它就会趋向于呈暗淡且呈砂糖状。

◀斑岩花瓶

这个美丽而古老的埃及花瓶是在公元前2900年由斑岩制成的。斑岩是中粒或细粒的火成岩，通常含有大量长石晶体。含有大量晶体（形成于地球深层）的岩浆侵入表层岩体（如岩墙或岩床）中，从而发育成典型的斑岩。

颗粒大小（冷却的速度）

细粒（快速）

熔岩冷却过快以至于不能生长成大的晶体，从而生成了细粒结构的岩石。这些晶体太小以至于难以用肉眼识别，但当岩石被置于日光下时，可以看到它们闪烁的光芒。最常见的三种细粒结构的岩石是玄武岩、安山岩和流纹岩（图中所示）。

中粒（中速）

在地下岩墙和岩床中冷却稍慢一些的岩浆，形成了中等的颗粒。虽然这种大小的颗粒为可见颗粒，但并不能凭肉眼鉴别。辉绿岩（图中所示）是最常见的中粒级岩石，形成于美国新泽西的帕利塞德岩床和英国的格里特惠恩岩床。

粗粒（慢速）

大量的深层岩浆结晶非常缓慢，这就为晶体生长提供了充足的时间，用肉眼就可以观察到，如这块结晶花岗岩上的深色电气石和粉色长石。最寻常的粗粒火成岩是花岗岩和辉长岩。

雕刻于拉什莫尔山上的美国总统头像，其中包括乔治·华盛顿

花岗岩总统头像▶

火成岩十分的坚韧，无论是建筑还是雕刻，用它制成的任何东西都能保存很长时间。这四个美国总统的头像（华盛顿、杰弗逊、西奥多·罗斯福和林肯）位于美国南达科他州黑山的拉什莫尔山上，它们是由形成于约17亿年前的花岗岩雕刻而成的。这项工程历经了14载，这些总统头像的轮廓将有可能保持数万年。华盛顿和林肯额头上的白色条纹就是伟晶花岗岩的岩墙。

根据化学成分分类

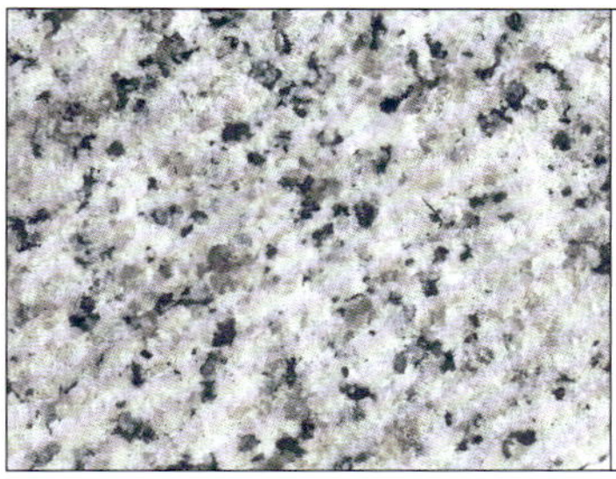

酸性岩

二氧化硅含量大于65%的岩浆被称为酸性岩浆。酸性岩也含有大量的石英（大于10%）和长石。当它结晶时，玻璃光泽的石英和米黄色的长石使岩石呈现很浅的颜色。酸性侵入岩包括花岗岩（图中所示），而酸性喷出岩则是流纹岩。

中性岩

二氧化硅含量在55%～65%的岩浆所形成的岩石称为中性岩。由于含有少量的浅色石英和更多的深色矿物（如角闪石），中性岩的颜色略深于酸性岩。中性侵入岩主要包括闪长岩（如图所示），而中性喷出岩则为安山岩。

基性岩

二氧化硅含量在45%～55%的岩浆所形成的岩石是基性岩，其颜色为深色甚至黑色。在地表以上，典型的基性熔岩形成了细粒结构的玄武岩，这属于最常见的火成岩。基性岩浆在地表以下的岩床和岩墙中形成了中粒结构的辉绿岩，同时在更深的地层中形成了粗粒结构的辉长岩（图中所示）。

超基性岩

二氧化硅含量低于45%且不含长石矿物的火成岩，被称为超基性岩。如橄榄岩（如图中所示）和辉岩这样的岩石是由大量的橄榄石和辉石组成的。橄榄岩是一种相对稀少的岩石，它在板块碰撞过程中由地幔而来。

约塞米蒂国家公园的半圆丘▲

约塞米蒂国家公园的半圆丘，位于美国加利福尼亚州的内华达山脉地区，它是一个生动的出露岩基的实例。大约在5000万年以前，大量的岩浆在地下凝固，并且因覆盖其上的较软的岩层（非火成岩）被风化、消逝而逐渐露出地表。这个较为坚硬的花岗闪长岩（花岗岩和闪长岩的一种混合岩）圆丘最终被遗留下来，并在这之后被冰川切去了一半。

玄武岩中的杏仁孔

一些火成岩（如玄武岩和安山岩）能够含有可填入其他矿物的凹坑，也就是我们通常所说的杏仁孔。杏仁孔由岩浆中的气泡所形成，“杏仁孔”一词来源于拉丁语的“almond”（杏仁）。很显然，富含矿物质的热液捕获了很多气泡，从而形成名为沸石的矿物。

沸石

花岗岩确保了雕刻品的耐久性

变质岩

变质岩是处于剧烈的高温或压力条件下而已经变得面目全非的岩石。接触变质作用，发生在岩石与火成岩侵入带的炽热岩浆相接触的时候。极高的温度可以使岩石内部的大量晶体重新排列，以至于仅靠加热的作用就可将其变为一种新的岩石，如大理岩或角岩。

挤压前的石英　　挤压后的石英

◀冲击变质作用

并不是所有的接触变质作用都是由火山活动而引发的。当一个陨石极速撞入地球时，其撞击会通过大地传递出极大的冲击波，将岩石挤压，从而使其密度变为最初的两到三倍。这张显微照片就显示了石英晶体结构的变化。

角岩由泥岩转变而来

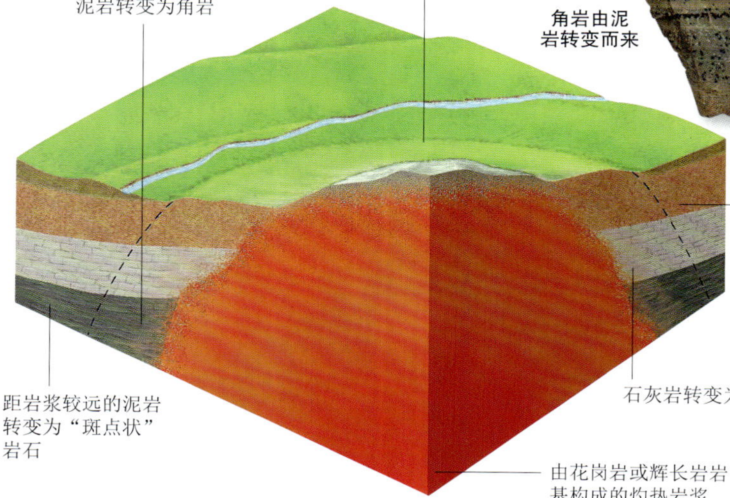

▲接触变质作用

巨大岩浆岩基的高温热能，使岩石周围的物质发生转变，接近于岩浆部分的岩石转变为岩基，岩基越大，被热能转变的岩石就越多。砂岩转变为坚硬的石英岩；石灰岩变成亮白色或有条纹的大理岩；接近于岩基边缘的泥岩变为深色的裂片状的角岩；远离岩基的一些矿物并未改变，同时也有新的矿物生成，因而形成了“斑点状”岩石。

巨大的力量▶

变质作用过程中具有极高的温度和巨大的压力，变质作用产生的岩石都十分坚韧，并且可以经受数百万年的侵蚀。有些变质作用发生在很深的地层中。在这里，地球构造板块以足够大的力量移动，以便能够在海底开凿深沟或高耸的巨大山脉，如位于格陵兰的斯塔宁阿尔卑斯山脉（如图中所示）。

▲新生的结晶体

熔融态岩浆非常灼热，以至于可将其四周的围岩（在变质作用发生前就存在的岩石）熔化，从而形成全新的晶体。因为像红柱石、蓝晶石和硅线石这样的矿物，只能在高温高压的环境下形成，所以其出现就成为变质岩存在的明确标志。一些美丽的宝石晶体就是在变质条件下形成的，如嵌在片岩（泥岩高度变质的一种产物）中的铁铝榴石。

◀砂岩变为石英岩

砂岩中的石英颗粒十分坚韧，变质作用的热度只能起到很小的作用，只能将砂岩锻造为（如左图所示）更坚韧的石英岩（如右图所示）。石英岩看起来有些像坚硬的红糖，它十分的坚固，以至于在澳大利亚西部35亿年前的最古老的岩石中，仍有它的存在。

◀石灰岩变为大理岩

当处于高强度的温度与压力下，石灰岩（如左图所示）和白云岩可转变为大理岩（如右图所示）。石灰岩中富含有来自生命物质的方解石（碳酸钙）。石灰岩是一种无光泽的粉状岩石，但是接触变质作用可将其转变为坚韧的白色大理岩。

卡拉拉的大理石采石场▲

在造山运动的区域内，接触变质作用和区域变质作用（产生在高强度压力所存在的一个很大区域内）可以使石灰岩中的方解石重新结晶，从而转变为大理岩。石灰岩越纯净，形成的大理岩就越白。产于意大利亚平宁山脉卡拉拉的亮白色大理岩，是所有大理岩中最完美的，并且被文艺复兴时期的雕刻家们（如米开朗琪罗）所钟爱。石灰岩原岩中的杂质（如二氧化硅和铁）使大理石具有与众不同的彩色条纹。

区域变质作用

板块碰撞所产生的巨大作用力，可以将大范围内的岩石碾碎并烘干，使大面积的岩石发生变质。有时，区域变质作用可与接触变质作用生成相似的岩石。但是，通常情况下，接触变质作用更趋向于生成新的岩石。而最剧烈的区域变质作用具有它自己独特的带状结构。

碰撞带变质作用▶

当地球的两个构造板块挤压到一起时，为变质作用提供了完备的条件。当一个移动的大洋板块被挤压到下层时，大陆板块的边缘会受到高温高压的影响。在这样的条件下，会生成深度形变和扭曲的岩石，如片岩和片麻岩。由于岩石受到持续压力的影响，因而通常不只会经历一次形变，而是会发生多次形变。

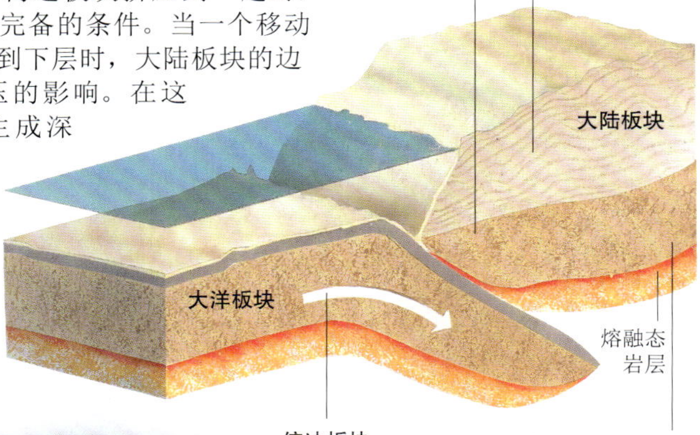

▲安第斯山脉

位于南美洲的安第斯山脉，是于数千万年前，由古老沉积物变质而成的粗大石英岩和板岩所构成的。由于板块碰撞而发生的突然隆起，使这些岩石构成了世界上最长的山脉。板块碰撞所蕴含的巨大力量，也在山根部的地下生成了新的变质岩。有朝一日，这些变质岩也会露出地表。

区域变质作用的等级

板岩（低级）

低级区域变质作用使泥岩转变为薄片状的灰色板岩。黏土中存在有高压低温重结晶矿物，如在平直岩层内的云母和绿泥石。

千枚岩（低级）

像板岩一样，千枚岩是由泥岩或页岩经轻微的区域变质作用而生成。但是，因其受区域变质作用的影响更为强烈，以至其中的云母片更大、更明显，并形成了如丝状光滑又如镜面般闪亮的光面。

片岩（中级）

在层状条带中的石英条带和长石条带之间的绿泥石和云母，经中等级别的变质作用后重新结晶而生成片岩。上述这种条带被称为片理。

片麻岩（高级）

片麻岩由最高级别的区域变质作用而形成。高温高压的条件生成了一种具有亮光的岩石，在这种岩石中，全新的晶体处于深浅交替的波状条带中。

叶理▶

从泥岩和页岩变质而成的岩石，通常具有被称为叶理的平直或波浪状的线条为标志。这些暗色的线条，就是在薄片状矿物条带（如云母）被压力挤成扁平状时形成的。板岩、千枚岩、片岩和片麻岩都存在这样的叶理。由石灰岩、砂岩和煤变质而成的岩石（大理岩、石英岩和无烟煤）就没有这种叶理，其晶体颗粒间的相互联结没有特定的模式，被称为粒状结构。

◀威尔士的板岩采石场

在板岩中，所有的矿物呈深灰色的细粒形态。板岩的叶理不能生成深浅交替的条带。取而代之的是使云母和绿泥石矿物在层间压力的作用下重新结晶。这样就形成了一种很容易被劈开成光滑、平整薄片的岩石，其中不乏形成一些巨石。这个板岩采石场位于威尔士，这里曾因板岩工厂而一度世界闻名。

劈开板岩

板岩易碎并且很容易成片剥落，但它同时也具有抗风化能力强的特点。这种既具有抗风化能力又容易被分割成薄片的特性，使板岩成为理想的屋顶建筑材料。在 19 世纪到 20 世纪期间，这种岩石在欧洲和美国被用于建造众多新宅的屋顶。板岩制造者是具有高技能的工匠，他们仅使用锤子和凿子就可以将块状的板岩劈成光滑且规则的薄片。

褶皱的片麻岩

褶皱▶

在褶皱的片麻岩中，由暗色的角闪石和云母、浅色的石英和长石等矿物所组成的分层条带清晰可见。褶皱发生在岩石层因板块移动而扭曲时，而这种板块移动又没有足够强大的力量改变当时的岩石成分。图中所示是位于英国南威尔士的褶皱峭壁。

沉积岩

沉积岩是由其他岩石的碎屑和生物的残骸所形成的岩石，是岩石的第三种基本类型。虽然它只构成地球上地壳体积的 5%，但是它的覆盖面积达到了陆地表面的 75%。沉积岩可分成三种类型：碎屑沉积岩（由岩石颗粒组成）、化学沉积岩或无机沉积岩（由可溶于水的颗粒组成）和有机沉积岩（由植物残余物组成）。一些沉积岩包含化石，它们可以为了解地球的地质史而提供至关重要的线索。

◀沉积层

当岩石暴露于风、雨以及周期重复的冰冻和消融等自然环境时，就会被缓慢地侵蚀。岩石碎屑被水、风和冰带走，并沉积成层。随着时间的流逝，这些岩石层会被更多的沉积物所掩埋，并最终岩化成沉积岩。当沉积岩暴露于（如图所示）横断面时，可以看到沉积物所沉积地层的状态，即一层覆盖于另一层之上，层层累积。

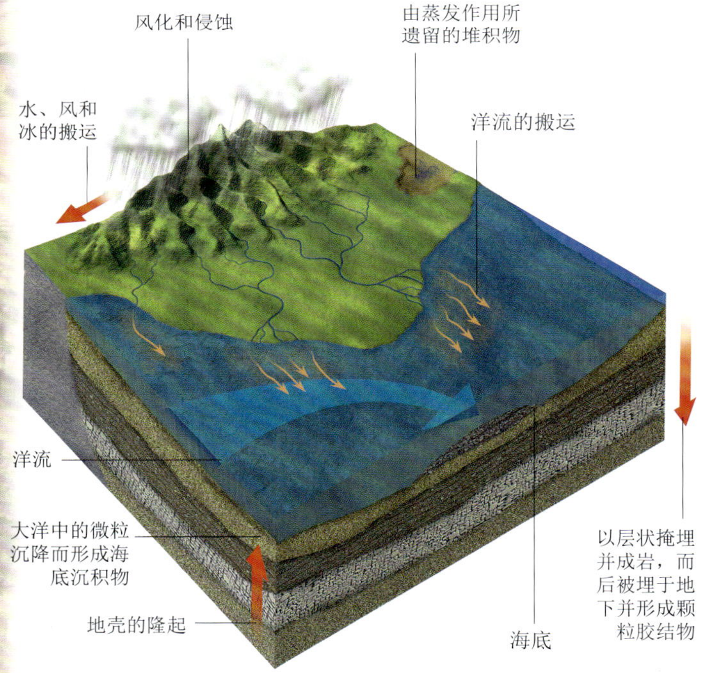

▲沉积（碎屑）岩循环

在岩石循环的阶段，碎屑沉积岩由数百万的岩石颗粒形成，由风、水和冰进行搬运，这些颗粒再成为沉积物堆积于海洋、湖泊和河床上。层层覆盖，直至覆盖于其上的岩层以及流经沉积物的水流中的矿物沉降，使重量聚集到一定程度，最终将岩石颗粒胶结在一起。经过数百万年，这些岩层便形成了沉积岩。

碎屑岩的粒度分级

巨砾

碎屑岩由多种粒度的岩石组成，其粒度范围从显微级（黏土级）到巨大级（巨砾级）。巨砾岩的粒径大于 25 厘米，只有冰川才能将其移动。当较小的巨砾与较细的颗粒相结合时，形成一种混合物，被称为砾岩。

粗砾

粗砾的大小范围为6～25厘米，是由强大的动力根据尺寸分选出的颗粒。因此，它们通常发现于高能量的环境中，如急流的河中和滑坡处。粗砾的砾石能够结合形成砾岩或角砾岩。

中砾

中砾是组成砾岩的典型颗粒，其粒径范围是 4～60 毫米。这种小圆石的形成曾经历了持续的翻滚、在河流中及海岸上的颠簸。可想而知，经过这样长期的搬运后，任何锐利的边缘最终都能被磨得十分平滑。

沙砾

位于下层的中砾变为碎砾石，而后成为沙砾。沙砾的粒径达到 2 毫米，并仍保持肉眼可见。沙砾出现于许多环境条件下，从高山湖泊到大洋底部都可以看到它们的身影。沙砾结合在一起就形成了砂岩。

粉砂

粉砂颗粒比沙砾更小，并且通过肉眼无法直接观察到。粉砂的产生是很长时间风化的结果，粉砂颗粒通常沉降于平静的河床（没有或很少有水流）。它们与黏土结合形成细粒的岩石，如泥岩和页岩。

黏土

所有颗粒中最小的就是黏土。搬运黏土微粒只需要很小的能量，因此它的沉降十分缓慢，自海滨搬运的距离也最远。这种微小颗粒的积聚通常与平静的自然环境相关联，如湖泊、沼泽或潟湖。

▲不整合层理

当沉积物层铺于地层上时，形成了沉积岩，这一层是沉积岩最典型的特征之一。每一层都是特有的，随着成分和厚度的变化，反映出其沉积时的不同条件。一个层理面，也就是两个沉积岩层之间的分界面，通常表现为一条明显的贯穿于岩石的线。不整合面是岩层中有规律的断裂，它的存在表明在旧岩石上新的造岩阶段已经开始。

▲交错层理

鉴于沉积物通常是来自流体中的颗粒的聚集，大多数岩层都呈水平沉积。但沉积物有时并不会沉降为水平岩层。如果倾斜地层横穿于主要岩层并位于主要岩层内部，其结果就会形成交错层理。这是沙丘、河流三角洲及河道环境的特征形貌。在美国科罗拉多州纳瓦霍的这个被侵蚀的砂岩的独特图案，是由不同方向与不同时间的水流移动所造成的。

◀泥岩

包括泥岩、页岩和粉砂岩在内的细粒岩石，是最常见的沉积岩。在页岩劈入岩层中的同时，泥岩破碎呈块状。

◀砂岩

石英是大部分砂岩的主要组成矿物，含有长石的砂岩被称为长石砂岩，那些由混合颗粒所形成的砂岩被称为杂砂岩。砂岩很容易雕刻且抗风化。

黄土▶

黄土是源于后退冰盾边缘的尘埃和粉砂。它可以被风吹散到很远处形成极其肥沃的土壤。根据估算可知，地球表面的10%覆盖了大量的黄土堆积物，如在中国北部所发现的黄土。

◀砾岩

当中砾大小及更大的圆形颗粒在细粉砂基质中胶结在一起时，就形成了砾岩。砾岩十分坚硬，中砾岩曾一度用于研磨颗粒。

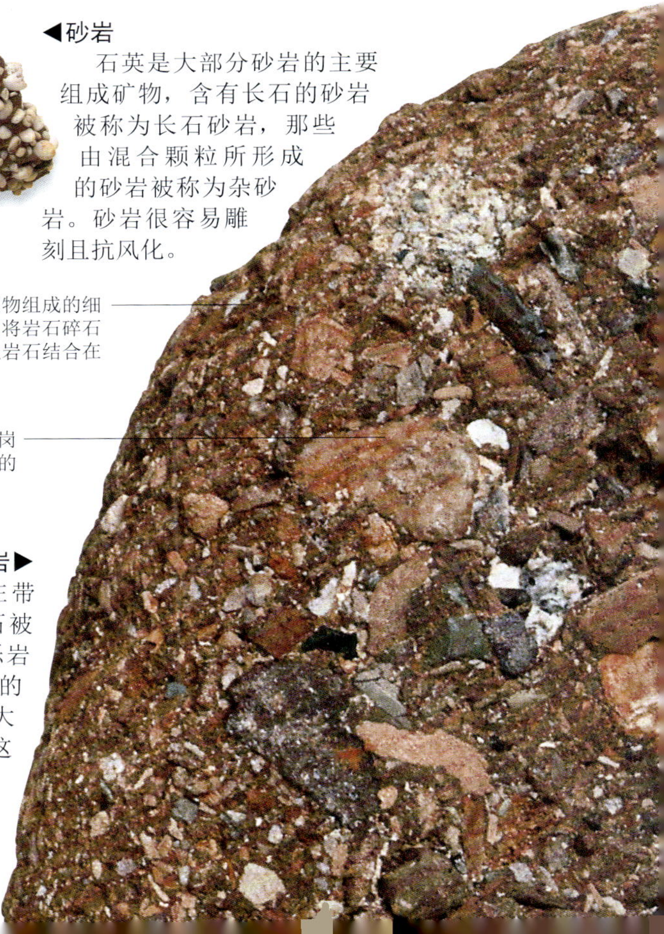

角砾岩▶

当岩石混合物中存在带棱角的大颗粒时，此岩石被称为角砾岩。大多数角砾岩形成于山脉地区，在这里的冻融循环将岩石破碎成粗大且边缘锋利的碎石块。这些碎石可以在陡坡脚下，聚集成锥形堆积物。

化学沉积物

碎屑沉积岩由岩石碎片形成，在碎屑沉积岩中经常可以看到原始的矿物颗粒甚至完整的中砾碎屑。但经地球内部化学反应的具有粉状结构的沉积岩，并没有原始碎片的痕迹。这些岩石是由方解石等溶于水的矿物形成的。这种可溶矿物能够生成固体堆积物或沉淀物。一些沉淀物仅填充于其他沉积物的缝隙中，而另外一些则会完全形成新的岩石，如石灰岩。

鲕粒的形成▲

鲕粒形成于较浅的、富含碳酸盐的热带水域，如图中所示的巴哈马群岛。凡是出现鲕状石灰岩的地方，其数百万年前的自然条件都与此地类似。美国堪萨斯州和英国多塞特的著名的鲕状石灰岩，就是在与这里相似的自然条件下形成的。

鲕状石灰岩▶

鲕状石灰岩，由被称为鲕粒的细小的球状方解石组成。鲕粒，是由从饱和石灰水中析出的方解石沉淀物，与在地下水流中滚成球状的泥沙所黏结成的细粒粉砂。鲕粒一词来源于希腊语，意为“卵形”。由于这种岩石和鱼卵十分相似，也被称为鱼卵状石灰岩。

▲白云质石灰岩

在热带浅海区域，充分的蒸发作用使碳酸盐矿物能够沉淀于海底，这些堆积物最终形成了石灰岩。当主要矿物为含钙的碳酸盐时，形成石灰岩；当主要矿物为含镁（在海水中很常见）的碳酸盐时，则形成白云质石灰岩。

白云岩▶

“白云”一词来源于意大利北部的白云石山脉，它位于阿尔卑斯山脉的东部边界处。像所有阿尔卑斯山的沉积物一样，在白云石山脉的石灰岩也形成于海底，这里曾一度位于欧洲北部和非洲之间。但经过数百万年以后，非洲板块向北部移动的压力将这个海底的地壳抬升，从而形成了今日所见的这座引人瞩目的山脉。

▲加利福尼亚州莫诺湖的泉华塔

泉华是白色多节的岩石，由方解石（碳酸钙）的堆积而形成。典型的泉华形成于温泉周围，或以石笋和钟乳石的形式形成于洞穴中。在富含钙质的温泉潺潺流入富含碳酸盐的湖中的这个位置，由于钙离子与碳酸根的结合就有可能形成泉华塔。这些塔生长于水下，但在加利福尼亚州的莫诺湖中，由于水平面的下降使它们逐渐显露出来。在加利福尼亚州莫哈韦沙漠的特罗纳平纳克利斯地区，有古老湖泊蒸发后而遗留下来的高达 43 米的泉华塔。

▲中国青海盐湖的蒸发岩

蒸发岩是一种曾溶解于水中的盐类，当溶有这种盐类的水蒸发后，这些盐类便以沉积物的形式遗留下来。蒸发岩中的典型矿物是石盐和石膏，它们在海水蒸发的潟湖和沙漠周围的盐湖中十分普遍，如美国犹他州的大盐湖和中国青海的盐湖。

沉积岩中的矿物结构

龟背石

结核体是形成于沉积岩中的坚硬的矿物小圆块。龟背石形成初期如泥球般，形成在分解的海洋生物周围。当它们干燥后，就会被像白云石这样的矿物填满。这些矿物相继裂开，并且在这些裂隙中充填了方解石脉（如图中所示的白色部分）。

燧石

燧石结核体出现在白垩和其他石灰岩中，它们由富含硅质的流体的泡沫发生固结而形成，这些流体则来源于海绵的残余物。从外表来看，它们是白色的鹅卵石，但其内部看起来就像棕色玻璃。它们断裂形成如此锐利的边缘，以至于在石器时代曾被作为刀使用。

黄铁矿结核体

因其形态而常常被误认成陨石。它们通常被发现于泥岩和页岩中，长的辐射状针形黄铁矿晶体形成于矿物碎片周围。黄铁矿与石头相撞时会产生火星，所以，黄铁矿结核体有可能是人类最早的生火工具。

喀斯特地貌▶

中国云南省的石林，是喀斯特地貌的一个鲜明示例。在斯洛文尼亚喀斯特地区，有着与众不同的石灰岩结构，“喀斯特”这个名称便来源于此。石灰岩很容易被通过岩石裂缝渗入的酸雨所溶解，这些奇异的形态就是数万年化学侵蚀的结果。

化石的形成

化石

几乎所有的沉积岩都含有化石，它是被保存下来的存活于数百万年以前岩石形成时的动植物残骸。化石可能是地质学家研究岩石形成历史的最有用的线索。大多数化石是贝类，如曾生活在浅海的菊石化石。许多化石代表了某个特殊地质时代的特征，可有助于精确地确定其所在岩石的形成时期。

◀一只鱼龙的化石化作用

化石的形成要经历许多过程，但在一般情况下只有动物坚硬的部分（如骨骼或外壳）能够被保存下来。柔软的部分通常在形成化石之前就已经腐烂。图中的这个过程展现“鱼龙”这种古海洋爬行动物，在海底泥中形成化石所可能经历的过程。

▲遗迹化石

遗迹化石不是动物残骸的化石，而是保存下来的由动物留下的痕迹，如巢或脚印。这个保存完整的脚印（如图中所示）展示的是具有三个脚趾的兽脚亚目恐龙的足迹，它是在1亿7000多万年前当这种恐龙踏过泥滩时所形成的。

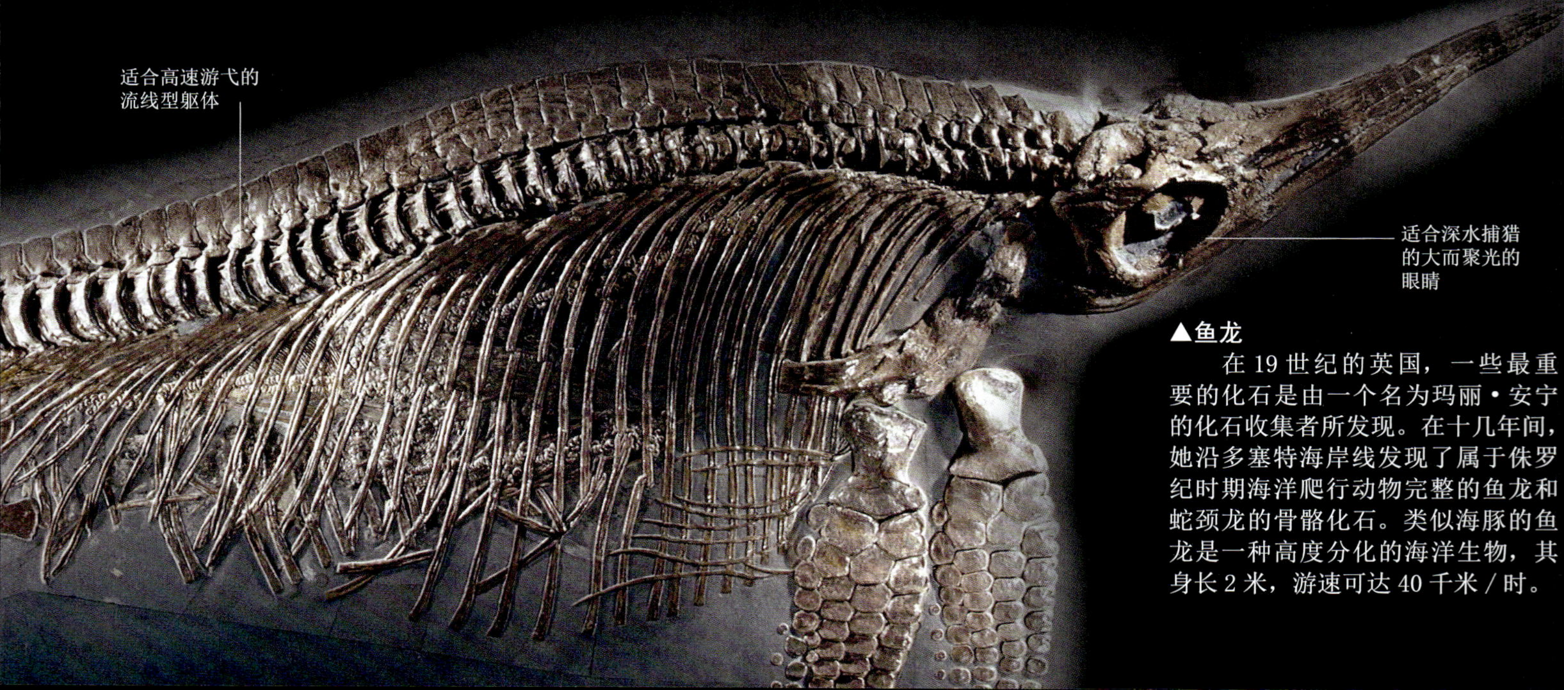

▲鱼龙

在19世纪的英国，一些最重要的化石是由一个名为玛丽·安宁的化石收集者所发现。在十几年间，她沿多塞特海岸线发现了属于侏罗纪时期海洋爬行动物完整的鱼龙和蛇颈龙的骨骼化石。类似海豚的鱼龙是一种高度分化的海洋生物，其身长2米，游速可达40千米/时。

▲古老的贝类

菊石是与现代乌贼和鱿鱼有亲缘关系的已灭绝的贝类。从大约1亿6000万年左右直至6500万年前的白垩纪末期，这些生物都生存在地球上。它们分布十分广泛，种类很多且一直进化迅速，以至对于地质学家来说，它们已成为一种可确切指示出岩石形成时间的关键性依据。

▲蕨类植物化石

蕨类植物化石的发现，对于“全球性气候灾难致使恐龙灭绝”的推断，是一项关键性证据。这些化石可追溯到灭绝事件之后的短暂时期，它们显示了巨大密度的蕨类植物。蕨类植物通常是在经历火山爆发或其他地质灾害后的第一类重生植物。

琥珀蜘蛛

琥珀是变成化石的树脂（黏性树液），这种树脂产于一些松树类植物。自史前以来，它那足具吸引力的黄色外观使其被作为珠宝及宗教物品来使用。昆虫十分脆弱以至于很少能够以化石形式保存下来。尽管如此，它们可以在琥珀（连同苔藓、小蜥蜴和青蛙）中保存数百万年。未凝结的黏稠树脂滴落于昆虫上时便将其捕获，有时就连昆虫翅膀上的翅脉也能被保存下来。由于琥珀长时期保存了柔软的组织，因此对于古老DNA（脱氧核糖核酸）的研究非常有用。而在大多数成为化石的骨骼中，全部的有机物质都被矿物质所取代。

▲化石档案

像8000万年前的霸王龙大腿骨这样重要化石的发现，是件令人兴奋的大事。在告知人们一些与恐龙相关信息的同时，也帮助人们构建了一个关于生命如何随时间进化的化石档案。从近乎荒漠到严寒的冰河时代，化石也能够揭示出地球大陆的移动以及地球气候的变化。以及造成物种灭绝的重大灾害的存在，如在6500万年前的恐龙灭绝。

霸王龙头骨▶

恐龙化石十分珍稀，但它们在发掘时通常十分壮观，如在美国中西部巴德兰兹和亚洲的戈壁荒漠等地所发现的恐龙化石。到目前为止，已经发现了1000多种恐龙的化石，其范围从极小的两足行走者，到巨大且外形笨重的四足行走的素食者。化石中很少有完整的头骨，所以完整霸王龙头骨化石的发现是一个重大事件，如图所示的是在美国南达科他州黑山所发现的恐龙头骨。霸王龙是第二大的肉食性恐龙，它的高度超过一幢房屋，且体重超过一头大象。

白垩岩层由微小的海洋生物的碎壳构建而成。

由生物形成的岩石

世界上一些最坚硬的石头是由生命物质残留物所构成的，其中包括多种石灰岩。有两种有机沉积岩，即生物碎屑岩和生物成因岩。生物碎屑岩由破碎的植物和海洋生物的残余物构成，如石灰岩。而生物成因岩则由完整的生命物质的残留物构成，如珊瑚。有时被掩埋的生命有机体的残余物，在经过数百万年的转化后会成为化石燃料，如煤、石油和天然气。

◀多佛的白崖

图中出露于英国多佛的白崖的白垩，是一种松软的白色岩石，几乎由纯的方解石（碳酸钙）组成。它在约1亿年前的白垩纪形成于海底，也就是恐龙在地球上漫步的时期。微小的藻类生长成球石（显微的方解石板片）。当藻类死后，这些板片随同名为有孔虫的微小动物的贝壳一起落在海底。这些物质最终转变为白垩。

▲含有化石的石灰岩

大多数石灰岩，是有机物生成的方解石和以化学方法形成的方解石的混合物。但少数石灰岩（如含有化石的石灰岩）几乎全部由化石组成，像这个来自英国什罗普郡温洛克的4.1亿年前的志留纪石灰岩就是如此。它富含海洋生物化石，如三叶虫（现已灭绝的甲壳虫般的生物）和腕足类动物（一种通过茎附着于海底的贝类）。

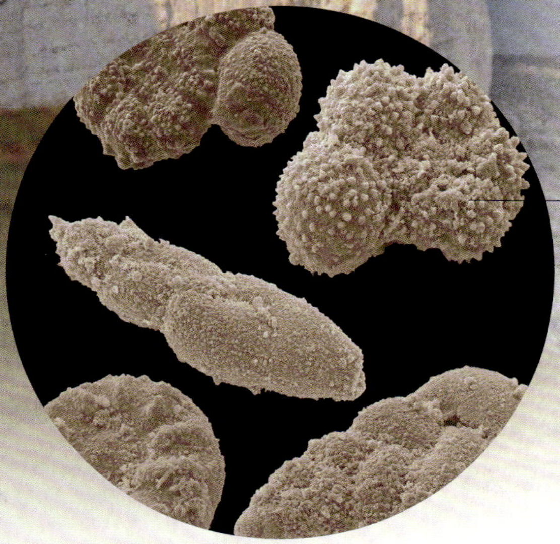

有孔虫的壳是在海底形成的白垩中找到的微体化石

▲白垩中变成化石的有机体

构成白垩的球石（海藻片）和海洋生物（如图所示的有孔虫）的残余物十分细小，以至于使这种岩石看起来呈白色粉末状。但是在高倍显微镜下，便可以看到有机体。与大多数原生动物（单细胞有机体）不同，有孔虫有壳，图中所示的便是连同海藻沉淀的方解石板片一起沉降于海底的有孔虫的壳，它们以方解石的形式保存于白垩中。

珊瑚礁

礁石（珊瑚）和石灰岩，都是完全来源于生活在珊瑚礁上的生物的石化残余物，其中包括数百万年前的珊瑚本身。有时，古老礁石的形状能够保存在岩层中，这种岩层会形成一种名为礁丘的小山丘。最著名的珊瑚礁是澳大利亚东海岸的大堡礁。

珊瑚由海底动物的外部骨骼而形成

煤的故事

◀来源于死亡植物的煤

煤由生长在数百万年前湿地中的植物所形成。随着时间的流逝，这些死亡植物层因其上层淤泥的重量挤压而干燥，并逐渐变成浓缩的碳。位于顶部的是松软的棕色泥炭（含60%的碳）。越往下层则越被压紧，先是深棕色的褐煤（含有73%的碳），然后是亮黑的烟煤（含有83%的碳）。无烟煤（几乎含有100%的碳）仅形成于极大的压力下。

▲煤的开采

最好的煤（烟煤和无烟煤）通常发现于地下深部的被称为煤层的狭窄地层中。为了获得这些煤，工程师们挖掘了很深的竖井直达煤层，然后矿工沿着竖井挖掘隧道以便从裸露面来采掘煤。上图中这个采煤工作面位于美国弗吉尼亚州的布莱克斯维尔，在地下深240米处。过去的人们主要使用凿和铲来手工挖煤。如今，大多数现代化煤矿都使用遥控切割机，如上图中所示的长臂滚齿刨煤机。

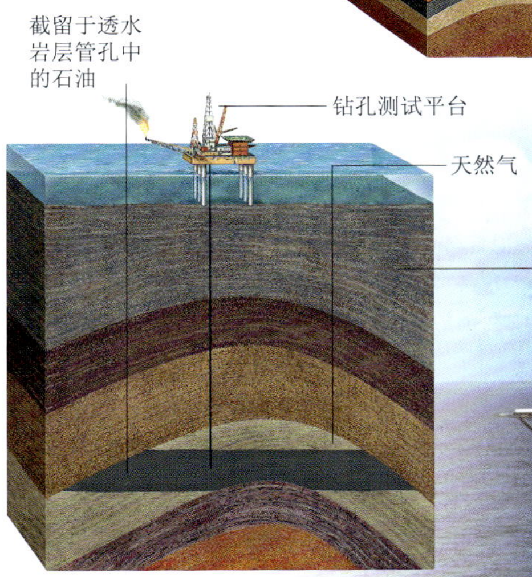

▲石油圈闭

大多数石油由生活在数百万年前海洋中的微生物形成。当它们的残余物被掩埋于海底淤泥中时，细菌将其转化为油母岩质（一种蜡质的焦油状物质）。经过时间流逝，在一定热量和压力的条件下，深埋于地表以下的油母岩质转化为石油和天然气。大多数这种石油截留于多孔岩石（可储存液体的岩石）构成的岩层中，它位于不透水岩石（不能允许液体渗过的岩石）层的下方。

◀石油钻探

当在海底发现石油时，会将一个名为钻架的钻探塔建于抽油装置上。一些抽油装置是漂浮的平台，而另一些则用锚固定于海底，如这个在北海上的抽油装置。抽油装置的选择要依据海底的情况、水的深度以及日常的天气条件。通常一个单独的抽油装置将钻头按一定的角度送入储油层，从而可以挖掘出很多口油井。

太空岩石

地球的地质概况并不是独一无二的。它是环绕太阳运行的四个岩石行星之一，其余还包括水星、金星和火星。此外，月球也属于岩石质。地球被陨石（太空岩石）频繁地撞击，其中一些陨石类型被称为球粒陨石，自从这种陨石在太阳系初期形成到现在，它们几乎没有什么变化。地球化学家认为，他们所观察过的碳质球粒陨石可以使他们看到最早的岩石形式。

▲在地球大气层中的流星

大多数陨石是来源于小行星（大型的太空岩石）的碎片。在太空中这些碎片名为流星体，当它们进入地球大气层时就变成了流星。大多数流星十分微小，在进入大气层时就已经燃烧殆尽，从而形成发出白色光芒的滑行轨迹，被称为流星。当地球穿过彗星（一个覆盖着冰的块体，当其接近太阳时释放出大量的云雾状气体和尘埃）尾部的时候，就可以在夜空中看到如图中所示的流星雨（流星）。流星偶尔会因为太大，而未被完全燃烧的部分坠落到地球表面，这些坠落物则被称为陨石。

▲地球上的火星陨石

地球上所发现的陨石中有24颗最初来源于火星，它们是人类仅有的来自其他星球的岩石样品。这是发现于冰雪覆盖的南极荒漠中的陨石，当美国国家航空航天局的科学家们在其中发现了显微组织时，曾引起了极大的轰动。他们坚信只有活着的有机体才能生成这些组织。未来针对火星的太空探测器，将在这个行星上寻找微生物的迹象。

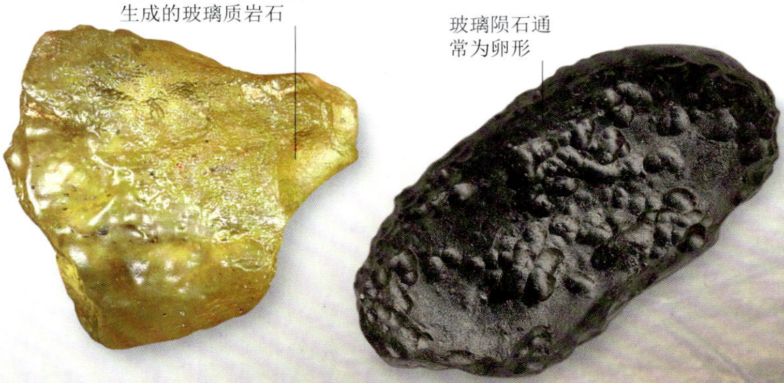

▲玻璃陨石

玻璃陨石是富含硅的玻璃质岩石的小圆块，通常为盘状或卵状形态。它们具有从浅黄色到黑色的多种颜色。地质学家曾一度认为它们是陨石的碎片，但现在将其推测为由陆地岩石熔化而成的小圆块，它由陆地岩石与巨大陨石碰撞喷出的熔融岩石迅速冷却而形成。

陨石坑▶

月球上存在许多陨石坑，比地球上的更多。地质学家提出，我们之所以无法看到这些撞击坑，是由于持续的地质活动已将它们覆盖。然而，还是有一些能够看到的陨石坑。第一个被确认的撞击坑是位于美国亚利桑那荒漠的陨石坑（如图中所示）。它形成于49 000年以前，由一颗305 000吨的陨石以大约724 000千米/时的速度撞击地球而成。科学家们已经确认，在全世界有超过160个大型撞击遗址。

陨石的种类

铁质陨石

陨石由铁质和石质组成，根据它所含物质的成分，可将其分为三种。铁质或铁镍质的陨石不如石质的陨石常见，但是它们却是最早被确认的陨石，这是因为它们的金属外观和重量使其很容易辨认。最大的陨石为铁质陨石。

石质陨石

几乎 90% 掉落于地球上的陨星都是石质的。它们的来源范围从与太阳系形成年代相近的古老的球状陨石，到从月球和火星掉落的岩石，如图中所示。球状陨石因含陨石球粒而得名，陨石球粒则是指曾一度熔化为小球的辉石和橄榄石。

石铁陨石

这些是所有陨石中最少见的一种类型，已经发现的这种类型的陨石还不到 10 吨（9.8 吨）。石铁陨石非常多样，但这些岩石具有一个普遍的共同点——它们均含有一半的铁－镍和一半的石质。石铁陨石又被分为橄榄陨石与中铁陨石两个种类。

太空中的火山

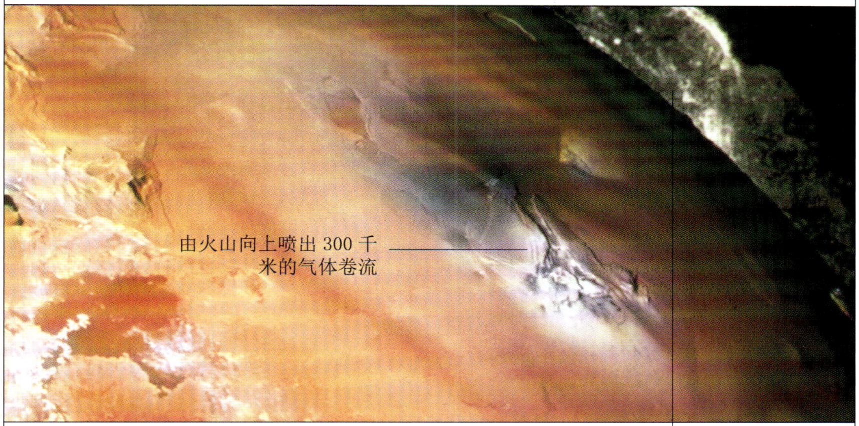

地球不是太阳系中唯一存在火山的星球。火星上有奥林匹斯山，它是太阳系中最高的火山；金星有比其他行星更多的火山。但是最特殊的火山活动发现于木星的卫星木卫一上，它很可能不是由来自木卫一内部的热能所引发的火山活动，而是由与其邻近的木星所引发。巨大行星的强烈吸引力，在木卫一上产生了很大的压力，以至于将岩石熔化。当潮涌般的熔岩流从表面爆发出来时，木卫一的某些部分有规律地变亮。其中洛基火山，便具有一个直径为 200 千米的熔岩池。

火星岩石▲

我们对火星的了解超过了其他任何行星，并已对这颗星球生命迹象的研究提出了一系列的探索任务。我们知道火星具有与地球十分相似的岩石组成，具有一个铁质的地核，一个半熔融态的地幔和一个坚硬的外壳。无人驾驶的太空行动，揭示了在火星表面曾有水流淌的更多相关证据。如果那里曾存在过水，就可能有生命存在。其表面的俯视照片已显示出，大量的像是由洪水开凿出的山谷的存在。在 2004 年，美国国家航空航天局的名为勇气号和机遇号的火星探测器对火星岩石进行了分析，所显示的迹象表明它们曾浸于水中。

矿物种类

为了弄清 4000 多种（甚至更多）矿物，矿物学家根据矿物的化学成分将其分类。其中应用最广泛的矿物分类体系是达纳分类体系。这个体系将矿物分为八个基本大类，它最初由耶鲁大学的詹姆士·达纳教授发表于 1848 年。其中最重要的几大类分别为自然元素类、硅酸盐类、氧化物类、硫化物类、硫酸盐类、卤化物类、碳酸盐类和磷酸盐类。达纳的这种分类体系一直沿用至今。

玛瑙是很稀少的矿物，形成于灼热流体的矿脉中

岩石晶体中的玛瑙脉

当片岩中所含矿物在高温高压下改变时所形成的石榴石

片岩中的石榴石

▲矿物的形成

气态或液态形式的元素结晶为固态时就形成了矿物。元素的不同组合形成了不同的矿物。一些矿物是在地球内部灼热熔融态岩石缓慢冷却时所形成，另一些矿物则由溶于液体中的化学物质所形成。现存的矿物能够因地球中的化学物质而改变，或因地质作用（如山脉耸起）的挤压或加热而转化。地壳中的岩石由常见的矿物组成，稀有矿物则趋于在岩石的脉（裂隙）和孔穴（洞）中形成。

蒸发盐▲

在富含矿物的灼热盐水蒸发（干涸）后，所遗留的矿物质就被称为蒸发盐。石盐、石膏和硬石膏都是这样形成的。大多数蒸发盐形成于温泉（由火山活动加热后喷出的水）附近。在土耳其帕穆克卡莱（棉花堡，如上图所示），从富含方解石的温泉中沉淀出来的矿物，已形成了一座由蒸发岩和结晶灰华组成的白色固体“瀑布”。

矿物种类

自然元素类

大多数矿物是由化学元素的化合物组成的，但有些元素可以单一元素的形式存在，如银（图中所示的是它的一种罕见晶体形式）。这些矿物被称为自然元素，且生成于火成岩或变质岩中。一些自然元素可以不被侵蚀，并最终留于河床上。

硅酸盐类

硅酸盐是硅和氧结合而成的化合物，是最常见的矿物。它在地球上的含量比其他类矿物的总和还要多。石英和长石构成了大多数富含硅酸盐的火成岩，其他硅酸盐还包括云母、辉石和石榴石（如图中所示嵌于主岩中）。

氧化物类

如这里所示的铬铁矿，氧化物是一种金属和氧结合的化合物。它们包括了像铝土矿这样的惰性矿石，以及像红宝石和蓝宝石这样的珍贵宝石。最早的坚硬氧化物形成于地壳深部。较松软的氧化物形成于近地表，由硫化物和硅酸盐分解而成。

硫化物类

硫化物通常是易碎且较重的硫元素与金属元素结合而成的化合物，如图中所示的辉锑矿。它们在地下热水蒸发时结晶而成，其中包括一些重要的金属矿石，如黄铜矿（一种铜矿石）、朱砂（一种汞矿石）和黄铁矿（一种铁矿石）。

硫酸盐类

硫酸盐是一种广泛分布的大型矿物，其硬度通常不高，颜色暗淡且呈半透明状。它们是由金属元素与硫和氧元素结合而成的化合物，包括重晶石和石膏，这里所示的是菊花状石膏。它的晶体“花瓣”自中心点向外呈放射状排列，形如菊花。

形成于岩石阶地突出部分的由结晶灰华构成的钟乳石

帕穆克卡莱（棉花堡）因枕状构造而得名

晶体形态▶

在所有矿物中，只有部分矿物形成可见的晶体，并且每个矿物都像这个电气石晶体一样，形成了自己独特的晶体形态。电气石是典型的带有晶面条纹的六方长柱状晶体。与其所嵌入的围岩同时形成的晶体很小且十分混杂，以至于它们的特征形态很难被辨认出来。在具有自由生长空间的地方，晶体的形态特征十分清晰。

电气石晶体通常呈弧面三角形断面且具有多种颜色

长石属于一种硅酸盐

紫水晶晶体充填了这个晶洞的内部

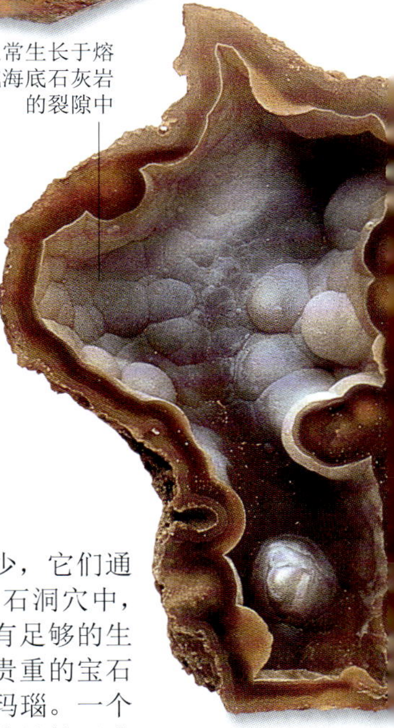

玛瑙通常生长于熔岩流或海底石灰岩的裂隙中

壮观的晶体▲

体积较大且轮廓分明的晶体十分稀少，它们通常生长在富含矿物质的水缓慢冷却的岩石洞穴中，被称为晶洞和矿脉。当矿物集中且晶体有足够的生长空间以形成规则形状时，它们可形成贵重的宝石和壮观的晶体，如这里所示的紫水晶和玛瑙。一个形成缓慢的晶体能够长得很大，但大多数晶体形成较快且体积较小。

卤化物类

卤化物通常是非常松软的矿物，是金属元素与卤素（氯、溴、氟、碘）化合而成的矿物。氯化钠（食盐）是其中最被人们所熟知的一种。卤化物很易溶于水，所以它们只能在特殊条件下形成。最常见的是石盐（食盐）和萤石。

碳酸盐类

碳酸盐是金属或半金属元素与碳酸盐（碳和氧的阴离子团）化合而成的矿物。大多数碳酸盐矿物由地表的其他矿物转化而成。如图中所示的“钉头”形方解石（碳酸钙），是石灰岩和大理岩的主要组成矿物。

磷酸盐类

磷酸盐是一种不太常见的矿物族。它们通常是次要矿物，由矿石中的主要矿物经风化破碎后所形成。当它们与其他矿物结合时，经常会具有鲜艳的颜色，如绿松石或磷氯铅矿（如图中所示），呈蓝绿色。

准矿物

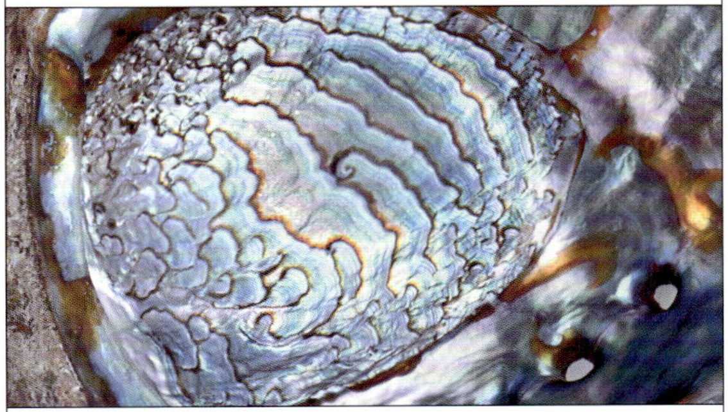

自然生成于地球上且不符合其他矿物基本性质的少数物质被称为准矿物。它们不是任何矿物族中的成员，也不能形成晶体。像这样的矿物被称为准矿物。其中一些是玻璃质的，如蛋白石和煤精（一种很致密的煤）；另外一些则归属于生物成因，如由松树脂形成的琥珀和形成于某种贝类贝壳中的珍珠母（如图中所示）。

物理性质

虽然每种矿物都有一种独特的化合物特征——也就是有助于地质学家鉴定其矿物种属的物理性质，但仍可以根据它们的晶习（晶体习性）、晶系（晶体形态的对称性）、化学组成、解理（晶体裂开方式）、比重（相对于水的密度）和硬度（被刻划的容易程度）来将其归纳为各种矿物族。

针状晶体（钙沸石）

肾状晶体（赤铁矿）

柱状晶体（正长石）

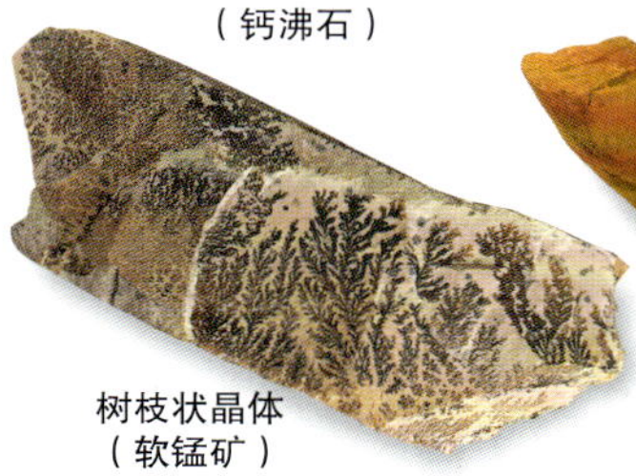
树枝状晶体（软锰矿）

块状晶体（褐铁矿）

葡萄状晶体（水锌矿）

▲晶习

晶习描述的是矿物生长时所形成的晶体形态。虽然大多数矿物不止一种晶习，但有时只有少数矿物才具有那些十分特殊的晶习。如上图所示的例子只是许多形态各异的晶习中的一小部分。针状晶体所形成的结晶体为针状；肾状晶体的形状如肾脏；柱状晶体为对称（一边与另一边呈镜像）晶体；树枝状晶体似植物的形态；葡萄状晶体看起来像一串串葡萄。

化学性质

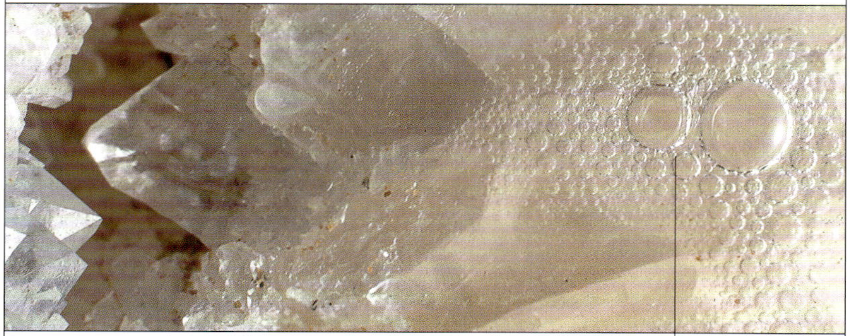

每种矿物都是一种具有独特化学性质的化学物质。矿物学家可以通过将一种矿物置于另一种物质中来鉴定它的化学性质，如放入酸或水中观察它是否溶解。虽然大多数矿物不溶于纯水（硼砂和石盐例外），但许多矿物溶于酸，特别是热酸。例如，方解石溶于弱盐酸，这一性质有助于将其从表面看起来相似却又不溶于这种酸的石英中区别出来。

弱盐酸溶解方解石时冒出的气泡

晶系

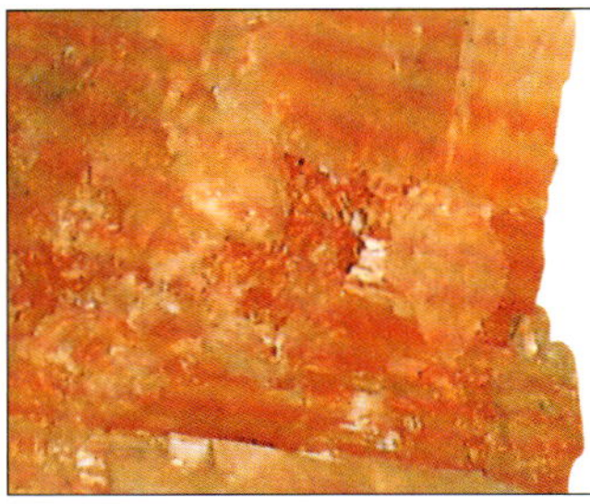
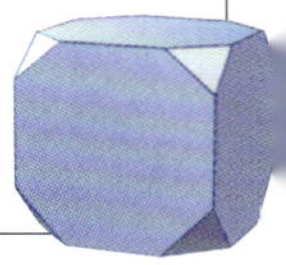

等轴晶系

根据晶面（平整表面）的对称排列，可将矿物分为六个晶系。等轴晶系的矿物具有最高的晶体对称，这类矿物包括石盐（如图所示）、方铅矿和自然银。

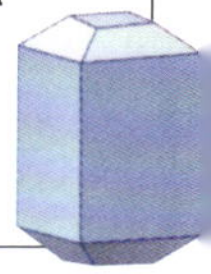

四方晶系

四方晶系是最不常见的一种晶系，来自典型的延伸的四方柱（一组类似的晶面），如右图所示。属于此晶系的矿物包括黄铜矿、金红石、白钨矿、锆石和符山石（如左图所示）。

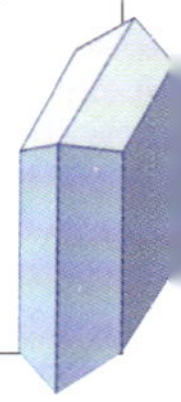

单斜晶系

几乎三分之一的矿物都属于单斜晶系，它是最常见的对称形。单斜晶系只有一组晶面对称（如右图所示）。单斜矿物包括水锰矿（如左图所示）、云母、石膏和透石膏。

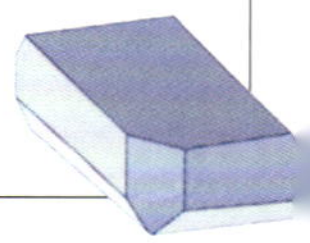

三斜晶系

对称晶面最少的晶体发现于三斜晶系中，它们也是最珍贵的矿物。三斜晶系的矿物包括钙长石、蛇纹石、绿松石、高岭石和蓝晶石。斧石（如左图所示）就得名于其与众不同的晶体形态。

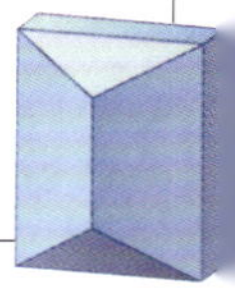

斜方晶系

这些晶体十分常见，它们短而粗且通常呈棱柱状或火柴盒形（如右图所示）。斜方晶系的矿物包括文石、硫黄、橄榄石、黄玉、贵橄榄石、天青石、水砷锌矿、白铅矿和重晶石（如左图所示）。

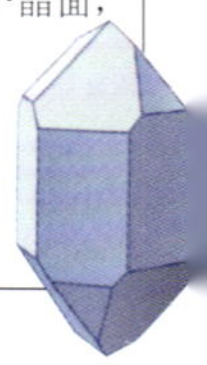

六方晶系／三方晶系

之所以将这两个晶系放在一组，是由于它们具有相似的对称形。在棱柱部分（如右图所示），六方晶系的晶体具有六个晶面，而三方晶系的晶体则具有三个晶面。石英、宝石级绿柱石（属六方晶系，如左图所示）和电气石都属于这个晶系。

▲解理

沿矿物结合力较弱的方向破裂成光滑平面的性质称为解理。许多矿物能够根据解理进行鉴别。如这里所示的白云母，沿一个方向完全裂开，形成了平滑的薄片。萤石沿四个方向裂开，形成菱形的碎片。

▲贝壳状断口

不是所有的矿物都沿平滑解理面完全裂开，一些矿物会表现出特殊性质的破裂。大约有 12 种常见的断口类型，其中最被人们熟知的是贝壳状断口，矿物在这种断口处开裂成弧形的小薄层。蛋白石（如图所示）、燧石和黑曜石都以这种方式裂开。

▲参差状断口

用锤子敲击矿物并将其破碎，有时便会留下粗糙、不平整的表面。毒砂、黄铁矿、石英、高岭石、硬石膏和夕线石（如图所示）的断口都呈参差状。如果破碎面具有锐利的边缘，则被地质学家们称为锯齿状断口。

比重▶

矿物的密度十分多样。富含铅的方铅矿有很高的密度，比同样体积的石膏要重。通过测量比重可以对矿物密度进行比较。密度是鉴定矿物的一个重要线索。一种矿物的比重是它的重量与相同体积水的重量的比值。方铅矿比重为 7.5，这就意味着一堆方铅矿的重量是同体积水的 7.5 倍。石英是较轻矿物中的一种，比重仅为 2.65。

石英，一种硅酸盐，相对较轻

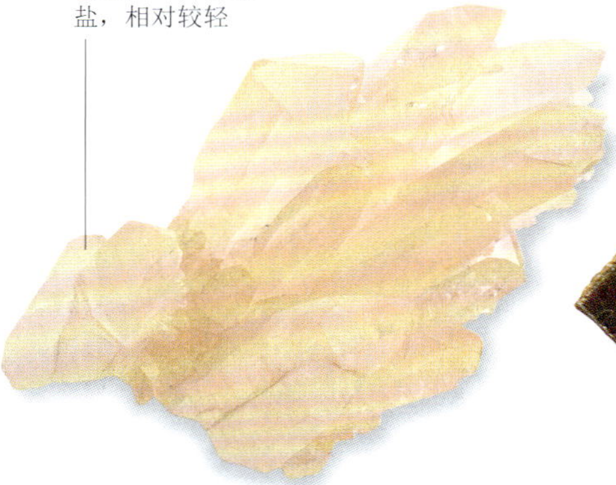

方铅矿，一种硫化物，密度很高

摩氏硬度计▶

硬度是矿物抵御外力刻划的能力，可用由德国矿物学家弗雷德里希·摩斯于 1822 年发明的一套标准来衡量。他选取了 10 个标准矿物，使所有矿物都可与其比较。矿物在摩氏硬度计中的位置依据其是否能够刻划标准矿物，或是否能被标准矿物所刻划来确定。

滑石粉▶

在摩氏硬度计中最软的矿物是滑石，每种矿物都能够刻动它。自古以来，滑石的松软使其成为一种被普遍用于雕刻的矿物。中国人、巴比伦人、埃及人和北美印第安人都用滑石来雕刻装饰品。

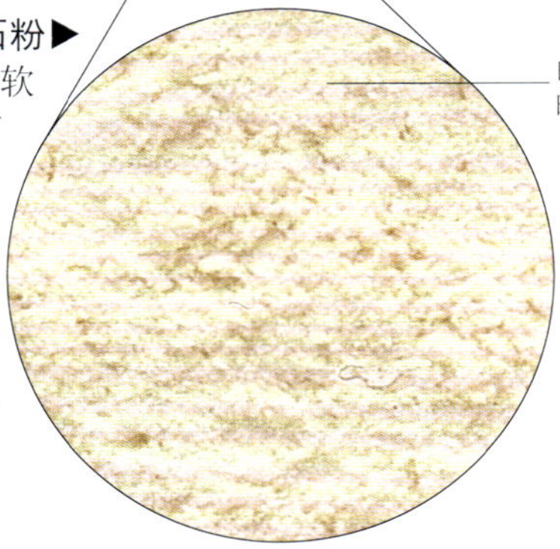

由滑石制成的滑石粉

金刚石微粒▶

摩氏硬度计中最硬的矿物是金刚石，它十分坚硬，以至于可以刻划其他任何矿物，但不能被其他矿物刻划。金刚石不仅是具有很高价值的宝石，还是切割工具和钻头所需的材料。

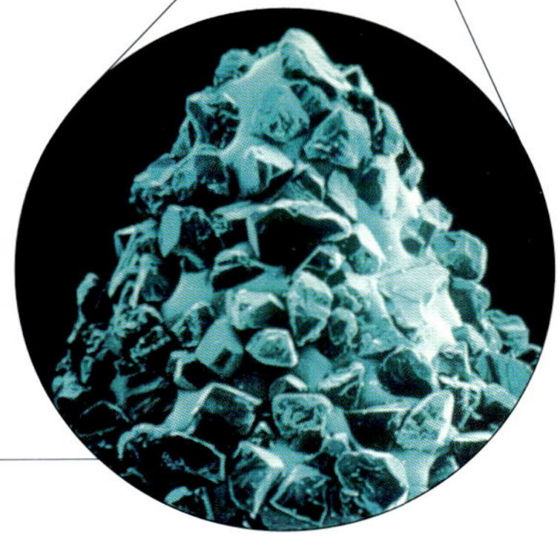

牙钻尖端的金刚石微粒

光学性质

矿物鉴定的最初线索通常是其外观的性质。矿物以不同的路线，使光线反射和透过。例如，当一些矿物几乎能将光全部反射时，许多矿物却仅能出现短暂的闪光和闪耀。一些矿物看上去有油脂感，就像在其外部涂了一层黄油。一些矿物则具有特殊的颜色。诸如此类的性质均被称为光学性质，颜色、光泽和透明度是最显而易见的性质，但还有另外一些需要检测才能得出结论的性质，如荧光和折射率。

嵌于暗淡的褐铁矿中的闪耀的蓝铜矿

微小的孔雀石晶体形成了一层外壳

光泽▶

光泽是指矿物表面反射光的性状。矿物表面可能如玻璃般光芒四射，也可能如泥土般暗淡无光。这里的亮蓝色蓝铜矿，之所以可被立即从其所嵌入的褐色的褐铁矿中分辨出来，并不仅仅是依据颜色来鉴别，还要依据其特殊的玻璃光泽来进行鉴别。除此以外，一些矿物也可以通过来自矿物内部的反射光来进行区分。例如，当光射入蛋白石时，它的化学结构使其显现出彩虹般闪亮的色泽。

分布不均匀的亚金属光泽

◀颜色

矿物的颜色来源于它们的化学成分和结构。一些矿物由其组成中的主要化学元素致色，并且总显现相同的颜色，如赤铜矿（一种铜和氧的化合物，如图所示）。像这样的矿物被称为自色矿物。另一些矿物，可任意变化出多种颜色，它们由杂质致色而被称为他色矿物，如石英。石英的多种颜色就是由微量元素所致：蔷薇石英为粉色，由钛致色；绿玉髓为绿色，由镍致色。

不同的颜色

黄水晶

黄色、橙色或褐色的黄水晶属于品类繁多的石英，是一种他色矿物。它的颜色由极微量的铁所致。浅黄色黄水晶的价格很高，并且根据拉丁语“citrus”（意为柠檬）而得名。加热会使其变白。

紫水晶

像黄水晶一样，紫水晶属于品类繁多的石英中的一种，其颜色由微量铁所致。尽管如此，由于紫水晶形成于低温条件下，所以呈现紫色。如果将其加热，会变为黄色，当在X射线照射后，则又会恢复成紫色。质量最好的紫水晶产于晶洞（岩石洞）中。

蓝铜矿

蓝铜矿是一种有色矿物，具有明亮的蓝色。它是最常见的蓝色矿物，它的名字来源于法语中的“azure”一词，意为“蓝色天空”。它是由铜、碳酸盐和氢组成的化合物。画家们将其磨碎并制成鲜艳的蓝色颜料，其效果几乎与天青石一样鲜艳。

条纹试验

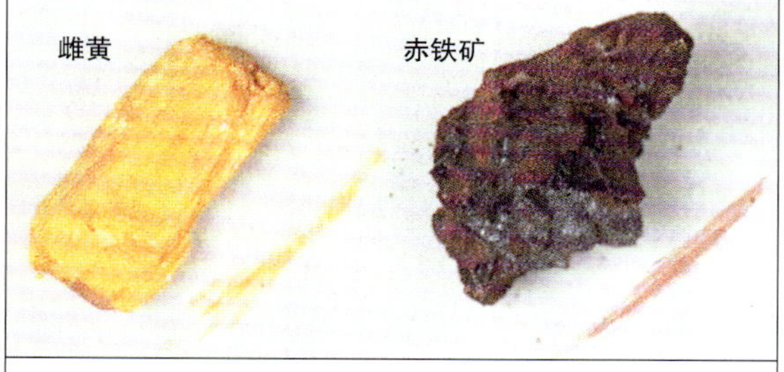

一个矿物的条纹，是其在白色无釉瓷板上刻划时留下的标记。一些矿物的条纹与其自身的颜色一致，如雌黄（上图所示）；而另一些矿物的条纹则与其自身颜色不同。矿物的条纹可有助于对其进行鉴别。赤铁矿（上图所示）和铬铁矿看起来都呈黑色，但铬铁矿的条纹为黑色，而赤铁矿的条纹为褐红色。如萤石这类矿物，虽呈现出多种颜色，但其条纹为同一种颜色——白色。

光泽的种类

玻璃光泽

玻璃光泽来自拉丁语中“jelly”（意为“果冻”）一词，用来形容眼睛的质感。矿物学家用它表示玻璃般明亮的光泽。大多数透明及半透明的宝石都以玻璃光泽为特征，包括红宝石（如图中所示）、托帕石（黄玉）、祖母绿、碧玺（电气石）、海蓝宝石、蓝宝石和萤石。

金属光泽

金属光泽是一种高度明亮的全反射，在金属及其矿石的新切割面上十分典型。所有自然金属在其新的破裂面或抛光面上都具有这种光泽。这种现象出现在许多矿石中，如方铅矿、黄铜矿、黄铁矿和磁铁矿。石墨（如图所示）虽不是金属，但带有暗色的金属光泽。

半金属光泽

一些金属具有亚金属光泽。这是一种不均匀的来自矿物表面的半金属状反射光，由矿物中的微量金属所致。它通常出现在看起来很暗的几乎不透明的结晶体上，如铬铁矿、赤铜矿、金红石、闪锌矿和纤铁矿（如图所示）。

油脂光泽

带有油脂光泽的矿物具有油腻状的外观。虽然它们很亮，但其反射光并不同于玻璃。这种光泽通常存在于带有少量显微矿物杂质的矿物中。石盐（如图所示）、石英和磷灰石都具有油脂状外观。

丝绢光泽

带有丝绢光泽的矿物倾向于具有细腻的纤维结构，这些纤维结构使其具有柔和的丝般光亮。纤维状的石棉矿物，如蛇纹质的温石棉和钠闪石质的青石棉都具有丝绢光泽。而石膏（如图所示）、银星石、透闪石和纤维化方解石也具有此类光泽。

蓝铜矿晶体具有玻璃光泽

萤石在紫外光照射下发出亮蓝色的荧光

◀荧光

当一些矿物置于紫外线下时，它们所发出光的颜色与其平时在日光照射下的颜色不同。这种发光现象被称为荧光，这种称呼来自矿物萤石（如图中所示），因为萤石虽然具有多种颜色但其荧光仅为蓝色或绿色。萤石能发出荧光，被认为是由于含有微量的铀或稀土元素（一组化学性质相近的金属）所致。有时荧光是由矿物中微小的杂质所致，例如，微量的锰元素会使方解石呈鲜红色荧光。

不透明矿物：金

半透明矿物：海蓝宝石

▲透明度

少数矿物几乎可以像玻璃一样透明，如纯净的石英和蓝宝石。尽管如此，微小的杂质可以使它们显得不那么透明。一些矿物由于是半透明的，透过它所看到的东西会显得模糊，如月光石。地质学家将那些非完全透明但又可以透过一些光线的矿物描述为半透明矿物，如绿玉髓。完全将光阻隔的矿物被称为不透明矿物，如孔雀石。所有金属都是不透明矿物。

折射▶

一些矿物十分清澈且透明，但会使透过它们的光线发生偏折，这种现象称为光的折射。例如，透过方解石看物体会有因折射而产生的重影。由这条黑线反射的光线被分成两束，从而形成两个映象。

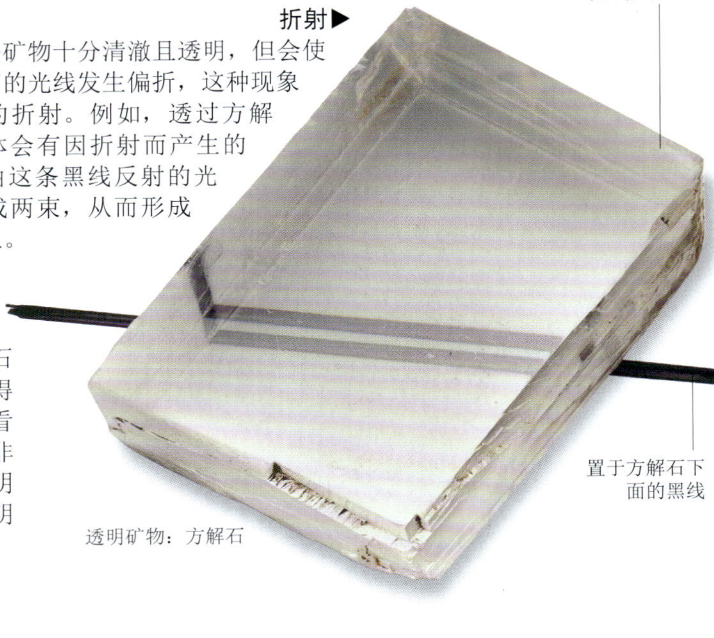

方解石将光线扭曲

置于方解石下面的黑线

透明矿物：方解石

自然元素类

大多数矿物都是化合物，也就是说它们都由几种化学元素结合而成。但一些矿物能够在自然的环境中仅由单一元素生成，这就是所谓的自然元素。它们通常是金属矿物，但也包括半金属矿物，如自然铋、自然锑和砷，以及一些非金属矿物，如自然硫和碳（以石墨和金刚石的形式存在）。非金属自然元素通常分布于火山体中，如地下矿脉和含硫的温泉中。自然硫和石墨较常见，但铋、锑和砷作为自然元素出现比较稀少，而金刚石就更为罕见。

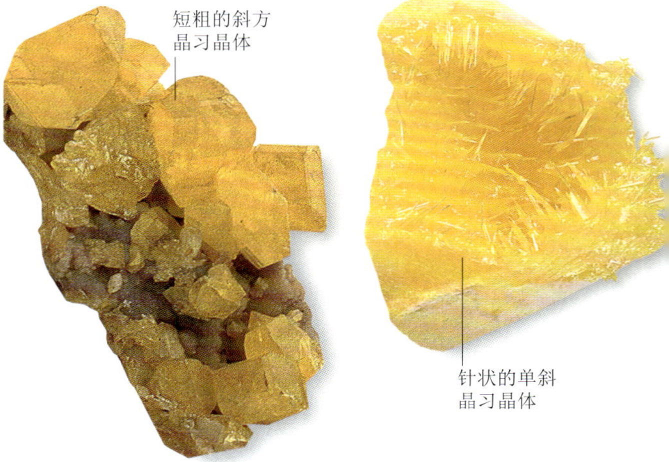

▲自然硫的两种晶习

短粗的斜方晶系晶体是自然硫的最常见形态，尽管如此，它偶尔也以单斜晶系晶体的形态出现。单斜晶系的自然硫也可以具有与普通自然硫一样的明黄色（它通常为橙色），但其晶体形态呈现为长针状。

▲硫矿开采

可以根据其亮黄色的外观来辨认自然硫，它通常发现于火山温泉和名为火山喷气孔的冒烟的火山烟囱的周边。在这幅图中，一个矿工正从印尼爪哇岛东部的艾吉火山的火山口中挖掘硫。在这种类型的硫矿中，人们能够从火山口的周围采集到大块的已冷却的硫，并用篮子将它们运走。尽管如此，世界上大多数的硫还是由地下矿床中采集的，如那些发现于墨西哥海湾之下的硫，就是应用弗拉施采矿法在滚烫的水中采集到的。其原理是往矿床中注入高压使硫熔化，随后将熔融态的硫抽出地表。当水蒸发后，就会遗留下纯净的硫。

◀硫的处理

虽然能够应用弗拉施采矿法将近乎纯净的硫从地层中抽出，但也可以从化石燃料和矿石中获得硫，如黄铁矿和方铅矿。在这些示例中，这些硫通过加热矿物的方式被分离出来。首先释放出硫化氢气体，随后将这些气体燃烧去除氢元素，最后留下纯净的硫。在大型化学工厂中，大多数商业性萃取的硫都转化为硫酸，如这里所示的位于英国的一个化学工厂。硫酸有许多工业用途，它用于制造化肥、染料、纸张和玻璃纸。

▲石墨

石墨和金刚石都由碳构成，但是两者截然不同。石墨是深灰色的不透明矿物，并且是最软的矿物之一。它很软，所以被用作铅笔的铅芯。最近，科学家生产了一种被称为石墨烯的人造石墨，这种材料有可能会替代硅，作为超快速电脑芯片在未来得到应用。大多数石墨通过有机矿物的变质作用形成于变质岩（通常是大理石）中，如化石。

▲金刚石

金刚石是世界上最硬的天然物质，是由纯碳在惊人的高温高压下转变而成透明、坚硬的矿物。大多数今天所发现的金刚石都形成于数十亿年前。它们形成于地下深层，且由熔融态的金伯利岩岩浆穿过火山筒携带至地表。由于它们很坚硬，所以才能留存下来。在自然界中，像这样巨大的压力极为罕见。

石墨和金刚石的化学结构

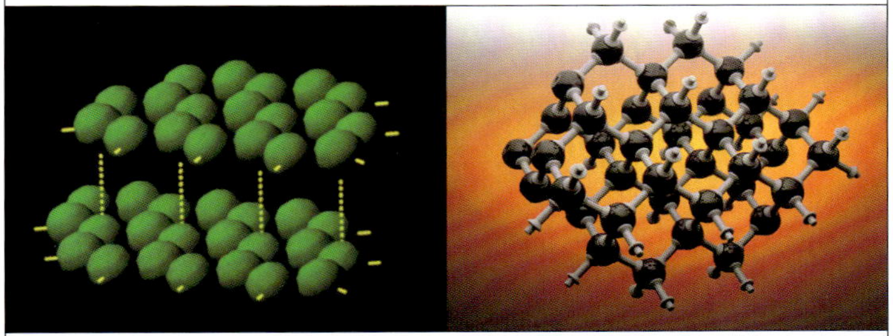

纯碳可生成四种形式：石墨、金刚石、煤烟（可燃烧的有机物）和十分罕见的富勒烯。在石墨中，原子形成二维的薄片状结构（如左图所示）。由于石墨的层间结合键较弱，所以很软。在金刚石中，原子结合键很强，形成三维框架（如右图所示）。这就是金刚石坚硬的原因。

▲锑

虽然锑的银灰色外观很像金属，但由于它的化学性状有时表现为金属，有时又表现为非金属，所以锑被称为半金属。锑通常形成于火山脉中，是很稀少的自然元素。锑主要来源于一种硫化物矿物——辉锑矿。古埃及将它用作眼线笔，中世纪的画家则用它来绘画。

▲铋

作为自然元素产出的铋在自然界中十分稀少，大部分产于火山脉中。像锑一样，铋也是一种半金属元素，且像水一样在冷凝时会膨胀。这种性质使铋常用于金属焊接，因为它在冷却膨胀时可以填充任何缺口。铋通常由辉铋矿和铋华的矿石中提炼。

▲砷

虽然有时纯砷会形成如这里所示的葡萄状矿物集合体，但在通常情况下，砷发现于如毒砂、雌黄和雄黄几种化合物中。纯砷是有毒的，它可以与其他矿物相结合制成很多东西，从电子晶体管到木材防腐剂都可以用它来制造。

金属元素类

少数化学性质稳定的金属包括金、银、铂和铜，它们能够以单质金属元素的形式存在。这些金属的矿块或薄片可直接从岩石中获得，但在地壳中很罕见。地壳中的大部分金属都存在于与其他元素化合成的矿石中，但金很特殊，它主要以自然元素的形式存在。金属元素在地壳中十分珍贵，但在地核中却很寻常。例如，由于铁很重，因而地球中大部分的铁在地球形成早期就已沉入地核中。

石英中的金

▲金

金是最稳定的金属，它几乎可以永远保持不被腐蚀（不被化学反应所破坏）且光芒四射。因为它能够在地层中以单质形式存在，在岩石的裂隙中和表面上闪闪发光，所以是最早被使用的金属之一。金足够软，所以很容易打造成各种形状。世界上许多最漂亮的古老人工制品都由金制成，它们已经保存了很久，并且不会因时间的流逝而沾染瑕疵。

银▶

银在古埃及曾被称为“白金”，并且价格一度高于金。在 5000 年前，它最早应用于土耳其的安纳托利亚。银抛光后，是一种美丽闪耀的白色金属，但是在空气中会很快失去光泽，覆上一层黑色的硫化银外层，这种外层使其在地层中很难被发现。与金一样，银形成于火山脉中，通常与方铅矿（铅矿石）、锌和铜相伴。与金和铂金不同的是，银很少形成块体。如今，由于银的导电性和化学稳定性很好，甚至超过铜，所以主要用于制造餐具和电子元件。

银矿石

失去光泽的银

绕在卷筒上的铜电线

◀铜

铜与众不同的、略带红色调的颜色，使其成为最易立即辨认的金属。铜很软，通常以自然铜的形式存在。由于很容易寻找和提炼，使铜成为人们最早学会使用的金属之一。如今，大多数铜是由黄铜矿冶炼而成。像银一样，铜通常发育在树状晶体的分支部分，并且在暴露于空气中时会很快失去光泽。尽管如此，铜上的锖色为亮绿色，而不是黑色，所以铜的沉积物通常在岩石表面显现出亮绿色的斑迹，这种斑迹被称为铜华。

氧化（暴露于空气中）形成的绿色的铜华

▲铂

铂是一种银色的金属，比金还要稀少，所以价值也较高。在南美洲，人们对其认知的历史已有2000多年。铂的英文名称（platinum）得名于西班牙语的“plata”一词，用来形容一种银白色的最软且最重的金属。纯铂颗粒过去常同金一起发现于河流的沉积物中。现在，大多数铂开采于硫化物矿石中，主要发现于美国的蒙大拿州和俄罗斯的乌拉尔山脉。它主要用于制作珠宝和清洁汽车尾气的催化式排气净化器。

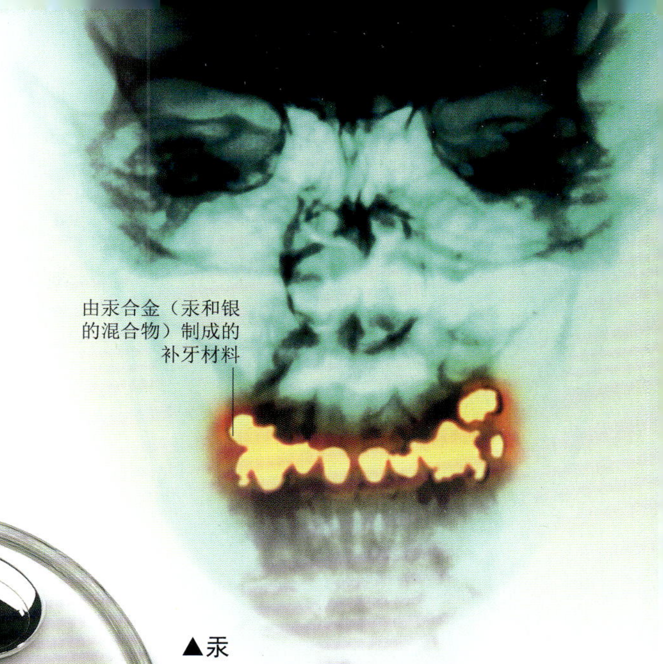

汞

▲汞

汞很少以自然元素的形式被发现，它是唯一的一种在常温下为液态的金属。它通常发现于含汞元素的矿石中，如主要形成于火山口和温泉周围的朱砂。汞会随温度升高而膨胀，因用于温度计（用于测量温度的装置）中，而被人们所熟知。

▲镍铁

镍的储量比一些主要金属元素要小，它与铁形成了名为镍铁的天然合金，这种合金通常发现于地表的陨石中。古埃及称其为“天铁”，并用来作为制作法老木乃伊的祭祀工具。如今，镍主要用于与铁制成铁镍合金、与其他金属制成不锈钢，以及与银制成硬币。镍和铁主要产于矿石中，从镍黄铁矿中提炼镍，从赤铁矿和磁铁矿中提炼铁。

▲铅

铅是深色柔软的金属。它的柔软使其很容易使用和造型，因此古罗马曾用它来制作水管。铅很重，是一种密度最大的金属，很少能找到以自然元素形式存在的铅。铅多以与其他元素形成的化合物的形式存在，如在方铅矿、铅矾和白铅矿中。事实上，即使是铅管也不是用纯铅制成的。由于这种金属太软，所以通常将其与其他金属制成合金。

金

金是一种自然元素，由于它的亮黄色和抗腐蚀性及稀有性，而具有很高的价格。金的沉积物以两种典型方式形成。大部分金形成于岩石的热液矿脉中，它与石英和其他矿物（如银和硫化物）在矿脉中出现伴生现象，世界上大部分的金都采自这样的矿脉中。此外，金也发现于河床的沉积物中，这里是风化岩石中金颗粒的聚集处。

◀图坦卡蒙的随葬面具

图坦卡蒙是古埃及的一位年轻国王，他生活在公元前 14 世纪，这个令世人震惊的随葬金面具就戴在图坦卡蒙的木乃伊面部。对于古埃及人来说，金象征着永恒的生命，所以古埃及人在他们的法老墓中装满了金器，供其死后的灵魂使用。

眉毛和睫毛由青金石制成

金箔制成的面具

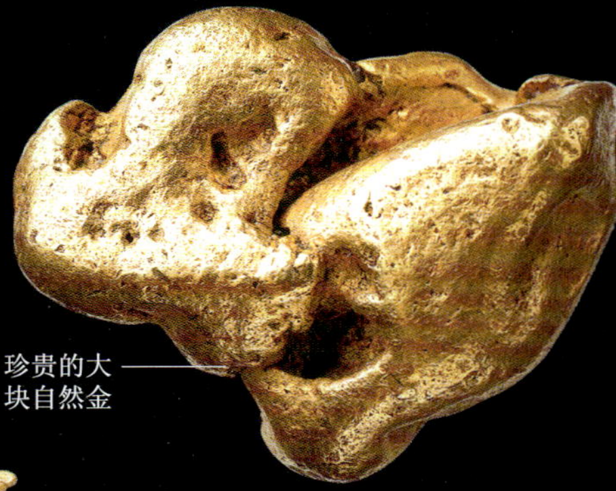

珍贵的大块自然金

自然金块▲

金通常发现于河流支流中，以微小的晶粒覆盖于石英表面，或以小颗粒的形成存在，大块自然金十分稀少。有史以来所发现的最大块的自然金，是于 1869 年在澳大利亚的蒙利亚高发现的名为“Welcome Stranger Nugget”（欢迎陌生人）的著名金块，它重达 71 千克。

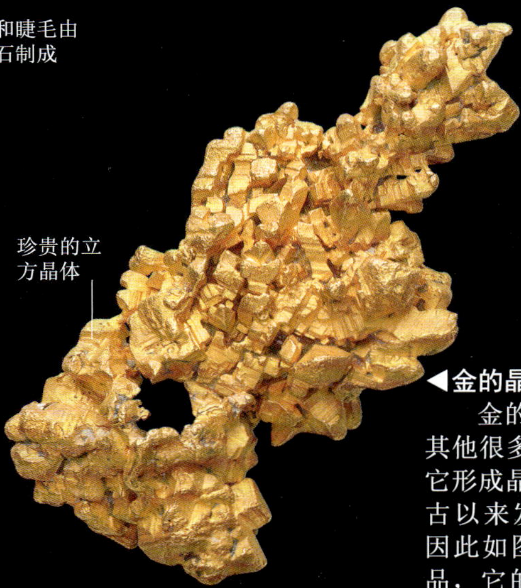

珍贵的立方晶体

◀金的晶体

金的晶体结构是典型的立方体结构，但与其他很多矿物不同的是，金很少形成晶体。当它形成晶体时，不是被扭曲，就是很微小。自古以来发现的标本通常都是熔化后使用的，因此如图中所示的生长成这样的晶体属于珍品，它的价值远高于它作为按重量计算的金时的价值。

金的用途

钱币

金在国家经济中一直扮演主要的角色，许多最早的硬币都是用金制造的。但是金很稀少、昂贵且比重大。如今，金的主要货币用途，是做成用于代表国家金储量的金条。金储量最大的国家是美国，其次是德国。

牙

金是高抗腐蚀的矿物，在 2700 年前，古老意大利的伊特鲁里亚人就用金丝来保护假牙。从那以后，金就开始广泛应用于牙科，用于补牙、盖牙冠甚至镶牙。它通常与钯、银、锌或铜制成合金，以增强其坚韧程度。

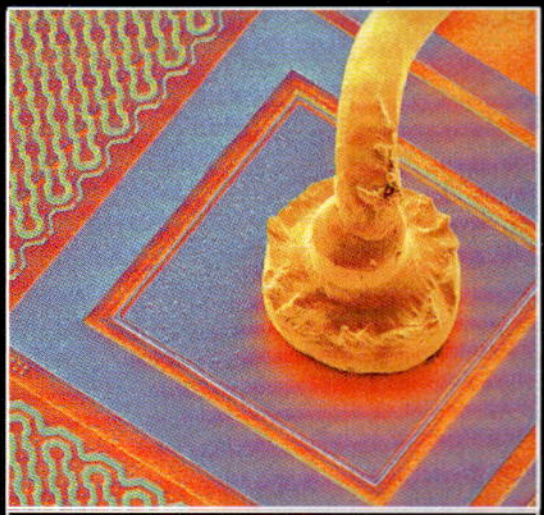

电子接触器

金在电子产品的生产中，几乎与铜和银有相同的作用。镀金连接器和金丝（图中所示）被广泛应用于电子产品中，在从移动电话到电脑等多种物品中都起到重要作用。在 2001 年，全世界有 197 吨的金用于制造电子元件中。

美国的淘金热

在19世纪，沙金在世界各地的发现，促使成群的淘金者涌向金的发现地，人们希望可以通过淘金获得惊人的财富。在美国有过很多次的淘金热，最著名的是1849年加利福尼亚州的淘金热。图中所示的，是人们为了找到金的颗粒，用家中自制的斜水槽来冲洗淤泥的情景。只有少数幸运的人能获得足够的金而变得富有，而大多数淘金者只找到很少的金甚至一无所获。

◀淘洗黄金

当含有金的岩石因风化而破碎时，金颗粒可能会被冲进小溪或河流中。金的密度很高，所以其颗粒积累在河床的沉积物中。这些金粒的回收过程包括淘洗，它是劳力密集型技术劳动。淘洗包括用盘子从河床中挖出鹅卵石、随后在鹅卵石四周小心地用水涮洗，直至较轻的沙砾被冲走，留下较重的金粒。

露天开采矿▶

据估计，迄今开采的金总计约为14.5万吨，并且每年有2500吨或者更多的金被挖掘出来。在过去，大多数该类型的金来源于南非。在这里提炼金就意味着昂贵的挖掘成本和不断加深的开采深度。最近，采金公司已经开始在适当的地区开发近地表的矿床，如印尼、俄罗斯、澳大利亚和巴布亚新几内亚（如图中所示）。金能够以更便宜的成本从露天开采矿（地面上巨大的坑）中提炼出来，但是他们大规模地挖掘给环境造成了更大的威胁。

黄铁矿

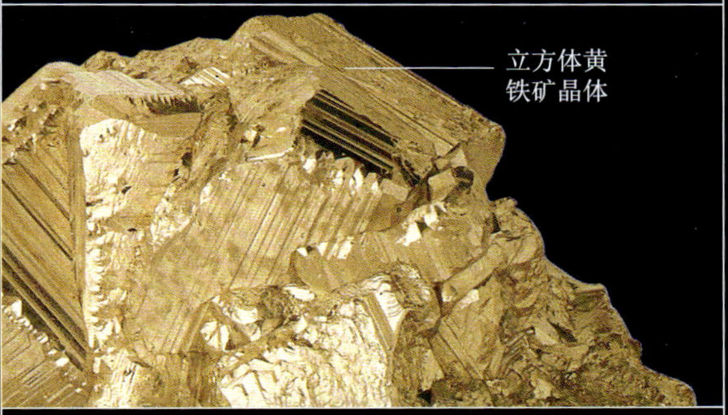

图中闪亮的黄色矿物被称为黄铁矿（一种硫化铁），它看起来非常像黄金，这使得很多勘探者因误认为已经找到了黄金而受到愚弄。被称为“愚人金”的黄铁矿是最普通的金属矿物中的一种，能存在于大部分的环境中。实际上，任何看起来有一点铁锈色的岩石都可能含有黄铁矿。它的晶体可形成多种形状，包括立方体和具有12个五边形面的五角十二面体。

地下开采▶

要从地层中提炼金，就必须把含金矿石从地表或在地下夹缝中挖出。随后以浮选、冶炼（一个加热和熔化相结合过程）的流程，将金从矿石中分离出来，最后精炼成纯度为99.5%的纯金。图中的这个地质学家正在从地表以下的深层部位提取样品。对于样品金含量的分析，将会用于判定这个矿继续开采的价值。

长英质硅酸盐类

地球中地壳重量的 90%以上由硅酸盐构成，并且大多数岩石都由它组成。地球上有 1000 种以上的硅酸盐矿物，可将其划分为两大类：长英质硅酸盐和铁镁质硅酸盐。在花岗岩中形成的硅酸盐被称为长英质硅酸盐。长英质（felsic）一词是由长石（feldspar）和石英（silica）两个词的一部分拼合而成的。因为它们含有较少的铁和镁，所以与其他硅酸盐相比，它们的重量较轻且颜色较浅。长英质硅酸盐包括石英（纯硅）和富含钾的钾长石。云母是一组很容易被剥成薄片的硅酸盐矿物。

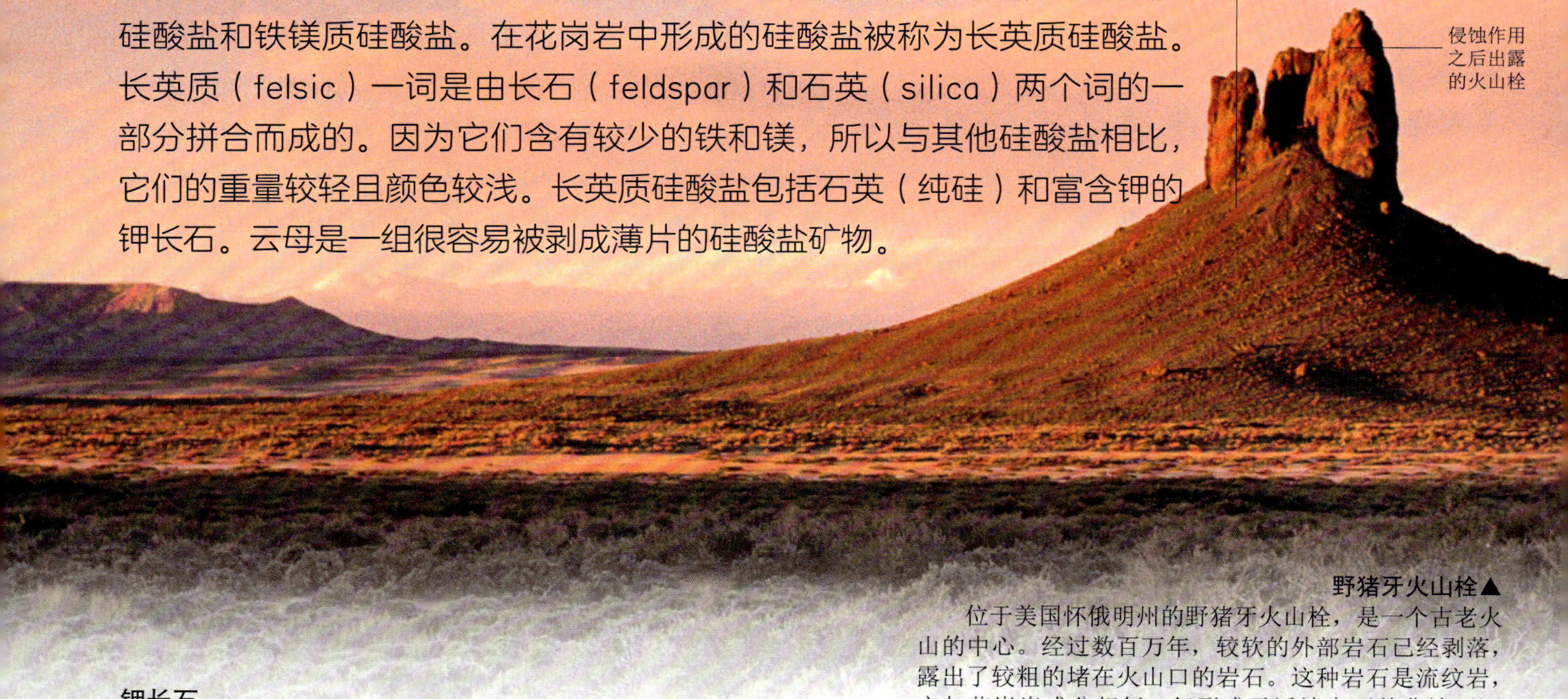

野猪牙火山栓▲

位于美国怀俄明州的野猪牙火山栓，是一个古老火山的中心。经过数百万年，较软的外部岩石已经剥落，露出了较粗的堵在火山口的岩石。这种岩石是流纹岩，它与花岗岩成分相似，但形成于近地表而并非地下深层。这两种岩石都含有相同的长英质矿物——石英、钾长石和云母，但花岗岩可含有微斜长石或正长石（含钾），而流纹岩则含有透长石（含钾和钠）。

钾长石

正长石

正长石是一种重要的岩石组成矿物，正长石和斜长石组成了地球地壳的 60%。正长石是花岗岩的主要组成矿物之一，与云母和石英一起构成了花岗岩的主要组分。当花岗岩受到侵蚀后，正长石又循环到长石砂岩（富含长石）之中。

透长石

透长石（如图中所示）形成于多种火山岩（如粗面岩和流纹岩）和接触变质岩（大理岩和角页岩）中。它通常呈无色或白色，且具有白色条痕。它可以形成块状或棱柱状（如图中所示）晶习。晶体通常形成双晶。

歪长石

歪长石是与透长石和钠长石相似的一种钾长石，与它们不同的是，它同时富含钠元素和钾元素。透长石只含有很少的钠，钠长石则含有很少的钾。歪长石通常形成于火成岩中的岩墙和小型侵入体中。

微斜长石和瓷器▶

微斜长石是火成岩和变质岩中发现的主要钾长石类矿物，它形成在与低温条件相关的深层岩石中，如正长岩和伟晶岩。伟晶岩中的微斜长石晶体最大。一件来自俄罗斯卡累利亚的样品重量超过了 2000 吨。在 1500 年以前，中国人就使用微斜长石制成了细腻的瓷器。当加热时，微小的微斜长石颗粒有助于将细腻的高岭土（“白色黏土”）和石英凝结在一起，成为白色半透明的陶瓷制品。

中国的瓷花瓶

天河石是一种由绿色微斜长石构成的宝石品种

▲云母窗玻璃

云母矿物可以在所有种类的岩石中找到，在一些伟晶岩中，它们形成典型的无色易碎的薄片。一些云母非常光亮并且能抗风化，如白云母。因此，云母片曾一度被用作窗玻璃，如这里所示的这个建在一个出露岩层上的美洲原住民的住所，它位于美国新墨西哥州的阿卡莫普韦布洛。云母具有耐热的性能，并仍用于油炉和油灯中。

电气石

◀电气石

电气石矿物具有范围很广的生动的颜色。单个长晶体上具有多种颜色层的现象十分常见，就像奇异的鸡尾酒。每层都反映了一种微量化学元素在其结构中的变化。在加热时，红色的电气石会变为带电体。

祖母绿

绿柱石▶

绿柱石是一种分布广泛的矿物。纯的绿柱石（透绿柱石）为无色，杂质使其具有多种颜色。当铬和钒使其呈现出如图中所示的明亮绿色时，它就变为祖母绿。此外，蓝色绿柱石被称为海蓝宝石，黄色绿柱石被称为金绿柱石，粉色的绿柱石被称为摩根石。铍元素用于核反应堆和制造合金，而绿柱石则是它的一个重要来源。

祖母绿矿▶

绿柱石在形成巨大晶体的伟晶岩中最常见。考古发掘显示其开采史已达数千年。在1816年，法国探险家凯利奥德发现了公元前1650年的古埃及的绿柱石矿。在红海的其他发现表明，祖母绿矿的开采可追溯到克利奥帕特拉时代。最好的祖母绿产自南美，尤其是哥伦比亚的彻马尔和穆索（如图中所示）。

云母

白云母

白云母看起来很易碎，但实际上却很坚韧。它通常发现于其他矿物已被破坏的沙砾中。在沙皇俄国，它用于制造房屋的窗户，并以白云母命名。它的耐热性能使其一度用于制造炉窗。如今它用于制造电子元件。

黑云母

黑云母是一种常见的矿物，是花岗岩、片麻岩和片岩的主要矿物成分。它通常为黑色或深棕色，比白云母颜色深，质地十分软，很易破碎。黑云母的薄片通常黏结成直径超过2米的块体。因为这些块体与书页很类似，所以将其称为“书”。

锂云母

锂云母是一种罕见的云母，以薄层状形成于酸性火成岩中，如花岗岩。它的粉红色、紫色或灰色的色彩来源于金属元素锂的出现。它通常与电气石共生，粉色锂云母和红色电气石的集合体在雕刻装饰品中很有魅力。

铁镁质硅酸盐类

这类硅酸盐族被称为铁镁质硅酸盐，英文中的铁镁质（mafic）一词得名于英文单词镁（magnesium）中的“ma”和铁质的（ferric）中的“fic”的组合。它们一般形成于构造板块分离处上涌的岩浆中（如在大洋底部以下），构成了火成岩（包括玄武岩和辉长岩）中碱性原子团的基本成分。铁镁质硅酸盐矿物橄榄石和辉石发现于基性岩和超基性岩中，比长英质硅酸盐矿物的密度更大且颜色更深。其他被称为斜长石的铁镁质硅酸盐，以其化学结构中钙元素与钠元素的多样化的比例为特点。

斜长石

奥长石

每个品种的斜长石都有其不同的钠或钙的比例。奥长石是一种白色或黄色的矿物，它含有的钠比钙多。它的宝石级品种被称为月光石或日光石（当含有微量赤铁矿时）。

钙长石

当斜长石含有最少量的钠和最多的钙时，称为钙长石。钙的增多使晶体将光折向一个与其他斜长石不同的路径。事实上，每一种斜长石都可以通过光的折射方向来进行鉴定。

含有绿色橄榄石颗粒的砂

贵橄榄石

◀橄榄石

橄榄石富含铁和镁，因其深绿的颜色而极易辨认。在夏威夷（如左图所示）等一些地方，橄榄石颗粒可以使河流及海岸沙滩变为绿色。橄榄石是在玄武岩和辉长岩中十分常见的铁镁质硅酸盐。被称为超基性岩的火成岩类包括橄榄岩和纯橄榄岩。因为地球中大部分的地幔由橄榄岩构成，所以橄榄石可能是地球上最常见的矿物。尽管如此，它在地壳中并不常见并且很少形成比显微颗粒更大的晶粒。这就是大而绿的贵橄榄石的宝石晶体价格昂贵的原因。

斜长岩▶

斜长石在斜长岩中的含量比在其他岩石中都要丰富（近乎100%），其中斜长石与闪长岩和辉长岩有着密切的关联。斜长石中以富含钙为典型特征，它是在15亿年前的古老地表上被发现的，包括位于美国的阿巴拉契亚山脉和斯堪的纳维亚南部。然而，月球上的高原和水星上的平原的大部分被认定为由斜长岩组成。阿波罗16号的登月行动从月球带回了40亿年前形成的这种岩石的块体。

采自月球的斜长岩样品

钙长岩很轻，当月球为熔融态时漂浮在其表层

▲辉石

辉石族矿物是镁铁质岩石中最常见的矿物，如普通辉石（如图中所示）和透辉石，它们形成短而粗的暗绿色晶体。辉石发现于大部分的火成岩和变质岩中，较深的镁铁质岩石普遍含有许多辉石矿物，如辉长岩和玄武岩。辉石形成于有少量水存在的岩石中。“辉石”一词来源于希腊语，原意为火和陌生人。因为这些深绿色的晶体是由矿物学家们在灼热熔岩中意外发现的。

▲闪石

像辉石类矿物一样，如阳起石（如图中所示）和角闪石的闪石类矿物也是这类岩石中常见的硅酸盐矿物，它们通常富含铁元素和镁元素。但与辉石不同的是，它们形成于有水存在的低温条件下，并且通常生长为刀片状或细丝状的晶体群。透闪石为灰白色，含有钙、镁和少许铁。绿色的软玉（玉石的一种）是阳起石和透闪石的集合体，闪石的解理呈菱形斜交，而辉石的解理呈直角相交。

变质矿物

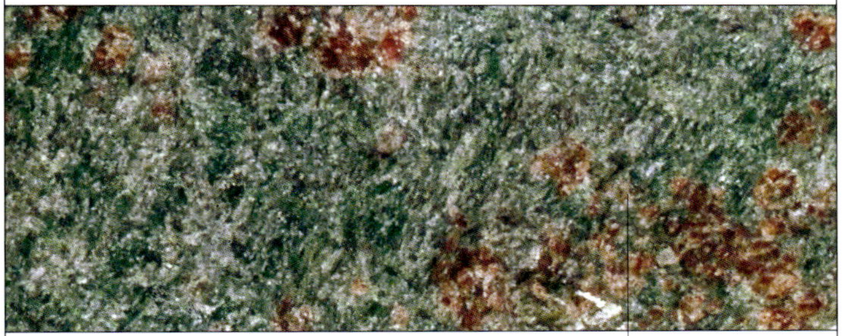

像大多数矿物一样，硅酸盐也可以在岩石变质时由于温度和压力的变化而发生转变。轻微的变质作用可将硅酸盐转变为含水矿物。如蛇纹石和绿泥石这些矿物都含有水，强烈的变质作用将硅酸盐中的水分脱出，首先形成的矿物与石榴石相共生，如白云母和黑云母。

在榴辉岩样品中可以看到红色的石榴石晶体

▲十字石

最令人惊异的双晶示例之一就是形成于变质岩中的十字石。这个图中的两个晶体完全的互相贯穿，看起来就像是互相从对方内部生长出来一样。在如图所示的珍贵变体中，双晶互呈直角生长，使矿物因此而得名为“十字石”。十字石一词来源于希腊语，意为十字架。它与马耳他十字（有四个等长臂状的符号，被圣约翰爵士采纳并用于十字军东征）具有共同之处，因而作为带来好运的护身符被赋予了与基督教的联系和声誉。在另外一类十字石中，晶体呈 60° 角相交。

双晶

斜长石

斜长石晶体因其双晶而闻名，如钠长石（如图中所示）。双晶由结晶作用中的错位而形成，多个单晶体连生在一起，看起来如连体婴儿般，好像是互相由对方晶体内部生长出来。双晶所遵循的规律被称为双晶律。

榍石

有两类的双晶：接触双晶和穿插双晶。接触双晶，如在榍石中的一样（如图中所示），在两个晶体之间有清楚的界限，所以它们互相就像镜像一样。穿插双晶呈现为互相穿插的生长的态势，如柱星叶石和硅铍石。

拉长石

双晶并不是总能从外表就可以见到，在拉长石中，双晶呈薄片状产出。这就对光在晶体中的传播路线产生了影响，生成了分布特殊的被称为“拉长晕彩”的颜色。晕彩的颜色从蓝色和紫色变化为绿色和橙色。

石英

石英是长英质硅酸盐矿物，由氧元素和硅元素组成。它十分常见，是大多数火成岩和变质岩的主要成分。石英十分坚韧且不会分解，因此它为碎屑沉积岩（如砂岩和页岩）提供了很多物质源。虽然纯石英是无色的，然而杂质给它带来了一定范围的颜色和外形变化。尽管石英很常见，但它的颜色范围就意味着某些石英晶体会成为贵重的半宝石。

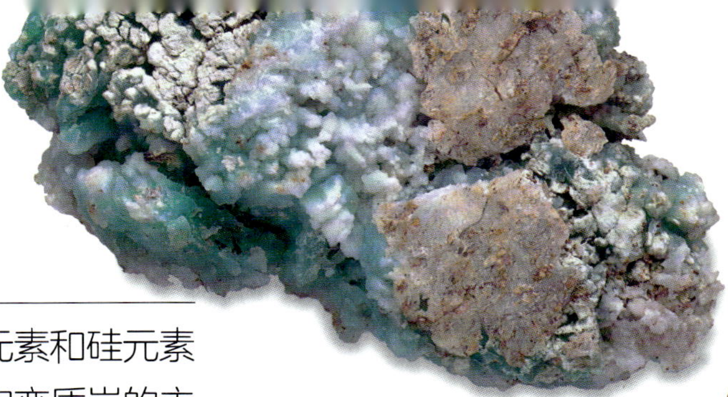

▲玉髓

当在火山洞穴的低温条件下形成石英时，石英晶体很微小以至于它们类似于光滑的瓷面。这种隐晶质石英被称为玉髓，并且生成了一系列的颜色和图案，其中包括血红色的红玉髓、苹果绿的绿玉髓、藓纹玛瑙和红褐色的肉红玉髓。玉髓一词来源于土耳其的查尔克顿，在那里，自古就有对矿物的开采。

石英的种类

无色水晶

无色水晶是最纯净的石英，并且这种短粗的六面体像冰一样清澈。在历史上，水晶被制成卜算者的水晶球或闪亮的吊灯。如今，无色水晶被用于制作手表，因其具有天然的电荷，有助于调整机械装置。

紫水晶

石英中微量的氧化铁使紫水晶变成紫罗兰色或紫红色。紫水晶的名字来源于希腊神话中一位少女的名字。女神阿耳忒弥斯为了使其免受老虎的袭击，就将其变成了白色的石头，这时酒神狄俄尼索斯将深红色的酒倒在了这块石头上，随即将其染为紫色。

乳石英

石英在形成晶体时可以捕获其他物质。这些内部特征被称为内含物，它可以是从气泡到液体的任何物质。乳石英含有的微小流体气泡使其看起来为白色。被困在其他类型石英中的乳白色石英色裹体称为“鬼影”

烟水晶

烟水晶是深棕色的透明宝石，其他相似的品种包括墨晶和灰黑色的石英。这种暗色调源于受到地下放射性元素（如镭）的影响。烟水晶发现于瑞士的阿尔卑斯山和苏格兰的凯恩戈姆山。

蔷薇石英

蔷薇石英因含有微量的铁元素和钛元素而呈粉色。蔷薇石英并不作为宝石，因为它很少形成清澈的晶体。但它可用来制作装饰品和珠宝饰品。罗马人将其雕刻成用于冲压蜡封的物品。最好的蔷薇石英标本发现于巴西。

▲沙丘

石英不会完全分解，它最终会破碎成沙子大小的颗粒。石英沙砾积聚在地球上的干旱区域，世界上至少有四分之一的沙漠由石英砂组成。在非洲北部的撒哈拉沙漠，有12个以上的沙地区域，被称为沙质沙漠。美洲西北部，巨大的纳瓦霍沙质沙漠形成于大约1.5亿年前的侏罗纪时期。如今，它已经又变成了岩石，并以砂岩的形式保存下来。

▲玛瑙

当微量铁元素、锰元素以及其他化学元素在玉髓中生成条带时，这种玉髓就被称为玛瑙。藓纹玛瑙是带有苔藓状绿色绿泥石条带的白色玉髓。蓝色蕾丝纹玛瑙具有蓝紫色与白相间色的条带，缟玛瑙具有黑白相间的条带，雷公蛋具有星形的棕色和黄色的条带。虽然这种条带是天然形成的，但在商业中所出售的玛瑙经常是由人工染色而成。

玛瑙的形成▲

玛瑙通常形成于玄武岩熔岩中，玛瑙质的河卵石可发现于玄武岩所分布区域的海滩或河床中，如图中所示的位于加拿大不列颠哥伦比亚省的景观。当起泡沫的玄武岩熔岩流到地表时便会快速凝固，并同时捕获一些气泡。水流经熔岩管获得了硅和其他元素（如铁），并将这些元素沉积于气泡中。彩色的条带由水中化学成分随时间的变化而产生。

硅片

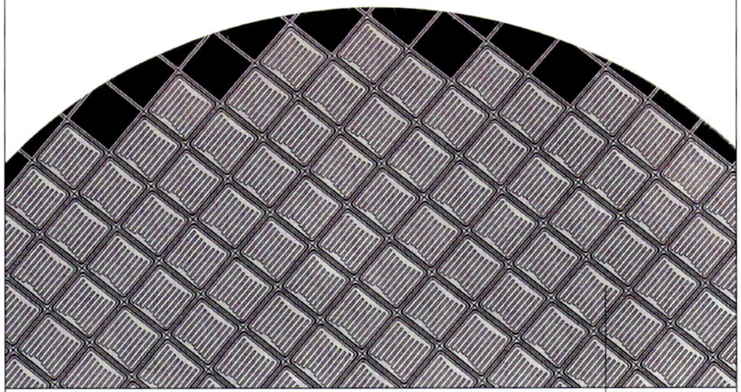

石英是二氧化硅的一种形式，硅是一种半导体，这就意味着它可以传导电流。如今，它的一个重要用途就是制造现代电子元件。计算机微处理器是用硅片制成的，它是由一位美国科学家杰克•基尔比于 1958 年所发明的。这些是在被印有金、银或铜的电路上的微小的正方形硅。这些芯片被制成很大的晶片，随后又被分隔开，以便使用。

欧泊▶

欧泊不能形成晶体，并且看起来不像传统的矿物而更像珍珠般的彩色玻璃。当富含硅的流体凝固时，欧泊以不同的方式形成，通常形成于温泉或火山岩中。从化学成分来看，欧泊是一种二氧化硅与水的化合物。将欧泊加热，去除水分子后，可将其转化为石英。黑欧泊和火欧泊是其中价值最高的品种。火欧泊颜色为红色和黄色，主要产于墨西哥的克雷塔罗。

▲澳大利亚的欧泊采矿业

世界上 90% 的欧泊都来自澳大利亚。第一个发现的欧泊产区位于新南威尔士的怀特克利夫斯（如图中所示），但现在这里的欧泊矿已经枯竭。主要的矿区位于澳大利亚南部著名的库伯佩迪。这里白天很热，夜晚又太冷，以至于大多数人们生活于地下。库伯佩迪这个词来自土著语，意为“一个洞中的白人”。

帝国皇冠

氧化物类

虽然地球上90%的矿物都含有氧，但氧化物这一术语通常用来形容金属与氧的简单化合物或金属与氢氧的简单化合物（氢氧化物）。氧化物形成了一大类矿物，它产于大多数地质环境和多种岩石中。氧化物矿物包括从普通锡石（锡矿）到如蓝宝石和红宝石类（刚玉类）等珍贵宝石的每种矿物。从艳红色的红宝石到暗黑色的铁矿，充分表现了氧化物颜色的多样性。

尖晶石

◀尖晶石

尖晶石是一种由金属氧化物组成的矿物。这种半宝石是具有架状结构的镁铝氧化物。其他微量金属元素赋予它多样的颜色，包括蓝色、绿色、紫色和棕色，但最典型的颜色是可以与红宝石相媲美的红色。许多一度被认为是红宝石的宝石已经被证实为尖晶石。最著名的是英国帝国皇冠上的那颗名为“黑太子红宝石”的宝石（如图中所示）。这颗“红宝石”由西班牙的卡斯提利亚国王佩德罗于1366年送给太子爱德华（威尔士的王子）。宝石级的尖晶石还发现于斯里兰卡、印度和泰国。

赤铁矿的晶习

肾状

赤铁矿从古时候就开始被作为铁矿石开采了。它可以形成多种晶习，其中包括如上图所示的肾状。赤铁矿一词来源于希腊语，意为鲜血。当将其磨成粉末时，呈现为红色。根据希腊传说，它是由战场上染上血斑的岩石形成的。

块状

块状（没有明显的晶习）的赤铁矿很容易被风化，从而显出与众不同的棕红色条纹，与铁锈很相似。像铁锈一样，这种条纹也是在水和铁发生反应时生成的铁的氧化物。在标本上可以看到，由镜铁矿构成的分散状的小斑点（闪亮的反光晶体）。

镜片状

镜铁矿是具有灰色金属光泽的六边形晶体。非洲南部斯威士兰的狮子洞是一个古老的镜铁矿产地。据说它是世界上最老的矿洞，其历史可追溯到4万年前。非洲的布须曼人用镜铁矿作为装饰品，他们将矿粉擦于额头上，使自己闪闪发光。

磁铁矿▶

磁铁矿是一种天然的磁性铁矿石。磁铁一词来源于古希腊一个城镇马格内西亚，这里发现了大量的磁性铁矿石。古时候的中国人首先开发利用了这种矿石的磁性能。风水先生使用一种定向罗盘，来建议人们在何处修建坟墓或新宅，以便能够使周围的气（地球的能量）的流向达到最佳，并且可以设置较好的布局。中国人起初使用磁铁矿制造的勺形物品来指示南北方向，而后人们改成使用磁化针，用于如此图所示的风水罗盘中。

磁铁矿

◀蓝宝石

蓝宝石是刚玉中的珍贵品种，其硬度仅次于金刚石。蓝色是由微量的铁和钛元素所致。蓝宝石通常发现于河流的沙砾层中，由含有蓝宝石的岩石经破碎后沉积于此。克什米尔地区和澳大利亚皆因出产蓝宝石而闻名。除了作为珠宝以外，蓝宝石还用于机械工程及制造激光。

◀红宝石

红宝石是另一种珍贵的刚玉，其颜色是由微量铬元素所致。古老的印度教教徒将其称为“Rajnapura”，意为“宝石之王”。几个世纪以来，最优质的红宝石一直产自缅甸的抹谷地区，它们形成于大理岩和其他变质岩中。星光红宝石（和星光蓝宝石）在石头中呈现为含有3射或6射光芒的星星，这种效果被称为星光效应。

锡石▶

锡石是锡含量最丰富的矿石。锡是人类最早所使用的金属之一。在8000年前，人类就将它与铜混合来制造青铜，它被用于坚硬工具和武器的制造。这项发明十分重要，并以它的名字为这个新的时代命名为“青铜器时代”。大多数锡来自从火成岩岩脉中发现的锡石，此外，在沉积物的堆积层中也有发现。

在铝或钢的表面覆盖一层锡而制成的锡罐头盒

金红石▶

金红石是钛最重要的来源。钛的强度大、重量较轻、又抗腐蚀等，这些性质使其成为制造导弹和航行器的理想材料。如今，世界上95%的钛用于制成二氧化钛，这种物质是白色油漆的主要成分（如图中所示在这里用于公路标记）。

发晶（含针状金红石的石英）

形成于石英中的针状金红石

使用核燃料操纵杆的储油罐

当晶质铀矿形成块状晶习时被称为沥青铀矿

◀晶质铀矿

晶质铀矿是一种放射性矿物，它是获取铀和镭的主要矿石，铀用来产生核能量。开采10万吨以上的晶质铀矿可以生成25吨的反应铀。这是一个典型核电站每年铀矿用量的数据。如今使用的铀大多是从拆除的核弹中回收的。铀大都发现于致密的沥青铀矿中。

用于将玻璃染为蓝色的钴

使染色玻璃结合在一起的铅框架

硫化物类

这一类矿物由硫元素和其他元素（通常是一种金属）组成。硫化物涵盖了世界上一些最重要的金属矿石，如辰砂（汞矿石）、方铅矿（铅矿石）、闪锌矿（锌矿石）和黄铜矿（铜矿石）。大多数的硫化物密度大、易碎，且看起来像金属。少数硫化物色浅、清澈且闪闪发光，如雄黄和雌黄。硫盐是硫的络合物，其中的硫直接与半金属元素（如砷、铋或锑）结合形成络阴离子团。

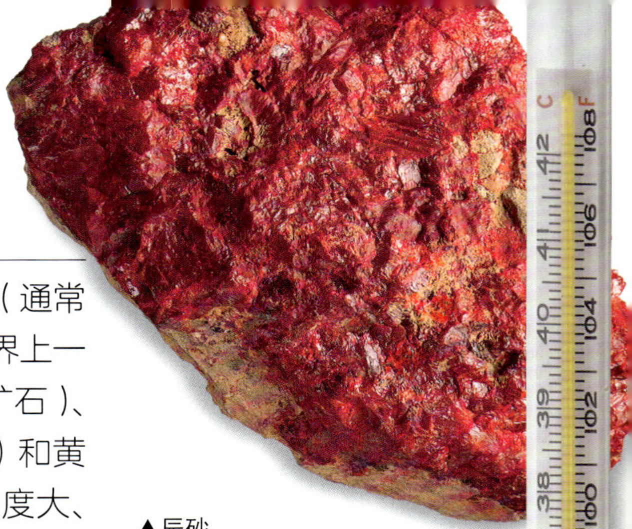

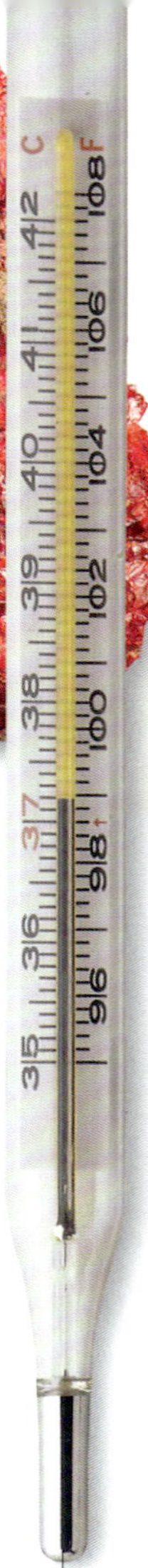

温度计中的汞

▲辰砂

辰砂以在温泉周围或火山脉中结晶为典型特征，通常呈明亮的砖红色。因为它含有很多汞（高达85%甚至更高），所以它是我们获取汞的主要来源。汞用于温度计（如右图所示）和其他科学仪器中。辰砂所磨成的粉末一度广泛应用于名为朱砂红的红色油画颜料中。这种颜料现已不再使用，原因是它像所有含汞化合物一样具有毒性。

◀铅框架玻璃窗

铅是一种软的易塑形的金属，它在过去被广泛用于制造管道、屋顶和油画颜料，现在则被用于电池、金属合金和防护X射线。铅很容易塑形，所以用它来将染色玻璃结合在一起制成玻璃窗。在窗户中的截面为“H”形的铅条，被弯成适合环绕玻璃碎片的形态，并将这些玻璃碎片结合在一起。

方铅矿块体呈现立方体和八面体晶体形态

▲方铅矿的立方体晶体

由硫和铅组成的方铅矿，有时形成与众不同的灰色立方体晶体，这使其成为最容易辨认的矿物之一。方铅矿是天然的半导体（传导电流），并且是我们今天所熟知的大多数电子配件的先驱。方铅矿晶体用于最早的晶体管收音机。最好的方铅矿晶体产于德国、法国、墨西哥及美国的三州矿区（三州指的是堪萨斯州、密苏里州与俄克拉何马州）。

大型方铅矿形成于火山岩脉动中

方铅矿（铅矿石）▶

每年大约开采近300万吨的铅矿石，大多数采自热液矿脉内所发现的大型块体中。主要的出产国为澳大利亚、中国和美国。一旦矿石被带至地表，就有90%的物质需要在金属经熔炼（加热并熔化）分离前被去除。然而，我们今天所使用的大多数铅只是废料（损耗很少的能量）的再生品。

▲辉铜矿

辉铜矿是铜和硫的化合物。典型的辉铜矿含有 80% 的铜元素，它的硫成分很容易分离出来。遗憾的是，辉铜矿十分稀少，事实上，最好的辉铜矿沉积物已被采尽了。如今，主要的产铜矿石是黄铜矿，它比辉铜矿的含铜量低，但分布较广泛。

▲雌黄

柠檬黄色的雌黄是地球上颜色最醒目的矿物之一。它一度被用作绘画中黄色颜料。高度的不稳定性使雌黄随时间的流逝而分解。希腊哲学家德奥弗拉斯特给雌黄取名为“arsenikon”，此名是由“砷”一词而来，因它含有致命的有毒成分——砷。与所有富含砷的矿物一样，当其加热时会有大蒜的气味。

▲雄黄

明亮红色的雄黄和雌黄一样具有与众不同的颜色、不稳定性及致命的毒性。与雌黄一样，它也是砷的硫化物。古时候的中国人将其雕刻成装饰品，但它们到现在已经分解。雄黄的名字来源于阿拉伯语的“rahjalghar”，意为“矿山的粉末”。

保存于黄铁矿中

黄铁矿置换有机矿物

生命体能够以多种方式保存，但最常见的一种方式就是黄铁矿化。这个化学过程就相当于铁的硫化物矿物的逐渐形成的过程。当被掩埋的有机矿物慢慢分解的同时，其分子也被黄铁矿逐个置换。有机体残留物经过数百万年后，就如同这个菊石化石一样，虽然保留了它的形态，但其成分实际上已转变为黄铁矿。

碲化物和砷化物▶

在碲化物和砷化物中，碲元素和砷元素实际上代替了化学结构中的硫元素。它们在其他方面与硫化物十分相似，但又被单独划分出来。碲化物是少数含有金的矿物，尤其是在针碲金银矿和碲金矿中。19 世纪 90 年代，美国科罗拉多州克里普尔克里克地区的淘金热，就是建立在寻找含金碲化物矿物（如针碲金银矿）的基础之上的淘金浪潮。

针碲金银矿

硫盐

硫砷铜矿

这种稀有的矿物是砷、铜和硫的化合物，它富含铜元素。好的晶体发现于美国蒙大拿州的布蒂、墨西哥的索诺拉州以及秘鲁的塞罗德帕斯科等地。硫砷铜矿通常会形成具有独特外形的名为三连晶的星形双晶。

淡红银矿

淡红银矿是银、砷和硫的化合物，是少数既无金属性又透明的硫化物矿物中的一种。它形成漂亮的酒红色晶体，这些晶体有时可以切割制造成宝石。这种矿物有时又被称为硫砷银矿，也经常发现于银矿中。

车轮矿

它是一种铜、铅、锑和硫的化合物，车轮矿形成短粗的棱柱状（药片状）晶体。有时它形成明显的嵌齿轮状双晶，从而使其在英文中名为“嵌齿轮矿石”。铜、锑和铅均可从这种矿石中提炼出来。

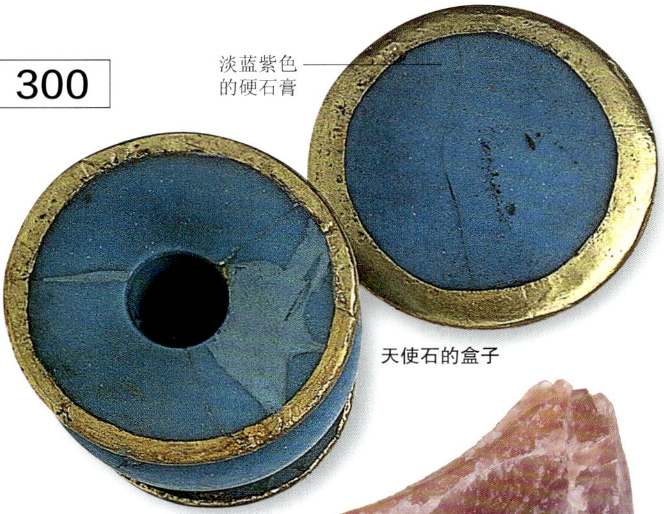

硫酸盐类及其他相似盐类

硫酸盐类是一种或多种金属与硫酸根（硫和氧结合的原子团）结合而成的化合物。当硫以蒸发岩或由灼热的火山流体所遗留的沉积物的形式暴露于地表空气中时，便形成了典型的硫酸盐。所有这些硫酸盐都是软且苍白的物质，通常为透明或半透明的晶体。共有 200 多个不同品种的硫酸盐，其中最常见的是石膏。硫酸盐是一种软质沉积岩型矿物，有很多工业用途。尽管如此，大多数硫酸盐很珍贵并且只有在少数地区才能够形成。

▲硬石膏

硬石膏是半透明的易碎矿物，其颜色范围从白色到褐色，并且形成于厚的矿床中。它通常是石膏、岩盐和石灰石的混合物。实际上，当石膏干燥时会形成一些硬石膏层，而体积会收缩，所以硬石膏层通常会扭曲或布满裂缝和孔洞。硬石膏晶体很珍贵，因为水通常会使它们又变回石膏。淡蓝紫色的硬石膏因为具有天使蓝色而被称为天使石。

石膏的形态

沙漠玫瑰

在炎热的沙漠中，水通常从浅的含盐分的盆地中蒸发出来。这里的石膏可围绕沙砾生长，从而形成由扁片和叶片状晶体组成的花朵状晶簇，这种晶簇被称为“沙漠玫瑰”。鸡冠形重晶石与沙漠玫瑰很相似，但是石膏花瓣具有更好的轮廓。非洲南部的纳米比亚因出产“沙漠玫瑰”而闻名。

纤维石

虽然石膏通常看起来光泽暗淡且呈粉末状，但它有时会形成纯净透明或呈丝绢光泽的白色纤维状晶体。这种名为纤维石（晶石）的石膏，以其纤维状外观而具有价值，并且用来雕刻珠宝首饰及装饰品。地质学家用“晶石”一词来形容任何白色或浅色的、容易破碎的晶体。

菊花石膏

当石膏形成于岩石表面的小而潮湿的溶蚀坑中时，它通常可以生长为具有辐射状重叠图案的晶体。由于它们看起来像菊花，所以被称为菊花石膏。有时在它们的中间部位还会有淡淡的黄色斑点，使菊花般的效果看起来更加完整。

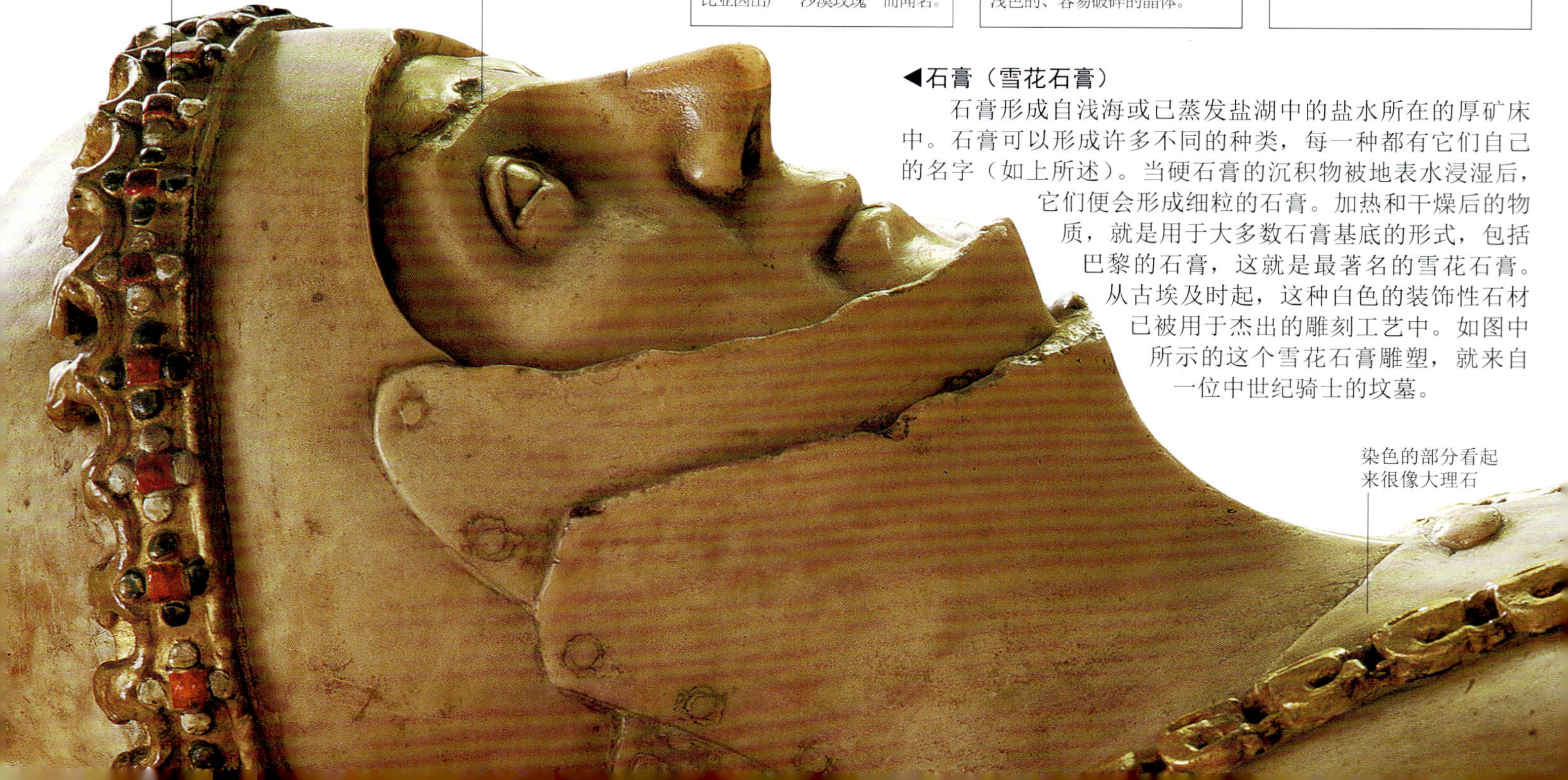

◀石膏（雪花石膏）

石膏形成自浅海或已蒸发盐湖中的盐水所在的厚矿床中。石膏可以形成许多不同的种类，每一种都有它们自己的名字（如上所述）。当硬石膏的沉积物被地表水浸湿后，它们便会形成细粒的石膏。加热和干燥后的物质，就是用于大多数石膏基底的形式，包括巴黎的石膏，这就是最著名的雪花石膏。从古埃及时起，这种白色的装饰性石材已被用于杰出的雕刻工艺中。如图中所示的这个雪花石膏雕塑，就来自一位中世纪骑士的坟墓。

泻利盐▶

泻利盐是仅有的少数几种溶解于水的硫酸盐矿物之一，因此它的大晶体比较稀有。它趋向于在石灰石洞壁或温泉周围形成白色沉积物，化学成分为水合硫酸镁，以发现于英国埃普索姆的矿泉水中的泻利盐最为闻名。泻利盐可用来治疗轻微的消化不良。

黑钨矿▶

钨酸盐与硫酸盐很相近，钨替代硫的位置形成钨与氧的原子团，随后再与其他金属结合。黑钨矿和白钨矿是获取金属钨的主要矿石，钨主要用于制造灯泡内的灯丝。钨的熔点为3410℃，比其他金属的熔点都要高。

胆矾▶

亮蓝色的胆矾，生成于暴露在空气中的铜矿石上，它是硫酸铜的天然形式。由于它可溶于水，所以通常只发现于干燥地区，曾一度在智利开采出大型的沉积物。因为这种微红的金属具有良好的导热性和导电性，所以用来制造从铜质平底锅到电线的各种产品。

重晶石的形态

鸡冠状

重晶石（硫酸钡）是一种常见的矿物，它通常形成于火山水中。有时它长成薄的刀刃状晶体，并且呈簇状结构，看起来就像公鸡或雄禽的冠（如图中所示）。当这些冠状的重晶石因含铁质而呈红色时，被称为重晶石玫瑰。

晶体状

重晶石晶体也可以形成薄片状、纤维状或巨大的无色透明的棱镜状晶体（如图中所示）。大量的重晶石因含有金属钡而被发掘出来。钡因其惰性（化学反应）而具有实用性，其主要用途是作为涂料、玻璃和牙膏的填料。

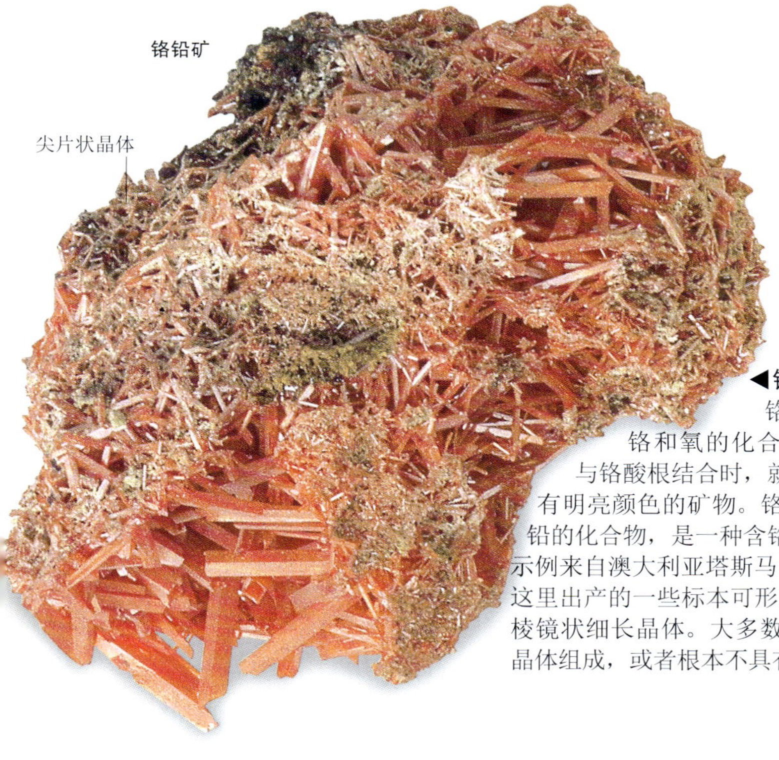

◀铬铅矿

铬酸盐是一种含有铬和氧的化合物，当金属元素与铬酸根结合时，就生成了稀有并具有明亮颜色的矿物。铬铅矿是铬酸根与铅的化合物，是一种含铬矿石。最著名的示例来自澳大利亚塔斯马尼亚岛的邓达斯，这里出产的一些标本可形成长达20厘米的棱镜状细长晶体。大多数标本由小尖片状晶体组成，或者根本不具有晶体形态。

钼铅矿▲

钼酸盐由钼和氧结合而成，当铁质元素与钼酸根结合时，形成了致密、易碎的化合物。钼铅矿是一种由钼酸根和铅结合而成的化合物，因其具有显著的类似于瓷砖的方形晶体而很容易鉴别。该矿物通常为黄色，也可以呈白色、红色或橙色。最亮的橙色晶体产自伊朗的查卡博斯。

堆积起来晒干的海盐堆

卤化物类

卤化物类是由一种金属与五种卤素（氟、氯、溴、碘和砹）中的任意一种化合而形成的矿物。其中最有名的是石盐或称为岩盐（氯化钠），我们用它作为食用盐。像岩盐一样，许多卤化物都具有可溶性（它们很易溶于水），这也就是它们通常形成于特殊条件下的原因。尽管石盐具有溶解性，但仍十分常见，以至于在世界的很多地区都发现了其大量的沉积物，并且它在工业上也具有十分广泛的用途。

▲盐山

大部分石盐采自古老海洋干涸而留下很厚的盐矿床中。随后，它被堆积成巨大的盐堆以便干燥。一些盐湖中石盐形成于水在盐湖中蒸发，如犹他州的盐湖。盐也用于保存肉类和鱼类，并且可以使食物更加可口。虽然人体需要依靠定期摄入自然形成的盐来保持系统平衡，但对盐的过量食用也是不健康的。

收获海盐▶

在一些国家，特别是在一些岛上，仍旧采用这种从海中收获食盐的最古老的劳动密集型方式，如在西印度群岛和佛得角。海水进入面积很大很浅的盐池中，随后停留在那里，在太阳的照射下蒸发。保留下来的盐（只占很少的比例）采用手工收获，并且被运往提炼厂，在那里大部分的盐被转变为化学制品，如氯。

石盐的类型

橙色石盐

当石盐结晶时，通常形成立方形晶体。这种立方形晶体经常可在未经提炼的海盐中见到。尽管如此，因为这些矿物很易溶于水，所以在自然界中石盐的大晶体比较少见。在生成石盐的地方，并不是只形成白色的晶体，也同样会形成彩色的晶体，如橙色和粉色的晶体。

蓝色石盐

一些石盐的颜色变化是由细菌所引起的，另一些则是由于暴露在天然辐射中而引起的。伽马射线先将石盐变为棕黄色，随后变为深蓝色。这种蓝色由少量金属元素钠所致。这些少量的金属钠是在辐射粒子冲击晶体结构中的电子时形成的。

漏斗形晶体

最引人注目的一种石盐晶习是斗形晶体。这种立方形斗状晶体，因其晶面以一种形似采矿传送带上漏斗（容器）的方式排列为锯齿状而得名。这种锯齿状缺口的产生，是由于其晶面边部的生长速度比中间要快。

氯铜矿

氯铜矿是一种亮绿色的氯化铜，它的名字来源于作为世界上最干旱地区之一的智利的阿塔卡马沙漠，在这里可以找到最好的标本。氯铜矿仅形成于很干燥的区域，在那里，硫化铜矿物暴露在空气中。氯铜矿像硅孔雀石、铜氯矾、假孔雀石、蓝磷铜矿和水胆矾几种稀有矿物一样，一般与孔雀石、蓝铜矿和石英共生。氯铜矿的吸收性很强。

通常与氯铜矿一起发现的亮绿色的孔雀石

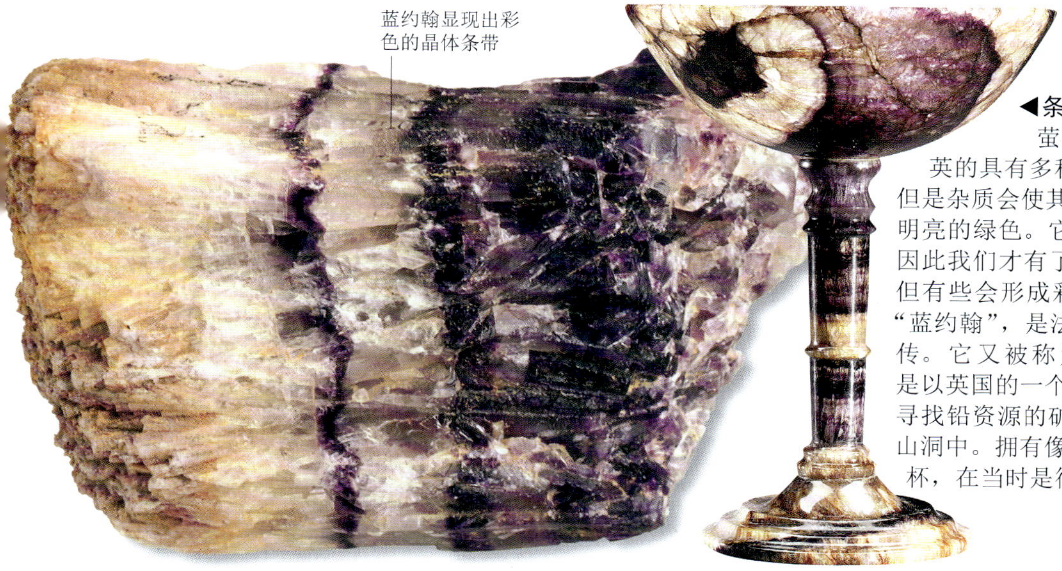

◀条带状萤石

萤石是另外一种卤化物，它是仅次于石英的具有多种颜色的矿物之一。纯的萤石为无色，但是杂质会使其产生出彩虹的色调，从浓郁的紫色到明亮的绿色。它在黑暗中经紫外光照射时也会发光，因此我们才有了“荧光”一词。大部分萤石为单色，但有些会形成彩色条带。最著名的条纹萤石之一是“蓝约翰”，是法语“Bleu Jaune”（蓝黄）的一个误传。它又被称为德比郡晶石（Derbyshire Spar），是以英国的一个发现萤石的郡的名称来命名的。它由寻找铅资源的矿工，于18世纪首次发现于德比郡的山洞中。拥有像这样的由“蓝约翰”制成的高脚玻璃杯，在当时是很时髦的。

萤石▶

萤石的英文名称（fluorite）来源于拉丁语，意思为“川流不息”，因为它主要被作为助熔剂（一种可以降低熔点的物质）用于钢和铝的生产过程中。它有助于熔化的金属更好地流动，并且同时它又有助于去除杂质（如金属中的硫）。萤石是发现于热液脉和石灰石中的一种常见矿物。氟是一种经常添加于饮用水和牙膏（以氟化物的形式）中用以坚固牙齿的化学制品，而萤石是获取氟的唯一资源。

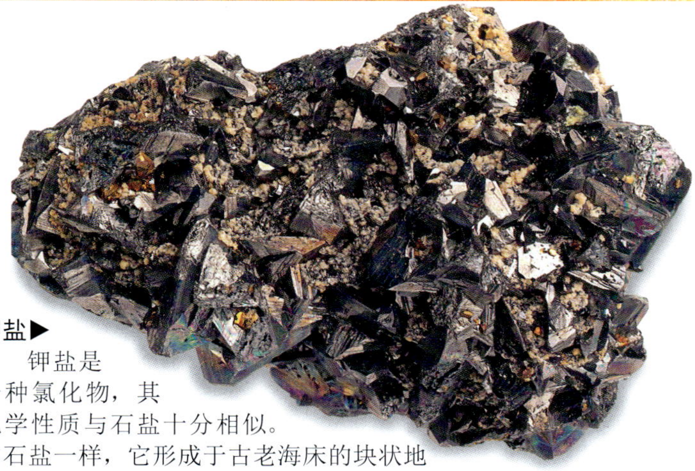

钾盐▶

钾盐是一种氯化物，其化学性质与石盐十分相似。与石盐一样，它形成于古老海床的块状地层中，但与石盐不同的是，它含有钾（或碳酸钾）而不是钠。古老的钾盐矿床是钾盐的一个主要资源。钾盐是肥料的一种主要成分，被全世界的农民（如右图所示）所使用。全世界四分之一的钾盐采自加拿大的萨斯喀彻温省。钾盐能够形成晶体（如上图所示），但这种晶体十分稀少。

碳酸盐类及其他相似盐类

当碳酸根（碳和氧构成的原子团）与金属或半金属结合时，就形成了碳酸盐矿物。这一矿物族中的矿物较软且易溶于酸性物质。许多碳酸盐类是在地球表面的矿物被酸性空气和酸雨改变时形成的。硝酸盐、硼酸盐和磷酸盐矿物是在硝酸根、硼酸根和磷酸根与一种或多种金属元素化合时形成的。磷酸盐类矿物很软、易碎且多色。

◀文石

文石首次发现于西班牙的阿拉贡，是一种白色的矿物。它在化学性质上与方解石是相同的，但是它的晶体形态与方解石不同，包括具有尖锐的针状体。文石通常形成于温泉中或在洞壁上，在这里它生长成奇怪的珊瑚状外形，被称为“文石华”（铁花）。一些海洋生物以天然的方式释放出文石，牡蛎贝壳中的珍珠状物质就是由文石组成的。

看起来酷似珊瑚的文石华晶体

◀孔雀石

孔雀石的英文名称是根据希腊“锦葵”一词命名的，因为它具有与锦葵叶一样的颜色。它是一种碳酸铜，且通常以铜矿石中的污点或外壳的形式产出。孔雀石通常具有与众不同的绿色条带，从古时候起，它就已经因装饰用途而被人们用于雕刻了。当铜生成于其他矿物中时，能够显出蓝色（蓝铜矿或硅孔雀石）或红色（赤铜矿）的颜色。

孔雀石因具有丰富的绿色而闻名

◀菱锰矿

玫瑰粉色的菱锰矿通常形成于火山矿脉的泡沫中，含有银、铅和铜。这种小块体具有由黑色的锰的氧化物所构成的外壳，同时其内部显现暗深粉色的条纹。菱锰矿是含有金属锰的矿石之一，它通常为粒状（粗糙）小块体，而不见晶体。

菱锰矿劈开面所展现的粉色条带

▼方解石晶体

方解石是由钙、碳和氧组成的。它是地球上大部分常见岩石的组成矿物之一。方解石由死去的海洋生物的微小外壳所形成，是石灰石的主要成分。成堆的结晶灰华（方解石的一种形态）形成于喷出地表的间歇泉内富含矿物质的热水中。这些位于美国内华达州黑岩沙漠的间歇喷泉中的石堆，是围绕不再使用的采矿管而形成的。方解石质的钟乳石和石笋也形成于山洞中。

被锈水染为棕色的结晶灰华方解石

方解石晶体

冰洲石

有300多种不同形态的方解石晶体。自17世纪以来，纯净的方解石因其对光的折射性而具有价值。冰洲石晶体用于制造诸如显微镜一类的光学仪器。如今，大部分的冰洲石来自墨西哥。

犬牙石

犬牙石因与犬类的尖牙相似而得名。它们通常在石灰石山洞内的水池中形成簇状体。由于各个面形成不等边三角形（具有不同边长的三角形），所以这种尖形被称为偏三角面体。两个晶体常会结合在一起形成双晶。

钉头石

钉头石，形成形似钉子的晶体。这种“钉子”由两个菱面体组成，一个长菱面体顶部连有一个扁平的菱面体。钉头石常形成于岩洞和矿洞中。位于美国南达科他州黑山的珠宝洞，就是因其洞壁上所形成的闪亮的钉头石晶体而得名的。

银星石

◀磷酸盐类（银星石）

银星石在矿物分类中属于磷酸盐类，是含有氧和金属磷的混合物。银星石在石灰岩、燧石岩和花岗岩中形成球状晶体。当小球破碎时，它们表现为如图中所示的光盘状形态。

磷酸盐类（磷灰石）▶

磷灰石也是一种磷酸盐类，它得名于希腊语，原意为欺骗，这是因为此种矿物具有多种颜色且常被误认为其他矿物，如绿柱石或橄榄石。磷灰石晶体形成于变质岩中，但大部分晶体因太小而很难见到，像图中所示的这种大晶体很少见。磷灰石是动物牙齿和骨骼的重要组成部分，它的主要工业用途是制成肥料。

磷灰石

褐煤构成了面具上的黑色部分

装饰有绿松石片的阿兹特克面具

绿松石

◀磷酸盐类（绿松石）

绿松石是一种磷酸盐类，因含有铜元素而具有蓝绿色。它通常形成于沙漠中，古埃及人在5000年前就从西奈沙漠中开采绿松石。在中世纪，它经土耳其出口到欧洲，绿松石一词就来源于法语，意为“土耳其”。在中美洲，绿松石的开采大约始于1000年前。阿兹特克人用其块状原石作为珠宝，或者将其制成如图中所示面具上镶嵌的微小马赛克。

钠硝石

硝酸盐类（钠硝石）▶

钠硝石（硝酸钠）属于硝酸盐类。它与方解石很类似，但是比方解石更软、更轻。硝酸盐类比较罕见，因其溶于水，所以主要发现于干燥地区，如智利和美国的加利福尼亚州。钠硝石主要来源于智利的阿塔卡马沙漠。它用于制造肥料（上图是其放大观察的形态）和炸药。

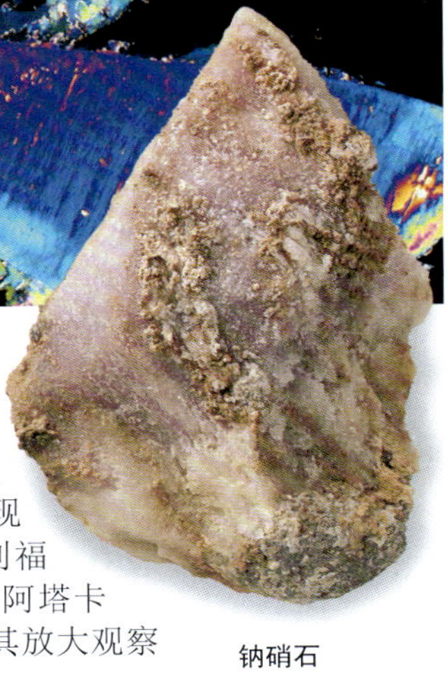

钠硼解石

硼酸盐类（钠硼解石）▶

钠硼解石属于硼酸盐类矿物。有时钠硼解石生成充满线状纤维的结构，被称为“电视岩石”。这种纤维所起的作用与纤维光学（用于通信）中所起的作用一样，它们经内部反射将光沿其长轴传输。钠硼解石通常与硼砂伴生，它是一种存在于从食物防腐剂到玻璃纤维等各种东西中的水溶性矿物。

矿物的早期应用

我们的祖先最初使用石制工具来协助他们打猎、宰杀动物、切肉以及建造掩蔽所。他们大约在同一时期发现了矿物中所富含的彩色颜料，并用这些颜料来创作石洞壁画。大约在 9000 年前，随着最古老社会文明的兴起，由岩石和矿物制成的多种用具开始显著增多。人们学会了如何用石头来建筑房屋，如何用黏土来制成瓦罐，如何在黏土制成的写字板上书写，以及如何用金属来制作武器、盔甲、工具、碗和宗教用具等各种物品。

燧石箭头

燧石刮刀

▲石制工具

在 200 万年以前，史前的人类将燧石削出锋利的边缘，以便将其做成刀和斧。最近，考古学家在埃塞俄比亚的戈纳，发掘了最早可追溯到 260 万年前的燧石刀。燧石为我们的祖先提供了最早的工具，所以将发现青铜（公元前 9000 年）之前的这个时期称为石器时代。

矿物颜料▶

在很久以前，人们就学会了将矿物研磨成糊状来制造彩色颜料。石洞壁画始于 2 万年前，展现了所使用的 4 种主要矿物颜料：取自赤铁矿的赭红色、取自褐铁矿的赭黄色、取自软锰矿的黑色和取自高岭石（陶土）的白色。随着古老文明的发展，人们学会了如何利用更多的矿物来制成范围更广的颜色，如取自雄黄的红色、取自雌黄的黄色、取自孔雀石的绿色、取自蓝铜矿的蓝色和取自天青石的深蓝色。最稀有的颜料具有很高的价格，如取自天青石的深蓝色。

天青石制成的深蓝色十分昂贵，以至于使这种与众不同的颜色成为王权的象征

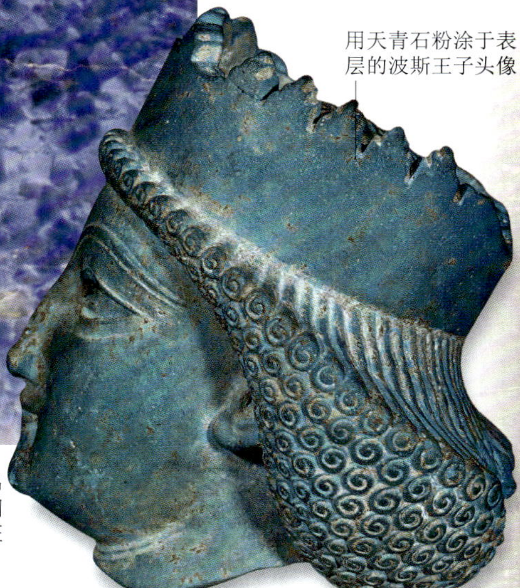

用天青石粉涂于表层的波斯王子头像

兵马俑由 7000 个与真人大小相同的陶制塑像（最早的陶器）构成的“陶俑军队”，与秦始皇埋葬在一起

◀陶器

在 3 万年以前，人们发现了如何用软的黏土塑造人物和动物的小雕像，并且将它们在炉子中烘烤为硬的陶瓷。没有人知道他们是何时学会用黏土塑形来制造瓦罐的，但可以确定原始的黏土碗制造于 8000 年前的中东。种种对于日益完善的陶瓷的考古发现，向我们讲述了很多关于早期文明的境况。这些与真人大小一样的兵马俑，在中国第一个皇帝——秦始皇时期（公元前 259—前 210 年）被掩埋于地下，主要用于守卫秦始皇陵。

由于突出的岩石而免于侵蚀的砂岩正面

用于建筑的岩石▶

最早由人类建造的掩蔽处，是由枝条和泥构成的临时建筑物。随着人们定居生活（在城镇中耕作或生活）的开始，他们想要修建耐久的房屋。在最早的城市中，人们用风干的泥制砖头建造自己的房屋，如大约在 9000 年前建造的加泰土丘（现在土耳其境内）。巨大的金字塔是世界上最早的石头建筑物，它们是为古埃及的法老所建造的坟墓。建筑物有时会开凿于岩石之中，例如那些建于公元前 4 世纪的位于约旦的佩特拉城（如图中所示）。

6 世纪西班牙的都布隆

◀**金属钱币**

伴随最早的人类定居，贸易变成了人类生活的一部分。人们需要具有固定价值的流通物（货币）。最早的货币由贝壳或珠子制成，后来被耐用、有价值且易于熔铸成规则形态的金属所取代，如金和银。最早的硬币可追溯到公元前 7 世纪，它们发现于吕底亚（现在土耳其境内），是由银金矿（一种金和银的混合物）制成的。都布隆（一种旧金币的名称）和其他西班牙硬币都是由采自中美洲的黄金所制成的。

具有典型古希腊建筑风格的佩特拉金库

危险矿物

一些矿物在很早以前就被认定为危险品，如有毒性的砷。如铅一类的其他矿物，已经成为比较神秘的杀手。古罗马人很有可能就是因用铅来铺设水管而中毒。在 16 世纪的欧洲，包括女王伊丽莎白一世（如图中所示）在内的贵族妇女，都使用由白铅矿（白色的铅）制成的糊状物来擦脸以获得时髦的苍白色面容。然而，白铅矿具有灼伤面部的腐蚀性，并会留下痕迹和疤痕。

用来称食盐重量的天平

▲**珍贵的食盐**

食盐（来自岩盐）同时作为健康保障和一种食品的防腐剂，自古就被视为一种珍贵的矿物。在撰写于 1578 年的一本中国药剂学书籍——《本草纲目》中，介绍了有利于保健的盐的用量。古埃及图画中展现了盐的制作，它在当时曾被视为一项重要活动。一种定期支付给罗马士兵的盐津贴，在当时被称为购盐证券。甚至在中世纪，人们所获得的一种薪水也以盐的形式存在，如这张 14 世纪的画中所描绘的一样。在当地宴会中，地位较低的人坐在餐桌旁“远离盐的位置”，这就表明，盐也显示了一个人的社会地位。纵观历史，为获取宝贵的盐储备而不惜一战的例子屡见不鲜。

宝石

大多数矿物颜色暗淡或由小晶体组成，然而也有少数矿物具有美丽的颜色并能形成大的晶体。这些宝石的多彩、闪耀和稀有，使它们成为跨越文化和时代的珍宝。在 4000 多种矿物中有 130 多种能够形成宝石。其中价值较高的是钻石、祖母绿、红宝石和蓝宝石，它们被称为珍贵宝石，并因其光彩（明亮）、稀有和坚硬而被人们所珍视。较为常见的宝石，如绿柱石、石榴石和橄榄石等则被归为半宝石。

◀钻石矿

天然钻石具有难以置信的古老年龄，大部分是在 30 亿年前形成于地球内部高温高压的深层环境中。随后，大多数钻石经由填充有金伯利岩的火山孔道被带至地表。然而世界上最大的钻石矿——澳大利亚西部的阿盖尔矿（如图中所示），所产的钻石采自钾镁煌斑岩。

未经切割的 83 克拉的钻石

钻石珠宝▶

大部分钻石纯净无色，但它们蕴藏了可以生动闪耀的彩虹般的颜色。这是当光线从不同角度照射时，由光的折射和色散所引起的现象。当珠宝商将钻石切割制作成像这条项链一样的珠宝时，他们致力于使其具有最闪耀的“火彩”。

宝石的琢型

用不同风格的琢型来展现石头最美的特性。不透明或半透明的半宝石被切割成典型的平滑椭圆形，即上面为突起的圆弧，而下面为平面，被称为弧面形宝石。清澈的珍贵宝石，通常被切割出一系列镜面般的琢面（表面）来使其闪耀出光彩，例如钻石。阶梯琢型用以展现宝石的色调（颜色），主要应用于如祖母绿和红宝石等彩色宝石。而所有其他的琢型都是这两种基本琢型的变型，例如，梨型是具有一个大平面的梨状琢型。

◀宝石的查看

宝石看起来通常为色泽暗淡的卵石，直到它们被宝石工艺师（宝石切割师）切割并抛光。这是十分精密而细致的工作，通常在放大镜下进行。为了切割成光滑的小刻面，粗糙的宝石被粘在一个小棒顶端，并被放在一个旋转的抛光轮盘上。

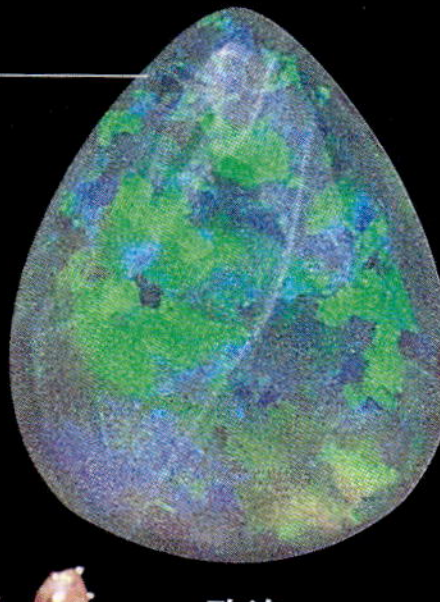

微小的紧密堆积的硅质球体生成一种具有变彩效应的微光

欧泊

祖母绿

由钻石和祖母绿制成的头饰

由 290 多颗钻石构成的光芒四射的波斯皇后的头饰

◀闪闪发光的珠宝

宝石不仅具有多彩的颜色，而且多数在光照下还闪烁出多种光芒。最好的欧泊展现一种非凡的彩虹般的色彩闪变，被称为“变彩”，它是由宝石中的微小硅质小球发生光的衍射（分解）而引起的。星光蓝宝石展现星形的线条，这种现象被称为星光效应，它是由宝石内部细小的针状金红石对光的反射而形成的。图中所示的珠宝商制作的一个头饰，当佩戴者步入灯光明亮的跳舞场或贵宾厅时，头饰上所使用的不同琢型、颜色及组合的宝石可令人陶醉。

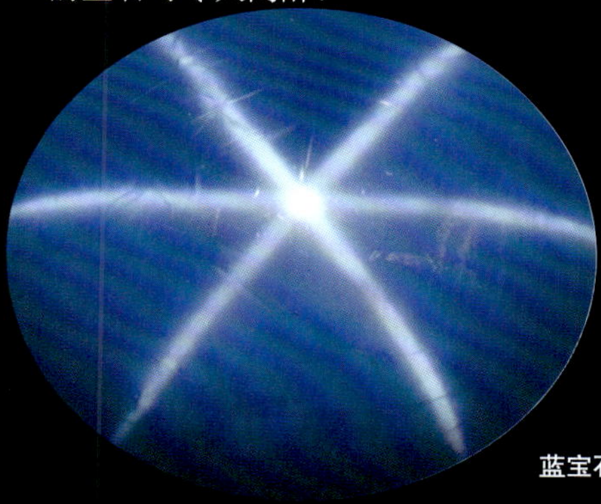

蓝宝石

石榴石和水晶镶嵌的胸针

镁铝榴石（晶体）

▲来源于地球深层的宝石

处于地下深层极大的压力和高温下的特殊化合物能够生成坚硬的深色宝石，如橄榄石和石榴石。有很多种不同的石榴石，它们的化学式十分多样。在这个胸针中的镁铝榴石为血红色，是由于含有一些铬元素；当钙铝榴石为橙色或粉色时，则是由于含有微量的铁和锰元素。

半宝石

碧玺

碧玺（电气石）在所有宝石中具有最广的颜色范围。甚至有一侧为粉红色而另一侧为绿色的晶体，如图中所示。因为粉红色和绿色看起来像西瓜的瓜瓤和瓜皮，所以将其称为西瓜碧玺。碧玺因俄国沙皇的喜爱而具有很高的价值。

紫水晶

紫水晶是一种由常见石英矿物所构成的宝石品种，其颜色变化范围为从浅紫红色到深紫罗兰色。这些颜色是由铁杂质所致。最好的紫水晶产自巴西、印度和俄罗斯，它们被发现于晶洞（岩石洞穴）中。最大的紫水晶晶洞大到可以在其中爬行。

托帕石

托帕石（黄玉）具有从无色到红色的一个宽泛的颜色范围。无色的托帕石很容易被误认成钻石。如图中所示的深橙色托帕石被称为红锆黄玉。托帕石晶体形成于火成岩中并且可以生长得很长。到目前为止最大的托帕石发现于巴西，重达 272 千克。

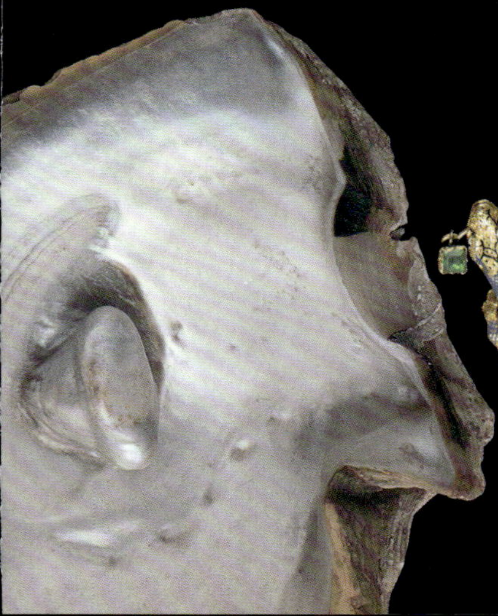

牡蛎贝壳

白色珍珠

◀有机宝石

有机宝石是由生物体形成的宝石，而不是形成于地层中的矿物。它们包括珍珠（如图中所示）、琥珀和煤精。珍珠形成于贝类（如牡蛎）——尤其是那些生活在暖水海洋中的贝类——的贝壳内。它们一般呈层状生长，围绕沙砾而构筑。如果一个珍珠被锯成两半，在显微镜下就可以观察到这些生长层，就像洋葱的层。珍珠形成的时间越长，其个体越大。

人造宝石▶

宝石由于稀少或难于从岩石中获取而具有价值，因此人们已经尝试以人工的方式生成宝石。现在大多数宝石都可以通过熔化其所对应的化学物质，并使其在特定条件下结晶的方法合成出来。许多合成宝石很难与真正的宝石相区别。立方氧化锆“仿钻”是由锆的氧化物晶体制成的，它几乎与真钻石具有一样的光彩。

立方氧化锆

玛瑙

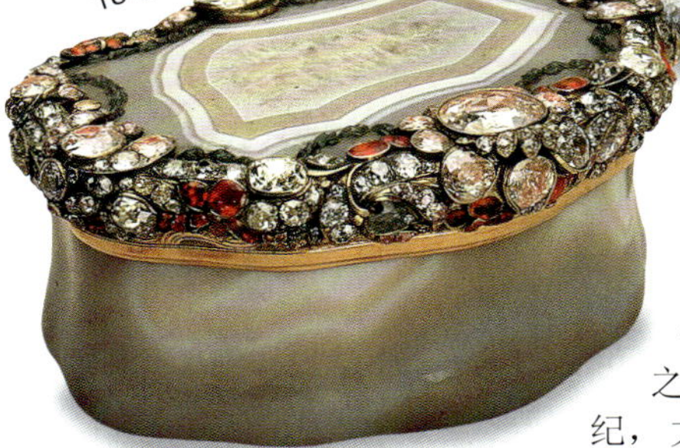

18 世纪的鼻烟盒

装饰品

除制成宝石以外，许多其他岩石和矿物也被用作装饰品。它们虽不像宝石一样清澈和闪耀，但通常具有生动的颜色和图案。装饰性石材被采掘出来用以装饰建筑物的正面。只要抛光好且具有抗风化性，几乎任何岩石都可能具有装饰性。装饰性石材的典型范例包括大理石、石灰石、结晶灰华、板岩和花岗岩。多彩的非珍贵矿物被用于雕刻装饰品、雕像和较多的功能型用品，这些矿物包括玛瑙、缟玛瑙、玉石和碧玉。

玛瑙▲

玛瑙是一种具有条带的玉髓，是最流行的装饰矿物之一。在 16 世纪，大规模的玛瑙装饰品工业在德国的伊达尔·奥伯施坦地区兴起。环状玛瑙是指带有环形条带的玛瑙，用它制成的装饰品给人以特别深刻的印象，如这个 18 世纪的鼻烟壶。如今，大部分用于装饰功能的玛瑙由人工染色而获得。

▼缟玛瑙

缟玛瑙是一种具有黑色和白色相间条纹的玛瑙，红色缟玛瑙具有白色和红色相间条纹。缠丝玛瑙（如下图所示）则具有棕色和白色的条纹。缟玛瑙在罗马时期就已广泛用于雕刻，罗马人将任何能用于雕刻的美丽石头都称为缟玛瑙。这个雕刻的鼻烟壶制作于 19 世纪的中国。

缠丝玛瑙

▶碧玉

碧玉是一种具有斑点的砖红色石料，属于石英质玉石。它的确是一种硅质（沉积）岩石，它在石灰岩中形成坚硬的结核。红色的碧玉（如图中所示）由微量铁元素致色，绿色碧玉则由微小的纤维状阳起石矿物致色。它在发掘时的颜色十分暗淡，但经抛光后的颜色很美。碧玉质的卵石在湿润时，会发出动人的闪光。

碧玉

18 世纪的花瓶

玉石▶

玉石可用作装饰物品，有软玉和硬玉之分，玉石由一种或一种以上的矿物组成，它们可以呈白色、无色或红色，然而最广受欢迎的玉石是浅祖母绿色的翡翠。玉石在中国备受珍爱，几千年来，它曾被雕琢成珠宝首饰、装饰品和小摆件。中国最著名的考古发现之一是汉代中山靖王刘胜和窦绾夫妇墓，可追溯到公元前 113 年。这两具遗体都分别穿有一件由 2000 多块小玉片组成的玉衣，玉片之间用金线连接。当时的人们认为玉能够使他们的躯体免于腐烂（就连带有罪恶灵魂的躯体也可以受到保护），并使他们永存。

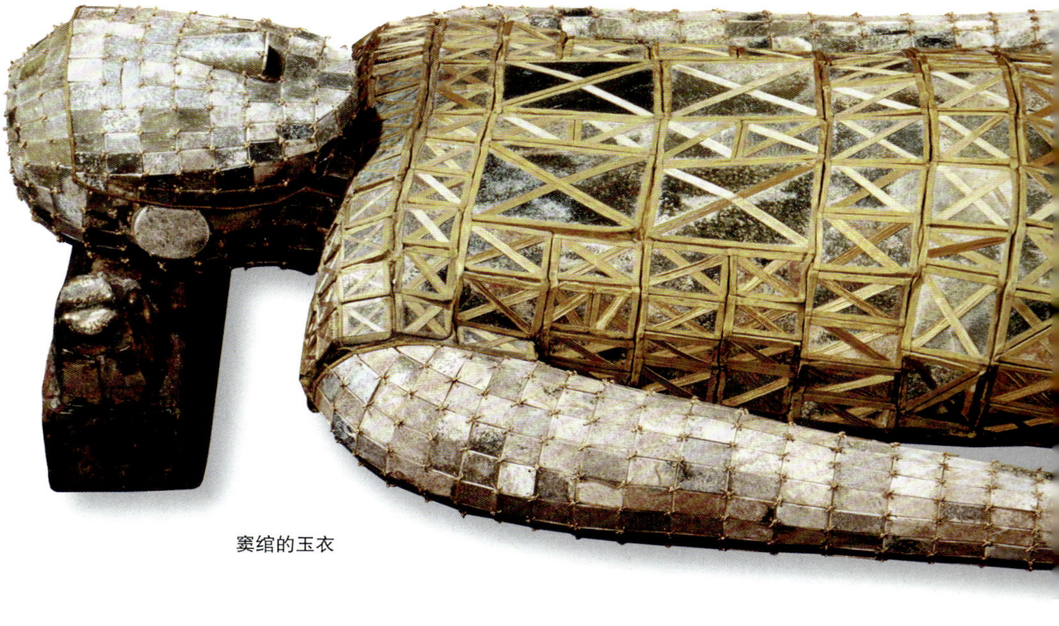

窦绾的玉衣

◀**防水装饰物**

有些石头不仅坚韧、多彩，还具有防水和良好的导热性能。这使它成为温暖气候条件下，装饰盥洗室和庭院的完美材料。来自喷泉和浴室的水可以在不损坏任何东西的情况下从石头上流过。这类石头具有良好的导热性，可以快速散热，所以在触摸时会感到凉爽。

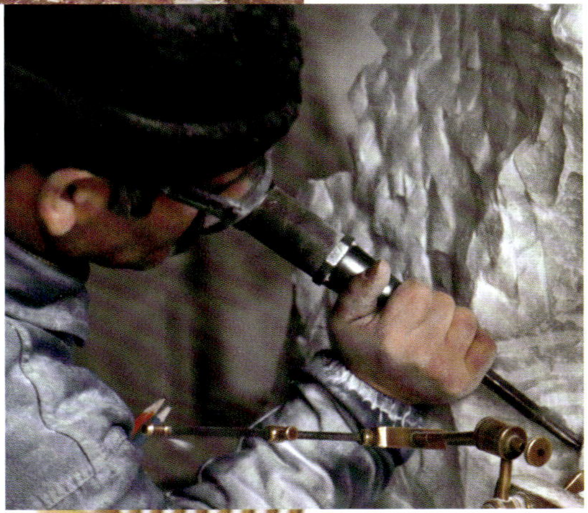

岩石雕刻▶

在数千年的时间里，石雕技术只发生了少许变化，主要工具仍是钢制的凿子和锤子。一些雕刻师会使用气动锤，但其基本技术还是一样的。将凿子在石头上重击，同时将小块的岩石凿落。

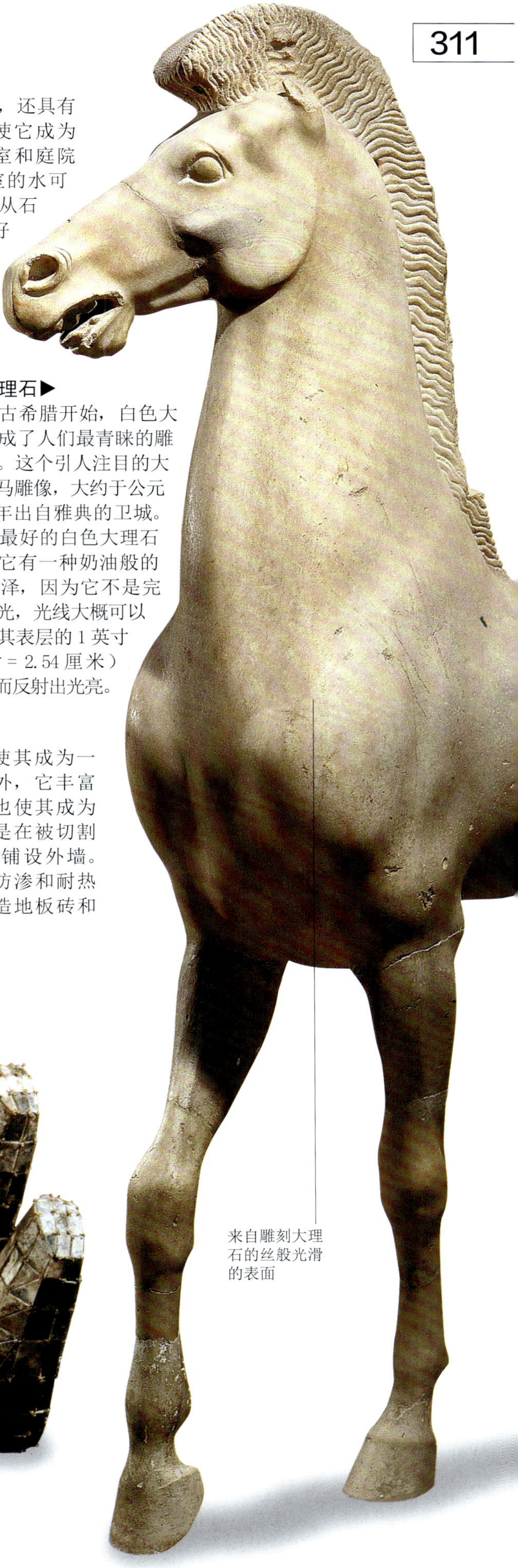

白色大理石▶

从古希腊开始，白色大理石就成了人们最青睐的雕刻材料。这个引人注目的大理石骏马雕像，大约于公元前 490 年出自雅典的卫城。像所有最好的白色大理石一样，它有一种奶油般的白色光泽，因为它不是完全不透光，光线大概可以穿透到其表层的 1 英寸（1 英寸 = 2.54 厘米）处，从而反射出光亮。

◀**岩石表面**

花岗岩的强度和耐久性使其成为一种重要的建筑石材。除此以外，它丰富的颜色与迷人的大颗粒斑点也使其成为一种流行的装饰石材，特别是在被切割成平面并抛光后，经常用于铺设外墙。它是一种低保养石材，具有防渗和耐热的性能，这使它成为一种制造地板砖和厨房台面的理想材料。

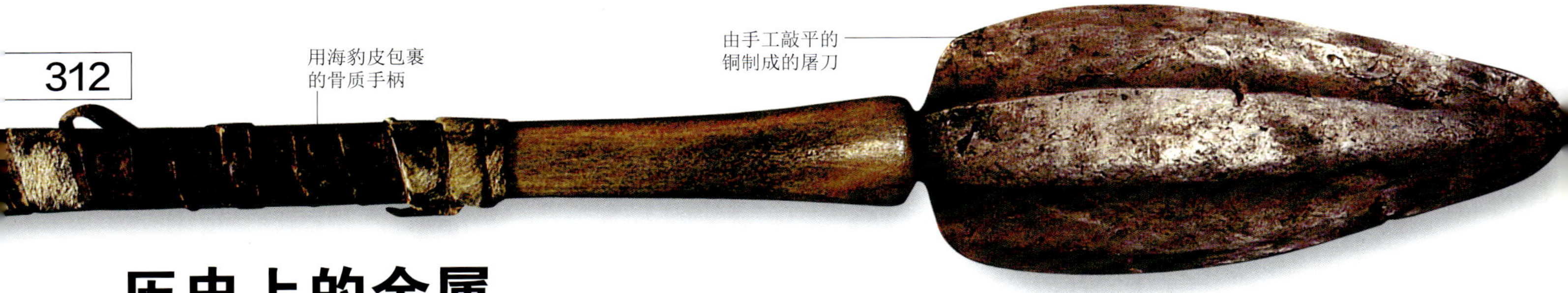

历史上的金属

大约在 6000 年前，古老的文明社会首次使用金属，与人们将自然金和银打造成装饰品属于同一时期。不同的人类文明迅速发现了岩石中含有许多其他金属，其中包括铜、锡、铁和铅。每种金属都具有其独一无二的特征，耐久性和延展性使它们变得特殊。它们可以被制成从简单武器、工具到巨型机械的任何东西，并且十分耐用。这些性质促使金属在人类技术的进程中扮演了重要的角色。

▲被锤薄的铜

铜是首先用于日常用品制造的金属之一，这是因为它较早地被从地层中挖掘出来。像金一样，铜可以被打造成型，如这个因纽特人的刀刃。据来自美国苏必利尔湖的证据显示，古时候的人大约于 6000 年前开始采掘铜，被称为“古铜文明”。数千年来，铜一直是印第安人所使用的主要金属。

▲青铜的发现

在将铜与砷混合后，人类又学会了将铜与锡混合以制成青铜，这是在金属加工中的一项突破。青铜时代始于约公元前 3000 年前，即在亚洲西南部发现青铜的时代，一直延续至约公元前 1000 年前铁的首次广泛应用为止。如这里所示的青铜壁缘，可追溯到公元前 840 年前，附着于巴拉瓦特（位于现在的伊拉克境内）的亚述城的巨大木门上。

◀铜的熔炼

最早被人类使用的金属是自然金属。在大约 5000 年前，金属工艺师首次发现从矿石（含矿岩石）中获得金属的方法。因为自然金属较稀少，所以这个发现成为一次重大的飞跃。它们将矿石加热，直至其中的金属熔化并且以液态方式流出，这副木版画中就展现了这个名为“熔炼”的过程。将这些矿石填入炉中的工人都戴有安全面具，以避免烟熏。铜是被熔炼的第一种金属，取自富含铜的硫化物矿物，如黄铜矿。

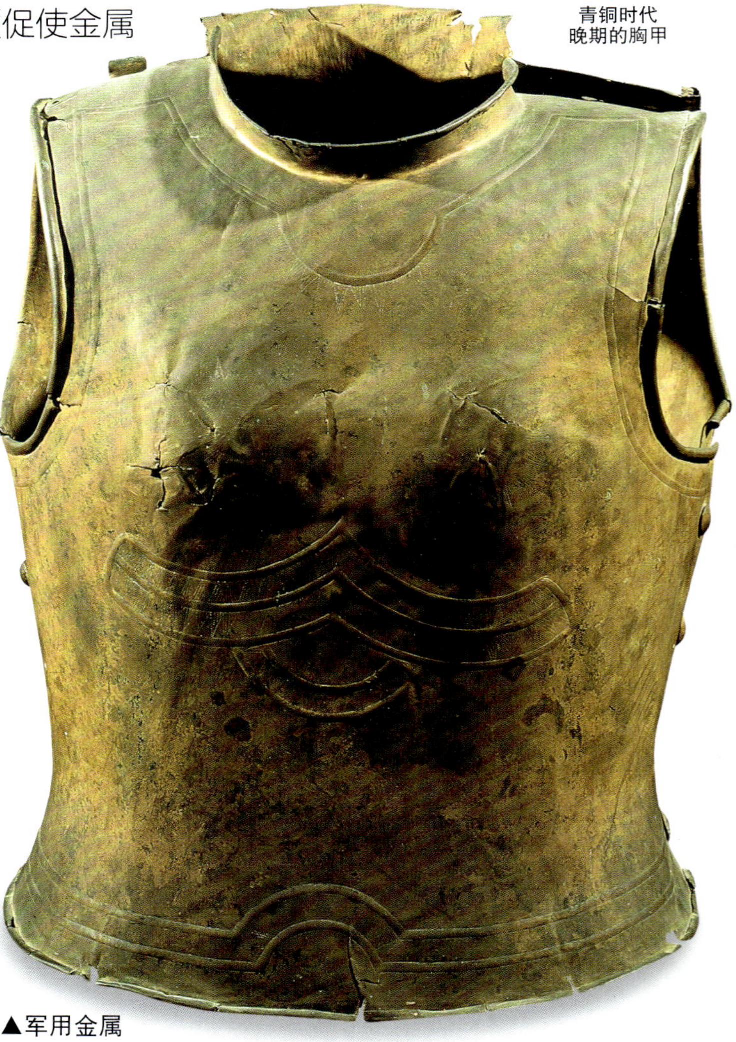

▲军用金属

铜用于制作刀片质地太软，早期文明发现在铜中加入锡会使其变得更坚韧，这种铜与锡的合金被称为青铜。最早的剑和盔甲都是青铜质的。古希腊对小亚细亚特洛伊城的进攻，可能就是为了赢得这座城市中著名的青铜贸易的控制权。青铜被流动的希腊商人带到欧洲的其他国家，在那里造出了这种胸甲。

公元前 5000 年 | 锤薄的铜应用于欧洲和亚洲 | 公元前 4000 年 | 青铜应用于中东 | 公元前 3000 年 | 青铜应用于欧洲 | 公元前 2000 年

◀**新德里的铁柱**

制造青铜所遇到的问题是：锡比较稀少且昂贵。大约在 4500 年前，安纳托利亚（今土耳其）的希泰族人学会了铁的熔炼。当时铁矿石相对较常见，并且比较便宜。炼铁工业始于约 3500 年前的印度，这个 7 米高的铁柱位于印度的新德里，树立于公元 5 世纪的笈多王朝。用来制造柱子的铁的品质很纯，尽管在温暖潮湿的气候条件下也根本不会生锈。

梵文碑铭表明，这根柱子的树立是为了追忆旃陀罗笈多国王

炼金术

早期的化学知识来源于炼金术士的工作，包括对于金属与酸的特性的认识。这些早期的“科学家”对寻找将普通金属（如铅）转化为贵重金属（如金或银）的秘诀很感兴趣。一些炼金术士曾经尝试通过试验来寻找长生不老的秘诀。炼金术士对能与其他金属结合以制造彩色粉末的水银特别感兴趣。炼金术的研究始于古埃及，在中世纪已经遍布亚洲并传入欧洲。

钢铁时代▶

铁可以通过加热与碳形成合金，从而转变成一种被称为钢的更坚韧的金属。印度的金属制造工人在 2000 年以前就发现了这种方法。尽管如此，直到 18 世纪末这一大量生产铁和钢的方法才在英国得到发展，从而引发工业革命。英国的第一个铁加工厂（如图中所示）修建在柯尔布鲁克代尔。由此，从蒸汽机车到织布机，现代机器诞生了。

烟囱喷出有害的污染物

炼铁厂通常设立在临近煤和铁矿石供应点的地方

铸铁为工程师创造出更大、更牢固的结构提供了可能

◀**建筑物中的铁**

早期的铁通常经手工锻造成型，铸造的过程是往模具中注入金属液体，这种方法的使用可追溯到公元前 6 世纪的中国。但在工业革命期间对金属需求的增加，导致了大规模铸造技术的发展。虽然早期的铸造铁比锻造铁更脆，但它还是用于大量生产机器零件。工程师也发现铸铁很坚硬以至于可以用来建造桥梁、建筑物和其他承重的建筑。这座位于英国柯尔布鲁克代尔的 18 世纪的拱桥，是世界上第一座铁桥。

器时代开始土耳其（公前 1200 年） | 公元前 1000 年 | 铁应用于欧洲 | 铁制造工艺在中国的发展（公元前 500 年） | 公元元年 | 锻造铁产品自公元 500 年开始广泛分布 | 1000 年 | 铁和钢的大规模生产导致工业革命（1700 年） | 2005 年

现代金属

在现代，金属与其在青铜时代和铁器时代中一样，仍为重要的一部分。金属几乎在我们生活的每个领域都扮演着角色。运送我们的汽车、火车、飞机和轮船都由钢制成；铜线输送的电子信号，可为从电脑到路灯的每样东西提供动力。像铁、钢、铜、锡和铅这样的许多金属都已经被我们所了解，并且使用了数千年。尽管如此，少数重要的金属已在近代被人们所发现，如铝和钛。一种完整的新合金主体已被开发出来，以满足现代技术的需要。

▲钢合金

钢是加入微量碳和其他物质后所得到的更坚韧的铁。应用最广泛的钢是碳钢，它含有不到1%的碳。用于汽车主体的低碳钢含有0.25%以下的碳。其他的钢合金则通过加入微量其他金属（如钨）而制成，其他金属的加入可使钢具有一些特殊的性能。锰和钨通常用于增加钢的强度，钼用来使钢耐高温，镍和铬用来使钢抗腐蚀（生锈）。钢合金曾用于制造英国巨大的伦敦眼摩天轮，它含有用于增大强度的钛和抗腐蚀的铬。

▲钢产品

钢由巨大的钢铁厂制造，用废钢或熔化于熔炉中并注入模具中精炼的生铁来制成钢板。这些钢板随后被重新加热，并卷成瘦长条（如图中所示）。生铁是直接从鼓风炉中获得的熔融态的铁。尽管如此，它含有4%～5%的碳和其他杂质，它很硬也很脆，以至于它几乎是无用品。为了生产钢，大部分杂质必须被清除。许多现代钢铁厂使用碱性氧气炼钢（BOP）。这个过程包括将氧的喷射物吹到熔化的铁上来氧化过量的碳，使其转变为二氧化碳气体。

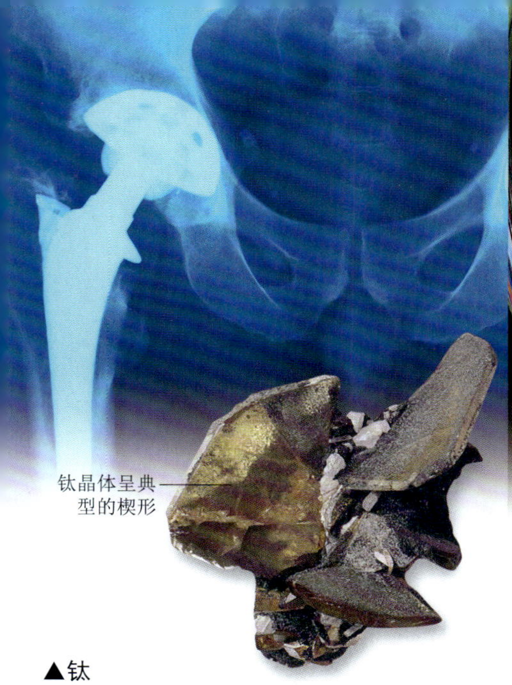

▲钛

尽管钛在地球上的储量十分丰富，但人们直到 18 世纪 90 年代才发现钛铁矿和金红石（主要的钛矿石）。如今，对于现代科技来说，钛是最重要的金属之一。它抗腐蚀，比钢更坚硬并且几乎和铝一样轻。它被用于从飞机合金到人造髋关节置换部件的一切事物中（如上图所示）。

▲铬

作为铬元素来源的铬铁矿，发现于全世界的各个地方。将铬元素添加到钢中，就制成了闪亮、坚韧且具有强抗腐蚀性的不锈钢，铬的含量从 10%～26% 有所不同。铬也用于日常金属用品的电镀，使它们具有持久光亮的外观，如浴室的水龙头、轮毂盖（如上图所示）和咖啡机。

▲锌

闪锌矿和菱锌矿是主要的锌矿石。锌在罗马时期就已经被人们所使用，当它与铜化合时就制成了黄铜。如今，锌主要用于对钢的电镀，这是一种可以使钢免于生锈的薄的保护膜。锌的化合物也用作遮光剂（如上图所示），将强烈的光线反射出去，以保护皮肤。

◀铝

铝是地球中含量最丰富的金属，也是用途最广泛的金属之一。它的高电导率、低比重和抗侵蚀性意味着它对从高架电缆（如图中所示）到食品包装的很多产品都具有一定的应用价值。然而，铝土矿（含铝的矿石）直到 1808 年才被发现，并且从含铝矿石中提炼铝的方法也是到 1854 年才被发现。铝土矿并不是与其他矿石一样坚固的岩石，而是一种发现于热带的风化而成的疏松矿物，这种矿物被称为红土。

▲现代合金

航空工业对更坚韧、更轻的金属的需求，已推动了许多新合金的发展。很多合金都含有钛或铝。一架 F-16XL 战斗机（如图中所示），可能含有占其总重量 10% 的钛，并含有至少 12 种合金，每一种都履行了其自身的职责。仅就空中客车 A380 而言，就使用了 3 种全新的铝合金，使用钪、铪、钼和钛，以增加强度和韧性，并同时提高了抵抗压力和侵蚀的性能。

开采的问题

现代采矿方法在很多地区留下了巨大的坑洞，污染了湖泊和河流。这里展现的是从当地煤矿溢流出的废水流入小溪后，又流入美国俄亥俄河的景象。矿石中的黄铁矿使水流呈红棕色。在 2000 年，仅美国的金属开采工业，就向环境中排放了 1.5 万吨的有毒废物。

工业用矿物

许多矿物被用于工业。一些像石英、硅石和石膏等矿物，都是从如石灰岩、黏土和页岩等沉积岩中采掘出来的。对于建筑来说，这些矿物中的许多品种都很重要，因为它们为制作水泥和混凝料（大量的碎石和沙砾）提供了所需的物质，而将水泥和混凝料混在一起就可以制成混凝土。其他矿物则用于提炼金属或为电站提供所需的煤。大量的矿物也应用于玻璃、颜料、陶瓷、电子元件、药品和许多其他产品的制造。

石膏

▲石膏灰泥

大多数现代灰泥都是由石膏研磨成的粉制成的，先加热使其干燥，然后再加入水。石膏灰泥被古埃及人用于粉刷宏伟的吉萨金字塔。直到最近，许多欧洲和北美洲的建筑物仍使用传统的石灰（由加热后的石灰石组成），它可以使建筑物更柔和、更光滑且更白，但是它需要很长时间来晾干。石灰也用于壁画和制造装饰模型的表面。如今，很多建造者使用石膏灰泥（如上图所示），因为它很快就可以风干且变得坚硬。

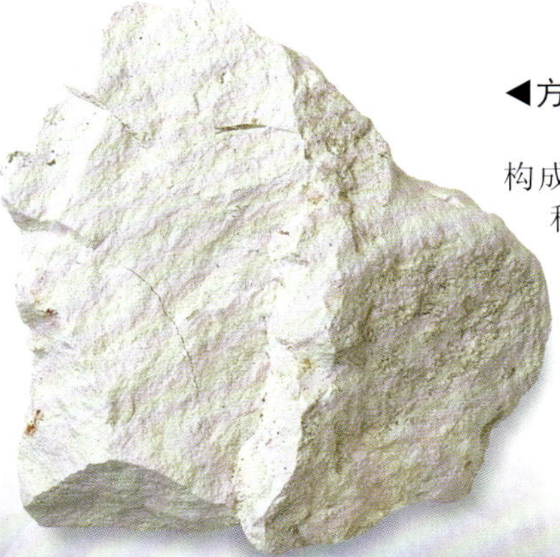

方解石

◀方解石（白垩）

大多数石灰岩主要由方解石（碳酸钙）构成。白垩是近乎纯的方解石。方解石是一种非常有用的矿物，从古时候就被人们所知。它是水泥和肥料中的关键成分。纯的细粒土状方解石被称为白垩，它广泛用作陶瓷、绘画、造纸、化妆品、塑料制品、漆布和油灰中的填充物或染料。

由混凝土制成的万神殿的圆顶

◀水泥

水泥是将砖块固定在一起的“黏合剂”。古罗马人在公元126年，用它制造了意大利罗马的万神殿的屋顶，这是世界上第一个混凝土圆屋顶。为了制造水泥，他们将潮湿的石灰与从波佐利市附近获得的火山灰混合。如今，水泥由石灰石（方解石）、硅石、矾土、石膏和氧化铁的混合物制成。水泥也有助于将混凝料（如沙子和沙砾）结合起来成为混凝土。

▲用石灰中和酸化的湖泊

当石灰石在石灰窑中加热，变成生石灰。当生石灰和水混合时，它会变热且膨胀，使其看起来“十分活跃”。在加入水后，生石灰会变为熟石灰，由于这种石灰已被消渴，所以不会再和水发生反应。石灰被广泛用作肥料，并在水和污水处理中以降低酸度。最近，人们将石灰用于抵消一些酸雨的影响。酸度高会杀死湖中生命，将大量的生石灰喷洒到受酸雨影响的湖中，以起到一种中和酸度的效果。这种做法只有在小的湖泊中取得成功。

◀高岭土

高岭土或中国黏土，是一种松软的白色黏土，它是根据几个世纪以来出产这种黏土的位于中国的一座山而命名的。它为瓷器和纸张的白度提供了基本材料，主要由高岭石矿物组成，但含有微量的其他矿物，如长石。堆积物主要由富含长石的岩石经风化而形成。在南美洲，鹦鹉舔食高岭土，以中和它们所食用的一些热带水果和种子中的毒素。

瓷花瓶

由硅石制成的玻璃

像糖浆一样流动、易于造型且吹制成型的熔融态玻璃

混凝土▶

混凝土是所有建筑材料中最便宜、最坚韧且用途最多的材料。几乎每个建筑工程都使用混凝土。它由成块的名为混凝料的坚硬材料构成，并由水泥凝固到一起。混凝土的特性，部分依赖于水泥的混合，但主要还是靠混凝料的种类来决定。普通的混凝料包括沙子、碾碎或破碎的石头、沙砾、锅炉灰以及煅烧黏土。

混凝土通常建造作为防洪设施的溢流沟渠

常用的工业矿物

滑石

滑石是地球上最软的矿物，它通常生成于一种名为皂石的低硬度岩石中。皂石被用于雕刻且制成装饰品已有很长的历史。粉末状的皂石（滑石粉）本身就可以用作干燥剂，除此以外还用于制造化妆品、颜料、润滑剂和陶瓷。

云母

云母是一种很重要的矿物，几乎生成于每种岩石中。最常见的应用品种是白云母和金云母，它们很容易剥开成薄片，具有耐热性和绝缘性。这使云母成为绝缘电子元件的一种理想选择，例如图中的这个电路板。

硼砂

硼砂是一种由矿物组成的轻且松软的化学药品，如硬硼钙石和贫水硼砂。它大量来源于地壳，形成于美国加利福尼亚的湖泊周围蒸发岩沉积物。硼砂还具有广泛的工业用途，其中包括陶瓷、玻璃器具和金属器具（如图中所示）的制造。它过去常用于熔焊金属缝合线。

▲硅石

硅石是由二氧化硅组成的一类矿物的名称，二氧化硅是一种由地壳中两种含量最多的元素（硅和氧）所形成的化合物。硅石以多种形式产出，其中最常见的是石英。石英十分常见，可以在所有矿物和石材的采掘物中发现，并且它是许多现代技术中的关键成分之一。它用于玻璃制造（如图中所示）、涂料业、塑料制造、胶、化妆品、铸造业、混凝料、石油开采、农业以及电子产品。

家居中利用的矿物

现代住宅几乎全部由从矿物中提取的物质而建造。唯一的例外是用来作为屋顶、地板和支撑结构的木材。支撑房屋的地基由混凝土（沙砾、沙子和水泥）组成。墙体由砖（黏土）与灰泥（石灰石）结合而成。屋顶的瓦片（黏土）和塑料排水系统（石油）将水排出。在房屋内部，用来加热和洗漱的水通过金属管（铜）被抽到房屋的各处。用陶瓷（黏土）或金属（不锈钢）质水池、浴缸和加热器来保存水。由玻璃（硅石）制成的窗户为室内提供自然光，同时电线（铜）也为房屋提供了人工照明、通信和其他电力供应。

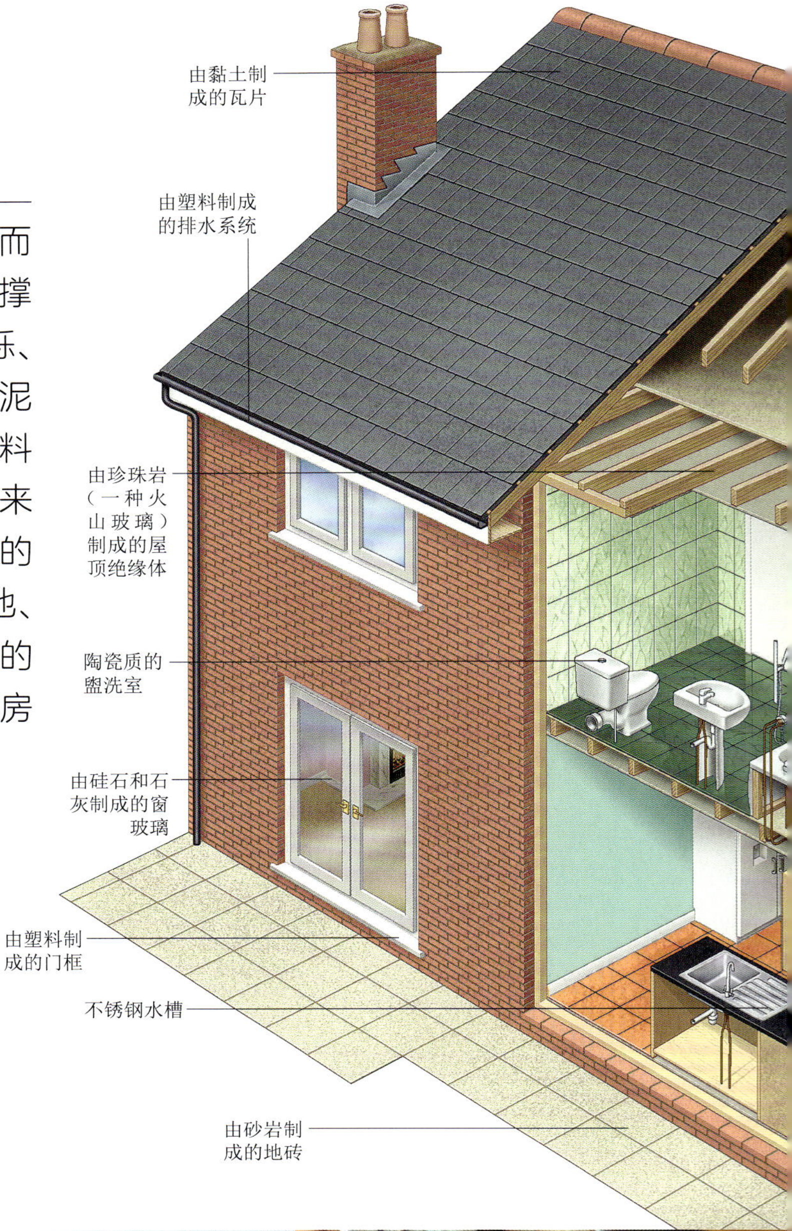

家居中的矿物▶

每栋现代房屋都由经过加工的大量工业矿物构成，如石膏、石灰石和一些金属（如铜和钢）。天然岩石通常用于装饰厨房和浴室，如花岗岩和大理岩。在过去，房屋通常由当地的已知材料建造而成，而在现代房屋中，几乎不可能确定那些矿物的来源。仅洗手盆可能含有加利福尼亚州的硼酸盐、俄罗斯的钾长石和捷克的高岭石。

▲灰泥（水泥、沙子）

灰泥是一种水泥、沙子和水的混合物，它在建筑中用于将砖块或石头黏固到一起。水泥过去通常指波特兰水泥，它发明于 1824 年，是一种由细石灰（由加热石灰石得到的氢氧化钙）和黏土或页岩组成的混合物。

▲瓦片（黏土）

在过去，许多房顶被石板覆盖。如今，大多数的屋顶由黏土瓦片覆盖。从传统意义来看，黏土瓦片由手工制成，保留了天然的颜色变化。而现代的瓦片是由机器制造出来的，颜色都一样，并且在高温炉中烧制而成。

▲管子（铜）

管子可以为浴室和中央供暖提供热水，它通常由铜制成，因为铜便宜且易于塑形。但是铜对于饮用水管来说，不是很好的选材，因为太多的铜对人体而言是有毒的。

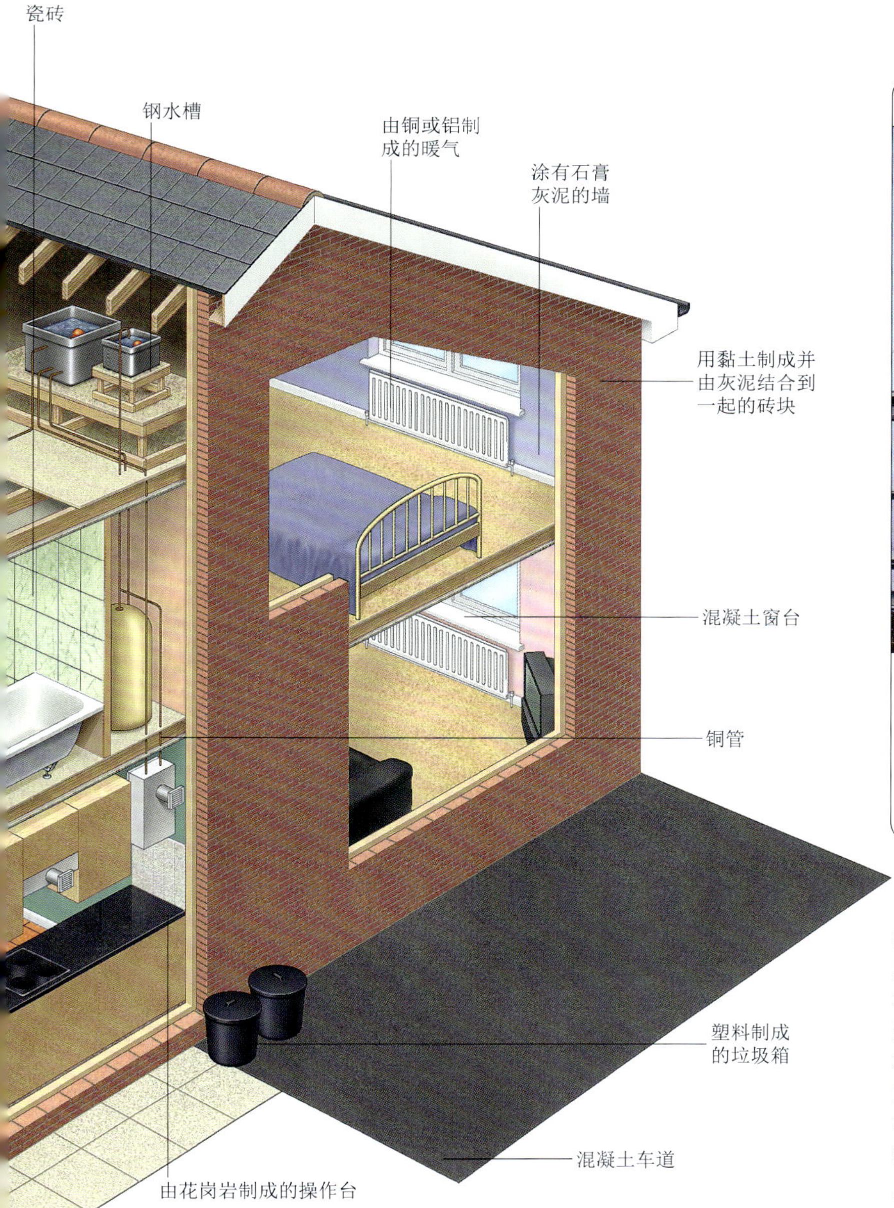

环保建筑

大多数房屋仍使用砖块来修建，而在最近几年，人们已经开始尝试其他替代建筑材料。这个合乎环境要求的舒适房屋，部分由稻草捆制而成，它的隔热性能很好，只需要很少的热量。上层的地板覆盖着由纤维玻璃布制成的填有棉絮的被单，以便阻隔噪声。这个房子坐落于填有水泥的沙袋上。枝条和金属的围墙，自然与再生材料的混合，共同组建了这座私人居所。这座房屋部分采用太阳能供电。

砖块▶

最早的砖块由泥河堤中的泥制成，这种泥以模具制成砖并且在太阳下晾干。将黏土放在干燥炉中加热，而后用以制造更硬的砖块的方法，最早是在 3500 年前被人们所发明的。如今，砖块的基本制造过程一样，但同时应用了范围更广的黏土，包括河流黏土、页岩和从地层中采掘的耐火黏土。

▲玻璃（硅石）

窗户中的玻璃片由硅石、苏打粉、石灰和大量体积微小的氧化镁制成。加入其他的材料以去除由微量铁所导致的绿色调，如硒或钴的氧化物。这样有助于为我们提供一个清晰的视野。

▲颜料（二氧化钛）

过去，人们将颜料混入建筑用漆。但是对于 20 世纪或者更久远的时代而言，大多数房屋已使用现成的颜料来装饰，由亚麻子油、松节油、多彩的颜料和基质组成。其中的基质曾经是铅，但因为铅具有毒性，而换为现代所使用的二氧化钛。

▲定做的厨房（花岗岩，黏土）

质量最好的厨房往往是由花岗岩组成的工作台面。花岗岩因其耐久性、耐高温性和外观而具有价值。光滑的瓷砖（黏土）可保护墙体远离水和油脂侵害。不锈钢（铁）用于制造炊具和水槽。

生命所需的矿物质

地球上的每种植物和动物的生存及成长所需的基本营养物质都依赖于矿物。植物从磷、钙和钾中获取营养，其余还有较少量的铁、钴、锌、硼、镍、锰和铜作为补充。植物通过其根部从土壤中吸收这些矿物质。包括人类在内的动物则主要依赖于铁、钙、钠和钾等矿物。它们通过所食用的食物来获取其所需的大部分矿物质。

▲土壤中的矿物

土壤是一种有机物与矿物（如硅石和氧化铁）的混合体。大部分土壤都含有植物所需的所有矿物质。尽管如此，这些矿物并不总以可被有效利用的量而存在，这就是一些土壤比其他土壤更加肥沃的原因。随着土壤的成熟，它会发育出不同的层，含有不同的矿物质。在有大雨的区域，矿物通常渗滤到更深的土壤层中。

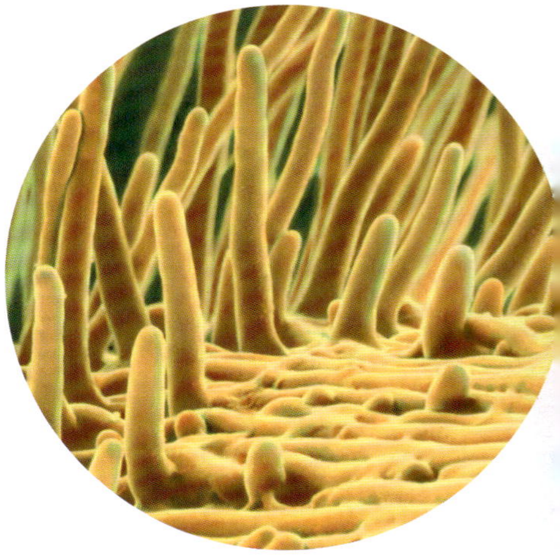

▲植物如何获取矿物质

植物具有表面积巨大的侧根，这些根主要用于从土壤中吸收富含矿物质的水。每条根都被显微的根毛所覆盖，这些根毛吸收水分并连续不断地为需要水的茎和叶进行补给。

▲食草动物

食草动物完全依靠植物为其提供所需的矿物质，如河马和母牛。虽然有时食草动物也会缺钙和磷，但令人惊奇的是，植物几乎能够提供所有那些它们所需的矿物质。食草动物通常会舔食盐的沉积物以补偿对盐（氯化钠）的缺乏。

▲食肉动物

食肉动物依靠肉类为其提供所需的矿物质，如狮子和熊。肉类富含大部分动物所需的保持身体健康的矿物质，包括钙、铬、铜、铁、硒、硫和锌。但肉类缺乏另外一些至关重要的矿物，如盐、钾、碘和锰。为了保持身体健康，食肉动物通常会补充食用一些含有这些重要矿物的植物类食物。

◀食物中的矿物质

科学家已经证实了16种人体所需的保持身体健康的矿物质。大量的基本营养矿物包括钙、钠、氯、锰、磷和钾，这些矿物是我们所需要的。少量的铁和锌也是我们所需要的。而人类对于某些矿物却只需要微量就足够了，如硒、锰和碘。不同食物含有不同量的矿物，然而，同样的食物因其所生长土壤种类的差异也能够含有不同量的矿物。这幅图就展示了几种食物及其能够提供的矿物和维生素。

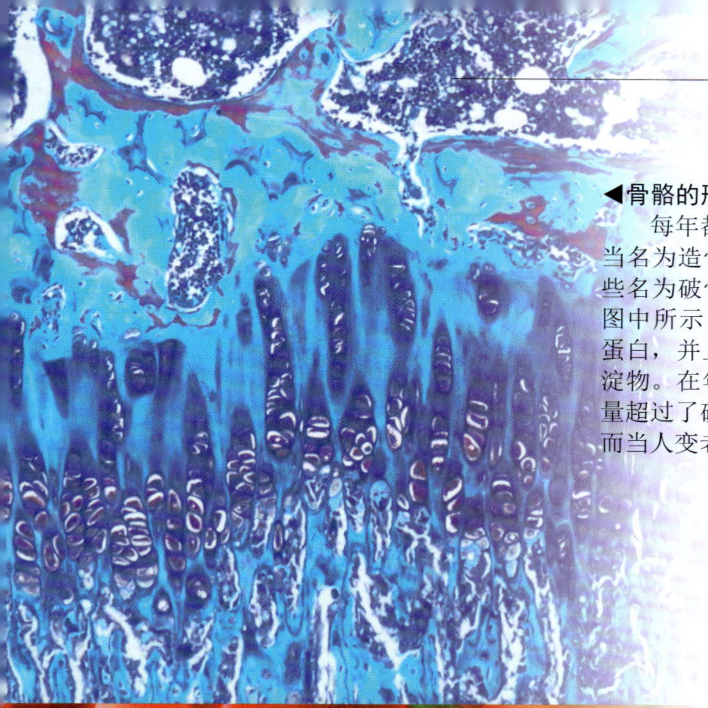

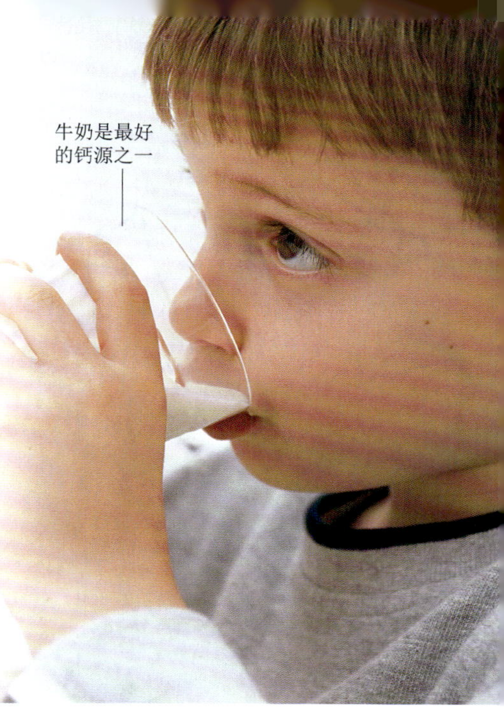

◀骨骼的形成

每年都有十分之一以上的骨骼在被替换。当名为造骨细胞的细胞生成新的个体时，这些名为破骨细胞的细胞便将死细胞清除（如图中所示）。造骨细胞生成了有弹性的胶原蛋白，并且留下了使骨骼坚硬的钙和磷的沉淀物。在年龄小的孩子体内，造骨细胞的数量超过了破骨细胞，因而有更多的骨骼生成。而当人变老时，这种平衡便会颠倒过来。

生长所需的钙质▶

对于儿童骨骼和牙齿的生长来说，钙和磷是至关重要的矿物质。这就是鼓励儿童饮用牛奶并食用奶酪和深绿色叶子蔬菜（这些食品都富含钙质）的原因。磷发现于大多数植物和动物蛋白质中。

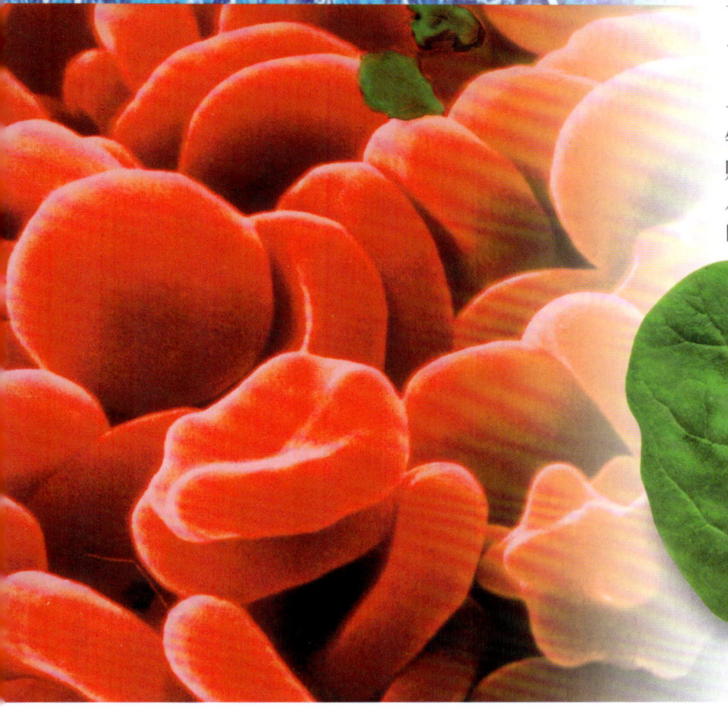

◀血和铁

红细胞（如图中放大图像所示）是将氧运送到全身的细胞。氧由一种特殊的名为血红蛋白的分子带至每个细胞中。在肺中，氧附着于铁，并由血液传送到所有组织。血红蛋白在携带氧时显现为鲜红色，赋予了富氧血液应有的颜色。如果缺少铁质，红细胞就不能携带氧，从而产生喘不过气来的症状。当心脏收缩得更快时，肺会试图弥补氧的缺乏。

◀铁的来源

铁是所有体细胞所必需的物质。虽然铁发现于多种食物中，但根据食物的不同，身体对它的吸收也会有较大的差异。肉类和鱼类中的铁质比水果、豆类、谷物和深绿色蔬菜（如菠菜）中的铁质更易吸收。对这些食物中的铁的吸收能够因与维生素 C 的结合而增多。

矿物质补充物▶

长时间缺铁能够导致缺铁性贫血，使人看起来疲劳且脸色苍白。大多数拥有均衡饮食（包括如牛肉类的红肉）的人，将不会受这种疾病的困扰。但是，素食主义者更处于危险中，人们经常食用含有铁质的胶囊来改善铁缺乏，但大多数医生还是相信，食用正确的食物会更好。

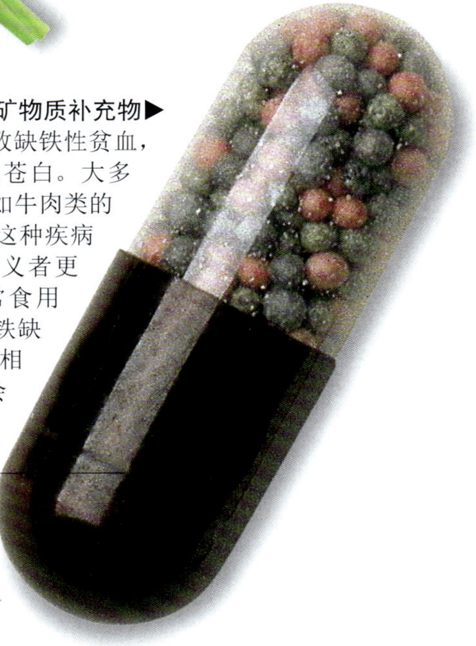

健康所需的矿物质

自古以来，人们就已经在富含矿物质的水中或天然温泉中养生。这种沐浴形式可追溯到 5000 年前，最早被称为 SPA（意指用水来达到健康），出现于意大利的梅拉诺。在其鼎盛的 18 世纪，SPA 沐浴成为一种上流阶层的社会现象。尽管如此，有一些证据表明 SPA 沐浴对于像肝硬化、铅引发的痛风、风湿性关节炎和高血压等疾病，具有真正的疗效。在富含矿物的水中沐浴也对皮肤有好处，可以非常放松。如今，饮用矿泉水的销量已达到历史新高。

野外地质学

地质学家直接从地表收集矿物标本，然后用科学试验来对其进行鉴定和分析。地质学家和其他地球科学家不仅在实验室中或使用数学计算来检验他们的理论，而且还在真实世界（面对山顶上猛烈的风或勇敢地接近正在喷发的火山）中收集资料并且获得标本。当然也可用“野外工作”一词来形容亲身实践的户外作业。对于地质学家来说，野外包括从北极的冰川到水下深处的海沟，事实上意味着地球上的任何地方。

▲卫星测量

经过了数百万年，构造板块可以出现很大的位移。而这种运动在一个生命周期中，就显得很微小。直到最近，地质学家才能测量到这种微小的移动。但自从发明了使用卫星的激光测量系统以后，地质学家就可以探测到大洋的扩展，就连几毫米变化都能探测出来。现在，地质学家利用全球定位系统，能够测量到大陆在很短的时间内所移动的距离。测量值表明，位于美国加利福尼亚的这一地点（如上图所示）曾在1994年北岭地震中上升了38厘米，并向东北方向移动21厘米。

◀辐射数据

图中所示的，是一位地质学家使用盖格计数器（或称为辐射计）来测量岩层所产生的放射能的量。自然（背景）水平的辐射是铀元素衰变的结果，这种现象几乎出现在所有岩石和土壤中。当铀衰变时，会产生放射性的气体氡，从地下源源不断地释放出来。因为每种岩石都具有一个不同的辐射读数，所以盖格计数器的读数可以用来识别特定区域的岩石。

火山预报▶

一次无法预料的火山爆发能够造成破坏性的后果，所以火山学家一直在试图判别可预知火山爆发时间的地质迹象。图中所示的是科学家们正在墨西哥的科利马火山顶端采集气体样本的情景。他们正在寻找增加的二氧化碳气体的水平，它是火山爆发迫近的一种标志性证据。其他标志包括地层温度的升高、重力的变化以及电场或磁场的变化。尽管如此，火山学家仍然无法准确预报火山爆发。

◀水下地质学

地质学家有时会冒险去危险或艰苦的地方，包括大洋底部。在加勒比海，图中的这位地质学家正在观察未被采掘的叠层石。看起来像巨大石蘑菇的叠层石是生活在浅层热带水域石灰岩上的古老的细菌群落。每一个群落中包含很多的细菌，它们在岩石表面构筑了厚的有机物罩面。变成化石的叠层石发现于澳大利亚西部，其形成时间可追溯到35亿年前，它为地球上的生命提供了最早的证据。

◀了解地球的磁场

岩石样品常常被带回实验室检测。这块玄武岩样品被送入一台低温磁力计中测量其磁场的强度和排列。玄武岩含有细粒氧化铁，它们指示了在熔岩凝固时地球的磁极方向。地质学家利用这些数据了解数百万年以来地球磁场的变化。

样品鉴定▶

高倍显微镜可显示出样品的晶体结构，从而有助于鉴定矿物。地质学家习惯于为更深入的研究而准备矿物和化石（图中所示）样品。在显微镜下不能鉴定的矿物，有时可以用X射线结晶学来鉴别，其中包括通过样品的X射线。每个晶体都具有其自身独特的化学结构，这些不同的结构可以使光衍射出不同的光线。

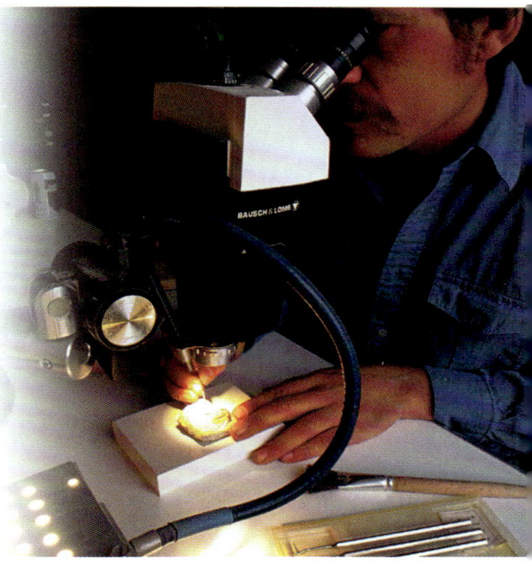

基本野外工具▶

当你沿海滨漫步或在乡间散步时，可以收集自己的岩石和矿物样品。为了能够最有效地利用岩石搜寻的探险，携带一些基本工具是很有帮助的。你将会需要一个锤子和凿子来采掘岩石样品，并且需要护目镜和手套来保护你的眼睛和手。为了防止碎裂和划伤，标本（特别是精致的水晶标本）将会包裹于报纸或其他保护物质中，并装入一个安全的容器内。

岩石和矿物的分类及其性质

岩石和矿物可以根据各种不同的性质进行分类和鉴定。这里列出的是一系列常见岩石和矿物的一些最重要性质。在这里，岩石根据其来源（形成的地点）进行分类，矿物则根据其化学成分进行分类。有时单一的一种性质就可以鉴定一个标本，但大多数情况下，需要将几种性质结合在一起来进行判断。例如，玄武岩被归为基性喷出火山岩，并依据其深色和细粒的特征来进行鉴定。

岩石

名称	来源	颗粒大小	分类	形成位置	颜色
火成岩					
花岗岩	侵入	粗粒	酸性岩	深成岩体	浅色，中等
闪长岩	侵入	粗粒	中性岩	深成岩体，岩墙	中等，深色
正长岩	侵入	粗粒	中性岩	深成岩体，岩墙	浅色，深色
辉长岩	侵入	粗粒	基性岩	深成岩体	中等
辉绿岩	侵入	中粒	基性岩	岩墙，岩床	深色
流纹岩	喷出	细粒	酸性岩	火山	浅色
黑曜岩	喷出	极细粒	酸性岩	火山	深色
橄榄岩	侵入	粗粒	超基性岩	深成岩体，岩墙，岩床	深色
安山岩	喷出	细粒	中性岩	火山	中等
玄武岩	喷出	细粒	基性岩	火山	深色
凝灰岩	火山碎屑	细粒	酸性岩～基性岩	火山	中等
浮岩	喷出	细粒	酸性岩～基性岩	火山	中等

名称	来源	颗粒大小	分类	压力	温度	结构
变质岩						
板岩	山脉	细粒	区域变质岩	低	低	层状
片岩	山脉	中粒	区域变质岩	中等	低～中等	层状
片麻岩	山脉	粗粒	区域变质岩	高	高	层状，晶体状
角闪岩	山脉	粗粒	区域变质岩	高	高	层状，晶体状
大理岩	接触变质带	细粒，粗粒	接触变质岩	低	高	晶体状
角岩	接触变质带	细粒	接触变质岩	低～高	高	晶体状
变质石英岩	接触变质带	中粒	接触变质岩	低	高	晶体状

名称	来源	颗粒大小	分类	化石	颗粒形状
沉积岩					
砾岩	海水，淡水	极粗粒	碎屑岩	很稀少	圆形
砂岩	海水，淡水，大陆	中粒	碎屑岩	无脊椎动物，脊椎动物，植物	角砾形，圆形
页岩	海水，淡水	细粒	碎屑岩	无脊椎动物，脊椎动物，植物	角砾形
泥岩	海水，淡水	细粒	碎屑岩	无脊椎动物，植物	角砾形
黏土	海水，淡水，大陆	细粒	碎屑岩	无脊椎动物，脊椎动物，植物	角砾形
石灰岩	海水	中粒，粗粒	化学岩	无脊椎动物	圆形
白垩	海水	细粒	有机岩	无脊椎动物，脊椎动物	圆形，角砾形
白云岩	海水	中粒，细粒	化学岩	无脊椎动物	结晶形
结晶灰华	大陆	结晶质	化学岩	稀少	结晶形
无烟煤	大陆	中粒，细粒	有机岩	植物	无定形

矿物

名称	化学式	硬度	比重	解理	断口
自然元素					
自然金	Au	$2_{1/2}$ ~ 3	19.3	无	锯齿状
自然银	Ag	$2_{1/2}$ ~ 3	10.5	无	锯齿状
自然铜	Cu	$2_{1/2}$ ~ 3	8.9	无	锯齿状
自然硫	S	$1_{1/2}$ ~ $2_{1/2}$	2.0 ~ 2.1	不完全解理	参差状~贝壳状
金刚石	C	10	3.52	八面体完全解理	贝壳状
石墨	C	1 ~ 2	2.1 ~ 2.3	极完全解理	参差状
硫化物类					
方铅矿	PbS	$2_{1/2}$	7.58	立方完全解理	亚贝壳状
黄铁矿	FeS_2	6 ~ $6_{1/2}$	5.0	极不完全解理	贝壳状~参差状
硫酸盐类					
石膏	$CaSO_4 \cdot 2H_2O$	2	2.32	完全解理	裂片状
重晶石	$BaSO_4$	3 ~ $3_{1/2}$	4.5	完全解理	参差状
黑钨矿	$(Fe,Mn)WO_4$	4 ~ $4_{1/2}$	7.1 ~ 7.5	完全解理	参差状
卤化物类					
石盐	NaCl	2	2.1 ~ 2.2	立方完全解理	参差状~贝壳状
萤石	CaF_2	4	3.18	八面体完全解理	贝壳状
氧化物类					
尖晶石	$MgAl_2O_4$	8	3.5 ~ 4.1	无	贝壳状~参差状
赤铁矿	Fe_2O_3	5 ~ 6	5.26	无	参差状~亚贝壳状
刚玉	Al_2O_3	9	4.0 ~ 4.1	无	贝壳状~参差状
钙钛矿	$CaTiO_3$	$5_{1/2}$	4.01	不完全解理	亚贝壳状~参差状
碳酸盐类，硝酸盐类，硼酸盐类					
方解石	$CaCO_3$	3	2.71	完全解理	亚贝壳状
孔雀石	$Cu_2CO_3(OH)_2$	$3_{1/2}$ ~ 4	4.0	完全解理	亚贝壳状~参差状
钠硝石	$NaNO_3$	$1_{1/2}$ ~ 2	2.27	菱形完全解理	贝壳状
钠硼解石	$NaCaB_5O_6(OH)_6 \cdot 5H_2O$	$2_{1/2}$	1.96	完全解理	参差状
磷酸盐类					
绿松石	$CuAl_6(PO_4)_4(OH)_8 \cdot 4H_2O$	5 ~ 6	2.6 ~ 2.8	中等解理	贝壳状
磷灰石	$Ca_5(PO_4)_3(F,Cl,OH)$	5	3.1 ~ 3.2	不完全解理	贝壳状~参差状
硅酸盐类					
石英	SiO_2	7	2.65	无	贝壳状~参差状
欧泊	$SiO_2 \cdot nH_2O$	$5_{1/2}$ ~ $6_{1/2}$	1.9 ~ 2.3	无	贝壳状
橄榄石	Fe_2SiO_4-Mg_2SiO_4	$6_{1/2}$ ~ 7	3.27 ~ 4.32	不完全解理	贝壳状
石榴石	$Mg_3Al_2(SiO_4)_3$	$6_{1/2}$ ~ $7_{1/2}$	3.4 ~ 4.3	无	参差状~贝壳状
绿柱石	$Be_3Al_2Si_6O_{18}$	7 ~ 8	2.6 ~ 2.9	极不完全解理	参差状~贝壳状
角闪石	$Ca_2(Mg,Fe)_4Al(Si_7Al)O_{22}(OH,F)_2$	5 ~ 6	3 ~ 3.41	完全解理	参差状
透辉石	$CaMgSi_2O_6$	$5_{1/2}$ ~ $6_{1/2}$	3.22 ~ 3.38	中等解理	参差状
白云母	$KAl_2(Si_3Al)O_{10}(OH,F)_2$	$2_{1/2}$ ~ 3	2.77 ~ 2.88	极完全解理	参差状
高岭石	$Al_2Si_2O_5(OH)_4$	2 ~ $2_{1/2}$	2.6 ~ 2.63	极完全解理	参差状
正长石	$KAlSi_3O_8$	6 ~ $6_{1/2}$	2.55 ~ 2.63	完全解理	参差状~贝壳状
有机矿物					
琥珀	有机的植物树脂的混合物	$2_{1/2}$	1.08	无	贝壳状

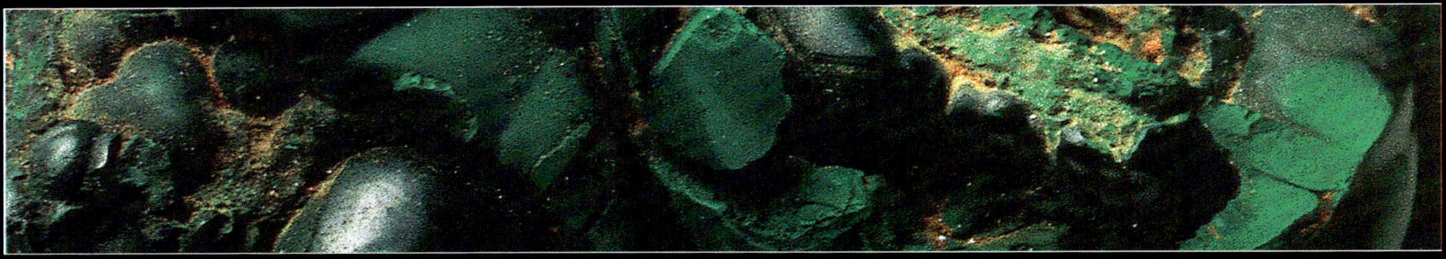

词汇表

DNA（脱氧核糖核酸）

一种含有生命遗传物质的类蛋白质复杂物质。

埃克曼螺线

向上流动的海水随着深度的变化向左或向右偏离，它们会沿不同的方向向海面流动，这样便会形成一些螺旋，由于最早发现这一现象的是瑞典物理海洋学家埃克曼，故以此命名。

暗礁

一种水下岩石，通常由珊瑚构成。

搬运

由河流、风、潮汐和冰川对松散沉积物的搬运。

板块边界

地壳中构造板块交界处。板块边界有三种类型：汇聚边界（板块相向移动）、离散边界（板块相离运动）以及转换断层（板块相互滑动并越过彼此）。

板块移动

一个板块相对于另一个板块的相对运动。

半透明的

一种物质可以让光透过，但是会使其分散，以至于你透过它不能看到清晰的影像。

包体

一种嵌于另一矿物之中的微小的晶体或矿物碎片。

宝石

通常是一种因其颜色、光泽、稀有性和硬度而具有价值的结晶质矿物，如钻石或红宝石。

堡礁

将浅海潟湖从深海隔离出来的珊瑚礁。

暴洪

大暴风雨后，洪水上升很快，可能形成非常强大的急流。

北回归线

地球上一条假想的线，在这条线上，每年6月21日左右太阳光直射头顶。北回归线是热带的北界。

北极圈

一条环绕地球的假想的线，在北纬66° 33′。北极圈是盛夏极昼的界限。

本土的

在某个特定的地区自然发现的，没有被人介绍过。

比重

矿物的重量与其等体积水的重量的比值。

边礁

一种沿大陆或岛屿的岩石海岸分布的珊瑚礁，它不会造成潟湖的形成。

变质岩

由于热度或压力使岩石内部的原始状态发生改变而形成的岩石。

玢岩

与基质相混合的，含有大的晶形完好的晶体的火成岩。

冰川

在重力作用下缓慢移动的大型冰体。山谷冰川在现存的山谷中缓缓移动；山麓冰川则是由多个山谷冰川在山脉脚下汇集而成。冰原是一层覆盖范围广袤的巨大冰体。冰盖则是覆盖在山顶的、体积较小的拱形冰层。

冰川作用

冰川及冰原的形成及运动过程。

冰斗

山岳冰川源头由雪蚀和冰川挖掘共同营造的围椅状盆地。

冰盖

见“冰川”。

冰河

大量的冰缓慢向下流动，就像一条冰冻的河。

冰期

地球历史上非常冷的时期，巨大的冰川覆盖了全球大部分的地区。最近的冰期始于10万年前，结束于1.2万年前，影响了北美大部和欧洲北部地区。

冰山

从沿海的冰川或冰原边缘断裂而出的一大块漂浮冰体。

冰原

见“冰川”。

波

借由水、空气或大地来进行的一种能量传播方式。

波浪云

发展于气流中寒冷波顶部的云，这种波通常在气流上升到山的边缘时产生，然后再次下降。

波长

两个相邻波峰之间的距离。

捕鱼绳

一种装有成千上万个饵钩的长线形捕鱼设备。

不透明

用以形容不能使光线通过的物质。

不整合

在连续沉积岩层中的一个显著的间断，它归因于沉积物的一种沉降中断。

层理面

位于沉积岩岩层之间的形成于不同时期的分界线。

产卵

将卵产在可能受精的水中，大多数鱼类都采用这种方法。

长英矿物

与火成岩相关的一种富含长石和石英的矿物。

超大陆

由多个大陆连接在一起形成的巨大大陆。

超高温

在高气压下，液体气化的温度会高于正常情况下的沸点温度。

超基性的

用来形容含二氧化硅量低于45%的火成岩。

超镁铁的

用来形容一种不含石英且含极少或不含长石的火成岩，该类岩石的组成矿物包括橄榄石、辉石等。

潮差

高、低潮位的差。

潮间带

海岸上涨潮时被淹没、退潮时露出水面的部分。

潮汐

主要由日、月引力对海洋的作用而引起的海水的有规律涨落。

潮汐流

由于潮汐的涨落造成海水水平流动的现象。

尘暴

由于干旱以及在干旱土壤上过度种植农作物引起的人造沙漠，使土壤变成了灰尘。大风把大量尘埃及其他细粒物质卷入高空所形成的风暴。

沉淀作用

一种物质以固态形式从溶液中析出的化学过程。

沉积物

由河流搬运并最终沉积于海床或其他地方的固体颗粒，例如沙子和淤泥，它们可以聚积起来变硬形成沉积岩。

沉积岩

沉积物因其上面的压力或掩埋而形成的岩石。

沉积作用

在风力、水力或冰川的作用下，沙砾或碎石等物质被搬运到一个新地方时的沉淀现象。

成岩作用

经过数百万年的岁月，经压实并胶结后将松散的沉积物转变为岩石的过程。

赤道

一条假想的环绕地球一周的纬线，到两极距离都相同。

赤道辐合带（ITCZ）

赤道附近的一个区域，在这里暖湿气流上升。赤道辐合带随着季节向北或者向南移动，经常伴随着很深厚的云。

虫黄藻

生活在珊瑚和其他海洋动物体内的一种微生物，利用光合作用制造食物。

臭氧

氧的一种存在形式。尽管臭氧在近地面大气中也能产生，但它们多数处于平流层中，并过滤掉由太阳释放的大量的有害紫外线。

磁层

地球内核中的铁元素运动而形成了磁场，它不仅存在于地球的内部，也存在其外部。磁层还能保护地球不受太阳释放的带电粒子的侵扰。

磁圈

地球内部及其周围的磁力区域，由地核内的铁离子移动而产生。它保护地球免受来自太阳的带电粒子流的影响。

错动型断层

相对滑动的两个地壳板块形成的边界。

大潮

每月在高低水位之间发生两次的大范围潮汐。

大陆

一块超大型陆地，例如欧亚大陆、南极大陆、北美大陆等。

大陆（板块）边缘

大陆与海洋相接的一块区域，包括大陆架及大陆坡。

大陆架

介于陆地与深海之间的浅海区域。

大陆隆

从大陆架边缘延伸到深海海底的斜坡。

大陆漂移

大陆在地球表层的缓慢移动。

大陆坡

大陆边缘与深海海床的过渡带，但坡度颇为陡峭。

大陆性气候

一种气候类型，冬天寒冷，夏天炎热干燥，是大陆中部的典型气候类型。

大气

环绕在一个星球（例如地球）周围的气体层。

大气层

由于重力作用而围绕在行星或卫星周围的一层混合气体。

大气圈

环绕地球或其他星球的气体层。

大气压

大气中的空气重量所造成的压力，通常测量的是海平面上的大气压值。

大洋环流

一种大范围的海洋环流类型，在北半球的运动方向为顺时针，南半球为逆时针。

大洋中脊

海底山脉上的山脊，由两个地壳板块间的扩张裂谷形成。

蛋白质

将较简单的营养成分合成为生物成长必需物的复杂物质。

岛弧

由于火山运动，一个地壳板块会被另一个地壳板块所覆盖而消失，在这两块地壳间会形成一个边界岛屿带，被称为岛弧。

等压线

在气象图上，气压相同的地方连成的线。

低压

气压较低的区域。

地核

极端高温的地球中心层，包括由铁和镍构成的固态内层与液态外层。

地壳

地球岩石圈的最外一层，相对较轻，漂在地幔外部，包括较厚较老的陆壳（以花岗岩为主）和较薄较新的洋壳（以玄武岩为主）。

地幔

地球的中间层，位于地核与地壳之间。地质学家认为，它是由灼热致密的岩石所构成，如橄榄岩。

地幔柱

地幔内部不断上升的热流。

地热能

这种能源通常与火山活动相关联，主要是利用滚烫的岩石制造蒸汽来发电。

地下水

大气降水落到地表后，没有随河流走或蒸发的部分，便被土壤吸收并储存在地下。

地形云

地形抬升的水汽形成的云。

地震

地球内部能量沿某断层释放时所引起的地壳突然性移位或震动。

地震波

地震所产生的震波。

电磁波谱

整个太阳辐射的波长范围，从波长非常短的 γ 射线到波长非常长的无线电波，包括可见光。

叠层石

由多种类的古细菌群形成的沉积物的分层堆状物。

洞穴堆积物

一种由来源于水中的矿物质析出而形成于洞穴中的结构，如钟乳石和石笋。

断层

岩石断裂错位形成的裂缝。是地震成因之一。

断口

某一矿物特定的破裂方式。

断裂

随着大量岩石的移动而形成的一种岩石内的大范围破裂。

对称

当两个形状相对于一条虚构的划分线互为镜像时，被称为对称。

对流

由于热量不均衡造成的气体和液体的循环运动。

对流层

地球大气最贴近地面的一层，气候变化都发生在这一层。

对流层顶

对流层（大气的最低一个层次）和平流层的边界。

对流单体

气体或者液体不断地循环，被加热得到能量。

对流云

湿空气受热上升形成的云。

厄尔尼诺

简而言之，指太平洋暖流流向的异常变化——向东而不是向西流动——所导致的、影响着海洋与大气的大型天气现象，每 2 ～ 7 年发生一次。

鲕粒

组成一些沉积岩的小圆粒。

二氧化碳

一种在大气中含量很低的气体。植物和浮游植物等生物可以用它制造食物，同时它也是一种温室气体。

发光器

可以发光的器官。

反气旋

在北（南）半球呈顺（逆）时针方向旋转的大气涡旋。在气压场上表现为高气压。

反照率

指太阳辐射被一个物体表面反射的百分比。例如：冰面作为反射面具有很高的反照率（约 80%）。

费雷尔环流

平均经向三圈环流中的中纬度环流圈。费雷尔环流是一种大尺度的空气环流系统，在回归线附近空气下沉，流向极地方向，然后作为极地锋上升。

分解

逐渐腐烂。

分子

由一个以上原子通过共价键形成的独立存在的电中性实体。例如，一个水分子由两个氢原子和一个氧原子组成。分子是保持物质特有化学性质的最小微粒。

风暴潮

由于暴风和低气压造成的地方性海平面暂时上升现象。

风化作用

地表岩石被风、水、霜冻或有机生物分裂或分解的过程。

锋

温度或密度差异很大的两个气团之间的界面。如果气团是暖的，它的前端称为暖锋；如果气团是冷的，它的前端称为冷锋。

浮游动物

海洋中不断游动的微小动物群，主要在海面附近活动。

浮游生物

一种水中生物，大多漂浮于水中。

浮游植物

漂浮于近海面处利用光合作用制造食物的微生物。

辐射

在大气或者空间发射电磁射线或者电磁波。比如太阳的可见光和热量就是辐射的一种形式。

俯冲带

当一个地壳板块被另一个地壳板块所覆盖而遭毁灭后，在两个地壳板块之间形成的边界地带。

腐殖质

表层土壤中富含营养的物质，由死去或腐烂了的动植物尸体演变而成。

副渔获物

在捕鱼过程中有时会发生捕捞到其他动物的情况，例如捕到非目标鱼类、海洋哺乳动物和海鸟。

干旱

降水稀少，气候干燥，像在沙漠中一样。

高压

高压天气系统，也叫反气旋。

构造板块

板块构造学说认为，地球上的 17 个板块（它们组成了地壳以及上层地幔）都缓慢地漂移在地球表面。

锢囚锋

低压系统的最终阶段，移动的冷锋追上暖锋，将暖气团从地面抬起。暖锋和冷锋联合起来，形成锢囚锋。

光合作用

绿色植物或其他生物利用光能将水和二氧化碳转变为碳水化合物（糖）来为自己提供食物的过程。

光泽

矿物表面对光的反射能力。

硅土

一种由硅和氧组成的化合物，是石英和沙子的主要成分，可用于制造玻璃。

过度冷却

比某种物质正常情况下发生状态改变的温度还要低。通常用来描述温度已经降到水的冰点以下，但是水仍然没有结成冰。

哈得来环流

大尺度的气体环流系统，空气在赤道附近上升，向北或向南流，在南北回归线附近下降，然后流回赤道。

海底扩张

随着新的洋壳沿洋中脊形成时，海洋逐渐扩大。

海底热液喷口

海底上的温泉喷口，通常位于扩张裂谷之上，也被称作黑烟囱。

海底山

一种全部山体都位于海面以下的海底火山。

海底扇

由于河流不断流入海洋而形成的海底扇形沉积带。

海沟

一个地壳板块被另一个地壳板块所覆盖后在海底形成的深沟。

海岬

两个海湾之间的海岸上的狭窄突出区域。

海峡

从两处海岸之间延伸出的狭窄水域。

海啸

由地震、海底坍塌或火山爆发所引发的巨型海浪。

海洋性气候

受附近海洋影响很大、夏季凉爽、冬季温和多雨的气候类型。

行星

宇宙中绕恒星运动的大型球状天体。

毫巴

用来表示气压大小的单位。世界平均海平面气压为1013毫巴（1毫巴=100帕）。

合金

两种或两种以上金属的化合物。常用的合金包括青铜（铜和锡）和不锈钢（铁和铬）。

河口

河流的出口。

河漫滩

当河流泛滥时会被水淹没的河流两侧的平坦区域。

核聚变

较小原子的核或者原子核融合到一起，形成更大和更重一些的原子核，释放大量的能量。

黑暗区

没有任何光亮的海洋深处的地区。

黑烟囱

位于海底的温泉或是海底热液喷口处，通常处于大洋中脊上，会喷发出富含矿物质的黑色水雾。

恒星

宇宙中由燃烧着的气体构成的大型球状天体，由其内部的核聚变提供能量发光发热。太阳是我们所在的天体系统中的恒星。

红树林

一种生长在热带潮汐海域的树木。

红外线

长波辐射的一种，波长比红光长，肉眼看不到，但是能够感觉到它的热量。

花岗岩

一种坚硬的晶体岩，是形成地壳的主要岩石之一。

滑坡

斜坡的局部稳定性受破坏，在重力作用下，岩体或其他碎屑沿一个或多个破裂滑动面向下做整体滑动的过程与现象。

化能合成

利用化学反应产生的能量将二氧化碳和水转化成食物（碳水化合物）的过程。

化石

保存有生物残骸、印痕或足迹的岩石。

化石燃料

一种通过燃烧释放能量的碳化合物，例如煤、石油和天然气，它们是由几百万年前的生物残骸分解形成的。

环流

海洋中循环运动的洋流形式。

环状珊瑚岛

形成在海底死火山上面的、由珊瑚礁构成的环状岛屿。

黄土

巨大的未胶结的堆积物，一种细粒的风积物。

回声探测

利用声脉冲（声呐）来测量海水的深度或探寻鱼群的技术。

汇聚边界

能够聚到一起的两块地壳之间的边界，为火山爆发和地震多发地带。

彗星

由冰与尘埃形成主体的绕日运行的天体。

混浊流

一种携带大量泥沙和其他沉积物的海底洋流，类似洪水中的河流。

火成碎屑物

由爆炸式的火山喷发掷出的物质，如岩石和灰烬。

火成岩

地壳中的岩浆冷却固结所形成的岩石。

火山

地球内部岩浆喷发地点，岩浆的不断喷涌往往形成火山锥：复式火山是由岩浆及火山灰等物质同时爆发性喷涌而形成的，坡面颇为陡峭；盾形火山则是由岩浆涌出火山口后向四周蔓延而形成，其山坡坡面平缓宽阔。

火山口

火山山峰上碗状的大开口，也是火山所喷出的气体和岩浆的出口。

火山泥石流

火山灰、碎石、泥土从火山坡上急速滚流而下的现象，通常由暴雨引发。

火山碎屑（灰）

火山爆发而喷射出的粉末状物质。火山碎屑流是灼热的气体混杂着火山灰、火山岩而形成的一场灾难性的大“雪崩”。

基性

用来形容二氧化硅含量低的岩石。

基质

一种嵌有更大粒度晶体的紧密细粒的矿物质。

极地

北极或者南极及附近地区。

极地东风带

北极或者南极地区，盛行风向为东风，这个地带称为极地东风带。

极地环流

大尺度的空气环流系统，空气在北极或者南极下沉，流向赤道方向，然后作为极地锋上升。

极锋

极地的冷空气与低纬的暖空气之间的大尺度边界，极锋里面的冷空气离开两极，推动下面的来自赤道的暖湿气流。

极光

太阳风粒子撞击上层大气产生的忽隐忽现的放射状或帷幔状光亮，见于极地地区。

急（喷）流

在高纬地区高速流动的寒冷气流。

急潮流

伴有混乱的波浪和漩涡现象发生的流动迅猛的潮汐流。

急流

大气层中一般强而窄的气流。

季风

大范围区域冬夏季盛行风向相反或接近相反的现象。随季节发生变化的风，影响天气状况。

季节风

一年中特定季节吹的风。

寄居生物

居于其他生物体并从中觅食的生物。

甲壳类动物

一种长有坚硬外壳和成对足（其中含一对螯足）的动物，例如螃蟹和虾。

甲烷

一种由碳、氢组成的气体，是一种化石燃料（即天然气），也是一种强烈的温室效应气体。

降水

水从高空以雨、雪、冰雹等方式降到地面。

胶结作用

在水泥将沉积颗粒黏结到一起时的一种岩化的进程。

礁湖

被珊瑚环礁或沙洲围绕所形成的封闭而平静的水体。

接触变质带

在大型火成岩侵入体周围，因岩浆热度而改变性质的岩石所在的区域。

节理

一种由挤压和扩张引发的微小移动而在岩石中产生的裂缝，通常为垂直方向。

结核

一种发现于沉积岩中的坚硬的圆形石质块体，其典型组成矿物为方解石、硅石、黄铁矿或石膏。

解理

矿物或岩石沿某一特定方向裂开的性质。

晶洞

一种排列有晶体或其他矿物的小型岩石洞穴。

晶石

一种易解理的结晶质半透明或透明矿物。

晶体

一种具有规则形状及对称面的固态物质。晶体以多种方式生长，如熔融物质冷却或含有溶解矿物质的溶液蒸发。大的晶体生长十分缓慢。

晶习

某种矿物的常规形状。

巨浪

一种有规律发生的海浪类型。

飓风

发生在热带或副热带东太平洋和大西洋上中心附近风力达 12 级或以上的热带气旋。

喀斯特地貌

一种布满显著的侵蚀绝壁、峡谷和洞穴的石灰岩地貌。

科里奥利效应

地球旋转影响其表面移动的物体、气团和水的运动方式。

可见光谱

电磁波谱的一部分，包括可见光。可见光谱包括彩虹的所有颜色，从红色到紫色，这些颜色加到一起就是白色。

块状结构

没有一定形态和晶面的矿物晶形。

矿石

可以提炼出有用金属的岩石或矿物。

矿物

一种天然的按某种规律性特征（如化学组成和晶体形态）生成的固体。地球上的岩石由矿物构成。

矿物质

可形成岩石的自然物质，海洋中含有丰富的矿物质，它们也是浮游植物的食物来源。

棱柱

一种具有一组轴对称平行面的固态几何形体。对称轴就是一根将某个东西分为两半的假想的直线。

离散边界

两块分离开的地壳之间的边界。

裂谷

由于岩石的分离而导致地壳上出现的裂缝。

磷虾

广泛分布于南大洋中的一种海洋虾类，是很多南极洲动物的主要食物。

流

水或空气流动而形成，如洋流、气流等。

流星

从宇宙空间降落到地球大气层的岩石碎片，由于降落过程中摩擦加热，导致燃烧，被称作流星。到达地球表面的流星被称作陨星。

龙卷

小直径的剧烈旋转风暴，产生于十分强烈的雷暴中，以积雨云底部下垂的漏斗云形式出现。

落叶林

每年秋季落叶的森（树）林。

绿洲

沙漠中地下水埋藏较浅，并以此供植被生长的区域。

霾

是指大量极细微的尘粒均匀地浮游在空中，造成空气普遍混浊现象。

镁铁质

是一种富含锰和铁的硅酸盐矿物，典型地形成于玄武岩和其他基性或超基性岩中。

密度

一种物质的密致程度。如果物体被紧压，它的密度便会增加。

磨蚀

摩擦或轻蹭表面的过程。

南半球

地球的南半部分，在赤道的南面。

南回归线

地球上一条假想的线，在这条线上，每年12月21日左右太阳光直射头顶。南回归线是热带的南界。

逆冲断层

一种由一块岩石强加于另一块上面所形成的断层。如果倾角大于45°，则为逆断层。

逆温

一般情况下，温度随着海拔的上升而降低，但是有些时候正好相反，温度随着海拔的升高而增高，这种情况叫作逆温。

凝结

使气体变成液体。

凝结核

依靠空气传播的非常小的颗粒，能够吸收水汽将其凝结成液体水滴。

喷出岩

由火山喷出的熔岩冷凝而形成的岩石。

碰并

两个水滴相互碰撞融合成的过程。

平流层

地球大气层中位于对流层上方的一层。

平流层顶

平流层和中间层的边界。

平移断层

一种岩石块向侧面滑动的断层。产生在两个构造板块分界处的巨大的平移断层，就是我们所熟知的转换断层。

破火山口

位于火山山峰的坍塌火山口。

栖息地

某种植物或动物生活和生长的地方。

气候

一个特定区域典型的或平均的天气状况。

气流

空气和水分的流动。

气团

指气象要素（主要指温度和湿度）水平分布比较均匀的大范围的空气体。气团的冷暖干湿主要取决于发源地的下垫面状况。

气象学家

研究天气的科学家。

气旋

大气流场中在北（南）半球呈反（顺）时针方向旋转的大型涡旋，在气压场上表现为低气压。

气压系统

大气层中影响着近地面的天气状况的气压变化。高压控制之下，天空往往晴朗而干燥；而低压控制之下，则多有冰雹或雷雨天气。

迁徙

动物的一种有规律的迁移，通常具有季节性，目的是为了寻找暂时性的食物来源或是良好的繁殖条件。

潜热能

物体进行状态变化时吸收或者释放的能量。例如，当物体从气体变成液体时，就释放潜热。

潜水器

可用于潜入深海的船只。

侵入岩

形成于地表以下的火成岩。

侵蚀冲刷作用

使地壳物质松动，将其溶解，或移动到其他地方的一种自然作用。

侵蚀作用

由流水、冰川和风所造成的缓慢的岩石磨损。

清道夫

一种以其他动物尸体为食的动物。

球粒陨石

一种含有微小辉石和橄榄石颗粒的石质陨石，这些岩石是迄今发现的最古老的物体之一。

球石

一种叫圆石藻的海洋微生物的残骸，是石灰石和白垩岩的主要组成成分。

区域变质作用

在一个比较广泛的区域内，在高温和压力的作用下（典型的如造山运动）新变质岩的生成。

全球变暖

地球大气层的温度上升现象。

全球海洋运输带

带动海水在全球范围内流动的洋流间的联结系统。

群岛

由众多岛屿组成的岛屿群或岛链。

热层

从 60 千米至 500 千米之间的大气层。

热带

南北回归线之间的区域，在赤道南北，十分炎热。

热点

地幔柱在海底的显露点。

热点地带

地幔上一块异常灼热的部分，会促使火山穿透地壳喷发。

热电离层

大气最外层。

热惯量

得到或者失去热量的快慢程度。海水具有较高的热惯量，所以它比陆地得到或者失去的热量慢。

热盐环流

由于不同海域间温度和盐度的差异而引起的海水密度的变化所带动的全球性海洋环流。

热液脉

一种岩石中的裂缝，其间循环有由于火山活动而产生的热的矿泉水。当水冷却后，矿物开始结晶，形成了一些地球上最珍贵的宝石和矿物。

热液系统

热地下水于地壳中的循环运动。炙热的岩石是热量的主要来源。被加热的海水中溶解着大量矿物质，从海底缝隙中喷涌而出，形成了颜色奇特的喷泉——“黑烟囱”。这种热液在陆地上相当于陆地温泉。

熔岩

从火山内部喷发至地表的流体性物质。喷发后冷却形成岩石。

融水

从冰块中融化出来的水。

软流圈

在地球地幔中灼热的部分熔融的岩石层，位于地壳以下。

软体动物

一种长有柔软身体的动物，有些还会带壳，例如蜗牛和蛤。章鱼是一种进化了的软体动物。

弱光区

只有微弱蓝光从海面穿透下来的深海水域。

三角洲

河流在入海或入湖时，因河床比降减小，水流分汊，动能减弱，挟带的泥沙堆积下来形成的扇形堆积体。

沙矿

位于河床或湖底，包含有价值的矿物颗粒（如金或金刚石）的沙或沙砾的堆积物。

沙漠

以降水量远小于蒸发量为主要特征的地区，植被稀疏，地表径流少，风力作用明显，具有独特的地貌型态。

沙丘

由沙子松散堆积而成的小丘，风力的沉积及塑造作用对其形状影响深刻。

珊瑚

一种与海葵相近的动物，通常会多个聚集形成珊瑚礁，可为其他的海洋生物提供栖息地。

珊瑚环礁

生长在下沉的死火山山口的珊瑚礁，叫作珊瑚环礁。

珊瑚礁

由活性珊瑚及其他有机体聚集形成的构造物，通常分布在温暖的浅海海域。

闪电

在雷雨云内部或从雷雨云直击至地面的电流释放现象。一次闪电能够将其击穿的空气瞬间加热到30000℃。

上升流区

养分充足的深海海水向海面流动的区域。

上升气流

空气或者水汽向上流动。

深成岩体

任何火成岩侵入体。

深海沟

当一个构造板块俯冲到另一个之下时在海底形成的沟谷。

深海平原

深海海底的平坦地区，超出大陆架的部分，通常位于海底 4000 ～ 6000 米深处。

生态群落（大生态区）

动植物群落的最广义分类法。

生态系统

生物群落及它们生活环境的总称。

生物圈

包括生活在地球上的所有有机体以及它们所处的环境。

生物软泥

由浮游生物这样的微生物的骨骼残骸形成的一种软沉积物。

生物体

即生物。

声呐

利用声波信号对水下目标进行探测、定位和通信的电子设备。

声探

一种测量水深的方法。

盛行风

在特定地区特定时间常吹的风。

湿度

空气中的水汽含量。

食肉动物

捕食其他动物的动物。

食物网

复杂的生物间食物供给关系。

双晶

两个或更多的同种晶体连生在一起。

水泥

一种风干后由于微粒凝结成沉积岩而变硬的物质。水泥也是一种用于建筑的原料，由碾碎的石灰石和黏土组成。

水蒸气

液态水加热后蒸发而形成的气体。

松柏科植物

叶子呈针状、结球果的常绿树木，典型例子为松树及杉树。针叶林形成了围绕在远北大陆周围的森林带，通常被称为北方生物带或欧亚针叶林带。

酸性

用来形容二氧化硅含量高的岩石。

碎屑沉积物

由破碎岩石的磨蚀碎片所形成的岩石和矿物颗粒。

燧石

一种形成于石灰岩中的硬的结核状硅石（一种细粒石英沉积岩）。它易于破碎，被石器时代的人们用以制成刀和箭。

台风

见“飓风”。

抬升

由于板块的移动使岩石构造向上升高。形成于海底的沉积物可能抬升而形成山脉或平原。

苔原

极地或高山永久冻土分布区，以地衣、苔藓、多年生草本和小灌木组成的无林的低矮植被。

太阳系

围绕太阳运转的行星、月亮和小行星构成的系统。

碳

存在于许多岩石、矿物以及所有生物体内的化学元素。碳循环就是碳元素与外界环境的交换。

碳水化合物

由碳、氢、氧组成的可储存能量的化合物，一些生物可以自己制造并作为食物食用。糖就是一种最为常见的碳水化合物。

天然热喷泉

有规律地从被火山加热的岩石中喷出热水和水蒸气的现象。

土壤

岩石或沉积物风化后形成的松软的地表物质（包括腐殖质）。

湍流

气体或者液体的强烈的无规律的流动。

微生物

微小的生物。

围岩

围绕矿物堆积物或火成岩侵入体出现的岩石。

纬度

距离赤道北方或者南方的距离，单位是度（°），赤道上的纬度是0°，两极是90°。

温带

回归线与极圈之间的热量带，以气候呈季节性变化为显要特征。

温室效应

地面反射出的热量被大气中的二氧化碳、甲烷和水蒸气等气体所吸收而无法逸出，由此导致的全球气候变暖现象。

污染

任何非自然产生的、对自然界有害的物质。

无脊椎动物

一种没有脊椎骨骼的动物。

雾

近地面的空气层中悬浮着大量微小水滴或冰晶，使水平能见度降到14米以下的天气现象。

西风带

中纬度地区的风，风向为由西向东，吹得很稳定，经常比较强。

细菌

单细胞微生物。一些种类的细菌可以通过化学反应或是利用太阳能制造食物。

潟湖

从海洋中被隔离出来的一片浅水区域。

峡谷

一种典型的由河流切割而成的两边为峭壁的深谷。

下沉气流

向下流动的气流。

下沉区

海洋中海水下沉的区域。

消亡运动（作用）

在板块交界处，海洋板块俯冲到相邻板块之下的运动。

小潮

每月在高低水位之间发生两次的小范围潮汐。

小行星

以岩石为主体，围绕太阳旋转的、比行星更小的天体。太阳系中的小行星多聚集于木星与火星轨道之间的小行星带中。

斜温层

密集的深海冷水区与较轻的海面暖水区之间的分界区域。

信风

在热带海洋上空稳定地从东向西吹的风。赤道北部的信风是东北风，南部是东南风。

杏仁孔

在熔岩或火成碎屑岩中的一种含有矿物（如方解石或石英）的孔洞。

玄武岩

随熔岩从活火山和大洋中脊中喷发出的一种火山岩，呈黑色，密度较高，是海底地壳的主要组成成分。

旋风

一种空气向上升中的暖湿空气区漩涡式流入的气象系统，通常伴有云、雨和强风等现象发生。

旋涡，涡流

一种螺旋形的运动，气流或者水流被卷到中心区域上升或者下降，就像水流入小孔一样。

压力梯度

表示高低气压间的差别。空气从高压区流向低压区形成风，压力梯度越大，风速越大。

压实作用

由覆盖于埋藏的沉积物之上的堆积物的重量，将水和空气挤压出来的过程。

亚热带地区

赤道南北温暖的区域，在炎热的赤道地区和较冷的中纬度地区之间。

烟雾

空气污染的一种，通常由于烟粒吸收水蒸气形成了烟状的雾。

岩层

一种沉积岩薄层。

岩床

一种插在岩层之间的薄片状的水平火成岩侵入体。

岩基

一种巨大的火成岩侵入体，在地壳中超过 100 平方千米。

岩浆

位于由部分地幔熔融物所形成的地壳以下的熔融态岩石。

岩浆库

岩浆的地下储藏库。它能以火山熔岩的形式喷发到地表，也可以逐渐固结成深成岩体。

岩浆喷发

地球内部的岩浆喷涌而出的过程。

岩浆岩

由岩浆冷却凝结而成的岩石。

岩墙

一种将较早的岩石构造截断的薄片状火成岩侵入体。

岩石

固态矿物集合体。有三种类型：火成岩、变质岩和沉积岩。

岩石圈

位于地表最外层的坚硬圈层，包括地壳和地幔最上层。

沿岸漂沙

海滩沉积物随着海浪沿海岸漂动。

盐沼

位于河口这样的潮汐带边缘的沼泽区。

眼

热带风暴或者飓风的中心。

洋底壳

由位于地幔上方的相对较薄的玄武岩层形成的海底

岩床。

洋流

由于季风或是温度和盐度引起的海水密度差而导致的一种海水流动。

洋中脊

在构造板块分离处的一长串沿洋底形成的海底山脉。

氧气

一种气体，在近地面上占大气含量的五分之一。氧气对所有生命都至关重要，动物利用氧气将食物转化为能量。

叶理

由变质岩内部晶体排列所造成的条带状纹理。

叶绿素

一种可以吸收阳光能量的物质，一些生物会利用它进行光合作用来制造食物。

液化

物质从气体到液体的转化过程。

营养物

生物成长所必需的物质。

永久冻土

永久性冻土，暖季土壤上层可能解冻，但下层仍然冻结。

有光区

指海面附近区域，这里有足够的阳光可供浮游植物和海藻制造食物和成长。

有机的

与生命物质相关联的。

雨林

享有丰厚的降水量而生长得苍翠繁茂的森林。雨林每年的降水量可达2500毫米。

雨影区

空气中的水分以雨的形式降落在山脊的一侧，另一侧降水明显减少。这干的一侧就称为雨影区。

元素

一种不能被分解成更简单物质的物质，如金。

原生动物

一种结构非常简单的动物，通常为微生物。

远程操作装置

无人潜水器。

云底

云的最低部分。

陨石

一种坠落于地球表面的陨星。

陨星

一旦流星体（宇宙空间中的岩石和尘埃碎片）进入地球的大气层就形成了陨星或流星。

藻华

由于浮游生物的迅猛繁殖而导致水中浮游生物大量增多的现象。

藻类

能够利用太阳能制造糖的类植物生物体。海藻是一种巨大的藻类。

折射

当光线穿过一个透明物质时所发生的偏折。

褶皱

由于构造板块运动而产生的岩层弯曲。

枕状熔岩

枕头形的块状火山岩，通常为玄武岩，由从海底喷发出的熔岩在冷水中凝结后形成。

蒸发

物质从液态转化为气态的相变过程。

蒸发岩

一种在将溶解的水分蒸发后留下的天然石盐或矿物。

正断层

两块岩石被拉开，其中一块滑落而形成两块岩石上的断层。

质量

物体所含物质的多少，通常也用来描述大体积的东西，例如空气。

中间层

大气层中位于平流层上方的一层。

中间层顶

中间层和热层的分界线。

中纬度

亚热带和极地之间的区域。

钟乳石

地下水中的矿物质沉积在洞穴顶部而逐渐形成的锥形构造物。而当地下水从钟乳石的尖端滴落后，在洞穴下方形成石笋。

重力

像行星这样的大物体的吸引力，它使得行星上的物体保持在它的表面。

轴

假想的线，所有东西都围绕这根线旋转。

紫外线（UV）

太阳的短波辐射能，波长刚好短于紫光。肉眼是看不到的，能够晒黑皮肤和引发皮肤癌。

自持式水下呼吸器

潜水员用的一种水下氧气供给装备，SCUBA是其英文缩写。

自然元素

一种以单质矿物形式存在的元素，不属于化合物。

自色

一种矿物因其主要化学成分而总是呈现的同一种颜色。一种矿物（如石英）因含有其他元素而具有的颜色则被称为他色。

致 谢

Dorling Kindersley would like to thank Lynn Bresler for proof-reading and the index; Margaret Parrish for Americanization; and Rosie O'Neill for editorial support.

Picture Credits

The publisher would like to thank the following for their kind permission to reproduce their photographs:

Abbreviations key:
t-top, b-bottom, r-right, l-left, c-centre, a-above, f-far

3: Alamy Images/Tom Pfeiffer; 7: Zefa Visual Media (c); 8: Corbis/Bryan Allen (b), Science Photo Library/Detlev van Ravenswaay (tr), Science Photo Library/National Optical Astronomy Observatories (cr), Science Photo Library/National Optical Astronomy Observatories (cfr), Science Photo Library/Space Telescope Science Institute (c); 9: NASA (b), Science Photo Library/European Southern Observatory (tr), Science Photo Library/Francois Gohier (br); 10: Corbis/David Bartruff (b), DK Images/NASA (cfl), NASA (bl);
11: DK Images/NASA/Finley Holiday Films (b), Science Photo Library/John Heseltine (tr), Science Photo Library/John Heseltine (cra), Science Photo Library/John Heseltine (crb), Science Photo Library/John Heseltine (cfr), Science Photo Library/Victor Habbick Visions (ca); 12: Corbis/Kennan Ward (l), Image courtesy Earth Science World ImageBank/NASA/JPL (t), Image courtesy Earth Science World ImageBank/NOAA (br), Science Photo Library/Space Telescope Science Institute/NASA (tr); 13: Corbis/Brian A. Vikander (br), DK Images/Courtesy of The British Library (tr), DK Images/Stephen Oliver (l);
14: Corbis/George D Lepp (cr), Getty Images/Helena Vallis (bl); 15: Corbis/Bryan Allen (c), Corbis/Hubert Stadler (br), Science Photo Library/Alexis Rosenfeld (r), Science Photo Library/John Eastcott & Yva Momatiuk (cr), Getty Images/Nicolas Parfitt (crb);
16: Corbis/Jim Sugar (l), Corbis/Lester V Bergman (cl), Science Photo Library/Georgette Douwma (br); 17: Corbis/James L Amos (cl); Corbis/M L Sinibaldi (bl), Corbis/Peter Johnson (br), DK Images/Dave King/Courtesy of the National Museum of Wales (tr),
DK Images/Harry Taylor /Natural History Museum (cr), Science Photo Library/D. van Ravenswaay (tl); 19: Corbis/Richard Cummins (car), GeoScience Features Picture Library/Dr B Booth (cal), Getty Images/Greg Pease (cla); 20: Corbis/Jason Burke/Eye Ubiquitous (tl),
21: Corbis (tl), Corbis (cl); Corbis/Original image courtesy of NASA (cfl), Corbis/Kevin Schafer (bl), DK Images/Harry Taylor/Courtesy of the Royal Museum of Scotland, Edinburgh (cb),
DK Images/Harry Taylor/Courtesy of the University Museum of Zoology, Cambridge (br); 23: Corbis/Bouhet Richard (br), Corbis/Roger Ressmeyer (tr), US Geological Survey/USGS (cr); 24: Science Photo Library/Bernard Edmaier (tr); USGS (cl); 25: Corbis/Hans Strand (br); Corbis/Ralph White (cl), DK Images/Gables (tr), Science Photo Library/G Brad Lewis (clb),
US Geological Survey/J B Judd (tl),
US Geological Survey/R. L. Christiansen (bl);
26: Corbis/Jonathan Blair (bl), Corbis/Yann Arthus-Bertrand (c), DK Images/James Stevenson/Courtesy of the Museo Archeologico Nazionale di Napoli (c); 27: Corbis/Yann Arthus-Bertrand (br), Powerstock/Phillippe Bourseiller (cr), Science Photo Library/Robert M Carey, Science Photo Library/NOAA (tr), US Geological Survey/USGS (cl); 28: Corbis/Lloyd Cluff (cfr), Image courtesy Earth Science World ImageBank (bl), Image courtesy Earth Science World ImageBank/Chris Keane/American Geological Institute (br), Panos Pictures (cl); 29: Corbis (tl), Corbis/Bettmann (br), US Geological Survey (bl), US Geological Survey/C. E. Meyer (cl);
30: DK Images/John Lepine/Science Museum, London (bl), Panos Pictures/Jim Holmes (tr);
31: Corbis/Reuters (t), Science Photo Library/Carlos Munoz-Yague/Eurelios (cl), Science Photo Library/NASA (cr);
32: Corbis/Lloyd Cluff; 33: Corbis (t), Corbis/Bettmann (cl), Corbis/George Hall (c), Corbis/Roger Rossmeyer (br); 34: Alamy Images/Colin Monteath/Worldwid Picture Library (c);
35: Alamy Images/Chris Howes/Wild Places Photography (cfr), Corbis/Pablo Corral Vega (br), DK Images/Colin Keates/Courtesy of the Natural History Museum, London (tr), Image courtesy Earth Science World ImageBank/Bruce Molnia, Terra Photographics (clb), Image courtesy Earth Science World ImageBank/Martin Miller/University of Oregon (tl), Image courtesy Earth Science World ImageBank/National Park Service (cb);
36: Corbis/Lloyd Cluff (c), Science Photo Library/Gary Hincks (bl), US Geological Survey/R. L. Schuster (r); 37: Corbis/Kike Arnal (cr), Lowell Georgia (br), US Geological Survey/Tom Lynch (tc), US Geological Survey/Tom Lynch (tr); 38: DK Images/Andreas Einsiedel (br), DK Images/Colin Keates (br), DK Images/Colin Keates (br), Image courtesy Earth Science World ImageBank (bl), Image courtesy Earth Science World ImageBank/Martin Miller/University of Oregon (cl), Tony Waltham Geophotos (cl), Tony Waltham Geophotos (l); 39: Tony Waltham Geophotos (c); 40: Image courtesy Earth Science World ImageBank/ASARCO (cbl), Science Photo Library/Dirk Wiersma (r);
41: Image courtesy Earth Science World ImageBank/Dr. Richard Busch (tr), Image courtesy Earth Science World ImageBank/Stonetrust Inc (bc), GeoScience Features Picture Library/Dr B Booth (c), Science Photo Library/Simon Fraser (br);
42: Corbis/Joseph Sohm/ChromoSohm Inc (t), Corbis/William Manning (bc); 43: Corbis/Brian A Vikander (tr), Corbis/John M Roberts (cr), Corbis/Tiziana & Gianni Baldizzone (br);
44: Corbis/Nik Wheeler (b), Getty Images/Stone/Paul Chesley (bl), Science Photo Library/M-Sat Ltd (car), Science Photo Library/Worldsat International (cfl), Still Pictures/Qinetiq (tcr); 45: Corbis/Galen Rowell (tl), GeoScience Features Picture Library/Dr B Booth (c), Still Pictures/Gunter Ziesler (r), Still Pictures/Steve Kaufman (cl), Still Pictures/Truchet/UNEP (bc); 46: Bryan And Cherry Alexander Photography/J Hyde (l);
47: Bryan And Cherry Alexander Photography (tr), Corbis (tl), Corbis/Chris Rainier (bl), Corbis Ralph/A Clevenger (br), Science Photo Library/British Antarctic Survey (bc), Science Photo Library/Tony Craddock (cl);
48: Corbis/Richard Hamilton Smith (r);
49: Corbis/Julia Waterlow/Eye Ubiquitous (tr); DK Images/Alan Watson (cl), Image courtesy Earth Science World ImageBank/NASA Visible Earth (br), National Resources Conservation (tc), National Resources Conservation (c), National Resources Conservation (cb), Science Photo Library/David Nanuk (bl); 50: Corbis/Dean Conger (t), Corbis/Layne Kennedy (br), Corbis/Nik Wheeler (bc), Corbis/Wolfgang Kaehler (bl); 51: Corbis (tl), Corbis/Christine Osborne (cl), Corbis/Richard Hamilton Smith (cl), Corbis/Roger Wood (tr), Corbis/Roger Wood (cl), Panos Pictures (cr), Panos Pictures (br);
52: Corbis/David Muench (r), Corbis/Robert Gill/Papilo (c), Zefa Visual Media/G Rossenbach (bl), 53: Corbis/Reuters (br), Zefa Visual Media/G. Rossenbach (bl); 54: Corbis/Michelle Westmorland (l); 55: Nature Picture Library/Rhonda Klevansky (r), Corbis (t), Getty Images/Stone/Mark Wagner (c);
56: Corbis/Jeremy Horner (bl), Science Photo Library/Gregory Ochocki (br); 57: Corbis/Kevin Schafer (br), Corbis/Michael & Patricia Fogden (cr); 58: Still Pictures/P. Labarbe (l);
59: Corbis/John M Roberts (tl), Woodfall Wild Images (bl), Woodfall Wild Images (r);
60: DK Images/Gables (cr), DK Images/Jerry Young (br), Getty Images/Nicholas Parfitt (c);
61: Corbis/Bettmann (br), Corbis/W. Wayne Lockwood, M.D. (t), DK Images/Peter Anderson (cfr); 62: Science Photo Library/Martin Dohrn (clb); 63: Alamy Images/Robert Harding World Imagery (clb), Oxford Scientific Films/Daniel Cox (crb), Still Pictures/F.Ardito/UNEP (tr), Getty Images/Randy Wells (crb); 64: Corbis/Graham Neden/Ecoscene (cbr); 64-65: Corbis/Hans Strand (tr), Getty Images/Peter Scoones (b);
65: DK Images/Neil Fletcher (crb);
66: Corbis/Robert Yin (cl), Corbis/Stephen Frink (clb); 66-67:Getty Images/Mike Kelly (c);
67: Science Photo Library/Andrew Syred (tcr), Science Photo Library/B. Murton/Southampton Oceanography Centre (cr), Science Photo Library/British Antarctic Survey (tc), Science Photo Library/Laguna Design (tr), Getty Images/Mike Kelly (tl), Getty Images/Peter David (cb); 68: Still Pictures/Peter Schickert (tr);
68-69: Corbis/Robert Y. Ono (b); 69: Corbis/Jim Sugar (tr), Corbis/Jonathan Blair (clb); Corbis/Natalie Fobes (cla); Corbis/Philip Gould (bl); Corbis/Tom Brakefield (cbr), Science Photo Library/NOAA (tl); 70: Science Photo Library/Martin Bond (cfl); 71: Associated Press (crb), Corbis/Lloyd Cluff (bl), NOAA (tc);
72: Corbis/Jacques Langevin (tl), Powerstock/Peter Adama (bl), Science Photo Library/British Antarctic Survey (br); 72-73: Science Photo Library/NASA(tl);
73: Corbis/Gary Braasch (crb), Corbis/Lowell Georgia (tr); 74: Corbis/Bill Varie (l);
75: Corbis/Bill Varie (r); 76:Corbis/Bill Varie (L); 77: Corbis/Bill Varie (r); 78:NASA (c).

Darling Kindersley would like to thank Margaret Parrish for Americanization.

Picture Credits

The publisher would like to thank the following for their kind permission to reproduce their photographs:

Abbreviations key:

a-above, b-below/bottom, c-centre, l-far, l-left, r-right, t-top

80 NASA / JPL-Caltech: (bl). NASA:JPL (cl). Science Photo Library: (ti). 81 Corbis: Bruce DeBoer (br). DK Images: David Peart (c). 82 Ancient Art Et Architecture Collection: (bl). The Bridgeman Art Library: Villa Farnese, Caprarola, Lazio, Italy (br). DK Images: Statens Historiska Museum, Stockholm (t).83 National Maritime Museum, London: (br) (tl) (tr)84. The Bridgeman Art Library: Down House, Kent (tl) DK Images: Natural History Museum, London (cl).Miriam Sayago Gil, Spanish Institute of Oceanography (Malaga) : (bl). 84-85 Japan Agency for Marine-Earth Science and Technology (JAMSTEC): IODP (c). 85 Science Photo Library: Dr Ken MacDonald (tr); Planetary Visions Ltd (br). 86 Corbis: Ralph White (bl). Mary Evans Picture Library: (tc). Woods Hole Oceanographic Instittution: WHOlalvinrecoverysd (cl). 87 Getty Images: Paul Nicklen/National Geographic (cr). 88 Science Photo Library: W. Haxby, Lamont-Doherty Earth Observatory (cra) (tr); SPL (br); US Geological Survey (cr). 89 Marie Tharp: Heezen Et Tharp are perusing a film transparency of their diagram, photo by Robert Brunke, 1968. Marie Tharp 1977/2003. Reproduced by permission of Marie Tharp Oceanographic Cartographer, One Washington Ave., South Nyack, New York 10960 (tl). World Ocean Floor Panorama by Bruce C.Heezen Et Marie Tharp, 1977. Marie Tharp 1977/2003. Reproduced by permission of Marie Tharp Oceanographic Cartographer, One Washington Ave., South Nyack, New York 10960 (tr). 90 Science Photo Library: Dr Steve Gull Et Dr John Fielden (br). Marie Tharp: World Ocean Floor Panorama by Bruce C.Heezen Et Marie Tharp, 1977. Marie Tharp 1977/2003. Reproduced by permission of Marie Tharp Oceanographic Cartographer, One Washington Ave., South Nyack, New York 10960 (bl). 91 Science Photo Library: Dr Ken MacDonald (cl); B. Murton/ Southampton Oceanography Centre (tr); OAR/ National Undersea Research Program (ti). 92 Getty Images: AFP (bl). NASA:Jacques Descloitres, MODIS Rapid Response Team (cr). 93 DK Images: Rowan Greenwood (tr); Katy Williamson (tl). Photoshot / NHPA: Martin Harvey (tc). Science Photo Library: Dr Ken MacDonald (cr); Alexis Rosenfeld (b). 94 DK Images: Sean Hunter (br). NASA: acques Descloitres, MODIS Rapid Response Team (bl). Science Photo Library: US Geological Survey (tl). 95 Corbis: Michael S. Yamashita (tl). Getty Images: AFP (b). Science Photo Library: Planetary Visions Ltd (tr). 96 Alamy Images: George Et Monserrate Schwarz (tl). Science Photo Library:John Heseltine (bc). 97 Corbis: Larry Dale Gordon/zefa (tl); Jason Hawkes (tc); Jim gar (tr). Panos Pictures Jeremy Horner (b). 98-99 Alamy Images: James Symington (b). 99 NASA: Jacques Descloitres, MODIS Rapid Response Team (t). Science Photo Library:Jan Hinsch (c); Dirk Wiersma (br). 100 Science Photo Library: Steve Gschmeissner (tr); Sinclair Stammers (cl). 101 Alamy Images: A Room With Views (cr). DK Images: CONACULTA- INAH-MEX (t). 102 Alamy Images: Blickwinkel (tl). DK Images: Katy Williamson (cl/glacial lagoon). 103 NASA: (tl). Photoshot / NHPA: Linda Pitkin (tr). Robert Harding Picture Library: Richard Ainsworth (br). 104 NASA: (b); MODIS Instrument Team, NASA, GSFC (c). 105 Corbis: Amos Nachoum (bc). Still Pictures: Kelvin Aitken (r). 106 Bryan and Cherry Alexander Photography: (clb). NOAA: Michael van Woert, NOAA NESDIS, ORA (cl). Courtesy of Don Perovich: (bl). popperfoto.com: (cr). 106-107 Bryan and Cherry Alexander Photography. 107 Getty Images: Photographer's Choice/Siegfried Layda (br). 109 Alamy Images: Michael Diggin (bl); David Tipiing (cl). DK Images: Rough Guides (tl). FLPA: Frans Lanting/ Minden (c). Kos Picture Source: Bob Grieser (tr). 110 Getty Images: Arnulf Husmo (bl). 110-111 NASA: Jeff Schmaltz. NASA, GSFC. 111 Science Photo Library:J.B. Golden (tl). 112 Alamy Images: David Gregs (clb). OSF: (tl). 113 Corbis: Bryn Colton/Assignments Photographers (bl). Getty Images: Taxi/Helena Vallis (t). Miriam Sayago Gil, Spanish Institute of Oceanography (Malaga) : (cr). 114 Alamy Images: Bert de Ruiter (c). 115 Alamy Images: Bill Brooks (ti). Still Pictures: Markus Dlouny (br). 116 Science Photo Library: NASA (tl). 117 NASA: Courtesy SeaWIFS Project, NASA, GSFC Et ORBIMAGE (bl). 118 Splashdowndirect.com: (b). 119 FLPA: Chris Newbert/ Minden Pictures (bl). Science Photo Library: R.B. Husar/NASA (tl). 120 Corbis: Galen Rowell (l). 121 Corbis: Paul Souders (r). Science Photo Library: Chris Sattlberger (cl). 122 Corbis: Clouds Hill Imaging Ltd (tl); Lawson Wood (c). Science Photo Library: NASA (br). 123 Corbis: Ralph A. Clevenger (tr); Douglas P. Wilson; Frank Lane Picture Agency (tc). Science Photo Library: Steve Gschmeissner (tc/ Phytoplankton). 124 Corbis: Einrich Baesemann/dpa (br); Visuals Unlimited (tl). 125 Ardea: Ron Et Valerie Taylor (tl). Corbis: Amos Nachoum (tr); Denis Scott (cl). 126 Corbis: Rick Price (clb);Jeffrey L Rotman (crb). DK Images: David Peart (br). Science Photo Library: Nancy Sefton (bl). 127 Corbis:Jeffrey L Roman (cra);Jeffrey L. Rotman (br); Denis Scott (bc). FLPA: Norbert Wu/Minden Pictures (cr). 128 OSF: (t). Science Photo Library: Dr Gene Feldman, NASA GSFC (cr). 129 Alamy Images: Alaska Stock LLC (cl). DK Images: Rough Guides (tl). 130 OSF: Roger Jackman (br). Sue Scott: (bl). 131 Corbis: Roger Tidman (cl). DK Images: Natural History Museum, London (fclb); David Peart (fcrb); Rough Guides (crb). FLPA: David Hosking (tr). 132 Corbis: Staffan Widstrand (t). FLPA. Flip Nicklin/Minden Pictures (br). Science Photo Library: Dr Gene Feldman, NASA GSFC (cr). 133 Corbis: Dan Guravich (c); Rick Price (ti). DK Images: Toronto Zoo (br). FLPA: Norbert Wu/Minden Pictures (tr). 134 DK Images: David Peart (tl). 135 Alamy Images: Image State (tl). Corbis: Bruno Levy/zefa (bl). FLPA: Norbert Wu/Minden Pictures (br). Getty Images: Photographer's Choice/ Peter Pinnock (tr). Science Photo Library: Rudiger Lehnen (cra). 136 Alamy Images: Image State (b). Corbis: Owen Franken (tr). Science Photo Library: Dr Gene Feldman, NASA GSFC (cl). 137 Alamy Images: Michael Patrick O'Neill (c), Stephen Frink Collection (tl). OSF: (bl). 138 Corbis:Jeffrey L Rotman (cr). 139 Image Quest 3-D: Peter Batson (bl); Peter Herring (br) (tl) (tr). 140 Corbis:Ralph White (l) (cr). DeepSeaPhotography.Com: Peter Batson (br). 141 Monika Bright, University of Vienna, Austria: (tr). DeepSeaPhotography.Com: Peter Batson (tl). NOAA:Ocean Explorer (bl). Science Photo Library: T. Stevens Et P. McKinley, Pacific Northwest Laboratory (bc). 142 Corbis: Yann Arthus-Bertrand (br). 143 Corbis: Ralph White(bl). DK Images: Natural History Museum, London (cl). FLPA: Norbert Wu/ Minden Pictures (t). 144 Alamy Images: Dalgleish Images (ti). Ecoscene: Sue Anderson (cr); Jim Winkley (b). 145 Marine Current Turbines Ltd: (ti). Copyright SkySails: (bl). Still Pictures: Godard (r). 146 Corbis: Natalie Forbes (bl) (br). 147 Corbis: Michael S. Lewi,s (br); Chaiwat Subprasom/Reuters (tl). Still Pictures: Larbi (tr);Jim Wark (cr). 148 DeepSeaPhotography. Com: Kim Westerkov (br). Ecoscene: Quentin Bates (l). 149 Ardea: Valerie Taylor (bl). DK Images: David Peart (tr). Ecoscene: Tom Ennis (br). OSF: (tc). 150 Corbis: Dean Conger (c). Still Pictures: Glueckstadt (tr); Hartmut Schwarzbach (br). 151 Alamy Images: FAN Travelstock (c). DK Images: Angus Beare (tr). 152 Alamy Images: Arco Images (br). Corbis: Joe Haresh/ epa (cl). Science Photo Library: Bill Backman (l). Still Pictures: BIOS Crocetta Tony (cr); Robert Book (c). 153 Ecoscene: John Liddiard (bl); Sally Morgan (br). NASA: (t). 154 Getty Images: Hans Strand (bl). NASA: Finley Holiday Films (tr). 155 Alamy Images: Michael Foyle (br). DK Images: David Peart (cra). NASA: MODIS, GSFC (tl). Science Photo Library: Matthew Oldfield, Subazoo (c). 156 Corbis: Niall Benvie (cl). Save The Albatross Campaign: Photo by Jim Enticott (b). 156-157 DK Images: David Peart (c). 157 Alamy Images: Craig Steven Thrasher (tr). Still Pictures: Fred Bruemmer (bl). 158-161 Alamy Images: Comstock Images (page margins). 162 DK Images: David Peart.

All other images © Dorling Kindersley

For further information see:

www.dkimages.com

Dorling Kindersley would like to thank Lynn Bresler for proof-reading and the index; Christine Heilman for Americanization; and Dr. Olle Pellmyr for her yucca moth expertise.

Picture Credits

The publisher would like to thank the following for their kind permission to reproduce their photographs:

Abbreviations key:

(Key: a-above; b-below/bottom; c-centre; f-far; l-left; r-right; t-top)

www.airphtona.com: Jim Wark 228bc; Alamy Images: Bryan and Cherry Alexander Photography 210bc, 227tl; Steve Bloom Images 167bl; Oote Boe 209cla; Gary Cook 185tr; Dalgleish Images 180bl; Danita Delimont 201bl; DIOMEDIA 177br; Terry Donnelly 223tc; Alberto Garcia 232-233b; Leslie Garland Picture Library 243tl; Robert Harding Picture Library 206bc, 207b; Colin Harris/ LightTouch Images 177cr; David Hoffman Photo Library 239bl; ImageState 195bl; Justin Kase 191cla; David Noton / David Noton Photography 185tc; Dave Pattison 229crb; Chuck Pefley 169bl; Phototake Inc 242br; Ray Roberts 235bl; Jeff Smith 215tl; Joe Sohm 175br; Joseph Sohm 175br; Stock Connection 164br, 165tr; Stock Image 206bl; Homer Sykes 164cl; Tom Watson 210bl; Westend217 225br; Bryan and Cherry Alexander Photography: 183cra, 237tr; Frank Todd 174tl; Art Directors & TRIP: Helene Rogers 179br; www.atacamaphoto.com: Gerhard Hüdepohl 231b; © BBC 245cla; Michiel de Boer (http://epod.usra.edu): 211b; www.bridgeman.co.uk: 178cl;

Bruce Coleman Inc: J J Carton 174bl; JC Carton 174bl; Collections: David Mansell 181cr;

Corbis: Tony Arruza 207t; Craig Aurness 176tl; Steve Austin / Papilio 201br; B.S.P.I. 193cl; Anthony Bannister 231tr; Tom Bean 198bl; Steve Bein 183t; Bettmann 219tl; Jonathan Blair 204bl; Tibor Bognár 204br; Bruce Burkhardt 212bc; Chris Collins 179cr; Dean Conger 183crb; Chris Daniels 210t; Bernard and Catherine Desjeux 184tr; Warren Faidley 165b, 215br; Free Agents Limited 176bl; Alberto Garcia 232-233bc; Gustavo Gilabert 239cr; Farrell Grehan 171tl; Darrell Gulin 172br; Richard Hamilton Smith 245b; Walter Hodges 217cra; Hulton-Deutsch Collection 229br; Mark A. Johnson 229tr; Peter Johnson 234br; Wolfgang Kaehler 204-205t, 230c; LA Daily News/Gene Blevins 217crb; George D. Lepp 211tr; Massimo Listri 234bl; Grafton Marshall Smith 173tr; Rob Matheson 216r; John McAnulty 202bc; NASA 167br, 192t, 220bl; John Noble 226t; Charles O'Rear 231bla; Smiley N. Pool / Dallas Morning News 221r, 240bl; Clayton J. Price 171c; Jim Reed Photography 219b, 220tr, / Katherine Bay 217tl, / Jim Edds 243b; / Eric Nguyen 184bl; Roger Ressmeyer 189b, 239tl; Reuters 169tr, 218bl, 221cl, 226tl, bl, 231cr; Galen Rowell 181crb, 199tr, 205bc; Royalty-Free 190t; Ron Sanford 237cra; M.L. Sinibaldi 225t; Johnathan Smith / Cordaiy Photo Library 214cl; Paul A. Souders 184br, 229cra, 230b; Paul Steel 170b; Jim Sugar 239tr; Sandro Vannini 231cl; Michael S. Yamashita 215bl; Anthony John West 199br; Staffan Widstrand 228tr; Zefa 202-203t; Empics Ltd: AP 165clb, 222t; PA 227cl; www.rfleet.clara.net: Richard Fleet 210br; FLPA - images of nature: B. Borrell Casals 217bl; Frans Lanting / Minden Pictures 236-237c; Steve McCutcheon 176br, 228bl; Flip de Nooyer 225bl; Getty Images: Adastra 179bl; AFP 229br; Altrendo 171tr; Daryl Balfour 175tr; Tom Bean 209r; Warren Bolster 191r; John Bracegirdle 186br; Per Breiehagen 229l; David Buffington 164cr; Gay Bumgarner 175bl; Chris Close 214br; Daniel J. Cox 197br; Grant Dixon 208b; Antony Edwards 193cra; John Elk 219tc; Michael Funk 209tl; Jeri Gleiter 209clb; Sean Gallup 240bla; Peter Hannert 193t; Pal Hermansen 224br; Jeff Hunter 214bl; Iconica 250; Johner Images 188l; Stephen Krasemann 216bl; Wilfried Krecichwost 239br; Frans Lemmens 236cl; Mike Magnuson 200bl; Eric Meola 196-197t, 218br; National Geographic / Michael Melford 182cr; John Miller / Robert Harding World Imagery 182cl; Alan R. Moller 214-215t; Pascal Perret 165tl; Per-Anders Pettersson 240tl; Photographers Choice 175bl; Photonica 191tl, 200-201t; Louie Psihoyos 237bc; Terie Rakke 209bl; Colin Raw 204c; Geoff Renner 181l; Nicolas Russell 239cl; Thad Samuels Abell li 206br; Joel Sartore 219tr; Philip Schermeister 236tl; Ed Simpson 167t; Jamey Stillings 189tr; Harald Sund 182b; Ken Tannenbam 213bc; Taxi 234t; Three Lions 227bl; Time Life Pictures 171b, 223b; Jean-Marc Truchet 164t, 177tr, 194br; Pete Turner 211c; Mark S. Wexler 233tr; Stephen Wilkes 206t; Ross Woodhall 173cl; Israelimages.com: Eyal Bartov 226bc; Hanan Isachar 226br; Kos Picture Source Ltd: 244t; Lonely Planet Images: Karen Trist 165ca;

Magnum: Ian Berry 193crb; Maya Goded 194bl; Gene E. Moore: (www.chaseday.com) 215cr; 218cl, c, cr; © 2004, Dr Alan Moorwood (amoor@eso.org) 211tc; Mountain Camera / John Cleare: 168t; Guy Cotler 168tr; N.H.P.A.: B & C Alexander 174c; Bryan & Cherry Alexander 174cla; Guy Edwards 174br; Haroldo Palo Jnr 199bl; NASA: 167c, 167fcr, 167cr, 168bl, 245clb, c, crb; NOAA 220br; National Gallery, London: 237crb; Nature Picture Library: Bristol City Museum 232bl; National Trust Photographic Library: John Hammond 178t; NOAA Photo Library: Ralph F. Kresge 203bra; NOAA Central Library, OAR/ERL/ National Severe Storms Laboratory 243cr; Ocean-image.com/Mike Newman: 196c; Photolibrary.com: 180br; Diaphor La Phototheque 184crb; Paul Rapson (paul@rapson.co.uk): 242bl; Reuters: 215tr; Stefano Rellandini 208t; Andrew Winning 221bl; Rex Features: 226tr, 227tr; ESA 238bl, bcl, bcr, br; Keystone USA 240tc; Stuart Martin 191clb; SIPA 179bc, 238-239c;

Science & Society Picture Library: Science Museum Pictorial 198cl; Science Photo Library: Mike Boyatt / Agstock 201tr; British Antarctic Survey 205bl, 242tr; Dr Jeremy Burgess 195br; Peter Chadwick 185br; Georgette Douwma 169br; EFDA-JET 170tr; European Space Agency 243cl; FLPA / B. Borrell Casals 219bl; Simon Fraser 235t, 241b; Y. Hamel, Publiphoto Diffusion 232cl; Jan Hinsch 241cr; Adam Jones 202bl; John Mead 202bc, 213br; Peter Menzel 217tr, cl; NASA 166tl, 182tr, 198br, 223tr, 233cr; NOAA 235br; Pekka Parviainen 169cr, 203bl; Planetary Visions Ltd 217br, 222c;

George Post 205br; Philippe Psaila 242tl; Paul Rapson 207cr; Jim Reed 207c, 244bl; J.C. Revy 208c; David Scharf 232t; Mark A. Schneider 211tl; Peter Scoones 241tl; Sinclair Stammers 235cr; Alan Sirulnikoff 213br; University of Dundee 213tr; US Geological Survey 167cl; South American Pictures: Tony Morrison 231tl; Still Pictures: A. Asad 223tl; Mark Edwards 233br; Martin Harvey 175crb; J.M. Labat / Bios 175cra; JM Labat 175cra; Ted Mead 194-195t; Tom Murphy 241tr; Gene Rhoden 240r; Francois Suchel 203tr; Superstock: Francisco Cruz 213tl;

TopFoto.co.uk: 233tl; © University Corporation for Atmospheric Research (UCAR): 215cl; Paul Watts / imageclick.co.uk: 183b; Weatherstock/Warren Faidley: 203br; Whiteplanes.com / Neil Stuart Lawson: 202br; http://sl.wikipedia.org: 190bl

For further information see: www.dkimages.com

Dorling Kindersley would like to thank Marion Dent for proof-reading; Michael Dent for the index; Margaret Parrish for Americanization; Judith Samuelson and Andrew Kerr-Jarrett for editorial support; and Leah Germann for design support.

Picture Credits
The publisher would like to thank the following for their kind permission to reproduce their photographs:

Abbreviations key:
t-top, b-bottom, r-right, l-left, c-centre, a-above, f-far

252: Corbis/R.L.Christiansen (l), Reuters/Will Burgess (br); 252–253: Corbis/Liz Hymans (t); 253: Corbis (r), Georgina Bowater (cl), Peter Gutman (detail, c), Sally A.Morgan/Ecoscene (b); 254: Corbis/Layne Kennedy (l);
255: GeoScience Features Picture Library (tc), FLPA/Minden Pictures (r); 256: Lonely Planet Images/Andrew MacColl (bc), British Geological Survey (br); 257: www.bridgeman.co.uk/Chartres Cathedral, France (bc); Corbis/Jonathan Blair (tl), Sandro Vannini (br), Werner Forman Archive/University of Philadelphia Museum (bcl); 258: Corbis/Homer Sykes (tr), Science Photo Library/2002 Orbital Imaging Corporation (acl); 259: Ardea/Jean-Paul Ferrero (tl), Bryan Sage (tc), Corbis/David Muench (c), Corbis/Digital image © 1996, courtesy of NASA (tcl), Gary Braasch (tcr), GeoScience Features Picture Library (tr), Science Photo Library/ B.Murton, Southampton Oceanography Centre (bcr);
260: Corbis/Roger Ressmeyer (r); 261: Corbis/Ric Ergenbright (t), Galen Rowell (cl); Geoscience Features Picture Library/RIDA (bcl), Marli Miller/Dept of Geological Sciences, University of Oregon (fbcl); 262: The Art Archive/Staatliche Sammlung Ägyptischer Kunst Munich/Dagli Orti (c); 262-263: Corbis/Joseph Sohm/Visions of America (b), 263: Corbis/David Muench (tr);
264: Corbis: Galen Rowell (r), GeoScience Features Picture Library (acl); 265: Corbis/Detail of David by Michelangelo/Arte & Immagini srl (br), Wild Country (bl); 266: Corbis/Hubert Stadler (b); 267: Corbis/Steve Austin/Papilio (tr), Richard Klune (cl), Sean Sexton Collection (cr), FLPA/Ken Day (br);
268: FLPA/Christiana Carvalho (l); 269: Science Photo Library/Martin Bond (tl), Ardea.com/Francois Gohier (tr); 270: Corbis/ Digital image © 1996, courtesy of NASA (tr), M. L. Sinibaldi (br), GeoScience Features Picture Library (c); 271: FLPA/Mark Newman (t), Natural Visions (cr, br); 272: Ardea.com/Francois Gohier (acr), Corbis/Jonathan Blair (b); 273: Natural Visions (tl), Ardea.com/Francois Gohier (bcl, bcr), John Cancalosi (tc);
274: Natural Visions/Heather Angel (acr), Ardea.com/Kurt Amsler (br), Corbis/ Bob Krist (tl), Science Photo Library/Andrew Syred (bl);
275: Corbis/Michael St. Maur Sheil (br), Roger Ressmeyer (acr); 276: Robert Visser (acr); GeoScience Features Picture Library (cl, c);
276–277: Science Photo Library/Jerry Lodriguss (t), Corbis/Charles & Josette Lenars (b);
277: Corbis/NASA/JPL/Cornell/Zuma (bcr), Science Photo Library/David Parker (tl), Nasa/US Geological Survey (tr); 278–279: Corbis/Christine Osborne (t); 281: Science Photo Library/Manfred Kage (br); 284: Corbis/Ludovic Maisant (c), Science Photo Library/Simon Fraser (b);
285: Corbis/Michael Prince (tl), Tom Stewart (tr), Science Photo Library/Charles D. Winters (c), Chemical Design (cl); 286: Natural Visions/Heather Angel (cr), Ardea.com/E. Mickleburgh (bl), Royalty-Free/Corbis (bcl); 287: Corbis/Douglas Whyte (tc), Gleb Garanich (cl), Nik Wheeler (bcr), Science Photo Library/Charles D. Winters (br), Scott Camazine (tr); 288: Corbis/ Mike Simons (bc), Sandro Vannini (l), Science Photo Library/Andrew Syred (br), Rosenfeld Images Ltd (bcl); 289: Corbis/Bettmann (tr), Paul A. Souders (br), Wayne Lawler/Ecoscene (cr);
290: Corbis/Jeff Vanuga (t), Royal Ontario Museum (bcr), Science Photo Library/Roberto de Gugliemo (bcl); 291: Corbis/Lowell Georgia (tl), Reuters (br); 292: Corbis/James L. Amos (bl), Neil Rabinowitz (cl), NASA (br), 294: Corbis/ Sergio Pitamitz (b); 295: Corbis/Dave G. Houser (br); 296: Corbis/Tim Graham (tl); 297: Corbis/ Koopman (cl), Ron Watts (cr), Roger Ressmeyer (bl); 298: Corbis/Sandro Vannini (l); 298–299 Geophotos/Tony Waltham (b); 300: British Museum/Dorling Kindersley (tl), Corbis/Angelo Hornak (b), Maurice Nimmo/Frank Lane Picture Agency (cr), GeoScience Features Picture Library (acl); 301: Corbis/Owen Franken (acr); 302: Corbis/Kevin Shafer (t), Impact Photos/Alain Evrard (cr), Science Photo Library/David Nunuk (bc); 303: © Christie's Images Ltd (tc), Corbis/Richard Hamilton Smith (br), William Taufic (cl); 304: Science Photo Library/Arnold Fisher (cl), Keith Kent (acr); 305: INAH/Dorling Kindersley (c), Science Photo Library/Biophoto Associates (cl), Lawrence Lawry (br), Sidney Moulds (bl); 306: Alamy Images/Keren Su/China Span (bl), Corbis/Francis G. Mayer (cr), Jose Manuel Sanchis Calvete (cl), Maurice Nimmo/Frank Lane Picture Agency (t); 307: www.bridgeman.co.uk/ Osterreichische Nationalbibliothek, Vienna, Austria (br), Leeds Museums and Art Galleries (Temple Newsam House), UK (tr), Corbis/Archivo Iconografico, S.A (tl), Richard T. Nowitz (bl);
308: © Christie's Images Ltd (tr), Corbis/Jack Fields (br), Reuters (bcl), Roger Garwood & Trish Ainslie (fcl); 309: The Art Archive/Central Bank Teheran/Dagli Orti (tl), Judith Miller/Dorling Kindersley/Fellow & Sons (acl), V & A Images/Victoria and Albert Museum (bcl);
310: www.bridgeman.co.uk/Hermitage, St Petersburg, Russia (tr, fcr), Oriental Museum, Durham University, UK (cl); 310–311: Corbis/Asian Art & Archaeology, Inc (b); 311: Construction Photography.com/Adrian Sherratt (bcl), Corbis/Hans Georg Roth (ac), The Art Archive/Acropolis Museum Athens/Dagli Orti (r), Impact Photos/Alan Keohane (tl); 312: Werner Forman Archive/British Museum (t),
Akg-images/Erich Lessing (cr), Corbis/Bettmann (bl), Werner Forman (cl); 313: Akg-images/British Library (tr), Corbis/David Cumming/Eye Ubiquitous (tc), Hulton-Deutsch Collection (tl), Robert Estall (bl), Stapleton Collection (cr);
314: Corbis/Alex Steedman (l), Paul A. Souders (r); 315: Action Plus/Glyn Kirk (tr), Corbis (bcr), Charles E. Rotkin (bl), Guy Motil (tc), James L. Amos (cl), Photomorgana (tl); 316: Corbis/Bill Ross (l), Macduff Everton (tr), Ted Spiegel (br), ImageState/Pictor/StockImage (bl); 317: Judith Miller/Dorling Kindersley/Sloans & Kenyon (tc), Corbis/Charles E. Rotkin (cl), Christina Louiso (bcl), Jan Butchofsky-Houser (bc), Morton Beebe (r), Michael and Patricia Fogden (tl);
318: Construction Photography.com/Chris Henderson (br), Royalty-Free/Imagestate (bc), Royalty-Free/Getty Images/Photodisc Blue (bl); 319: Corbis/Brownie Harris (br), Edifice (tr), Royalty-Free/Corbis (cr, bl, bc);
320: Corbis/Peter Johnson (cr), OSF/photolibrary.com (cl), Science Photo Library/Microfield Scientific Ltd (tr);
321: Corbis/Layne Kennedy (bl), Royalty-Free/Corbis (br), Science Photo Library/Innerspace Imaging (tl), Insolite Realite (cl); 322: Corbis/Roger Ressmeyer (tr, br), Science Photo Library/Paolo Koch (cl); 323: Corbis/ Jonathan Blair (tl), Layne Kennedy (cr), Science Photo Library/Geoff Lane/CSIRO (cl); 327: Alamy Images/Glen Allison (c).

Jacket images
Huitu: Veer

All other images © Dorling Kindersley. For further information see: www.dkimages.com

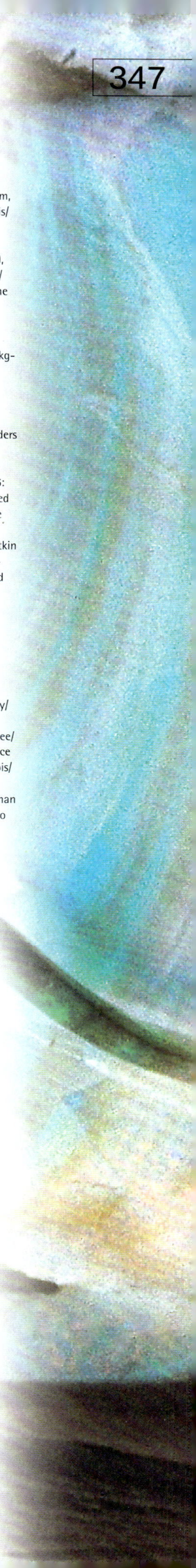